本书精彩案例欣赏

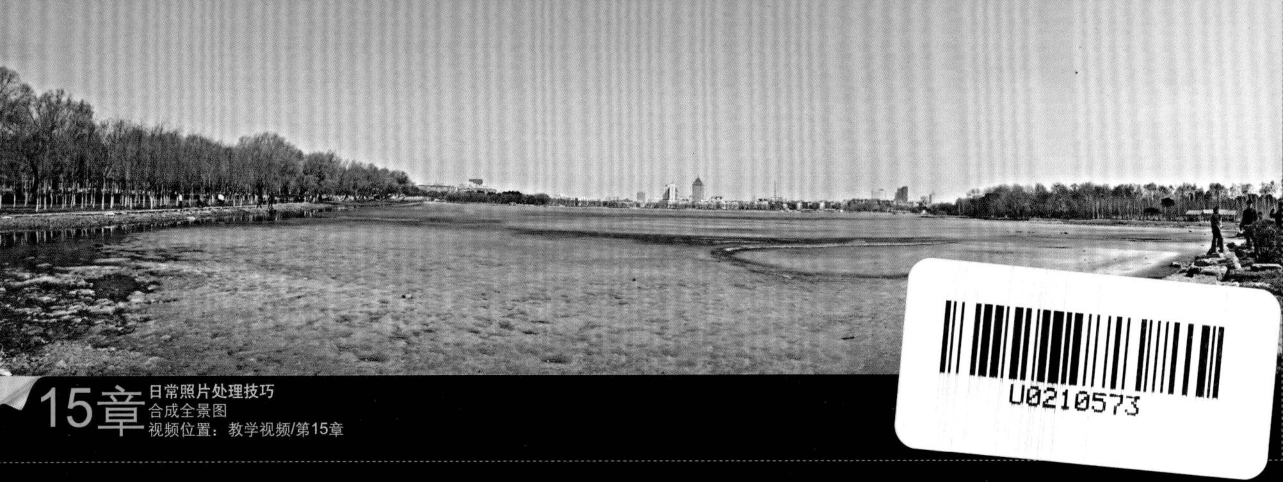

15章 日常照片处理技巧
合成全景图
视频位置：教学视频/第15章

14章 高级抠图技法
提取玻璃质感物体
视频位置：教学视频/第14章

10章 数码照片调色实战技法
替换颜色打造薰衣草天堂
视频位置：教学视频/第10章

16章 人像照片精修
打造粉嫩肌肤
视频位置：教学视频/第16章

10章 数码照片调色实战技法
调整图层更改局部颜色
视频位置：教学视频/第10章

本书精彩案例欣赏

7章 图层的应用
欧美风格混合插画

2章 照片处理的基本操作
改变人像动态

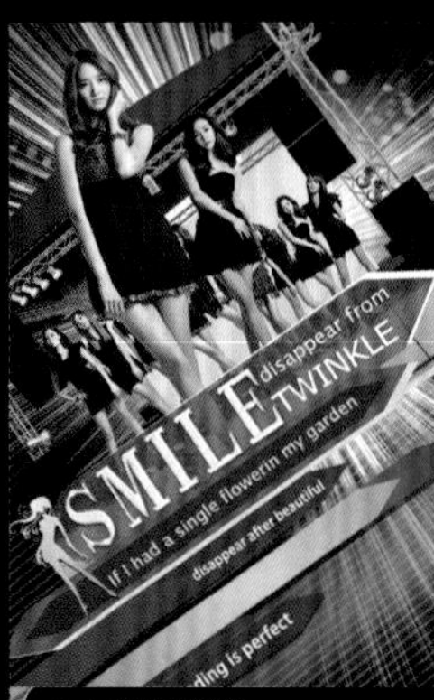

5章 矢量工具与绘图
视频课堂——制作演唱会海报

6章 文字的编辑与应用
时尚杂志封面女郎

8章 通道
通道抠图为长发美女换背景

10章 数码照片调色实战技法
使用黑白命令制作单色照片

15章 日常照片处理技巧
调整人物身形

20章 唯美人像照片合成
灰调海报风格人像

11章 使用滤镜处理照片
云彩滤镜打造云雾效果
视频位置：教学视频/第11章

本书精彩案例欣赏

5章

矢量工具与绘图
视频课堂——使用钢笔工具抠图合成
视频位置：
教学视频/第5章

8章

通道
视频课堂——使用通道为透明婚纱换背景
视频位置：
教学视频/第8章

3章

选区的创建与使用
视频课堂——制作简约海报
视频位置：
教学视频/第3章

6章

文字的编辑与应用
视频课堂——使用文字蒙版工具制作公益海报
视频位置：
教学视频/第6章

10章

数码照片调色实战技法
快速调整照片色温
视频位置：
教学视频/第10章

14章

高级抠图技法
利用边缘检测抠取美女头发
视频位置：
教学视频/第14章

Photoshop CC 中文版
数码照片处理自学视频教程

本书精彩案例欣赏

17章

影楼数码照片设计
田园风情婚纱摄影版式
视频位置：教学视频/第17章

14章

高级抠图技法
使用通道抠出云朵
视频位置：教学视频/第14章

4章

数码照片修饰与绘制
去除海面上的游艇
视频位置：教学视频/第4章

12章

照片的锐化、模糊和降噪
使用多种模糊滤镜磨皮法
视频位置：教学视频/第12章

4章

数码照片修饰与绘制
使用海绵工具弱化环境
视频位置：教学视频/第4章

9章

蒙版与合成
使用快速蒙版制作版式
视频位置：教学视频/第9章

8章

通道
使用计算命令制作斑点选区并祛斑
视频位置：教学视频/第8章

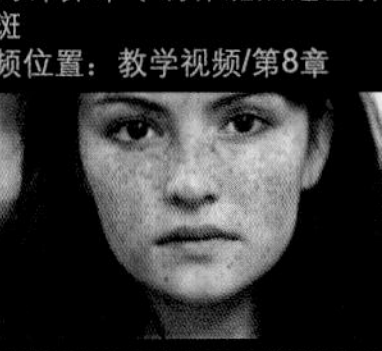

4章

数码照片修饰与绘制
使用减淡工具美白皮肤
视频位置：教学视频/第4章

5章

矢量工具与绘图
课后练习——使用画笔与钢笔工具制作飘逸头饰
视频位置：教学视频/第5章

10章

数码照片调色实战技法
使用阴影高光命令还原图像细节
视频位置：教学视频/第10章

自学视频教程

Photoshop CC中文版数码照片处理自学视频教程

瞿颖健　编著

清华大学出版社
北　京

内容简介

本书共分为20章，在内容安排上基本涵盖了数码照片处理中所使用到的全部工具与命令。其中第1至9章主要介绍了Photoshop的核心功能与应用技巧，第10至15章介绍了数码照片处理的常见问题及解决方法，第16至20章以综合实例的形式介绍了Photoshop在人像照片精修、艺术写真设计、特效照片制作、梦幻风景和唯美人像照片合成方面的具体应用，让读者进行有针对性和实用性的实战练习，不仅巩固前面所学到的Photoshop操作技巧，更是为以后的实际工作提前“练兵”。

本书适合于Photoshop的初学者，同时对具有一定Photoshop使用经验的读者也有很高的参考价值。另外本书还可作为学校、培训机构的教学用书，以及各类读者自学Photoshop的参考用书。

图书在版编目（CIP）数据

Photoshop CC中文版数码照片处理自学视频教程 / 瞿颖健编著. —北京：清华大学出版社, 2020.6

自学视频教程

ISBN 978-7-302-50709-3

I. ①P… II. ①瞿… III. ①图象处理软件—教材 IV. ①TP391.413

中国版本图书馆CIP数据核字(2018)第170604号

责任编辑：贾小红
封面设计：李志伟
版式设计：文森时代
责任校对：马军令
责任印制：杨　艳

出版发行：清华大学出版社
网　　址：http://www.tup.com.cn，http://www.wqbook.com
地　　址：北京清华大学学研大厦A座　　**邮　　编**：100084
社 总 机：010-62770175　　**邮　　购**：010-62786544
投稿与读者服务：010-62776969，c-service@tup.tsinghua.edu.cn
质量反馈：010-62772015，zhiliang@tup.tsinghua.edu.cn
印 装 者：北京博海升彩色印刷有限公司
经　　销：全国新华书店
开　　本：203mm×260mm　　**印　　张**：25　　**插　　页**：2　　**字　　数**：911千字
版　　次：2020年6月第1版　　**印　　次**：2020年6月第1次印刷
定　　价：108.00元

产品编号：079127-01

Photoshop作为Adobe公司旗下最著名的图像处理软件之一，其应用范围覆盖数码照片处理、平面设计、视觉创意合成、数字插画创作、网页设计、交互界面设计等几乎所有设计方向，深受广大艺术设计人员和电脑美术爱好者喜爱。

本书内容编写特点

1. 零起点，入门快

本书以入门者为主要读者对象，通过对基础知识进行了细致入微的介绍之外，还辅以对比图示效果，并结合中小实例，对常用工具、命令、参数等做了详细的介绍，同时给出了技巧提示，确保读者零起点、轻松、快速入门。

2. 内容详细、全面

本书内容涵盖了Photoshop CC绝大部分工具、命令的相关功能，是市场上内容最为全面的图书之一，可以说是入门者的百科全书，有基础者的参考手册。

3. 实例精美、实用

本书的实例均经过精心挑选，确保在实用的基础上更精美、漂亮，一方面熏陶读者朋友的美感，另一方面让读者在学习中享受美的世界。

4. 编写思路符合学习规律

本书在讲解过程中采用了“知识点+理论实践+实例练习+综合实例+技术拓展+技巧提示”的模式，符合学习规律，轻松易学。

本书显著特色

1. 同步视频讲解，让学习更轻松、更高效

162节大型高清同步视频讲解，涵盖全书几乎所有实例，让学习更轻松、更高效。

2. 资深讲师编著，让图书质量更有保障

作者是经验丰富的专业设计师和资深讲师，确保图书“实用”和“好学”。

3. 大量中小实例，通过多动手加深理解

讲解极为详细，中小实例达到162多个，目的是让读者深入理解、灵活应用。

4. 多种商业案例，让实战成为终极目的

本书给出不同类型的综合商业案例，以便积累实战经验，为工作就业搭桥。

本书配套资源

本书附带丰富的配套资源，包括如下内容：

（1）本书实例的教学视频、源文件、素材文件，读者可扫描书中二维码观看视频，调用对应实例的素材，按照书中步骤进行操作。

（2）6大不同类型的笔刷、图案、样式等库文件，以及21类经常用到的设计素材总计1106个，方便读者使用。

（3）104集Photoshop视频精讲课堂，囊括Photoshop基础操作的所有知识，让读者以最快速度熟悉Photoshop 操作。

（4）附赠《色彩设计搭配手册》和常用颜色色谱表，使设计色彩搭配不再烦恼。

本书服务

读者朋友遇到有关本书的技术问题，可以扫描封底“文泉云盘”二维码查看是否已发布相关勘误/解疑文档，如果没有，可在下方寻找作者联系方式，还可点击“读者反馈”留下问题，我们会及时回复。

关于作者

本书由亿瑞设计工作室组织编写，瞿颖健和曹茂鹏参与了本书的主要编写工作。在编写过程中，得到了吉林艺术学院副院长郭春方教授的悉心指导，得到了吉林艺术学院设计学院院长宋飞教授的大力支持，在此向他们表示诚挚的感谢。

另外，由于本书工作量巨大，以下人员也参与了本书的编写及资料整理工作，他们是：瞿玉珍、张吉太、唐玉明、朱于凤、瞿学严、杨力、曹元钢、张玉华等，在此一并表示感谢。

由于时间仓促，加之水平有限，书中难免存在错误和不妥之处，敬请广大读者批评和指正。

编　者

目录

Contents

目 录

第1章

Photoshop与数码照片处理

本章内容简介：

在学习使用Photoshop处理数码照片之前，需要了解关于数码照片的一些常识，了解数码照片处理中常用的颜色模式与图像格式，然后从数码照片的获取入手，了解在计算机中管理数码照片的基本方法，并通过学习逐渐熟悉Photoshop界面的操作布局以及基本操作方式，为进一步使用Photoshop的编辑功能做准备。

本章学习要点：

- 熟悉颜色模式以及图像格式
- 熟悉Photoshop的操作界面
- 掌握Photoshop的启动与退出方法
- 熟悉常用辅助工具的使用

1.1 数码照片处理的相关知识

使用数码相机拍摄出照片后，需要以图像的形式传输到计算机中进行处理。在计算机的世界中图像分为两种类型：位图与矢量图，而要进行处理的数码照片属于位图图像。在数码照片的世界中还有多个关键词需要了解，如位图、像素、分辨率、颜色模式、图像格式等。下面将进行数码照片相关知识的讲解。

1.1.1 关于位图

位图图像是连续色调图像，最常见的有数码照片和数字绘画，位图图像可以有效地表现阴影和颜色的细节层次。与之相对应的矢量图是使用通过数学公式计算获得的直线和曲线来描述图形，矢量图形的每个对象都是一个自成一体的实体，它具有颜色、形状、轮廓、大小和屏幕位置等属性。如图1-1和图1-2所示分别为同一内容的位图与矢量图的对比效果，可以发现位图图像表现出的效果非常细腻真实，而矢量图像相对于位图的过渡则显得有些生硬。

图1—1

图1—2

在技术上位图图像被称为栅格图像，也就是通常所说的点阵图像或绘制图像。这是由于位图图像由像素组成，每个像素都会被分配一个特定位置和颜色值。相对于矢量图像，在处理位图图像时所编辑的对象是像素而不是对象或形状。将一张图像放大到原图的多倍时，图像会发虚以至于可以观察到组成图像的像素点，这也是位图最显著的特征，如图1-3所示。

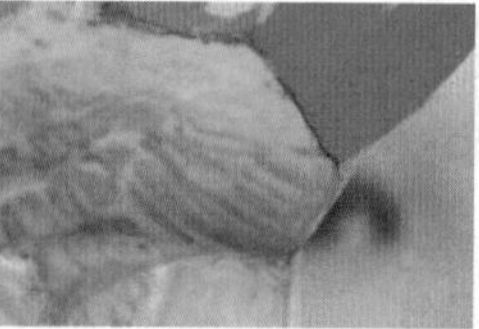

图1—3

技巧提示

位图图像与分辨率有关，也就是说，位图包含了固定数量的像素。缩小位图尺寸会使原图变形，因为这是通过减少像素来实现的。因此，如果在屏幕上以高缩放比率对位图进行缩放或以低于创建时的分辨率来打印位图，则会丢失其中的细节，并且会出现锯齿现象。

1.1.2 像素的定义

像素是构成位图图像的最基本单位。在通常情况下，一张普通的数码相片都会有连续的色彩和明暗过渡。如果把数字图像放大数倍，则会发现这些连续色调是由许多色彩相近的小方点所组成，这些小方点就是构成图像的最小单位“像素”，如图1-4和图1-5所示。

图1—4

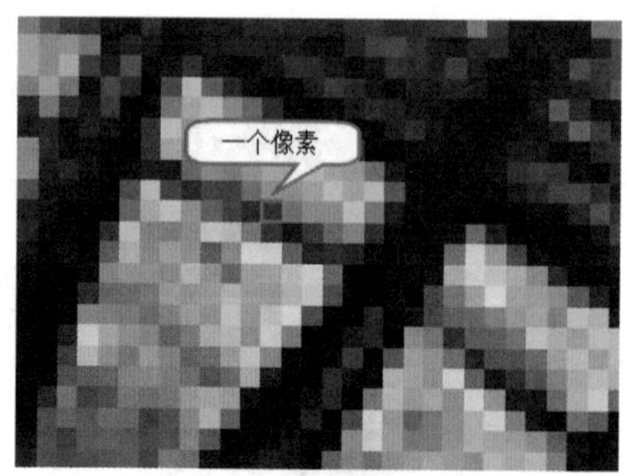

图1—5

构成一幅图像的像素点越多，色彩信息越丰富，效果就越好，当然文件所占的空间也就更大。在位图中，像素的大小是指沿图像的宽度和高度测量出的像素数目，如图1-6所示中的3张图像的像素大小分别为1000×726像素、600×435像素和400×290像素。

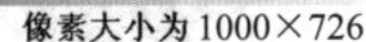
像素大小为 1000×726

像素大小为 600×435

像素大小为 400×290

图1—6

1.1.3 数码照片的分辨率概述

在这里所说的分辨率是指图像分辨率，图像分辨率用于控制位图图像中的细节精细度，测量单位是像素/英寸（ppi），每英寸的像素越多，分辨率越高。一般来说，图像的分辨率越高，印刷出来的质量就越好。比如在图1-7中，这是两张尺寸相同、内容相同的图像，左图的分辨率为300ppi，右图的分辨率为72ppi，可以观察到这两张图像的清晰度有着明显的差异，即左图的清晰度明显要高于右图。

分辨率为300ppi

分辨率为72ppi

图1—7

1.1.4 认识常用的颜色模式

技术速查：颜色模式是将某种颜色表现为数字形式的模型，或者说是一种记录图像颜色的方式。

图像的颜色模式有多种：RGB颜色模式、CMYK颜色模式、Lab颜色模式、位图模式、灰度模式、索引模式、双色调模式和多通道模式。但是，并不是所有颜色模式都适合于数码照片处理，比较常用的颜色模式有RGB颜色模式、CMYK颜色模式、Lab颜色模式和灰度模式。在Photoshop中通过执行“图像”>“模式”命令，在子菜单中可以查看或更改当前图像的颜色模式，如图1-8所示。

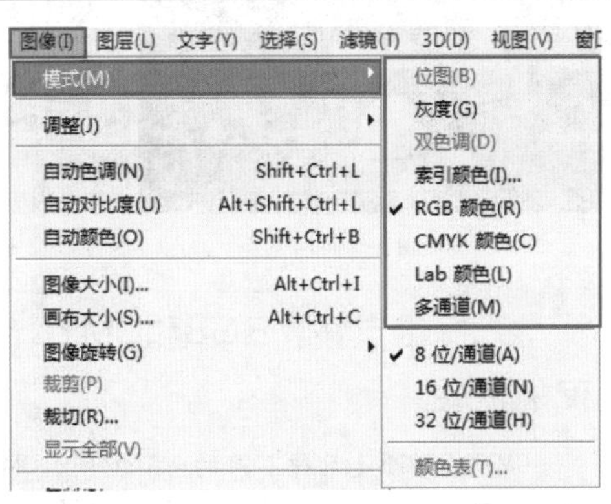

图1—8

RGB颜色模式

技术速查：RGB颜色模式是进行图像处理时最常使用到的一种模式，RGB模式是一种发光模式，也叫加光模式。

RGB分别代表Red（红色）、Green（绿色）、Blue（蓝色），RGB颜色模式下的图像只有在发光体上才能显示出来，如显示器、电视等，该模式所包括的颜色信息（色域）有1670多万种，是一种真彩色颜色模式。如图1-9所示为一张RGB模式的彩色图像，在“通道”面板中可以查看到3种颜色通道的状态信息，如图1-10所示。

图1—9

图1—10

技巧提示

在制作需要印刷的图像时就需要使用到CMYK颜色模式。将RGB图像转换为CMYK图像会产生分色。如果原始图像是RGB图像，那么最好先在RGB颜色模式下进行编辑，在编辑结束后再转换为CMYK颜色模式。在RGB模式下，可以通过执行“视图”>“校样设置”菜单下的子命令来模拟转换CMYK后的效果。

CMYK颜色模式

技术速查：CMYK颜色模式也叫“减光”模式，CMYK颜色模式是一种印刷模式，该模式下的图像只有在印刷体上才可以观察到，如纸张。

CMY是3种印刷油墨名称的首字母，C代表Cyan（青色）、M代表Magenta（洋红）、Y代表Yellow（黄色），而K代表Black（黑色）。CMYK颜色模式包含的颜色总数比RGB模式少很多，所以在显示器上观察到的图像要比印刷出来的图像亮丽一些。打开一张图像，如图1-11所示。在“通道”面板中可以查看到4种颜色通道的状态信息，如图1-12所示。

图1—11

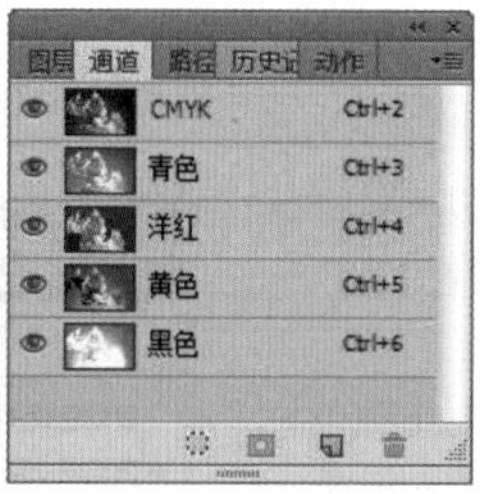

图1—12

思维点拨：RGB和CMYK色彩空间的比较

CMYK和RGB是两种不同的色彩空间，CMYK是印刷机和打印机等输出设备上常用的色彩空间；而RGB则又被细分为Adobe RGB、Apple RGB、ColorMatch RGB、CIE RGB以及sRGB等多种不同的色彩空间。其中，Apple RGB是苹果公司的苹果显示器默认的色彩空间，普遍应用于平面设计以及印刷的照排；CIE RGB是国际色彩组织制定的色彩空间标准。对于数码相机来说，以Adobe RGB和sRGB这两种色彩空间最为常见。如图1-13所示为RGB和CMYK颜色的对比效果。

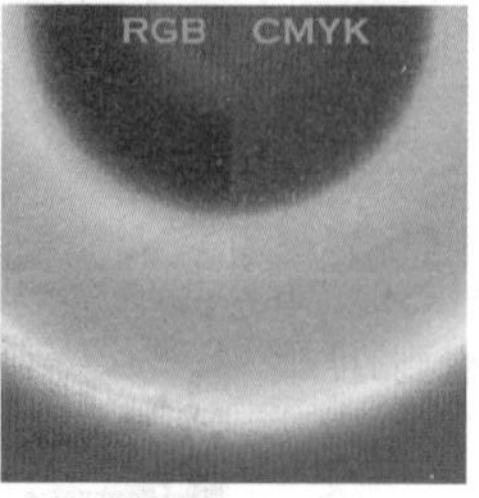

图1—13

Lab颜色模式

技术速查：Lab 中的数值描述正常视力的人能够看到的所有颜色。

Lab颜色模式是由明度（L）和有关色彩的a、b这3个要素组成，如图1-14和图1-15所示，其中，L表示Luminosity（明度），相当于亮度；a表示从红色到绿色的范围；b表示从黄色到蓝色的范围。Lab颜色模式的亮度分量（L）范围是0～100，在Adobe拾色器和“颜色”面板中，a分量（绿色-红色轴）和b分量（蓝色-黄色轴）的范围是127～-128。

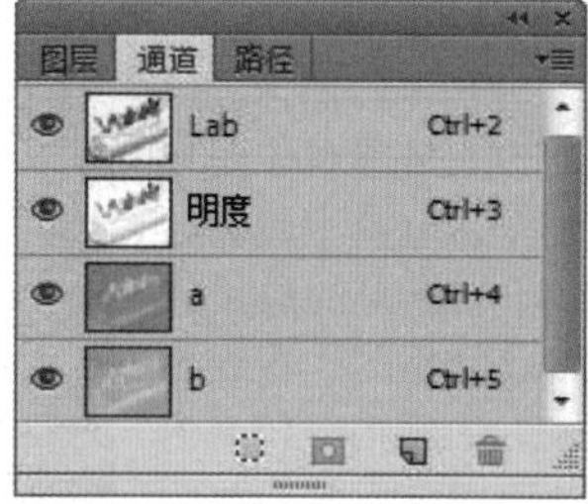

图1—14

图1—15

技巧提示

Lab颜色模式是最接近真实世界颜色的一种色彩模式，它同时包括RGB颜色模式和CMYK颜色模式中的所有颜色信息。所以在将RGB颜色模式转换成CMYK颜色模式之前，要先将RGB颜色模式转换成Lab颜色模式，再将Lab颜色模式转换成CMYK颜色模式，这样就不会丢失颜色信息。

灰度模式

技术速查：灰度模式是用单一色调来表现图像，在图像中可以使用不同的灰度级。

在8位图像中，最多有256级灰度，灰度图像中的每个像素都有一个0（黑色）～255（白色）之间的亮度值；在16位和32位图像中，图像的级数比8位图像要大得多。打开一张RGB颜色模式的图像，如图1-16所示。如果想要将一个RGB模式图像转换为CMYK模式图像，可执行“图像”>“模式”>“灰度”命令，如图1-17所示。

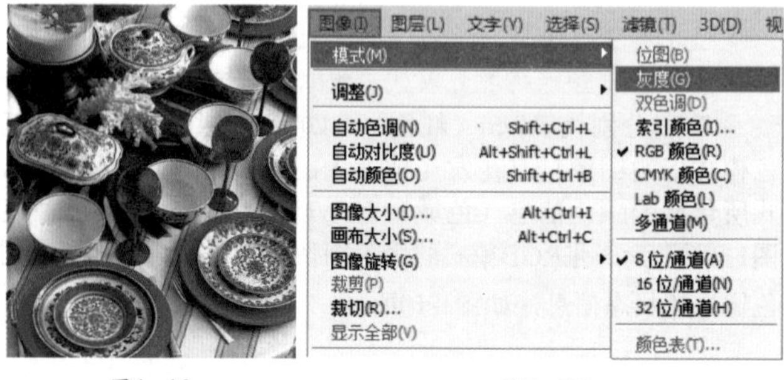

图1—16

图1—17

然后在弹出的“信息”对话框中单击“扔掉”按钮（扔掉所有的颜色信息）即可，如图1-18所示。效果如图1-19所示。

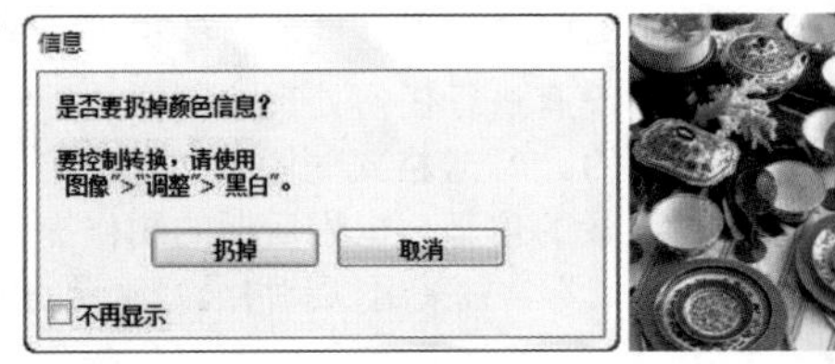

图1—18　　图1—19

思维点拨：认识其他颜色模式

- 位图模式：使用黑色、白色两种颜色值中的一个来表示图像中的像素。将图像转换为位图模式会使图像减少到两种颜色，从而大大简化了图像中的颜色信息，同时也减小了文件的大小。
- 双色调模式：在Photoshop中，双色调模式是通过1~4种自定油墨创建的单色调、双色调、三色调和四色调的灰度图像。单色调是用非黑色的单一油墨打印的灰度图像，双色调、三色调和四色调分别是用两种、3种和4种油墨打印的灰度图像。
- 索引颜色模式：索引颜色是位图图像的一种编码方法，需要基于RGB、CMYK等更基本的颜色编码方法。可以通过限制图像中的颜色总数来实现有损压缩。索引颜色模式的位图较其他模式的位图占用更少的空间，所以索引颜色模式位图广泛用于网络图形、游戏制作中。
- 多通道模式：多通道颜色模式图像在每个通道中都包含256个灰阶，对于特殊打印非常有用。将一张RGB颜色模式的图像转换为多通道模式的图像后，之前的红、绿、蓝3个通道将变成青色、洋红、黄色3个通道。多通道模式图像可以存储为PSD、PSB、EPS和RAW格式。

1.1.5　认识常用的图像格式

图像文件格式就是存储图像数据的方式，它决定了图像的压缩方法，支持何种Photoshop功能以及文件是否与一些文件相兼容等属性。位图有种类繁多的文件格式，常见的有JPEG、PCX、BMP、PSD、PNG、GIF和TIFF等。在使用Photoshop对图像进行编辑后可以在执行“存储”或“存储为”命令时对图像格式进行选择，如图1-20所示。

- JPEG格式：是最常见的一种文件格式，几乎所有的图像软件都可以打开它。现在，它已经成为印刷品和互联网发布的压缩文件的主要格式。JPEG格式可以支持16M种颜色，能很好地再现全彩色图像，较适合摄影图像的存储。由于JPEG格式的压缩算法是采用平衡像素之间的亮度色彩来压缩的，因而更有利于表现带有渐变色彩且没有清晰轮廓的图像。
- BMP格式：主要用于保存位图图像，支持RGB、位图、灰度和索引颜色模式，但是不支持Alpha通道。BMP格式是微软开发的固有格式，这种格式被大多数软件所支持。BMP格式采用了一种叫RLE的无损压缩方式，对图像质量不会产生什么影响。

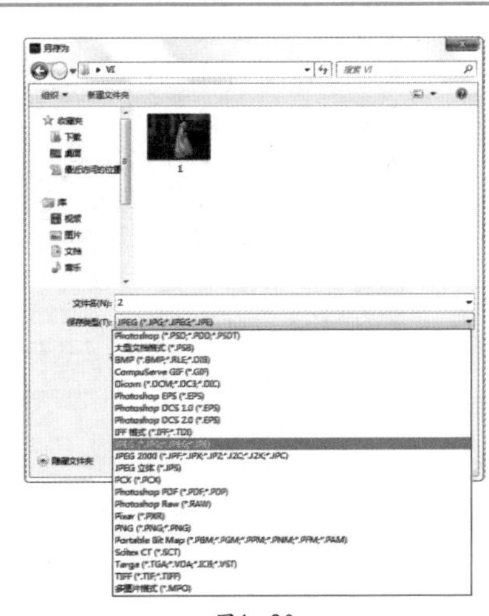

图1—20

- GIF格式：是Web页上使用最普遍的图像文件格式，并且有极少数低像素的数码相机拍摄的文件仍然用该格式存储。GIF格式只能保存最大8位色深的数码图像，所以它最多只能用256色来表现物体，对于色彩复杂的物体就力不从心了。正因为此，它的文件比较小，适合网络传输，而且还可以用来制作动画。
- TIFF格式：可包含压缩和非压缩图像数据，如使用无损压缩方法LZW来压缩文件，图像的数据不会减少，即信息在处理过程中不会损失，能够产生大约2∶1的压缩比，可将原稿文件消减到一半左右。TIFF格式的规格经过多次改进，是使用最广泛的行业标准位图文件格式。TIFF位图可具有任何大小的尺寸和分辨率。在理论上它能够有无限位深，即每样本点1~8位、24位、32位（CMYK模式）或48位（RGB模式）。
- RAW 格式：数码相机的存储格式除了JPEG、TIFF外，还有RAW格式。RAW格式并不是一种图像格式，不能直接编辑。RAW格式是CCD或CMOS在将光信号转

换为电信号时的电平高低的原始记录，单纯地将数码相机内部没有进行任何处理的图像数据进行数字化处理而得到的。RAW格式的图像文件保留了CCD捕获图像最高质量的信息，也为后期的制作提供了最大的余地。因此，常常被采用以获得最好质量的图像。

- PNG格式：该格式是专门为Web开发的，它是一种将图像压缩到Web上的文件格式。PNG格式与GIF格式不同的是，PNG格式支持24位图像并产生无锯齿状的透明背景。PNG格式由于可以实现无损压缩，并且背景部分是透明的，因此常用来存储背景透明的素材。
- PSD格式：该格式是Photoshop的默认存储格式，能够保存图层、蒙版、通道、路径、未栅格化的文字、图层样式等。在一般情况下，保存文件都采用这种格式，以便随时进行修改。PSD格式应用非常广泛，可以直接将这种格式的文件置入到Illustrator、InDesign和Premiere等Adobe软件中。

技术拓展：认识其他图像格式

使用Photoshop保存图像时，可以在弹出的对话框中选择图像的保存格式，在这里包含很多不太常用的图像格式，如图1-21所示。

- PSB格式：是一种大型文档格式，可以支持最高达到300000像素的超大图像文件。它支持Photoshop所有的功能，可以保存图像的通道、图层样式和滤镜效果不变，但是只能在Photoshop中打开。

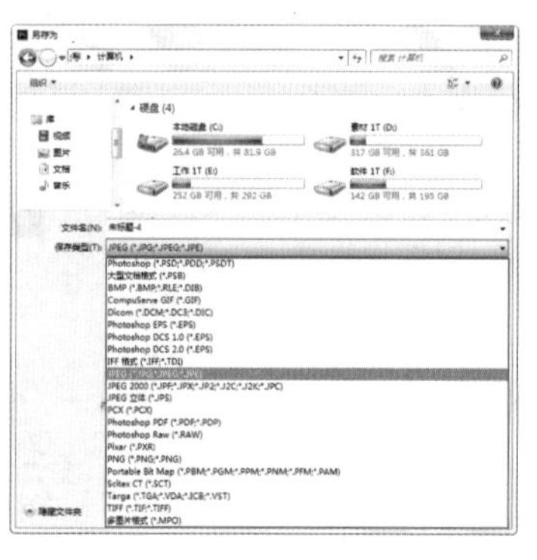

图1-21

- DICOM格式：该格式通常用于传输和保存医学图像，如超声波和扫描图像。DICOM格式文件包含图像数据和标头，其中存储了有关医学图像的信息。
- EPS：该格式是为PostScript打印机上输出图像而开发的文件格式，是处理图像工作中最重要的格式之一，它被广泛应用在Mac和PC环境下的图形设计和版面设计中，几乎所有的图形、图表和页面排版程序都支持这种格式。
- IFF格式：该格式是由Commodore公司开发的，由于该公司已退出计算机市场，因此IFF格式也将逐渐被废弃。
- DCS格式：该格式是Quark开发的EPS格式的变种，主要在支持这种格式的QuarkXPress、PageMaker和其他应用软件上工作。DCS便于分色打印，Photoshop在使用DCS格式时，必须转换成CMYK颜色模式。
- PCX格式：该格式是DOS格式下的古老程序PC PaintBrush固有格式的扩展名，目前并不常用。
- PDF格式：该格式是由Adobe Systems创建的一种文件格式，允许在屏幕上查看电子文档。PDF文件还可被嵌入到Web的HTML文档中。
- PXR格式：该格式是专门为高端图形应用程序设计的文件格式，它支持具有单个Alpha通道的RGB和灰度图像。
- SCT格式：该格式支持灰度图像、RGB图像和CMYK图像，但是不支持Alpha通道，主要用于Scitex计算机上的高端图像处理。
- TGA格式：该格式专用于使用Truevision视频板的系统，它支持一个单独Alpha通道的32位RGB文件，以及无Alpha通道的索引、灰度模式，并且支持16位和24位的RGB文件。
- 便携位图格式PBM：该格式支持单色位图（即1位/像素），可以用于无损数据传输。因为许多应用程序都支持这种格式，所以可以在简单的文本编辑器中编辑或创建这类文件。

1.2 数码照片的获取与操作

数码相机是一种利用电子传感器把光学影像转换成电子数据的照相机，如图1-22和图1-23所示。与传统照相机不同，数码相机集成了影像信息的转换、存储和传输等部件，具有数字化存取模式与计算机交互处理和实时拍摄等特点。光线通过镜头或者镜头组进入相机，通过成像元件转换为数字信号，数字信号通过影像运算芯片存储在存储设备中。

图1-22

图1-23

1.2.1 获取数码照片文件

在数码照片拍摄完毕后想要进行欣赏、存储或者编辑都需要将拍摄的照片传输到计算机中。通常情况下有两种方法进行传输：使用数据线与使用读卡器。另外，如果想要将纸质的照片存储在计算机中，则需要使用扫描仪。如图1-24~图1-27所示分别为存储卡、读卡器、数据线和扫描仪。

技巧提示

拍摄完毕的照片不仅可以导入计算机中，也可以直接连接打印机将拍摄的照片打印出来，或者使用视频输出接口将相机与电视机相连接，直接从电视中欣赏拍摄的照片。

图1—24　图1—25　图1—26　图1—27

从相机中导出照片

使用数码相机对应的数据线将数码相机与计算机进行连接，进行照片的传输是最常用的数码照片输入计算机的方法。

01 按照数码相机说明书上的方式连接相机与计算机，设备响应后会弹出一个选择启动程序的菜单，选择“Microsoft 扫描仪和照相机向导从照相机或扫描仪下载照片”选项，然后单击“确定”按钮，如图1-28所示。

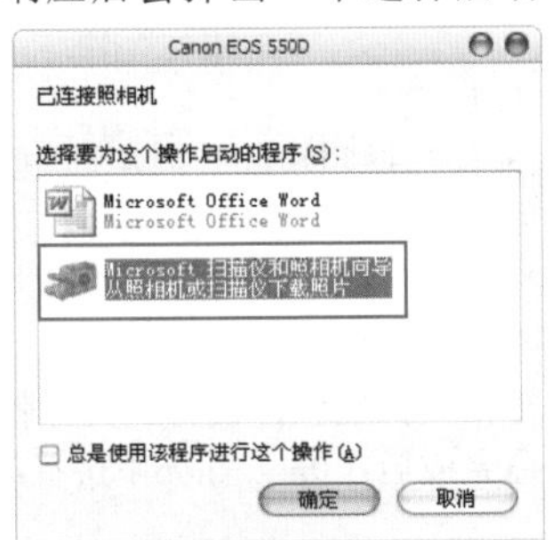

图1—28

02 随即弹出“扫描仪和照相机向导”窗口，若在图1-28中选中“总是使该程序进行这个操作”复选框，则每次数码相机连接计算机都会自助跳转到该窗口，单击“下一步”按钮，如图1-31所示。在当前界面下可以选择需要复制到计算机上的照片，也可以对照片进行旋转，设置完成后单击“下一步”按钮，如图1-32所示。

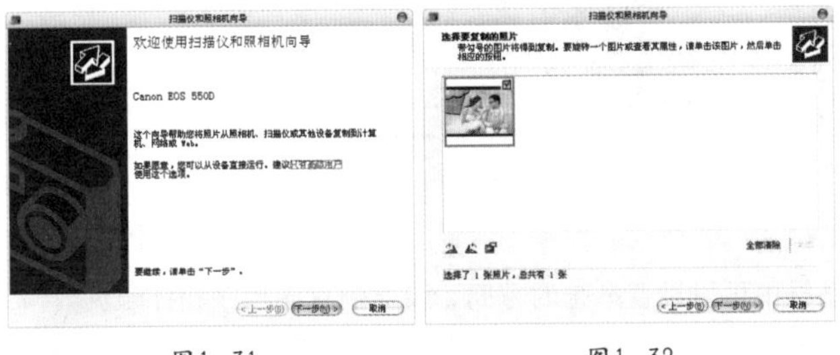

图1—31　图1—32

03 继续在窗口中设置该组照片的名称和存储位置，并继续单击“下一步”按钮，选中“复制后，将照片从设备中删除”复选框即可在复制完成后删除相机中所选文件，如图1-33所示。当前界面显示照片的复制进度，如图1-34所示。复制完成后，在弹出的其他选项界面中选中“什么都不做，我已处理完这些照片”单选按钮，并单击“下一步”按钮，如图1-35所示。

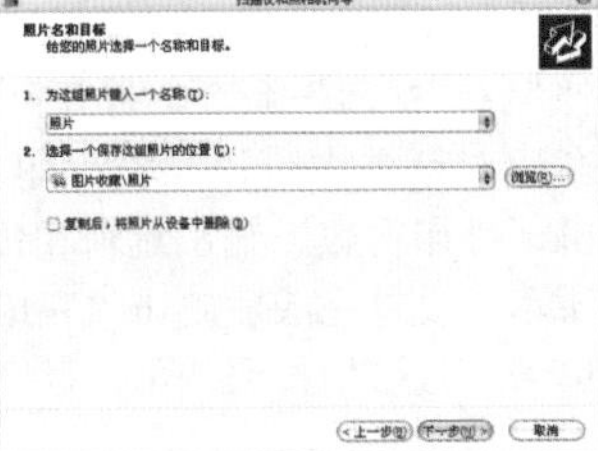

图1—33

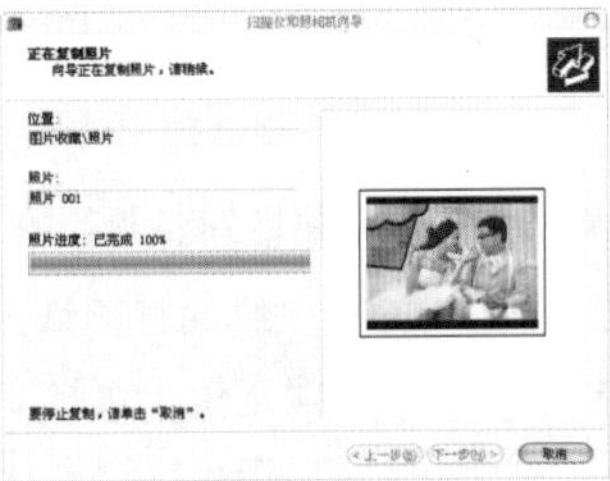

图1—34 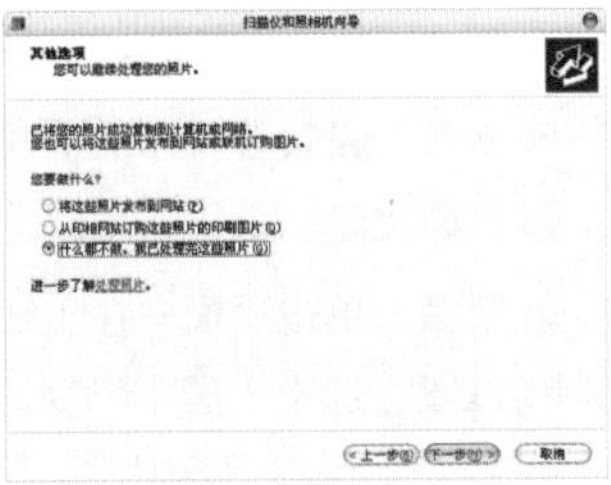　图1—35

技巧提示

如果在当前窗口中单击了“取消”按钮，那么在连接设备后双击打开“我的电脑”，可以看到新增的相机所在的盘符，双击打开相应磁盘，如图1—29所示。在打开的相机盘符中选择需要导出的照片，然后使用复制、粘贴命令将这些照片复制到计算机中，完成照片的导出，如图1—30所示。

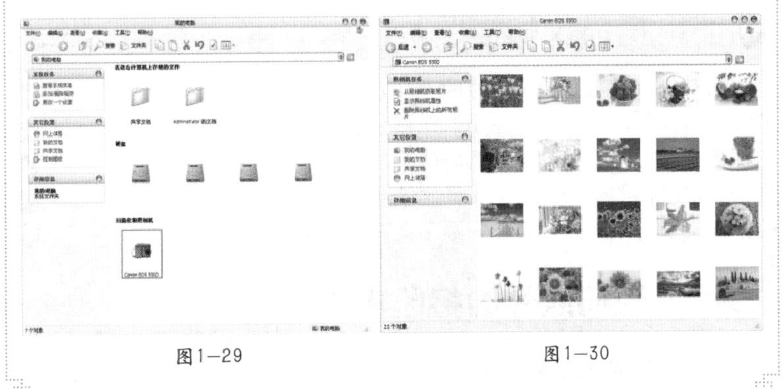

图1—29　图1—30

04 当界面显示“正在完成扫描仪和照相机向导”时单击“完成”按钮即可，如图1-36所示。打开目标文件夹，即可看到复制的文件被保存到计算机中，如图1-37所示。

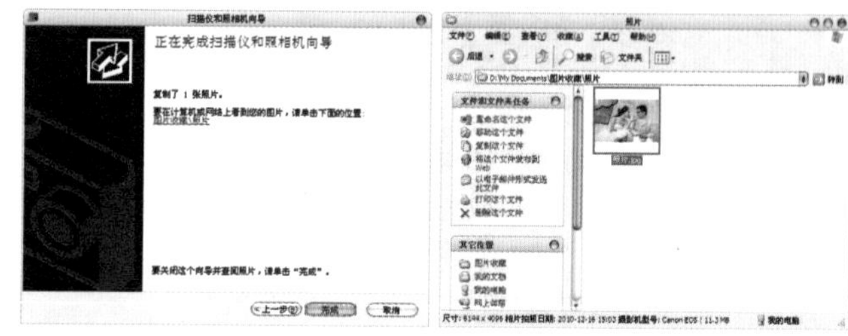

图1—36　　图1—37

使用读卡器导出照片

除了直接从数码相机中下载照片外，用户还可以从相机中取出存储卡（SD卡或记忆棒），将其放置于读卡器中，然后连接到计算机的USB接口上，将存储卡中的照片导入计算机中。但这样操作就不能将数码相机中未存储在存储卡中的数码照片传输到计算机中。

将装有存储卡的读卡器和计算机的USB端口连接，打开“我的电脑”窗口，在其中找到读卡器所在的磁盘位置，如图1-38所示。双击打开即可浏览存储卡中的照片文件，效果如图1-39所示。

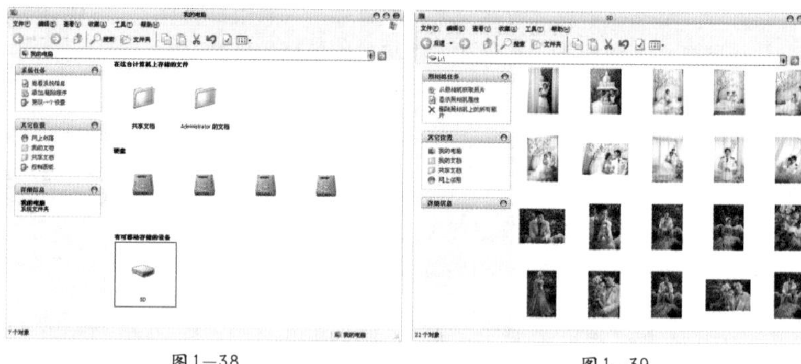

图1—38　　图1—39

使用扫描仪扫描照片

扫描仪作为获取数字照片的工具之一，随着数码相机技术的不断成熟，用量渐趋缩小。在较早的胶片相机时代，人们都会将拍摄的底片冲洗成纸质的照片用于欣赏收藏。但是到了数字时代的今天，数字文件比纸质照片具有更多的便利性，如果想将纸质照片转化为数字文件，较好的方法就是使用照片扫描仪扫描。

使用扫描仪扫描照片的一般流程如下。

01 需要正确安装光盘中的驱动程序和应用软件。

02 将扫描仪正确连接到计算机并开启扫描仪。

03 将照片摆放到扫描仪上的正确位置。

04 运行相应扫描软件设置并开始扫描。

05 扫描完成后在Photoshop中进行编辑。

1.2.2 数码照片的打印输出

当一张数码照片需要打印输出时，首先需要将打印设备正确连接到计算机上，正确安装打印机驱动程序，并且选择好正确的纸张。在Photoshop中打开所选文件，执行“文件”>“打印”命令，打开“Photoshop打印设置”对话框，在该对话框中可以预览打印作业的效果，并且可以对打印机、打印份数、输出选项和色彩管理等进行设置，如图1-40所示。设置完成后单击“完成”按钮，可以保存当前设置；单击“打印”按钮，可以直接以当前设置进行打印。

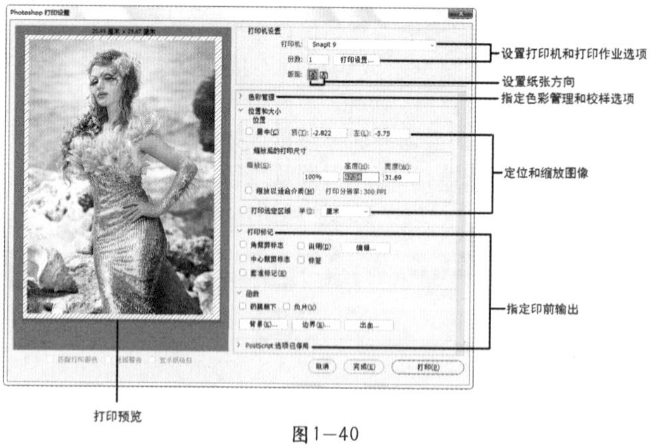

设置打印机和打印作业选项
设置纸张方向
指定色彩管理和校样选项
定位和缩放图像
指定印前输出
打印预览

图1—40

- 打印机：在该下拉列表中可以选择打印机。
- 份数：设置要打印的份数。
- 打印设置：单击该按钮，可以打开一个属性对话框。在该对话框中可以设置纸张的方向、页面的打印顺序和打印页数。
- 版面：单击“横向打印纸张”按钮或“纵向打印纸张”按钮，可将纸张方向设置为纵向或横向。
- 位置：选中“居中”复选框，可以将图像定位于可打印区域的中心；取消选中“居中”复选框，可以在“顶”和“左”文本框中输入数值来定位图像，也可以在预览区域中移动图像进行自由定位，从而打印部分图像。
- 缩放后的打印尺寸：如果选中“缩放以适合介质”复选框，可以自动缩放图像到适合纸张的可打印区域；如果取消选中

"缩放以适合介质"单选按钮，可以在"缩放"文本框中输入图像的缩放比例，或在"高度"和"宽度"文本框中设置图像的尺寸。

- 打印选定区域：选中该单选按钮，可以启用对话框中的裁剪控制功能，调整定界框移动或缩放图像。

思维点拨：相纸的选择

相纸就是专为打印照片制造的纸张，既要有一定的厚度和硬度要求，还要能色彩鲜艳、长时间保持颜色。就涂料层及纸张介质的不同来分类，相纸可分为光泽照片纸、光面相片纸、光面纸和高分辨率纸（厚相片纸）4种，可应用于不同的打印用途，下面分别进行介绍。

- 光泽照片纸：其最大特点就是打印出来的照片表面有一层光泽。此外，有传统照片的质感，还有良好的防潮效果，所以打印的照片看起来非常舒服。它适用于打印较高质量的照片，以及唱片封套、报告封面等，在选购相纸时，它是首选纸张。
- 光面相片纸：它表面是树脂层覆盖，非常光滑，呈现出带光泽的亮白色。用它打印的照片，能产生最大的颜色饱和度，颜色鲜艳，细节表现得比较生动，很具有吸引力，所以用来打印一些广告横幅、海报和产品目录之类的就非常适合。也适合打印照片、贺卡、圣诞卡或者家庭和个人影集。
- 光面纸：与光泽照片纸相比，光面纸的细致程度要好，而且表面还有一层很强的光泽。但并不是说它就比光泽照片纸好，因为它没有光泽照片纸那么厚。相对来说，它的价格比较低，适合打印一些要求打印量高的艺术照片和有大量文字的材料，但艺术照片要好好保存，不要让它有褶皱的机会，这样经济又实惠。
- 高分辨率纸（厚相片纸）：这种相纸的最大特点是"厚"，所以价格就比其他照片纸高。这主要在于其涂层比普通喷墨打印纸厚，表面非常平整，打印效果也非常不错，接近传统照片质量。如果想创作鲜艳夺目的图像，它是极好的选择。

1.3 进入Photoshop的世界

使用计算机处理照片的方式和途径很多，例如使用Windows系统自带的图像查看器、ACDSee、美图秀秀、光影魔术手以及专业的图像处理软件Adobe Photoshop，通常情况下所说的在Photoshop中进行图像处理是指对位图图像进行修饰、合成以及调色等方面的操作。

1.3.1 认识Photoshop

自1990年2月诞生了只能在苹果机（Mac）上运行的Photoshop 1.0直至Photoshop CC 2018面世，随着技术的不断更新，Photoshop早已成为图像处理行业中的绝对霸主。Photoshop 有众多版本，本书讲解和使用的是Adobe Photoshop CC 2018版本，如图1-41所示，所以也建议读者使用该版本进行学习和练习。当然使用与此版本接近的几个版本进行练习也是可以的，相近的几个版本之间可能会存在个别功能的区别，但总体来说，并不影响学习和使用。

图1—41

1.3.2 Photoshop在数码照片处理中的应用

Photoshop是Adobe公司旗下著名的图像处理软件，集编辑、修复、调色、合成、特效制作等多种功能于一身，深受用户欢迎。

- 处理常见问题：在拍摄数码照片的过程中，经常会因为一些不可控的因素造成作品中出现瑕疵，例如背景杂乱，不必要的人物入镜，光感不理想，天空不够美观，模特表情僵硬或闭眼等常见问题都可以在Photoshop中轻松解决，而且还可以轻松自如地为日常照片添加艺术效果，如图1-42~图1-44所示。

图1-42

图1-43

图1-44

- 照片调色：色彩是数码照片的灵魂，调色则是Photoshop最常用到的功能之一。很多时候由于设备原因拍摄出的数码照片颜色发灰，对比度偏低，导致作品缺少冲击力。Photoshop不仅能够轻松解决这样的问题，而且还能够制作出通常情况下难以在前期拍摄中达到的颜色效果，如图1-45~图1-47所示。

图1-45

图1-46

图1-47

- 商业广告片：近年来，随着数码摄影技术的普及，商业摄影对作品效果的要求也愈加提高。作品不仅要求无瑕疵，精度高，视觉冲击力强，更多时候还需要添加创意的元素在其中。然而很多创意是难以在前期拍摄中表达出的，所以使用Photoshop进行后期合成就成为商业广告片制作的必经之路，如图1-48~图1-51所示。

图1-48

图1-49

图1-50

图1-51

- 影楼后期：随着影楼业务的不断扩展，越来越多的顾客会在结婚、产子、庆生、节日、纪念日等重要日期去影楼拍摄照片作为纪念，当然对于这些重要的“纪念品”，顾客的要求也越来越高，不仅要美化人像、调色、合成，还需要进行排版入册。这都需要影楼后期人员使用Photoshop完成，如图1-52~图1-54所示。

图1-52

图1-53

图1-54

- 创意合成：这里所说的视觉艺术是近年来比较流行的一种创意表现形态，可以作为设计艺术的一个分支。创意合成通常会将大量数码照片素材进行进一步的分解和构成，它为广大设计爱好者提供了无限的设计空间，因此越来越多的设计爱好者都开始注重视觉创意，并逐渐形成属于自己的一套创作风格，如图1-55~图1-58所示。

图1-55

图1-56

图1-57

图1-58

1.3.3 动手学：安装与卸载Photoshop

由于Photoshop是制图类设计软件，所以对硬件设备会有相应的配置需求。安装Photoshop的步骤如下。

01 想要使用Photoshop，就需要安装Photoshop。从CC版本开始，Photoshop开始了一种基于订阅的服务，需要通过Adobe Creative Cloud将Photoshop CC下载下来。首先打开Adobe的官方网站www.adobe.com/cn/，单击右上角的“菜单”按钮，如图1-59所示。接着在弹出的窗口中单击“查看全部”按钮，如图1-60所示。

图1-59

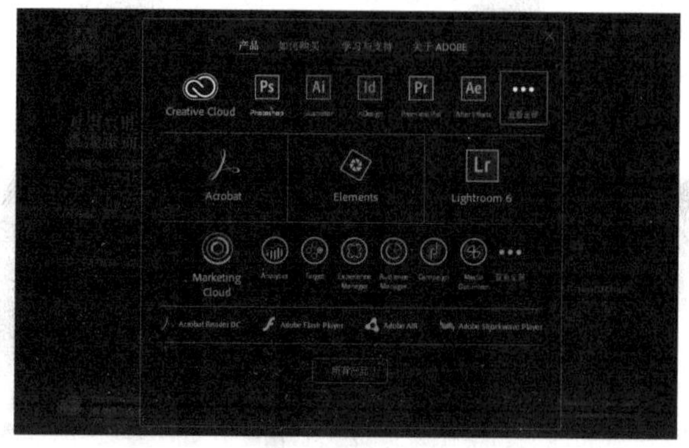

图1-60

02 继续在打开的网页里向下滚动，找到“Creative Cloud”，单击“下载”按钮，如图1-61所示。接着在弹出的窗口中可以注册一个Adobe ID（如果已有Adobe ID，则可以单击“登录”按钮）。如图1-62所示。在注册页面输入基本信息，如图1-63所示。注册完成后可以登录Adobe ID，如图1-64所示。

图1-61　图1-62　图1-63　图1-64

03 接着Creative Cloud的安装程序将会被下载到电脑上，如图1-65所示。双击安装程序进行安装，如图1-66所示。安装成功后，双击该程序快捷方式，启动Adobe Creative Cloud，如图1-67所示。

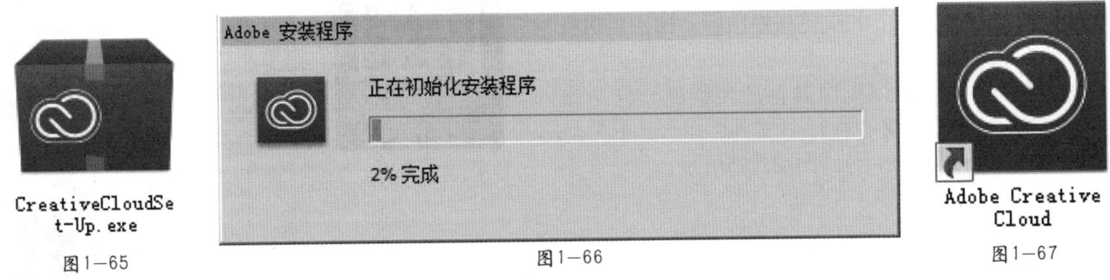

图1-65　图1-66　图1-67

04 启动了Adobe Creative Cloud后，单击“登录”按钮，如图1-68所示。接着输入刚刚注册过的Adobe ID，如图1-69所示。然后在下一个页面中单击顶部的“Apps”，如图1-70所示。出现了软件列表，找到想要安装的软件，然后单击后面的“试用”按钮，如图1-71所示。稍作等待软件会自动安装完成。

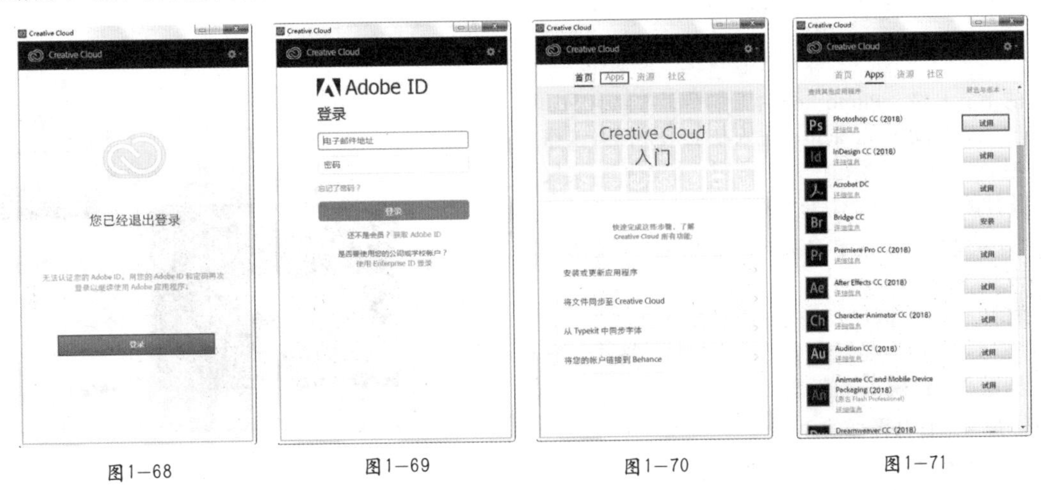

图1-68　图1-69　图1-70　图1-71

05 卸载Photoshop 的方法很简单，在Windows下打开控制面板，然后单击“程序与功能”图标，如图1-72所示。在打开的窗口中右击“Adobe Photoshop CC 2018”，单击“卸载/更改”按钮即可卸载Photoshop，如图1-73所示。当然也可以使用第三方软件进行卸载。

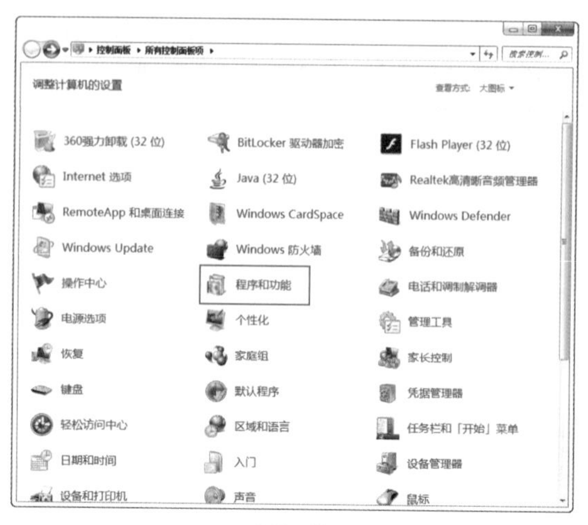

图1-72

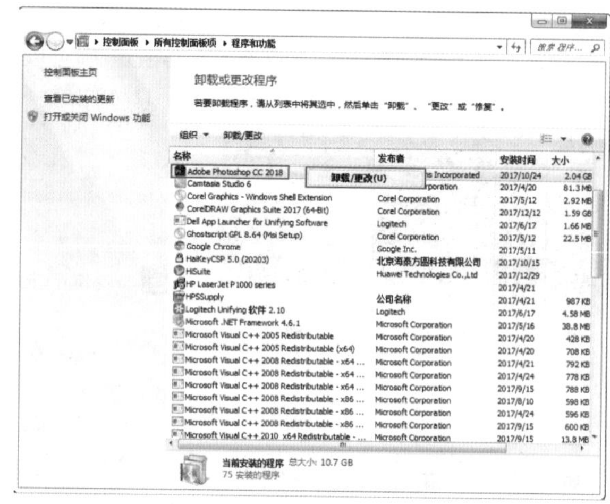

图1-73

1.3.4 启动与退出Photoshop

成功安装Photoshop之后，单击桌面左下角的“开始”按钮，在打开的程序菜单中选择“Adobe Photoshop CC 2018”选项，或者双击桌面上的快捷程序图标，如图1-74所示，即可启动Photoshop。

若要退出Photoshop，可以像其他应用程序一样单击右上角的“关闭”按钮；或者执行“文件”>“退出”命令；或者使用退出快捷键Ctrl+Q，如图1-75所示。

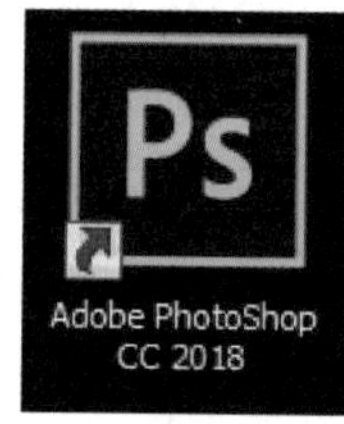

图1-74

图1-75

1.3.5 熟悉Photoshop的界面

- 视频精讲：Photoshop新手学视频精讲课堂\1.熟悉Photoshop的界面与工具.flv

随着版本的不断升级，Photoshop的工作界面布局也更加合理、更加人性化。启动Photoshop，进入其工作界面。工作界面包含菜单栏、选项栏、标题栏、工具箱、状态栏、文档窗口以及各式各样的面板，如图1-76所示。

- 菜单栏：其中包含多个菜单按钮。单击相应的主菜单，即可打开子菜单。
- 标题栏：打开一个文件以后，Photoshop会自动创建一个标题栏。在标题栏中会显示这个文件的名称、格式、窗口缩放比例以及颜色模式等信息。
- 文档窗口：是显示打开图像的地方。
- 工具箱：其中集合了Photoshop的大部分工具。
- 选项栏：主要用来设置工具的参数选项，不同工具的选项栏也不同。比如，当选择移动工具时，其选项栏会显示如图1-77所示的内容。

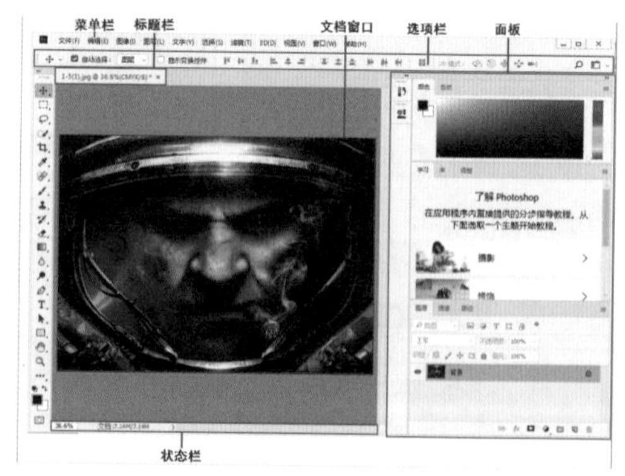

图1-76

图1-77

- 状态栏：位于工作界面的最底部，可以显示当前文档的大小、文档尺寸、当前工具和窗口缩放比例等信息。单击状态栏中的 〉图标，可以设置要显示的内容，如图1-78所示。

图1—78

- 面板：主要用来配合图像的编辑、对操作进行控制以及设置参数等。每个面板的右上角都有一个 ≡ 图标，单击该图标可以打开该面板的菜单选项，如图1-79所示。如果需要打开某一个面板，可以单击菜单栏中的“窗口”菜单按钮，在展开的菜单中单击即可打开该面板。

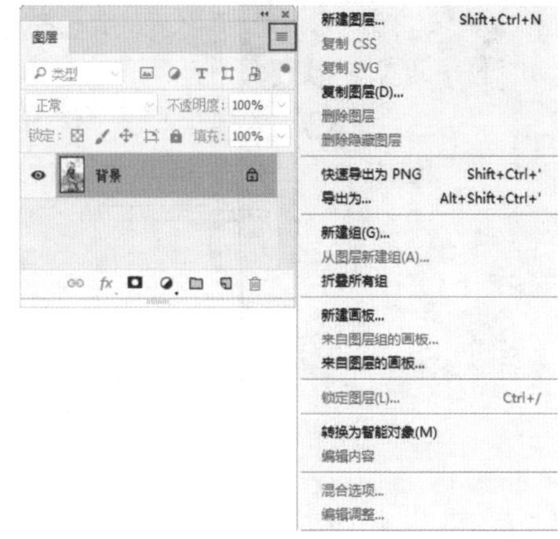

图1—79

技术拓展：拆分与组合面板

默认情况下，面板是以面板组的方式显示在工作界面中的，比如“颜色”面板、“样式”面板和“色板”面板就是组合在一起的。如果要将其中某个面板拖曳出来形成一个单独的面板，可以将光标放置在面板名称上，然后使用鼠标左键拖曳面板，将其拖曳出面板组，如图1—80所示。

如果要将一个单独的面板与其他面板组合在一起，可以将光标放置在该面板的名称上，然后使用鼠标左键将其拖曳到要组合的面板名称上，如图1—81所示。

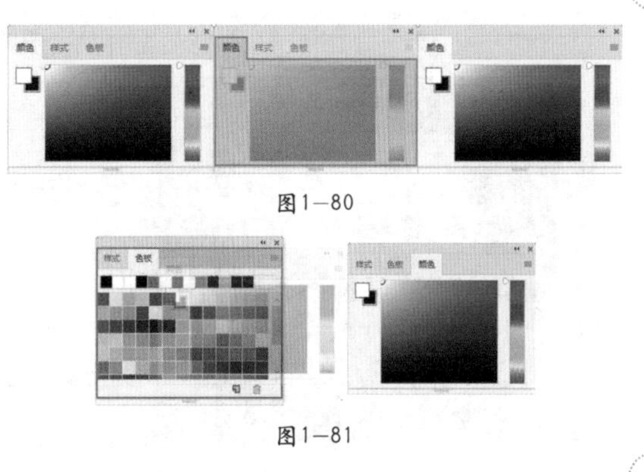

图1—80

图1—81

1.3.6 设置Photoshop的工作区

- 视频精讲：Photoshop新手学视频精讲课堂\8.设置工作区域.flv

在Photoshop中包含多种预设的工作区，执行“窗口”>“工作区”命令，在子菜单中可以选择多种工作区。也可以单击选项栏中的“切换工作区按钮” 按钮，即可在下拉列表中进行选择。当然，根据每个用户的不同操作习惯，在Photoshop中还可以创建并保存新的工作区。

01 当进行数码照片处理时，可以在工作区预设中选择“摄影”。但是当前出现的很多面板可能都很少用到，影响了操作空间，如图1-82所示。

图1—82

02 在“窗口”菜单下关闭不需要的面板，只保留“调整”“历史记录”“图层”“选项”和“工具”，如图1-83所示。

图1－83

03 单击窗口右侧的切换工作区按钮，在弹出的下拉列表口选择“新建工作区”选项，然后在弹出的对话框中为工作区设置一个名称，接着单击“存储”按钮存储工作区，如图1-84所示。

图1－84

04 关闭Photoshop，然后重启，在“窗口”>“工作区”菜单下就可以选择前面自定义的工作区，如图1-85所示。

图1－85

05 在操作过程中难免会打开其他面板，或者关闭某些必要面板，此时只需要执行“窗口”>“工作区”>“复位照片处理”命令或在工作区列表底部选择“复位照片处理”命令，即可将工作区恢复到原始状态，如图1-86所示。效果如图1-87所示。

图1－86

图1－87

06 执行“窗口”>“工作区”>“删除工作区”命令或在工作区列表底部选择“删除工作区”命令，即可删除自定义的工作区，如图1-88所示。

图1－88

技术拓展：展开与折叠面板

在默认情况下，面板都处于展开状态。单击面板右上角的折叠图标◀◀，可以将面板折叠起来，同时折叠图标◀◀会变成展开图标▶▶（单击该图标可以展开面板），如图1—89和图1—90所示。单击“关闭”图标✕，可以关闭面板。

图1—89

图1—90

1.4 常用的辅助工具

视频精讲：Photoshop新手学视频精讲课堂\9.使用Photoshop辅助对象.flv

在使用Photoshop修饰数码照片的过程中，常用的辅助工具包括标尺、参考线、网格等，借助这些辅助工具可以进行参考、对齐、对位等操作。

1.4.1 动手学：标尺

技术速查：标尺在实际工作中经常用来定位图像或元素位置，从而让用户更精确地处理图像。

01 执行“文件”>“打开”命令，打开一张照片。执行“视图”>“标尺”命令或按Ctrl+R快捷键，此时看到窗口顶部和左侧会出现标尺，如图1-91所示。

图1—91

02 默认情况下，标尺的原点位于窗口的左上方，用户可以修改原点的位置。将光标放置在原点上，然后使用鼠标左键单击并拖曳，画面中会显示出十字线，释放鼠标左键以后，释放处便成了原点的新位置，并且此时的原点数字也会发生变化，如图1-92所示。如果要将原点复位到初始状态，可以双击横向和纵向标尺交界的垂直部分，如图1-93所示。

图1—92

图1—93

1.4.2 动手学：参考线

技术速查：使用参考线可以帮助用户在操作过程中快速定位图像中的某个特定区域或某个元素的位置，以方便用户在这个区域或位置内进行操作，并且在输出和打印图像时，参考线都不会显示出来。

01 打开一张图片，按Ctrl+R快捷键显示出标尺。将光标放置在水平标尺上，然后使用鼠标左键向下拖曳即可拖出水平参考线，定位在合适的位置，如图1-94所示。将光标放置在左侧的垂直标尺上，然后使用鼠标左键向右拖曳即可拖出垂直参考线，定位在合适的位置，如图1-95所示。

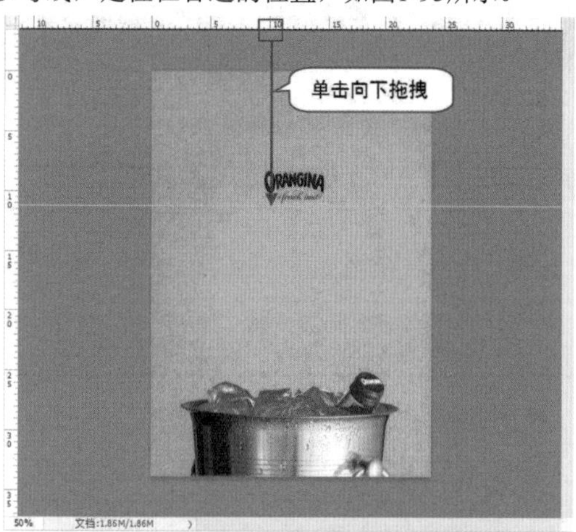

图1—94

图1—95

02 如果要移动参考线，可以在工具箱中单击“移动工具”按钮，然后将光标放置在参考线上，当光标变成分隔符形状时，使用鼠标左键即可移动参考线，如图1-96所示。如果使用移动工具将参考线拖曳出画布之外，就可以删除这条参考线。如果要隐藏参考线，可以执行“视图”>“显示”>“参考线”命令或按Ctrl+;快捷键，再次执行该命令即可将参考线显示出来，如图1-97所示。如果需要删除画布中的所有参考线，可以执行“视图”>“清除参考线”命令。

图1—96

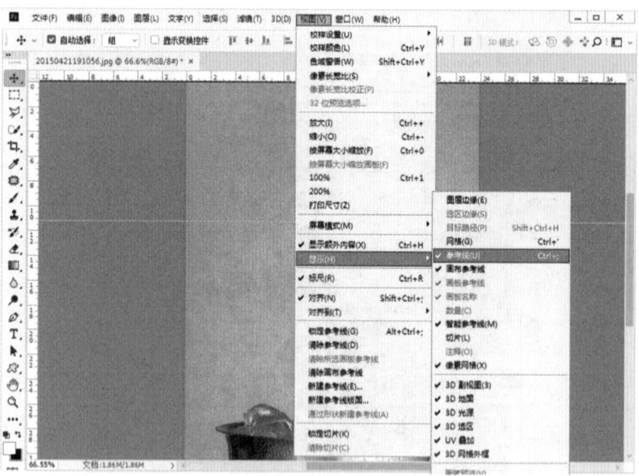

图1—97

技巧提示

在创建、移动参考线时，按住Shift键可以使参考线与标尺刻度进行对齐；按住Ctrl键可以将参考线放置在画布中的任意位置，并且可以让参考线不与标尺刻度进行对齐。

读书笔记

1.4.3 智能参考线

● 技术速查：启用智能参考线后可以无须创建其他参考线而帮助用户在操作过程中对齐形状、切片和选区。

执行“视图”>“显示”>“智能参考线”命令，可以启用智能参考线，启用智能参考线后，当绘制形状、创建选区或切片时，智能参考线会自动出现在画布中。如图1-98所示为使用智能参考线和切片工具进行操作时的画布状态。粉色线条为智能参考线。

图1—98

1.4.4 网格

● 技术速查：网格主要用来对齐对象。网格在默认情况下显示为不打印出来的线条，但也可以显示为点。

执行“视图”>“显示”>“网格”命令，就可以在画布中显示出网格。在制图过程中可以参考网格线的位置进行精确制图，如图1-99所示。

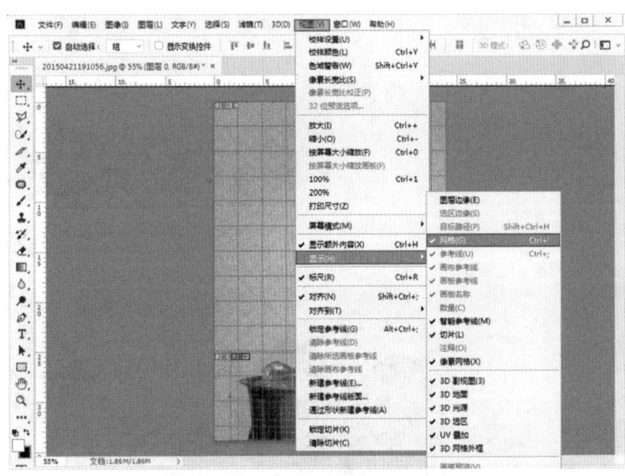

图1—99

技巧提示

显示出网格后，可以执行“视图”>“对齐”>“网格”命令，启用对齐网格的功能，此后在创建选区或移动图像等操作时，对象将自动对齐到网格上。

本章小结

本章内容比较简单，主要介绍了与数码照片处理相关的一些常识性内容，并简单地讲解了Photoshop的基础知识，通过本章的学习可以达到熟悉Photoshop操作界面的目的。

读书笔记

第2章

照片处理基本操作

本章内容简介：

本章将从Photoshop中的文档操作方法开始讲解，学习在Photoshop中查看照片、调整照片尺寸与方向等数码照片的基本操作。进而学习图像的剪切、拷贝、粘贴、变换变形，以及在操作过程中的撤销与返回的方法。

本章学习要点：

- 掌握在Photoshop中处理照片文档的基本方法
- 掌握在Photoshop中查看照片文档的方法
- 掌握调整照片尺寸的方法
- 掌握数码照片的变换与变形
- 掌握剪切/拷贝/粘贴的方法

照片文档的基本操作

与其他设计软件相同，在Photoshop中也需要对照片文档执行“打开”“创建”“存储”“置入嵌入对象”“关闭”等操作。

2.1.1 动手学：在Photoshop中打开数码照片

● 视频精讲：Photoshop新手学视频精讲课堂\3.在Photoshop中打开文件.flv

01 在Photoshop中打开数码照片文件的方法有很多种，执行“文件”>“打开”命令，然后在弹出的对话框中选择需要打开的文件，如图2-1所示。接着单击“打开”按钮或双击文件，即可在Photoshop中打开该文件，如图2-2所示。

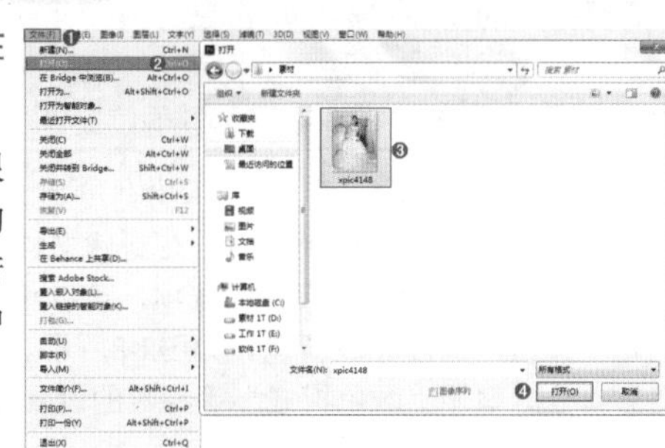

图2—1

图2—2

技巧提示

在Photoshop中不仅可以打开JPG格式的数码照片，还可以打开如PSD、BMP、PNG、GIF等多种格式的图片文件，在“打开”窗口的文件格式下拉列表中可以看到Photoshop可以打开的照片格式类型。

02 如果使用与文件的实际格式不匹配的扩展名文件（如用扩展名GIF的文件存储PSD文件），或者文件没有扩展名，则Photoshop可能无法打开该文件，这时就需要使用“打开为”命令，选择正确的格式才能让Photoshop识别并打开该文件。执行“文件”>“打开为”命令，在弹出的窗口框中可以选择需要打开的文件，并且可以设置所需要的文件格式，如图2-3所示。

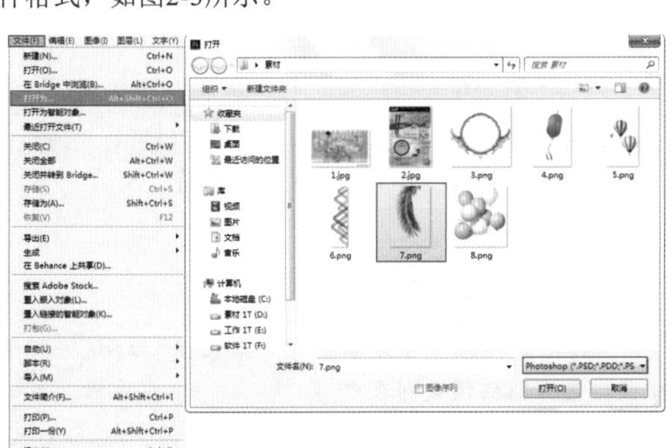

图2—3

03 执行“文件”>“打开为智能对象”命令，然后在弹出的对话框中选择一个文件将其打开，如图2-4所示。此时该文件将以智能对象的形式被打开，如图2-5所示。

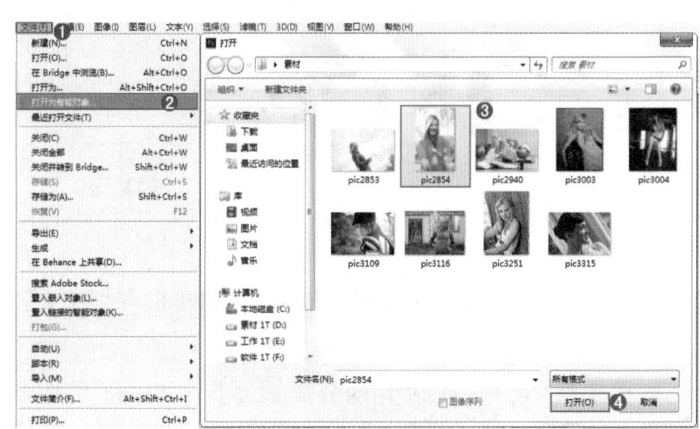

图2—4

图2—5

技巧提示

智能对象是包含栅格图像或矢量图像的数据的图层。智能对象将保留图像的源内容及其所有原始特性，因此对该图层无法进行破坏性编辑。

04 还可以利用快捷方式打开文件。选择一个需要打开的文件，然后将其拖曳到Photoshop的应用程序图标上，如图2-6所示。或者选择一个需要打开的文件，然后单击鼠标右键，在弹出的快捷菜单中选择“打开方式”>“Adobe Photoshop CC 2018”命令，如图2-7所示。

图2—6　　图2—7

2.1.2 创建新文件

● 视频精讲：Photoshop新手学视频精讲课堂\2.使用Photoshop创建新文件.flv

执行“文件”>“新建”命令打开“新建文档”窗口。在新建文档窗口中既可以选择一些常见的预设尺寸也可以设置特定的尺寸。如果需要选择系统内置的一些预设文档尺寸的选项，可以单击预设选项组的名称，然后单击选择一个合适的“预设”图标，单击右下角的“创建”按钮，即可完成新建。如图2-8所示。如果需要制作比较特殊的尺寸，就需要自己设置，在窗口右侧进行“宽度”“高度”“分辨率”“颜色模式”等参数的设置即可，如图2-9所示。

图2—8

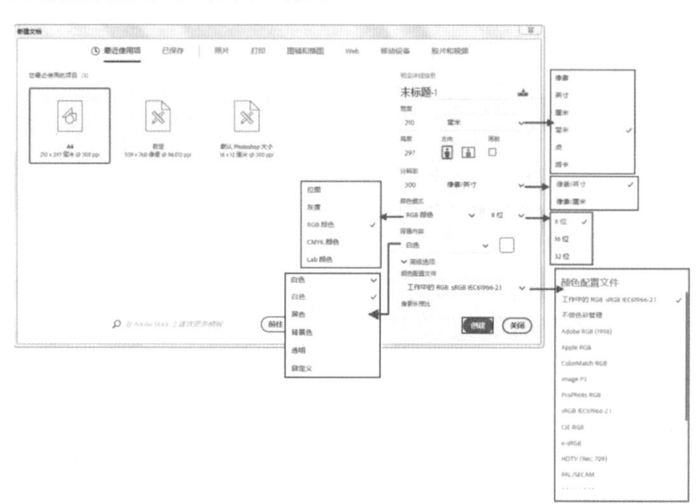

图2—9

- **宽度/高度**：设置文件的宽度和高度，其单位有“像素”“英寸”“厘米”“毫米”等多种。
- **分辨率**：用来设置文件的分辨率大小，其单位有“像素/英寸”和“像素/厘米”两种。创建新文件时，文档的宽度与高度通常与实际印刷的尺寸相同（超大尺寸文件除外）。
- **颜色模式**：设置文件的颜色模式以及相应的颜色深度。
- **背景内容**：设置文件的背景内容，有“白色”“黑色”“背景色”“透明”“自定义”5个选项。
- **高级选项**：展开该选项组，在其中可以进行“颜色配置文件”以及“像素长宽比”的设置。

技巧提示

完成设置后，可以单击“存储预设”按钮，将这些设置存储到预设列表中。

2.1.3 动手学：存储文件

● 视频精讲：Photoshop新手学视频精讲课堂\5.文件的存储.flv

● 技术速查：存储文件将保留所做的更改，并且会替换掉上一次存储的文件，同时会按照当前格式和名称进行存储。

使用Photoshop的过程不仅仅是在编辑完成后需要进行存储，在编辑过程中为了避免程序错误以及发生断电等情况而导致的操作丢失，更是需要经常存储文件。

01 执行“文件”>“存储”命令或按Ctrl+S快捷键可以对文件进行存储，如图2-10所示。如果是新建的一个文件，那么在执行“文件”>“存储”命令时，系统会弹出“存储为”对话框。

02 执行“文件”>“存储为”命令或按Shift+Ctrl+S组合键可以将文件存储到另一个位置或使用另一文件名进行存储，如图2-11所示。

文件(F) 编辑(E) 图像(I) 图层(L) 文字(Y)
新建(N)... Ctrl+N
打开(O)... Ctrl+O
在 Bridge 中浏览(B)... Alt+Ctrl+O
打开为... Alt+Shift+Ctrl+O
打开为智能对象...
最近打开文件(T)
关闭(C) Ctrl+W
关闭全部 Alt+Ctrl+W
关闭并转到 Bridge... Shift+Ctrl+W
存储(S) Ctrl+S
存储为(A)... Shift+Ctrl+S
恢复(V) F12

图2-10

图2-11

- 文件名：设置存储的文件名。
- 格式：选择文件的存储格式。

2.1.4 置入素材文件

- 视频精讲：Photoshop新手学视频精讲课堂\4.置入素材文件.flv
- 技术速查：置入文件是将照片、图片或任何Photoshop支持的文件作为智能对象添加到当前操作的文档中。

执行“文件”>“置入嵌入对象”命令，然后在弹出的对话框中选择需要的文件，单击“置入”按钮即可将其置入到Photoshop中，如图2-12所示。在置入文件之后，可以对作为智能对象的图像进行缩放、定位、斜切、旋转或变形操作，并且不会降低图像的质量。操作完成之后选中新置入的素材，执行“图层”>“栅格化”>“智能对象”命令，将其转换为普通图层，以减少硬件设备负担。

图2-12

PROMPT 技巧提示

Photoshop中置入图片有两种方式：嵌入和链接。“嵌入”是将置入的素材图片完整地添加到当前Photoshop文档中，就是和这个文档中的其他元素一起组成一个完整的文件。当素材的原始文件内容、名称或储存位置改变时，Photoshop文档不会发生变化。执行“文件”>“置入链接的智能对象”菜单命令，在弹出的窗口中选择素材图片，素材则会以“链接”的形式置入到当前文件中。

以“链接”形式置入的素材并不是真正的存在于Photoshop文档中，仅仅是通过链接在Photoshop中显示。原始图片经过修改后在Photoshop中的该素材效果也会发生变化。如果链接的文件储存位置移动，或者更改名称，Photoshop文档则可能出现素材丢失的问题。所以移动文件位置时要注意链接的素材图像也需要一起移动。“链接”形式的优势在于其素材不储存在文档中，所以不会为Photoshop文档增添过多的负担。

2.1.5 复制文件

- 视频精讲：Photoshop新手学视频精讲课堂\7.复制文件.flv

在Photoshop中，执行“图像”>“复制”命令可以将当前文件复制一份，如图2-13所示。复制的文件将作为一个副本文件单独存在，如图2-14所示。

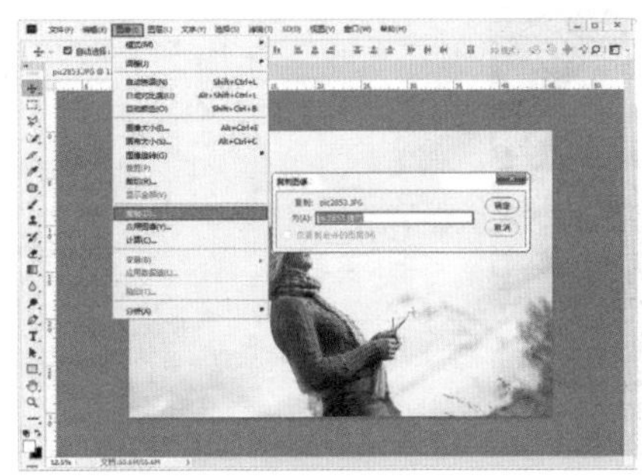

图2-13

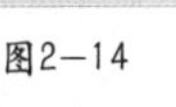

图2-14

2.1.6 恢复文件

执行“文件”>“恢复”命令，可以直接将文件恢复到最后一次存储时的状态，或返回到刚打开文件时的状态。

技巧提示

“恢复”命令只能针对已有图像的操作进行恢复。如果是新建的文件，则“恢复”命令不可用。

2.1.7 关闭文档

视频精讲：Photoshop新手学视频精讲课堂\6.文件的关闭与退出.flv

执行“文件”>“关闭”命令、按Ctrl+W快捷键或者单击文档窗口文件名旁的“关闭”按钮，可以关闭当前处于激活状态的文件。使用这3种方法关闭文件时，其他文件将不受任何影响，如图2-15所示。执行“文件”>“关闭全部”命令或按Alt+Ctrl+W组合键，可以关闭所有的文件，如图2-16所示。

图2－15

新建(N)...	Ctrl+N
打开(O)...	Ctrl+O
在 Bridge 中浏览(B)...	Alt+Ctrl+O
打开为...	Alt+Shift+Ctrl+O
打开为智能对象...	
最近打开文件(T)	▸
关闭(C)	Ctrl+W
关闭全部	Alt+Ctrl+W
关闭并转到 Bridge...	Shift+Ctrl+W

图2－16

★ 案例实战——完成文件制作的基本流程

案例文件	案例文件\第2章\完成文件制作的基本流程.psd
视频教学	视频文件\第2章\完成文件制作的基本流程.flv
难易指数	★★★★★
技术要点	新建、打开、置入嵌入对象、存储为、关闭

案例效果

扫码看视频

本例通过使用新建、打开、置入嵌入对象、存储为、关闭等命令熟悉文件处理的基本流程，效果如图2-17所示。

图2－17

操作步骤

01 执行“文件”>“新建”命令，在弹出的“新建文档”窗口中设置“名称”为“完成文件制作的基本流程”，设置文件“宽度”为2600像素、“高度”为1800像素，设置“分辨率”为300像素/英寸，“颜色模式”为“RGB颜色”，“背景内容”为“白色”，如图2-18所示。

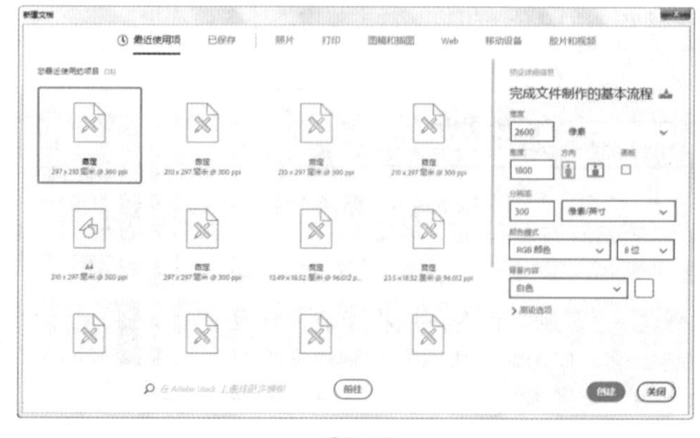

图2－18

02 执行“文件”>“打开”命令，打开背景素材“1.jpg”，如图2-19示。单击工具箱中的“移动工具”按钮，在背景素材上按住鼠标左键并拖动到新建文件中，此时效果如图2-20所示。

03 执行“文件”>“置入嵌入对象”命令，在弹出的“置入嵌入的对象”对话框中选择素材“2.png”，单击“置入”按钮，如图2-21所示。将素材放置在画布中间并栅格化。此时效果如图2-22所示。

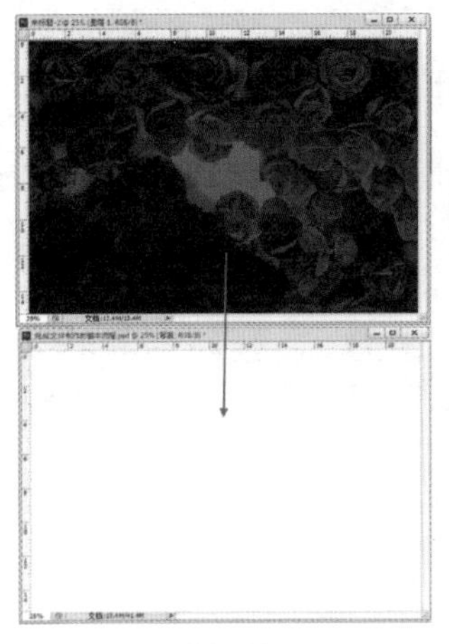

图2—19

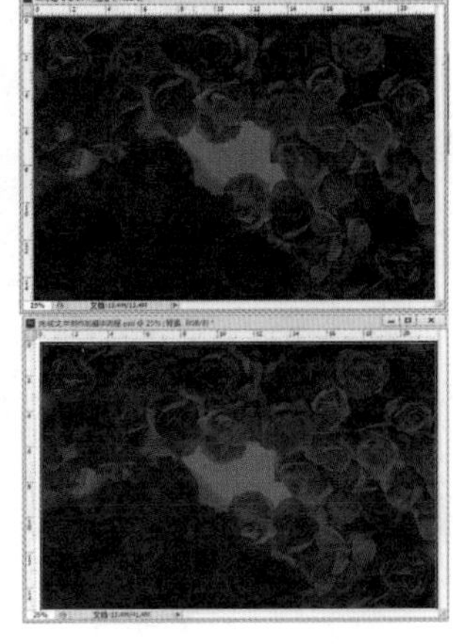

图2—20

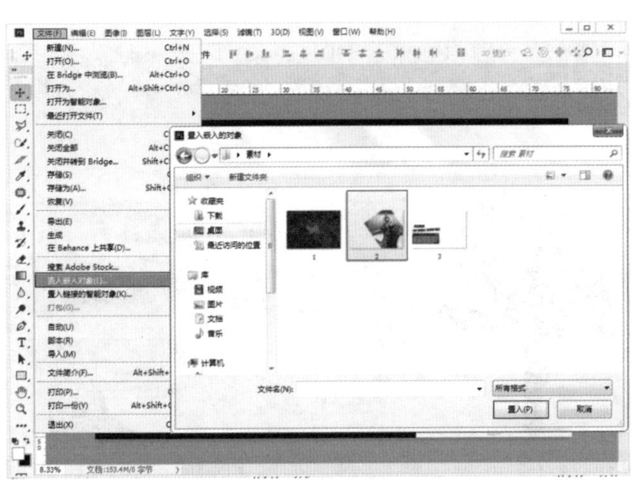

图2—21

图2—22

04 继续执行“文件”>“置入嵌入对象”命令，选择装饰素材“3.png”，单击“置入”按钮，如图2-23所示。将素材栅格化后将光标定位到界定框一角处，按住Shift键等比例缩小放置在画布左下角，如图2-24所示。

05 按Enter键确定图像的置入并将其栅格化，效果如图2-25所示。

图2—23

图2—24

图2—25

06 制作完成后执行“文件”>“存储为”命令或按Shift+Ctrl+S组合键，打开“另存为”对话框。在其中设置文件存储的位置、名称以及格式，首先设置格式为可存储分层文件信息的PSD格式，如图2-26所示。

07 再次执行“文件>存储为”命令或按Shift+Ctrl+S组合键，打开“另存为”对话框。选择格式为方便预览和上传至网络的.jpg格式，如图2-27所示。最后执行“文件”>“关闭”命令，关闭当前文件，如图2-28所示。

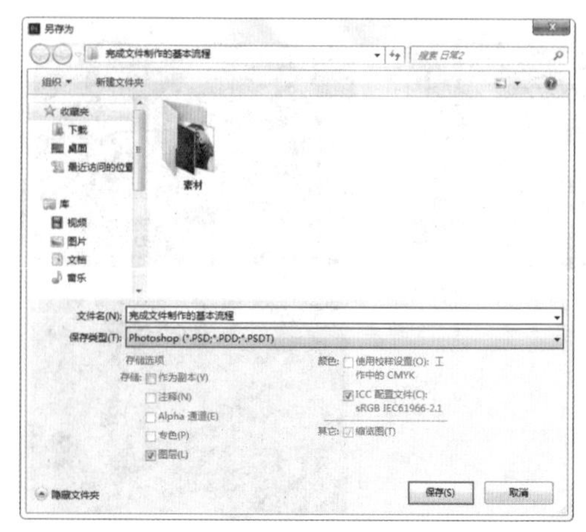
图2-26

图2-27

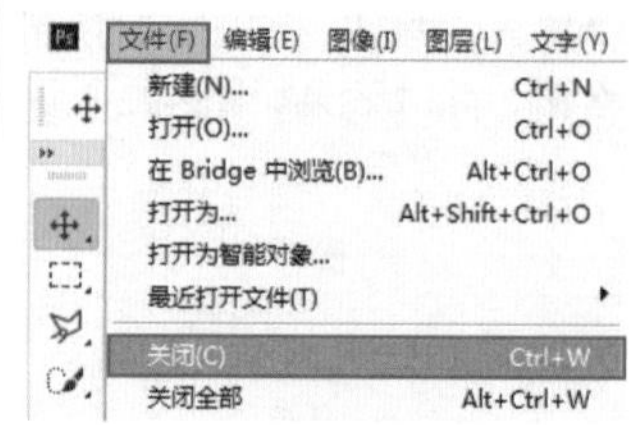

图2-28

2.2 在Photoshop中查看数码照片

在Photoshop中打开数码照片或者创建新文档后，可能需要放大观看照片的某个局部，如图2-29所示。或需要缩小观看画面的整体效果。当Photoshop中开启了多个文档时（见图2-30），就需要对界面中的多个文档进行显示方式的调整，这也是本节将要讲解的内容。

图2-29

图2-30

2.2.1 动手学：使用缩放工具调整图像显示比例

● 技术速查：使用缩放工具在画面中单击或按住鼠标左键并拖动，即可将图像的显示比例进行放大和缩小，如图2-31和图2-32所示。

图2-31

图2-32

缩放工具在实际工作中的使用频率相当高，如果想要查看图像中某个区域的图像细节，就需要使用到缩放工具。需要注意的是，使用缩放工具放大或缩小图像时，图像的真实大小是不会跟着发生改变的。因为使用缩放工具放大或缩小图像，只是改变了图像在屏幕上的显示比例，并没有改变图像的大小比例，它们之间有着本质的区别。单击工具箱中的“缩放工具”按钮，缩放工具的选项栏如图2-33所示。

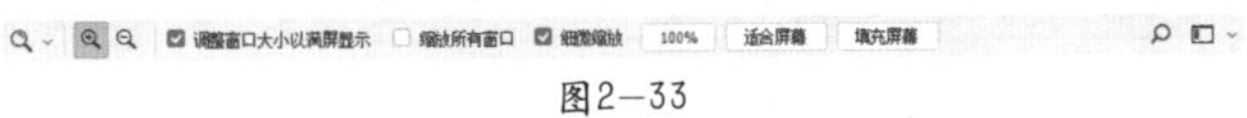

图2—33

- **“放大”按钮/“缩小”按钮**：切换缩放的方式。单击“放大”按钮可以切换到放大模式，在画布中单击鼠标可以放大图像；单击“缩小”按钮可以切换到缩小模式，在画布中单击鼠标可以缩小图像。

技巧提示

如果当前使用的是放大模式，那么按住Alt键可以切换到缩小模式；如果当前使用的是缩小模式，那么按住Alt键可以切换到放大模式。

- **调整窗口大小以满屏显示**：在缩放窗口的同时自动调整窗口的大小。
- **缩放所有窗口**：同时缩放所有打开的文档窗口。
- **细微缩放**：选中该复选框，在画面中单击并向左侧或右侧拖曳鼠标，能够以平滑的方式快速放大或缩小窗口。
- **适合屏幕**：单击该按钮，可以在窗口中最大化显示完整的图像。
- **填充屏幕**：单击该按钮，可以在整个屏幕范围内最大化显示完整的图像。

技巧提示

按Ctrl++快捷键可以放大窗口的显示比例；按Ctrl+－快捷键可以缩小窗口显示比例；按Ctrl+0快捷键可以自动调整图像的显示比例，使之能够完整地在窗口中显示出来；按Ctrl+1快捷键可以使图像按照实际的像素比例显示出来。

2.2.2 动手学：使用抓手工具平移图像

- **技术速查**：当放大一个图像后，可以使用抓手工具在画面中按住鼠标左键并拖动将图像移动到特定的区域内查看图像，如图2-34和图2-35所示。

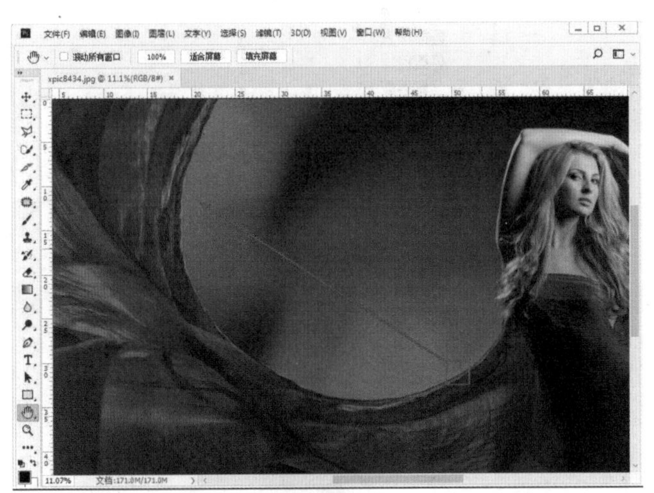

图2—34

图2—35

在工具箱中单击“抓手工具”按钮，可以激活抓手工具，抓手工具的选项栏如图2-36所示。

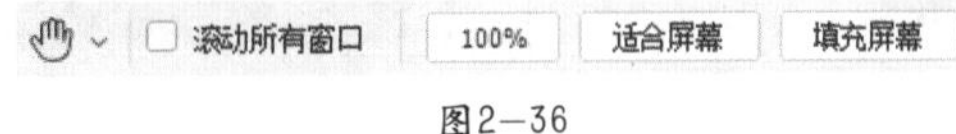

图2—36

- **滚动所有窗口**：选中该复选框时，可以允许滚动所有窗口。
- **适合屏幕**：单击该按钮，可以在窗口中最大化显示完整的图像。
- **填充屏幕**：单击该按钮，可以在整个屏幕范围内最大化显示完整的图像。

技巧提示

在使用其他工具编辑图像时，按住Space键（即空格键）切换到抓手状态，当松开Space键时，系统会自动切换回其他工具。

2.2.3 使用“导航器”面板查看图像

- 技术速查：在“导航器”面板中，通过滑动鼠标可以查看图像的某个区域，通过调整滑块可以调整图像显示比例。

执行“窗口”>“导航器”命令，调出“导航器”面板，如果要在“导航器”面板中移动画面，可以将光标放置在缩览图上，当光标变成抓手形状时（只有图像的缩放比例大于全屏显示比例时才会出现抓手图标），在“缩放数值”文本框中输入缩放数值，可以精确地调整画面缩放比例。单击“缩小”按钮，可以缩小图像的显示比例；单击“放大”按钮，可以放大图像的显示比例。拖曳“缩放”滑块可以放大或缩小窗口，如图2-37所示。

图2—37

2.2.4 调整文档排列形式

- 视频精讲：Photoshop新手学视频精讲课堂\10.查看图像窗口.flv

在Photoshop中打开多个文档时，用户可以选择文档的排列方式。执行“窗口”>“排列”命令，在子菜单下可以选择一个合适的排列方式，如图2-38所示。

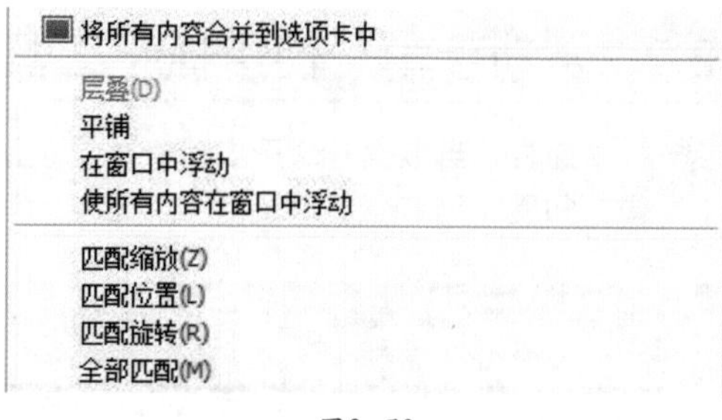

图2—38

- 将所有内容合并到选项卡中：当选择该方式时，窗口中只显示一个图像，其他图像将最小化到选项卡中，如图2-39所示。
- 层叠：该方式是从屏幕的左上角到右下角以堆叠和层叠的方式显示未停放的窗口，如图2-40所示。

图2—39

图2—40

- 平铺：当选择该方式时，窗口会自动调整大小，并以平铺的方式填满可用的空间，如图2-41所示。
- 在窗口中浮动：当选择该方式时，图像可以自由浮动，并且可以任意拖曳标题栏来移动窗口，如图2-42所示。

图2—41

图2—42

- 使所有内容在窗口中浮动：当选择该方式时，所有文档窗口都将变成浮动窗口，如图2-43所示。
- 匹配缩放：该方式是将所有窗口都匹配到与当前窗口相同的缩放比例，如图2-44所示。例如，将当前窗口进行缩放，然后执行“匹配缩放”命令，其他窗口的显示比例也会随之缩放，如图2-45所示。

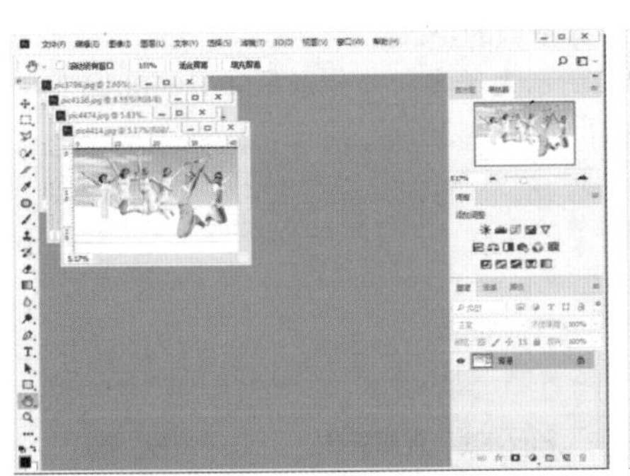

图2—43

图2—44

图2—45

- 匹配位置：该方式是将所有窗口中图像的显示位置都匹配到与当前窗口相同，如图2-46所示。
- 匹配旋转：该方式是将所有窗口中画布的旋转角度都匹配到与当前窗口相同，如图2-47所示。
- 全部匹配：该方式是将所有窗口的缩放比例、图像显示位置、画布旋转角度与当前窗口进行匹配。

图2—46

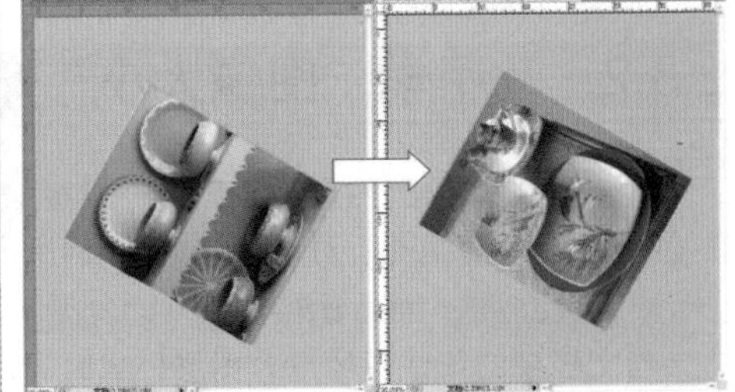

图2—47

2.2.5 更改屏幕模式

在工具箱中单击底部的“更改屏幕模式”按钮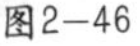，在弹出的菜单中可以选择屏幕模式，其中包括“标准屏幕模式”“带有菜单栏的全屏模式”和“全屏模式”3种，如图2-48所示。

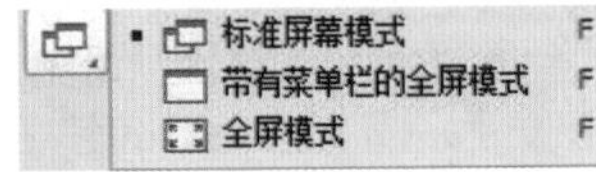

图2—48

- 标准屏幕模式：可以显示菜单栏、标题栏、滚动条和其他屏幕元素，如图2-49所示。
- 带有菜单栏的全屏模式：可以显示菜单栏、50%的灰色背景、无标题栏和滚动条的全屏窗口，如图2-50所示。
- 全屏模式：只显示黑色背景和图像窗口，如图2-51所示。

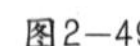

图2—49

图2—50

图2—51

在全屏模式下没有任何工具命令，如果要退出全屏模式，可以按Esc键。如果按Tab键，将切换到带有面板的全屏模式。

2.3 调整数码照片尺寸与角度

2.3.1 调整图像大小

- 视频精讲：Photoshop 新手学视频精讲课堂/11.调整图像大小.flv
- 技术速查："图像大小"命令的使用可以根据用户需要进行尺寸、大小、分辨率等参数的更改。

对图像进行处理时，经常需要对图像的尺寸、大小及分辨率进行调整，如图2-52所示为像素尺寸分别是600×600像素与200×200像素的同一图片的对比效果，尺寸大的图像所占的存储空间也要相对大一些，如图2-53所示。

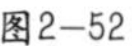

图2—52

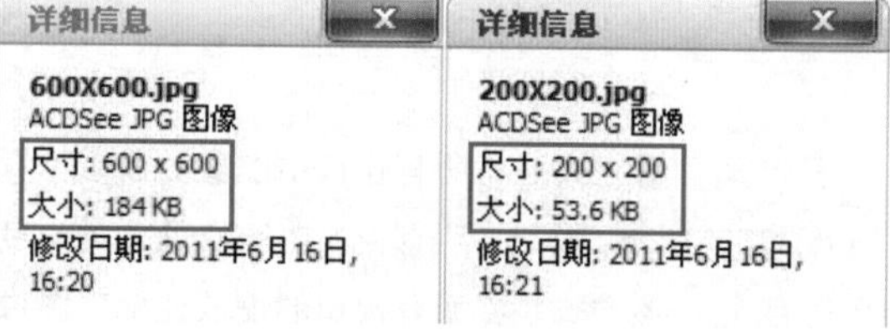

图2—53

2.3.2 动手学"图像大小"命令

执行"图像">"图像大小"命令或按Alt+Ctrl+I组合键，可打开"图像大小"对话框，如图2-54所示。

- 缩放样式按钮：单击⚙.按钮，可以勾选"缩放样式"。当文档中的某些图层包含图层样式时，选中"缩放样式"复选框，可以在调整图像的大小时自动缩放样式效果。如图2-55、图2-56所示。
- 调整为：在下拉菜单中包含预设的像素比例供用户快速选择。
- 宽度/高度：该选项组中的参数主要用来设置图像的尺寸。按下"约束比例"按钮8时，可以在修改图像的宽度或高度时，保持宽度和高度的比例不变。

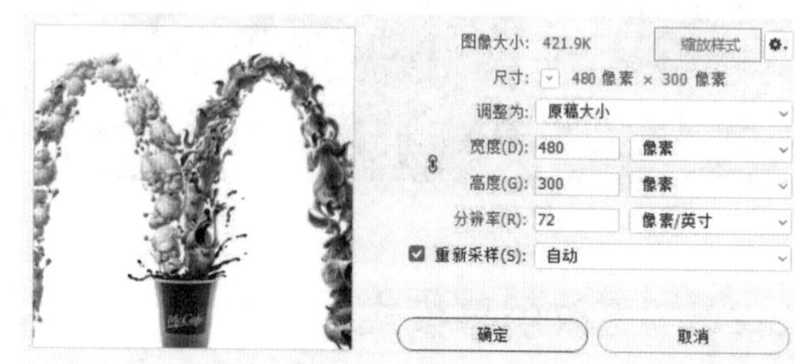

图2—54

图2—55

图2—56

- **分辨率**：该选项可以改变图像的分辨率大小。
- **重新采样**：修改图像的像素大小在Photoshop中称为重新取样。当减少像素的数量时，就会从图像中删除一些信息；当增加像素的数量或增加像素取样时，则会增加一些新的像素。在“图像大小”对话框底部的“重新采样”下拉列表中提供了8种插值方法来确定添加或删除像素的方式。

2.3.3　动手学：修改图像尺寸

很多时候图像素材的尺寸与需要的尺寸不符，例如制作计算机桌面壁纸、个性化虚拟头像或传输到个人网络空间等，都需要对图像的尺寸进行特定的修改，以适合不同的要求。

修改图像尺寸的具体操作如。

（1）打开一张图片，执行“图像”＞“图像大小”命令或按Alt+Ctrl+I组合键，打开“图像大小”对话框，从该对话框中可以观察到图像的宽度为1200像素，高度为800像素，如图2-57所示。

（2）在“图像大小”对话框中设置图像的“宽度”为800像素，“高度”为400像素，确定操作后在图像窗口中可以明显观察到图像变小了，如图2-58所示。

图2—57

图2—58

2.3.4　动手学：修改图像分辨率

分辨率是指位图图像中的细节精细度，测量单位是像素/英寸（PPI），每英寸的像素越多，分辨率越高。一般来说，图像的分辨率越高，印刷出来的质量就越好，当然所占设备空间也更大。需要注意的是，凭空增大分辨率数值，图像并不会变得更精细。

（1）打开一张图片文件，在“图像大小”对话框可以观察到图像默认的“分辨率”为300，如图2-59所示。

（2）在“图像大小”对话框将“分辨率”更改为150，此时可以观察到像素大小也会随之而减小，如图2-60所示。

（3）返回到修改分辨率之前的状态，然后在“图像大小”对话框中将“分辨率”更改为600，此时可以观察到像素大小也会随之而增大，如图2-61所示。

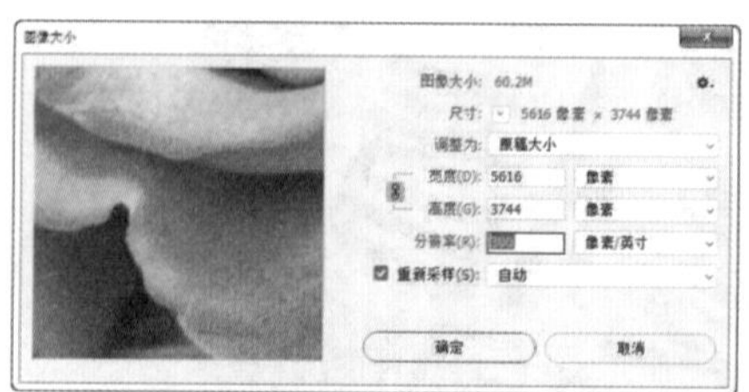
图2-59

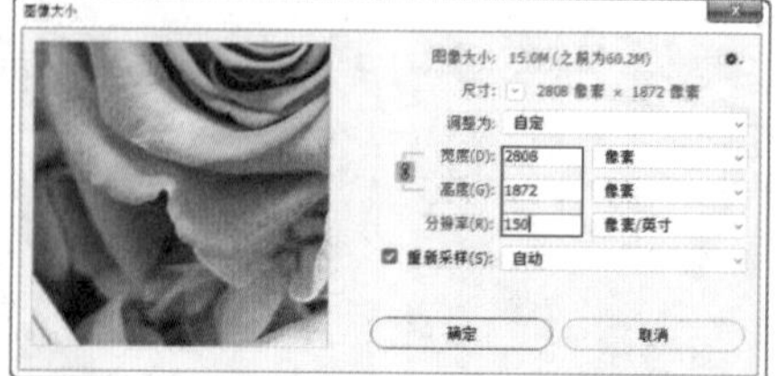
图2-60

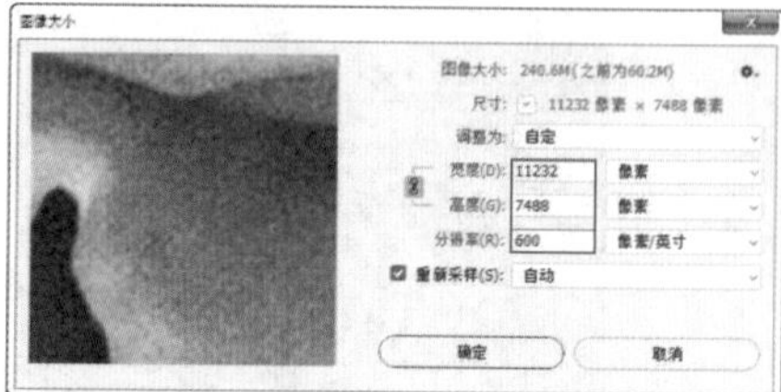
图2-61

2.3.5 裁剪图像

- 视频精讲：Photoshop新手学视频精讲课堂\23.裁切与裁剪图像.flv
- 技术速查：使用“裁剪”命令可以将选区以外的图像裁剪掉，只保留选区内的图像。

当画面中包含选区时，如图2-62所示，执行“图像”>“裁剪”命令，效果如图2-63所示。如果在图像上创建的是圆形选区或多边形选区，则裁剪后的图像仍为矩形。

图2-62

图2-63

2.3.6 裁切图像

- 视频精讲：Photoshop新手学视频精讲课堂\23.裁切与裁剪图像.flv
- 技术速查：使用“裁切”命令可以基于像素的颜色来裁剪图像。

打开一张留白范围很大的图像，如图2-64所示。执行“图像”>“裁切”命令，打开“裁切”对话框，如图2-65所示。裁切完成后多余的白边被去除，如图2-66所示。

图2-64

图2-65

图2-66

- 透明像素：可以裁剪掉图像边缘的透明区域，只将非透明像素区域的最小图像保留下来。该选项只有图像中存在透明区域时才可用。
- 左上角像素颜色：从图像中删除左上角像素颜色的区域。
- 右下角像素颜色：从图像中删除右下角像素颜色的区域。
- 顶/底/左/右：设置修正图像区域的方式。

2.3.7 使用裁剪工具

- 视频精讲：Photoshop新手学视频精讲课堂\23.裁切与裁剪图像.flv
- 技术速查：使用裁剪工具可以裁剪掉多余的图像，并重新定义画布的大小。

单击工具箱中的“裁剪工具”按钮，画面四周出现裁剪框，在画面中调整裁切框，以确定需要保留的部分，如图2-67所示。或拖曳出一个新的裁切区域，然后按Enter键或双击鼠标左键即可完成裁剪，如图2-68所示。在裁剪工具选项栏中可以对裁剪的具体参数进行设置，如图2-69所示。

- 约束方式 比例：在该下拉列表中可以选择多种裁切的约束比例。
- 约束比例：在这里可以输入自定的约束比例数值。

图2-67

图2-68

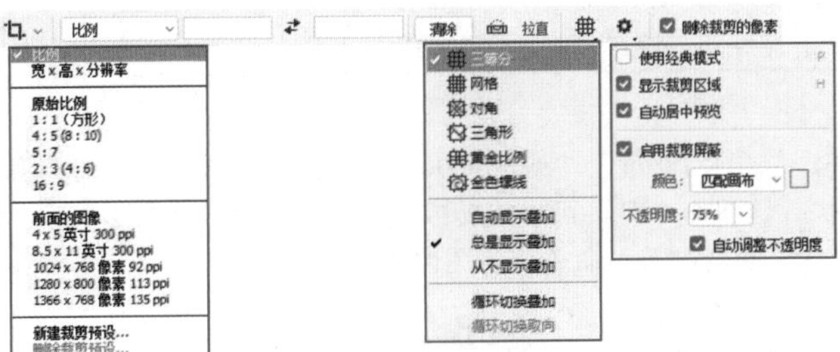

图2-69

- 清除 清除：当设置了特定的裁剪比例或数值时，单击"清除"按钮，可以清除此类参数设置。
- "拉直"按钮：通过在图像上画一条直线来拉直图像。
- 设置裁剪工具的叠加选项：在下拉列表中可以选择裁剪的参考线的方式，例如"三等分""网格""对角""三角形""黄金比例""金色螺线"。也可以设置参考线的叠加显示方式。
- "设置其他裁切选项"按钮：在这里可以对裁切的其他参数进行设置。例如，可以使用经典模式，或设置裁剪屏蔽的颜色、不透明度等参数。
- 删除裁剪的像素：确定是否保留或删除裁剪框外部的像素数据。如果不选中该复选框，多余的区域可以处于隐藏状态；如果想要还原裁切之前的画面，只需要再次选择裁剪工具，然后随意操作，即可看到原文档。

★ 案例实战——使用裁剪工具调整画面构图

案例文件	案例文件\第2章\使用裁剪工具调整画面构图.psd
视频教学	视频文件\第2章\使用裁剪工具调整画面构图.flv
难易指数	★★★★★
技术要点	裁剪工具

案例效果

扫码看视频

本案例主要讲解使用裁剪工具调整画面构图。如图2-70所示为原图。如图2-71所示为效果图。

图2-70

图2-71

操作步骤

01 打开背景照片文件，如图2-72所示。

图2-72

02 单击工具箱中的"裁剪工具"按钮，在画面中绘制需要保留的区域，如图2-73所示。通过调整边缘，可以调整裁剪框的形状。双击画面完成裁剪，效果如图2-74所示。

图2-73

图2-74

2.3.8 动手学：使用透视裁剪工具

- 技术速查：透视裁剪工具可以在需要裁剪的图像上制作出带有透视感的裁剪框，在应用裁剪后可以使图像带有明显的透视感。

01 打开一张图像，如图2-75所示。单击工具箱中的"透视裁剪工具"按钮，在画面中绘制一个裁剪框，如图2-76所示。

图2-75

图2-76

02 将光标定位到裁剪框的控制点上，按住鼠标左键并拖动调整控制框形状，如图2-77所示。调整完成后单击控制栏中的"提交当前裁剪操作"按钮✓，即可得到带有透视感的画面效果，如图2-78所示。

图2-77

图2-78

2.3.9 旋转数码照片

视频精讲：Photoshop新手学视频精讲课堂\13.旋转图像.flv

在“图像”>“图像旋转”菜单下提供了一些旋转画布的命令，包含“180度”“顺时针90度”“逆时针90度”“任意角度”“水平翻转画布”和“垂直翻转画布”，如图2-79所示。在执行这些命令时，可以旋转或翻转整个图像。如图2-80所示为原图。图2-81和图2-82所示是执行“90度（顺时针）”命令和“水平翻转画布”命令后的图像效果。

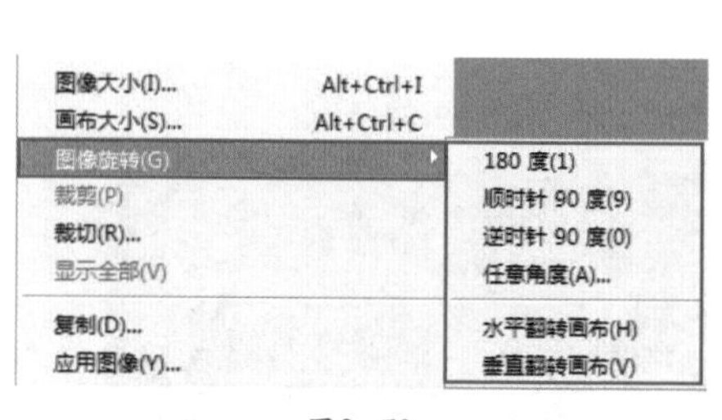

图2—79

图2—80

图2—81

图2—82

技巧提示

“图像旋转”命令只适合于旋转或翻转画布中的所有图像，不适用于单个图层或图层的一部分、路径以及选区边界。如果要旋转选区或图层，就需要使用到2.6节讲的“变换”或“自由变换”功能。

2.4 使用“图层”模式进行编辑

视频精讲：Photoshop新手学视频精讲课堂\66.图层的基本操作.flv

在Photoshop中所有操作都是基于图层，图层的出现不仅仅是为了方便操作不同对象，更多的情况下图层之间还存在着如堆叠、混合的“互动”。

图层的原理其实非常简单，就像分别在多个透明的玻璃上绘画一样，每层“玻璃”都可以进行独立的编辑，而不会影响其他“玻璃”中的内容，“玻璃”和“玻璃”之间可以随意地调整堆叠方式，将所有“玻璃”叠放在一起则显现出图像最终效果，如图2-83所示。

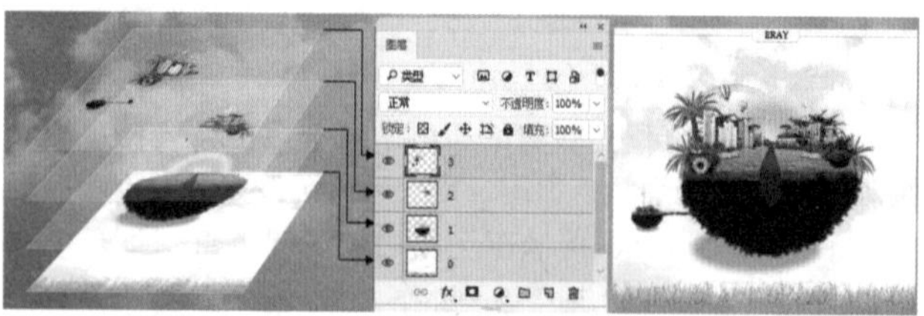

图2—83

涉及图层就必须要认识一下“图层”面板，执行“窗口”>“图层”命令，开启“图层”面板，该面板用于进行图层的新建、删除、编辑、管理等操作。也就是说，Photoshop中关于图层的大部分操作都需要在“图层”面板中进行，如图2-84所示。另外，菜单栏中的“图层”菜单也可以对图层进行编辑，如图2-85所示。

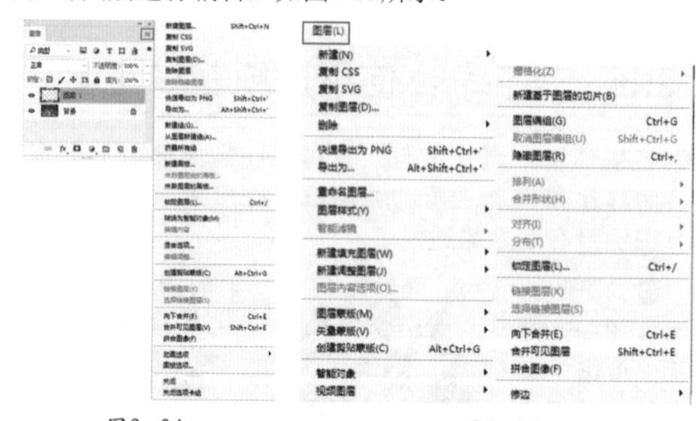

图2—84　　图2—85

2.4.1 动手学：选择图层

使用Photoshop进行图像处理，首先需要适应Photoshop的图层模式，想要针对某个对象操作就必须要选中该对象所在图层。如果要对文档中的某个图层进行操作，就必须先选中该图层。在Photoshop中，可以选择单个图层，也可以选择连续或非连续的多个图层。

01 在“图层”面板中单击该图层，即可将其选中，如图2-86所示。选择一个图层后，按Alt+]快捷键可以将当前图层切换为与之相邻的上一个图层，按Alt+[快捷键可以将当前图层切换为与之相邻的下一个图层。

图2—86

02 如果要选择多个连续的图层，可以先选择位于连续顶端的图层，然后按住Shift键单击位于连续底端的图层，即可选择这些连续的图层，如图2-87所示。

图2—87

技巧提示

在选中多个图层时，可以对多个图层进行删除、复制、移动、变换等。但是很多类似绘画以及调色等操作是不能够进行的。

03 如果要选择多个非连续的图层，可以先选择其中一个图层，然后按住Ctrl键单击其他图层的名称，如图2-88所示。

图2—88

技巧提示

如果使用Ctrl键选择多个图层，只能单击其他图层的名称，绝对不能单击图层缩略图，否则会载入图层的选区。

04 当画布中包含很多相互重叠图层，难以在“图层”面板中进行辨别某一图层时，可以在使用移动工具状态下右键单击目标图像的位置，在显示出的当前重叠图层列表中选择需要的图层，如图2-89所示。

图2—89

技巧提示

在使用其他工具状态下，可以按住Ctrl键暂时切换到移动工具状态下，并单击鼠标右键，同样可以显示当前位置重叠的图层列表。

05 如果要选择链接的图层，可以先选择一个链接图层，然后执行“图层”>“选择链接图层”命令即可。

06 如果要选择所有图层（不包括“背景”图层），执行“选择”>“所有图层”命令或按Alt+Ctrl+A组合键。

07 如果不想选择任何图层，执行“选择”>“取消选择图层”命令。另外，也可以在“图层”面板中最下面的空白处单击鼠标左键，即可取消选择所有图层，如图2-90所示。

图2—90

2.4.2 动手学：新建图层

创建了新的文件，或打开一张照片素材后，“图层”面板都会出现一个“背景”图层，如图2-91所示。在绘制新对象时也尽量要新建图层进行操作，这样可以避免不同对象之间的相互影响，如图2-92所示。

图2—91

图2—92

在“图层”面板底部单击“创建新图层”按钮，即可在当前图层上一层新建一个图层，如图2-93所示。也可以执行“图层”>“新建”>“图层”命令新建图层。

图2-93

技巧提示

如果要在当前图层的下一层新建一个图层，可以按住Ctrl键单击“创建新图层”按钮。“背景”图层永远处于“图层”面板的最下方，即使按住Ctrl键也不能在其下方新建图层。

2.4.3 动手学：复制图层

选择需要进行复制的图层，然后直接按Ctrl+J快捷键即可复制出所选图层，如图2-94和图2-95所示。

图2-94

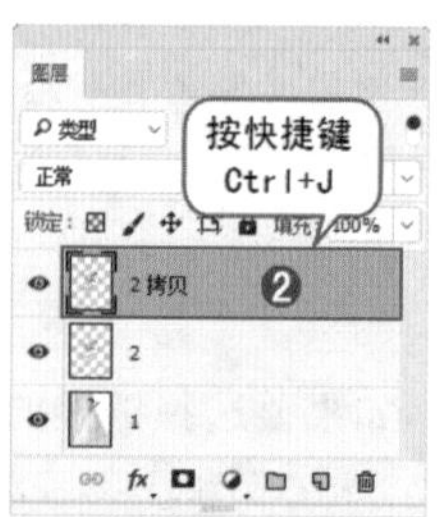

图2-95

2.4.4 动手学：删除图层

如果要快速删除图层，可以将其拖曳到“删除图层”按钮上，也可以直接按Delete键，如图2-96所示。执行“图层”>“删除图层”>“隐藏图层”命令，可以删除所有隐藏的图层。

图2-96

2.4.5 显示与隐藏

● 技术速查：图层缩略图左侧的方形区域用来控制图层的可见性。单击该方块区域可以在图层的显示与隐藏之间进行切换。

图标出现时，该图层则为可见，如图2-97所示。图标出现时，该图层为隐藏，如图2-98所示。执行“图层”>“隐藏图层”命令，可以将选中的图层隐藏起来。

图2-97

图2-98

答疑解惑：如何快速隐藏多个图层？

将光标放在一个图层的眼睛图标上，然后按住鼠标左键垂直向上或垂直向下拖曳光标，可以快速隐藏多个相邻的图层，这种方法也可以快速显示隐藏的图层，如图2-99所示。

如果文档中存在两个或两个以上的图层，按住Alt键单击眼睛图标，可以快速隐藏该图层以外的所有图层；按住Alt键再次单击眼睛图标，可以显示被隐藏的图层。

图2-99

2.4.6 调整图层的排列顺序

在“图层”面板中排列着很多图层，排列位置靠上的图层优先显示，而排列在后面的图层则可能被遮盖住。在操作的过程中经常需要调整“图层”面板中图层的顺序，以配合操作需要，如图2-100和图2-101所示。

图2-100

图2-101

如果要改变“图层”的排列顺序，可以将该图层拖曳到另外一个图层的上面或下面，即可调整图层的排列顺序，如图2-102和图2-103所示。

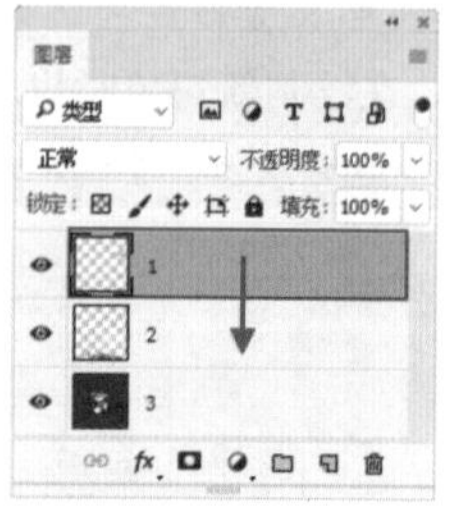

图2-102

图2-103

选择一个图层，然后执行“图层”>“排列”菜单下的子命令，可以调整图层的排列顺序，如图2-104所示。

图2-104

答疑解惑：如果图层位于图层组中，排列顺序会是怎样的?

如果所选图层位于图层组中，执行“前移一层”“后移一层”和“反向”命令时，与图层不在图层组中没有区别。但是执行“置为顶层”和“置为底层”命令时，所选图层将被调整到当前图层组的最顶层或最底层。

2.5 剪切/拷贝/粘贴图像

视频精讲：Photoshop新手学视频精讲课堂\17.剪切、拷贝、粘贴、清除.flv

Photoshop中的剪切、拷贝和粘贴功能与Windows系统中的剪切、拷贝和粘贴功能是完全相同的。可以通过这些简单的命令，对图像进行剪切、拷贝和粘贴等操作。

2.5.1 剪切与粘贴

技术速查：使用“剪切”命令可以将图像保存到剪贴板中，并将原位置的图像删除。使用“粘贴”命令则可以调用剪贴板中的图像，使之在新位置上生成。

使用选区工具在图像中创建选区后，执行“编辑”>“剪切”命令或按Ctrl+X快捷键，可以将选区中的内容剪切到剪贴板上，如图2-105所示。效果如图2-106所示。

图2-105

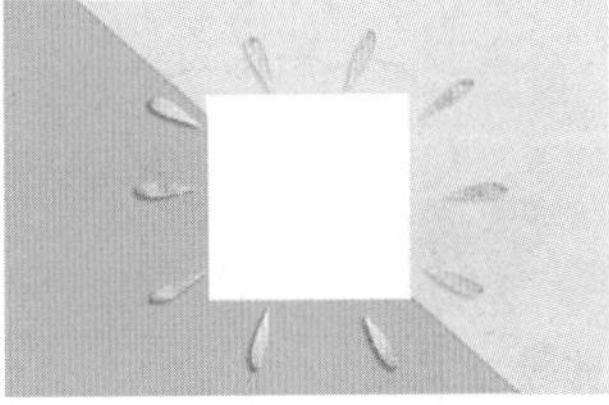

图2-106

剪切图像后，执行“编辑”>“粘贴”命令或按Ctrl+V快捷键，可以将剪切的图像粘贴到画布中，并生成一个新的图层，如图2-107所示。

图2-107

2.5.2 拷贝与合并拷贝

在图像上创建选区后，执行“编辑”>“拷贝”命令或按Ctrl+C快捷键，可以将选区中的图像拷贝到剪贴板中，然后执行“编辑”>“粘贴”命令或按Ctrl+V快捷键，可以将拷贝的图像粘贴到画布中，并生成一个新的图层，如图2-108所示。效果如图2-109所示。

图2-108

图2-109

当文档中包含很多图层时，可以执行“编辑”>“合并拷贝”命令或按Shift+Ctrl+C组合键，将所有可见图层拷贝并合并到剪贴板中。执行“选择”>“全选”命令或按Ctrl+A快捷键，将所有可见图层拷贝并合并到剪贴板中，然后按Ctrl+V快捷键可以将合并拷贝的图像粘贴到当前文档或其他文档中。

2.5.3 清除图像

在图像中创建选区以后，执行“编辑”>“清除”命令，可以清除选区中的图像。如果清除的是“背景”图层上的图像，被清除的区域将填充背景色，如图2-110 所示；如果清除的是非“背景”图层上的图像，则会删除选区中的图像，如图2-111所示。

图2-110

图2-111

2.6 图像的移动与变换

在数码照片处理中，经常需要对图像进行移动、旋转、缩放、扭曲、斜切、变形等操作，在Photoshop中提供了多种图像变换的方法。使用工具箱中的移动工具可以对图像进行移动，而执行"编辑"菜单下的"自由变换"和"变换"命令，可以改变图像的形状。如图2-112和图2-113所示为将照片旋转而制作出不同的排版效果。

图2—112

图2—113

2.6.1 移动图像

移动工具是最常用的工具之一，无论是在文档中移动图层、选区中的图像，还是将其他文档中的图像拖曳到当前文档，都需要使用到移动工具。移动工具的选项栏如图2-114所示。

自动选择：组 显示变换控件

图2—114

- **自动选择**：如果文档中包含了多个图层或图层组，可以在后面的下拉列表中选择要移动的对象。如果选择"图层"选项，使用移动工具在画布中单击时，可以自动选择移动工具下面包含像素的最顶层的图层，如图2-115所示；如果选择"组"选项，在画布中单击时，可以自动选择移动工具下面包含像素的最顶层的图层所在的图层组，如图2-116所示。

图2—115

图2—116

- **显示变换控件**：选中该复选框后，当选择一个图层时，就会在图层内容的周围显示定界框。用户可以拖曳控制点来对图像进行变换操作，如图2-117所示。

图2—117

- **对齐图层**：当同时选择了两个或两个以上的图层时，单击相应的按钮可以将所选图层进行对齐。对齐方式包括"顶对齐"、"垂直居中对齐"、"底对齐"、"左对齐"、"水平居中对齐"和"右对齐"。
- **分布图层**：如果选择了3个或3个以上的图层，单击相应的按钮可以将所选图层按一定规则进行均匀分布排列。分布方式包括"按顶分布"、"垂直居中分布"、"按底分布"、"按左分布"、"水平居中分布"和"按右分布"。

动手学：在同一个文档中移动图像

01 在"图层"面板中选择要移动的对象所在的图层，然后在工具箱中单击"移动工具"按钮，接着在画布中拖曳鼠标左键即可移动选中的对象，如图2-118所示。效果如图2-119所示。

图2—118

图2—119

02 如果创建了选区，如图2-120所示。使用移动工具，然后将光标放置在选区内，按住鼠标左键即可移动选区中的图像，效果如图2-121所示。

图2—120

图2—121

技巧提示

在使用移动工具移动图像时，按住Alt键拖曳图像，可以复制图像，同时会生产一个新的图层。

动手学：在不同的文档间移动图像

打开两个或两个以上的文档，将光标放置在画布中，然后使用移动工具将图像拖曳到另外一个文档的标题栏上，停留片刻后切换到目标文档。接着将图像移动到画面中，释放鼠标左键即可将图像拖曳到文档中，同时Photoshop会生成一个新的图层。如图2-122所示为在不同的文档间移动图像。

图2—122

2.6.2 变换

- 视频精讲：Photoshop新手学视频精讲课堂\18.变换与自由变换.flv
- 技术速查：在“编辑”>“变换”菜单下提供了各种变换命令。使用这些命令可以对图层、路径、矢量图形、矢量蒙版、Alpha通道以及选区中的图像进行变换操作。

在执行“编辑”>“变换”菜单下的命令与执行“编辑”>“自由变换”命令时，当前对象的周围会出现一个变换定界框，定界框的中间有一个中心点，四周还有控制点。在默认情况下，中心点位于变换对象的中心，用于定义对象的变换中心，拖曳中心点可以移动它的位置；控制点主要用来变换图像，如图2-123所示。

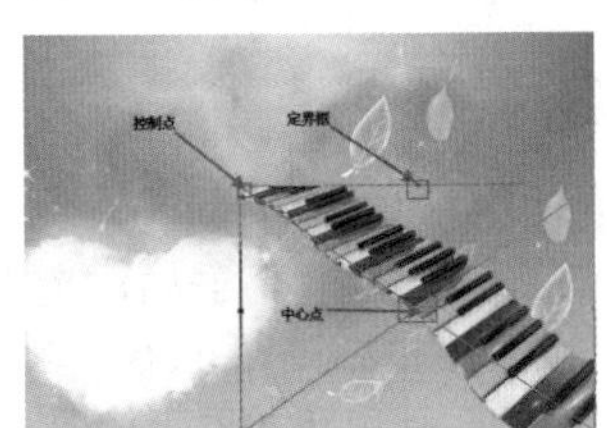

图2—123

在变换状态下，通过选项栏也可以对参考点、位置坐标、缩放比例、角度、尺寸、插值等参数进行精确控制，如图2-124所示。

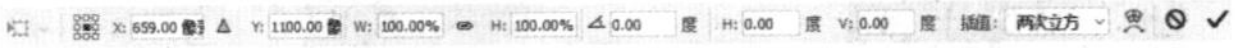

X: 659.00 像素 △ Y: 1100.00 像素 W: 100.00% H: 100.00% ⊿ 0.00 度 H: 0.00 度 V: 0.00 度 插值：两次立方

图2—124

- ：单击该图标上的小方块，即可设置参考点位置。
- X: 659.00 像素：设置参考点的水平位置。
- △：使用参考点相关定位。
- Y: 1100.00 像素：设置参考点的垂直位置。
- W: 100.00%：设置水平缩放。
- ：保持长宽比。
- H: 100.00%：设置垂直缩放。
- ⊿ 0.00 度：输入数值设置精确旋转角度。
- H: 0.00 度：设置水平斜切。
- V: 0.00 度：设置垂直斜切。
- 插值：两次立方：在下拉列表中可以选择插值方式。
- ：在自由变换和变形之间切换。

缩放

使用“缩放”命令可以相对于变换对象的中心点对图像进行缩放。如果不按住任何快捷键，可以任意缩放图像；如果按住Shift键，可以等比例缩放图像；如果按住Shift+Alt快捷键，可以以中心点为基准等比例缩放图像。如图2-125所示为原图。如图2-126所示为任意缩放图像。如图2-127所示为等比例缩放图像。如图2-128所示为以中心点为基准等比例缩放图像。

图2—125

图2—126

图2—127

图2—128

旋转

使用“旋转”命令可以围绕中心点转动变换对象。如果不按住任何快捷键，可以以任意角度旋转图像，如图2-129所示；如果按住Shift键，可以以15°为单位旋转图像，如图2-130所示。

图2—129

图2—130

斜切

使用“斜切”命令可以在任意方向上倾斜图像。如果不按住任何快捷键，可以在任意方向上倾斜图像；如果按住Shift键，可以在垂直或水平方向上倾斜图像。如图2-131和图2-132所示分别为在任意方向上倾斜图像、在水平方向上倾斜图像。

图2—131

图2—132

扭曲

使用“扭曲”命令可以在各个方向上伸展变换对象。如果不按住任何快捷键，可以在任意方向上扭曲图像；如果按住Shift键，可以在垂直或水平方向上扭曲图像。如图2-133和图2-134所示分别为在任意方向上扭曲图像、在垂直方向上扭曲图像。

图2—133

图2—134

透视

使用“透视”命令可以对变换对象应用单点透视。拖曳定界框4个角上的控制点，可以在水平或垂直方向上对图像应用透视。如图2-135和图2-136所示分别为应用水平透视和垂直透视后的效果。

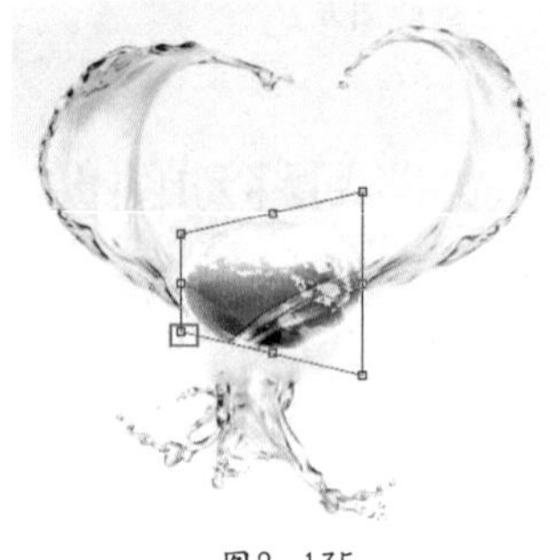

图2—135

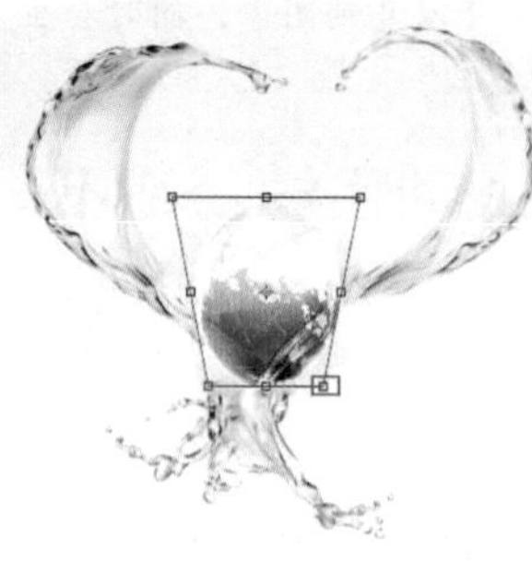

图2—136

变形

如果要对图像的局部内容进行扭曲，可以使用“变形”命令来操作。执行该命令时，图像上将会出现变形网格和锚点，拖曳锚点或调整锚点的方向线可以对图像进行更加自由和灵活的变形处理，如图2-137所示。

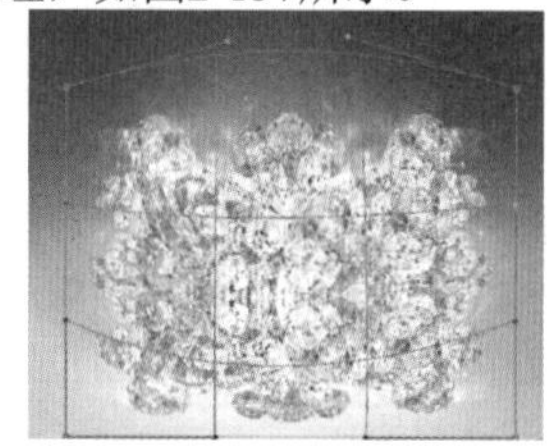

图2—137

旋转特定角度

“旋转180度”“顺时针旋转90度”“逆时针旋转90”度这3个命令非常简单。执行“旋转180度”命令，可以将图像旋转180度，如图2-138所示；执行“顺时针旋转90度”命令，可以将图像顺时针旋转90度，如图2-139所示；执行“逆时针旋转90度”命令，可以将图像逆时针旋转90度，如图2-140所示。

图2—138

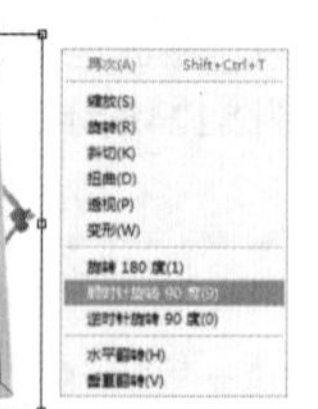

图2—139

图2—140

翻转

执行“水平翻转”命令，可以将图像在水平方向上进行翻转，如图2-141所示；执行“垂直翻转”命令，可以将图像在垂直方向上进行翻转，如图2-142所示。

图2－141

图2－142

2.6.3 自由变换

● 视频精讲：Photoshop新手学视频精讲课堂\18.变换与自由变换.flv

“自由变换”命令相当于“变换”命令的增强版，它可以在一个连续的操作中应用旋转、缩放、斜切、扭曲、透视和变形等操作，并且可以不必选取其他变换命令，如图2-143所示。

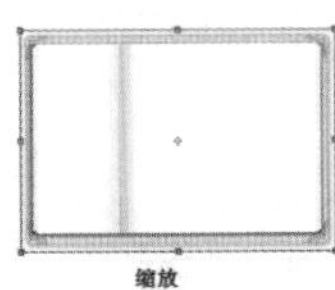

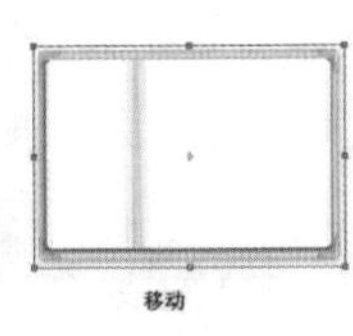

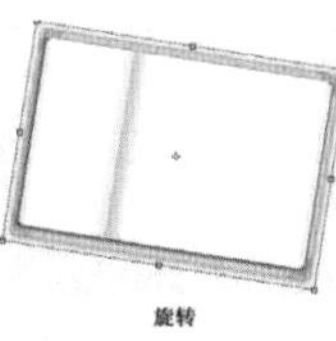

图2－143

执行“编辑”>“自由变换”命令，或使用快捷键Ctrl+T，即可进入自由变换状态，在画面中单击鼠标右键即可选择变换方式，如图2-144所示。

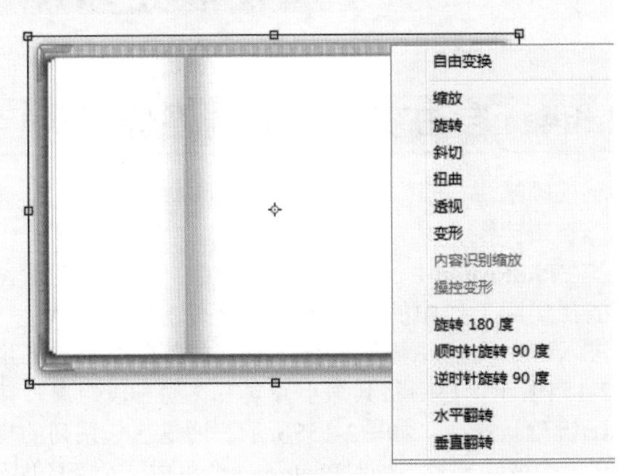

图2－144

技术拓展：配合快捷键使用自由变换

在Photoshop中，自由变换是一个非常实用的功能，熟练掌握自由变换可以大大提高工作效率，在进入自由变换状态以后，Ctrl键、Shift键和Alt键这3个快捷键将经常结合使用。简单来说，Ctrl键可以使变换更加“自由”；Shift键主要用来控制方向、旋转角度和等比例缩放；Alt键主要用来控制中心对称。下面就对这项功能的快捷键之间的配合进行详细介绍。

01 在没有按住任何快捷键的情况下

鼠标左键拖曳定界框4个角上的控制点，可以形成以对角不变的自由矩形方式变换，也可以反向拖动形成翻转变换。

鼠标左键拖曳定界框边上的控制点，可以形成以对边不变的等高或等宽的自由变形。

鼠标左键在定界框外拖曳可以自由旋转图像，精确至0.1°，也可以直接在选项栏中定义旋转角度。

02 按住Shift键

鼠标左键拖曳定界框4个角上的控制点，可以等比例缩放图像，也可以反向拖曳形成翻转变换。

鼠标左键在定界框外拖曳，可以以15°为单位顺时针或逆时针旋转图像。

03 按住Ctrl键

鼠标左键拖曳定界框4个角上的控制点，可以形成以对角为直角的自由四边形方式变换。

鼠标左键拖曳定界框边上的控制点，可以形成以对边不变的自由平行四边形方式变换。

04 按住Alt键

鼠标左键拖曳定界框4个角上的控制点，可以形成以中心对称的自由矩形方式变换。

鼠标左键拖曳定界框边上的控制点，可以形成以中心对称的等高或等宽的自由矩形方式变换。

05 按住Shift+Ctrl快捷键

鼠标左键拖曳定界框4个角上的控制点，可以形成以对角为直角的直角梯形方式变换。

鼠标左键拖曳定界框边上的控制点，可以形成以对边不变的等高或等宽的自由平行四边形方式变换。

06 按住Ctrl+Alt快捷键

鼠标左键拖曳定界框4个角上的控制点，可以形成以相邻两角位置不变的中心对称自由平行四边形方式变换。

鼠标左键拖曳定界框边上的控制点，可以形成以相邻两边位置不变的中心对称自由平行四边形方式变换。

07 按住Shift+Alt快捷键

鼠标左键拖曳定界框4个角上的控制点，可以形成中心对称的等比例放大或缩小的矩形方式变换。

鼠标左键拖曳定界框边上的控制点，可以形成以中心对称的对边不变的矩形方式变换。

08 按住Shift+Ctrl+Alt快捷键

鼠标左键拖曳定界框4个角上的控制点，可以形成以等腰梯形、三角形或相对等腰三角形方式变换。

鼠标左键拖曳定界框边上的控制点，可以形成以中心对称等高或等宽的自由平行四边形方式变换。

★ 案例实战——使用自由变换制作旧照片效果

案例文件	案例文件\第2章\使用自由变换制作旧照片效果.psd
视频教学	视频文件\第2章\使用自由变换制作旧照片效果.flv
难易指数	★★★★★
技术要点	自由变换

案例效果

扫码看视频

本案例主要通过对图像进行自由变换，制作出适合底图的照片效果，如图2-145所示。

图2—145

操作步骤

01 打开背景素材文件“1.jpg”，如图2-146所示。置入照片素材“2.jpg”，将其放置在照片的位置并栅格化，如图2-147所示。

图2—146

图2—147

02 使用自由变换工具快捷键Ctrl+T，将光标移动到照片的一角，并按住Shift键等比例缩小图像，如图2-148所示。

03 单击鼠标右键，在弹出的快捷菜单中选择“扭曲”命令，如图2-149所示。然后拖曳方形控制点，拖曳和立体图形正面大小相同的方向即可，调整完成后按Enter键完成操作。

图2—148

图2—149

技巧提示

为了便于观察，可以将照片图层不透明度降低，以便于观察到底层素材的形状，如图2—150所示。效果如图2—151所示。

图2—150

图2—151

04 设置其混合模式为“正片叠底”，为其添加图层蒙版，使用黑色柔边圆画笔在蒙版中绘制多余部分，如图2-152所示。最终效果如图2-153所示。

图2—152

图2—153

2.6.4 自由变换并复制图像

视频精讲：Photoshop新手学视频精讲课堂\18.变换与自由变换.flv

在Photoshop中，可以边变换图像，边复制图像，这个功能在实际工作中的使用频率非常高。按Ctrl+Alt+T组合键进入自由变换并复制状态，将中心点定位在右下角，如图2-154所示，然后将其缩小并向右移动一段距离，接着按Enter键确认操作，如图2-155所示。通过这一系列的操作定义了一个变换规律，同时Photoshop会生成一个新的图层。

指定好变换规律以后，就可以按照这个规律继续变换并复制图像。如果要继续变换并复制图像，可以连续按Shift+Ctrl+Alt+T组合键，直到达到要求为止，如图2-156所示。

图2—154

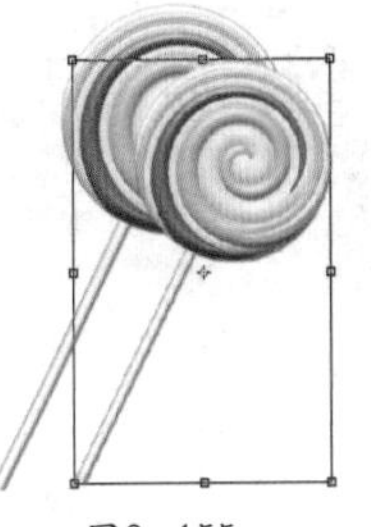
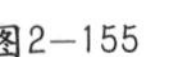
图2—155

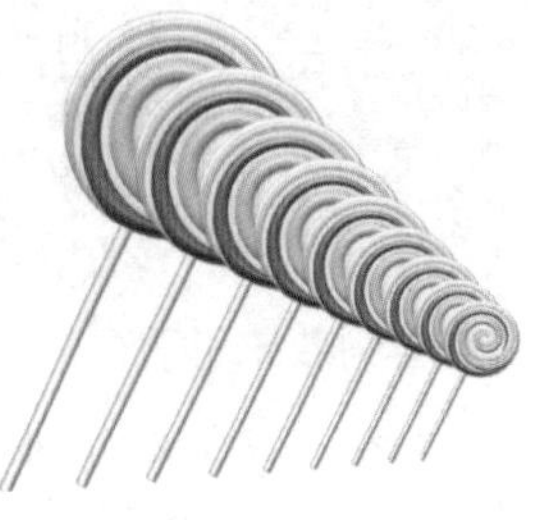
图2—156

☆ 视频课堂——自由变换制作水果螃蟹

案例文件\第2章\视频课堂——自由变换制作水果螃蟹.psd
视频文件\第2章\视频课堂——自由变换制作水果螃蟹.flv
思路解析：

01 打开背景文件，置入多种果蔬素材并栅格化。
02 复制果蔬素材，并进行自由变换。
03 复制并合并全部对象，填充黑色，翻转后作为阴影。

扫码看视频

2.7 内容识别缩放

- 视频精讲：Photoshop新手学视频精讲课堂\19.内容识别**缩放**.flv
- 技术速查：常规缩放在调整图像大小时会统一影响所有像素，而“内容识别**缩放**”命令主要影响没有重要可视内容区域中的像素。

“内容识别缩放”是Photoshop中一个非常实用的缩放功能，它可以在不更改重要可视内容（如人物、建筑、动物等）的情况下缩放图像大小。如图2-157~图2-159所示分别是原始图像以及常规缩放和“内容识别缩放”缩放的对比效果。

图2—157

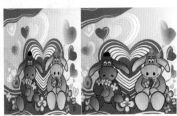

图2—158

图2—159

执行“内容识别缩放”命令，在选项栏中可以看到相应的参数设置，如图2-160所示。

图2—160

- “参考点位置”图标：单击其他的白色方块，可以指定缩放图像时要围绕的固定点。在默认情况下，参考点位于图像的中心。
- “使用参考点相对定位”按钮：单击该按钮，可以指定相对于当前参考点位置的新参考点位置。
- X/Y：设置参考点的水平和垂直位置。
- W/H：设置图像按原始大小的缩放百分比。
- 数量：设置内容识别缩放与常规缩放的比例。在一般情况下，应该将该值设置为100%。
- 保护：选择要保护区域的Alpha通道。
- “保护肤色”按钮：激活该按钮后，在缩放图像时，可以保护人物的肤色区域。

技巧提示

如果要在缩放图像时保留特定的区域，“内容识别缩放”允许在调整大小的过程中使用Alpha通道来保护内容。“内容识别缩放”适用于处理图层和选区，图像可以是RGB、CMYK、Lab和灰度颜色模式以及所有位深度。注意，“内容识别缩放”不适用于处理调整图层、图层蒙版、各个通道、智能对象、3D图层、视频图层、图层组，或者同时处理多个图层。

★ 案例实战——利用内容识别缩放制作竖版照片

案例文件	案例文件\第2章\利用内容识别缩放制作竖版照片.psd
视频教学	视频文件\第2章\利用内容识别缩放制作竖版照片.flv
难易指数	★★★★★
技术要点	掌握内容识别缩放功能的使用方法

案例效果

扫码看视频

内容识别缩放可以很好地保护图像中的重要内容，如图2-161和图2-162所示分别是原始素材与使用“内容识别缩放”缩放后的效果。

图2—161

图2—162

操作步骤

01 按Ctrl+O快捷键打开素材，按Ctrl+J快捷键复制一个“图层1”，如图2-163所示。如果采用常规缩放方法来缩放这张图像，人物被挤压变形，如图2-164所示。

图2—163

图2—164

02 执行“编辑”>“内容识别缩放”命令或按Shift+Ctrl+Alt+C组合键，进入内容识别缩放状态，然后向左拖曳定界框右侧中间的控制点，如图2-165所示。但是，继续进行缩放时却发生了人物身体部分变形的问题，如图2-166所示。

图2—165

图2—166

03 为了避免这种情况，可以单击选项栏中的“保护肤色”按钮，如图2-167所示。此时可以观察到人物几乎没有发生变形，按住Enter键完成操作，最终效果如图2-168所示。

W: 55.61% H: 100.00% 数量: 100% 保护: 无

图2—167

图2—168

2.8 操控变形

视频精讲：Photoshop新手学视频精讲课堂\20.操控变形.flv

技术速查：操控变形是一种可视网格。借助该网格，可以随意地扭曲特定图像区域，并保持其他区域不变。操控变形通常用来修改人物的动作、发型等。

选择一个图像，如图2-169所示。执行“编辑”>“操控变形”命令，图像上将会布满网格，通过在图像中的关键点上单击添加“图钉”，更改“图钉”的位置即可修改人物的动作。如图2-170所示是修改动作后的效果。进行操控变形时选项栏中显示了相应的参数设置，如图2-171所示。如果要删除图钉，可以选择该图钉，然后按Delete键。

图2—169

图2—170

图2—171

★ 案例实战——改变人像动态

案例文件	案例文件\第2章\改变人像动态.psd
视频教学	视频文件\第2章\改变人像动态.flv
难易指数	★★★★★
技术要点	掌握操控变形功能的使用方法

案例效果

扫码看视频

本案例使用操控变形功能修改人像动作前后的对比效果如图2-172和图2-173所示。

操作步骤

01 打开背景素材“1.jpg”，置入人像素材“2.jpg”并栅格化。使用钢笔工具将人像从背景中分离出来，如图2-174所示。

02 选择人像图层，执行“编辑”>“操控变形”命令，然后在人像的重要位置添加一些图钉，如图2-175所示。

图2—172

图2—173

图2—174

图2—175

03 将光标放置在图钉上，然后按住鼠标左键并拖动仔细调节图钉的位置，此时图像也会随之发生变形，如图2-176所示。调整完成后按Enter键完成当前操控变形操作，如图2-177所示。

图2—176

图2—177

技巧提示

除了图像图层、形状图层和文字图层之外，还可以对图层蒙版和矢量蒙版应用操控变形。如果要以非破坏性的方式变形图像，需要将图像转换为智能对象。

2.9 还原错误操作

视频精讲：Photoshop新手学视频精讲课堂\14.撤销、返回与恢复文件.flv

在编辑图像时，常常会由于操作错误而导致对效果不满意，这时可以撤销或返回所做的步骤，然后重新编辑图像，如图2-178所示。在“编辑”菜单下包含多个可用于还原错误操作的命令，除此之外，“历史记录”面板也可以用于操作步骤的还原，如图2-179所示。

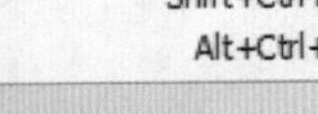

图2—178

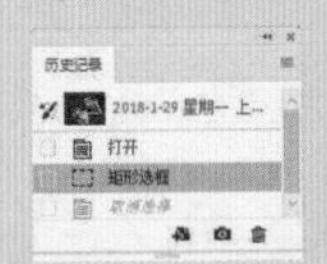

图2—179

2.9.1 还原与重做

“还原”和“重做”两个命令是相互关联在一起的。执行“编辑”>“还原”命令或按Ctrl+Z快捷键，可以撤销最近的一次操作，将其还原到上一步操作状态中；执行过“编辑”>“还原”命令后，该命令会变为“重做”。如果想要取消还原操作，可以执行“编辑”>“重做”命令或按Shift+Alt+Z组合键。

2.9.2 前进一步与后退一步

由于“还原”/“重做”命令只可以还原或重做一步操作，如果要连续还原操作的步骤，就需要使用到“编辑”>“后退一步”命令，或连续按Shift+Alt+Z组合键来逐步撤销操作；如果要取消还原的操作，可以连续执行“编辑”>“前进一步”命令，或连续按Shift+Ctrl+Z组合键来逐步恢复被撤销的操作。

2.9.3 使用“历史记录”面板还原操作

- 视频精讲：Photoshop新手学视频精讲课堂\15.“历史记录”面板的使用.flv
- 技术速查：“历史记录”面板会记录编辑图像时进行的操作，并且在“历史记录”面板中可以恢复到某一步的状态，同时也可以再次返回到当前的操作状态。

执行“窗口”>“历史记录”命令，打开“历史记录”面板，在该面板中可以观察到之前所进行的操作，单击历史记录状态列表中的某一项即可还原到某一步骤的状态，如图2-180所示。

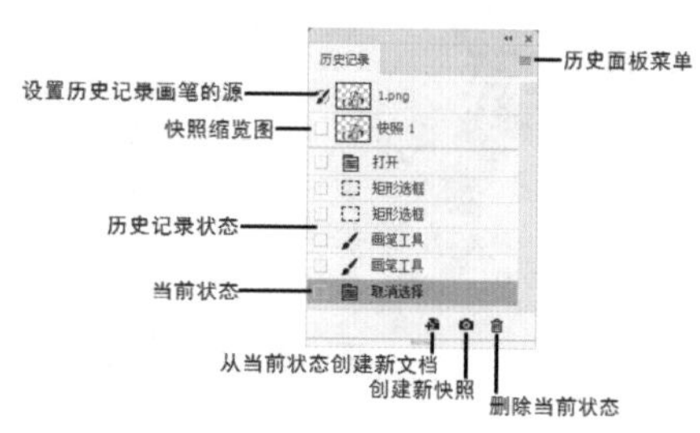

图2－180

在“历史记录”面板中，默认状态下可以记录20步操作，超过限定数量的操作将不能够返回。通过创建“快照”可以在图像编辑的任何状态创建副本，也就是说，可以随时返回到快照所记录的状态。在“历史记录”面板中选择需要创建快照的状态，然后单击“创建新快照”按钮即可创建新快照，如图2-181所示。选择需要删除的快照，然后单击“删除当前状态”按钮即可删除快照。

图2－181

技巧提示

默认情况下“历史记录”面板会记录最近进行的20步操作，如需更改记录的操作步骤数，可以执行“编辑”>“首选项”>“性能”命令，在弹出的窗口中设置历史记录状态的数值，如图2－182所示。

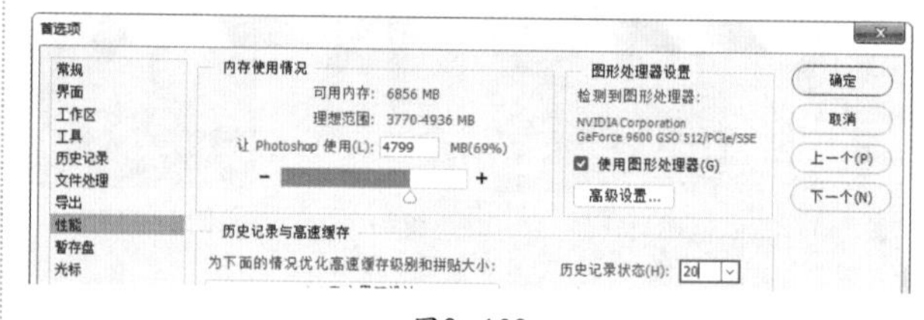

图2－182

☆ 视频课堂——利用“历史记录”面板还原错误操作

案例文件\第2章\视频课堂——利用“历史记录”面板还原错误操作.psd
视频文件\第2章\视频课堂——利用“历史记录”面板还原错误操作.flv
思路解析：

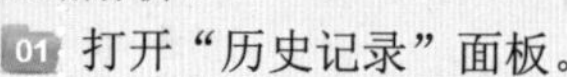
01 打开“历史记录”面板。
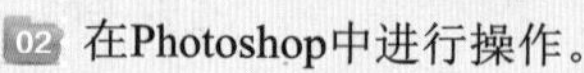
02 在Photoshop中进行操作。
03 在“历史记录”面板中还原操作。

扫码看视频

2.9.4 动手学：使用历史记录画笔工具还原局部

- 视频精讲：Photoshop新手学视频精讲课堂\57.历史记录画笔工具的使用.flv
- 技术速查：历史记录画笔工具可以将标记的历史记录状态或快照用作源数据对图像进行修改。

01 打开一个照片，如图2-183所示。历史记录画笔工具通常是与“历史记录”面板一起使用。执行“窗口”>“历史记录”命令，打开“历史记录”面板，如图2-184所示。

图2－183

图2－184

02 对照片执行“滤镜”>“风格化”>“拼贴”操作，效果如图2-185所示。可以看到当前“历史记录”面板中出现了“拼贴”步骤，并且“设置历史记录画笔源”图标出现在最初状态下，表示当前如果使用历史记录画笔工具在画面中涂抹，则会使被涂抹的区域显现出最初效果，如图2-186所示。

图2—185

图2—186

03 单击工具箱中的“历史记录画笔工具”按钮，设置合适的画笔笔尖样式，在人像上涂抹，可以看到被涂抹的区域还原回最初效果，如图2-187所示。

图2—187

技巧提示

历史记录画笔工具的笔尖设置方法请参考第4章“数码照片修饰与绘制”关于画笔工具的讲解。

★ 综合实战——制作风景杂志插图

案例文件	案例文件\第2章\制作风景杂志插图.psd
视频教学	视频文件\第2章\制作风景杂志插图.flv
难易指数	★★★★★
技术要点	拷贝、粘贴、自由变换

案例效果

扫码看视频

本例主要是通过使用“拷贝”“粘贴”“自由变换”等命令操作制作杂志版式。效果如图2-188所示。

图2—188

操作步骤

01 执行“文件”>“打开”命令，打开背景素材“1.jpg”，如图2-189所示。同样的方法，打开风景照片素材“2.jpg”，如图2-190所示。

图2—189

图2—190

02 单击工具箱中的“矩形选框工具”按钮，在风景照片“2.jpg”中绘制一个选区，执行“编辑”>“拷贝”命令，如图2-191所示。

图2—191

03 回到背景素材“1.jpg”中，执行“编辑”>“粘贴”命令，将风景粘贴到当前文档中，由于风景图片尺寸较大，所以需要对粘贴得到的新图层执行“编辑”>“自由变换”命令，将光标定位到一角处，按住Shift键进行等比例缩放，并摆放在合适位置，如图2-192所示。按Enter键完成操作，如图2-193所示。

图2—192

图2—193

04 再次回到风景素材“2.jpg”文档中，继续使用矩形选框工具框选部分区域，如图2-194所示。使用复制快捷键Ctrl+C，并回到背景素材“1.jpg”中使用粘贴快捷键Ctrl+V进行粘贴。然后使用自由变换快捷键Ctrl+T，进入自由变换状态，缩放并摆放在合适位置，如图2-195所示。

图2—194

图2—195

05 同样的方法制作第3个插图，最终效果如图2-196所示。

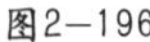

图2—196

课后练习

【课后练习——利用自由变换制作飞舞的蝴蝶】

思路解析：本案例主要通过“自由变换”命令改变蝴蝶的形状，并通过“拷贝”“粘贴”命令的使用制作出多个飞舞的蝴蝶，效果如图2-197所示。

扫码看视频

图2—197

本章小结

本章所涉及的知识点均为照片处理中最基本的功能。例如，从调整“画布大小”，调整“图像大小”，以及裁切图像的多个方面讲解了调整大小的方法，使用快捷键进行方便的剪切/拷贝/粘贴图像的方法。另外，图像的变形也是本章的重点内容，熟练掌握“自由变换”“内容识别缩放”“操控变形”命令的快捷使用方法，对提高数码照片处理效率有非常大的帮助。

读书笔记

第3章

创建与使用选区

本章内容简介：

在学习选区的操作之前首先需要了解选区是做什么的，掌握获取选区的基本方法和思路。本章介绍了多种使用选区工具获取选区的方法，以及得到选区后的编辑、存储、调用、填充、描边等操作方法。

本章学习要点：

- 掌握选区工具的使用方法
- 掌握常用抠图工具的使用与技巧
- 掌握选区的编辑方法
- 掌握填充与描边选区的应用

3.1 选区与照片处理

在Photoshop中处理图像时，经常需要针对局部效果进行调整。通过选择特定区域，可以对该区域进行编辑并保持未选定区域不会被改动。这时就需要为图像指定一个有效的编辑区域，这个区域就是选区。在Photoshop中，选区以闪烁的黑白虚线（有时也被称为“蚂蚁线”）的形态显示在画面中。如图3-1所示画面中的虚线边框即为选区的边界。

图3—1

3.1.1 选区在照片处理中的功能

以图3-2为例，需要改变中间心形的颜色，这时就可以使用磁性套索工具或钢笔工具绘制出需要调色的区域选区。然后对这些区域进行单独调色即可，如图3-3所示。

选区的另外一项重要功能是图像局部的分离，也就是抠图。以图3-4为例，要将图中的前景物体分离出来，这时就可以使用快速选择工具或磁性套索工具制作主体部分选区，接着将选区中的内容复制、粘贴到其他合适的背景文件中，并添加其他合成元素即可完成一个合成作品，如图3-5所示。

图3—2

图3—3

图3—4

图3—5

3.1.2 照片处理中常用的选区制作方法

Photoshop中包含多种用于制作选区的工具和命令，方便用户针对不同情况使用不同工具进行快速的选区制作。比较常用的选择方法有：使用内置选区工具进行选择、使用矢量工具绘制路径制作精确选区、基于色调制作选区、使用通道制作复杂选区、使用快速蒙版制作选区等。

绘制规则选区

对于比较规则的圆形或方形对象可以使用选框工具组[]，如图3-6所示。选框工具组是Photoshop中最常用的选区工具，适合于形状比较规则的图案（如圆形、椭圆形、正方形、长方形）。如图3-7和图3-8所示的图像中，分别使用矩形选区工具以及椭圆选区工具进行选择，它们分别为典型的矩形选区和圆形选区。

矩形选框工具 M
椭圆选框工具 M
单行选框工具
单列选框工具

图3—6

图3—7

图3—8

绘制不规则选区

对于不规则选区，则可以使用套索工具组[]，如图3-9所示。对于转折处比较强烈的图像，可以使用多边形套索工具[]来进行选择；对于转折处比较柔和的图像，可以使用套索工具[]来进行选择。如图3-10和图3-11所示分别为转折处比较强烈和比较柔和的图像（磁性套索工具在后面的章节进行讲解）。

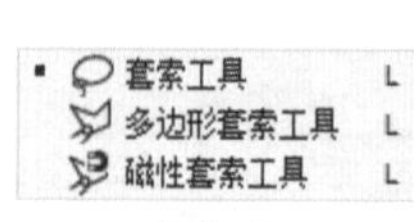

图3—9

图3—10

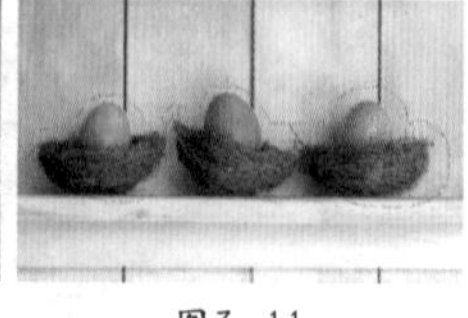

图3—11

绘制路径制作精确选区

Photoshop中的钢笔工具属于典型的矢量工具，通过钢笔工具可以绘制出平滑或者尖锐的任何形状路径，绘制完成后可以将其转换为相同形状的选区，从而选出对象，如图3-12和图3-13所示。

基于色调制作选区

如果需要选择的对象与背景之间的色调差异比较明显，使用魔棒工具、快速选择工具、磁性套索工具和“色彩范围”命令可以很快速地将对象分离出来。这些工具和命令都可以基于色调之间的差异来创建选区。如图3-14所示是使用快速选择工具将前景对象抠选出来的图像，如图3-15所示为更换背景后的效果图。

图3-12

图3-13

图3-14

图3-15

通道选择法

通道抠图主要利用具体图像的色相差别或者明度差别用不同的方法建立选区。使用通道抠图法非常适用于半透明和毛发类对象选区的制作，例如如果要抠取毛发、婚纱、烟雾、玻璃以及具有运动模糊的物体，使用前面介绍的工具就很难保留精细的半透明选区，这时就需要使用通道来进行抠像。如图3-16和图3-17所示为婚纱抠图。如图3-18和图3-19所示为毛发抠图。

图3-16

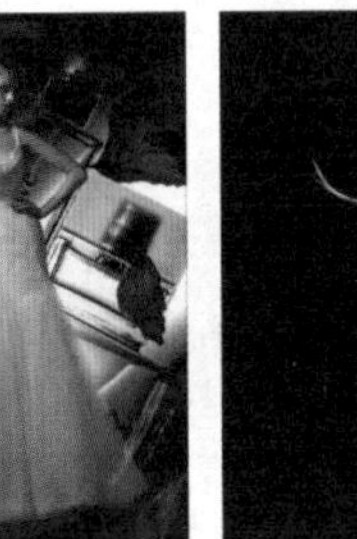
图3-17

图3-18

图3-19

快速蒙版选择法

在快速蒙版状态下，可以使用各种绘画工具和滤镜对选区进行细致的处理。例如，如果将图中的前景对象抠选出来，就可以进入快速蒙版状态，然后使用画笔工具在快速蒙版中的背景部分上进行绘制（绘制出的选区为红色状态），绘制完成后按Q键退出快速蒙版状态，Photoshop会自动创建选区，这时就可以删除背景，也可以为前景对象重新添加背景。如图3-20~图3-23所示分别为原始素材、绘制通道、删除背景和重新添加背景效果。

图3-20

图3-21

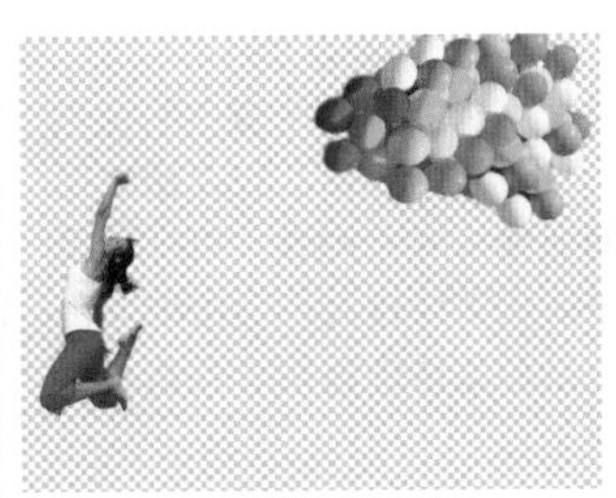
图3-22

图3-23

3.1.3 羽化选区

技术速查：羽化可以使选区内外衔接的部分虚化，起到渐变的作用，从而达到自然衔接的效果。

羽化值越大，虚化范围越宽，颜色递变得越柔和。羽化值越小，虚化范围越窄。单纯地从选区的边缘线上是无法看出当前选区是否进行过羽化，可以通过填充或删除来观察羽化的效果。如图3-24所示为羽化值为0的效果，如图3-25所示为羽化值为30像素的效果，如图3-26所示为羽化值为100像素的效果。

图3－24　图3－25　图3－26

在创建选区之前，可以单击工具箱中的任意选区工具，并在选项栏中设置羽化数值，如图3-27所示。如果是在创建选区之后想要进行选区的羽化，那么就需要在选区上单击鼠标右键，在弹出的快捷菜单中选择“羽化”命令，并在弹出的“羽化选区”对话框中设置合适的羽化半径即可，半径数值为0时为无羽化效果，如图3-28所示。

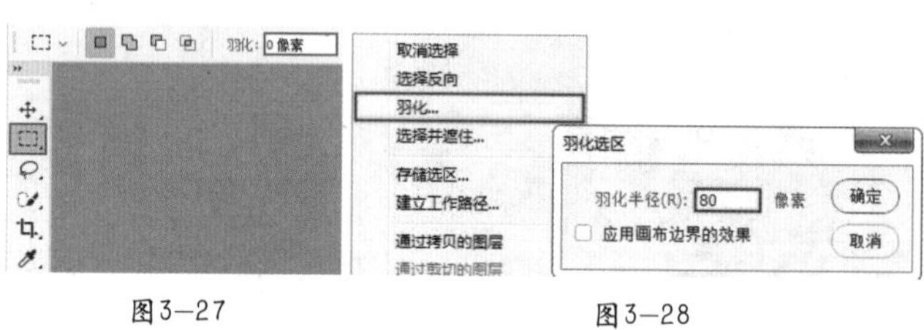

图3－27　图3－28

3.1.4 选区“警告”

在进行选区操作中，如果设置的羽化数值较大，以至于任何像素都不大于50%的选择时，可能会出现如图3-29所示的“警告”对话框。出现该对话框后，画面中的选区边缘线将处于不可见的状态，但是选区仍然存在。

另外，如果设置的羽化半径特别大，可能会出现“未选择任何像素”的警告，此时应注意羽化半径的设置，如图3-30所示。

图3－29　图3－30

3.1.5 如何存储带有透明像素的素材

在数码照片处理中经常需要通过使用选区工具进行抠图去除背景的操作，而去除背景的图像经常会作为素材进行存储，如图3-31所示。便于以后传输、上传、合成等使用，如图3-32所示。

图3－31

图3－32

这时就需要将去除背景的素材存储为可以保留透明像素的图像格式，通常使用的JPEG、BMP格式并不能存储透明像素，常用的可保留透明像素的图像格式有PSD、TIFF以及PNG等。相对而言，PSD与TIFF格式文件较大，而PNG文件则相对较小，图像质量也不错，是存储传输透明背景素材最常用的格式。

在前面的章节中已经进行过文档“存储为”的讲解，如果将透明背景素材存储为TIFF格式，那么将弹出“TIFF选项”对话框，在这里需要选中“存储透明度”复选框才能保留图像的透明区域，如图3-33所示。如果将透明背景素材存储为PNG格式，那么将弹出“PNG选项”对话框，在这里设置合适的压缩以及交错参数即可，如图3-34所示。

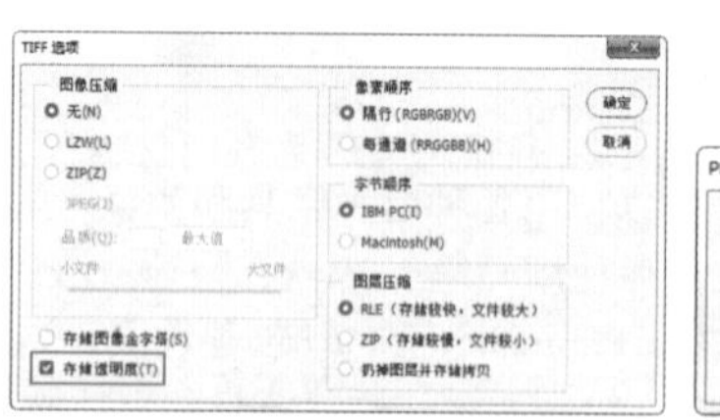

图3－33

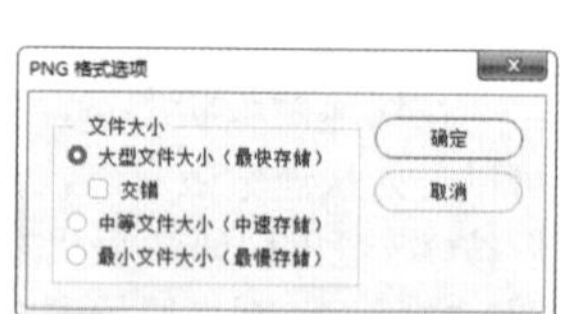

图3－34

读书笔记

3.2 使用基本选区工具

Photoshop中包含多种方便快捷的选区工具，在工具箱中右击“选框工具组”按钮可以弹出4种选框工具，如图3-35所示。右击“套索工具组”按钮可以看到套索工具、多边形套索工具和磁性套索工具，如图3-36所示。熟练掌握这些基本工具的使用方法，可以快速地制作简单的选区。

矩形选框工具 M
椭圆选框工具 M
单行选框工具
单列选框工具

图3—35

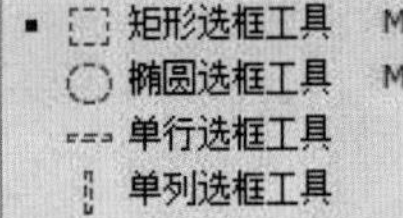

图3—36

3.2.1 制作方形选区

- 视频精讲：Photoshop新手学视频精讲课堂\25.使用选框工具.flv
- 技术速查：矩形选框工具主要用于创建矩形选区与正方形选区。

单击工具箱中的“矩形选框工具”按钮，在画面中按住鼠标左键并拖动即可绘制出矩形选区，如图3-37所示。单击并按住Shift键拖动可以创建正方形选区，如图3-38所示。矩形选框工具的选项栏如图3-39所示。

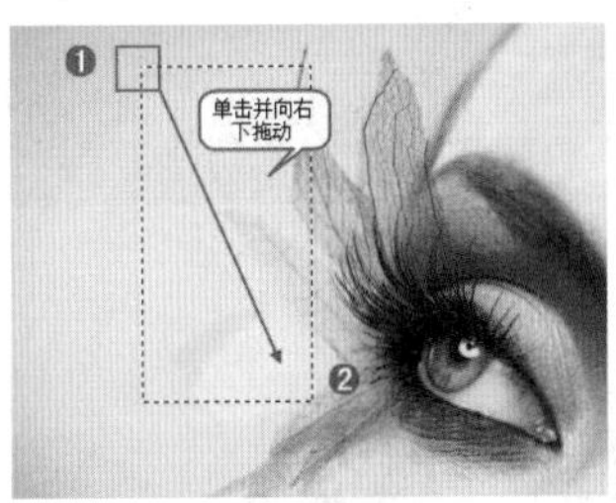

图3—37

图3—38

图3—39

- 羽化：主要用来设置选区边缘的虚化程度。羽化值越大，虚化范围越宽；羽化值越小，虚化范围越窄；以如图3-40、图3-41所示的图像边缘锐利程度模拟羽化数值分别为0像素与20像素时的边界效果。

图3—40

图3—41

- 消除锯齿：矩形选框工具的“消除锯齿”复选框是不可用的，因为矩形选框没有不平滑效果，只有在使用椭圆选框工具时“消除锯齿” 复选框才可用。
- 样式：用来设置矩形选区的创建方法。当选择“正常”选项时，可以创建任意大小的矩形选区；当选择“固定比例”选项时，可以在右侧的“宽度”和“高度”文本框中输入数值，以创建固定比例的选区。单击“高度和宽度互换”按钮，可以切换“宽度”和“高度”的数值，如图3-42所示。

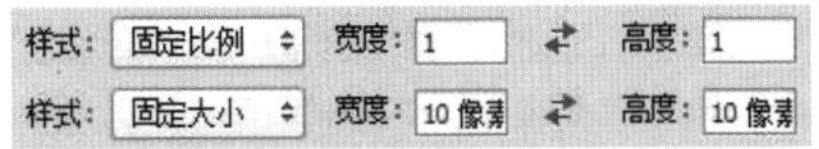

图3—42

- **选择并遮住**：与执行“选择”>“选择并遮住”命令相同，单击该按钮，进入选择并遮住调整状态，在该状态下可以对选区进行平滑、羽化等处理。

★ 案例实战——使用矩形选框工具制作切割人像

案例文件	案例文件/第3章/使用矩形选框工具制作切割人像.psd
视频教学	视频文件/第3章/使用矩形选框工具制作切割人像.flv
难易指数	★★★★★
技术要点	矩形选框工具

案例效果

本例主要是针对矩形选框工具进行练习，效果如图3-43所示。

扫码看视频

操作步骤

01 打开素材文件“1.psd”，如图3-44所示。其中包含一个人像图层和一个背景图层，如图3-45所示。

图3—43

图3—44

图3—45

02 为了制作出切割的人像效果，首先需要单击工具箱中的“矩形选框工具”按钮，在人像肩部按住左键并拖曳，绘制一个合适大小的矩形选区，如图3-46所示。

03 单击选项栏中的“添加到选区”按钮，继续在上一个选区下绘制一个合适大小的选区，如图3-47所示。同样方法，多次绘制矩形选区，如图3-48所示。

图3—46

图3—47

图3—48

04 选择“人像”图层，按剪切快捷键Ctrl+X，将选区部分剪切到剪贴板中，原位置出现空缺，如图3-49所示。继续使用粘贴快捷键Ctrl+V，粘贴出选区中的内容，适当移动，摆放在与人像偏移的位置上，最终效果如图3-50所示。

图3—49

图3—50

3.2.2 制作圆形选区

视频精讲：Photoshop新手学视频精讲课堂\25.使用选框工具.flv

技术速查：椭圆选框工具用来制作椭圆选区和正圆选区。

单击工具箱中的“椭圆选框工具”按钮，在画面中按住鼠标左键并拖动即可绘制出椭圆选区，如图3-51所示。在绘制过程中按住Shift键可以创建正圆选区，如图3-52所示。

在椭圆选框工具的选项栏中可以对消除锯齿进行设置，消除锯齿是通过柔化边缘像素与背景像素之间的颜色过渡效果，来使选区边缘变得平滑。如图3-53所示是未选中“消除锯齿”复选框时的图像边缘效果。如图3-54所示是选中“消除锯齿”复选框时的图像边缘效果。由于“消除锯齿”只影响边缘像素，因此不会丢失细节，在剪切、复制和粘贴选区图像时非常有用。

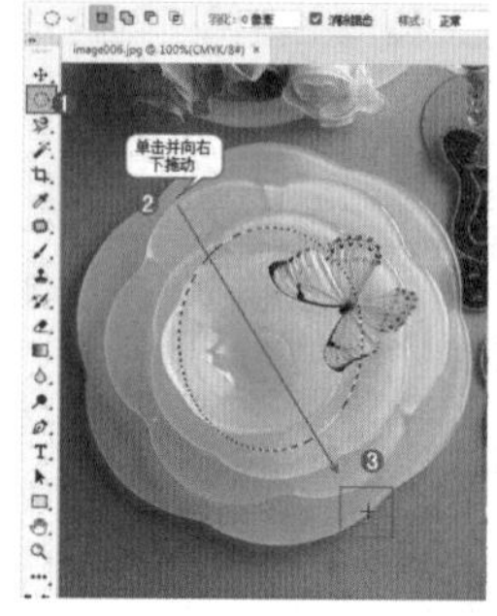

图3—51

图3—52

技巧提示

其他选项的用法与矩形选框工具中的相同，因此这里不再再讲解。

图3—53

图3—54

3.2.3 制作单行/单列选区

视频精讲：Photoshop新手学视频精讲课堂\25.使用选框工具.flv

技术速查：单行选框工具、单列选框工具主要用来创建高度或宽度为1像素的选区，常用来制作网格状选区。

单击工具箱中的“单行选框工具”按钮或“单列选框工具”按钮，在画面中单击即可创建出选区，如图3-55所示。

图3—55

3.2.4 使用套索工具绘制不规则选区

视频精讲：Photoshop新手学视频精讲课堂\26.使用套索工具.flv

技术速查：使用套索工具可以非常自由地绘制出形状不规则的选区。

在工具箱中单击“套索工具”按钮，然后在图像上单击，确定起点位置，接着拖曳光标绘制选区，如图3-56所示。结束绘制时释放鼠标左键，选区会自动闭合并变为闪烁的选区效果，如图3-57所示。如果在绘制中途释放鼠标左键，Photoshop会在该点与起点之间建立一条直线，以封闭选区。

图3-56

图3-57

技巧提示

当使用套索工具绘制选区时，如果在绘制过程中按住Alt键，释放鼠标左键以后（不释放Alt键），Photoshop会自动切换到多边形套索工具。

3.2.5 使用多边形套索工具绘制多边形选区

视频精讲：Photoshop新手学视频精讲课堂\26.使用套索工具.flv

技术速查：多边形套索工具适合于创建一些转角比较强烈的随意选区。

单击工具箱中的“多边形套索工具”按钮，在画面中单击确定起点，拖动光标向其他位置移动并多次单击确定选区转折的位置。最后需要将光标定位到起点处，完成选区的绘制，如图3-58所示。松开光标后可以得到选区，如图3-59所示。

图3-58

图3-59

技巧提示

在使用多边形套索工具绘制选区时，按住Shift键，可以在水平方向、垂直方向或45°方向上绘制直线。另外，按Delete键可以删除最近绘制的直线。

★ 案例实战——使用多边形套索工具制作框中人像

案例文件	案例文件/第3章/使用多边形套索工具制作框中人像.psd
视频教学	视频文件/第3章/使用多边形套索工具制作框中人像.flv
难易指数	★★★★★
技术要点	多边形套索工具

案例效果

本案例主要是针对多边形套索工具的使用进行练习，效果如图3-60所示。

扫码看视频

图3-60

操作步骤

01 打开本书配套资源库中的“1.jpg”文件，使用多边形套索工具绘制出一个选区，如图3-61所示。新建图层组并命名为“左”，新建图层。设置前景色为白色，使用快捷键Alt+Delete填充颜色为白色，如图3-62所示。

图3-61

图3-62

02 执行“图层”>“图层样式”>“投影”命令，设置“混合模式”为“正片叠底”，“不透明度”为100%，“角度”为175度，“大小”为49像素，如图3-63所示。选中“描边”复选框，设置“大小”为1像素，“位置”为“外部”，“颜色”为灰色，如图3-64所示。

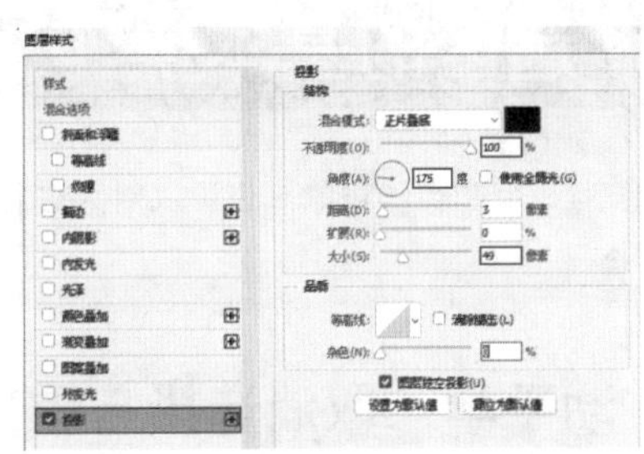

图3-63

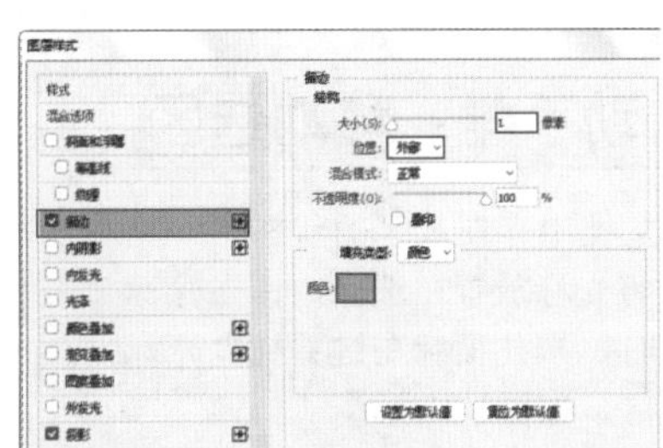

图3-64

03 添加样式后的照片框产生了立体感，效果如图3-65所示。然后使用横排文字工具在照片框上输入合适的文字，

完成一组照片框的制作，同样的方法制作另外一组照片框，如图3-66所示。

图3—65

图3—66

04 置入照片素材文件“2.jpg”并将其栅格化。使用多边形套索工具勾勒出一个照片轮廓，如图3-67所示。单击“图层”面板中的“添加图层蒙版”按钮，为其添加一个图层蒙版，使多余的部分隐藏，如图3-68所示。

图3—67

图3—68

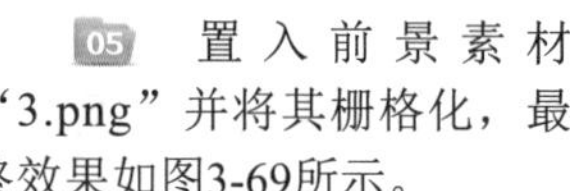

05 置入前景素材“3.png”并将其栅格化，最终效果如图3-69所示。

图3—69

☆ 视频课堂——利用多边形套索工具选择照片

案例文件\第3章\视频课堂——利用多边形套索工具选择照片.psd
视频文件\第3章\视频课堂——利用多边形套索工具选择照片.flv
思路解析：

01 置入照片素材，降低图层不透明度。
02 设置绘制模式为添加到选区，使用多边形套索工具绘制照片选区。
03 选择反向，删除多余部分。

扫码看视频

3.3 选区的基本操作

选区作为一个非实体对象，也可以对其进行如取消选择与重新选择、移动、隐藏、全选与反选、变换、运算、存储与载入等操作。

3.3.1 动手学：取消选择与重新选择

01 在当前文档中存在选区时，执行“选择”>“取消选择”命令或按Ctrl+D快捷键，可以取消选区状态。

02 如果要恢复被取消的选区，可以执行“选择”>“重新选择”命令。

3.3.2 动手学：移动选区

01 在文档中存在选区的状态下（见图3-70），将光标放置在选区内，当光标变为形状时，按住鼠标左键并拖曳光标即可移动选区，如图3-71所示。

图3—70

图3—71

02 使用选框工具创建选区时，在松开鼠标左键之前，按住Space键（即空格键）拖曳光标，可以移动选区，如图3-72和图3-73所示。

03 在包含选区的状态下，按→、←、↑、↓键能够以1像素的距离移动选区。

图3—72

图3—73

3.3.3 隐藏与显示选区

技术速查："视图">"显示">"选区边缘"命令可以切换选区的显示与隐藏。

创建选区以后，执行"视图">"显示">"选区边缘"命令或按Ctrl+H快捷键，可以隐藏选区（注意，隐藏选区后，选区仍然存在）；如果要将隐藏的选区显示出来，可以再次执行"视图">"显示">"选区边缘"命令或按Ctrl+H快捷键。

3.3.4 动手学：全选与反选

技术速查：顾名思义，"全选"命令是选择画面的全部范围，该命令常用于复制整个文档中的图像。

01 执行"选择">"全部"命令或按Ctrl+A快捷键，可以选择当前文档边界内的所有图像。

02 创建选区以后，执行"选择">"反向选择"命令或按Shift+Ctrl+I组合键，可以选择反相的选区，也就是选择图像中没有被选择的部分，如图3-74和图3-75所示。

图3—74

图3—75

3.3.5 动手学：变换选区

01 使用矩形选框工具绘制一个长方形选区，如图3-76所示。对创建好的选区执行"选择">"变换选区"命令或按Alt+S+T组合键，可以对选区进行移动，如图3-77所示。

02 在选区变换状态下，在画布中单击鼠标右键，还可以选择其他变换方式。如图3-78所示为旋转。如图3-79所示为缩放。如图3-80所示为扭曲。变换完成之后，按Enter键即可完成变换，如图3-81所示。

图3—76

图3—77

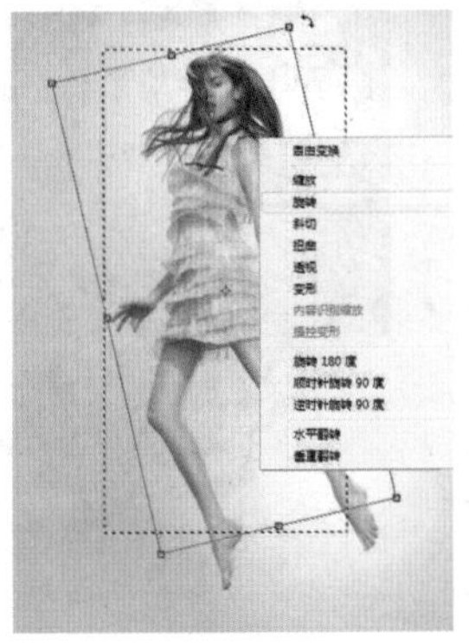
图3—78

图3—79

图3—80

图3—81

技巧提示

在缩放选区时，按住Shift键可以等比例缩放选区；按住Shift+Alt快捷键可以以中心点为基准等比例缩放选区。

3.3.6 选区的运算

视频精讲：Photoshop新手学视频精讲课堂\27.选区运算.flv

技术速查：选区运算是指将多个选区进行相加、相减、交叉以及排除等操作而获得新的选区。

在使用选区工具（如选框工具、套索工具或魔棒工具等）创建选区时，选项栏中就会出现选区运算的相关工具，如图3-82所示。单击某个按钮，即可使用某种选区运算方式，在下一次绘制选区时就会沿用当前选项栏中激活的选区运算方式。

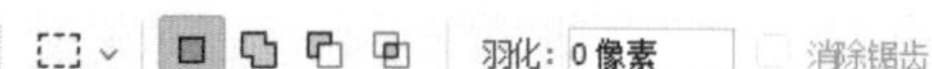

图3—82

- 新选区：激活该按钮以后，可以创建一个新选区，如图3-83所示。如果已经存在选区，那么新创建的选区将替代原来的选区。
- 添加到选区：激活该按钮以后，可以将当前创建的选区添加到原来的选区中（按住Shift键也可以实现相同的操作），如图3-84所示。
- 从选区减去：激活该按钮以后，可以将当前创建的选区从原来的选区中减去（按住Alt键也可以实现相同的操作），如图3-85所示。
- 与选区交叉：激活该按钮以后，新建选区时只保留原有选区与新创建的选区相交的部分（按住Shift+Alt组合键也可以实现相同的操作），如图3-86所示。

图3—83

图3—84

图3—85

图3—86

3.3.7 载入选区

技术速查：以通道形式进行存储的选区可以通过使用“载入选区”命令进行调用。

如果要载入单个图层的选区，可以按住Ctrl键的同时单击该图层的缩览图，如图3-87和图3-88所示。通道也可以使用这种方法进行选区的载入。

图3—87

图3—88

3.4 基于色调制作选区

前面讲解的方法都是以用户的意志绘制任意的选区。而基于色调制作选区是指以颜色上的差异自动识别对象的边界，以制作出选区，如图3-89和图3-90所示。在Photoshop中有多种基于颜色差异制作选区的工具，不同的工具适用于不同情况，使用方法非常简单，下面进行逐一讲解。

图3—89

图3—90

3.4.1 磁性套索工具

- 视频精讲：Photoshop新手学视频精讲课堂\26.使用套索工具.flv
- 技术速查：磁性套索工具能够以颜色上的差异自动识别对象的边界，特别适合于快速选择与背景对比强烈且边缘复杂的对象。

使用磁性套索工具时，套索边界会自动对齐图像的边缘，如图3-91所示。当勾选完比较复杂的边界时，还可以按住Alt键切换到多边形套索工具，以勾选转角比较强烈的边缘，如图3-92所示。

图3—91

图3—92

技巧提示

磁性套索工具不能用于32位/通道的图像。

磁性套索工具的选项栏如图3-93所示。

图3—93

- 宽度："宽度"值决定了以光标中心为基准，光标周围有多少个像素能够被磁性套索工具检测到。如果对象的边缘比较清晰，可以设置较大的值；如果对象的边缘比较模糊，可以设置较小的值。如图3-94和图3-95所示分别是"宽度"值为20和200时检测到的边缘。

图3—94

图3—95

技巧提示

在使用磁性套索工具勾画选区时，按住CapsLock键，光标会变成⊙形状，圆形的大小就是该工具能够检测到的边缘宽度。另外，按↑键和↓键可以调整检测宽度。

- 对比度：该选项主要用来设置磁性套索工具感应图像边缘的灵敏度。如果对象的边缘比较清晰，可以将该值设置得高一些；如果对象的边缘比较模糊，可以将该值设置得低一些。
- 频率：在使用磁性套索工具勾画选区时，Photoshop会生成很多锚点，"频率"选项就是用来设置锚点的数量。数值越大，生成的锚点越多，捕捉到的边缘越准确，但是可能会造成选区不够平滑。如图3-96和图3-97所示分别是"频率"值为10和100时生成的锚点。

图3—96

图3—97

- "钢笔压力"按钮：如果计算机配有数位板和压感笔，可以激活该按钮，Photoshop会根据压感笔的压力自动调节磁性套索工具的检测范围。

★ 案例实战——使用磁性套索工具换背景

案例文件	案例文件\第3章\使用磁性套索工具换背景.psd
视频教学	视频文件\第3章\使用磁性套索工具换背景.flv
难易指数	★★★★★
技术要点	磁性套索工具

案例效果

本案例主要是针对磁性套索工具的用法进行练习，效果如图3-98所示。

扫码看视频

图3-98

操作步骤

01 打开本书配套资源中的背景素材文件，如图3-99所示。接着置入人物素材并将其栅格化，如图3-100所示。

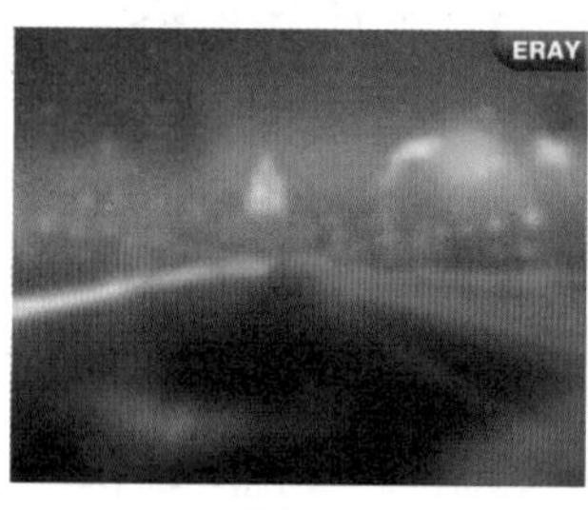

图3-99

图3-100

02 单击工具箱中的"磁性套索工具"按钮，然后在左侧人像边缘单击，如图3-101所示。确定起点，接着沿着人像边缘移动光标，此时Photoshop会生成很多锚点，如图3-102所示。

图3-101

图3-102

> **技巧提示**
>
> 如果在勾画过程中生成的锚点位置远离了人像，可以按Delete键删除最近生成的一个锚点，然后继续绘制。

03 当勾画到起点处时按Enter键得到选区。然后单击鼠标右键，在弹出的快捷菜单中选择"选择反向"命令，如图3-103所示。得到背景部分的选区后，按Delete键删除背景部分，并按下取消选择快捷键Ctrl+D取消选择，如图3-104所示。

图3-103

图3-104

04 由于人像中有未选中区域，如图3-105所示。再次使用磁性套索工具绘制选区并删除多余部分，如图3-106所示。

图3-105

图3-106

05 置入前景素材"3.png"并栅格化，并放置在最上层，最终效果如图3-107所示。

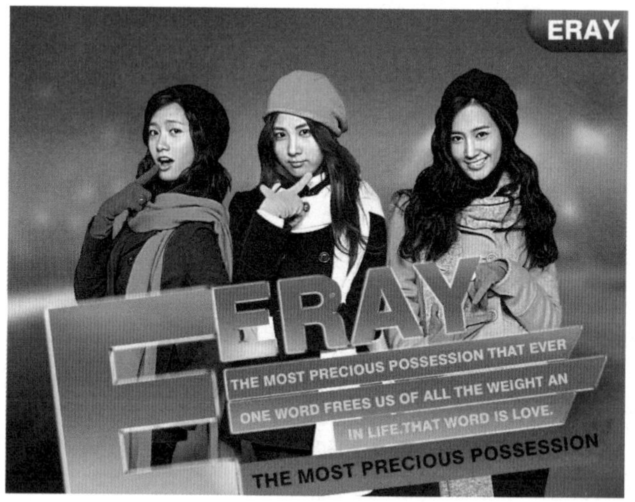

图3-107

3.4.2 快速选择工具

- 视频精讲：Photoshop新手学视频精讲课堂\28.快速选择工具与魔棒工具.flv
- 技术速查：使用快速选择工具可以利用可调整的圆形笔尖迅速地绘制出选区。

单击工具箱中的“快速选择工具”按钮，在画面中单击即可选中颜色接近的部分区域，如图3-108所示。按住鼠标左键并拖曳笔尖时，选取范围不但会向外扩张，而且还可以自动寻找并沿着图像的边缘来描绘边界，如图3-109所示。

图3—108

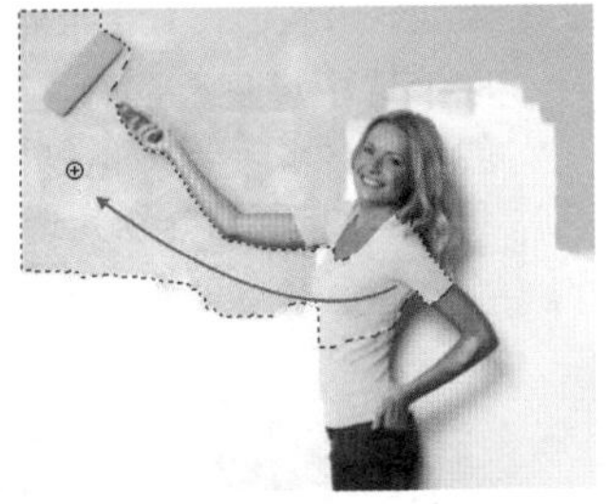

图3—109

快速选择工具的选项栏如图3-110所示。

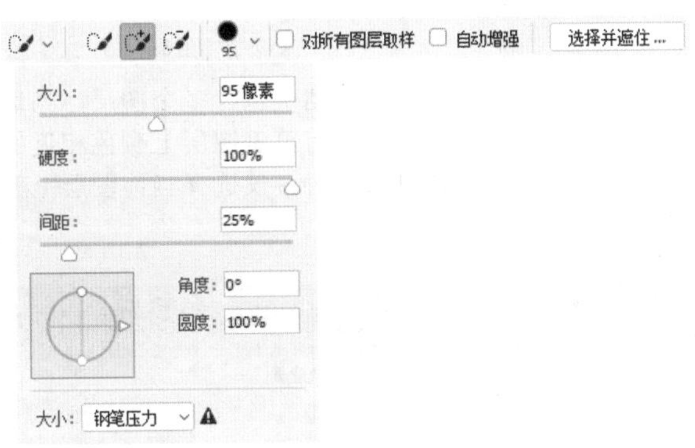

图3—110

- 选区运算按钮：激活“新选区”按钮，可以创建一个新的选区；激活“添加到选区”按钮，可以在原有选区的基础上添加新创建的选区；激活“从选区减去”按钮，可以在原有选区的基础上减去当前绘制的选区。
- “画笔”选择器：单击倒三角按钮，可以在弹出的“画笔”选择器中设置画笔的大小、硬度、间距、角度以及圆度。在绘制选区的过程中，可以按“]”键或“[”键来增大或减小画笔的大小。
- 对所有图层取样：如果选中该复选框，Photoshop会根据所有的图层建立选取范围，而不仅是只针对当前图层。
- 自动增强：降低选取范围边界的粗糙度与区块感。如图3-111和图3-112所示分别是未选中“自动增强”复选框与选中“自动增强”复选框时的选区效果。

图3—111

图3—112

★ 案例实战——使用快速选择工具制作人像海报

案例文件	案例文件\第3章\使用快速选择工具制作人像海报.psd
视频教学	视频文件\第3章\使用快速选择工具制作人像海报.flv
难易指数	★★★★★
技术要点	快速选择工具

案例效果

扫码看视频

本案例主要是针对快速选择工具的用法进行练习，效果如图3-113所示。

图3—113

操作步骤

01 打开本书配套资源中的素材文件“1.jpg”，如图3-114所示。置入人像素材文件“2.jpg”并将其栅格化，调整合适大小及位置，如图3-115所示。

图3—114

图3—115

02 选中人像图层，单击工具箱中的“快速选择工具”按钮，在选项栏中设置合适的画笔大小，设置绘制模式为添加到选区，单击背景并进行拖动，可以将背景部分完全选择出来，如图3-116所示。按Delete键删除背景部分，如图3-117所示。

03 置入前景素材“3.png”并将其栅格化。最终效果如图3-118所示。

图3－116

图3－117

图3－118

3.4.3 魔棒工具

- 视频精讲：Photoshop新手学视频精讲课堂\28.快速选择工具与魔棒工具.flv
- 技术速查：魔棒工具可以快速选择图像中颜色差别在容差值范围之内的区域。

魔棒工具在实际工作中的使用频率相当高，单击工具箱中的“魔棒工具”按钮，在图像中单击即可选取颜色差别在容差值范围之内的区域，如图3-119和图3-120所示。单击工具箱中的“魔棒工具”按钮，在选项栏中可以设置选区运算方式、取样大小、容差值等参数，其选项栏如图3-121所示。

图3－119

图3－120

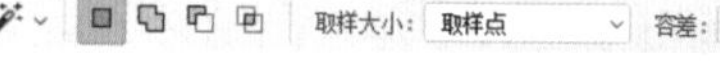
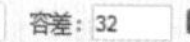

图3－121

- 取样大小：用来设置魔棒工具的取样范围。选择“取样点”选项，可以只对光标所在位置的像素进行取样；选择“3×3平均”选项，可以对光标所在位置3个像素区域内的平均颜色进行取样；其他的以此类推。
- 容差：决定所选像素之间的相似性或差异性，其取值范围为0~255。数值越小，对像素的相似程度的要求越高，所选的颜色范围就越小；数值越大，对像素的相似程度的要求越低，所选的颜色范围就越广。如图3-122和图3-123所示分别是“容差”值为30和60时的选区效果。

图3－122

图3－123

- 连续：当选中该复选框时，只选择颜色连接的区域；当取消选中该复选框时，可以选择与所选像素颜色接近的所有区域，当然也包含没有连接的区域。如图3-124和图3-125所示分别为选中“连续”复选框和取消选中“连续”复选框的效果。

图3－124

图3－125

- 对所有图层取样：如果文档中包含多个图层，当选中该复选框时，可以选择所有可见图层上颜色相近的区域；当取消选中该复选框时，仅选择当前图层上颜色相近的区域。

★ 案例实战——使用魔棒工具换背景

案例文件	案例文件\第3章\使用魔棒工具换背景.psd
视频教学	视频文件\第3章\使用魔棒工具换背景.flv
难易指数	★★★★★
技术要点	魔棒工具

案例效果

本案例主要是针对魔棒工具的用法进行练习，效果如图3-126所示。

扫码看视频

图3－126

操作步骤

01 打开本书配套资源中的素材文件“1.jpg”，如图3-127所示。置入人像素材文件“2.jpg”并将其栅格化，如图3-128所示。

图3—127

图3—128

图3—130

图3—131

02 单击工具箱中的“魔棒工具”按钮，在选项栏中单击“添加到选区”按钮，设置“容差”为20，选中“消除锯齿”和“连续”复选框，如图3-129所示。选择人像图层，在背景部分单击，第一次单击背景时可能会有遗漏的部分，可以多次单击没有被添加到选区内的部分，如图3-130所示。按Delete键删除背景，如图3-131所示。

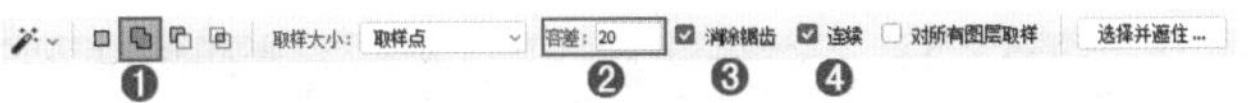

图3—129

03 置入前景素材“3.png”并栅格化，最终效果如图3-132所示。

图3—132

3.4.4 使用“色彩范围”命令

视频精讲：Photoshop新手学视频精讲课堂\30.色彩范围.flv

技术速查：色彩范围可根据图像的颜色范围创建选区。

打开一张图像，执行“选择”>“色彩范围”命令，打开“色彩范围”对话框，如图3-133所示。在画面中单击即可进行取样，在“色彩范围”对话框的“选择范围”预览图中即可显示出当前所选区域（白色为被选择部分，黑色为未被选择的部分）。调整颜色容差数值可以增大或减小所选区域范围。

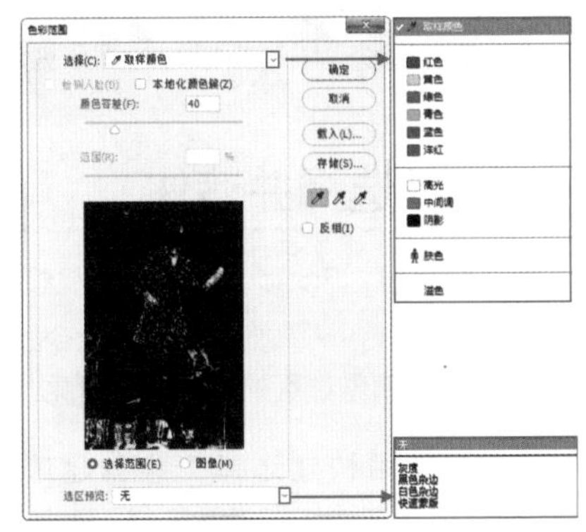

图3—133

★ 案例实战——利用色彩范围调整画面颜色

案例文件	案例文件\第3章\利用色彩范围调整画面颜色.psd
视频教学	视频文件\第3章\利用色彩范围调整画面颜色.flv
难易指数	★★★★★
技术要点	色彩范围

案例效果

扫码看视频

本案例主要是针对“色彩范围”命令的用法进行练习，如图3-134和图3-135所示。

图3—134

图3—135

操作步骤

01 打开本书配套资源中的素材文件，如图3-136所示。

图3—136

02 执行“选择”>“色彩范围”命令，打开“色彩范围”对话框，设置“选择”为“取样颜色”，在画面中蓝色的背景处单击，并使用“添加到取样”工具，在背景其他区域单击，增大选区范围。同时设置“颜色容差”为24，在选区范围预览图中可以看到背景部分变为全白，人物部分为黑色，如图3-137所示。此时单击“确定”按钮，即可得到蓝色背景部分的选区，效果如图3-138所示。

图3—137

图3—138

 执行“图层”>“新建调整图层”>“色相/饱和度”命令，在弹出的对话框中设置“色相”为80，如图3-139所示。此时可以看到选区内图像发生了颜色变化，如图3-140所示。

图3—139

图3—140

技巧提示

在这里设置“颜色容差”数值并不固定，“颜色容差”数值越小，所选择的范围也越小，读者在使用过程中，可以根据实际情况，一边观察预览效果，一边进行调整。

3.5 选区的编辑

选区制作完成后，还可以对选区进行调整选区边缘、创建边界选区、平滑选区、扩展与收缩选区、羽化选区、扩大选取、选取相似等编辑操作，熟练掌握这些操作对于快速选择需要的选区非常重要。

3.5.1 选择并遮住

- 视频精讲：Photoshop新手学视频精讲课堂\31.选择并遮住.flv
- 技术速查：“选择并遮住”命令既可以对已有选区进行进一步编辑，又可以重新创建选区。该命令可以对选区进行边缘检测，调整选区的平滑度、羽化、对比度以及边缘位置。

首先使用快速选择工具创建选区，然后执行“选择”>“选择并遮住”菜单命令，此时Photoshop界面发生了改变。左侧为一些用于调整选区以及视图的工具，左上方为所选工具的选项，右侧为选区编辑选项，如图3-141所示。

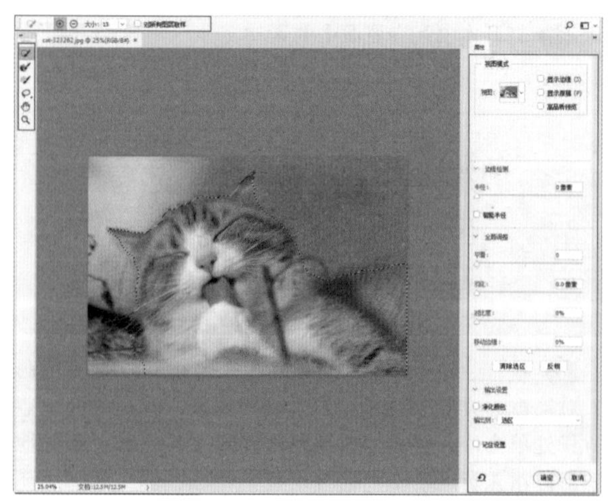

图3—141

技巧提示

“选择并遮住”命令的快捷键为Ctrl+Alt+R。

- 快速选择工具：通过按住鼠标左键拖曳涂抹，软件会自动查找和跟随图像颜色的边缘创建选区。
- 调整半径工具：精确调整发生边缘调整的边界区域。制作头发或毛皮选区时可以使用“调整半径工具”柔化区域以增加选区内的细节。
- 画笔工具：通过涂抹的方式添加或减去选区。单击“画笔工具”，在选项栏中单击“添加到选区”按钮，单击按钮在下拉面板中设置笔尖的“大小”“硬度”和“距离”选项，接着在画面中按住鼠标左键拖曳进行涂抹，涂抹的位置就会显示出像素，也就是在原来选区的基础上添加了选区。若单击“从选区减去”按钮，在画面中涂抹，即可进行减去。
- 套索工具组：在该工具组中有“套索工具”和“多

边形套索工具”两种工具。使用该工具可以在选项栏中设置选区运算的方式。

- 视图：在“视图”下拉列表中可以选择不同的显示效果。
- 显示边缘：显示以半径定义的调整区域。
- 显示原稿：可以查看原始选区。
- 高品质预览：勾选该选项，能够以更好的效果预览选区。
- 半径：“半径”选项确定发生边缘调整的选区边界的大小。对于锐边，可以使用较小的半径；对于较柔和的边缘，可以使用较大的半径。
- 智能半径：自动调整边界区域中发现的硬边缘和柔化边缘的半径。
- 平滑：减少选区边界中的不规则区域，以创建较平滑的轮廓。
- 羽化：模糊选区与周围的像素之间过渡效果。
- 对比度：锐化选区边缘并消除模糊的不协调感。在通常情况下，配合“智能半径”选项调整出来的选区效果会更好。
- 移动边缘：当设置为负值时，可以向内收缩选区边界；当设置为正值时，可以向外扩展选区边界。
- 清除选区：单击该按钮可以取消当前选区。
- 反向：单击该选项，即可得到反向的选区。
- 净化颜色：将彩色杂边替换为附近完全选中的像素颜色。颜色替换的强度与选区边缘的羽化程度是成正比的。
- 输出到：设置选区的输出方式，单击“输出的”按钮，在下拉列表中可以选择相应的输出方式。
- 记住设置：选中该选项，在下次使用该命令的时候会默认显示上次使用的参数。
- 复位工作区：单击该按钮可以使当前参数恢复默认效果。

3.5.2 创建边界选区

- 视频精讲：Photoshop新手学视频精讲课堂\32.修改选区.flv
- 技术速查：对选区进行创建边界的操作可以将选区的边界向内或向外进行扩展，扩展后的选区边界将与原来的选区边界形成新的选区。

在已有选区的状态下（见图3-142），执行“选择”>“修改”>“边界”命令，在弹出的“边界选区”对话框中设置宽度值，如图3-143所示。单击“确定”按钮后，即可得到相应宽度数值的边界选区，如图3-144所示。

图3—142

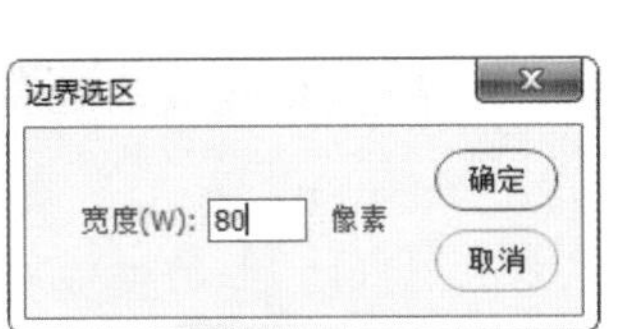

图3—143

图3—144

3.5.3 平滑选区

- 视频精讲：Photoshop新手学视频精讲课堂\32.修改选区.flv
- 技术速查：“平滑”选区命令可以将选区进行平滑处理。

对选区执行“选择”>“修改”>“平滑”命令，在弹出的“平滑选区”对话框中设置“取样半径”，半径越大，平滑程度越大。如图3-145和图3-146所示分别是设置“取样半径”为10像素和100像素时的选区效果。

图3—145

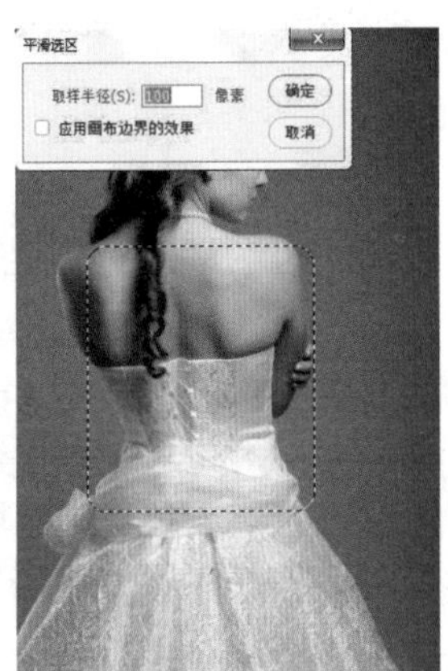

图3—146

3.5.4 扩展选区

视频精讲：Photoshop新手学视频精讲课堂\32.修改选区.flv

技术速查："扩展"选区命令可以将选区向外进行扩展。

如图3-147所示为原始选区。对选区执行"选择">"修改">"扩展"命令，在弹出的对话框中设置"扩展量"为100像素，效果如图3-148所示。

图3-147

图3-148

3.5.5 收缩选区

视频精讲：Photoshop新手学视频精讲课堂\32.修改选区.flv

技术速查："收缩"选区命令可以向内收缩选区。

如图3-149所示为原始选区。执行"选择">"修改">"收缩"命令，在弹出的对话框中设置"收缩量"为100像素，收缩后的选区效果如图3-150所示。

图3-149

图3-150

3.5.6 羽化选区

视频精讲：Photoshop新手学视频精讲课堂\32.修改选区.flv

技术速查："羽化"选区命令是通过建立选区和选区周围像素之间的转换边界来模糊边缘，这种模糊方式将丢失选区边缘的一些细节。

如图3-151所示是原始选区。对选区执行"选择">"修改">"羽化"命令或按Shift+F6快捷键，接着在弹出的"羽化选区"对话框中定义选区的羽化半径。如图3-152所示是设置"羽化半径"为50像素后的图像效果。

图3-151

图3-152

技巧提示

如果选区较小，而"羽化半径"又设置得很大，Photoshop会弹出一个警告对话框。单击"确定"按钮以后，确认当前设置的羽化半径，此时选区可能会变得非常模糊，以至于在画面中观察不到，但是选区仍然存在。

3.5.7 扩大选取

视频精讲：Photoshop新手学视频精讲课堂\32.修改选区.flv

技术速查："扩大选取"命令是基于魔棒工具选项栏中指定的"容差"范围来决定选区的扩展范围。

例如，图3-153中只选择了一部分背景区域。执行"选择">"扩大选取"命令后，Photoshop会查找并选择那些与当前选区中像素色调相近的像素，从而扩大选择区域，如图3-154所示。

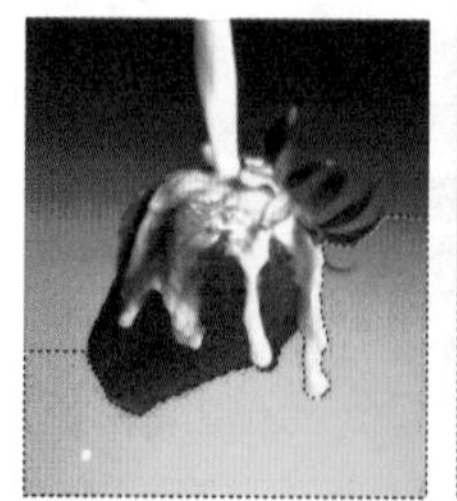
图3-153

图3-154

3.5.8 选取相似

视频精讲：Photoshop新手学视频精讲课堂\32.修改选区.flv

技术速查："选取相似"命令与"扩大选取"命令相似，都是基于魔棒工具选项栏中指定的"容差"范围来决定选区的扩展范围。

例如，图3-155中只选择了一部分区域。执行"选择">"选取相似"命令后，Photoshop同样会查找并选择那些与当前选区中像素色调相近的像素，从而扩大选择区域，如图3-156所示。

图3-155

图3-156

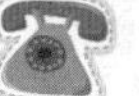

答疑解惑："扩大选取"命令和"选取相似"命令有什么差别？

"扩大选取"和"选取相似"这两个命令的最大共同之处就在于它们都是扩大选区。但是，"扩大选取"命令只针对当前图像中连续的区域，非连续的区域不会被选择；而"选取相似"命令针对的是整张图像，也就是说，该命令可以选择整张图像中处于"容差"范围内的所有像素。

☆ 视频课堂——使用选区制作梦幻人像

案例文件\第3章\视频课堂——使用选区制作梦幻人像.psd
视频文件\第3章\视频课堂——使用选区制作梦幻人像.flv
思路解析：

01 为画面填充渐变效果。
02 载入人像部分选区，并制作边界选区。
03 得到边界选区后选择反向。
04 删除渐变图层多余部分，得到人像周围的光晕效果。

扫码看视频

3.6 填充与描边

选区的任务不仅仅是用于抠图，更多的时候用于绘制区域的设定，选区设定完成后可以对选区内部进行填充，或对选区边缘进行描边操作。如图3-157~图3-159所示分别为选区、填充选区和描边选区。

Photoshop中提供了"填充"命令与"描边"命令，还提供了两种图像填充工具，分别是渐变工具和油漆桶工具。通过这些命令工具可在指定区域或整个图像中填充纯色、渐变或者图案等。

图3-157

图3-158

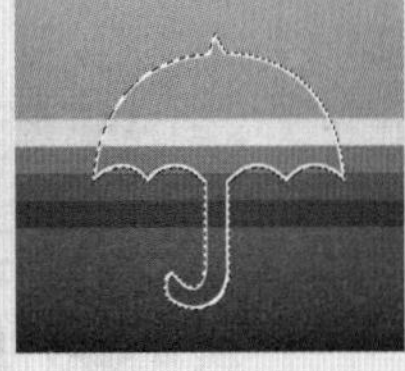
图3-159

3.6.1 使用"填充"命令

视频精讲：Photoshop新手学视频精讲课堂\33.填充.flv

技术速查：利用"填充"命令可以在当前图层或选区内填充颜色或图案，同时也可以设置填充时的不透明度和混合模式。

执行"编辑">"填充"命令或按Shift+F5快捷键，打开"填充"对话框，在这里可以对填充使用的内容进行设置，还可以设置填充内容与原始图像像素的混合，如图3-160所示。

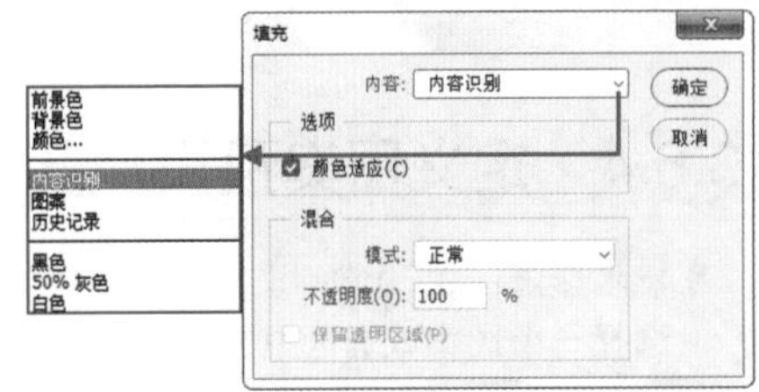

图3-160

- 内容：用来设置填充的内容，包含前景色、背景色、颜色、内容识别、图案、历史记录、黑色、50%灰色和白色。如图3-161所示是一个杯子的选区。如图3-162所示是使用图案填充选区后的效果。
- 模式：用来设置填充内容与原图像素的混合模式。如图3-163所示是设置“模式”为“柔光”后的填充效果。
- 不透明度：用来设置填充内容的不透明度。如图3-164所示是设置“不透明度”为40%后的填充效果。
- 保留透明区域：选中该复选框后，只填充图层中包含像素的区域，而透明区域不会被填充。

图3—161

图3—162

图3—163

图3—164

3.6.2 动手学：填充前景色/背景色

在Photoshop中，可以快速为整个画面或选区填充当前设置的前景色或背景色。如图3-165所示为当前颜色设置。

01 使用快捷键Alt+Delete可以填充前景色，如图3-166所示。

02 使用快捷键Ctrl+Delete可以填充背景色，如图3-167所示。

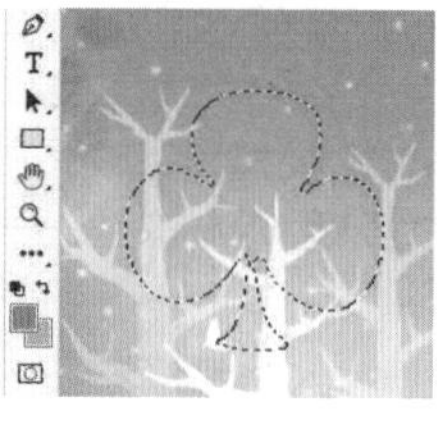

图3—165

图3—166

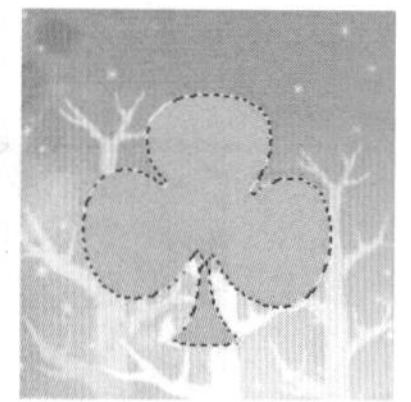

图3—167

3.6.3 使用“油漆桶工具”填充

- 视频精讲：Photoshop新手学视频精讲课堂\58.渐变工具与油漆桶工具.flv
- 技术速查：使用油漆桶工具可以在图像中填充前景色或图案。

在工具箱的底部设置合适的前景色，如果创建了选区，使用油漆桶工具填充的区域为当前选区，如图3-168所示。如果没有创建选区，填充的就是与鼠标单击处颜色相近的区域。效果如图3-169所示。如果想要进行图案的填充，可以在选项栏中设置填充内容为“图案”，然后单击图案列表按钮，在列表中选择一个图案。也可以在图案选取器菜单中载入其他类型的图案。如图3-170所示。设置完毕后在画面中单击即可进行填充。

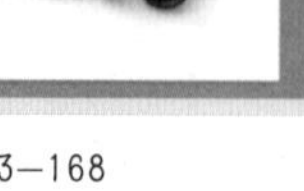

图3—168

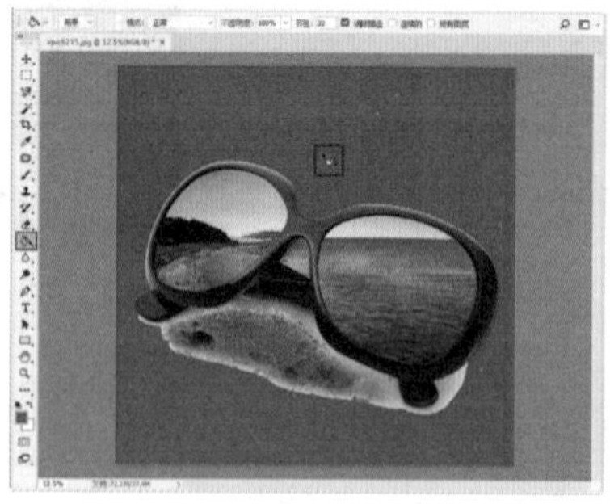

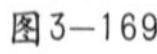

图3—169

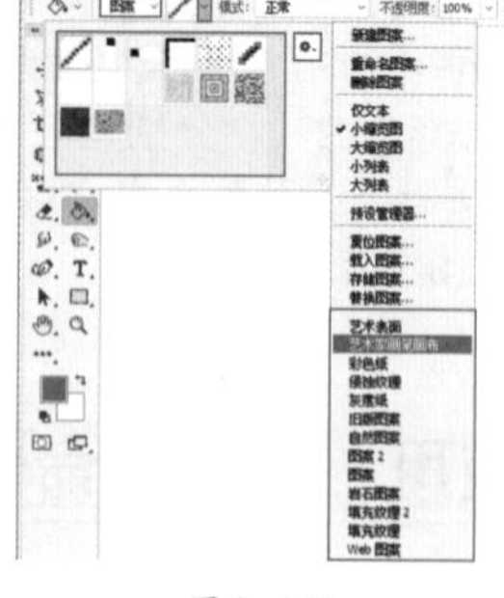

图3—170

3.6.4 定义图案预设

- 技术速查：在Photoshop中可以将打开的图像文件定义为图案，也可以将选区中的图像定义为图案。

选择一个图案或选区中的图像以后，执行“编辑”>“定义图案”命令，就可以将其定义为预设图案，如图3-171所示。执行“编辑”>“填充”命令，可以用定义的图案填充画布，然后在弹出的“填充”对话框中设置“内容”为“图案”，接

着在“自定图案”选项后面单击倒三角形图标，最后在弹出的“图案”拾色器中选择自定义的图案，如图3-172所示。单击“确定”按钮后，即可用自定义的图案填充整个画布，如图3-173所示。

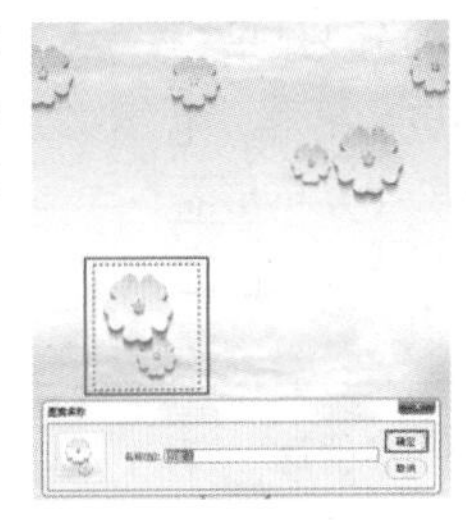
图3—171

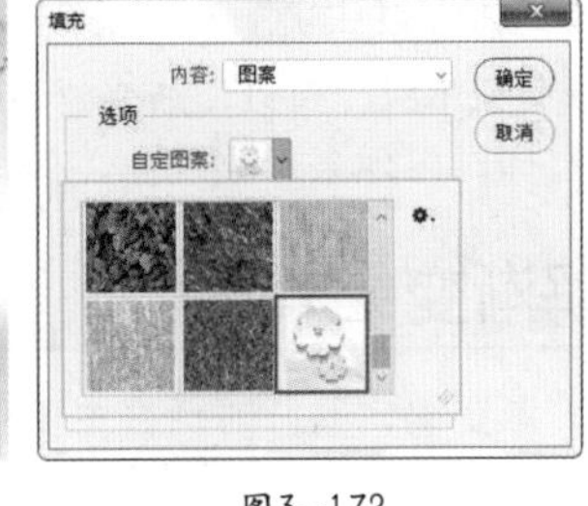
图3—172

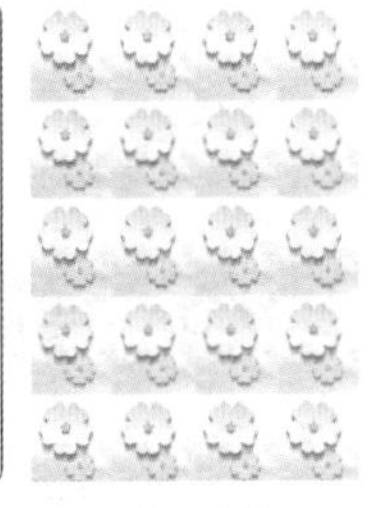
图3—173

3.6.5 填充渐变

- 视频精讲：Photoshop新手学视频精讲课堂\58.渐变工具与油漆桶工具.flv
- 技术速查：渐变工具可以在整个文档或选区内填充渐变色，并且可以创建多种颜色间的混合效果。

渐变工具的应用非常广泛，它不仅可以填充图像，还可以用来填充图层蒙版、快速蒙版和通道等。单击工具箱中的“渐变工具”按钮，在选项栏中可以进行渐变颜色、类型、混合模式、不透明度等的设置，如图3-174所示。设置完毕后在画面中按住鼠标左键并拖动光标即可填充渐变效果，如图3-175和图3-176所示。

图3—174

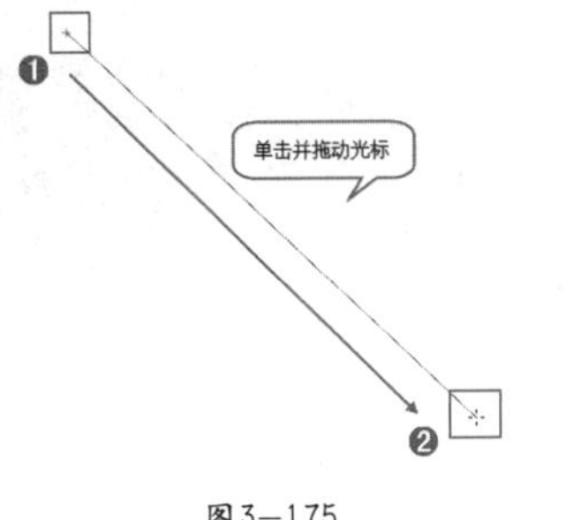

图3—175

图3—176

技巧提示

渐变工具不能用于位图或索引颜色图像。在切换颜色模式时，有些方式观察不到任何渐变效果，此时就需要将图像再切换到可用模式下进行操作。

- （渐变颜色条）：显示了当前的渐变颜色，单击右侧的倒三角，可以打开“渐变”拾色器，如图3-177所示。如果直接单击渐变颜色条，则会弹出“渐变编辑器”对话框，在该对话框中可以编辑渐变颜色，或者保存渐变等，如图3-178所示。

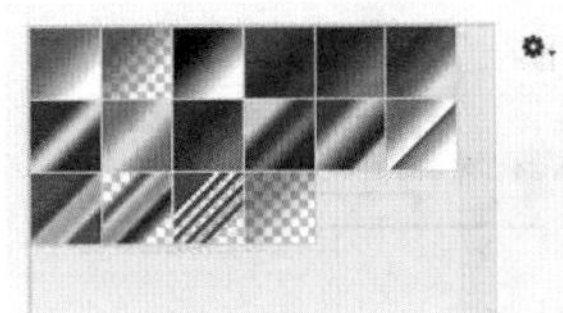
图3—177

图3—178

- （渐变类型）：激活“线性渐变”按钮，可以以直线方式创建从起点到终点的渐变，如图3-179所示；激活“径向渐变”按钮，可以以圆形方式创建从起点到终点的渐变，如图3-180所示；激活“角度渐变”按钮，可以创建围绕起点以逆时针扫描方式的渐变，如图3-181所示；激活“对称渐变”按钮，可以使用均衡的线性渐变在起点的任意一侧创建渐变，如图3-182所示；激活“菱形渐变”按钮，可以以菱形方式从起点向外产生渐变，在终点定义菱形的一个角，如图3-183所示。

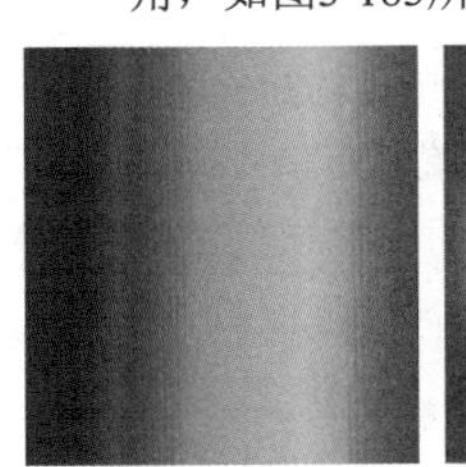
图3—179

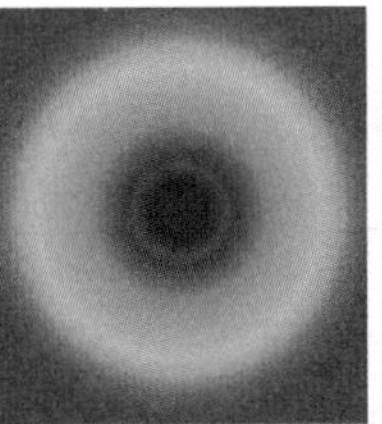
图3—180

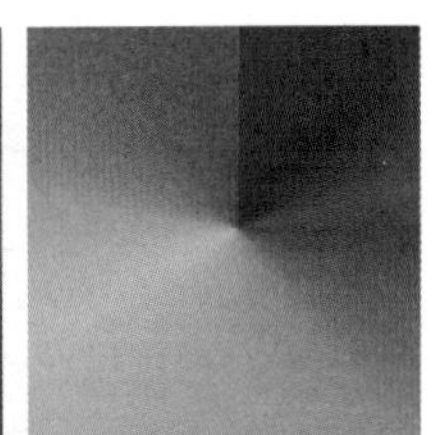
图3—181

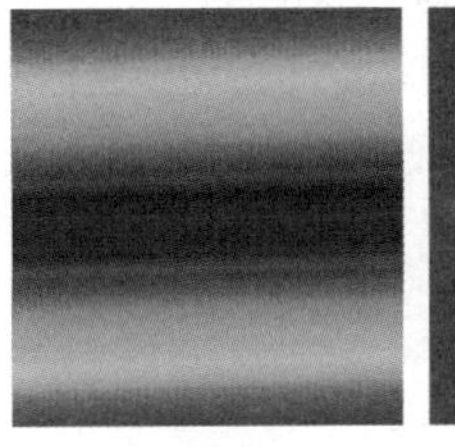
图3—182

图3—183

- 模式：用来设置应用渐变时的混合模式。
- 不透明度：用来设置渐变色的不透明度。

- 反向：转换渐变中的颜色顺序，得到反方向的渐变结果。
- 仿色：选中该复选框时，可以使渐变效果更加平滑。主要用于防止打印时出现条带化现象，但在计算机屏幕上并不能明显地体现出来。
- 透明区域：选中该复选框时，可以创建包含透明像素的渐变。

3.6.6 详解渐变编辑器

- 技术速查：“渐变编辑器”对话框主要用来创建、编辑、管理、删除渐变。

渐变编辑器不仅在使用渐变工具时才能用到，在使用“渐变叠加”图层样式时也会使用到渐变编辑器，如图3-184所示。

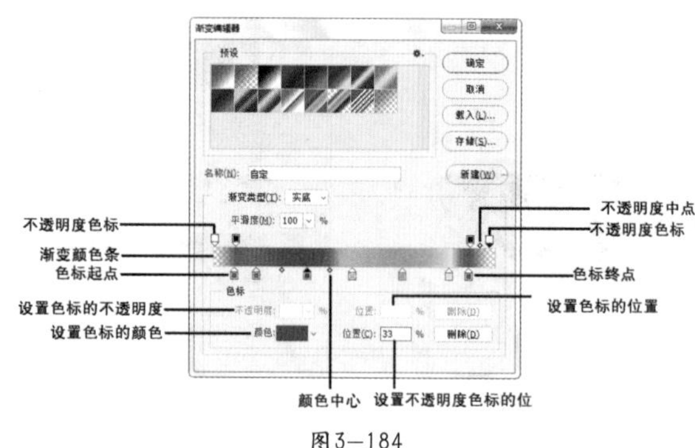

图3—184

- 预设：显示Photoshop预设的渐变效果。单击图标，可以载入Photoshop预设的一些渐变效果；单击“载入”按钮，可以载入外部的渐变资源；单击“存储”按钮，可以将当前选择的渐变存储起来，以备以后调用。
- 名称：显示当前渐变色名称。
- 渐变类型：包含“实底”和“杂色”两种渐变。“实底”渐变是默认的渐变色；“杂色”渐变包含了在指定范围内随机分布的颜色，其颜色变化效果更加丰富。
- 平滑度：设置渐变色的平滑程度。
- 不透明度色标：拖曳不透明度色标可以移动它的位置。在“色标”选项组下可以精确设置色标的不透明度和位置。
- 不透明度中点：用来设置当前不透明度色标的中心点位置。也可以在“色标”选项组下进行设置。
- 色标：拖曳色标可以移动它的位置。在“色标”选项组下可以精确设置色标的颜色和位置。
- 删除：单击该按钮，可以删除不透明度色标或者色标。

★ 案例实战——利用渐变工具制作梦幻人像

案例文件	案例文件\第3章\利用渐变工具制作梦幻人像.psd
视频教学	视频文件\第3章\利用渐变工具制作梦幻人像.flv
难易指数	★★★★★
技术要点	渐变工具

案例效果

本例主要是针对渐变工具的基本使用方法进行练习，效果如图3-185所示。

操作步骤

扫码看视频

01 打开本书配套资源中的素材文件，如图3-186所示。

02 在工具箱中单击“渐变工具”按钮，编辑一种多彩的渐变颜色，然后单击选项栏中的“线性渐变”按钮，如图3-187所示。

图3—185

图3—186

图3—187

03 新建一个“渐变”图层，使用渐变工具在画布的左下角单击并向右上角拖曳鼠标，填充渐变，如图3-188所示。

图3—188

04 设置“渐变”图层的混合模式为“颜色”，如图3-189所示。此时，可以看到渐变的颜色混合到了画面中，效果如图3-190所示。

图3—189

图3—190

05 在“图层”面板下面单击“添加图层蒙版”按钮，为“渐变”图层添加一个图层蒙版，然后使用黑色柔边画笔工具在人像部分进行涂抹，如图3-191所示。使人像部分不受渐变影响，如图3-192所示。

图3-191

图3-192

06 置入前景装饰素材并将其栅格化，最终效果如图3-193所示。

图3-193

☆ 视频课堂——制作简约海报

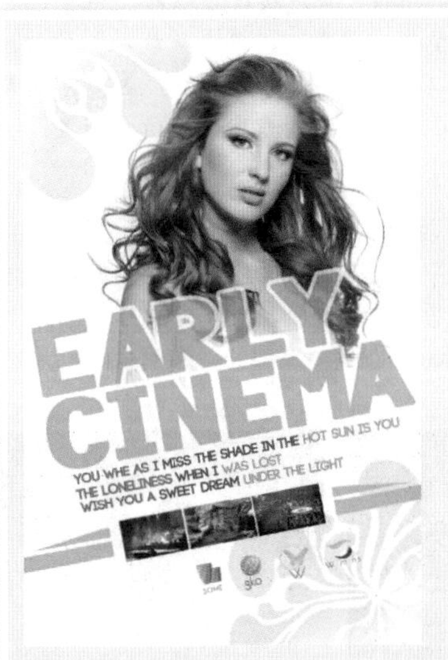

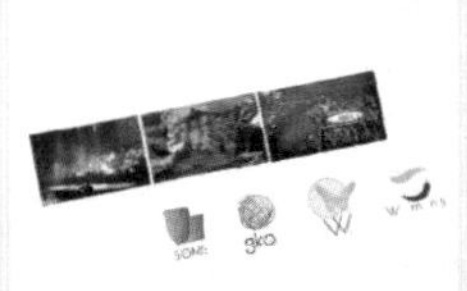

扫码看视频

案例文件\第3章\视频课堂——制作简约海报.psd

视频文件\第3章\视频课堂——制作简约海报.flv

思路解析：

01 使用钢笔工具绘制花朵形状并转换为选区。

02 填充花朵选区为蓝色。

03 使用多边形套索工具绘制两侧多边形选区，并填充颜色。

04 输入主体文字，栅格化后进行描边操作。

05 置入其他素材。

3.6.7 描边

- 视频精讲：Photoshop新手学视频精讲课堂\34.描边.flv
- 技术速查：使用“描边”命令可以在选区、路径或图层周围创建边框效果。

创建选区，如图3-194所示。然后执行“编辑”>“描边”命令或按Alt+E+S组合键，打开“描边”对话框，在该对话框中可以设置描边的宽度、颜色、位置、混合等，如图3-195所示。

图3-194

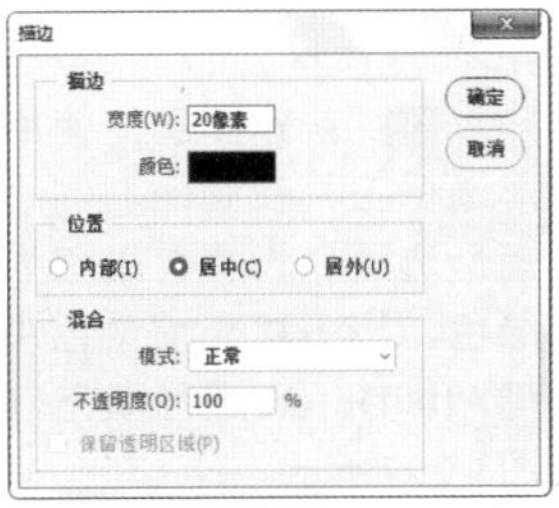

图3-195

技巧提示

在有选区的状态下也可以使用“描边”命令。

- 描边：主要用来设置描边的宽度和颜色。如图3-196和图3-197所示分别是不同“宽度”和“颜色”的描边效果。

图3-196

图3-197

- 位置：设置描边相对于选区的位置，包括“内部”“居中”和“居外”3个单选按钮。

混合：用来设置描边颜色的混合模式和不透明度。如果选中“保留透明区域”复选框，则只对包含像素的区域进行描边。

★ 综合实战——制作婚纱照版式

案例文件	案例文件\第3章\制作婚纱照版式.psd
视频教学	视频文件\第3章\制作婚纱照版式.flv
难易指数	★★★★★
技术要点	矩形选框工具、反向选择、填充、描边

案例效果

扫码看视频

本案例主要是通过使用矩形选框工具、填充、描边制作婚纱照版式，效果如图3-198所示。

图3—198

操作步骤

01 执行“文件”>“新建”命令，在弹出的窗口中设置“宽度”为3300像素，“高度”为2550像素，“背景内容”为“白色”，如图3-199所示。设置前景色为淡绿色，按Alt+Delete快捷键填充当前画面，如图3-200所示。

图3—199

图3—200

02 执行“编辑”>“填充”命令，设置填充内容为“图案”，选择一个合适图案，设置“模式”为叠加，“不透明度”为20%，如图3-201所示。效果如图3-202所示。

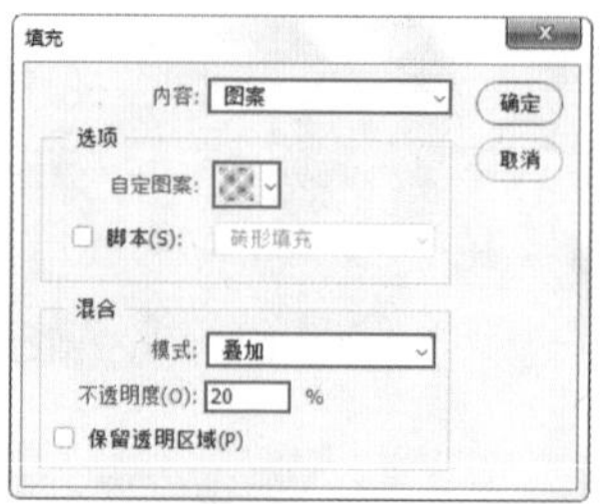

图3—201

图3—202

技巧提示

执行“编辑”>“预设”>“预设管理器”命令，在弹出的窗口中选择类型为“图案”，单击“载入”按钮，在弹出的窗口中选择素材文件中的“1.pat”图案素材载入。载入完成后即可在图案下拉列表中找到所需图案。

03 置入人像照片素材“2.jpg”并将其栅格化，单击工具箱中的“矩形选框工具”按钮，在画面中绘制一个矩形选框，如图3-203所示。单击鼠标右键，在弹出的快捷菜单中选择“选择反向”命令，并按Delete键删除多余部分，如图3-204所示。

图3—203　　图3—204

04 对该图层执行“编辑”>“描边”命令，设置描边的“宽度”为20像素，“颜色”为深绿色，“位置”为“内部”，如图3-205所示。照片边缘出现描边效果，如图3-206所示。

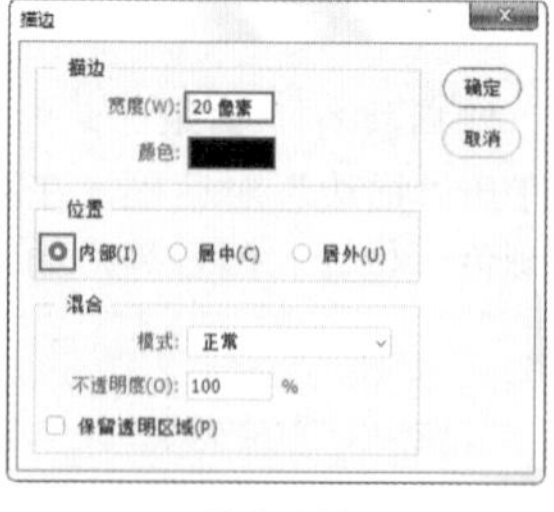

图3—205

图3—206

05 新建图层，使用矩形选框工具在画面右侧绘制矩形选区，设置前景色为草绿色，按下填充前景色快捷键Alt+Delete进行填充，如图3-207所示。

图3—207

思维点拨："相近色"搭配

本案例采用了设计中常用的"相近色"搭配。色环中相邻的3种颜色被称为相近色，比如图3-208中的红、黄味红和黄红。相近色的搭配给人的视觉效果很舒适，很自然。所以相近色在设计中也是极为常用的。色彩中的互补色相互调和会使色彩纯度降低，变成灰色。所以一般作画的时候不用补色调和。

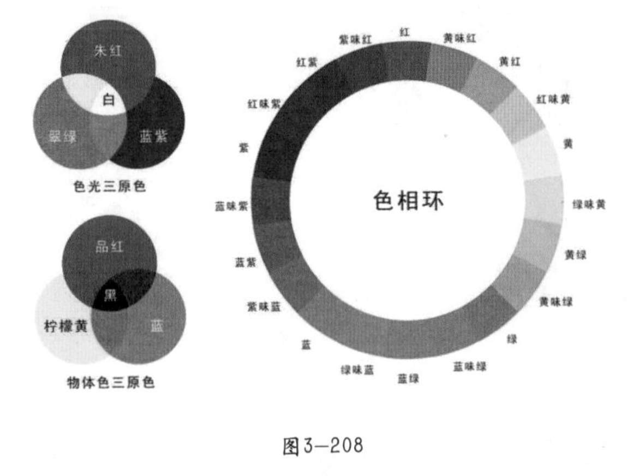

图3-208

06 再次置入照片素材"3.jpg"并栅格化，同样的方法使用矩形选框工具提取照片合适区域，并进行10像素的描边，如图3-209所示。

图3-209

07 置入前景装饰素材"4.png"并栅格化，并摆放在合适位置，最终效果如图3-210所示。

图3-210

课后练习

【课后练习——时尚插画风格人像】

思路解析：本案例通过使用魔棒工具将人像从背景中提取出来，并通过使用矩形选区工具、椭圆选区工具、多边形套索工具绘制选区，并配合选区运算、选区的存储与调用制作复杂选区。得到选区后进行了多次填充，制作出丰富的画面效果。

扫码看视频

本章小结

选区技术的使用几乎都存在于Photoshop的各种应用中。无论是进行平面设计、数码照片处理或是创意合成，选区无一例外都会被多次使用到。选区提取效果的好坏，很大程度上会影响画面效果，所以精通选区技术也是为了制作各种复杂合成效果做准备。

第4章

数码照片修饰与绘制

本章内容简介：

数码照片的前期拍摄过程中，经常会遇到各种各样的问题导致画面出现瑕疵。在图像数字化处理的今天，使用Photoshop可以轻松解决这个问题。Photoshop提供了多种用于数码照片修复润饰的工具，使用这些工具能够方便、快捷地去除数码照片中的瑕疵，例如人像面部的斑点、皱纹、红眼、环境中多余的人以及不合理的杂物等。

本章学习要点：

- 掌握前景色、背景色的设置方法
- 熟练掌握画笔工具与擦除工具的使用方法
- 掌握多种修复工具的特性与使用方法
- 掌握多种润饰工具的特性与使用方法

4.1 颜色设置

● 视频精讲：Photoshop新手学视频精讲课堂\35.颜色的设置.flv

任何图像都离不开颜色，使用Photoshop的画笔、文字、渐变、填充、蒙版、描边等工具修饰图像时，都需要设置相应的颜色。在Photoshop中提供了很多种选取颜色的方法。

4.1.1 动手学：设置前景色与背景色

● 技术速查：前景色通常用于绘画、填充、描边等，如图4-1所示；背景色常用于生成渐变填充和填充图像中已抹除的区域。一些特殊滤镜也需要使用前景色和背景色，如“纤维”滤镜和“云彩”滤镜等，如图4-2所示。

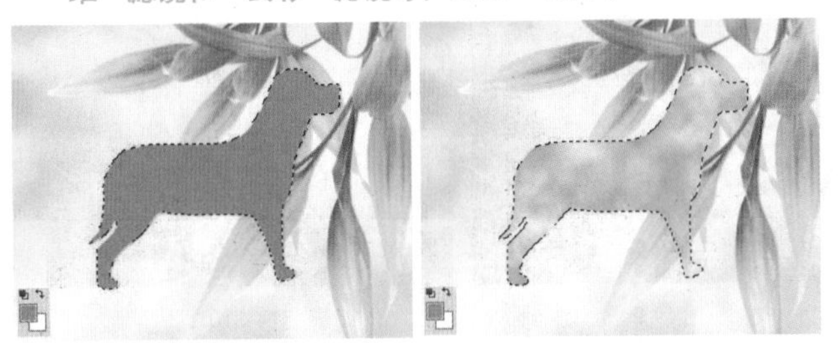

图4—1　　图4—2

01 在Photoshop工具箱的底部有一组前景色和背景色设置按钮。在默认情况下，前景色为黑色，背景色为白色，如图4-3所示。

02 单击图标，可以将当前所设置的前景色和背景色互换位置（快捷键为X）。

03 单击“默认前景色和背景色” 图标可以恢复默认的前景色和背景色（快捷键为D）。

默认前景色和背景色　切换前景色和背景色
前景色　背景色

图4—3

04 单击“前景色/背景色”图标，打开“拾色器”对话框，首先需要从HSB、RGB、Lab和CMYK 4种颜色模式中来指定某一种颜色模式。然后需要拖曳“颜色滑块”来更改当前可选的颜色范围，并在“色域”中拖曳鼠标可以改变当前拾取的颜色。完成后单击“确定”按钮完成操作，如图4-4 所示。

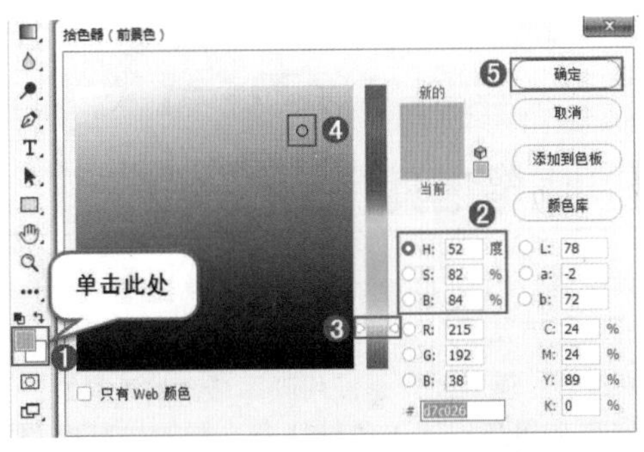

图4—4

4.1.2 使用吸管工具拾取画面颜色

● 技术速查：使用吸管工具可以拾取图像中的任意颜色作为前/背景色。

单击工具箱中的“吸管工具”按钮，将光标定位到画面中，单击即可将取样点的颜色设置为前景色，如图4-5所示。按住Alt键进行单击拾取，可将当前拾取的颜色作为背景色，如图4-6所示。

图4—5

图4—6

技巧提示

01 如果在使用绘画工具时需要暂时使用吸管工具拾取前景色，可以按住Alt键将当前工具切换到吸管工具，松开Alt键后即可恢复到之前使用的工具。

02 使用吸管工具采集颜色时，按住鼠标左键并将光标拖曳出画布之外，可以采集Photoshop的界面和界面以外的颜色信息。

吸管工具的选项栏如图4-7所示。

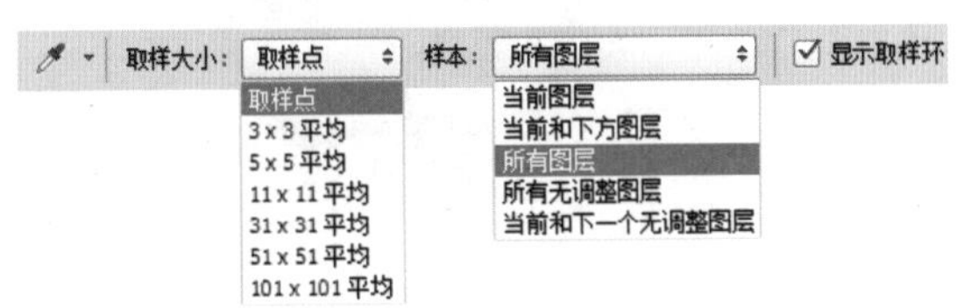

图4—7

- 取样大小：设置吸管取样范围的大小。选择“取样点”选项时，可以选择像素的精确颜色；选择“3×3 平均”选项时，可以选择所在位置3个像素区域以内的平均颜色；其他选项依此类推。
- 样本：可以从“当前图层”或“所有图层”中采集颜色。
- 显示取样环：选中该复选框后，可以在拾取颜色时显示取样环，如图4-8所示。在默认情况下，“显示取样环”选项处于不可用状态，需要启用“使用图形处理器”功能才能选中“显示取样环”复选框。执行“编辑”>“首选项”>“性能”命令，打开“首选项”对话框，然后在“图形处理器设置”选项组中选中“使用图形处理器”复选框。在下一次打开文档时就可以选中“显示取样环”复选框。

图4—8

4.2 使用绘画工具

Photoshop中的绘制工具有很多种，包括画笔工具、铅笔工具等。使用这些工具不仅能够绘制出传统意义上的插画，还能够对数码相片进行美化处理，同时还能够对数码相片制作各种特效，如图4-9和图4-10所示。

图4—9

图4—10

4.2.1 画笔工具

- 视频精讲：Photoshop新手学视频精讲课堂\45.画笔工具的使用方法.flv
- 技术速查：画笔工具是使用频率最高的工具之一，它可以使用前景色绘制出各种线条，同时也可以利用它来修改通道和蒙版。

单击工具箱中的“画笔工具”按钮，在选项栏中可以对画笔的属性进行设置，如图4-11所示。设置完毕后，在画面中按住鼠标左键并拖动，即可以当前前景色进行绘制，如图4-12所示。

图4—11

图4—12

- “画笔预设”选取器：单击该按钮，打开“画笔预设”选取器。在“画笔预设”选取器中包括多组画笔，展开其中某一个画笔组，然后单击选择一种合适的笔尖，并通过移动滑块设置画笔的大小和硬度。使用过的画笔笔尖也会会显示在“画笔预设”选取器中。单击“菜单”按钮，打开“画笔预设”选取器菜单，如图4-13所示。

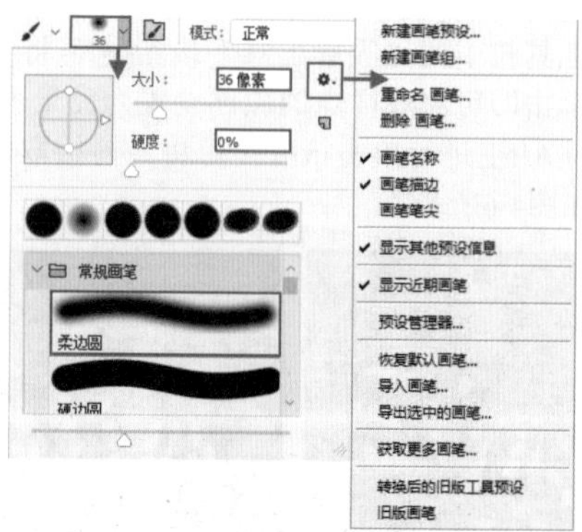

图4—13

- 切换“画笔设置”面板：单击该按钮，即可打开“画笔设置”面板。

- 模式：设置绘画颜色与下面现有像素的混合方法，可用模式将根据当前选定工具的不同而变化。如图4-14和图4-15所示分别是使用“正片叠底”模式和“强光”模式绘制的笔迹效果。

图4—14

图4—15

- 不透明度：设置画笔绘制出来的颜色的不透明度。数值越大，笔迹的不透明度越高；数值越小，笔迹的不透明度越低。
- 流量：设置当将光标移到某个区域上方时应用颜色的速率。在某个区域上方进行绘画时，如果一直按住鼠标左键，颜色量将根据流动速率增大，直至达到不透明度设置。
- 启用喷枪样式的建立效果：激活该按钮以后，可以启用喷枪功能，Photoshop会根据鼠标左键的单击程度来确定画笔笔迹的填充数量。
- 平滑：用于设置所绘制的线条的流畅程度，数值越高线条越平滑。
- 绘图板压力控制大小：使用压感笔压力可以覆盖“画笔设置”面板中的“不透明度”和“大小”设置。

PROMPT 技巧提示

如果使用绘图板绘画，则可以在“画笔设置”面板和选项栏中通过设置钢笔压力、角度、旋转或光笔轮来控制应用颜色的方式。

4.2.2 铅笔工具

- 视频精讲：Photoshop新手学视频精讲课堂\46.铅笔工具的使用方法.flv
- 技术速查：铅笔工具用于绘制硬边线条。例如像素画以及像素游戏，如图4-16~图4-18所示。

图4—16

图4—17

图4—18

单击工具箱中的“铅笔工具”按钮，在选项栏中可以看到相应设置，铅笔工具的选项设置与画笔工具非常接近，如图4-19所示。在选项栏中设置完毕后在画面中按住鼠标左键并拖动，即可绘制出硬边的线条。

模式：正常 不透明度：100% 平滑：10% 自动抹除

图4—19

4.2.3 颜色替换工具

- 视频精讲：Photoshop新手学视频精讲课堂\47.颜色替换画笔的使用方法.flv
- 技术速查：颜色替换工具能够将画面中的区域替换为选定的颜色。

想要替换画面局部颜色，首先需要设置合适的前景色。然后单击工具箱中的“颜色替换工具”按钮，在选项栏中可以进行模式、取样、限制、容差等选项的设置，如图4-20所示。设置完毕后在画面中涂抹，被涂抹过的区域以选项栏中设置的模式产生与前景色混合的效果，如图4-21和图4-22所示。

图4—20

图4—21

图4—22

- 模式：选择替换颜色的模式，包括“色相”“饱和度”“颜色”和“明度”。当选择“颜色”模式时，可以同时替换“色相”“饱和度”和“明度”。
- 取样：用来设置颜色的取样方式。激活“取样:连续”按钮以后，在拖曳光标时，可以对颜色进行取样；激活“取样:一次”按钮以后，只替换包含第1次单击的颜色区域中的目标颜色；激活“取样:背景色板”按钮以后，只替换包含当前背景色的区域。
- 限制：当选择“不连续”选项时，可以替换出现在光标下任何位置的样本颜色；当选择“连续”选项时，只替换与光标下的颜色接近的颜色；当选择“查找边缘”选项时，可以替换包含样本颜色的连接区域，同时保留形状边缘的锐化程度。
- 容差：用来设置颜色替换工具的容差。
- 消除锯齿：选中该复选框以后，可以消除颜色替换区域的锯齿效果，从而使图像变得平滑。

★ 案例实战——使用颜色替换工具改变季节

案例文件	案例文件\第4章\使用颜色替换工具改变季节.psd
视频教学	视频文件\第4章\使用颜色替换工具改变季节.flv
难易指数	★★★★★
技术要点	颜色替换工具

案例效果

本案例主要是针对颜色替换工具的使用方法进行练习。对比效果如图4-23和图4-24所示。

扫码看视频

图4—23

图4—24

操作步骤

01 打开本书配套资源中的素材文件，单击工具箱中的“颜色替换工具”按钮，设置前景色为黄色，如图4-25所示。

02 按Ctrl+J组合键，复制一个“背景副本”图层，然后在颜色替换工具的选项栏中设置画笔的“大小”为400像素、“硬度”为0、“模式”为“颜色”、“限制”为“连续”、“容差”为50%，如图4-26所示。

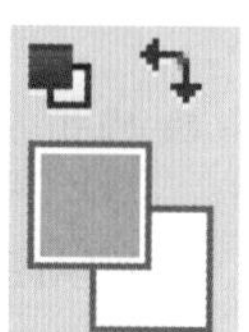

图4—25

图4—26

03 使用颜色替换工具在图像中的草地部分按住鼠标左键拖动涂抹，使绿色的草地变为黄色，如图4-27所示。

图4—27

技巧提示

在替换颜色的同时可适当减小画笔大小以及画笔间距，这样在绘制小范围时，比较准确。

04 继续在其他草地部分进行涂抹，最终效果如图4-28所示。

图4—28

4.2.4 混合器画笔工具

● 视频精讲：Photoshop新手学视频精讲课堂\48.混合器画笔的使用方法.flv

● 技术速查：混合器画笔工具可以像传统绘画过程中混合颜料一样混合像素，从而产生带有绘画感的奇特效果。

使用混合器画笔工具可以轻松模拟真实的绘画效果，并且可以混合画布颜色和使用不同的绘画湿度，单击工具箱中的“混合器画笔工具”按钮，其选项栏如图4-29所示。在选项栏中设置合适的颜色以及画笔属性，在画面中像使用画笔工具一样进行涂抹即可。如图4-30和图4-31所示为原图与效果图。

图4—29

图4—30　　图4—31

- 潮湿：控制画笔从画布拾取的油彩量。较高的设置会产生较长的绘画条痕。如图4-32和图4-33所示分别是“潮湿”为100%和0时的条痕效果。
- 载入：指定储槽中载入的油彩量。载入速率较低时，绘画描边干燥的速度会更快。
- 混合：控制画布油彩量与储槽油彩量的比例。当混合比例为100%时，所有油彩将从画布中拾取；当混合比例为0时，所有油彩都来自储槽。
- 流量：控制混合画笔的流量大小。

图4—32

图4—33

4.3 使用“画笔设置”面板

作为最重要的面板之一的“画笔设置”面板并不仅仅服务于画笔工具。画笔工具、修复工具、图章工具、加深减淡工具等工具的工作方式都是模拟“笔刷”进行操作，所以也都需要对笔尖进行设置。大部分笔刷类工具的笔尖设置界面都需要使用到“画笔设置”面板。

4.3.1 认识“画笔设置”面板

执行“窗口”>“画笔设置”命令或使用快捷键F5，打开“画笔设置”面板，如图4-34所示。“画笔设置”面板主要分为3大部分，左侧为画笔设置列表，右侧为该设置的参数选项，底部区域为当前画笔设置的预览效果。在列表中选择不同的设置选项，即可为当前笔刷启用该项。单击该选项文字，即可进入该选项参数的设置状态，右侧面板会显示相应参数。

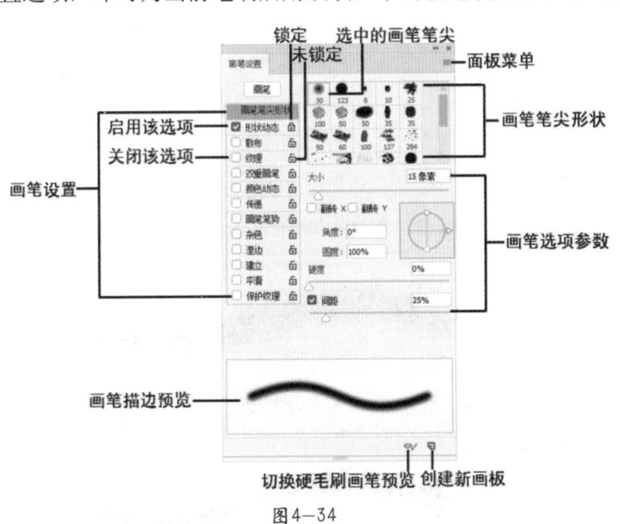

图4—34

- 画笔：单击该按钮，可以打开“画笔”面板。
- 画笔设置：单击画笔设置中的选项，可以切换到与该选项相对应的内容。
- 启用/关闭选项：处于勾选状态的选项代表启用状态；处于未勾选状态的选项代表关闭状态。
- 锁定/未锁定：图标代表该选项处于锁定状态；图标代表该选项处于未锁定状态。锁定与解锁操作可以相互切换。
- 选中的画笔笔尖：显示处于选择状态的画笔笔尖。
- 画笔笔尖形状：显示Photoshop提供的预设画笔笔尖。
- 面板菜单：单击图标，可以打开“画笔设置”面板的菜单。
- 画笔选项参数：用来设置画笔的相关参数。
- 画笔描边预览：选择一个画笔以后，可以在预览框中预览该画笔的外观形状。
- 切换硬毛刷画笔预览：使用毛刷笔尖时在画布中实时显示笔尖的样式。
- 创建新画笔：单击该按钮，将当前设置的画笔保存为一个新的预设画笔。

4.3.2 设置笔尖形状

- 视频精讲：Photoshop新手学视频精讲课堂\36.画笔笔尖形状设置.flv
- 技术速查："画笔笔尖形状"选项面板中可以设置画笔的形状、大小、硬度和间距等属性。

默认情况下，开启"画笔设置"面板，即可显示"画笔笔尖形状"界面，首先在画笔笔尖列表中选择一个笔尖，然后可以进行大小、翻转、角度、圆度、硬度、间距等参数的调整，如图4-35所示。

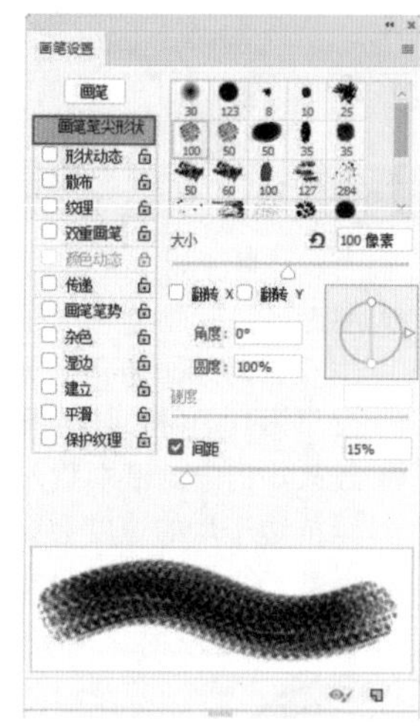

图4-35

- 大小：控制画笔的大小，可以直接输入像素值，也可以通过拖曳大小滑块来设置画笔大小。
- 翻转X/翻转Y：将画笔笔尖在其X轴或Y轴上进行翻转。
- 角度：指定椭圆画笔或样本画笔的长轴在水平方向旋转的角度。
- 圆度：设置画笔短轴和长轴之间的比率。当"圆度"为100%时，表示圆形画笔；当"圆度"为0时，表示线性画笔；介于0~100%的"圆度"值，表示椭圆画笔（呈"压扁"状态）。
- 硬度：控制画笔硬度中心的大小。数值越小，画笔的柔和度越高。
- 间距：控制描边中两个画笔笔迹之间的距离。数值越大，笔迹之间的间距越大。

4.3.3 设置形状动态

- 视频精讲：Photoshop新手学视频精讲课堂\37.画笔形状动态的设置.flv
- 技术速查：形状动态可以决定描边中画笔笔迹的变化，可以使画笔的大小、圆度等产生随机变化的效果。

在画笔设置列表中启用"形状动态"选项，并单击该项目，此时即可进入"形状动态"的设置界面，如图4-36所示。如图4-37和图4-38所示分别为未启用"形状动态"与启用"形状动态"的对比效果。

图4-36

图4-37　　图4-38

- 大小抖动：指定描边中画笔笔迹大小的改变方式。数值越大，图像轮廓越不规则，如图4-39所示。
- 控制：在该下拉列表中可以设置"大小抖动"的方式，其中"关"选项表示不控制画笔笔迹的大小变换；"渐隐"选项是按照指定数量的步长在初始直径和最小直径之间渐隐画笔笔迹的大小，使笔迹产生逐渐淡出的效果；如果计算机配置有绘图板，可以选择"钢笔压力""钢笔斜度""光笔轮"或"旋转"选项，然后根据钢笔的压力、斜度、钢笔位置或旋转角度来改变初始直径和最小直径之间的画笔笔迹大小。
- 最小直径：当启用"大小抖动"选项以后，通过该选项可以设置画笔笔迹缩放的最小缩放百分比。数值越大，笔尖的直径变化越小。
- 倾斜缩放比例：当"大小抖动"设置为"钢笔斜度"时，该选项用来设置在旋转前应用于画笔高度的比例因子。

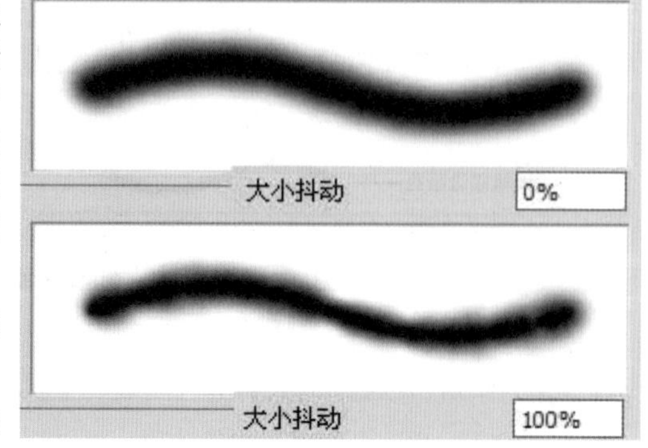

图4-39

- 角度抖动/控制：用来设置画笔笔迹的角度，如图4-40所示。如果要设置“角度抖动”的方式，可以在下面的“控制”下拉列表中进行选择。

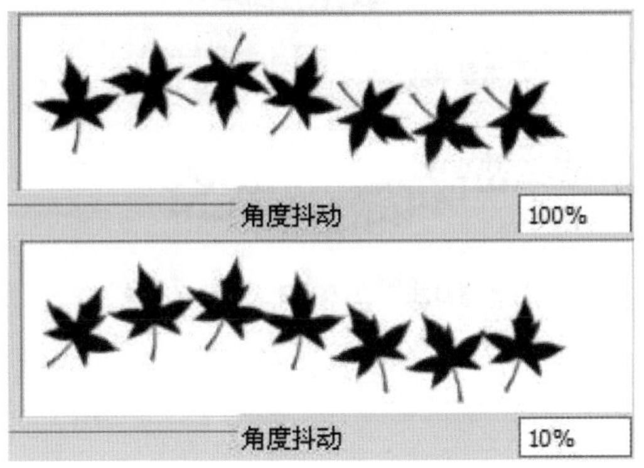

图4—40

- 圆度抖动/控制/最小圆度：用来设置画笔笔迹的圆度在描边中的变化方式，如图4-41所示。如果要设置“圆度抖动”的方式，可以在下面的“控制”下拉列表中进行选择。另外，“最小圆度”选项可以用来设置画笔笔迹的最小圆度。

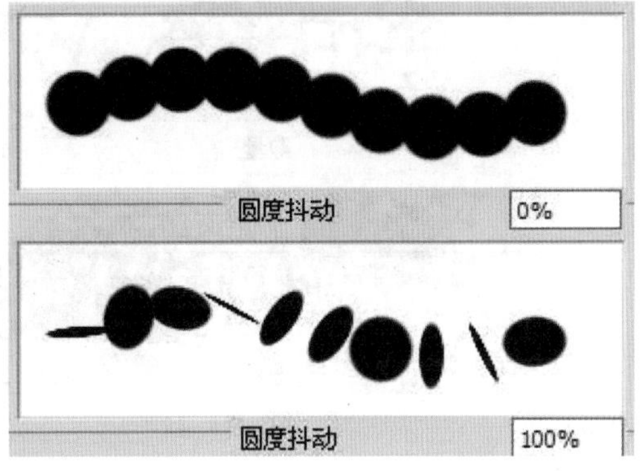

图4—41

- 翻转X抖动/翻转Y抖动：将画笔笔尖在其X轴或Y轴上进行翻转。
- 画笔投影：可应用光笔倾斜和旋转来产生笔尖形状。使用光笔绘画时，需要将光笔更改为倾斜状态并旋转光笔，以改变笔尖形状。

4.3.4 设置散布

- 视频精讲：Photoshop新手学视频精讲课堂\38.画笔散布选项的设置.flv
- 技术速查：“散布”选项可以设置描边中笔迹的数目和位置，使画笔笔迹沿着绘制的线条扩散。

在画笔设置列表中启用“散布”选项，并单击该项目，此时即可进入“散布”的设置界面，如图4-42所示。如图4-43和图4-44所示分别为未启用“散布”与启用“散布”的对比效果。

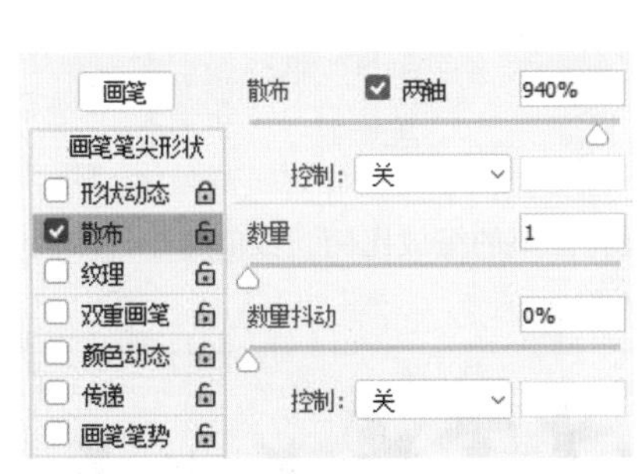

图4—42

图4—43

图4—44

- 散布/两轴/控制：指定画笔笔迹在描边中的分散程度，该值越大，分散的范围越广。当选中“两轴”复选框时，画笔笔迹将以中心点为基准，向两侧分散。如果要设置画笔笔迹的分散方式，可以在下面的“控制”下拉列表中进行选择，如图4-45所示。
- 数量：指定在每个间距间隔应用的画笔笔迹数量。数值越大，笔迹重复的数量越大，如图4-46所示。
- 数量抖动/控制：指定画笔笔迹的数量如何针对各种间距间隔产生变化。如果要设置“数量抖动”的方式，可以在下面的“控制”下拉列表中进行选择，如图4-47所示。

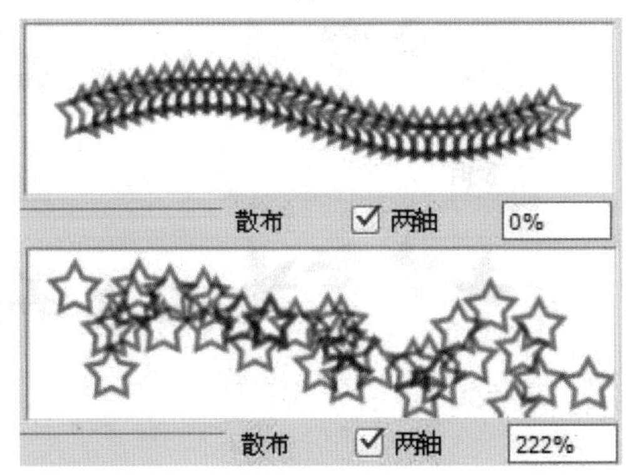

图4—45

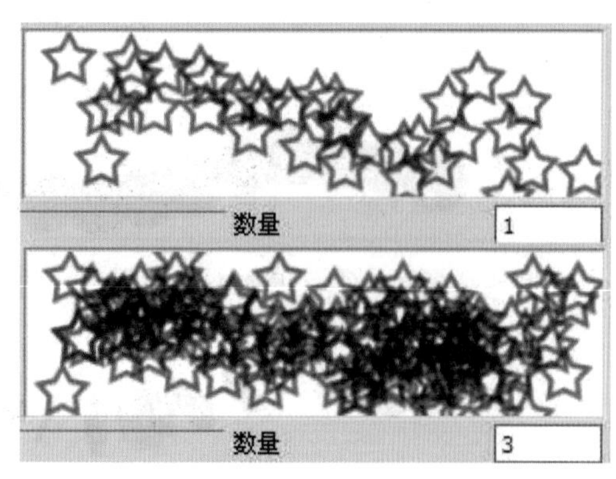

图4—46

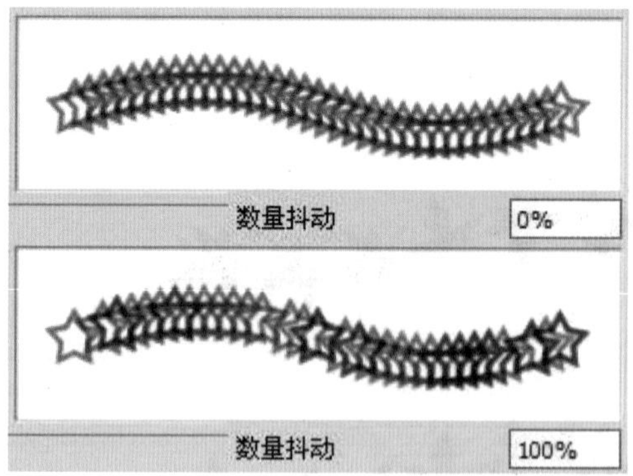

图4—47

4.3.5 设置纹理

● 视频精讲：Photoshop新手学视频精讲课堂\39.画笔纹理设置.flv

● 技术速查：使用“纹理”选项可以绘制出带有纹理质感的笔触，如在带纹理的画布上绘制效果等。

在画笔设置列表中启用“纹理”选项，并单击该项目，此时即可进入“纹理”的设置界面，如图4-48所示。如图4-49和图4-50所示分别为未启用“纹理”与启用“纹理”的对比效果。

图4—48　　图4—49　　图4—50

● 设置纹理/反相：单击图案缩览图右侧的倒三角图标，可以在弹出的“图案”拾色器中选择一个图案，并将其设置为纹理。如果选中“反相”复选框，可以基于图案中的色调来反转纹理中的亮点和暗点，如图4-51所示。

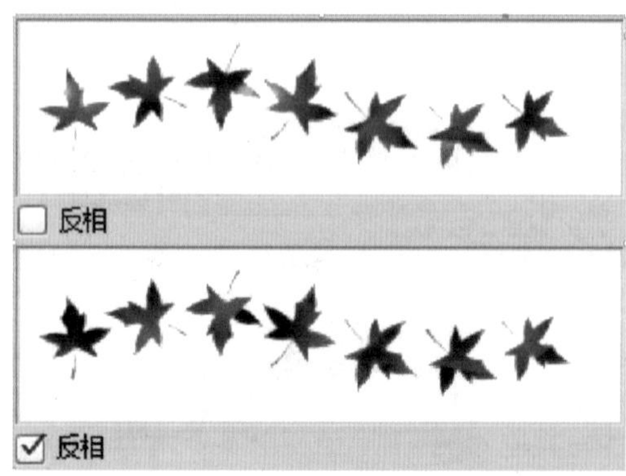

图4—51

● 缩放：设置图案的缩放比例。数值越小，纹理越多，如图4-52所示。

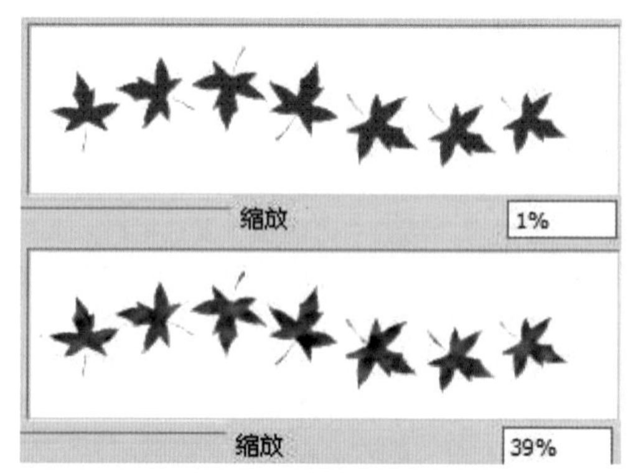

图4—52

- 为每个笔尖设置纹理：将选定的纹理单独应用于画笔描边中的每个画笔笔迹，而不是作为整体应用于画笔描边。如果取消选中“为每个笔尖设置纹理”复选框，下面的“深度抖动”选项将不可用。
- 模式：设置用于组合画笔和图案的混合模式。如图4-53所示分别是“正片叠底”和“线性高度”模式。
- 深度：设置油彩渗入纹理的深度。数值越大，渗入的深度越大，如图4-54所示。
- 最小深度：当“深度抖动”下面的“控制”选项设置为“渐隐”“钢笔压力”“钢笔斜度”或“光笔轮”选项，并且选中了“为每个笔尖设置纹理”复选框时，“最小深度”选项用来设置油彩可渗入纹理的最小深度。
- 深度抖动/控制：当选中“为每个笔尖设置纹理”复选框时，“深度抖动”选项用来设置深度的改变方式，如图4-55所示。然后要指定如何控制画笔笔迹的深度变化，可以从下面的“控制”下拉列表中进行选择。

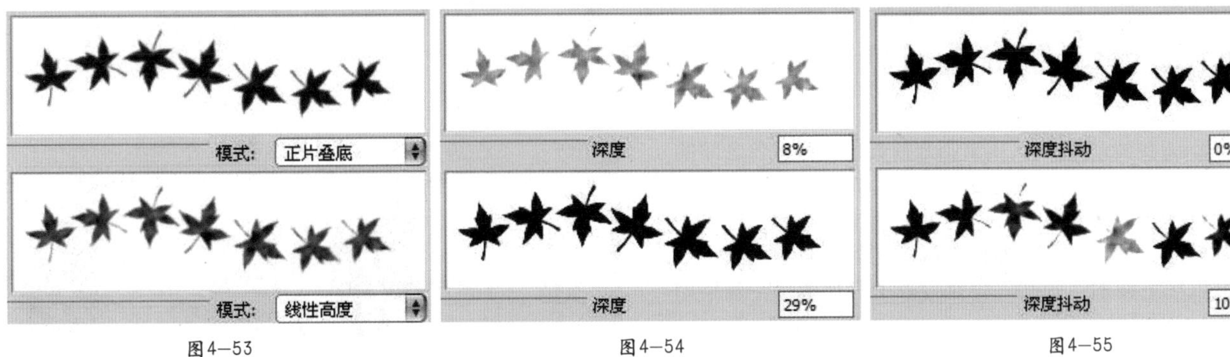

图4—53　图4—54　图4—55

4.3.6　设置双重画笔

- 视频精讲：Photoshop新手学视频精讲课堂\40.使用双重画笔.flv
- 技术速查：启用“双重画笔”选项可以绘制的线条呈现出两种画笔的效果。

首先设置“画笔笔尖形状”主画笔参数属性，然后启用“双重画笔”选项，并从“双重画笔”选项中选择另外一个笔尖（即双重画笔）。其参数非常简单，大多与其他选项中的参数相同，如图4-56所示。最顶部的“模式”是指选择从主画笔和双重画笔组合画笔笔迹时要使用的混合模式。如图4-57和图4-58所示为未启用“双重画笔”与启用“双重画笔”的对比效果。

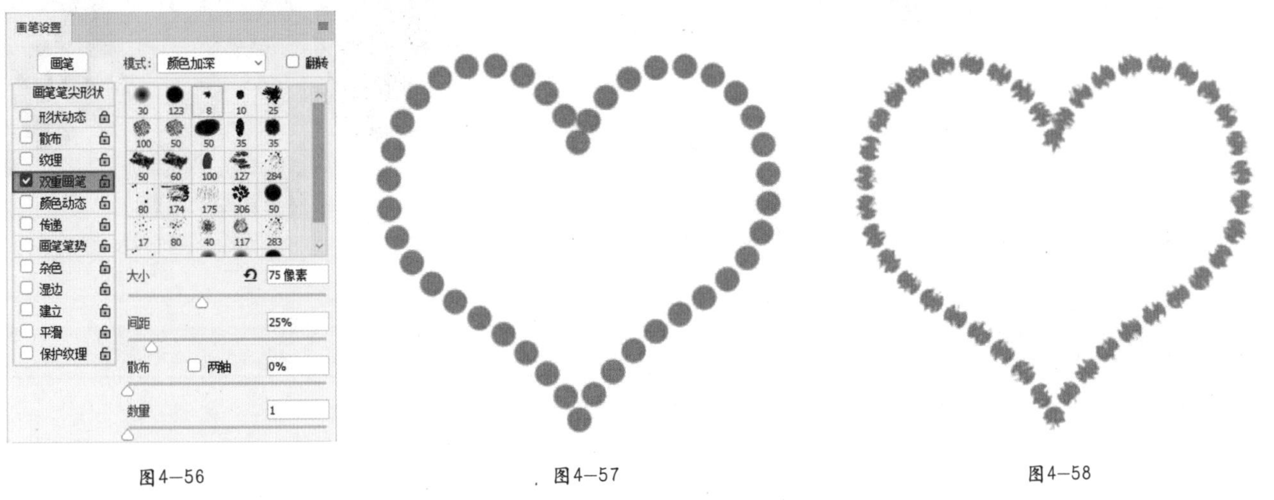

图4—56　图4—57　图4—58

4.3.7　设置颜色动态

- 视频精讲：Photoshop新手学视频精讲课堂\41.画笔颜色动态设置.flv
- 技术速查：启用“颜色动态”选项可以通过设置选项绘制出颜色变化的效果。

在画笔设置列表中启用“颜色动态”选项，并单击该项目，此时即可进入“颜色动态”的设置界面，如图4-59所示。如图4-60和图4-61所示分别为未启用“颜色动态”与启用“颜色动态”的对比效果。

图4—59

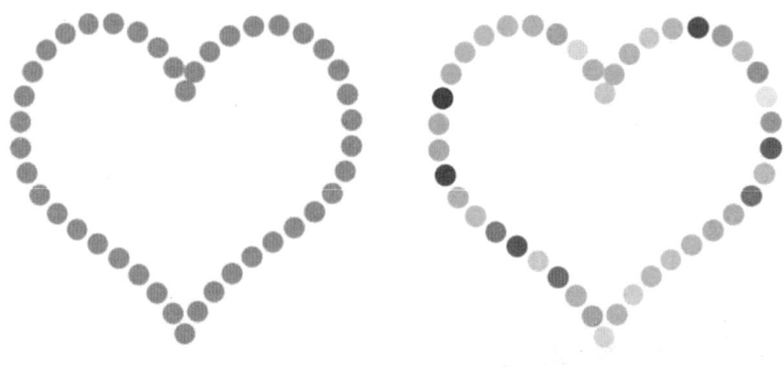

图4—60　　图4—61

● 前景/背景抖动/控制：用来指定前景色和背景色之间的油彩变化方式，如图4-62所示。数值越小，变化后的颜色越接近前景色；数值越大，变化后的颜色越接近背景色。如果要指定如何控制画笔笔迹的颜色变化，可以在下面的“控制”下拉列表中进行选择，效果如图4-63所示。

● 色相抖动：设置颜色变化范围。数值越小，颜色越接近前景色；数值越大，色相变化越丰富，如图4-64所示。

图4—62　　图4—63　　图4—64

● 饱和度抖动：设置颜色的饱和度变化范围。数值越小，饱和度越接近前景色；数值越大，色彩的饱和度越高，如图4-65所示。

● 亮度抖动：设置颜色的亮度变化范围。数值越小，亮度越接近前景色；数值越大，颜色的亮度值越大，如图4-66所示。

图4—65　　图4—66

● 纯度：用来设置颜色的纯度。数值越小，笔迹的颜色越接近于黑白色，如图4-67所示；数值越大，颜色饱和度越高，如图4-68所示。

图4—67　　图4—68

4.3.8 设置传递

● 视频精讲：Photoshop新手学视频精讲课堂\42.画笔传递的设置.flv

● 技术速查：“传递”选项中包含不透明度、流量、湿度、混合等抖动的控制，可以用来确定油彩在描边路线中的改变方式。

在画笔设置列表中启用“传递”选项，并单击该项目，此时即可进入“传递”的设置界面，如图4-69所示。“传递”选项中包含不透明度、流量、湿度、混合等抖动的控制。如图4-70和图4-71所示为未启用“传递”与启用“传递”的对比效果。

● 不透明度抖动/控制：指定画笔描边中油彩不透明度的变化方式，最大值是选项栏中指定的不透明度值。如果要指定如何控制画笔笔迹的不透明度变化，可以从下面的“控制”下拉列表中进行选择。

- **流量抖动/控制**：用来设置画笔笔迹中油彩流量的变化程度。如果要指定如何控制画笔笔迹的流量变化，可以从下面的“控制”下拉列表中进行选择。

图4-69

图4-70

图4-71

- **湿度抖动/控制**：用来控制画笔笔迹中油彩湿度的变化程度。如果要指定如何控制画笔笔迹的湿度变化，可以从下面的“控制”下拉列表中进行选择。
- **混合抖动/控制**：用来控制画笔笔迹中油彩混合的变化程度。如果要指定如何控制画笔笔迹的混合变化，可以从下面的“控制”下拉列表中进行选择。

★ 案例实战——使用画笔工具制作碎片效果

案例文件	案例文件\第4章\使用画笔工具制作碎片效果.psd
视频教学	视频文件\第4章\使用画笔工具制作碎片效果.flv
难易指数	★★★★★
技术要点	图层蒙版 、画笔工具

案例效果

扫码看视频

本案例主要通过使用图层蒙版在人像裙子上模拟炸开的效果，并通过对画笔工具的设置，绘制出纷飞的碎片。效果如图4-72所示。

图4-72

操作步骤

01 打开背景素材“1.jpg”，如图4-73所示。置入人像素材“2.jpg”，将其栅格化并放置在画面中合适位置，如图4-74所示。

图4-73

图4-74

02 设置前景色为黑色。单击工具箱中的“画笔工具”按钮，在画面中单击鼠标右键，并在弹出的画笔选取窗口中选择“常规画笔”组下的“柔边圆”画笔，设置“大小”为800像素，“硬度”为0，如图4-75所示。

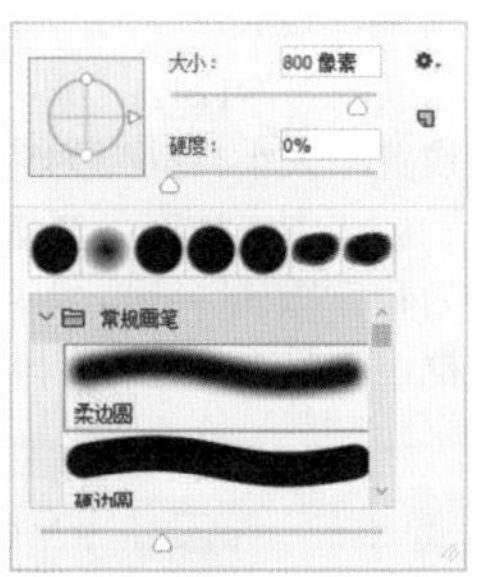

图4-75

技巧提示

在使用画笔工具状态下，将光标移动到画面中，单击鼠标右键，也可以打开画笔预设选取器。

03 选择“人像”图层，单击“图层”面板中的“添加图层蒙版”按钮，如图4-76所示。使用画笔工具在蒙版中进行适当涂抹，使裙子左侧部分被隐藏，如图4-77所示。

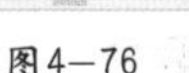
图4-76

图4-77

04 由于这里需要使用到方形画笔，所以需要重新定义一个方形画笔。新建一个空白文档，在文档内绘制一个黑色的正方形，接着在该正方形被选中的状态下执行“编辑”>“定义画笔预设”命令，如图4-78所示。在弹出的“画笔名称窗口中”单击“确定”按钮确认操作。如图4-79所示。返回刚刚操作的文档内，在使用“画笔工具”的状态下在画面中单击鼠标右键，在弹出的“画笔预设”选取器中可以看到新定义的方形画笔。如图4-80所示。

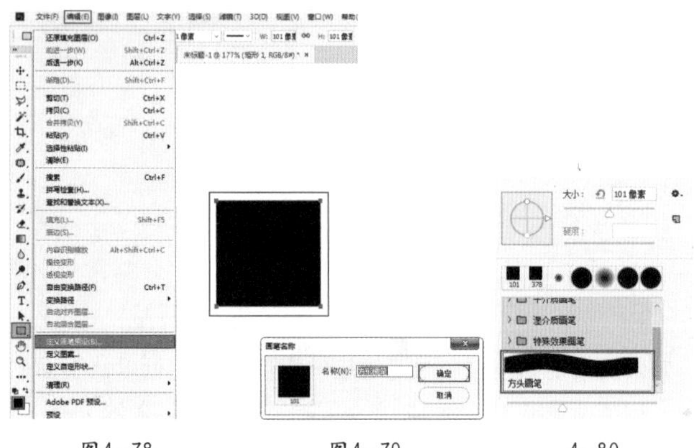

图4—78　　图4—79　　4—80

05 按下快捷键F5，打开“画笔设置”面板，选择方形画笔，设置“大小”为100像素，勾选“间距”按钮，设置“间距”为124%，如图4-81所示。选中“形状动态”复选框，设置“大小抖动”为50%，“角度抖动”为20%，如图4-82所示。选中“散布”复选框，设置“散布”为500%，“数量”为4，“数量抖动”为30%，如图4-83所示。选中“传递”复选框，设置“不透明度抖动”为50%，如图4-84所示。

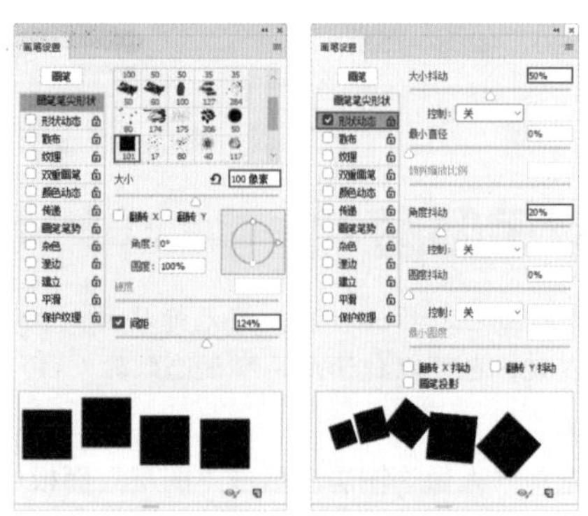

图4—81　　图4—82

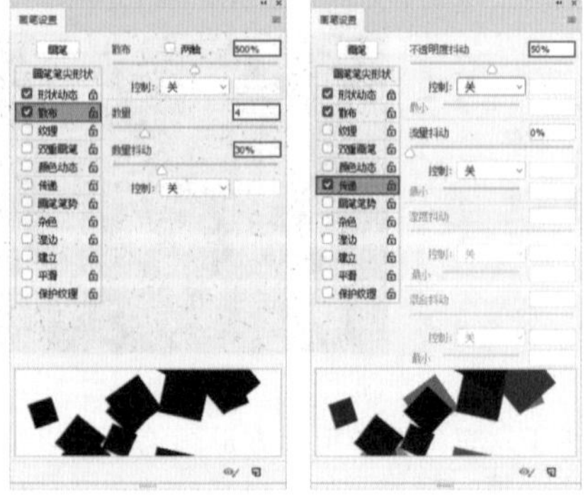

图4—83　　图4—84

06 选择人像图层蒙版，设置前景色为黑色，在人像裙子左侧的位置单击并涂抹，绘制出爆炸的破碎效果，如图4-85所示。此时，裙摆边缘出现方形碎片的效果，如图4-86所示。

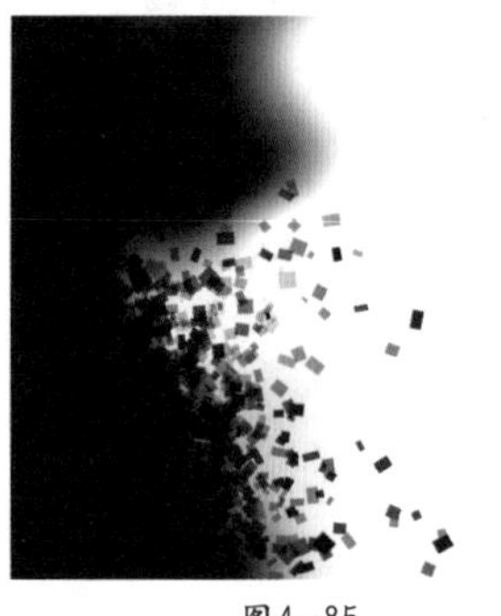

图4—85　　图4—86

技巧提示

在英文输入法状态下，可以按“[”键和“]”键来减小或增大画笔笔尖的大小。

07 新建图层，更改前景色为暗红色。同样使用方形画笔工具在裙子左侧绘制出红色的碎片效果，如图4-87所示。适当调整画笔大小，在裙子右侧绘制较小的碎片，如图4-88所示。

图4—87　　图4—88

08 执行“图层”>“新建调整图层”>“曲线”命令，调整曲线形状，如图4-89所示。最后置入艺术字素材“3.png”，将其栅格化并放在画面右侧，如图4-90所示。

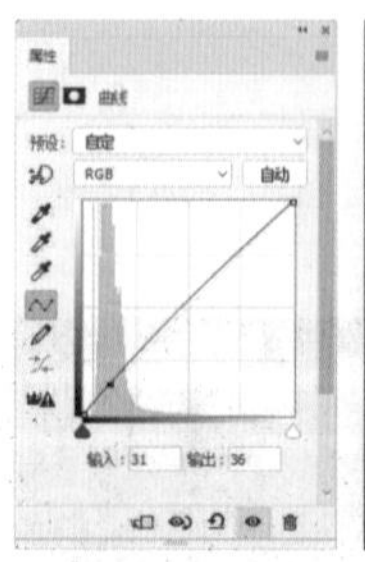

图4—89　　图4—90

4.3.9 设置画笔笔势

- 视频精讲：Photoshop新手学视频精讲课堂\43.画笔笔势的设置.flv
- 技术速查："画笔笔势"选项用于调整毛刷画笔笔尖、侵蚀画笔笔尖的角度。

在"画笔设置列表"中启用"画笔笔势"选项，并单击该项目，此时即可进入"画笔笔势"的设置界面，如图4-91所示。

- 倾斜X/倾斜 Y：使笔尖沿X轴或Y轴倾斜。
- 旋转：设置笔尖旋转效果。
- 压力：压力数值越大，绘制速度越快，线条效果越粗犷。

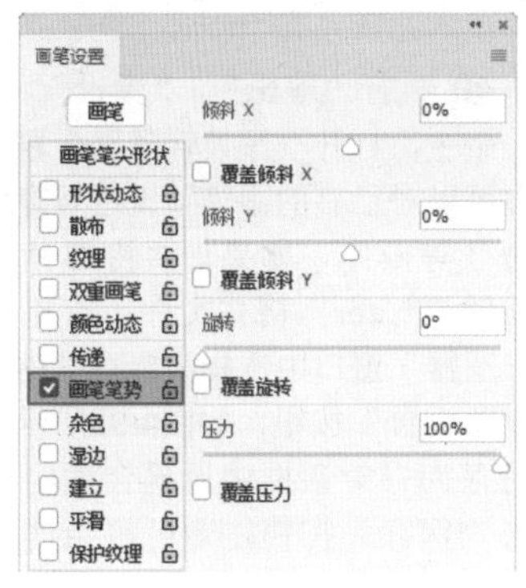

图4—91

4.3.10 设置其他选项

- 视频精讲：Photoshop新手学视频精讲课堂\44.画笔其他选项的设置.flv

"画笔设置"面板列表底部还有"杂色""湿边""建立""平滑"和"保护纹理"5个选项，如图4-92所示。这些选项不能调整参数，如果要启用其中某个选项，将其选中即可。

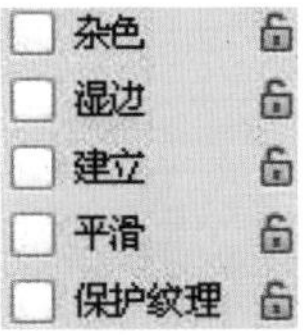

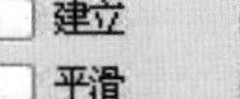

图4—92

- 杂色：为个别画笔笔尖增加额外的随机性。如图4-93和图4-94所示分别是关闭与开启"杂色"选项时的笔迹效果。当使用柔边画笔时，该选项最能出效果。

图4—93

图4—94

- 湿边：沿画笔描边的边缘增大油彩量，从而创建出水彩效果。如图4-95和图4-96所示分别是关闭与开启"湿边"选项时的笔迹效果。

图4—95

图4—96

- 建立：模拟传统的喷枪技术，根据鼠标按键的单击程度确定画笔线条的填充数量。
- 平滑：在画笔描边中生成更加平滑的曲线。当使用压感笔进行快速绘画时，该选项最有效。
- 保护纹理：将相同图案和缩放比例应用于具有纹理的所有画笔预设。选中该复选框后，在使用多个纹理画笔绘画时，可以模拟出一致的画布纹理。

4.4 管理画笔预设

在Photoshop中可以使用的画笔笔刷不仅仅是"画笔预设"管理器列表中的这些笔刷，在"画笔预设"管理器菜单中可以选择调用内置画笔，也可以通过预设管理器载入外挂画笔素材，用户还可以自行将图像定义成画笔预设，这些操作极大地扩展了画笔笔刷的丰富性。通过预设管理器还可以轻松地对画笔进行管理。如图4-97所示为种类丰富的画笔预设。

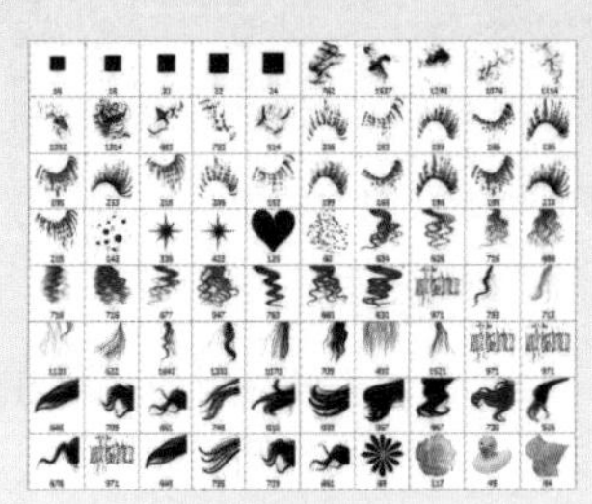

图4—97

4.4.1 动手学：存储与管理画笔文件

技术速查：在Photoshop中可以将画笔预设存储为一个独立的“*.abr”格式文件，以便传输、存储以及随时调用。

01 执行“编辑”>“预设”>“预设管理器”命令，打开“预设管理器”窗口，在该窗口中可以对已有的画笔预设进行存储、删除、重命名等操作。如果想要将部分画笔存储为独立的“*.abr”格式文件，首先需要在“预设管理器”窗口中选择需要存储的画笔，单击“存储设置”按钮，如图4-98所示。在弹出的“另存为”对话框中设置合适的文件名，并单击“保存”按钮，即可将当前文件存储为“*.abr”格式文件，如图4-99所示。

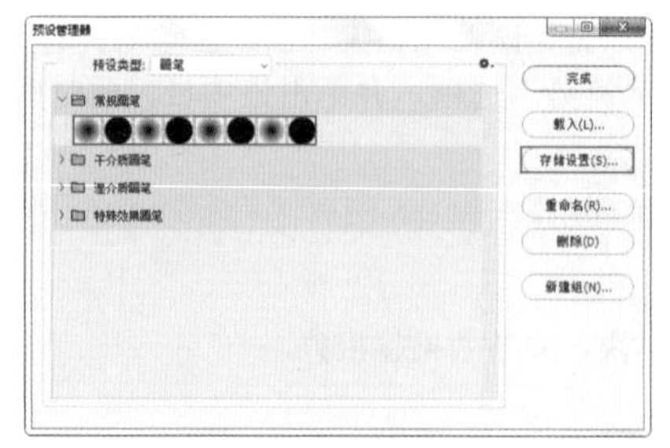

图4—98

图4—99

02 如果想要对已有的画笔预设重命名，可以选中该预设并单击“重命名”按钮，在弹出的对话框中设置合适的名称即可，如图4-100所示。如果想要删除某个画笔预设，只需选中并单击“删除”按钮即可，如图4-101所示。

图4—100

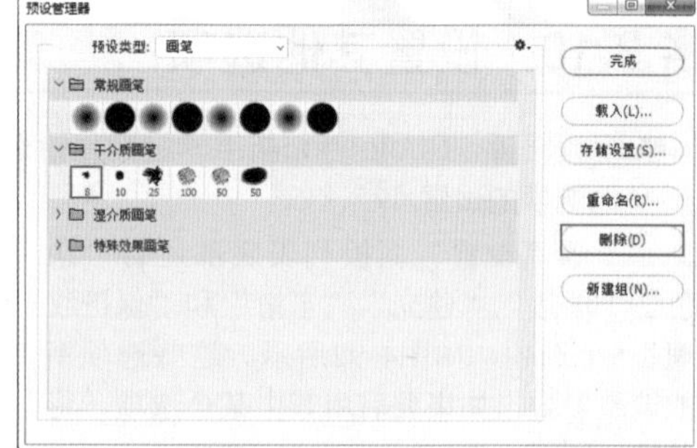

图4—101

4.4.2 使用外挂画笔素材

技术速查：所谓的外挂画笔指的是将Photoshop中的画笔预设存储为一个独立的“*.abr”格式、可供传输、存储、载入的外部文件。

如果需要在Photoshop中使用“*.abr”格式的画笔素材文件，如图4-102所示。首先需要执行“编辑”>“预设”>“预设管理器”命令，打开“预设管理器”窗口，如图4-103所示。在“预设管理器”窗口中单击“载入”按钮，并在弹出的“载入”对话框中选择“*.abr”格式的画笔素材文件，然后单击“载入”按钮，如图4-104所示。载入完成后可以在“预设管理器”窗口中看到新载入的笔刷，单击“完成”按钮即可。笔刷载入完成后可在“画笔预设”管理器、“画笔设置”面板中直接选择使用。

图4—102

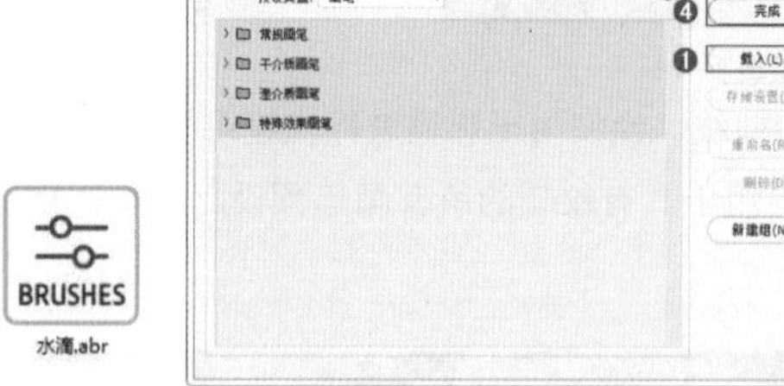

图4—103

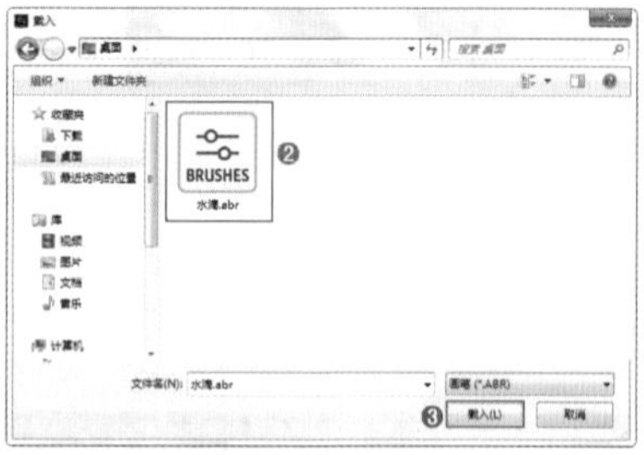

图4—104

★ 案例实战——为照片添加闪耀星光

案例文件	案例文件\第4章\为照片添加闪耀星光.psd
视频教学	视频文件\第4章\为照片添加闪耀星光.flv
难易指数	★★★★★
技术要点	画笔工具

案例效果

本案例主要是针对画笔工具的使用方法进行练习。效果如图4-105所示。

扫码看视频

图4—105

操作步骤

01 打开背景素材，如图4-106所示。单击工具箱中的“画笔工具”按钮，打开画笔预设面板，在面板菜单中执行“导入画笔”命令，选择画笔笔刷素材“2.abr”，如图4-107所示。

图4—106

图4—107

02 打开“画笔设置”面板，找到新载入的星星笔刷，然后单击画笔笔尖形状，设置“大小”为55像素，“间距”为153%，如图4-108所示。

03 选中“形状动态”复选框，设置“大小抖动”为100%，“最小直径”为53%，如图4-109所示。

04 选中“散布” 复选框，设置“散布”为220%，如图4-110所示。

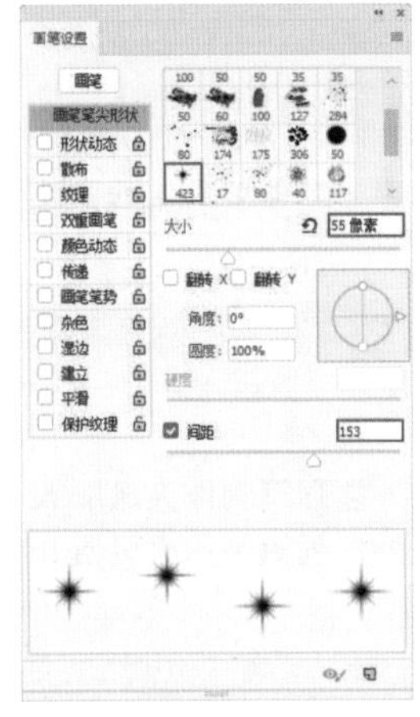

图4—108

图4—109

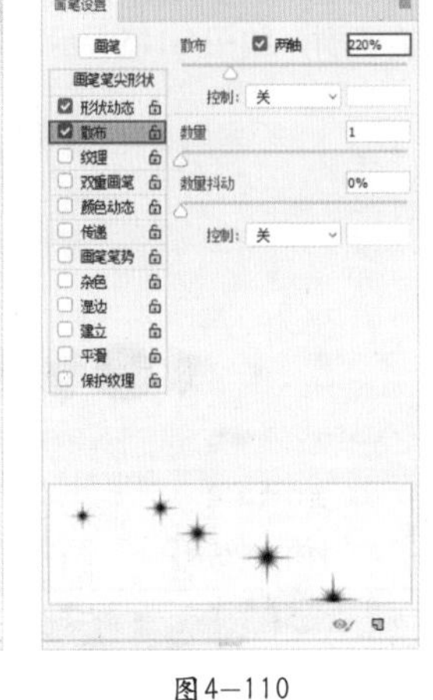

图4—110

05 在图像上单击并拖动绘制，如图4-111所示。然后置入前景素材并将其栅格化，最终效果如图4-112所示。

图4—111

图4—112

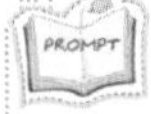

技巧提示

可以在绘制的过程中多次调整画笔大小和散布数值，以便于绘制出更加灵活的光斑。

4.4.3 动手学：定义画笔预设

01 预设画笔是一种存储的画笔笔刷，带有大小、形状和硬度等特性。如果要自己定义一个笔刷样式，可以先选择要定义成笔刷的图像（见图4-113），然后执行“编辑”>“定义画笔预设”命令，接着在弹出的“画笔名称”对话框中为笔刷样式取一个名字，如图4-114所示。

图4—113

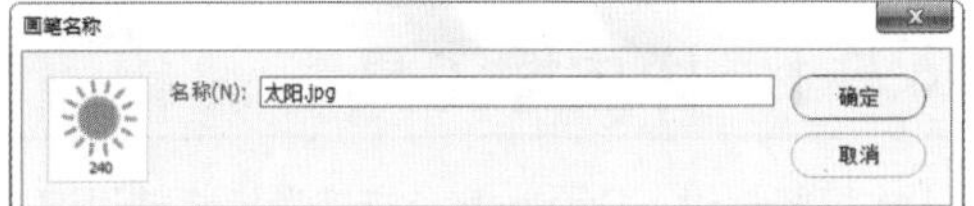

图4—114

第4章 数码照片修饰与绘制

02 定义好笔刷样式以后，在工具箱中单击“画笔工具”按钮，然后在弹出的“画笔预设”管理器中即可选择自定义的画笔笔刷，如图4-115所示。选择自定义的笔刷以后，就可以像使用系统预设的笔刷一样进行绘制，如图4-116所示。

图4—115 图4—116

技巧提示

使用彩色图像定义为画笔预设后，画笔预设会丧失之前的色彩，只保留画笔的灰度信息。在使用自定义的画笔预设进行绘画时，仍然是以当前的前/背景色进行绘制。

☆ 视频课堂——使用外挂画笔制作火凤凰

案例文件\第4章\视频课堂——使用外挂画笔制作火凤凰.psd
视频文件\第4章\视频课堂——使用外挂画笔制作火凤凰.flv
思路解析：

01 置入外挂笔刷素材。
02 使用睫毛笔刷在眼睛处绘制夸张睫毛。
03 载入睫毛选区并填充颜色。
04 使用羽毛笔刷绘制红色羽毛。
05 对羽毛进行变形并摆放在合适位置。
06 多次绘制羽毛装饰画面。

扫码看视频

4.5 使用擦除工具

Photoshop提供了3种擦除工具，分别是橡皮擦工具、背景橡皮擦工具和魔术橡皮擦工具。这3种工具虽然都是擦除工具，但是适用的情况却各不相同。

4.5.1 橡皮擦工具

- 视频精讲：Photoshop新手学视频精讲课堂\56.擦除工具的使用方法.flv
- 技术速查：橡皮擦工具可以将像素更改为背景色或透明。

单击工具箱中的橡皮擦工具按钮，在选项栏中可以设置橡皮擦工具笔尖属性、擦除模式、不透明度、流量等参数，如图4-117所示。在普通图层中进行擦除，则擦除的像素将变成透明，如图4-118所示。使用该工具在“背景”图层或锁定了透明像素的图层中进行擦除，则擦除的像素将变成背景色，如图4-119所示。

图4—117

- 模式：选择橡皮擦的种类。选择“画笔”选项时，可以创建柔边擦除效果；选择“铅笔”选项时，可以创建硬边擦除效果；选择“块”选项时，擦除的效果为块状。
- 不透明度：用来设置橡皮擦工具的擦除强度。设置为100%时，可以完全擦除像素。当“模式”为“块”时，该选项将不可用。
- 流量：用来设置橡皮擦工具的涂抹速度。
- 平滑：用于设置所擦除时线条的流畅程度，数值越高线条越平滑。
- 抹到历史记录：选中该复选框后，橡皮擦工具的作用相当于历史记录画笔工具。

图4—118

图4—119

4.5.2 动手学：使用背景橡皮擦工具

- 视频精讲：Photoshop新手学视频精讲课堂\56.擦除工具的使用方法.flv
- 技术速查：背景橡皮擦工具是一种基于色彩差异的智能化擦除工具，如图4-120和图4-121所示。

扫码看视频

图4—120

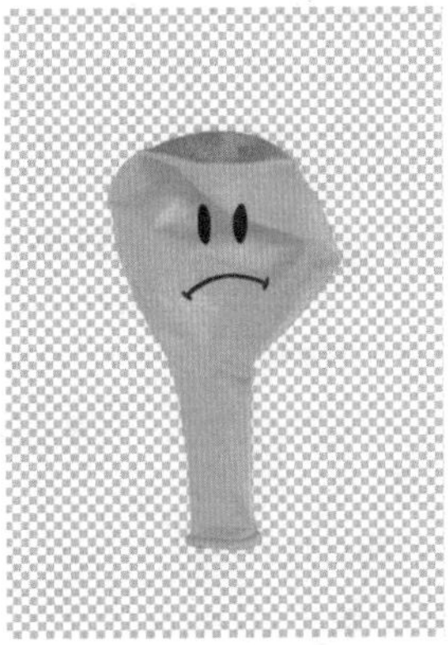

图4—121

背景橡皮擦工具的功能非常强大，除了可以使用它来擦除图像以外，最重要的方面主要运用在抠图中。单击工具箱中的“背景橡皮擦工具”按钮，在选项栏中可以设置背景橡皮擦工具的取样方式、限制、容差等参数，如图4-122所示。

图4—122

01 单击激活“取样:连续”按钮，将光标移动到画面中，拖曳鼠标时可以连续对颜色进行取样，凡是出现在光标中心十字线以内的图像都将被擦除，如图4-123和图4-124所示。

图4—123

图4—124

02 单击激活“取样:一次”按钮，只擦除包含第1次单击处颜色的图像，如图4-125所示。

03 单击激活“取样:背景色板”按钮，只擦除包含背景色的图像，如图4-126所示。

图4—125

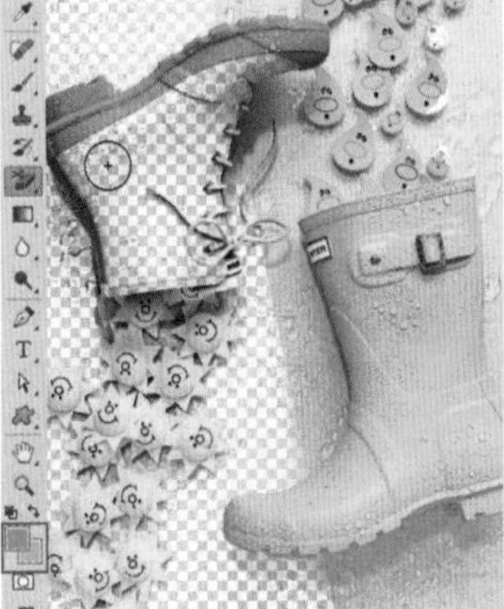
图4—126

第4章 数码照片修饰与绘制

04 “限制”选项用于设置擦除图像时的限制模式。选择“不连续”选项时，可以擦除出现在光标下任何位置的样本颜色；选择“连续”选项时，只擦除包含样本颜色并且相互连接的区域；选择“查找边缘”选项时，可以擦除包含样本颜色的连接区域，同时更好地保留形状边缘的锐化程度。

05 “容差”数值用来设置颜色的容差范围，数值越大，选取的范围越大，擦除的区域也就越大。

06 选中“保护前景色”复选框后，可以防止擦除与前景色匹配的区域。

★ 案例实战——使用背景橡皮擦工具

案例文件	案例文件\第4章\使用背景橡皮擦工具.psd
视频教学	视频文件\第4章\使用背景橡皮擦工具.flv
难易指数	★★★★★
技术要点	背景橡皮擦工具

案例效果

本案例主要是针对背景橡皮擦工具的使用方法进行练习。效果如图4-127所示。

扫码看视频

操作步骤

01 打开本书配套资源中的素材文件“1.jpg”，按住Alt键双击背景图层将其转换为普通图层。单击工具箱中的“吸管工具”按钮，然后单击采集花的颜色为前景色，接着按住Alt键单击蓝色的桌面部分作为背景色，如图4-128所示。

图4-127

图4-128

02 单击工具箱中的“背景橡皮擦工具”按钮，单击选项栏中的画笔预设下拉箭头，设置“大小”为265像素，“硬度”为100%，单击“取样:背景色板”按钮，设置“容差”为50%，选中“保护前景色”复选框，如图4-129所示。

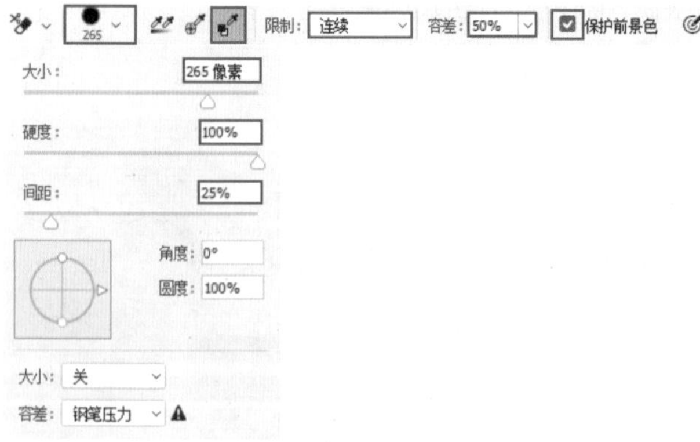

图4-129

03 回到图像中，从右上角花边缘区域开始涂抹，可以看到背景部分变为透明，而花部分完全被保留下来，如图4-130所示。

图4-130

04 继续使用同样的方法进行涂抹，需要注意的是，当擦除到图像中颜色与当前的前景色，背景色不匹配时，需要按照步骤01的方法重新进行设置，如图4-131所示。使用背景橡皮擦工具将背景完全擦除，如图4-132所示。

图4-131

图4-132

05 置入背景素材文件并将其栅格化，调整花盆大小，将背景素材放置在底层位置，如图4-133所示。在底部新建图层，使用黑色柔边圆画笔适当调整大小，绘制出花盆阴影部分。最终效果如图4-134所示。

图4-133　　图4-134

4.5.3 魔术橡皮擦工具

- 视频精讲：Photoshop新手学视频精讲课堂\56.擦除工具的使用方法.flv
- 技术速查："魔术橡皮擦"工具是一种基于颜色差异擦除像素的工具。

单击工具箱中的"魔术橡皮擦"按钮，在图像中单击时，可以将所有相似的像素更改为透明（如果在已锁定了透明像素的图层中工作，这些像素将更改为背景色），如图4-135和图4-136所示。其选项栏如图4-137所示。

- 容差：用来设置可擦除的颜色范围。
- 消除锯齿：可以使擦除区域的边缘变得平滑。
- 连续：选中该复选框时，只擦除与单击点像素邻近的像素；取消选中该复选框时，可以擦除图像中所有相似的像素。
- 不透明度：用来设置擦除的强度。值为100%时，将完全擦除像素；为较小的值时可以擦除部分像素。

图4—135

图4—136

容差：32 ☑ 消除锯齿 ☑ 连续 ☐ 对所有图层取样 不透明度：100%

图4—137

★ 案例实战——使用魔术橡皮擦工具打造炫动人像

案例文件	案例文件\第4章\使用魔术橡皮擦工具打造炫动人像.psd
视频教学	视频文件\第4章\使用魔术橡皮擦工具打造炫动人像.flv
难易指数	★★★★★
技术要点	魔术橡皮擦工具

案例效果

本案例主要使用魔术橡皮擦工具打造出炫彩动感的人像。对比效果如图4-138和图4-139所示。

扫码看视频

图4—138

图4—139

操作步骤

01 打开素材文件"1.jpg"，如图4-140所示。单击工具箱中的"魔术橡皮擦工具"按钮，在选项栏中设置"容差"为15，选中"消除锯齿"和"连续"复选框，如图4-141所示。

图4—140

容差：15 ☑ 消除锯齿 ☑ 连续 ☐ 对所有图层取样 不透明度：100%

图4—141

02 在图像背景处单击，如图4-142所示。可以看到部分背景区域被去除，如图4-143所示。

图4—142

图4—143

03 继续单击擦除剩余部分，得到背景部分为透明的效果，如图4-144所示。置入背景素材“2.jpg”并栅格化，然后置入前景光效素材“3.jpg”并栅格化，设置“混合模式”为滤色，最终效果如图4-145所示。

图4－144

图4－145

读书笔记

☆ 视频课堂——为婚纱照换背景

扫码看视频

案例文件\第4章\视频课堂——为婚纱照换背景.psd
视频文件\第4章\视频课堂——为婚纱照换背景.flv
思路解析：

01 打开照片素材。
02 使用魔术橡皮擦工具在天空区域单击并擦除。
03 添加新的背景素材。

4.6 修复画面瑕疵

在传统摄影中，很多元素都需要“一次成型”，不仅对操作人员以及设备提出很高的要求，并且诸多问题瑕疵也是在所难免的。图像的数字化处理则解决了这个问题，Photoshop的修复工具组包括污点修复画笔工具、修复画笔工具、修补工具和红眼工具。使用这些工具能够方便快捷地解决数码照片中的瑕疵，例如人像面部的斑点、皱纹、红眼、环境中多余的人以及不合理的杂物等问题，如图4-146~图4-148所示。

图4－146

图4－147

图4－148

4.6.1 仿制图章工具

- 视频精讲：Photoshop新手学视频精讲课堂\49.仿制图章工具与图案图章工具.flv
- 技术速查：仿制图章工具可以将图像的一部分绘制到同一图像的另一个位置上，或绘制到具有相同颜色模式的任何打开的文档的另一部分，当然也可以将一个图层的一部分绘制到另一个图层上，如图4-149和图4-150所示。

图4—149

图4—150

仿制图章工具对于复制对象或修复图像中的缺陷非常有用，单击工具箱中的“仿制图章工具” 按钮，在选项栏中可以进行参数的设置，如图4-151所示。设置完毕后首先需要在画面中进行仿制源的取样，按住Alt键并使用仿制图章工具在画面中单击，即可将单击处作为仿制源。如图4-152所示。然后使用仿制图章工具在其他区域涂抹，即可使涂抹的区域出现仿制源处的像素。效果如图4-153所示。

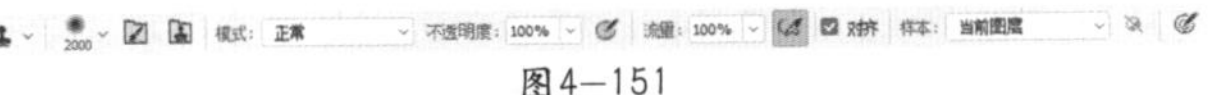

图4—151

图4—152

图4—153

★ 案例实战——去除海面上的游艇

案例文件	案例文件\第4章\去除海面上的游艇.psd
视频教学	视频文件\第4章\去除海面上的游艇.flv
难易指数	★★★★★
技术要点	仿制图章工具

案例效果

扫码看视频

本案例主要使用仿制图章工具去除海面上的游艇。对比效果如图4-154和图4-155所示。

图4—154

图4—155

操作步骤

01 打开本书配套资源中的素材文件“1.jpg”，如图4-156所示。在绘制图像过程中为了不破坏原图，首先选择图像图层，单击拖曳到“创建新图层”按钮上建立副本，如图4-157所示。

图4—156

图4—157

02 单击工具箱中的“仿制图章工具 ”按钮，在选项栏中单击“画笔预设”拾取器，在“常规画笔”组内选中“柔边圆”画笔，设置“大小”为120像素，“硬度”为0，如图4-158所示。按住Alt键在左侧海水处单击作为仿制源，然后在游艇上进行绘制涂抹，随着涂抹可以看到游艇逐渐被海水覆盖。在绘制的过程中要注意让波浪做到很好的衔接，如图4-159所示。

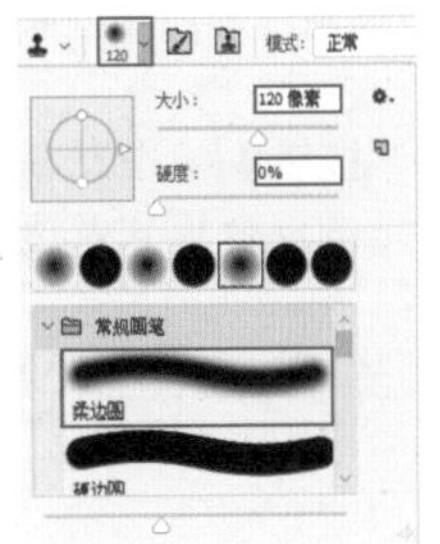

图4—158

图4—159

03 再次在右侧的海水处重新设置仿制源，按住Alt键在右侧海水处单击，然后在游艇上进行绘制涂抹。此时，可以看到游艇完全被去除掉了，但是海面显得不太自然，如图4-160所示。

图4—160

04 继续使用仿制图章工具，在选项栏单击“画笔预设”拾取器，设置“大小”为68像素，“硬度”为0。在选项栏中调整“不透明度”为50%，“流量”为50%，如图4-161所示。按住Alt键再次在正常的海面处取样，并在不自然的海面处涂抹，最终效果如图4-162所示。

图4—161

图4—162

技巧提示

使用仿制图章工具时，多次按Alt键吸取周围的颜色，然后进行绘制涂抹。反复吸取，绘制涂抹，可以使图像与绘制的地方更好地融合。

4.6.2 图案图章工具

- 视频精讲：Photoshop新手学视频精讲课堂\49.仿制图章工具与图案图章工具.flv
- 技术速查：“图案图章工具”可以使用预设图案或载入的图案进行绘画。

单击工具箱中的“图案图章工具”按钮，在选项栏中可以选择需要使用的图案，设置合适的混合模式及透明度，如图4-163所示。

图4—163

然后直接在画面中涂抹即可绘制出相应图案，如图4-164和图4-165所示。

图4—164

图4—165

- 对齐：选中该复选框后，可以保持图案与原始起点的连续性，即使多次单击鼠标也不例外；取消选中该复选框，则每次单击鼠标都重新应用图案。
- 印象派效果：选中该复选框后，可以模拟出印象派效果的图案。

4.6.3 污点修复画笔工具

- 视频精讲：Photoshop新手学视频精讲课堂\50.使用污点修复画笔.flv
- 技术速查：使用污点修复画笔工具可以消除图像中的污点和某个对象。

污点修复画笔工具不需要设置取样点，因为它可以自动从所修饰区域的周围进行取样，在斑点处单击即可去除斑点，如图4-166和图4-167所示。单击工具箱中的“污点修复画笔工具”按钮，其选项栏如图4-168所示。

图4—166

图4—167

图4—168

- **模式**：用来设置修复图像时使用的混合模式。除“正常”“正片叠底”等常用模式以外，还有一个“替换”模式，该模式可以保留画笔描边边缘处的杂色、胶片颗粒和纹理。
- **类型**：用来设置修复的方法。选中“近似匹配”单选按钮时，可以使用选区边缘周围的像素来查找要用作选定区域修补的图像区域；选中“创建纹理”单选按钮时，可以使用选区中的所有像素创建一个用于修复该区域的纹理；选中“内容识别”单选按钮时，可以使用选区周围的像素进行修复。

4.6.4 修复画笔工具

- 视频精讲：Photoshop新手学视频精讲课堂\51.修复画笔工具的使用.flv
- 技术速查：修复画笔工具可以用图像中的像素作为样本修复图像的瑕疵。

修复画笔工具不仅仅是单纯地使用样本进行修复，还可将样本像素的纹理、光照、透明度和阴影与所修复的像素进行匹配，从而使修复后的像素不留痕迹地融入图像的其他部分，如图4-169 和图4-170所示。单击工具箱中的“修复画笔工具”按钮，其选项栏如图4-171所示。在正确的部分按住Alt键单击取样，松开光标后，到需要修复的区域按住鼠标左键涂抹即可进行修复。

- **源**：设置用于修复像素的源。选中“取样”单选按钮时，可以使用当前图像的像素来修复图像；选中“图案”单选按钮时，可以使用某个图案作为取样点。
- **对齐**：选中该复选框后，可以连续对像素进行取样，即使释放鼠标也不会丢失当前的取样点；取消选中该复选框后，则会在每次停止并重新开始绘制时使用初始取样点中的样本像素。
- **“打开以在修复时忽略调整图层”按钮**：当样本设置为“所有图层”时，单击该按钮可以在修复时忽略调整图层。

图4－169

图4－170

图4－171

★ 案例实战——为人像去除皱纹

案例文件	案例文件\第4章\为人像去除皱纹.psd
视频教学	视频文件\第4章\为人像去除皱纹.flv
难易指数	★★★★★
技术要点	修复画笔工具

案例效果

本案例主要使用修复画笔工具去除人像的皱纹。对比效果如图4-172和图4-173所示。

扫码看视频

图4－172

图4－173

操作步骤

01 打开素材文件，可以看到眼袋处有明显的细纹，如图4-174所示。单击工具箱中的“修复画笔工具”按钮，执行“窗口”>“仿制源”命令，在弹出的窗口中单击“仿制源”的图章按钮，设置“源”的X为1901像素，Y为1595像素，如图4-175所示。

图4－174

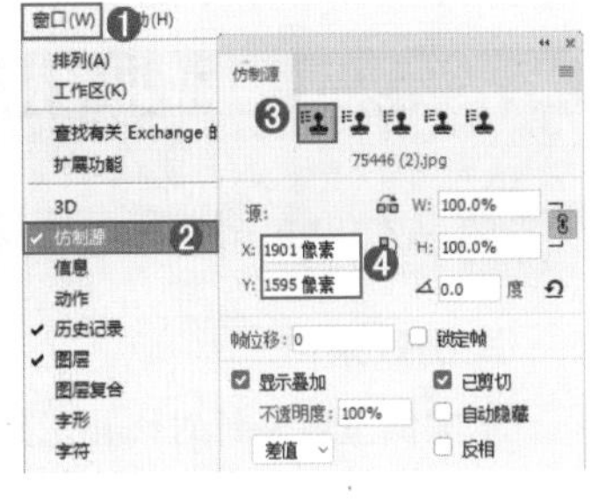

图4－175

02 在选项栏中设置画笔大小，按住Alt键，单击鼠标左键吸取眼部周围的皮肤，在眼部皱纹处单击鼠标左键，如图4-176所示。遮盖细纹，如图4-177所示。

图4－176

图4－177

03 在选项栏中设置仿制图章工具的“不透明度”和“流量”为50%，如图4-178所示。同样按住Alt键，单击吸取手腕周围的皮肤，在手腕皱纹处涂抹遮盖细纹，如图4-179所示。最终效果如图4-180所示。

图4-178

图4-179

图4-180

4.6.5 修补工具

- 视频精讲：Photoshop新手学视频精讲课堂\52.修补工具的使用.flv
- 技术速查：修补工具可以利用样本或图案来修复所选图像区域中不理想的部分。

单击工具箱中的“修补工具”按钮，在选项栏中可以设置修补的模式，如图4-181所示。然后使用修补工具在要修补的区域绘制选区，如图4-182所示。选中“源”单选按钮时，将选区拖曳到要修补的区域以后，松开鼠标左键就会用当前选区中的图像修补原来选中的内容，如图4-183所示。选中“目标”单选按钮时，则会将选中的图像复制到目标区域，如图4-184所示。

- 透明：选中该复选框后，可以使修补的图像与原始图像产生透明的叠加效果，该选项适用于修补具有清晰分明的纯色背景或渐变背景。
- 使用图案：使用修补工具创建选区以后，单击“使用图案”按钮，可以使用图案修补选区内的图像。

图4-181

图4-182　图4-183　图4-184

★ 案例实战——使用修补工具去除地面瑕疵

案例文件	案例文件\第4章\使用修补工具去除地面瑕疵.psd
视频教学	视频文件\第4章\使用修补工具去除地面瑕疵.flv
难易指数	★★★★★
技术要点	修补工具

案例效果

本案例主要是针对修补工具的使用方法进行练习，如图4-185所示。效果如图4-186所示。

扫码看视频

图4-185　图4-186

操作步骤

01 打开素材文件，可以看到地面部分有很多杂物，影响画面效果，如图4-187所示。使用修补工具沿着右侧瑕疵绘制出选区，如图4-188所示。

图4-187　图4-188

02 将光标放置在选区内，然后单击鼠标左键将选区向上拖曳。当选区内没有显示出瑕疵时松开鼠标左键，如图4-189所示。继续处理左下角的瑕疵，绘制瑕疵部分选区，并向上拖曳，松开鼠标后得到干净的地面，如图4-190所示。

03 同样的方法可以依次去除地面上其他较小的瑕疵。最后按Ctrl+D快捷键取消选区，最终效果如图4-191所示。

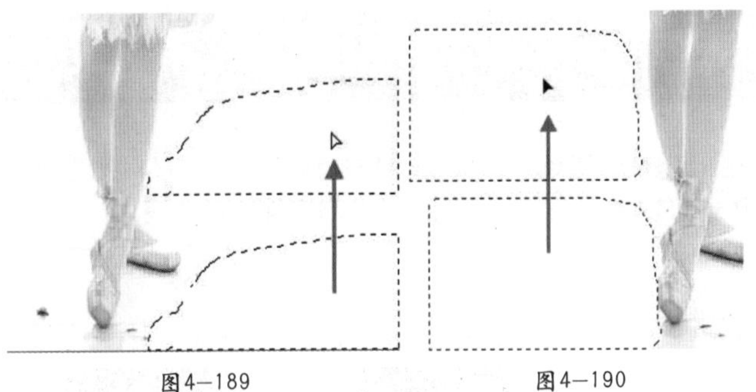

图4—189　　图4—190

图4—191

技巧提示

使用修补工具修复图像中的像素时，较小的区域可以获得更好的效果。

4.6.6　内容感知移动工具

- 视频精讲：Photoshop新手学视频精讲课堂\53.内容感知移动工具的使用.flv
- 技术速查：使用内容感知移动工具可以在无须复杂图层或慢速精确地选择选区的情况下快速地重构图像。

单击工具箱中的“内容感知移动工具” 按钮，在图像上绘制选区，将光标移动到选区中按住鼠标左键并向其他区域移动，这时Photoshop会自动将选区中的图像与四周的景物融合在一块，而原始的区域则会进行智能填充，如图4-192~图4-194所示。

图4—192

图4—193

图4—194

内容感知移动工具的选项栏与修补工具的选项栏相似，如图4-195所示。

模式：移动　结构：4　颜色：0　对所有图层取样　投影时变换

图4—195

4.6.7　红眼工具

- 视频精讲：Photoshop新手学视频精讲课堂\54.红眼工具的使用.flv
- 技术速查：红眼工具可以去除由闪光灯导致的红色反光。

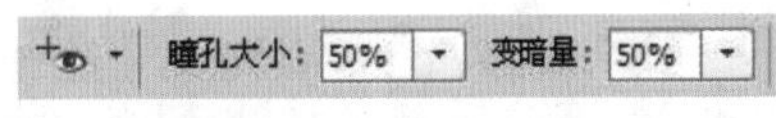

图4—196

在光线较暗的环境中照相时，由于主体的虹膜张开得很宽，经常会出现“红眼”现象。单击工具箱中的“红眼工具”按钮，在选项栏中可以进行“瞳孔大小”与“变暗量”的设置，如图4-196所示。设置完毕后将光标定位到红色区域，单击即可去除红眼，如图4-197和图4-198所示。

- 瞳孔大小：用来设置瞳孔的大小，即眼睛暗色中心的大小。
- 变暗量：用来设置瞳孔的暗度。

图4—197

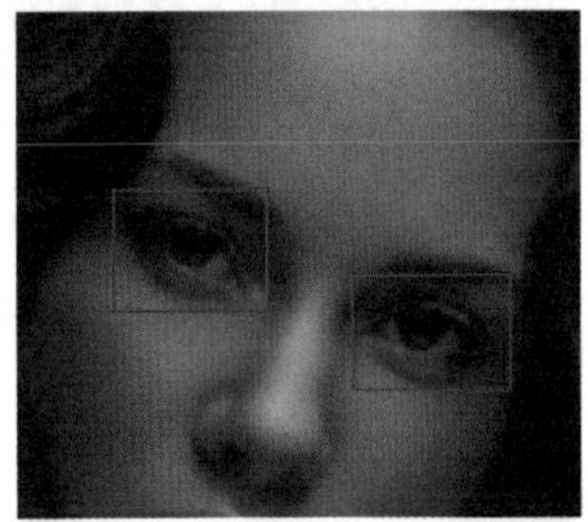

图4—198

思维点拨：

红眼的原因是眼睛在暗处瞳孔放大，闪光灯照射后，瞳孔后面的血管反射红色的光线造成的。所以，最好不要在特别昏暗的地方采用闪光灯拍摄，也可以开启相机的红眼消除系统。

4.7 润饰画面局部

Photoshop中包含多种可用于图像局部润饰的工具组：模糊工具、锐化工具和涂抹工具它们可以对图像进行模糊、锐化和涂抹处理；减淡工具、加深工具和海绵工具可以对图像局部的明暗、饱和度等进行处理。

4.7.1 模糊工具

- 视频精讲：Photoshop新手学视频精讲课堂\55.模糊、锐化、涂抹、加深、减淡、海绵.flv
- 技术速查：模糊工具可柔化硬边缘或减少图像中的细节。

使用该工具在某个区域上方绘制的次数越多，该区域就越模糊，如图4-199和图4-200所示。单击“模糊工具” 按钮，其选项栏如图4-201所示。

- 模式：用来设置模糊工具的混合模式，包括“正常”“变暗”“变亮”“色相”“饱和度”“颜色”和“明度”。
- 强度：用来设置模糊工具的模糊强度。

图4—199 　图4—200

图4—201

★ 案例实战——使用模糊工具制作景深效果

案例文件	案例文件\第4章\使用模糊工具制作景深效果.psd
视频教学	视频文件\第4章\使用模糊工具制作景深效果.flv
难易指数	★★★★★
技术要点	模糊工具

案例效果

本案例主要使用模糊工具制作画面的景深效果。对比效果如图4-202和图4-203所示。

扫码看视频

图4—202　图4—203

操作步骤

01 打开本书配套资源中的素材文件，如图4-204所示。

图4—204

02 单击工具栏中的“模糊工具”按钮，选择“常规画笔”组下的“柔边圆”画笔，设置“大小”为400像素，“硬度”为0，“强度”为100%，如图4-205所示。在主体人像两侧的区域进行涂抹，如图4-206所示。

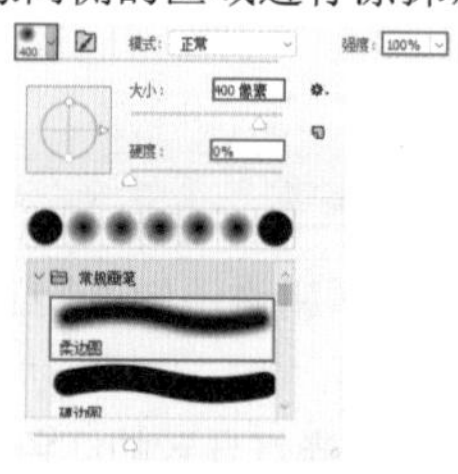

图4—205

图4—206

03 在涂抹过程中需要注意景深中的“近实远虚”现象，增大画笔大小，多次涂抹画面左侧边缘处的人群，使画面的模糊感呈现出层次感。最终效果如图4-207所示。

图4—207

4.7.2 锐化工具

- 视频精讲：Photoshop新手学视频精讲课堂\55.模糊、锐化、涂抹、加深、减淡、海绵.flv
- 技术速查：锐化工具可以增强图像中相邻像素之间的对比，以提高图像的清晰度。

锐化工具△与模糊工具💧的大部分选项相同。选中“保护细节”复选框后，在进行锐化处理时，将对图像的细节进行保护，如图4-208所示。在画面中涂抹即可增强局部清晰度，如图4-209和图4-210所示。

△ 13 模式：正常 强度：50% 对所有图层取样 保护细节

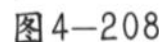

图4-208

图4-209

图4-210

4.7.3 涂抹工具

- 视频精讲：Photoshop新手学视频精讲课堂\55.模糊、锐化、涂抹、加深、减淡、海绵.flv
- 技术速查：涂抹工具可以模拟手指划过湿油漆时所产生的效果。

单击工具箱中的“涂抹工具”按钮，该工具可以拾取鼠标单击处的颜色，并沿着拖曳的方向展开这种颜色，如图4-211和图4-212所示。其选项栏如图4-213所示。

图4-211

图4-212

13 模式：正常 强度：50% 对所有图层取样 手指绘画

图4-213

- 模式：用来设置涂抹工具的混合模式，包括“正常”“变暗”“变亮”“色相”“饱和度”“颜色”和“明度”。
- 强度：用来设置涂抹工具的涂抹强度。
- 手指绘画：选中该复制框后，可以使用前景颜色进行涂抹绘制。

4.7.4 减淡工具

- 视频精讲：Photoshop新手学视频精讲课堂\55.模糊、锐化、涂抹、加深、减淡、海绵.flv
- 技术速查：减淡工具可以对图像“亮部”“中间调”和“暗部”分别进行减淡处理，用在某个区域上方绘制的次数越多，该区域就会变得越亮。

单击工具箱中的“减淡工具”按钮，其选项栏如图4-214所示。打开一个图像，如图4-215所示。设置“范围”为“中间调”时，可以更改灰色的中间范围，如图4-216所示；设置“范围”为“阴影”时，可以更改暗部区域，如图4-217所示；设置“范围”为“高光”时，可以更改亮部区域，如图4-218所示。

图4-214

图4-215

图4-216

图4-217

图4-218

- 曝光度：用于设置减淡的强度。
- 保护色调：选中该复选框，可以保护图像的色调不受影响。

★ 案例实战——使用减淡工具美白皮肤

案例文件	案例文件\第4章\使用减淡工具美白皮肤.psd
视频教学	视频文件\第4章\使用减淡工具美白皮肤.flv
难易指数	★★★★★
技术要点	减淡工具

案例效果

本案例主要使用减淡工具美白人像皮肤。对比效果如图4-219和图4-220所示。

扫码看视频

图4—219

图4—220

操作步骤

01 打开本书配套资源中的素材文件。人像素材面部皮肤亮度较低，头发暗部区域细节不明显，如图4-221所示。

02 单击工具箱中的“减淡工具”按钮，在选项栏中设置画笔“大小”为500像素，“范围”为“中间调”，“曝光度”为80%，取消选中“保护色调”复选框，如图4-222所示。

图4—221

500 范围: 中间调 曝光度: 80% 保护色调

图4—222

03 设置完毕后可以将画笔移动到人像面部区域，自上而下进行涂抹，随着涂抹可以看到人像皮肤亮度提高，如图4-223所示。

图4—223

04 减小画笔大小，设置为300像素，如图4-224所示。然后对头发的暗部区域进行涂抹减淡，最终效果如图4-225所示。

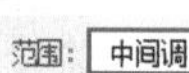

图4—224

图4—225

4.7.5 加深工具

- 视频精讲：Photoshop新手学视频精讲课堂\55.模糊、锐化、涂抹、加深、减淡、海绵.flv
- 技术速查：加深工具可以对图像进行加深处理。

单击工具箱中的“加深工具”按钮，其选项栏如图4-226所示。用在某个区域上方绘制的次数越多，该区域就会变得越暗。效果如图4-227和图4-228所示。

图4—226

图4—227 　图4—228

★ 案例实战——使用加深工具突出主体

案例文件	案例文件\第4章\使用加深工具突出主体.psd
视频教学	视频文件\第4章\使用加深工具突出主体.flv
难易指数	★★★★★
技术要点	加深工具

案例效果

本案例主要使用加深工具突出画面主体。对比效果如图4-229和图4-230所示。

扫码看视频

图4—229

图4—230

操作步骤

01 打开本书配套资源中的素材文件，如图4-231所示。单击工具箱中的“加深文字工具”按钮，在选项栏中打开画笔笔尖预设面板，设置合适的大小，选择一个圆形柔边圆画笔，并设置加深工具的“范围”为“阴影”，“曝光度”为100%，取消选中“保护色调”复选框，如图4-232所示。

图4—231

图4—232

02 将光标移动到画面左侧，单击并拖动光标，使画面左侧部分变暗，如图4-233所示。

03 继续在画面顶部和右侧进行涂抹，如图4-234所示。

图4—233

图4—234

04 适当减小画笔大小，继续在其他背景处进行涂抹，使之变为黑色效果，如图4-235所示。

05 为了丰富画面效果，可以置入前景光效素材并将其栅格化，最终效果如图4-236所示。

图4—235

图4—236

4.7.6 海绵工具

- 视频精讲：Photoshop新手学视频精讲课堂\55.模糊、锐化、涂抹、加深、减淡、海绵.flv
- 技术速查：海绵工具可以增加或降低图像中某个区域的饱和度。

单击工具箱中的“海绵工具”按钮，在选项栏中可以对工具模式进行调整，如图4-237所示。如图4-238~图4-240所示分别为原图、增大饱和度以及降低饱和度的对比效果。如果是对灰度图像使用海绵工具，那么该工具将通过灰阶远离或靠近中间灰色来增加或降低对比度。

- 模式：选择“加色”选项时，可以增加色彩的饱和度；选择“去色”选项时，可以降低色彩的饱和度。
- 流量：可以为海绵工具指定流量。数值越大，海绵工具的强度越大，效果越明显。
- 自然饱和度：选中该复选框后，可以在增加饱和度的同时防止颜色过度饱和而产生溢色现象。

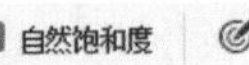

图4—237

图4—238 图4—239 图4—240

★ 案例实战——使用海绵工具弱化环境

案例文件	案例文件\第4章\使用海绵工具弱化环境.psd
视频教学	视频文件\第4章\使用海绵工具弱化环境.flv
难易指数	★★★★★
技术要点	海绵工具

案例效果

本案例主要使用海绵工具弱化环境效果，使主体人像更加突出。对比效果如图4-241和图4-242所示。

扫码看视频

图4—241

图4—242

操作步骤

01 打开素材文件，在这里可以看到主体人像周围有很多模糊不清的物体，为了强化主体人像在画面中的地位，可以使用海绵工具对环境中的物体进行处理，如图4-243所示。

图4-243

02 单击工具箱中的“海绵工具”按钮，在“常规画笔”组下选择“柔边圆”画笔，设置较大的笔刷大小，并设置其“模式”为“去色”，“流量”为100%，取消选中“自然饱和度”复选框，如图4-244所示。

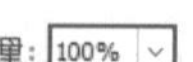

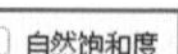

图4-244

03 调整完毕之后，对图像左侧比较大的背景区域进行多次涂抹降低饱和度，如图4-245所示。适当减小画笔大小，对靠近人像的细节进行精细的涂抹，最终效果如图4-246所示。

图4-245

图4-246

4.7.7 历史记录艺术画笔

- 视频精讲：Photoshop新手学视频精讲课堂\57.历史记录艺术画笔的使用.flv
- 技术速查：与历史记录画笔相似，历史记录艺术画笔也可以将标记的历史记录状态或快照用作源数据对图像进行修改。不同的是，历史记录艺术画笔在使用原始数据的同时，还可以为图像创建不同的颜色和艺术风格。

历史记录艺术画笔在实际工作中的使用频率并不高。因为它属于任意涂抹工具，很难有规整的绘画效果，不过它提供了一种全新的创作思维方式，可以创作出一些独特的效果。如图4-247和图4-248所示分别为原图与使用历史记录艺术画笔处理的效果。

图4-247

图4-248

单击工具箱中的“历史记录艺术画笔”按钮，在选项栏中可以设置历史记录艺术画笔的绘制样式、区域、容差等参数，如图4-249所示。

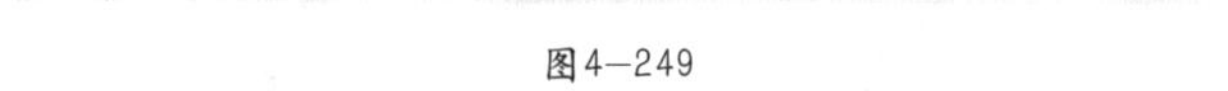

模式：正常　不透明度：100%　样式：绷紧短　区域：50 像素　容差：0%

图4-249

- 样式：选择一个选项来控制绘画描边的形状，包括“绷紧短”“绷紧中”和“绷紧长”等。如图4-250和图4-251所示分别是“绷紧短”和“绷紧卷曲”效果。
- 区域：用来设置绘画描边所覆盖的区域。数值越大，覆盖的区域越大，描边的数量也越多。
- 容差：限定可应用绘画描边的区域。低容差可以用于在图像中的任何地方绘制无数条描边；高容差会将绘画描边限定在与源状态或快照中的颜色明显不同的区域。

图4-250

图4-251

★ 综合实战——使用画笔制作唯美散景效果

案例文件	案例文件\第4章\使用画笔制作唯美散景效果.psd
视频教学	视频文件\第4章\使用画笔制作唯美散景效果.flv
难易指数	★★★★★
技术要点	形状动态、散布、颜色动态、传递、湿边

案例效果

本案例主要使用“形状动态”“散布”“颜色动态”“传递”“湿边”命令制作唯美的散景效果，如图4-252所示。

扫码看视频

图4-252

操作步骤

01 打开素材文件，如图4-253所示。首先执行“窗口”>“画笔设置”命令，打开“画笔设置”面板。在画笔笔尖形状中选择一个圆形画笔，设置“大小”为380像素，“硬度”为100%，“间距”为330%，如图4-254所示。

图4-253

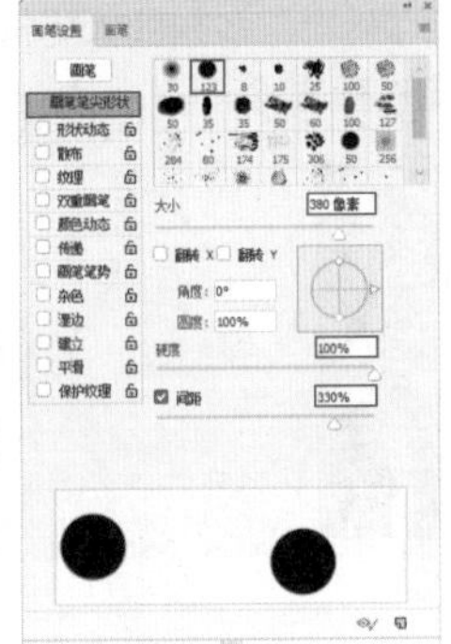

图4-254

02 选中“形状动态”复选框，设置其“大小抖动”为100%，“最小直径”为44%，如图4-255所示。

03 选中“散布”复选框，选中“两轴”复选框并设置其为1000%，“数量”为3，“数量抖动”为98%，如图4-256所示。

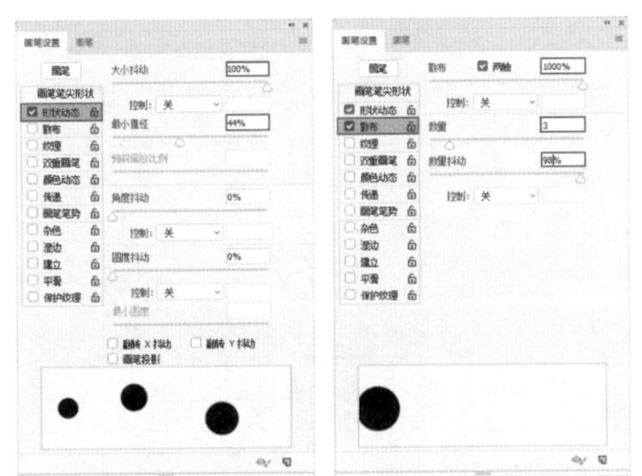

图4-255　　图4-256

04 选中“颜色动态”复选框，设置其“前景/背景抖动”为100%，如图4-257所示。

05 选中“传递”复选框，设置其“不透明度抖动”和“流量抖动”为100%。分别选中“湿边”和“平滑”复选框，如图4-258所示。

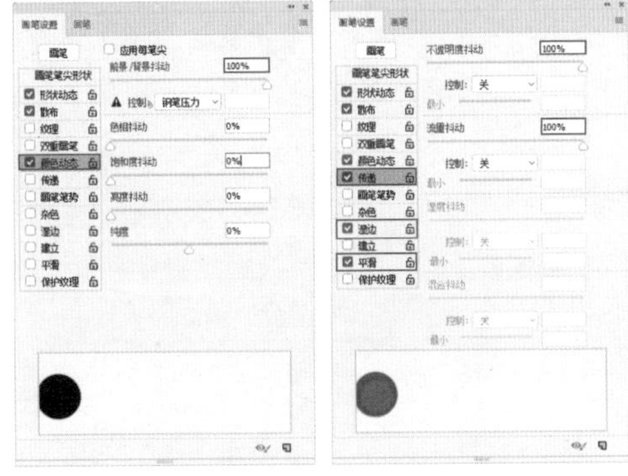

图4-257　　图4-258

06 新建图层1，设置前景色为洋红，背景色为蓝色。单击工具箱中的“画笔工具”按钮，在选项栏中设置“不透明度”为50%，在人像周围绘制，如图4-259所示。

07 新建图层2，增大画笔的大小，降低画笔的硬度，并设置“不透明度”和“流量”均为30%，在画面中绘制较大的柔和光斑，如图4-260所示。

图4-259

图4-260

08 新建图层3，减小画笔大小，绘制稍小一些的光斑，丰富画面效果，如图4-261和图4-262所示。

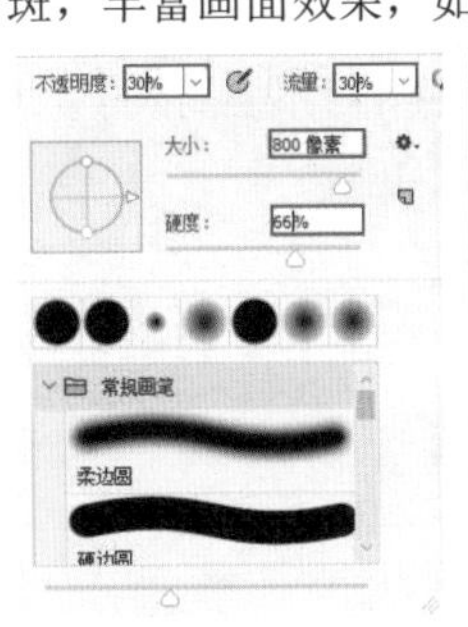

图4-261

图4-262

答疑解惑：为什么要新建图层进行绘制？

新建图层绘制光斑可以在不破坏源图像的基础上便于后期增加或减少光斑数量，以及调整光斑位置。而且在后面还需要使用图层为光斑制作炫彩效果，所以新建图层是一个必不可少的步骤。

09 置入光效素材并将其栅格化。在“图层”面板中设置图层1、2、3和光效素材的混合模式均为“滤色”，如图4-263所示。最终效果如图4-264所示。

图4-263

图4-264

课后练习

【课后练习——去除皱纹还原年轻态】

扫码看视频

思路解析：拍摄数码照片时，画面中经常会出现瑕疵，如环境中的杂物、多余的人影或者人像面部的瑕疵。在Photoshop中可以使用多种修复工具对画面中的瑕疵进行去除。

本章小结

本章学习了多种绘画与修饰修复工具，使用这些工具不仅可以进行数字绘画，还可以轻松去除数码照片中大部分的常见瑕疵。需要注意的是，在修饰数码照片时不要局限于只用某一个工具处理。不同的工具适用的情况各不相同，所以多种工具配合使用更有利于解决问题。

读书笔记

第5章

矢量工具与绘图

本章内容简介：

本章重点讲解了Photoshop中的两大类矢量工具：钢笔工具与形状工具。在使用钢笔工具和形状工具绘图前，首先要了解使用这些工具可以绘制出什么类型的对象，也就是通常所说的绘图模式。而在了解了绘图模式之后，就需要了解路径与锚点之间的关系，因为在使用钢笔工具等矢量工具绘图时，基本上都会涉及它们。

本章学习要点：

- 熟练掌握钢笔工具的使用方法
- 掌握路径的操作与编辑方法
- 熟练掌握使用钢笔工具抠图的方法
- 掌握形状工具的使用方法

5.1 矢量绘图相关知识

Photoshop的矢量绘图工具包括钢笔工具和形状工具。钢笔工具主要用于绘制不规则的图形，而形状工具则是通过选取内置的图形样式绘制较为规则的图形，如图5-1和图5-2所示。

图5—1

图5—2

在使用矢量工具进行绘图前首先要在工具选项栏中选择绘图模式：形状、路径和像素，如图5-3和图5-4所示。其中“形状”与“路径”模式绘制出的为矢量对象，而“像素”模式绘制出的并不是矢量对象。

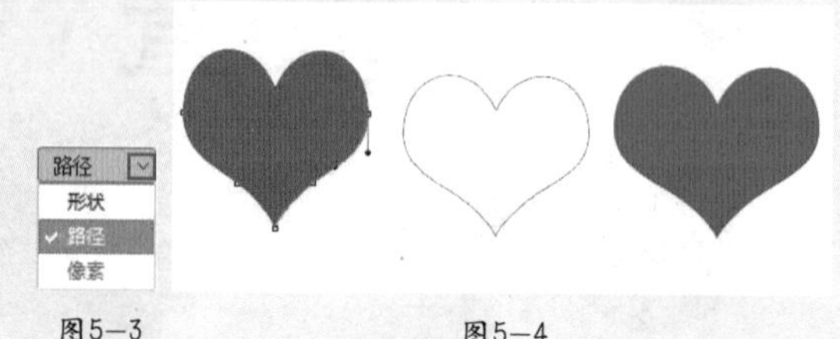

图5—3

图5—4

5.1.1 认识路径

路径是一种轮廓，虽然路径不包含像素，但是可以使用颜色填充或描边路径。路径可以作为矢量蒙版来控制图层的显示区域。为了方便随时使用，可以将路径保存在“路径”面板中，并且路径可以转换为选区。路径可以使用钢笔工具和形状工具来绘制，绘制的路径可以是开放式、闭合式和组合式，如图5-5所示。

图5—5

5.1.2 认识锚点

路径由一个或多个直线段或曲线段组成，锚点是标记路径段的端点。在曲线段上，每个选中的锚点显示一条或两条方向线，方向线以方向点结束，方向线和方向点的位置共同决定了曲线段的大小和形状，如图5-6所示（A：曲线段，B：方向点，C：方向线，D：选中的锚点，E：未选中的锚点）。

锚点分为平滑点和角点两种类型。由平滑点连接的路径段可以形成平滑的曲线，如图5-7所示；由角点连接起来的路径段可以形成直线或转折曲线，如图5-8所示。

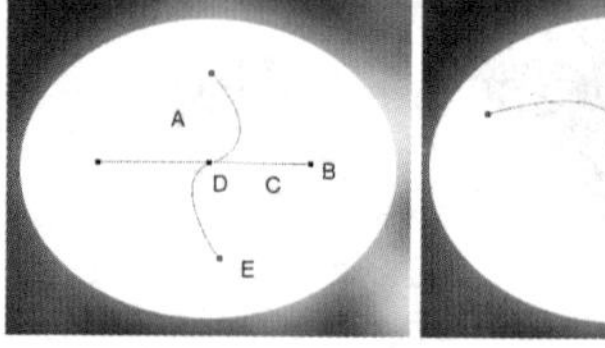

图5—6

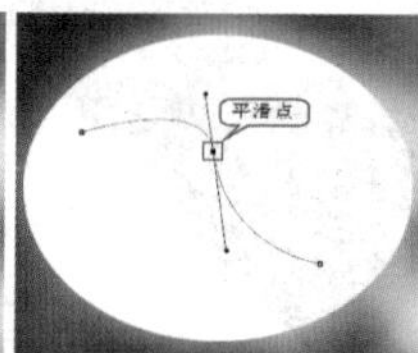

图5—7

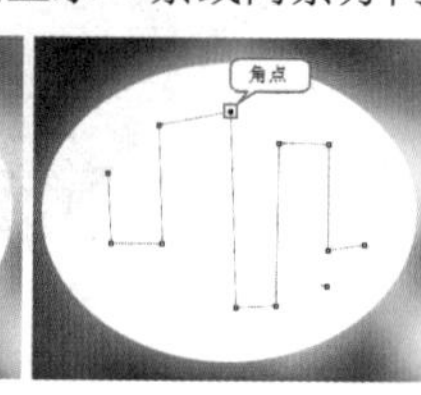

图5—8

5.1.3 动手学：使用矢量工具创建路径

单击工具箱中的形状工具，然后在选项栏中选择“路径”选项，如图5-9所示。然后进行绘制即可创建出工作路径，如图5-10所示。工作路径不会出现在“图层”面板中，只出现在“路径”面板中，如图5-11所示。绘制完毕后可以在选项栏中快速地将路径转换为选区、蒙版或形状。

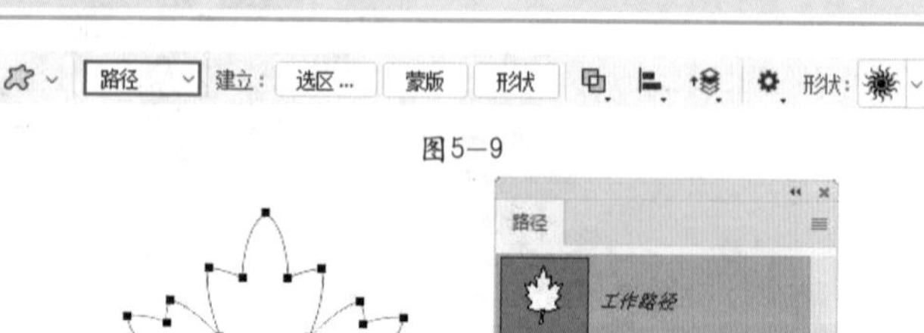

图5—9

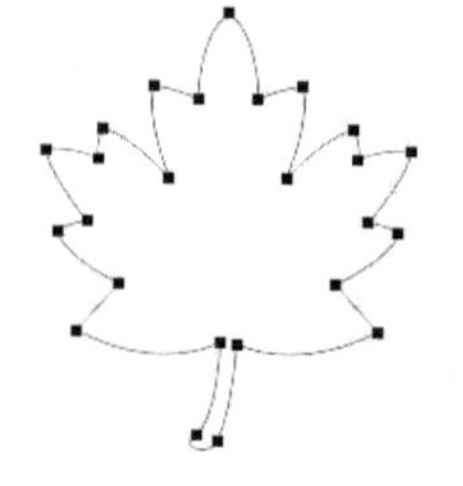

图5—10

图5—11

5.1.4 动手学：使用矢量工具创建形状

01 使用钢笔工具或形状工具时，首先需要在选项栏中设置绘制模式为“形状”，然后在选项栏中设置填充类型、描边类型、描边粗细、描边样式等参数。完成后在画布中进行绘制，在“图层”面板中可以看到绘制的形状图层，而且也显示了这一形状的路径，如图5-12所示。

02 如果想要对已创建的形状进行调整，首先需要在“图层”面板中选择该形状图层，并使用矢量工具进行调整即可。

图5—12

5.1.5 动手学：使用矢量工具创建像素

只有在使用形状工具状态下可以选择“像素”方式，在选项栏中设置绘制模式为“像素”，如图5-13所示，设置合适的混合模式与不透明度。这种绘图模式会以当前前景色在所选图层中进行绘制。需要注意的是，此时绘制出的对象并不是矢量对象，而是单纯的像素填充，如图5-14和图5-15所示。

像素　模式：正常　不透明度：100%　☑ 消除锯齿

图5—13

图5—14

图5—15

5.2 使用钢笔工具绘制路径

使用Photoshop进行数码照片处理时，“钢笔”是必不可少的工具之一，它主要用于抠图和绘制两大方面。当想要进行照片合成，使用“钢笔”进行精细抠图是必不可少的步骤；而想要在画面中添加一些花纹、图形等装饰时就需要使用到钢笔工具进行绘制。如图5-16和图5-17所示为使用到钢笔工具进行制作的作品。

图5—16

图5—17

5.2.1 认识钢笔工具

- 视频精讲：Photoshop新手学视频精讲课堂\60.使用钢笔工具.flv
- 技术速查：钢笔工具是最基本、最常用的路径绘制工具，使用该工具可以绘制任意形状的直线或曲线路径。

单击工具箱中的“钢笔工具”按钮，首先需要在选项栏中设置合适的绘制模式，钢笔工具的选项栏中有一个“橡皮带”选项，选中该复选框后，可以在绘制路径的同时观察到路径的走向，如图5-18所示。

图5—18

5.2.2 动手学：使用钢笔工具绘制直线

01 单击工具箱中的“钢笔工具”按钮，然后在选项栏中选择“路径”选项，将光标移至画面中，单击可创建一个锚点，如图5-19所示。

图5—19

02 松开鼠标，将光标移至下一处位置单击创建第二个锚点，两个锚点会连接成一条由角点定义的直线路径，如图5-20所示。继续将光标定位到其他位置，单击即可创建出第三个点，此时三个点产生一条折线，如图5-21所示。

图5—20

图5—21

03 如果要结束一段开放式路径的绘制，可以按住Ctrl键并在画面的空白处单击，或者按Esc键也可以结束路径的绘制。

技巧提示

按住Shift键可以绘制水平、垂直或以45°角为增量的直线。

5.2.3 动手学：使用钢笔工具绘制波浪曲线

01 单击工具箱中的“钢笔工具”按钮，然后在选项栏中选择“路径”选项，接着在画布中单击创建出第一个锚点，将光标移动到其他位置按住鼠标左键并拖动即可创建一个平滑点，如图5-22所示。

02 将光标放置在下一个位置，然后单击并拖曳光标创建第二个平滑点，注意要控制好曲线的走向，如图5-23所示。

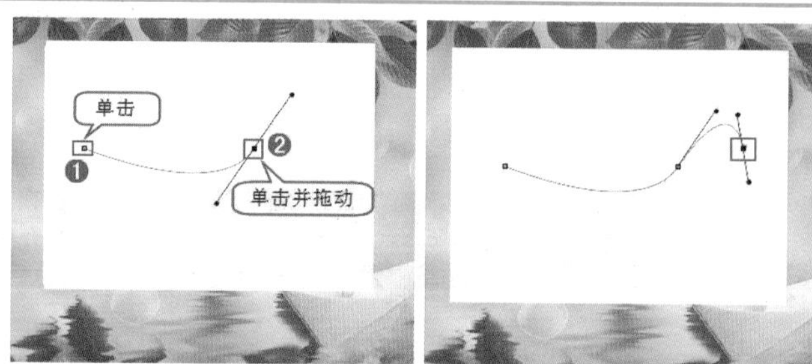

图5—22　　图5—23

5.2.4 动手学：使用钢笔工具绘制闭合路径

01 单击工具箱中的“钢笔工具”按钮，然后在选项栏中选择“路径”选项，接着将光标放置在一个网格上，当光标变成形状时单击，确定路径的起点，如图5-24所示。将光标移动到下一个网格处，然后单击创建一个锚点，两个锚点之间会出现一条直线路径，如图5-25所示。

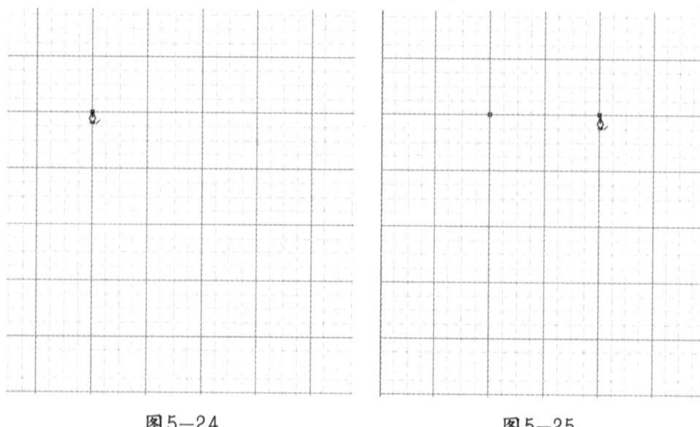

图5—24　　图5—25

技巧提示

为了便于绘制，可以执行“视图”>“显示”>“网格”命令，显示出网格。

02 继续在其他的网格上创建出锚点，如图5-26所示。将光标放置在起点上，当光标变成形状时，单击闭合路径，然后取消网格，绘制的多边形如图5-27所示。

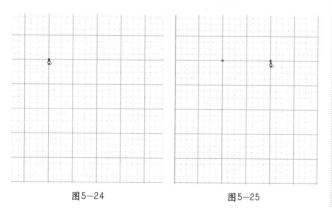

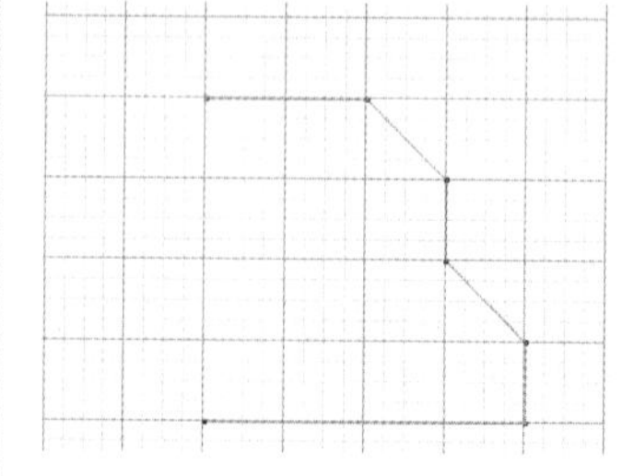

图5—26

图5—27

★ 案例实战——使用钢笔工具制作古典写真

案例文件	案例文件\第5章\使用钢笔工具制作古典写真.psd
视频教学	视频文件\第5章\使用钢笔工具制作古典写真.flv
难易指数	★★★★★
技术要点	钢笔工具、转换锚点工具、添加锚点工具、建立选区

案例效果

扫码看视频

本案例主要是通过使用钢笔工具、转换锚点工具、添加锚点工具绘制路径，转换为选区后填充合适颜色制作古典写真版式。效果如图5-28所示。

操作步骤

01 执行“文件”>“新建”命令，创建空白文件；执行“文件”>“置入嵌入对象”命令，置入人像素材“1.jpg”，将其栅格化并摆放在合适位置，如图5-29所示。

图5－28

图5－29

02 单击工具箱中的“钢笔工具” 按钮，在选项栏中设置绘制模式为“路径”，从画面左上角位置单击创建第一个锚点，然后移动光标到下方单击创建出第二个锚点，同样的方法继续在其他区域单击创建出其他锚点，最后将光标定位到起点处单击将路径闭合，如图5-30所示。

图5－30

03 使用工具箱中的添加锚点工具，在路径上缺少锚点的区域单击以添加锚点，如图5-31所示。可以看到该区域出现了一个新的锚点，如图5-32所示。

图5－31

图5－32

04 使用直接选择工具，将光标定位到新添加的锚点上，单击即可选中该锚点，单击并拖动即可移动到合适位置，如图5-33和图5-34所示。

图5－33

图5－34

05 同样的方法继续在其他区域添加锚点，并调整路径形态，如图5-35所示。然后需要在画面中单击鼠标右键，在弹出的快捷菜单中选择“建立选区”命令，在弹出的对话框中设置“羽化半径”为0像素，单击“确定”按钮，如图5-36所示。

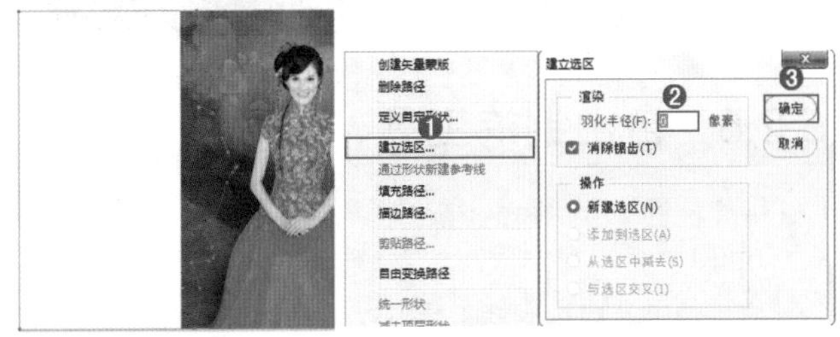

图5－35　图5－36

06 此时可以得到选区，如图5-37所示。新建图层，设置前景色为土黄色，使用填充前景色快捷键Alt+Delete填充当前选区，如图5-38所示。

图5－37

图5－38

07 复制该图层并进行水平翻转，摆放在画面右侧，然后将两部分形状图层合并为同一图层，如图5-39所示。

图5－39

08 为该图层添加投影图层样式，执行“图层”>“图层样式”>“投影”命令，设置“混合模式”为“正片叠底”，颜色为黑色，“不透明度”为75%，“角度”为30度，“距离”为3像素，“大小”为42像素，如图5-40所示。效果如图5-41所示。

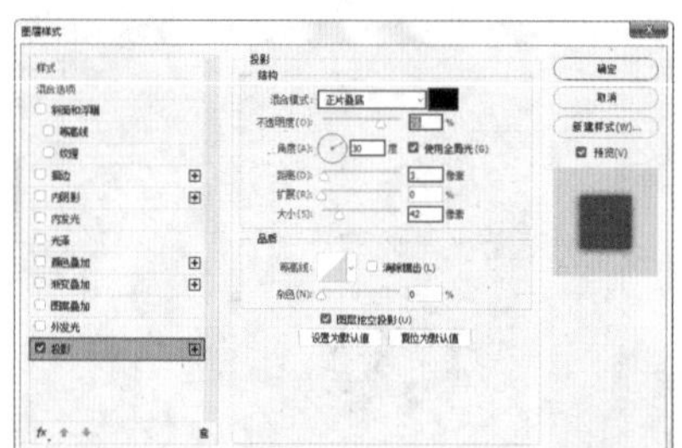

图5-40

图5-41

09 置入前景装饰素材“2.jpg”并将其栅格化，如图5-42所示。在该图层上单击鼠标右键，在弹出的快捷菜单中选择“创建剪贴蒙版”命令，设置该图层混合模式为“正片叠底”，如图5-43所示。

图5-42

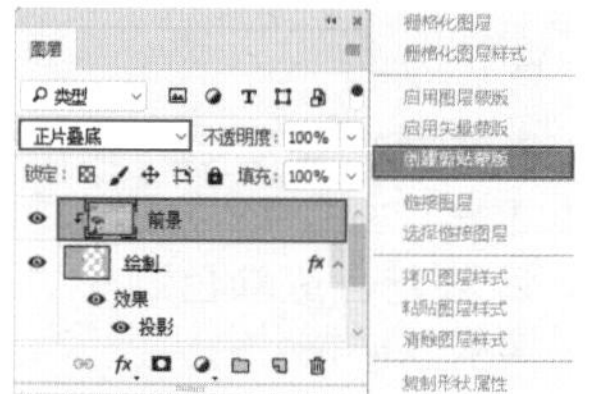

图5-43

10 最终效果如图5-44所示。

图5-44

5.2.5 自由钢笔工具

- 视频精讲：Photoshop新手学视频精讲课堂\61.自由钢笔工具的使用.flv
- 技术速查：自由钢笔工具可以像用铅笔在纸上绘图一样绘制随意的图形。

单击工具箱中的“自由钢笔工具”按钮，在画面中单击确定起点，然后按住鼠标左键移动光标的位置，经过的区域会自动添加锚点形成路径，如图5-45所示。在工具选项栏中单击按钮，在弹出的窗口中可以看到“曲线拟合”选项，该数值用于控制绘制路径的精度。数值越小，得到的路径上锚点越多，越接近绘制效果。数值越大，路径上的锚点越少，得到的路径与光标移动的轨迹相差越大，但是路径也越平滑，如图5-46所示。

图5-45　图5-46

5.2.6 磁性钢笔工具

- 技术速查：磁性钢笔工具可以像使用磁性套索工具一样以颜色的差异快速勾勒出对象的轮廓路径。

在自由钢笔工具的选项栏中有一个“磁性的”选项，选中该复选框，自由钢笔工具将切换为磁性套索工具，将光标定位到对象轮廓处单击确定路径的起点，然后沿对象轮廓拖动光标，Photoshop会自动捕捉具有颜色差异的轮廓而生成路径，如图5-47所示。在选项栏中单击按钮，打开磁性钢笔工具的选项，这同时也是自由钢笔工具的选项，如图5-48所示。

- 宽度：是磁性钢笔工具所能捕捉的距离。
- 对比：是图像边缘的对比度。
- 频率：该值决定添加锚点的密度。

图5-47

图5-48

5.2.7 弯度钢笔工具

新版本中添加了“弯度钢笔工具”，使用“弯度钢笔工具”能够绘制出平滑、精准的曲线。

01 单击工具箱中的“弯度钢笔工具”，接着在画面中单击。如图5-49所示。接着移动到下一个位置单击。如图5-50所示。

图5—49

图5—50

02 接着移动光标位置（此时无须按住鼠标左键），此时会显示一段曲线。如图5-51所示。在曲线形态调整完成后，单击即可完成这段曲线的绘制，如图5-52所示。

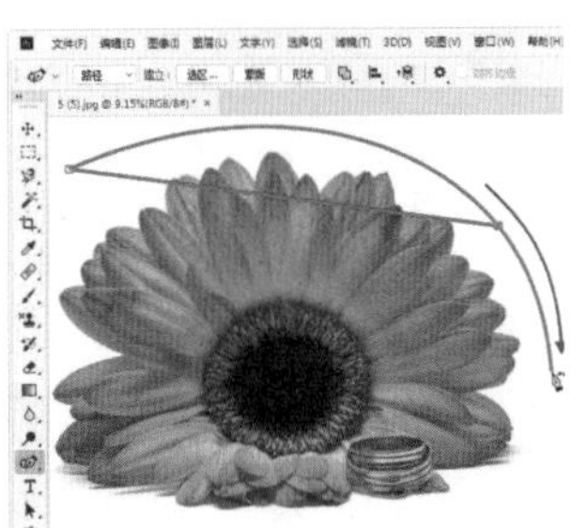

图5—51

图5—52

03 继续通过单击、移动光标位置绘制曲线。如果要绘制一段开放的路径，可以按一下Esc 键终止路径的绘制。如图5-53和图5-54所示。

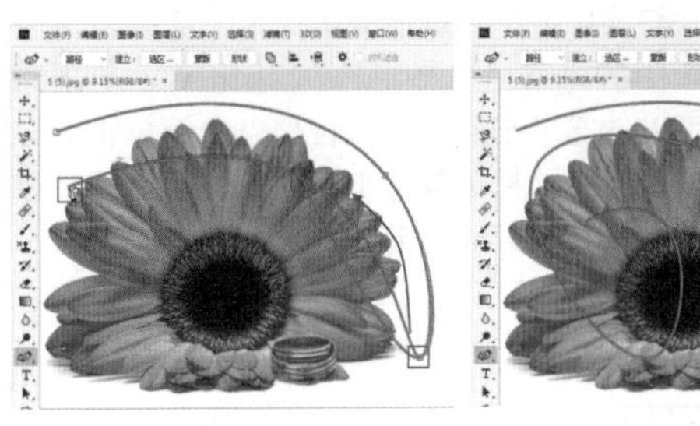

图5—53　　图5—54

04 使用“弯度钢笔工具”绘制曲线的过程中，在锚点处按住Alt键单击，即可绘制角点。如图5-55所示。

图5—55

05 在光标锚点处，按住鼠标左键拖拽可以移动锚点的位置。如图5-56和图5-57所示。单击一个锚点，按一下键盘上的Delete键即可删除。

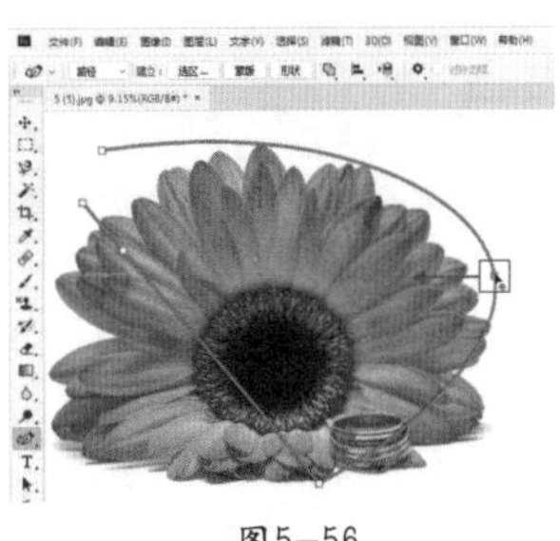

图5—56

图5—57

5.3 调整路径形态

从前面的讲解中可以了解到路径是由锚点构成的，调整路径的形态归根结底就是调整锚点的位置及状态。本节将介绍多种用于调整路径和锚点的工具，掌握了这些工具的使用，可以更加容易地创造出复杂的路径或图形，如图5-58所示。

图5—58

5.3.1 选择并移动路径

● 技术速查：路径选择工具可用于选择单个或多个路径。

单击工具箱中的“路径选择工具”按钮，单击路径上的任意位置可以选择单个的路径。按住Shift键单击可以选择多个路径。使用路径选择工具选中对象后，可以按住鼠标左键并拖动光标，即可对路径进行移动，如图5-59和图5-60所示。

图5-59

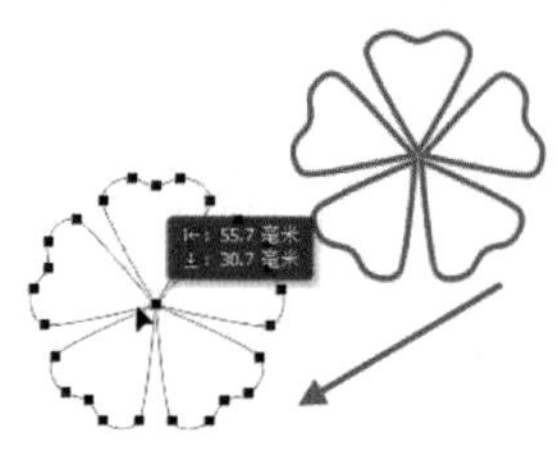

图5-60

选中多个对象后可以在选项栏中进行计算、对齐、分布、排列等操作。如果选中的是形状对象，那么还可以直接在选项栏中修改填充、描边以及尺寸。其选项栏如图5-61所示。

● 路径操作：选择两个或多个路径时，在工具选项栏中单击“运算”按钮，会产生相应的交叉结果。

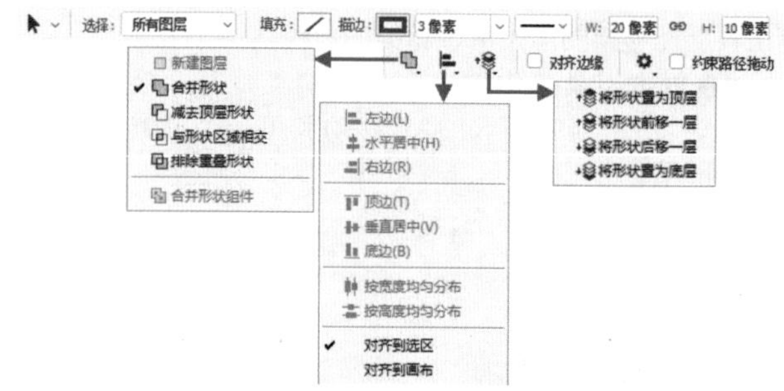

图5-61

● 路径对齐方式：使用路径选择工具选择多个路径，在选项栏中单击“路径对齐方式”按钮，在弹出的菜单中可以对所选路径进行对齐、分布。

● 路径排列方法：当文件中包含多个路径时，选择路径，单击选项栏中的“路径排列方法”按钮，在下拉列表中单击并执行相关命令。可以将选中路径的层级关系进行相应的排列。

技巧提示

按住Ctrl键并单击可以将当前工具转换为直接选择工具。

5.3.2 选择并移动锚点

● 技术速查：直接选择工具主要用来选择路径上的单个或多个锚点，可以移动锚点、调整方向线。

使用直接选择工具单击可以选中其中某一个锚点，如图5-62所示。框选可以选中多个锚点，按住Shift键并单击可以选择多个锚点，按住Ctrl键并单击可以将当前工具转换为路径选择工具，如图5-63所示。

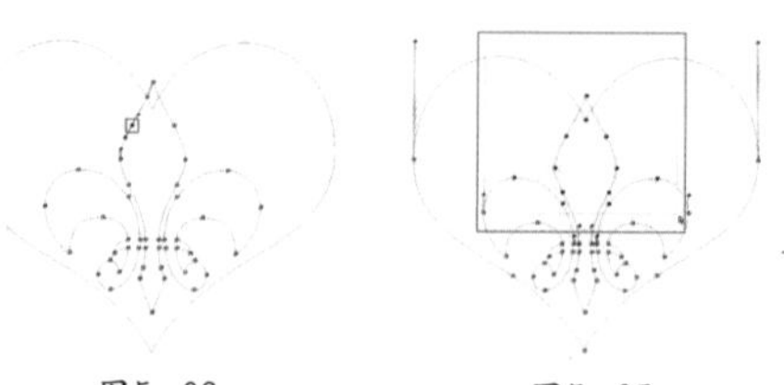

图5-62　　图5-63

5.3.3 为路径添加锚点

使用添加锚点工具可以直接在路径上添加锚点。或者在使用钢笔工具的状态下，将光标放在路径上，光标变成形状，在路径上单击也可添加一个锚点，如图5-64所示。

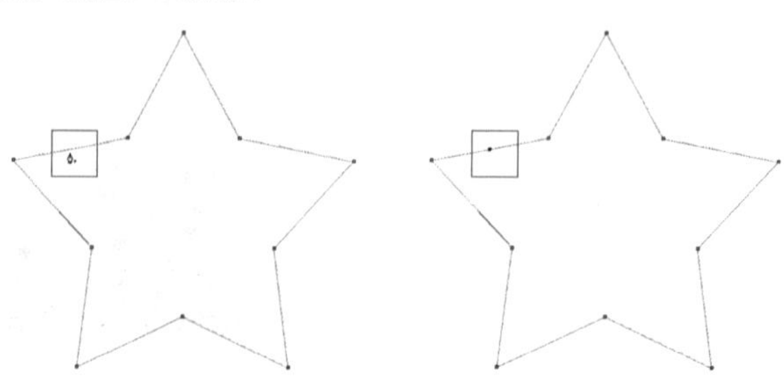

图5-64

5.3.4 删除路径上的锚点

使用删除锚点工具可以删除路径上的锚点。将光标放在锚点上，如图5-65所示，当光标变成形状时，单击即可删除锚点，如图5-66所示。或者在使用钢笔工具的状态下直接将光标移动到锚点上，光标也会变为形状。

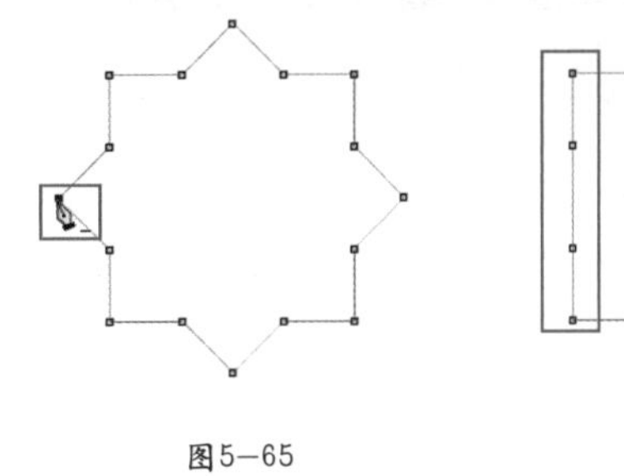
图5—65

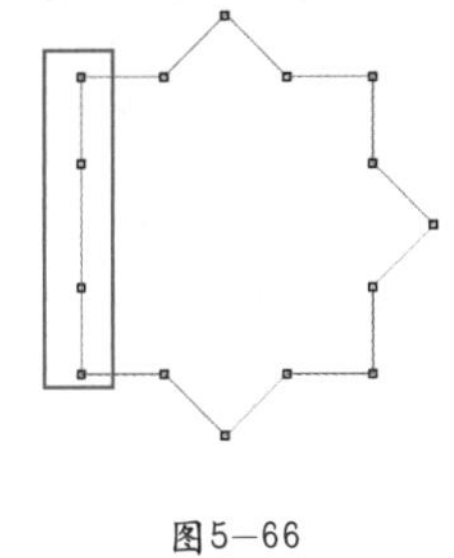
图5—66

5.3.5 使用转换点工具调整路径弧度

技术速查：转换点工具主要用来转换锚点的类型。

01 在角点上单击，可以将角点转换为平滑点，如图5-67和图5-68所示。
02 在平滑点上单击，可以将平滑点转换为角点，如图5-69和图5-70所示。

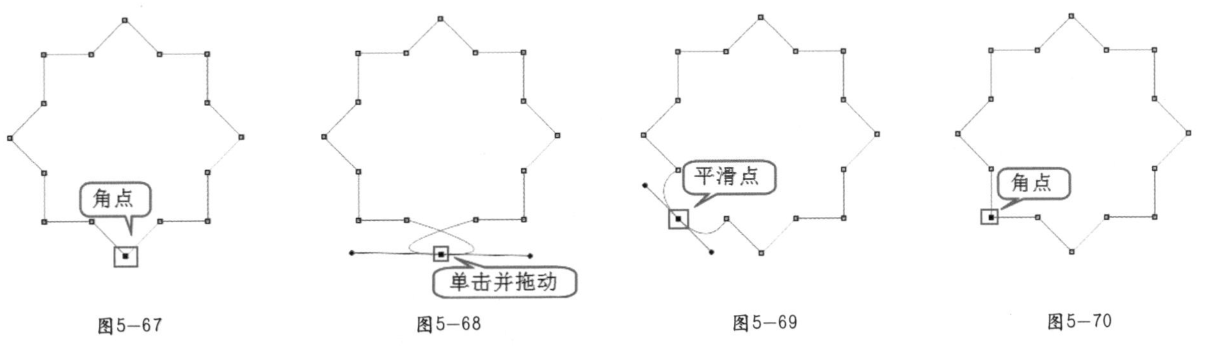

图5—67　图5—68　图5—69　图5—70

☆ 视频课堂——使用钢笔工具抠图合成

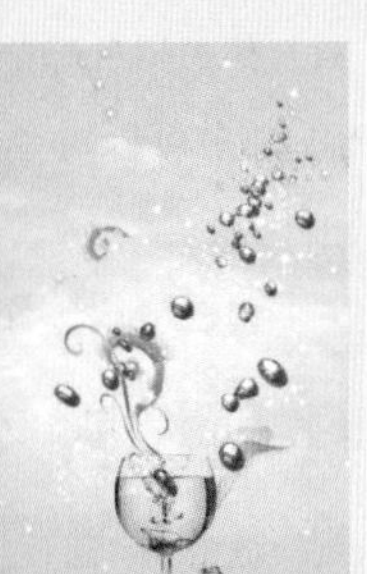

扫码看视频

案例文件\第5章\视频课堂——使用钢笔工具抠图合成.psd
视频文件\第5章\视频课堂——使用钢笔工具抠图合成.flv
思路解析：

01 打开人像素材，使用钢笔工具绘制需要保留的人像部分的路径。
02 将路径转换为选区。
03 以人像选区为人像图层添加图层蒙版，使背景隐藏。
04 置入新的前景\背景素材。

5.4 使用形状工具

视频精讲：Photoshop新手学视频精讲课堂\62.使用形状工具.flv

Photoshop中包含多种形状工具，如矩形工具▣、圆角矩形工具▣、椭圆工具▣、多边形工具▣、直线工具▣和自定形状工具▣，如图5-71所示。

图5—71

5.4.1 矩形工具

技术速查：矩形工具的使用方法与矩形选框工具类似，可以绘制出正方形和矩形。

使用矩形工具▣绘制时，按住Shift键可以绘制出正方形；按住Alt键，可以以鼠标单击点为中心绘制矩形；按住Shift+Alt快捷键，可以以鼠标单击点为中心绘制正方形，在选项栏中单击▣按钮，打开矩形工具的设置选项，如图5-72和图5-73所示。

图5—72

图5—73

- 不受约束：选中该单选按钮，可以绘制出任何大小的矩形。
- 方形：选中该单选按钮，可以绘制出任何大小的正方形。
- 固定大小：选中该单选按钮后，可以在其后面的输入框中输入宽度（W）和高度（H），然后在图像上单击即可创建出矩形。
- 比例：选中该单选按钮后，可以在其后面的输入框中输入宽度（W）和高度（H）比例，此后创建的矩形始终保持这个比例。
- 从中心：以任何方式创建矩形时，选中该复选框，鼠标单击点即为矩形的中心。

5.4.2 圆角矩形工具

技术速查：圆角矩形工具可以创建出具有圆角效果的矩形，其创建方法与选项和矩形完全相同。

单击“圆角矩形工具”按钮▣，在选项栏中可以对“半径”进行设置，“半径”选项用来设置圆角的半径，数值越大，圆角越大，如图5-74和图5-75所示。

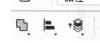

图5—74

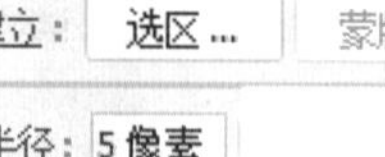

图5—75

5.4.3 椭圆工具

技术速查：使用椭圆工具可以创建出椭圆和圆形。

如果要使用椭圆工具▣创建椭圆，可以拖曳鼠标进行创建。如果要创建圆形，可以按住Shift键或Shift+Alt快捷键（以鼠标单击点为中心）进行创建，如图5-76所示。

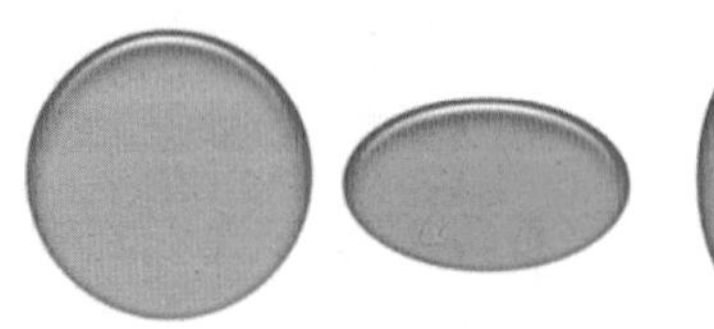

图5—76

5.4.4 多边形工具

技术速查：使用多边形工具可以创建出正多边形和星形。

单击工具箱中的“多边形工具” 按钮，在选项栏中可以设置边数（最少为3条边），单击按钮，可以对多边形的更多参数进行设置，如图5-77所示。不同的参数设置可以制作出多边形、星形、花朵形，如图5-78所示。

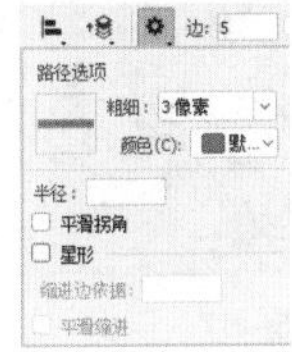

图5—77

图5—78

- 边：设置多边形的边数，设置为3时，可以创建出正三角形；设置为4时，可以绘制出正方形；设置为5时，可以绘制出正五边形，如图5-79所示。

边数为3

边数为4

边数为5

图5—79

- 半径：用于设置多边形或星形的半径长度（单位为cm），设置好半径后，在画面中拖曳鼠标，即可创建出相应半径的多边形或星形。
- 平滑拐角：选中该复选框后，可以创建出具有平滑拐角效果的多边形或星形，如图5-80所示。

图5—80

- 星形：选中该复选框后，可以创建星形。下面的“缩进边依据”选项主要用来设置星形边缘向中心缩进的百分比，数值越大，缩进量越大。如图5-81所示分别是20%、50%和80%的缩进效果。

缩进边依据：20%　缩进边依据：50%　缩进边依据：80%

图5—81

- 平滑缩进：选中该复选框后，可以使星形的每条边向中心平滑缩进，如图5-82所示。

图5—82

5.4.5 直线工具

技术速查：使用直线工具可以创建出直线和带有箭头的路径。

单击“直线工具” 按钮，在选项栏中单击按钮，可以进行宽度、长度、凹度、箭头的设置，如图5-83所示。效果如图5-84所示。

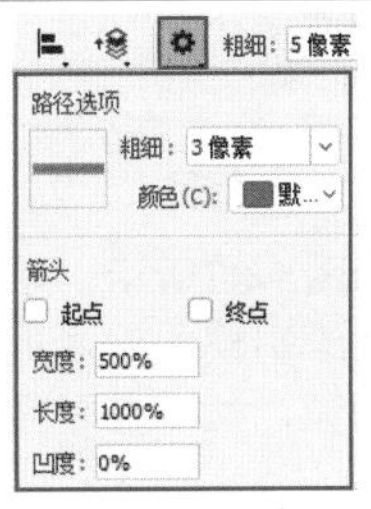

图5—83

图5—84

- 粗细：设置直线或箭头线的粗细，单位为“像素”。
- 起点/终点：选中“起点”复选框，可以在直线的起点处添加箭头；选中“终点”复选框，可以在直线的终点处添加箭头；选中“起点”和“终点”复选框，可以在两头都添加箭头。
- 宽度：用来设置箭头宽度与直线宽度的百分比，范围为10%~1000%。
- 长度：用来设置箭头长度与直线宽度的百分比，范围为10%~5000%。
- 凹度：用来设置箭头的凹陷程度，范围为 - 50%~50%。值为0时，箭头尾部平齐；值大于0时，箭头尾部向内凹陷；值小于0时，箭头尾部向外凸出。

5.4.6 自定形状工具

使用自定形状工具可以创建出非常多的形状，单击形状列表可以看到默认的形状；也可以通过在形状列表菜单中执行菜单命令，载入其他形状预设或载入外挂形状库，如图5-85所示。

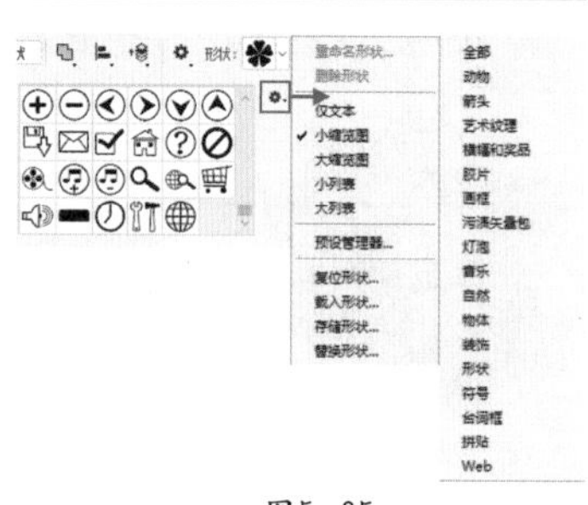

图5-85

★ 案例实战——使用形状工具制作夏日心情

案例文件	案例文件\第5章\使用形状工具制作夏日心情.psd
视频教学	视频文件\第5章\使用形状工具制作夏日心情.flv
难易指数	★★★★★
技术要点	椭圆工具、矩形工具、自定工具

案例效果

扫码看视频

本案例主要是使用椭圆工具制作夏日心情，效果如图5-86所示。

图5-86

操作步骤

01 新建文件，填充背景为蓝色，如图5-87所示。单击工具箱中的“椭圆工具”按钮，设置绘制模式为“形状”，“填充”颜色为绿色，“描边”为无，然后在画面中绘制较大的绿色椭圆，如图5-88所示。

图5-87

图5-88

02 置入前景人物照片素材并将其栅格化，使用椭圆选区工具在画面中绘制椭圆选区，如图5-89所示。以当前选区为人像图层添加图层蒙版，隐藏多余部分，如图5-90所示。

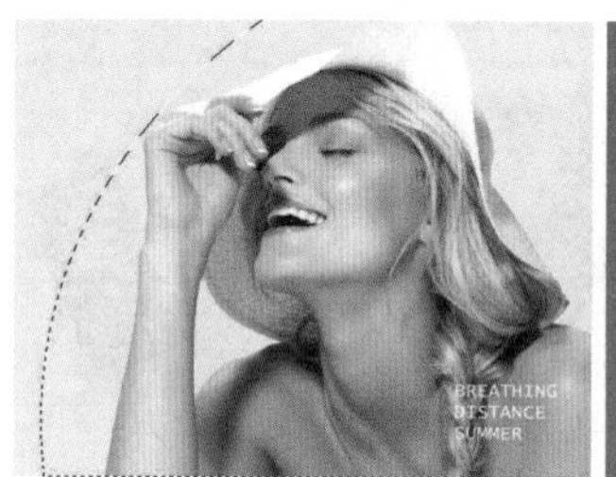

图5-89　　图5-90

03 继续使用椭圆工具，在画面中绘制绿色的椭圆，如图5-91所示。在选项栏中设置绘制模式为“减去顶层形状”，如图5-92所示。在画面中绘制较大的椭圆，效果如图5-93所示。

图5-91

图5-92

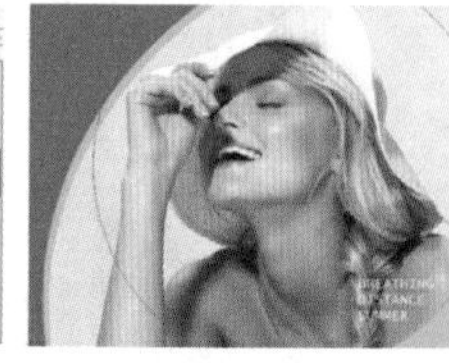

图5-93

04 使用同样方法制作右下角的蓝色底边，如图5-94所示。

图5-94

05 设置绘制模式为“形状”，“填充”为白色，“描边”颜色为绿色，“描边大小”为3点，“样式”为直线，如图5-95所示。在画面中按住Shift键绘制正圆形状，如图5-96所示。

图5-95

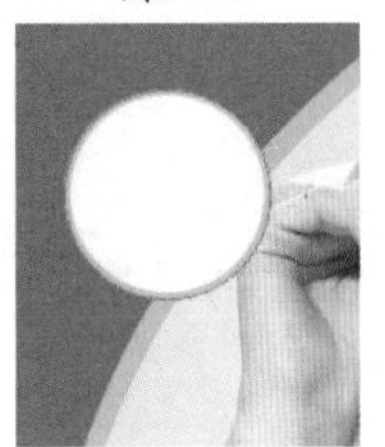

图5-96

06 复制圆形并更改颜色，适当缩放摆放在顶部。继续使用自定形状工具，选择一个多角星形，绘制并摆放在底部。使用矩形工具绘制横向的矩形分割线，如图5-97所示。输入文字，效果如图5-98所示。

图5-97　图5-98

5.5 路径的基本操作

● 视频精讲：Photoshop新手学视频精讲课堂\63.路径的编辑操作.flv

在Photoshop中，路径并不只用作矢量绘图，还可以进行变换、定义为形状、建立选区、描边等操作，并且路径也可以像选区运算一样进行“运算”。如图5-99所示为使用到矢量工具制作的作品。

图5-99

5.5.1 路径的运算

创建多个路径或形状时，可以在工具选项栏中单击相应的运算按钮，设置子路径的重叠区域会产生什么样的交叉结果，如图5-100所示。下面通过一个形状来讲解路径的运算方法。如图5-101和图5-102所示为即将进行运算的两个图形。

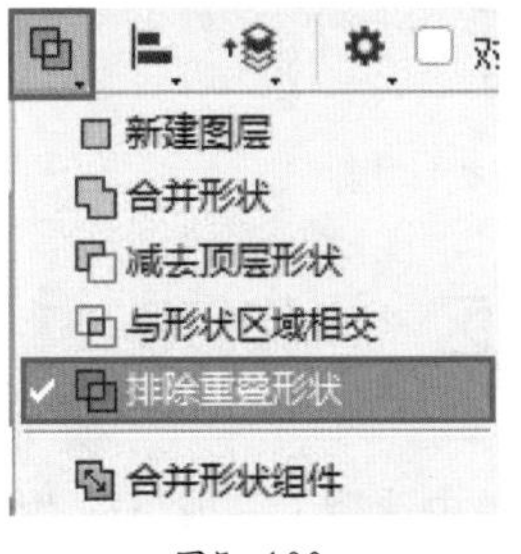

图5-100

图5-101

图5-102

- 合并形状：单击该按钮，新绘制的图形将添加到原有的图形中，如图5-103所示。
- 减去顶层形状：单击该按钮，可以从原有的图形中减去新绘制的图形，如图5-104所示。
- 与形状区域相交：单击该按钮，可以得到新图形与原有图形的交叉区域，如图5-105所示。
- 排除重叠形状：单击该按钮，可以得到新图形与原有图形重叠部分以外的区域，如图5-106所示。

图5-103

图5-104

图5-105

图5-106

5.5.2 变换路径

在"路径"面板中选择路径，然后执行"编辑">"变换路径"菜单下的命令，即可对其进行相应的变换。或单击鼠标右键，在弹出的快捷菜单中选择"自由变换路径"命令。变换路径与变换图像的方法完全相同，这里不再进行重复讲解，如图5-107所示。

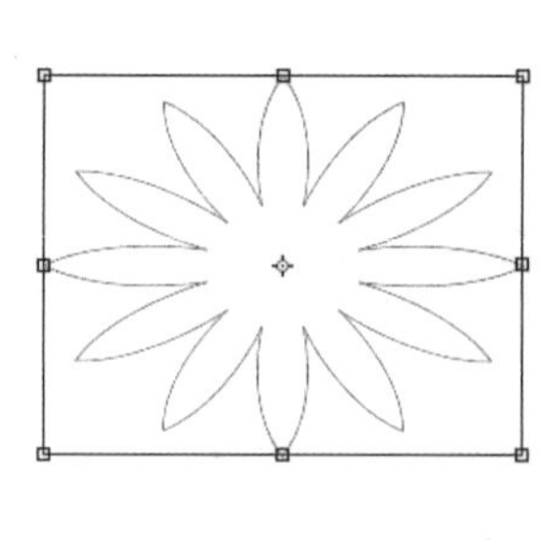

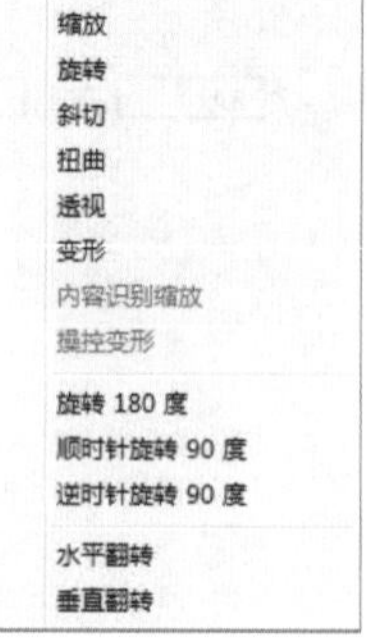

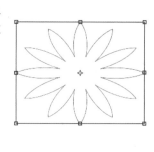

图5—107

5.5.3 动手学：载入外挂形状库

如果需要载入"*.csh"格式的形状库素材文件，可以执行"编辑">"预设">"预设管理器"命令，打开"预设管理器"窗口，在"预设类型"下拉列表中选择"自定形状"选项，如图5-108所示。单击"载入"按钮，载入"*.csh"格式的形状库素材文件即可，如图5-109所示。

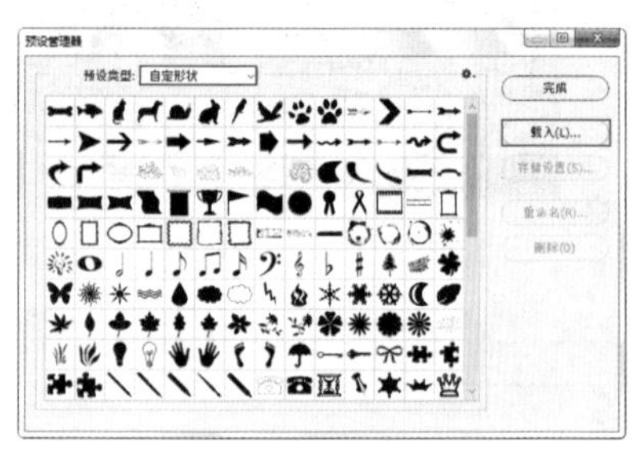

图5—108

图5—109

单击工具箱中的"自定形状工具"按钮，在选项栏中单击打开形状列表，即可看到载入的形状，如图5-110所示。

图5—110

5.5.4 动手学：将路径转换为选区

将路径转换为选区的方式如下。

01 在路径上单击鼠标右键，在弹出的快捷菜单中选择"建立选区"命令，在弹出的"建立选区"对话框中可以设置羽化半径以及选区的运算方式，如图5-111和图5-112所示。

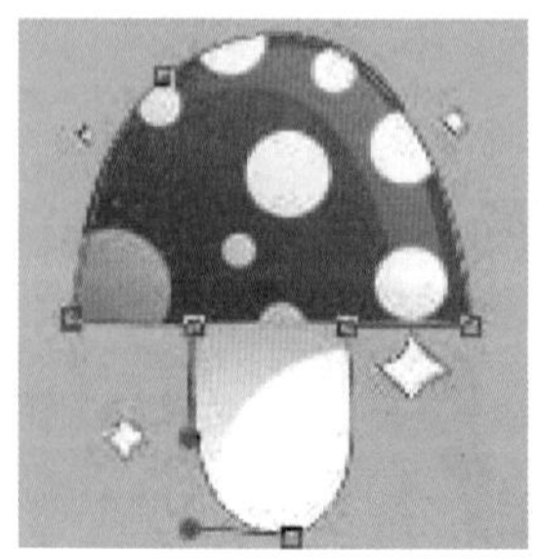

图5—111

图5—112

02 按住Ctrl键在"路径"面板中单击路径的缩览图，或单击"将路径作为选区载入"按钮，如图5-113所示。也可以使用快捷键，按Ctrl+Enter快捷键将路径转换为选区，如图5-114所示。

图5—113

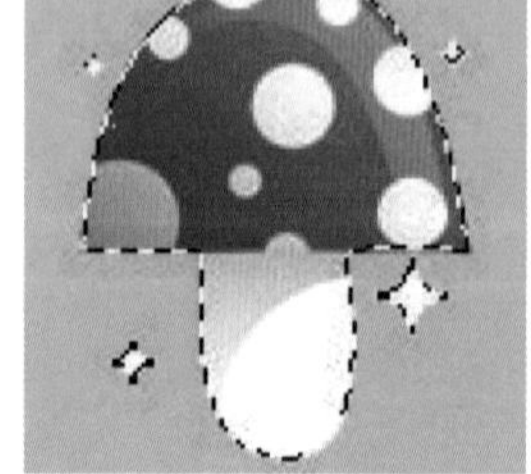

图5—114

☆ 视频课堂——制作演唱会海报

扫码看视频

案例文件\第5章\视频课堂——制作演唱会海报.psd
视频文件\第5章\视频课堂——制作演唱会海报.flv

思路解析：

01 打开背景素材，置入人像素材。

02 使用钢笔工具为人像素材去除背景。

03 使用钢笔工具、多边形工具绘制出底部形状，并填充合适颜色。

04 输入文字并添加图层样式。

★ 综合实战——趣味混合插画

案例文件	案例文件\第5章\趣味混合插画.psd
视频教学	视频文件\第5章\趣味混合插画.flv
难易指数	★★★★★
技术要点	钢笔工具、转换为选区

案例效果

扫码看视频

本案例主要使用钢笔工具和转换为选区等命令制作趣味混合插画，如图5-115所示。

操作步骤

01 新建空白文件，使用渐变工具绘制绿色系径向渐变作为背景色，效果如图5-116所示。

图5-115

图5-116

02 置入人像素材“1.jpg”，将其栅格化并置于画面左侧，如图5-117所示。单击图层面板底部的“添加图层蒙版”按钮，为其添加图层蒙版，使用黑色柔边圆画笔绘制合适的区域使背景隐藏，如图5-118所示。效果如图5-119所示。

图5-117

图5-118

图5-119

03 复制人像图层置于“图层”面板顶部，在蒙版中使用白色画笔工具绘制人像的头发区域，使用黑色涂抹头发以外的部分，设置图层混合模式为“变暗”，如图5-120所示。此时头发部分融合到背景中，效果如图5-121所示。

图5-120

图5-121

04 新建图层，单击工具箱中的“钢笔工具”按钮，在合适位置绘制一个花纹的闭合路径，如图5-122所示。

05 按Ctrl+Enter快捷键将路径转换为选区，单击工具箱中的“渐变工具”按钮，为其填充粉色系的渐变色，如图5-123所示。

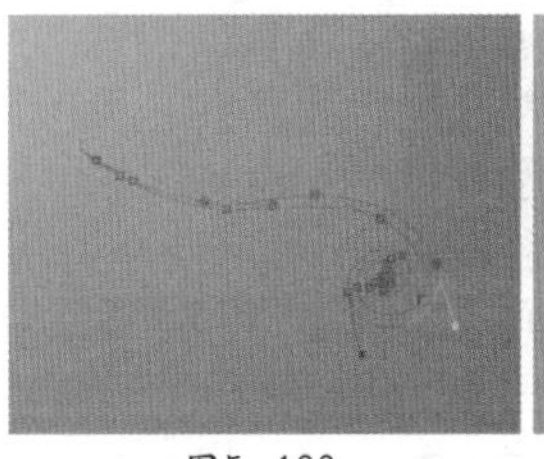

图5-122

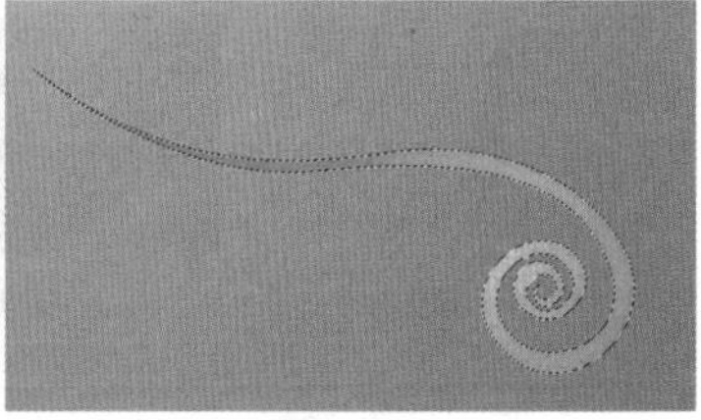

图5-123

06 执行“图层”>“图层样式”>“外发光”命令，设置“混合模式”为“正常”，“不透明度”为75%，颜色为黄色，“方法”为“柔和”，“扩展”为0，“大小”为7像素，如图5-124所示。效果如图5-125所示。

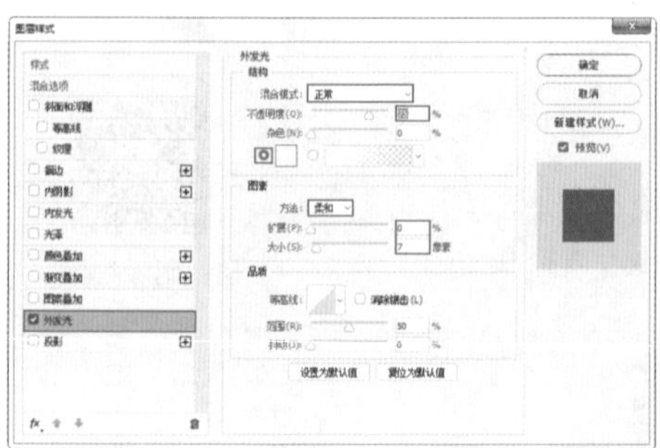

图5—124

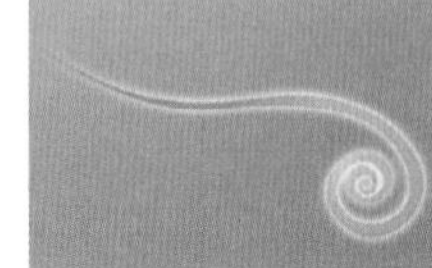

图5—125

07 使用同样的方法绘制另外一个图形，如图5-126所示。复制一层，去除图层样式并将颜色调整为棕色，如图5-127所示。

图5—126　　图5—127

08 继续使用钢笔工具在花纹上绘制多个封闭路径，如图5-128所示。按Ctrl+Enter快捷键将其转换为选区后为其添加图层蒙版，使花纹表白呈现出条纹效果，如图5-129所示。

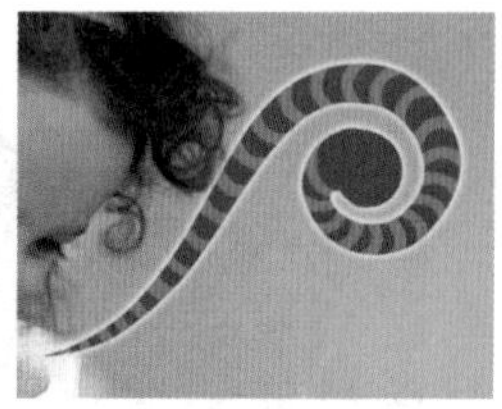

图5—128　　图5—129

09 为条纹部分添加内发光以及渐变叠加的样式，增强花纹体积感，如图5-130所示。使用同样的方法绘制其他的花纹，并摆放在花朵附近，如图5-131所示。

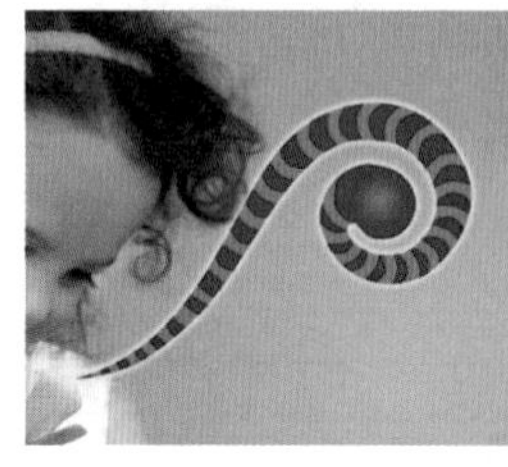

图5—130　　图5—131

10 进一步绘制更多的花纹，并摆放在画面中其他位置，如图5-132所示。最后置入前景素材“2.png”，将其栅格化并置于画面中合适位置，效果如图5-133所示。

图5—132　　图5—133

课后练习

【课后练习——使用画笔与钢笔工具制作飘逸头饰】

思路解析：本案例通过使用钢笔描边制作出平滑曲线，然后将曲线定义为画笔，并再次进行画笔描边制作出飘逸的头饰。

扫码看视频

1.jpg

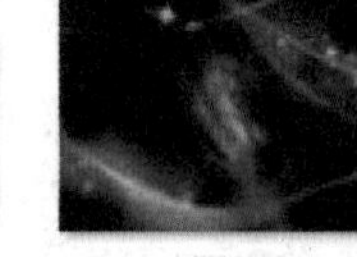

2.jpg

3.png

4.png

本章小结

钢笔工具是Photoshop中最具代表性的矢量工具，也是Photoshop中最为常用的工具之一。钢笔工具不仅仅用于形状的绘制，而且用于复制精确选区的制作，从而实现“抠图”的目的。所以为了更快、更好地使用钢笔工具，熟记路径编辑工具的快捷键切换方式是非常有必要的。

第6章

编辑与应用文字

本章内容简介：

文字工具不只应用于排版方面，在数码照片处理中也占有非常重要的地位。Photoshop中的文字工具由基于矢量的文字轮廓组成，所以文字也具有部分矢量图形所特有的属性，例如对已有的文字对象进行编辑时，可以任意缩放文字或调整文字大小都不会产生锯齿现象。

本章学习要点：

- 掌握文字工具的使用方法
- 掌握路径文字与变形文字的制作
- 掌握段落版式的设置方法
- 掌握文字特效制作思路与技巧

6.1 使用文字工具

● 视频精讲：Photoshop新手学视频精讲课堂\59.文字的创建、编辑与使用.flv

Photoshop提供了4种创建文字的工具。横排文字工具T和直排文字工具IT主要用来创建点文字、段落文字和路径文字，如图6-1所示。横排文字蒙版工具T和直排文字蒙版工具IT主要用来创建文字选区，如图6-2所示。

图6—1

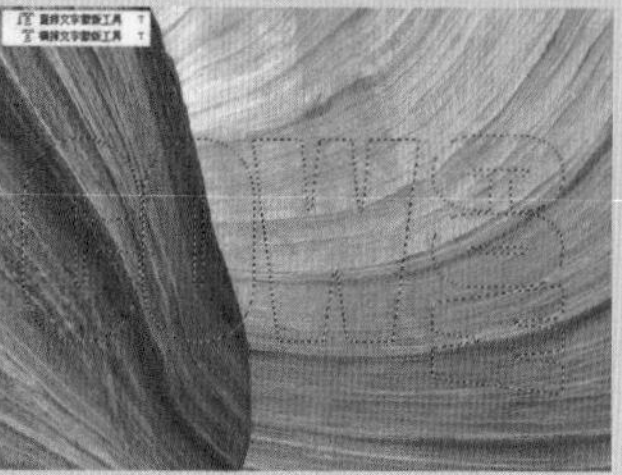

图6—2

6.1.1 认识文字工具

在Photoshop的文字工具组中包括两种文字的工具，分别是横排文字工具T和直排文字工具IT。横排文字工具可以用来输入横向排列的文字，直排文字工具可以用来输入竖向排列的文字，如图6-3和图6-4所示。

图6—3

图6—4

两种文字工具的使用方法都比较简单，单击某一种文字工具，在选项栏中可以设置字体、样式、大小、颜色和对齐方式等参数。设置完毕后，在画面中单击即可输入点文字；也可以单击并拖动绘制出文本框，并在其中输入段落文字。其选项栏如图6-5所示。

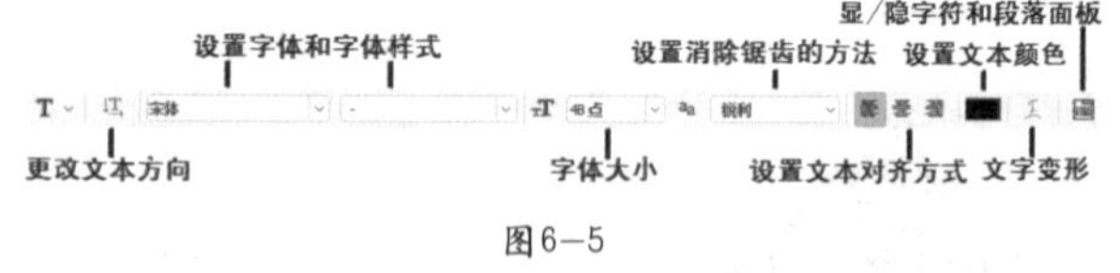

图6—5

答疑解惑：如何为Photoshop添加其他的字体？

在实际工作中，为了达到特殊效果，经常需要使用到各种各样的字体，这时就需要用户自己安装额外的字体。Photoshop中所使用的字体其实是调用操作系统中的系统字体，所以用户只需要把字体文件安装在操作系统的字体文件夹下即可。目前比较常用的字体安装方法基本上有以下几种。

- 光盘安装：打开光驱，放入字体光盘，光盘会自动运行安装字体程序，选中需要安装的字体，按照提示即可安装到指定目录下。
- 自动安装：很多时候我们使用到的字体文件是EXE格式的可执行文件，这种字库文件安装比较简单，双击运行并按照提示进行操作即可。
- 手动安装：当遇到没有自动安装程序的字体文件时，需要执行“开始”>“设置”>“控制面板”命令，打开控制面板，然后双击“字体”项目，接着将外部的字体复制到打开的“字体”文件夹中。

  安装好字体以后，重新启动Photoshop就可以在选项栏中的字体系列中查找到安装的字体。

6.1.2 动手学：使用文字蒙版工具

● 技术速查：使用文字蒙版工具可以创建文字选区。

01 工具箱中的文字蒙版工具组包括横排文字蒙版工具T和直排文字蒙版工具IT两种。使用文字蒙版工具在画面中单击，画面会被蒙上半透明的红色蒙版，然后输入文字，文字的部分不具有红色蒙版，如图6-6所示。在选项栏中单击“提交当前编辑”按钮✓后，文字将以选区的形式出现，如图6-7所示。

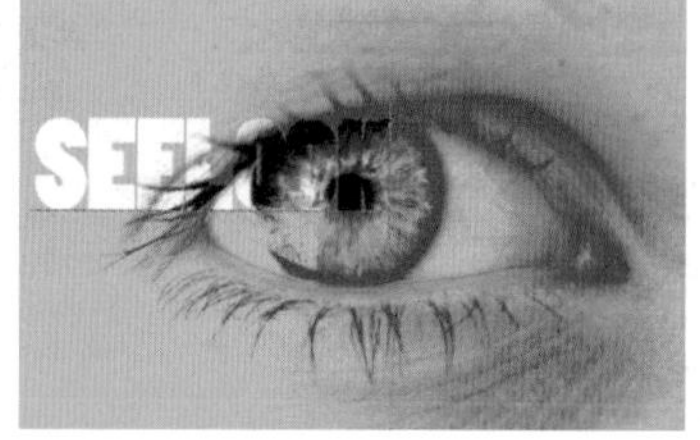

图6—6

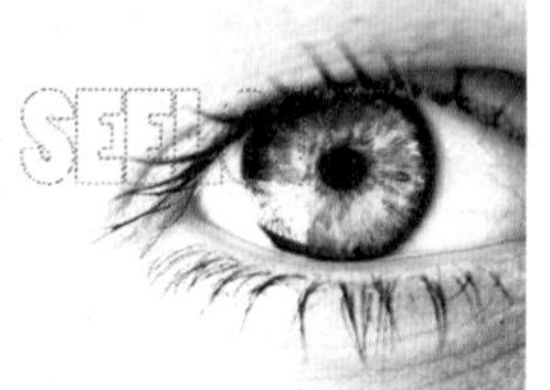

图6—7

02 在得到文字的选区后，可以填充前景色、背景色以及渐变色等，如图6-8所示。

03 在使用文字蒙版工具输入文字，且鼠标移动到文字以外区域时，光标会变为移动状态，这时单击并拖曳可以移动文字蒙版的位置，如图6-9所示。

图6—8

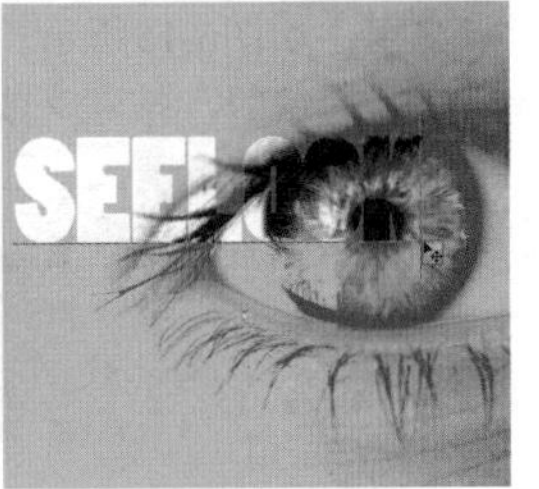

图6—9

04 按住Ctrl键，文字蒙版四周会出现类似自由变换的定界框，可以对该文字蒙版进行移动、旋转、缩放、斜切等操作。如图6-10~图6-12所示分别为旋转、缩放和斜切效果。

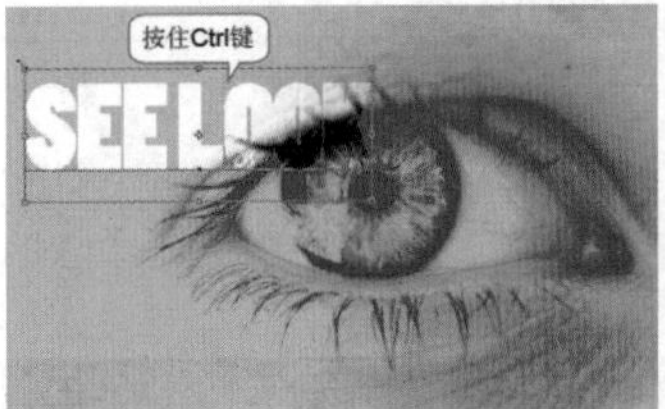

图6—10

图6—11

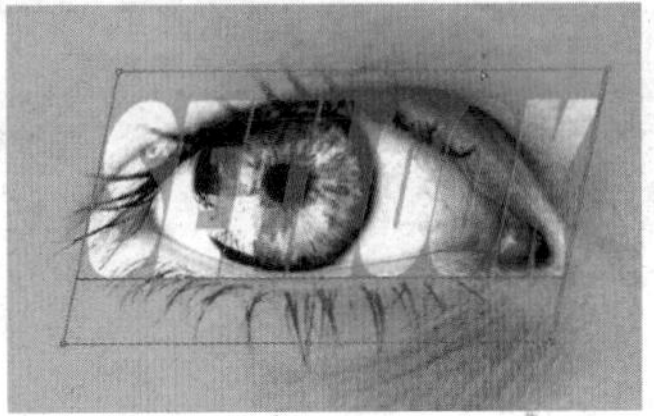

图6—12

☆ 视频课堂——使用文字蒙版工具制作公益海报

案例文件\第6章\视频课堂——使用文字蒙版工具制作公益海报.psd
视频文件\第6章\视频课堂——使用文字蒙版工具制作公益海报.flv
思路解析：

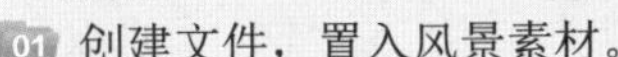

01 创建文件，置入风景素材。
02 使用文字蒙版工具，在画面中输入文字，并设置合适的属性参数。

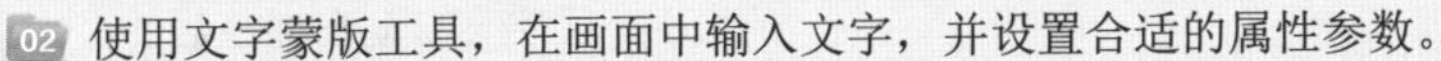

03 退出文字蒙版状态，得到文字选区。
04 以文字选区为照片添加图层蒙版，使多余部分隐藏。

扫码看视频

6.2 创建不同类型的文字

在商业数码照片后期设计中经常会使用到多种类型的文字，如标题文字、引导语、正文文字等。在Photoshop中将文字分为几个类型：点文字、段落文字、路径文字和变形文字。如图6-13所示为一些包含多种文字类型的作品。

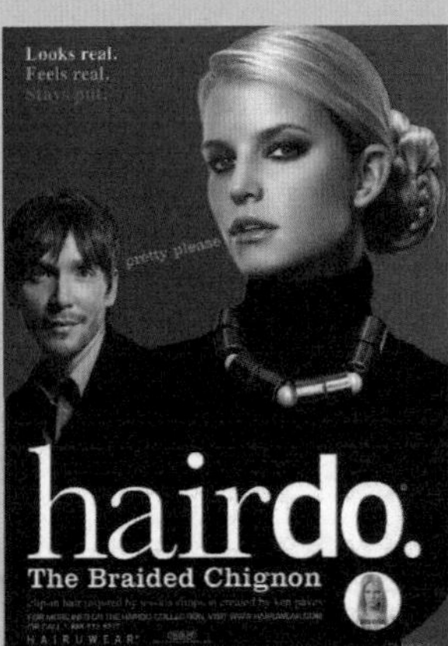

图6—13

6.2.1 动手学：创建点文字

技术速查：点文字是一个水平或垂直的文本行，每行文字都是独立的。行的长度随着文字的输入而不断增加，不会进行自动换行，需要手动使用Enter键进行换行，如图6-14所示。

图6－14

点文字的创建方法非常简单，使用工具箱中的横排文字工具T或直排文字工具IT，在选项栏中设置合适的字体、字号、对齐方式、颜色等属性，然后在画面中单击即可输入点文字，如图6-15所示。输入完成后单击选项栏中的“提交所有当前编辑”按钮✓或使用快捷键Ctrl+Enter即可完成操作，如图6-16所示。

图6－15

图6－16

6.2.2 动手学：创建段落文字

技术速查：段落文字由于具有自动换行、可调整文字区域大小等优势，所以常用于大量的文本排版中，如海报、画册等，如图6-17所示。

图6－17

01 单击工具箱中的“横排文字工具”按钮T，设置合适的字体及大小，在操作界面单击并拖曳创建出文本框，如图6-18所示。输入字符，完成后选择该文字图层，可以在“段落”面板中设置合适的对齐方式，如图6-19所示。

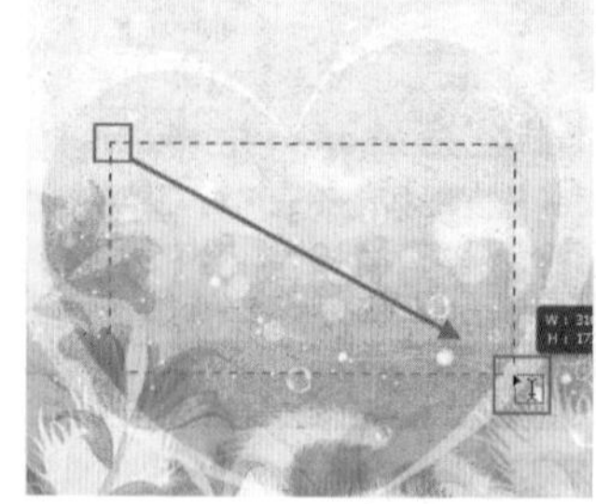

图6－18

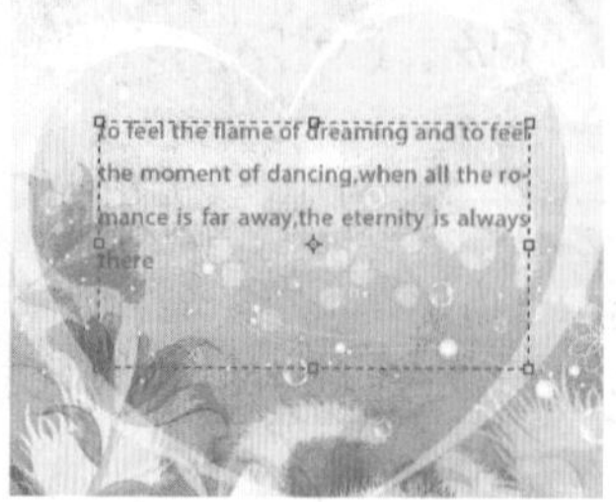

图6－19

02 创建段落文本以后，再次使用文字工具在段落文本中单击即可显示出定界框。可以根据实际需求来调整文本框的大小，文字会自动在调整后的文本框内重新排列。另外，调整文本框与“自由变换”有些相似，都可以进行移动、旋转、缩放和斜切等操作，如图6-20和图6-21所示。

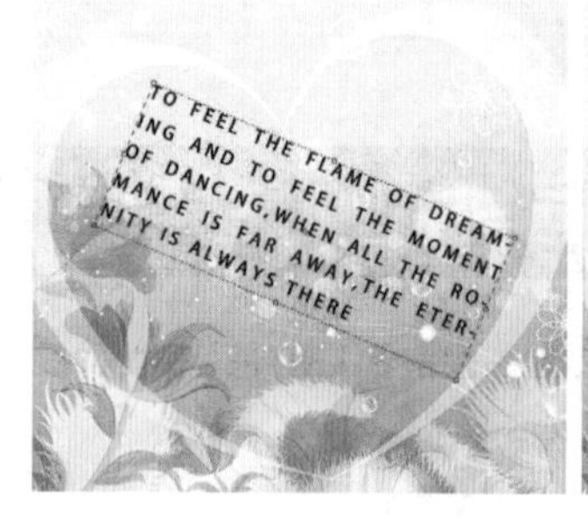

图6－20

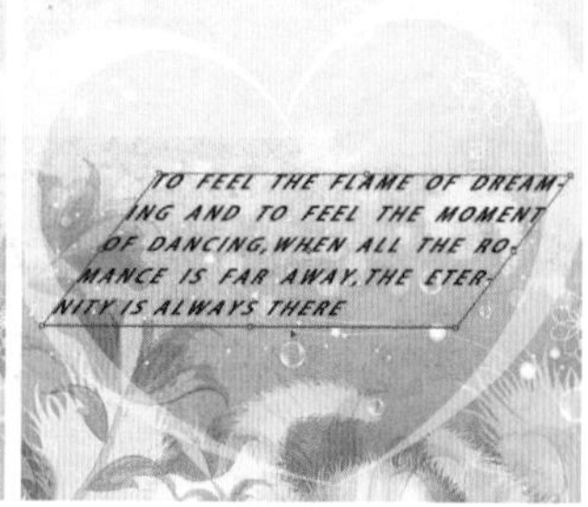

图6－21

03 当定界框较小而不能显示全部文字时，它右下角的控制点会变为⊞形状，如图6-22所示。

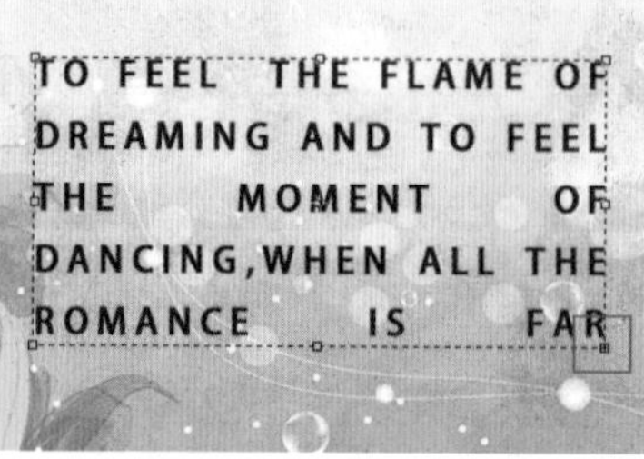

图6－22

★ 案例实战——为照片添加水印/文字信息

案例文件	案例文件/第6章/为照片添加水印/文字信息.psd
视频教学	视频文件/第6章/为照片添加水印/文字信息.flv
难易指数	★★★★★
技术要点	段落文字的使用

案例效果

扫码看视频

本案例将要介绍一种常用于包含一个主体物的图像中的水印制作方法，在操作上主要使用文字工具输入大量重复字符，降低透明度，并添加蒙版去除对主体物的影响。效果如图6-23所示。

操作步骤

01 按Ctrl+O快捷键，打开本书配套资源中的素材文件“1.jpg”，如图6-24所示。

图6-23

图6-24

技巧提示

随着互联网的普及，越来越多的网民喜欢将自己的数码照片、绘制的图形上传到互联网上，与朋友分享或是用于商业推广。但是由于图像文件在互联网上复制、传播非常快，就很容易造成图像未经许可肆意传播篡改等问题。为了保护自己的图片不被滥用，同时又起到标识图片的作用，可以在图片传到网上前给图片加上一些水印信息。添加水印的方法非常多，可以借助一些辅助软件，也可以使用Photoshop进行添加。当然，使用Photoshop添加水印的可操控性更强一些。

02 单击工具箱中的“横排文字工具”按钮 T，在选项栏中设置合适的字体，设置大小为15点，颜色为白色，然后在画面中单击并拖曳绘制出一个较大的段落文本框，如图6-25所示。

图6-25

03 在文本框中输入一组单词，如图6-26所示。然后框选这部分单词，多次复制填满文本框，如图6-27所示。

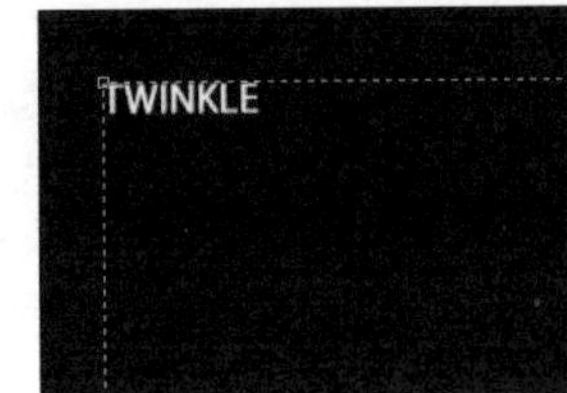

图6-26

图6-27

04 将光标定位到文本框的边界上，调整文本框大小，并继续输入更多文字，如图6-28所示。

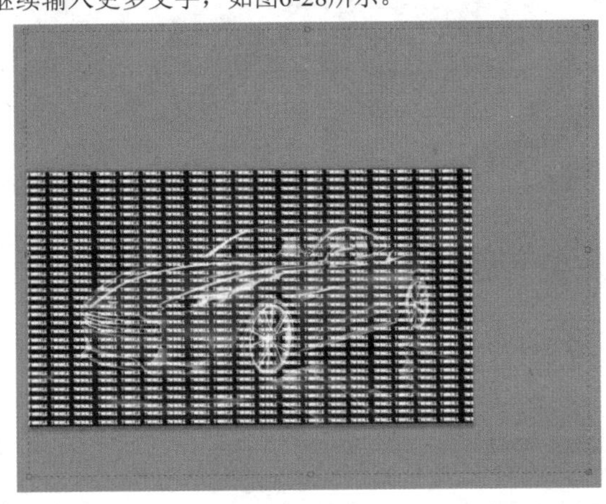
图6-28

05 使用自由变换工具快捷键Ctrl+T，调整文字角度位置。设置图层不透明度为10%，如图6-29和图6-30所示。

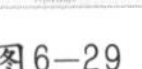
图6-29

图6-30

06 为文字图层添加图层蒙版，在图层蒙版中使用黑色画笔涂抹出主体物部分，如图6-31所示。此时，可以看到水印部分遍布背景区域，很难被轻易去除，并且对于观察主体物不受影响。最终效果如图6-32所示。

图6-31

图6-32

6.2.3 动手学：创建路径文字

技术速查：路径文字常用于制作走向不规则的文字行效果。

在Photoshop中为了制作路径文字需要先绘制路径，然后将文字工具指定到路径上，创建的文字会沿着路径排列。改变路径形状时，文字的排列方式也会随之发生改变。

01 使用钢笔工具在图像左下的位置沿盘子边缘绘制一段弧形路径，如图6-33所示。使用文字工具，将鼠标移动到路径的一端上，当光标变为形状时在路径上单击，确定路径文字的起点，如图6-34所示。

02 输入的文字会沿路径排列，如果发现字符显示不全，这时需要将鼠标移动到路径上并按住Ctrl键，光标变为形状时，单击并向路径的另一端拖曳，随着光标移动，字符会逐个显现出来，如图6-35和图6-36所示。

图6—33

图6—34

图6—35

图6—36

6.2.4 变形文字

技术速查：在Photoshop中，文字对象可以进行一系列内置的变形效果，通过这些变形操作可以在不栅格化文字图层的状态下制作多种变形文字，如图6-37所示。

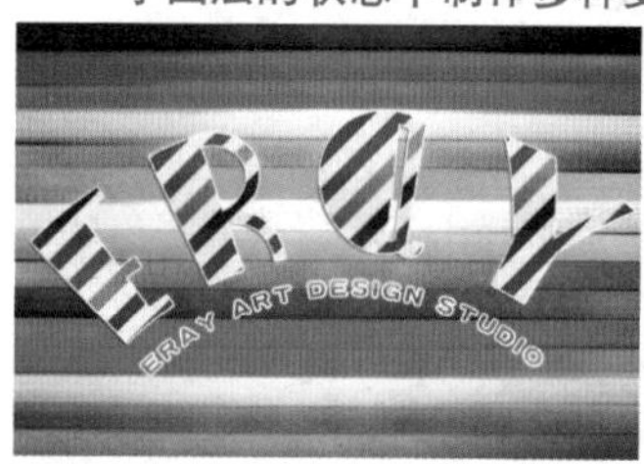

图6—37

输入文字以后，在文字工具的选项栏中单击“创建文字变形”按钮，打开“变形文字”对话框，在该对话框中可以选择变形文字的方式，如图6-38所示。这些变形文字的效果如图6-39所示。

图6—38

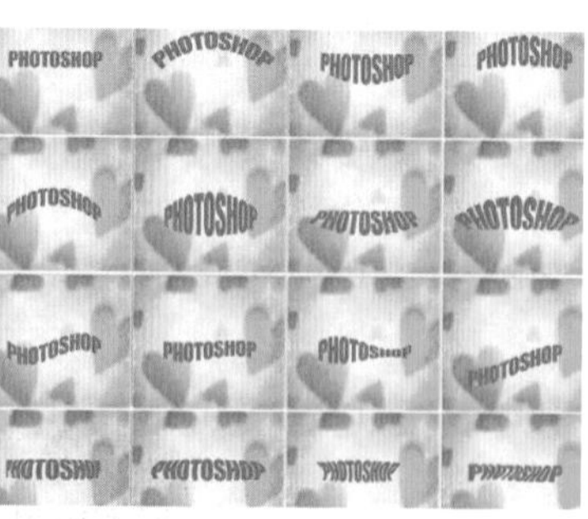
图6—39

创建变形文字后，可以调整其他参数选项来调整变形效果。每种样式都包含相同的参数选项，下面以“鱼形”样式为例来介绍变形文字的各项功能，如图6-40和图6-41所示。

图6—40

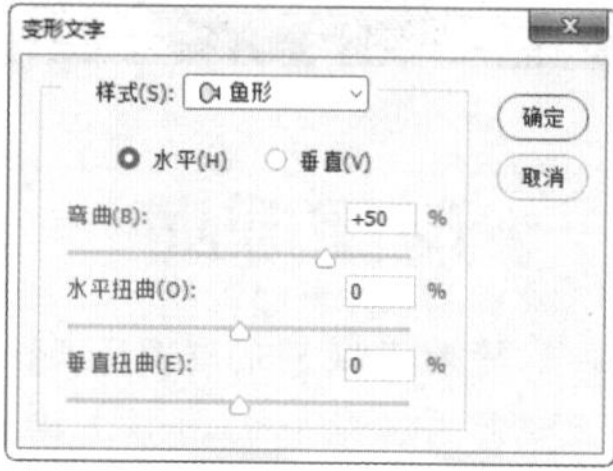

图6—41

水平/垂直：选中“水平”单选按钮时，文本扭曲的方向为水平方向；选中“垂直”单选按钮时，文本扭曲的方向为垂直方向。如图6-42和图6-43所示分别为水平扭曲和垂直扭曲效果。

图6—42

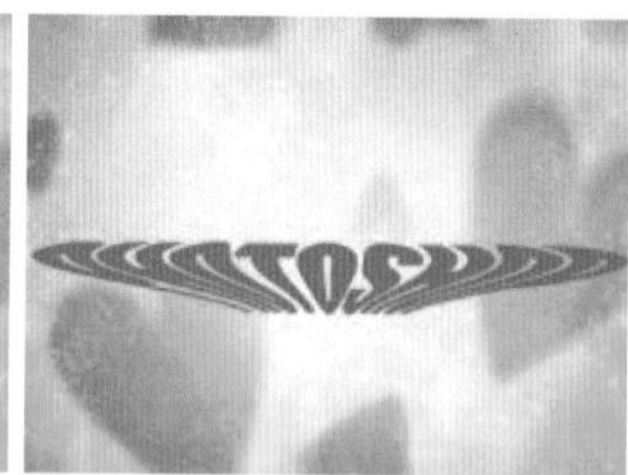
图6—43

弯曲：用来设置文本的弯曲程度。如图6-44和图6-45所示分别是“弯曲”为-50%和100%时的效果。

图6—44

图6—45

- **水平扭曲**：用来设置水平方向的透视扭曲变形的程度。如图6-46和图6-47所示分别是“水平扭曲”为-66%和86%时的扭曲效果。

图6-46　　图6-47

- **垂直扭曲**：用来设置垂直方向的透视扭曲变形的程度。如图6-48和图6-49所示分别是“垂直扭曲”为-60%和60%时的扭曲效果。

图6-48

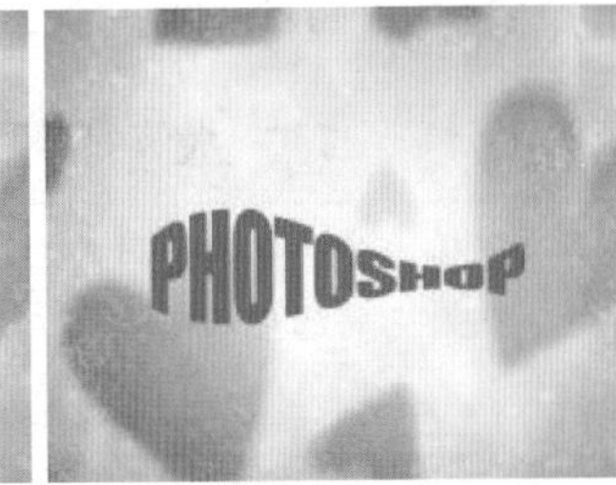

图6-49

6.3 编辑文本

在Photoshop中不仅可以对文字的大小写、颜色、行距等参数进行修改，还可以检查和更正拼写、查找和替换文本、更改文字的方向、将文字进行转化等。

6.3.1 动手学：修改文本属性

01 使用横排文字工具T在操作区域中输入字符，如图6-50所示。如果要修改文本内容，可以在“图层”面板中双击文字图层，此时该文字图层的文本处于全部选中状态，如图6-51和图6-52所示。或使用横排文字工具在文字一段单击并拖动，也可以选择全部文字。

图6-50

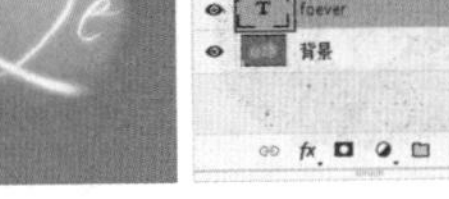

图6-51　　图6-52

02 将光标放置在要修改内容的前面单击，并向后拖曳选择需要更改的字符。例如，将FOEVER修改为FOEYOU，需要将光标放置在VER前单击并向后拖曳选择VER，接着输入YOU即可，如图6-53~图6-55所示。

图6-53

图6-54

图6-55

03 如果要修改单个字符的属性，可以选择要修改的字符，如图6-56所示。然后在“字符”面板中修改字体、字号或颜色等属性，如图6-57所示。可以看到只有选中的文字发生了变化，如图6-58所示。

图6-56

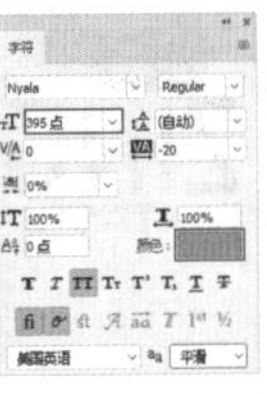

图6-57

图6-58

04 文本对齐方式是根据输入字符时光标的位置来设置文本对齐方式。如果要对多行文本设置对齐方式，选择文本以后，在选项栏中单击所需要的对齐按钮即可。如图6-59~图6-61所示分别为“左对齐文本”、“居中对齐文本”和“右对齐文本”。

图6-59

图6-60

图6-61

技巧提示

如果当前使用的是直排文字工具，那么对齐按钮分别会变成“顶对齐文本”按钮、“居中对齐文本”按钮和“底对齐文本”按钮。

6.3.2 更改文本方向

选中文字对象，在选项栏中单击“切换文本取向”按钮，可以将横向排列的文字更改为直向排列的文字。也可以执行“文字”>“垂直”/“水平”命令，切换当前文字是以横排文字或是直排文字的方式显示。

6.3.3 点文本和段落文本的转换

如果当前选择的是点文本，执行“文字”>“转换为段落文本”命令，可以将点文本转换为段落文本。

如果当前选择的是段落文本，执行“文字”>“转换为点文本”命令，可以将段落文本转换为点文本。

★ 案例实战——使用文字制作简约电影海报

案例文件	案例文件\第6章\使用文字制作简约电影海报.psd
视频教学	视频文件\第6章\使用文字制作简约电影海报.flv
难易指数	★★★★★
技术要点	文字工具

案例效果

本案例主要使用文字工具制作简约电影海报，效果如图6-62所示。

扫码看视频

图6-62

操作步骤

01 打开背景素材文件，如图6-63所示。

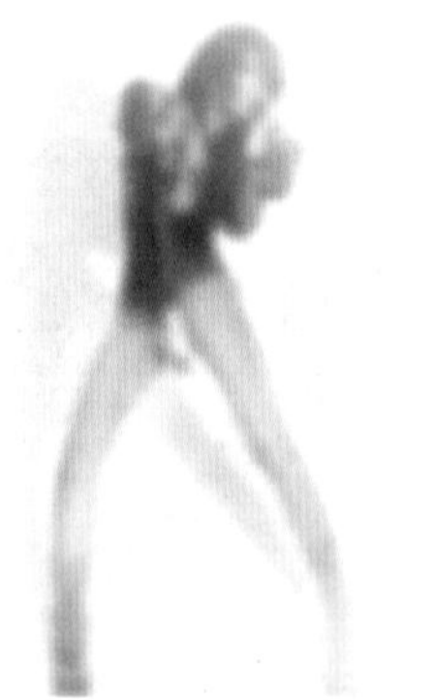

图6-63

02 使用横排文字工具，在选项栏中设置字体为Swis721 Blk BT，字号为765点，颜色为黑色，如图6-64所示。在画面中单击输入文字，如图6-65所示。

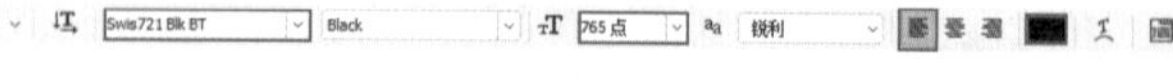

图6-64

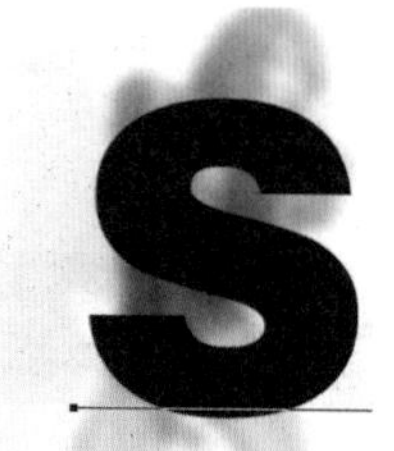

图6-65

03 继续使用横排文字工具，在选项栏中设置字体为“Adobe 黑体 Std”，字号为15点，对齐方式为“居中对齐文本”，如图6-66所示。在画面中合适位置单击输入文字，如图6-67所示。

图6-66

图6-67

04 再次使用横排文字工具，设置字号为275点，对齐方式为“左对齐文本”，如图6-68所示。在大的文字下方单击输入文字，如图6-69所示。

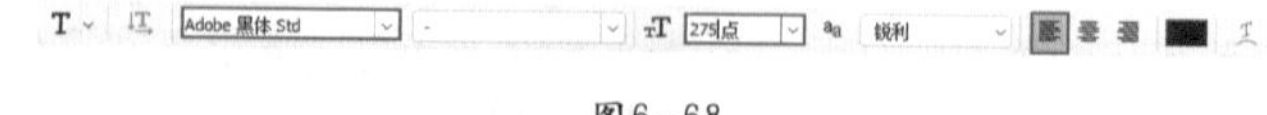

图6-68

图6-69

05 继续使用横排文字工具，在选项栏中更改字号为85点，如图6-70所示。在画面中单击输入小一点的文字，如图6-71所示。

图6—70

图6—71

06 在选项栏中更改字号为15点，设置对齐方式为“居中对齐文本”，如图6-72所示。在画面中单击输入文字，如图6-73所示。

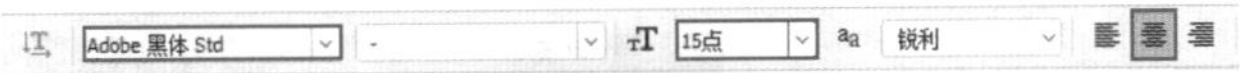

图6—72

图6—73

07 按Shift键加选，选中所有文字图层，如图6-74所示。按Ctrl+E快捷键将其合并为同一图层，如图6-75所示。

08 新建图层，使用渐变工具，在选项栏中编辑蓝色到透明的渐变，如图6-76所示。在画面中拖曳填充透明到蓝色的渐变，如图6-77所示。

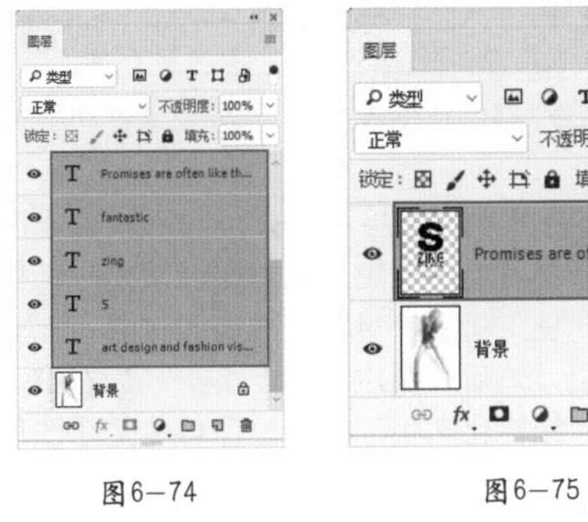

图6—74　图6—75

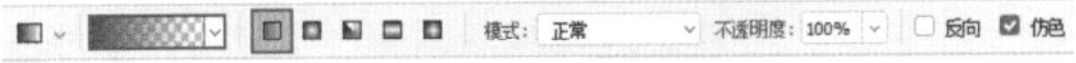

图6—76

图6—77

09 选择渐变图层，单击鼠标右键，在弹出的快捷菜单中选择“创建剪贴蒙版”命令，如图6-78所示。为文字图层创建剪贴蒙版，使其只对文字图层起作用，如图6-79所示。

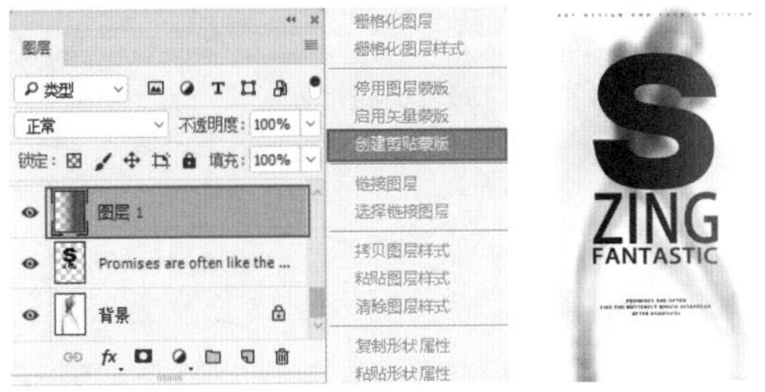

图6—78　图6—79

10 使用同样的方法输入底部较小文字，最终效果如图6-80所示。

图6—80

6.3.4　将文字图层转换为普通图层

● 技术速查：“栅格化文字图层”命令可以将文字图层转换为普通图层。

Photoshop中的文字图层不能直接应用滤镜或进行涂抹绘制等变换操作，若要对文本应用这些滤镜或变换时，就需要将其转换为普通图层，使矢量文字对象变成像素对象。在“图层”面板中选择文字图层，然后在图层名称上单击鼠标右键，在弹出的快捷菜单中选择“栅格化文字”命令，即可将文字图层转换为普通图层，如图6-81所示。

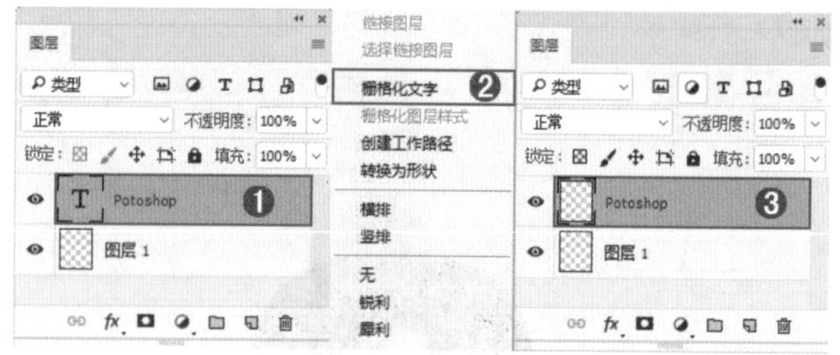

图6－81

☆ 视频课堂——制作云朵文字

案例文件\第6章\视频课堂——制作云朵文字.psd

视频文件\第6章\视频课堂——制作云朵文字.flv

思路解析：

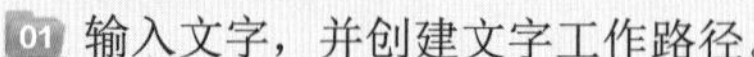
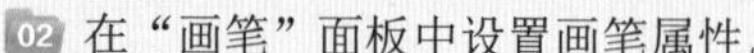
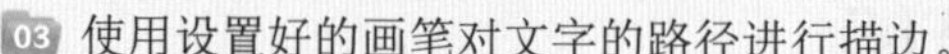

01 输入文字，并创建文字工作路径。

02 在“画笔”面板中设置画笔属性。

03 使用设置好的画笔对文字的路径进行描边。

04 更改画笔参数多次描边。

扫码看视频

6.4 “字符”面板与“段落”面板

在文字工具的选项栏中虽然可以快捷地对文本的部分属性进行修改。但是如果要对文本进行更多复杂的设置，就需要使用到“字符”面板、“段落”面板、“字符样式”面板和“段落样式”面板。通过这些面板的运用，能够满足数码照片处理中绝大部分的文字排版需求，如图6-82所示。

图6－82

6.4.1　“字符”面板

● 技术速查：“字符”面板中提供了比文字工具选项栏更多的调整选项。

文字在画面中占有重要的位置。文字本身的变化及文字的编排、组合对画面来说极为重要。文字不仅是信息的传达，也是视觉传达最直接的方式，在画面中运用好文字，首先要掌握的是字体、字号、字距、行距。

在“字符”面板中，除了包括常见的字体系列、字体样式、字体大小、文字颜色和消除锯齿等设置外，还包括行距、字距等常见设置，如图6-83所示。

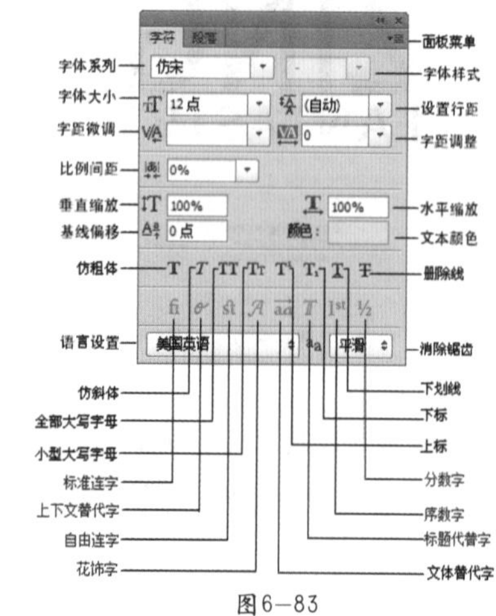

图6－83

- 设置字体大小T：在该下拉列表中选择预设数值，或者输入自定义数值即可更改字符大小。
- 设置行距：行距就是上一行文字基线与下一行文字基线之间的距离。选择需要调整的文字图层，然后在“设置行距”文本框中输入行距数值或在其下拉列表中选择预设的行距值，接着按Enter键即可。如图6-84和图6-85所示分别是行距值为30点和60点时的文字效果。

图6-84

图6-85

- 字距微调VA：用于设置两个字符之间的字距微调。在设置时先要将光标插入到需要进行字距微调的两个字符之间；然后在文本框中输入所需的字距微调数量。输入正值时，字距会扩大；输入负值时，字距会缩小。如图6-86~图6-88所示分别为插入光标以及字距分别为200与－100时的对比效果。

图6-86　图6-87　图6-88

- 字距调整：用于设置文字的字符间距。输入正值时，字距会扩大；输入负值时，字距会缩小。如图6-89和图6-90所示分别为正字距与负字距。

图6-89

图6-90

- 比例间距：是按指定的百分比来减少字符周围的空间。因此，字符本身并不会被伸展或挤压，而是字符之间的间距被伸展或挤压了。如图6-91和图6-92所示分别是比例间距为0和100%时的字符效果。

图6-91

图6-92

- 垂直缩放IT/水平缩放T：用于设置文字的垂直或水平缩放比例，以调整文字的高度或宽度。如图6-93~图6-95所示分别为100%垂直和水平缩放、300%垂直和120%水平以及80%垂直、150%水平缩放比例的文字效果对比。

图6-93

图6-94

图6-95

- 基线偏移A：用来设置文字与文字基线之间的距离。输入正值时，文字会上移；输入负值时，文字会下移，如图6-96和图6-97所示分别是基线偏移为50点与－50点时的对比效果。
- 颜色：单击色块，即可在弹出的拾色器中选取字符的颜色。

图6-96

图6-97

- 文字样式T T TT Tт T¹ T₁ T Ŧ：设置文字的效果，共有仿粗体、仿斜体、全部大写字母、小型大写字母、上标、下标、下划线和删除线8种，如图6-98所示。

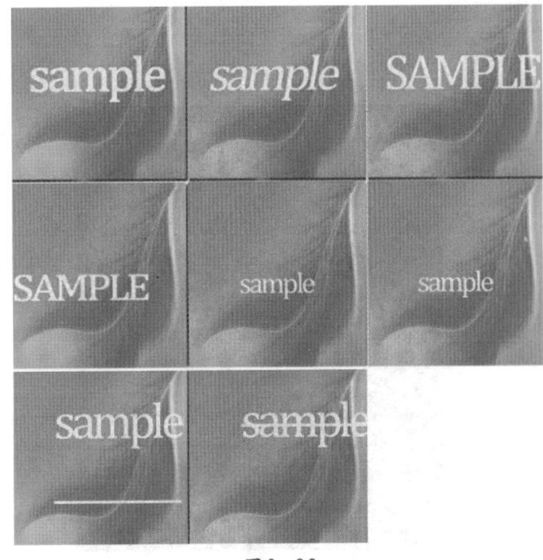

图6-98

- Open Type功能 fi ꝺ st 𝒜 aa T 1st ½：标准连字fi、上下文替代字ꝺ、自由连字st、花饰字𝒜、文体替代字aa、标题替代字T、序数字1st和分数字½。
- 语言设置：用于设置文本连字符和拼写的语言类型。
- 消除锯齿方式：输入文字后，可以在选项栏中为文字指定一种消除锯齿的方式。

★ 案例实战——时尚杂志封面女郎

案例文件	案例文件\第6章\时尚杂志封面女郎.psd
视频教学	视频文件\第6章\时尚杂志封面女郎.flv
难易指数	★★★★★
技术要点	文字工具、图层样式

案例效果

本案例主要是使用文字工具以及图层样式制作时尚杂志封面女郎，效果如图6-99所示。

扫码看视频

图6—99

操作步骤

01 打开背景素材。使用横排文字工具，在选项栏中设置字体为Adobe Caslon Pro，字体样式为Regular，字号为83点，颜色为棕色，如图6-100所示。在画面中单击输入文字，如图6-101所示。

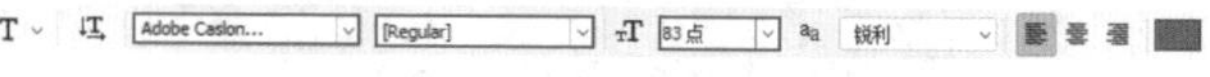

图6—100

图6—101

02 继续使用文字工具，设置合适的字号以及字体，在画面中单击输入文字，然后置入条形码素材将其栅格化并放置在合适位置，如图6-102所示。

图6—102

03 使用文字工具，在选项栏中设置合适的字号以及字体，设置颜色为灰色，如图6-103所示。在画面中单击输入顶部的大标题文字，为其添加图层蒙版，使用黑色画笔在蒙版中绘制人像部分，设置“不透明度”为30%，如图6-104所示。效果如图6-105所示。

图6—103

图6—104

图6—105

04 执行“图层”>“图层样式”>“投影”命令，设置“混合模式”为“正常”，颜色为深蓝色，“不透明度”为100%，“距离”为2像素，“大小”为1像素，如图6-106和图6-107所示。

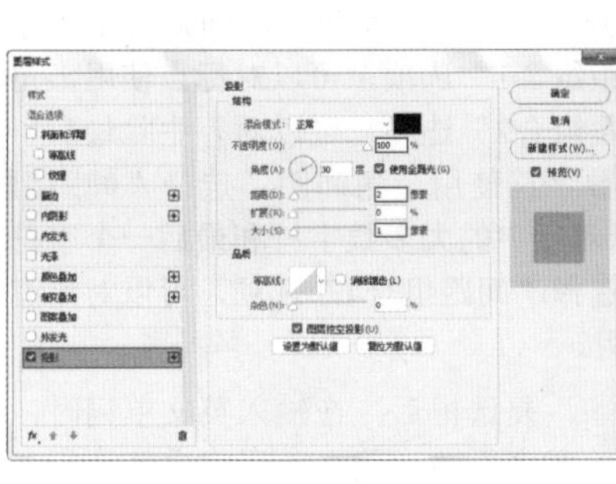
图6-106

图6-107

05 执行“图层”>“新建调整图层”>“曲线”命令，调整曲线形状，如图6-108所示。效果如图6-109所示。

06 执行“图层”>“新建调整图层”>“可选颜色”命令，创建可选颜色调整图层，设置“颜色”为白色，“黄色”为37%，如图6-110所示。设置“颜色”为“黑色”，“黄色”为-20%，如图6-111所示。最终效果如图6-112所示。

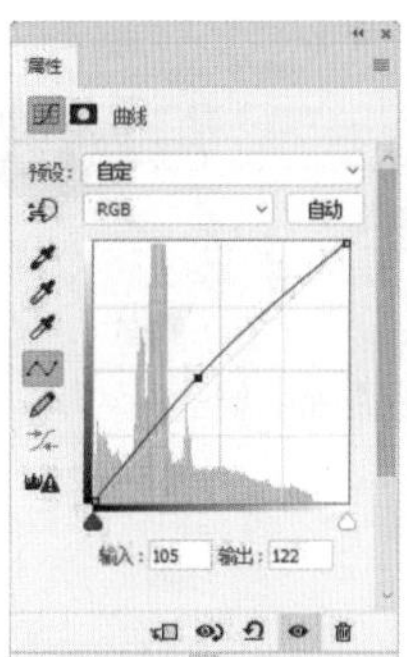
图6-108

图6-109

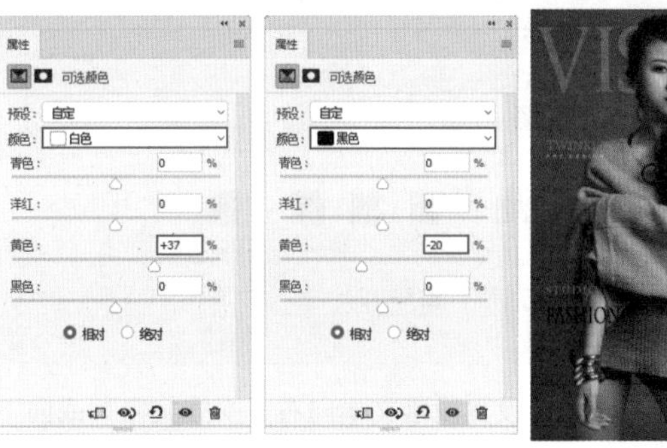
图6-110　图6-111　图6-112

6.4.2 “段落”面板

● 技术速查：“段落”面板提供了用于设置段落编排格式的参数选项。

在文字排版中经常会用到“段落”面板，通过该面板可以设置段落文本的对齐方式和缩进量等参数，如图6-113所示。

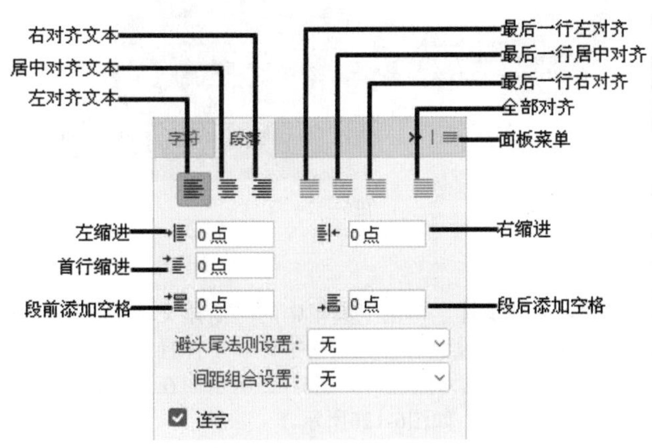

图6-113

● 左对齐文本：文字左对齐，段落右端参差不齐，如图6-114所示。

● 居中对齐文本：文字居中对齐，段落两端参差不齐，如图6-115所示。

● 右对齐文本：文字右对齐，段落左端参差不齐，如图6-116所示。

图6-114　图6-115　图6-116

● 最后一行左对齐：最后一行左对齐，其他行左右两端强制对齐，如图6-117所示。

● 最后一行居中对齐：最后一行居中对齐，其他行左右两端强制对齐，如图6-118所示。

图6-117　图6-118

● 最后一行右对齐：最后一行右对齐，其他行左右两端强制对齐，如图6-119所示。

● 全部对齐：在字符间添加额外的间距，使文本左右两端强制对齐，如图6-120所示。

图6–119　　图6–120

技巧提示

当文字为直排列方式时，对齐按钮会发生一些变化，如图6–121所示。

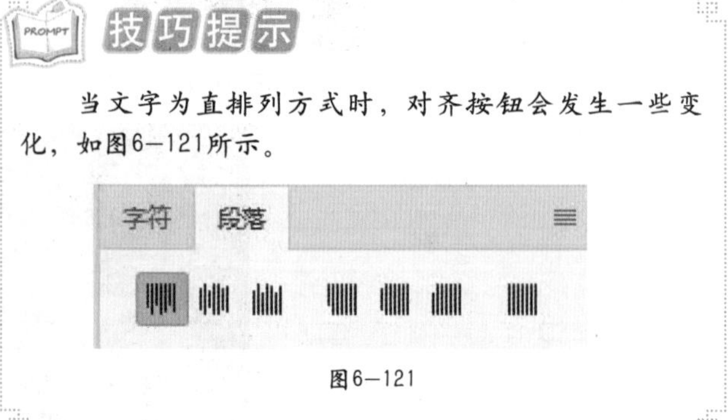

图6–121

- 左缩进：用于设置段落文本向右（横排文字）或向下（直排文字）的缩进量。
- 右缩进：用于设置段落文本向左（横排文字）或向上（直排文字）的缩进量。
- 首行缩进：用于设置段落文本中每个段落的第一行向右（横排文字）或第一列文字向下（直排文字）的缩进量。
- 段前添加空格：设置光标所在段落与前一个段落之间的间隔距离。如图6-122所示是设置“段前添加空格”为10点时的段落效果。
- 段后添加空格：设置当前段落与另外一个段落之间的间隔距离。如图6-123所示是设置“段后添加空格”为10点时的段落效果。

图6–122　　图6–123

- 避头尾法则设置：不能出现在一行的开头或结尾的字符称为避头尾字符，Photoshop提供了基于标准JIS的宽松和严格的避头尾集，宽松的避头尾设置忽略长元音字符和小平假名字符。选择“JIS宽松”或“JIS严格”选项时，可以防止在一行的开头或结尾出现不能使用的字母。
- 间距组合设置：用于设置日语字符、罗马字符、标点和特殊字符在行开头、行结尾和数字的间距文本编排方式。选择“间距组合1”选项，可以对标点使用半角间距；选择“间距组合2”选项，可以对行中除最后一个字符外的大多数字符使用全角间距；选择“间距组合3”选项，可以对行中的大多数字符和最后一个字符使用全角间距；选择“间距组合4”选项，可以对所有字符使用全角间距。
- 连字：选中“连字”复选框后，在输入英文单词时，如果段落文本框的宽度不够，英文单词将自动换行，并在单词之间用连字符连接起来。

★ 综合实战——使用文字工具制作简约版式

案例文件	案例文件\第6章\使用文字工具制作简约版式.psd
视频教学	视频文件\第6章\使用文字工具制作简约版式.flv
难易指数	★★★★★
技术要点	文字工具、“字符”面板

案例效果

本案例主要是通过使用文字工具制作简约版式，效果如图6-124所示。

扫码看视频

图6–124

操作步骤

01 新建文件，单击工具箱中的“横排文字工具”按钮T，在选项栏中设置一种合适的字体和字体样式，设置字号为108.12点，颜色为黑色，如图6-125所示。在画面中右下角单击并输入文字，如图6-126所示。

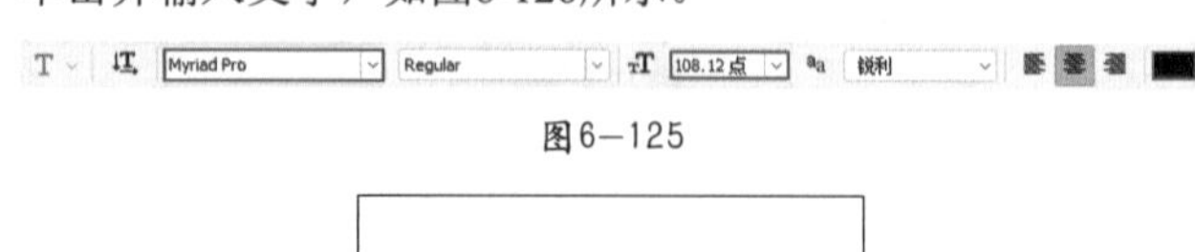

图6–125

图6–126

02 在文字图层底部新建图层，使用椭圆选框工具，按住Shift键单击拖曳绘制正圆选区，并为其填充淡绿色，如图6-127所示。在“图层”面板中设置其混合模式为“正片叠底”，如图6-128所示。

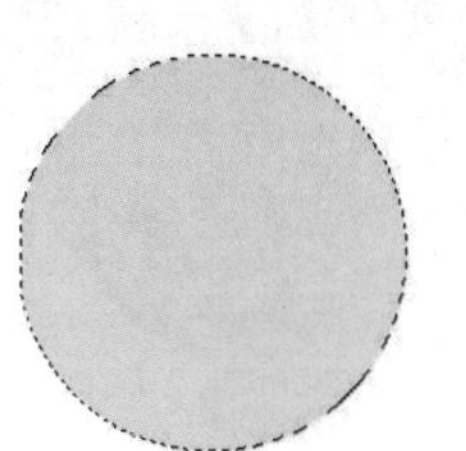

图6-127 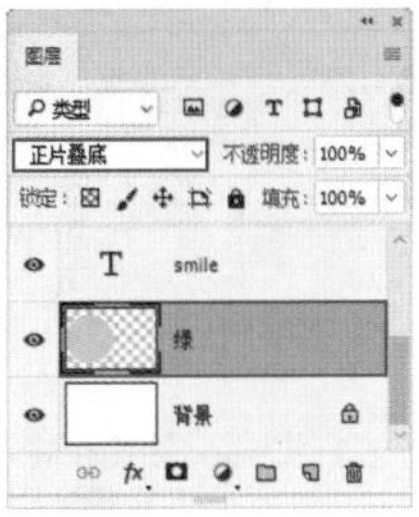　　图6-128

03 继续使用横排文字工具，在选项栏中设置字体为Impact，字号为127点，颜色为白色，对齐方式为“居中对齐文本”，如图6-129所示。在画面中单击输入合适的文字，如图6-130所示。

图6-129

图6-130

04 单击选项栏中的“切换字符和段落面板”按钮，打开“字符”面板，设置行距为100点，选中“全部大写”按钮，如图6-131所示。效果如图6-132所示。

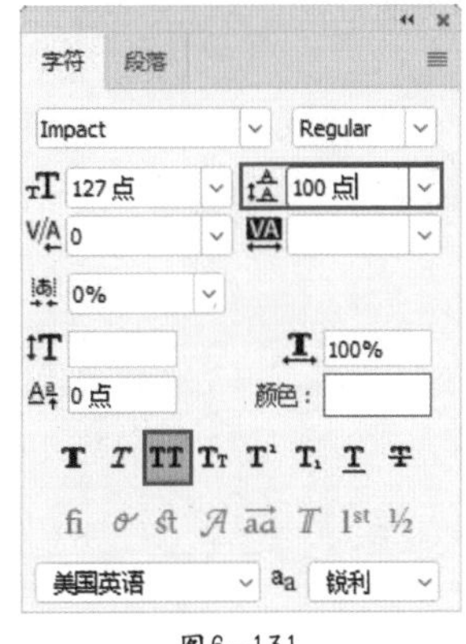

图6-131 　　图6-132

05 继续使用横排文字工具，在选项栏中设置字体为“Adobe黑体Std”，字号为15点，单击“居中对齐文本”按钮，如图6-133所示。打开“字符”面板，设置行距为“自动”，所选字符的字距调整为10，单击“仿粗体”按钮以及“全部大写”按钮，如图6-134所示。在画面中输入合适文字，如图6-135所示。

图6-133

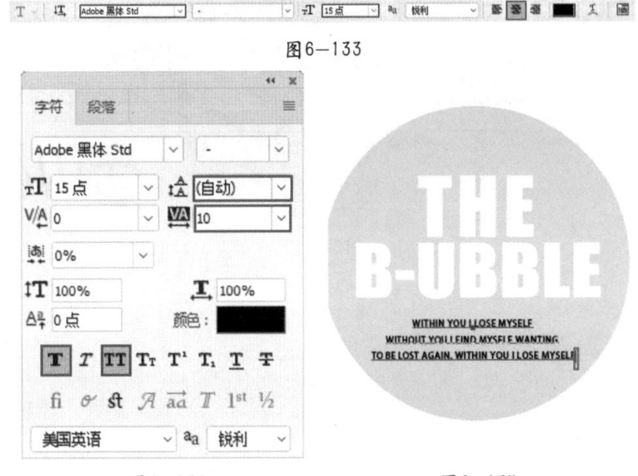

图6-134　　图6-135

06 使用椭圆选框工具，在画面中绘制正圆选区，在绿色正圆下新建图层，并为其填充黄色，同样设置其混合模式为“正片叠底”，如图6-136所示。效果如图6-137所示。

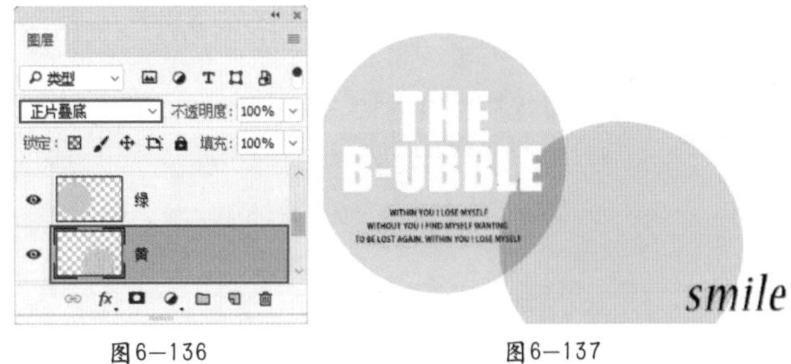

图6-136　　图6-137

07 置入人物照片素材，将其栅格化并置于黄色正圆图层下方，如图6-138所示。载入黄色正圆选区，单击“图层”面板底部的“添加图层蒙版”按钮，如图6-139所示。为人物照片添加图层蒙版，如图6-140所示。

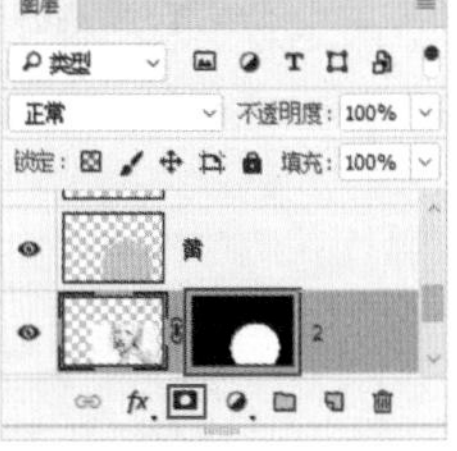

图6-138　　图6-139

图6—140

08 使用同样的方法制作右上角的蓝色正圆效果，最终制作效果如图6-141所示。

图6—141

课后练习

【课后练习——使用文字工具制作欧美风海报】

思路解析：本案例主要使用到了文字工具，通过对创建的文字进行属性与样式的更改，制作出丰富的文字海报效果。

扫码看视频

本章小结

本章主要讲解了文字工具的使用方法，通过“字符”/“段落”面板更改文字属性，以及使用“文字”菜单中的命令对文字进行编辑。但是文字的应用却不仅仅局限在图像上的说明，更多的时候文字的出现是为了丰富和增强画面效果。所以这就需要我们将文字工具与其他知识结合使用，例如文字与图层样式的结合可以制作出多种多样的特效文字，文字与矢量工具结合可以制作出变化万千的艺术字，文字与图像的结合则能够制作出丰富多彩的海报。

读书笔记

第7章

应用图层

本章内容简介：

Photoshop中的所有操作都是基于图层，图层的出现不仅仅是为了方便操作不同的对象，更多的情况下图层之间还存在着堆叠、混合等的“互动”。通过这些操作可以制作出多种多样的效果。本章从图层的基本操作开始，逐步讲解图层的管理方法。图层混合以及图层样式的使用是本章的重点内容，也是制作出绚丽的画面效果必备的工具之一。

本章学习要点：

- 掌握“图层”面板的使用方法
- 掌握图层的常用操作
- 不透明度与填充不透明度的使用
- 图层混合模式的使用技巧
- 不同图层样式配合使用的方法

“图层”面板的基本操作

在第2章“照片处理的基本操作”中进行过图层的选择、新建、删除等最基本操作的讲解，但是对图层并不仅仅局限在这些基本操作方面。在“图层”面板中可以对图层进行大量的操作，如编辑、管理、设置不透明度、调整混合模式、添加图层样式等。如图7-1和图7-2所示为一些使用到“图层”面板制作的作品。

图7—1

图7—2

7.1.1 认识“图层”面板

- 视频精讲：Photoshop新手学视频精讲课堂\65.图层基础知识与图层面板.flv
- 技术速查：“图层”面板是创建、编辑和管理图层以及图层样式的一种直观的“控制器”。

在“图层”面板中，图层名称的左侧是图层的缩览图，它显示了图层中包含的图像内容，右侧则是名称的显示，而缩览图中的棋盘格代表图像的透明区域，如图7-3所示。

锁定图像像素
锁定透明像素
设置图层混合模式
处于显示状态的图层
展开/折叠图层组
图层缩览图
处于隐藏状态的图层
链接图层
添加图层样式
添加图层蒙版
锁定位置
防止在画板内外自动嵌套
锁定全部
打开面板菜单
设置图层的总体不透明度
设置图层的内部不透明度
展开/折叠图层效果
图层效果
处于链接状态的图层
图层名称
处于锁定状态的图层
删除图层
创建新图层
创建新组
创建新的填充或调整图层

图7—3

- 锁定：对当前图层设置图层的锁定方式，包含“锁定透明像素”⊠、“锁定图像像素”✓、“锁定位置”✥、“防止在画板内外自动嵌套”⌗、“锁定全部”🔒。
- 设置图层混合模式：用来设置当前图层的混合模式，使之与下面的图像产生混合。
- 设置图层的总体不透明度：用来设置当前图层的不透明度。
- 设置图层的内部不透明度：用来设置当前图层的填充不透明度。该选项与“不透明度”选项类似，但是不会影响图层样式效果。
- 处于显示/隐藏状态的图层 👁/□：当该图标显示为眼睛形状时表示当前图层处于可见状态，而显示为空白状态时则处于不可见状态。单击该图标，可以在显示与隐藏之间进行切换。
- 展开/折叠图层组 ⌄：单击该图标，可以展开或折叠图层组。
- 展开/折叠图层效果：单击该图标，可以展开或折叠图层效果，以显示出当前图层添加的所有效果的名称。
- 图层缩览图：显示图层中所包含的图像内容。其中棋盘格区域表示图像的透明区域，非棋盘格区域表示像素区域（即具有图像的区域）。

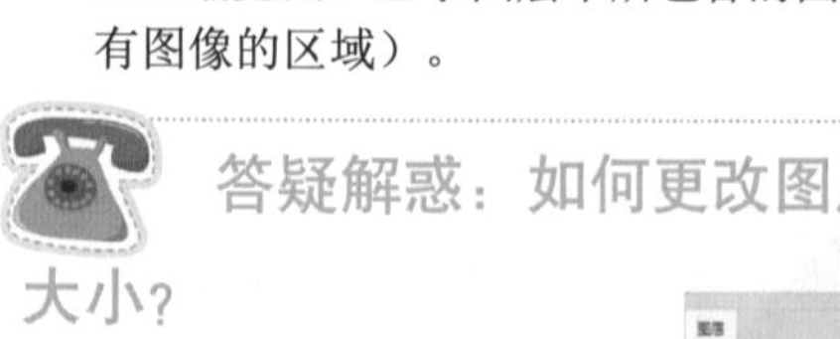

答疑解惑：如何更改图层缩览图大小？

在默认状态下，缩览图的显示方式为小缩览图，在图层缩览图上单击鼠标右键，在弹出的快捷菜单中选择相应的显示方式即可，如图7-4所示。

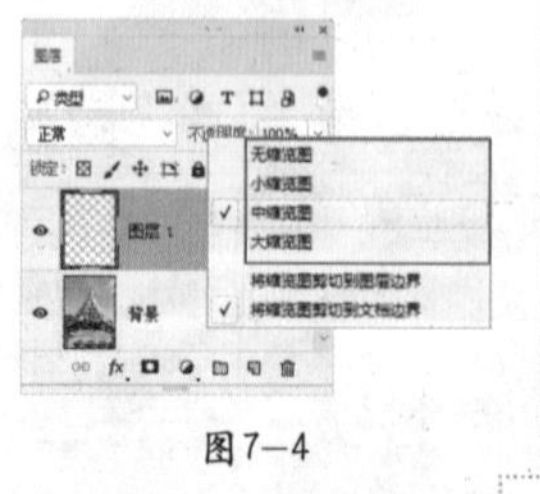

图7—4

- 链接图层 ⊖：用来链接当前选择的多个图层。
- 处于链接状态的图层 ⊖：当链接好两个或两个以上的图层后，图层名称的右侧就会显示出链接标志。
- 添加图层样式 fx.：单击该按钮，在弹出的菜单中选择一种样式，可以为当前图层添加一个图层样式。
- 添加图层蒙版 ◘：单击该按钮，可以为当前图层添加一个蒙版。
- 创建新的填充或调整图层 ◐.：单击该按钮，在弹出的菜单中选择相应的命令，即可创建填充图层或调整图层。
- 创建新组 ▭：单击该按钮，可以新建一个图层组，也可以使用快捷键Ctrl+G创建新组。
- 创建新图层 ▣：单击该按钮，可以新建一个图层，也可以使用快捷键Shift+Ctrl+N创建新图层。

技巧提示

将选中的图层拖曳到“创建新图层”按钮上，可以为当前所选图层创建出相应的副本图层。

- 删除图层：单击该按钮，可以删除当前选择的图层或图层组，也可以直接在选中图层或图层组的状态下按Delete键进行删除。
- 处于锁定状态的图层：当图层缩览图右侧显示有该图标时，表示该图层处于锁定状态。
- 打开面板菜单：单击该按钮，可以打开“图层”面板的面板菜单。

技术拓展：认识不同类型的图层

Photoshop中有很多种类型的图层，如“视频图层”“智能图层”“3D图层”等，而每种图层都有不同的功能和用途；也有处于不同状态的图层，如“选中状态”“锁定状态”“链接状态”等，当然它们在“图层”面板中的显示状态也不相同，如图7-5所示。

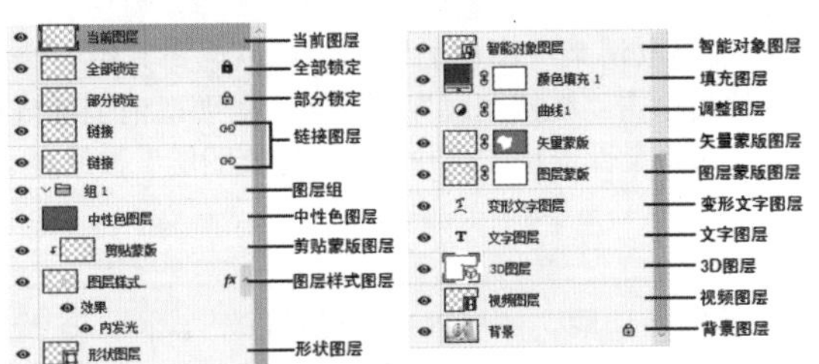

图7-5

- 当前图层：当前所选择的图层。
- 全部锁定图层：锁定了“透明像素”“图像像素”和“位置”全部属性。
- 部分锁定图层：锁定了“透明像素”“图像像素”和“位置”其中的一种或两种。
- 链接图层：保持链接状态的多个图层。
- 图层组：用于管理图层，以便于随时查找和编辑图层。
- 中性色图层：填充了中性色的特殊图层，结合特定的混合模式可以用来承载滤镜或在上面绘画。
- 剪切蒙版图层：蒙版中的一种，可以使用一个图层中的图像来控制它上面多个图层内容的显示范围。
- 图层样式图层：添加了图层样式的图层，双击图层样式可以进行样式参数的编辑。
- 形状图层：使用形状工具或钢笔工具可以创建形状图层。形状中会自动填充当前的前景色，也可以很方便地改用其他颜色、渐变或图案来进行填充。
- 智能对象图层：包含有智能对象的图层。
- 填充图层：通过填充纯色、渐变或图案来创建的具有特殊效果的图层。
- 调整图层：可以调整图像的色调，并且可以重复调整。
- 矢量蒙版图层：带有矢量形状的蒙版图层。
- 图层蒙版图层：添加了图层蒙版的图层，蒙版可以控制图层中图像的显示范围。
- 变形文字图层：进行了变形处理的文字图层。
- 文字图层：使用文字工具输入文字时所创建的图层。
- 3D图层：包含有置入的3D文件的图层。
- 视频图层：包含有视频文件帧的图层。
- 背景图层：新建文档时创建的图层。背景图层始终位于面板的最底部，名称为“背景”两个字，且为斜体。

7.1.2 修改图层的名称与颜色

在图层较多的文档中，修改图层名称及其颜色有助于快速找到相应的图层。执行“图层”>“重命名图层”命令，或在图层名称上双击鼠标左键，激活名称输入框，然后输入名称，如图7-6所示。

更改图层颜色也是一种便于快速找到图层的方法，在图层上单击鼠标右键，在弹出的快捷菜单的下半部分可以看到多种颜色名称，单击其中一种即可更改当前图层前方的色块效果，选择“无颜色”命令即可去除颜色效果，如图7-7所示。

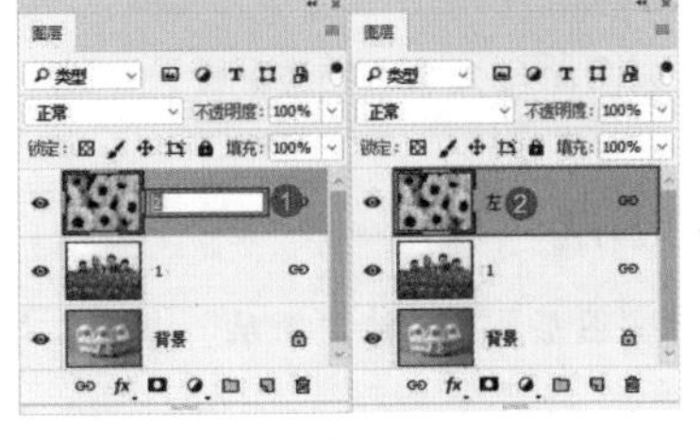

图7-6

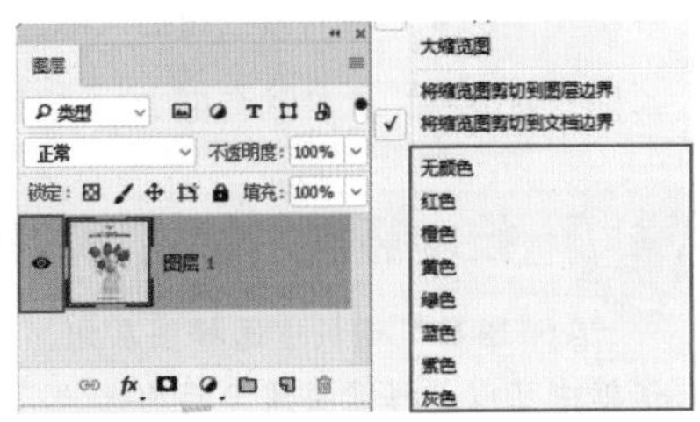

图7-7

7.1.3 链接图层与取消链接

技术速查：链接图层操作可以同时对多个图层进行移动、变换、创建剪切蒙版等操作。

被链接的图层可以在选中其中某一图层的情况下进行共同移动或变换等操作。例如，LOGO的文字和图形部分，包装盒的正面和侧面部分等，如果每次操作都必须选中这些图层将会很麻烦，此时，可以将这些图层"链接"在一起，如图7-8和图7-9所示。

图7-8

图7-9

选择需要进行链接的图层（两个或多个图层），然后执行"图层">"链接图层"命令或单击"图层"面板底部的"链接图层"按钮，可以将这些图层链接起来，如图7-10所示。效果如图7-11所示。

图7-10

图7-11

如果要取消某一图层的链接，可以选择其中一个链接图层，然后单击"链接图层"按钮，若要取消全部链接图层，需要选中全部链接图层并单击"链接图层"按钮。

7.1.4 锁定图层

技术速查：锁定图层可以用来保护图层透明区域、图像像素和位置的锁定功能，使用这些按钮可以根据需要完全锁定或部分锁定图层，以免因操作失误而对图层的内容造成破坏。

在"图层"面板的上半部分有多个锁定按钮，如图7-12所示。

图7-12

- 锁定透明像素：激活该按钮后，可以将编辑范围限定在图层的不透明区域，图层的透明区域会受到保护，如图7-13和图7-14所示。例如，锁定了图层的透明像素，使用画笔工具在图像上进行涂抹，只能在含有图像的区域进行绘画，如图7-15所示。

图7-13

图7-14

图7-15

技巧提示

对于文字图层和形状图层，"锁定透明像素"按钮和"锁定图像像素"按钮在默认情况下处于激活状态，而且不能更改，只有将其栅格化以后才能解锁透明像素和图像像素。

- 锁定图像像素：激活该按钮后，只能对图层进行移动或变换操作，不能在图层上绘画、擦除或应用滤镜。
- 锁定位置：激活该按钮后，图层将不能移动。该功能对于设置了精确位置的图像非常有用。
- 锁定全部：激活该按钮后，图层将不能进行任何操作。
- 防止在画板内外自动套嵌：启用该功能后，在包含多个画板的文档中移动图层时，不会将图层移动到其他画板中。

技术拓展：锁定图层组内的图层

在"图层"面板中选择图层组，然后执行"图层">"锁定图层"命令，打开"锁定所有链接图层"对话框，在该对话框中可以选择需要锁定的属性。

7.1.5 栅格化图层内容

技术速查：栅格化图层内容是指将矢量对象或不可直接进行编辑的图层转换为可以直接进行编辑的像素图层的过程。

文字图层、形状图层、矢量蒙版图层或智能对象等包含矢量数据的图层是不能直接对像素进行编辑的，所以需要先将其栅格化以后才能进行相应的编辑。选择需要栅格化的图层，然后执行“图层”>“栅格化”菜单下的子命令，可以将相应的图层栅格化；或者在“图层”面板中选择该图层，并单击鼠标右键，在弹出的快捷菜单中选择栅格化，如图7-16所示；或者在图像上单击鼠标右键，在弹出的快捷菜单中选择栅格化命令，如图7-17所示。

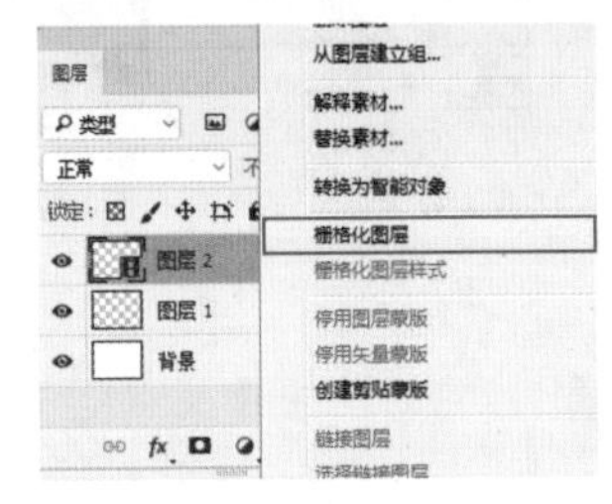
图7—16

图7—17

7.2 管理图层

在使用Photoshop进行数码照片处理的过程中，不可避免地会使用到多个图层。如何处理多个图层之间的关系是本节的重点。

7.2.1 使用图层组管理图层

技术速查：图层组可以将图层进行分门别类，使文档操作更加有条理，寻找起来也更加方便快捷。

在进行一些比较复杂的合成时，图层的数量往往会越来越多，要在如此之多的图层中找到需要的图层，将会是一件非常麻烦的事情。

01 单击“图层”面板底部的“创建新组”按钮，即可在“图层”面板中出现新的图层组，如图7-18所示。

02 当需要将图层移入或移出图层组时需要选择一个或多个图层，然后将其拖曳到图层组内，就可以将其移入到该组中，如图7-19所示；将图层组中的图层拖曳到组外，就可以将其从图层组中移出，如图7-20所示。

03 如果需要取消图层编组，可以在图层组名称上单击鼠标右键，在弹出的快捷菜单中选择“取消图层编组”命令，如图7-21所示。

图7—18

图7—19

图7—20

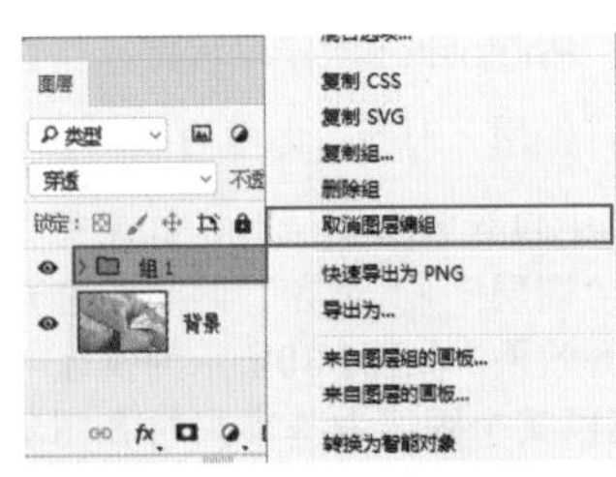
图7—21

7.2.2 合并图层与拼合图像

视频精讲：Photoshop新手学视频精讲课堂\69.合并图层与盖印图层.flv

技术速查：合并图层操作可以将多个图层的内容合并到一个图层上。拼合图像操作可以将当前文件中的所有内容合并到背景图层中。

01 如果要将多个图层合并为一个图层，可以在“图层”面板中选择要合并的图层，然后执行“图层”>“合并图层”命令或按Ctrl+E快捷键，合并以后的图层使用上面图层的名称，如图7-22和图7-23所示。

02 在图层名称上单击鼠标右键，在弹出的快捷菜单中选择“拼合图像”命令，当前所有图层都会被合并到背景中，如图7-24所示。执行“图层”>“拼合图像”命令，可以将所有图层都拼合到“背景”图层中。如果有隐藏的图层，则会弹出一个提示对话框，提醒用户是否要扔掉隐藏的图层，如图7-25所示。

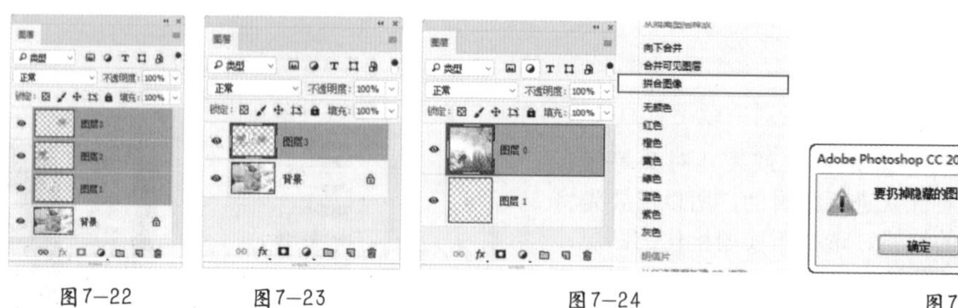

图7—22　图7—23　图7—24　图7—25

7.2.3 盖印图层

- 视频精讲：Photoshop新手学视频精讲课堂\69.合并图层与盖印图层.flv
- 技术速查：盖印是一种合并图层的特殊方法，可以将多个图层的内容合并到一个新的图层中，同时保持其他图层不变。

盖印图层在实际工作中经常用到，是一种很实用的图层合并方法，如图7-26～图7-28所示。

图7—26

图7—27

图7—28

盖印图层的方法有很多种，下面介绍常用的几种方式。

- 向下盖印图层：选择一个图层，然后按Ctrl+Alt+E组合键，可以将该图层中的图像盖印到下面的图层中，原始图层的内容保持不变。
- 盖印多个图层：选择多个图层并使用“盖印图层”快捷键Ctrl+Alt+E，可以将这些图层中的图像盖印到一个新的图层中，原始图层的内容保持不变。
- 盖印可见图层：按Shift+Ctrl+ Alt+E组合键，可以将所有可见图层盖印到一个新的图层中。
- 盖印图层组：选择图层组，然后使用Ctrl+Alt+E快捷键，可以将组中所有图层内容盖印到一个新的图层中，原始图层组中的内容保持不变。

7.2.4 动手学：对齐图层

- 视频精讲：Photoshop新手学视频精讲课堂\67.图层的对齐与分布.flv
- 技术速查：使用“对齐”命令可以对多个图层所处位置进行调整，以制作出秩序井然的画面效果。

01 当文档中包含多个图层时，如果想要将图层按照一定的方式进行排列或对齐时，可以在“图层”面板中选择这些图层，然后执行“图层”>“对齐”菜单下的子命令，可以将多个图层进行对齐。如图7-29所示为执行“图层”>“对齐”>“顶边”命令的对齐效果，如图7-30所示为执行“水平居中”命令的对齐效果。

02 如果要以某个图层为基准来对齐图层，首先要链接好这些需要对齐的图层，如图7-31所示，然后选择需要作为基准的图，接着执行“图层”>“对齐”菜单下的子命令，如图7-32所示是执行“底边”命令后的对齐效果。

图7—29

图7—30

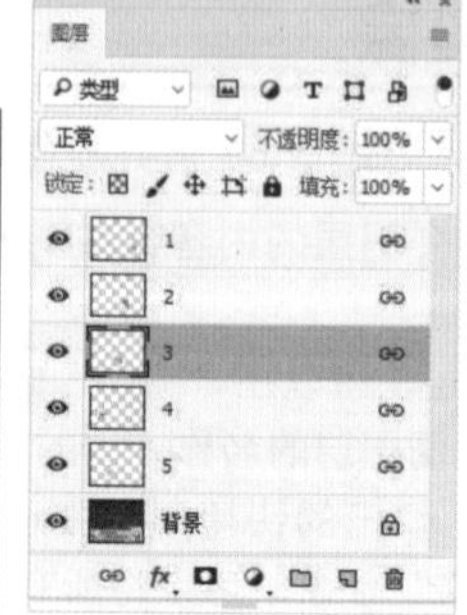

图7—31

图7—32

03 当画面中存在选区时，如图7-33所示。选择一个图层，如图7-34所示。执行“图层”>“将图层与选区对齐”命令，在子菜单中即可选择一种对齐方法，如图7-35所示。所选图层即可以选择的方法进行对齐，如图7-36所示。

图7—33

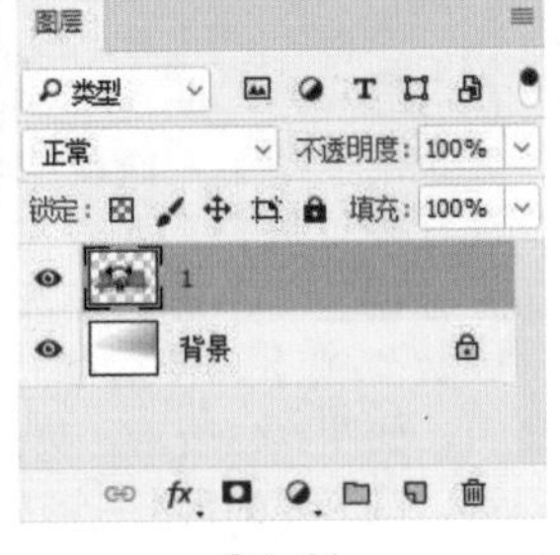
图7—34

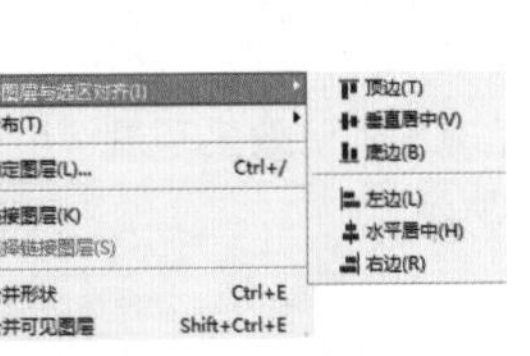
图7—35

图7—36

7.2.5 分布图层

视频精讲：Photoshop新手学视频精讲课堂\67.图层的对齐与分布.flv

技术速查：使用“分布”命令对多个图层的分布方式进行调整，以制作出秩序井然的画面效果。

当一个文档中包含多个图层（至少为3个图层，且“背景”图层除外）时，在“图层”面板中选择多个图层，执行“图层”>“分布”菜单下的子命令，可以将这些图层按照一定的规律均匀分布，如图7-37所示。

在使用移动工具的状态下，选项栏中有一排分布按钮分别与“图层>分布”菜单下的子命令相对应，如图7-38所示。

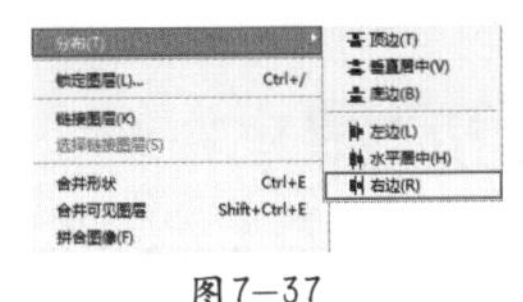
图7—37

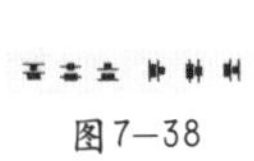
图7—38

7.2.6 清除图像的杂边

技术速查：使用“修边”命令可以去除抠图过程中边缘处残留的多余像素。

例如，对于人像头发部分的抠图，经常会残留一些多余的、与前景色差异较大的像素。执行“图层”>“修边”菜单下的子命令，可以轻松去除边缘处残留的多余像素。对比效果如图7-39和图7-40所示。

- 颜色净化：去除一些彩色杂边。
- 去边：用包含纯色（不包含背景色的颜色）的邻近像素的颜色替换任何边缘像素的颜色。
- 移去黑色杂边：如果将黑色背景上创建的消除锯齿的选区图像粘贴到其他颜色的背景上，可执行该命令来消除黑色杂边。
- 移去白色杂边：如果将白色背景上创建的消除锯齿的选区图像粘贴到其他颜色的背景上，可执行该命令来消除白色杂边。

图7—39

图7—40

7.2.7 动手学：背景和图层的转换

背景图层相信大家并不陌生，在Photoshop中打开一张数码照片时，“图层”面板通常只有一个背景图层，并且背景图层都处于锁定无法移动的状态。因此，如果要对背景图层进行操作，就需要将其转换为普通图层。

01 选择背景图层，按住Alt键双击背景图层，即可将背景图层转换为普通图层。

02 如果想要将普通图层转换为背景图层，可以执行“图层”>“新建”>“图层背景”命令。

7.3 调整图层不透明度

视频精讲：Photoshop新手学视频精讲课堂\70.图层的不透明度与混合模式的设置.flv

在进行数码照片处理时，经常会需要使某个对象“融合”到画面中，制作出朦胧的画面效果。虽然“融合”的方式有很多种，但是使其中一个对象呈现出透明效果是最常用的“溶图”方法，如图7-41和图7-42所示。

图7—41

图7—42

在“图层”面板中可以针对图层的不透明度与填充进行数值调整，两者在一定程度上来讲都是针对透明度进行调整。不透明度数值越大，图层越不透明；不透明度数值越小，图层越透明。数值为100%时为完全不透明，如图7-43所示。数值为50%时为半透明，如图7-44所示。数值为0时为完全透明，如图7-45所示。

图7—43　图7—44　图7—45

技巧提示

在Photoshop中，透明以灰色方块和白色方块组成的棋盘格表示。

7.3.1 动手学：调整图层不透明度

技术速查：“不透明度”选项控制着整个图层的透明属性，包括图层中的形状、像素以及图层样式。

以下面的图为例，文档中包含一个“背景”图层与一个普通图层1，普通图层1包含多种图层样式，如图7-46所示。效果如图7-47所示。

图7—46

图7—47

如果将“不透明度”调整为50%，可以观察到整个主体以及图层样式都变为半透明的效果，如图7-48所示。效果如图7-49所示。

图7—48

图7—49

7.3.2 动手学：调整图层填充不透明度

技术速查：填充不透明度只影响图层中绘制的像素和形状的不透明度，与“不透明度”选项不同，填充不透明度对附加的图层样式效果没有影响。

将“填充”调整为50%，可以观察到主体部分变为半透明效果，而样式效果则没有发生任何变化，如图7-50所示。效果如图7-51所示。

图7—50　图7—51

将“填充”调整为0，可以观察到主体部分变为透明，而样式效果则没有发生任何变化，如图7-52所示。效果如图7-53所示。

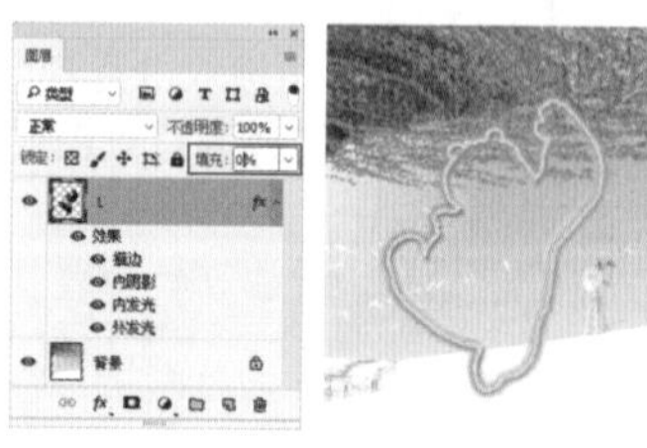

图7—52　图7—53

 7.4 图层的混合

视频精讲：Photoshop新手学视频精讲课堂\70.图层的不透明度与混合模式的设置.flv

技术速查：图层混合模式就是指一个层与其下图层的色彩叠加方式，通过设置不同的混合模式可以制作出丰富多彩的画面效果。

图层的混合模式是Photoshop中一项非常重要的功能，它不仅仅存在于“图层”面板中，甚至在使用绘画工具时，也可以通过更改混合模式来调整绘制对象与下面图像像素的混合方式，可以用来创建各种特效，并且不会损坏原始图像的任何内容。如图7-54和图7-55所示为一些使用到混合模式制作的作品。

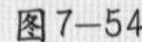

图7—54

图7—55

 技巧提示

混合模式不仅仅存在于“图层”面板中，而且在绘画工具和修饰工具的选项栏，以及“渐隐”“填充”“描边”命令和“图层样式”对话框中都包含有混合模式，也就是说，混合模式是贯穿于Photoshop的重要功能之一。

通常情况下，新建图层的混合模式为“正常”，也就是不产生任何混合效果，完全覆盖下层图层。除了“正常”以外，还有很多种混合模式，它们都可以产生迥异的合成效果。

如果要为图层设置混合模式，可以在“图层”面板中选择一个除“背景”以外的图层，单击面板顶部的下拉按钮，在弹出的下拉列表中选择一种混合模式。在这里可以看到列表中包含27种混合模式，这些混合模式按类型分为6组，如图7-56所示。

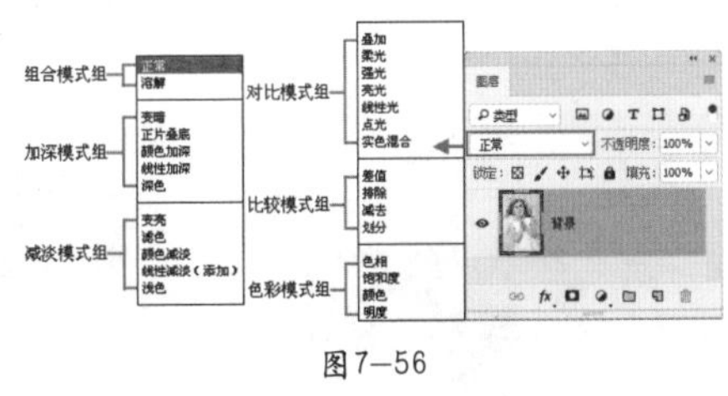

图7—56

7.4.1 组合模式组

- 技术速查：组合模式组中的混合模式需要降低图层的“不透明度”或“填充”数值才能起作用，这两个参数的数值越小，就越能看到下面的图像。
- 正常：是Photoshop默认的模式。“图层”面板中包含两个图层，如图7-57所示。在正常情况下，“不透明度”为100%，如图7-58所示。上层图像将完全遮盖住下层图像，只有降低“不透明度”数值后才能与下层图像相混合，如图7-59所示是设置“不透明度”为70%时的混合效果。
- 溶解：在“不透明度”和“填充”数值为100%时，该模式不会与下层图像相混合。只有这两个数值中的任何一个低于100%时才能产生效果，使透明度区域上的像素离散，如图7-60所示。

图7-57

图7-58

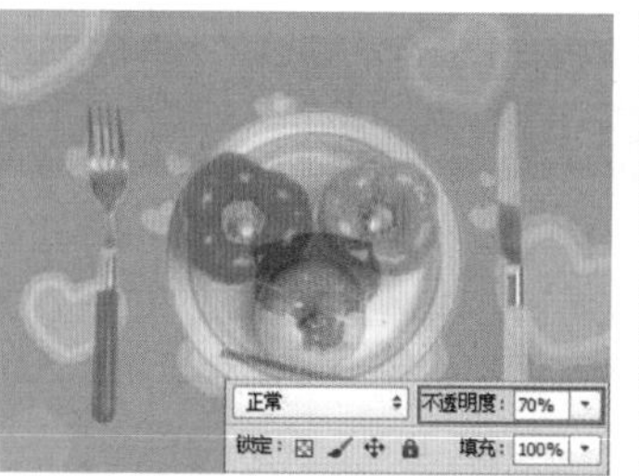
图7-59

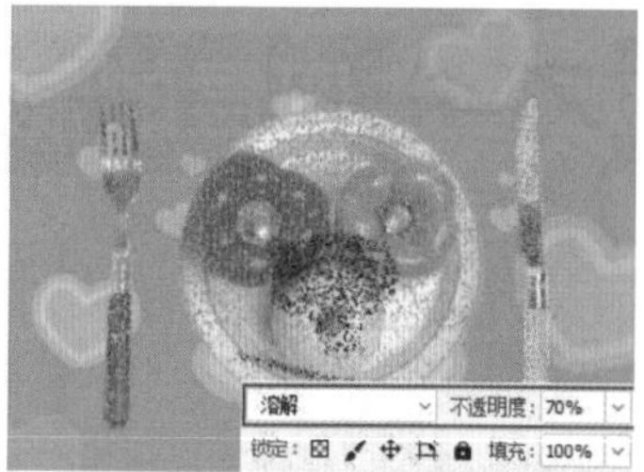
图7-60

7.4.2 加深模式组

- 技术速查：加深模式组中的混合模式可以使图像变暗。在混合过程中，当前图层的白色像素会被下层较暗的像素替代。
- 变暗：比较每个通道中的颜色信息，并选择基色或混合色中较暗的颜色作为结果色，同时替换比混合色亮的像素，而比混合色暗的像素保持不变，如图7-61所示。
- 正片叠底：任何颜色与黑色混合产生黑色，任何颜色与白色混合保持不变，如图7-62所示。

图7-61

图7-62

- 颜色加深：通过增加上下层图像之间的对比度来使像素变暗，与白色混合后不产生变化，如图7-63所示。
- 线性加深：通过减小亮度使像素变暗，与白色混合不产生变化，如图7-64所示。

图7-63

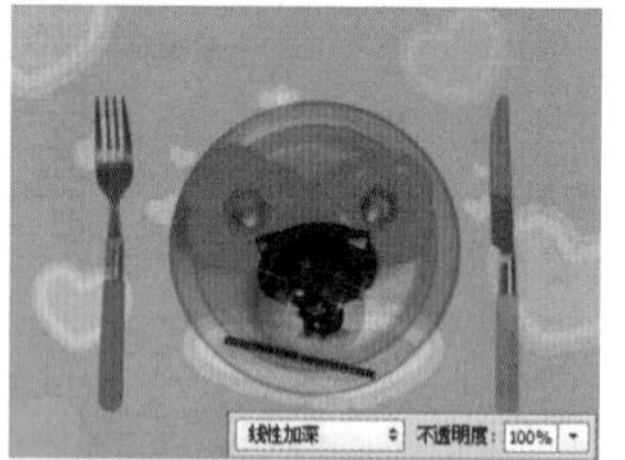
图7-64

- 深色：通过比较两个图像的所有通道的数值的总和，显示数值较小的颜色，如图7-65所示。

图7-65

★ 案例实战——制作漂亮的人体彩绘

案例文件	案例文件\第7章\制作漂亮的人体彩绘.psd
视频教学	视频文件\第7章\制作漂亮的人体彩绘.flv
难易指数	★★★★★
技术要点	线性加深

案例效果

本案例主要是通过使用线性加深工具制作漂亮的人体彩绘，如图7-66所示。

扫码看视频

图7-66

操作步骤

01 打开素材文件“1.jpg ”，如图7-67所示。执行“文件”>“置入嵌入对象”命令，置入文身素材“2. png”，栅格化该图层并调整大小和位置，如图7-68所示。

图7—67

图7—68

02 选中文身图层，设置花纹图层的混合模式为“线性加深”，调整图层的“不透明度”为64%，如图7-69所示。最终效果如图7-70所示。

图7—69

图7—70

7.4.3 减淡模式组

- 技术速查：减淡模式组与加深模式组产生的混合效果完全相反，它们可以使图像变亮。在混合过程中，图像中的黑色像素会被较亮的像素替换，而任何比黑色亮的像素都可能提亮下层图像。

- 变亮：比较每个通道中的颜色信息，并选择基色或混合色中较亮的颜色作为结果色，同时替换比混合色暗的像素，而比混合色亮的像素保持不变，如图7-71所示。
- 滤色：与黑色混合时颜色保持不变，与白色混合时产生白色，如图7-72所示。

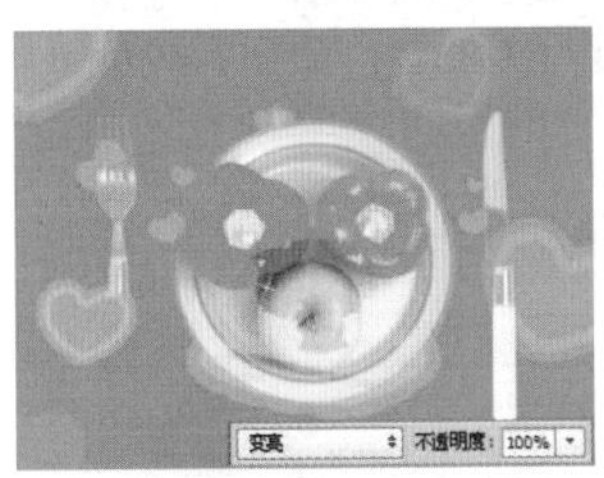

图7—71

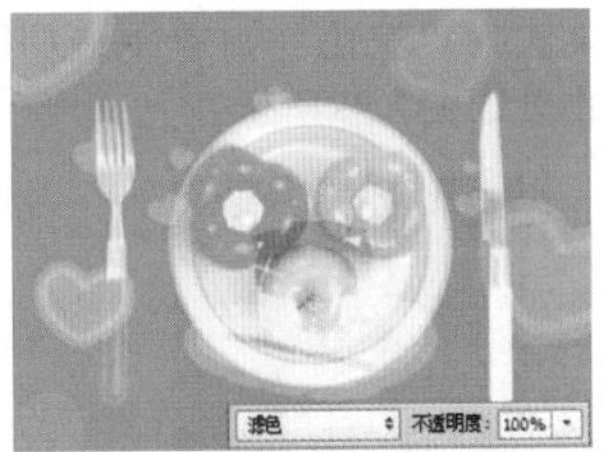

图7—72

- 颜色减淡：通过减小上下层图像之间的对比度来提亮底层图像的像素，如图7-73所示。
- 线性减淡（添加）：与“线性加深”模式产生的效果相反，可以通过提高亮度来减淡颜色，如图7-74所示。

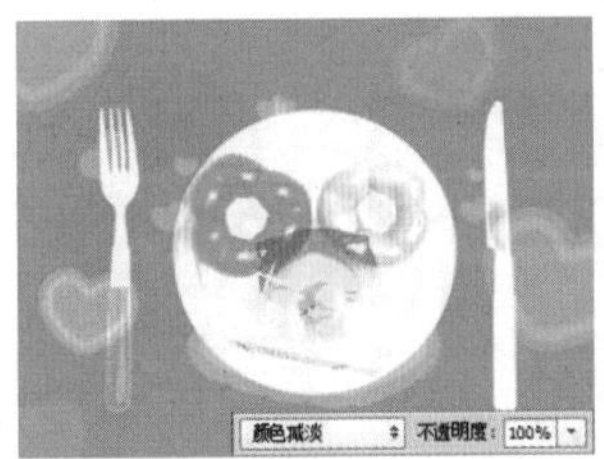

图7—73

图7—74

- 浅色：通过比较两个图像的所有通道的数值的总和，显示数值较大的颜色，如图7-75所示。

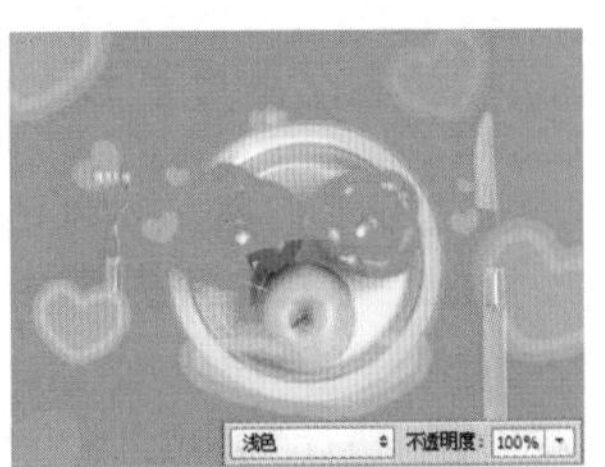

图7—75

★ 案例实战——使用混合模式制作梦幻色调

案例文件	案例文件\第7章\使用混合模式制作梦幻色调.psd
视频教学	视频文件\第7章\使用混合模式制作梦幻色调.flv
难易指数	★★★★★
技术要点	滤色

案例效果

本案例主要使用“滤色”混合模式打造梦幻色调的人像效果，如图7-76所示。

扫码看视频

图7—76

操作步骤

01 打开背景素材文件，如图7-77所示。

图7-77

02 执行“图层”>“新建调整图层”>“亮度/对比度”命令，设置“对比度”为28，如图7-78所示。效果如图7-79所示。

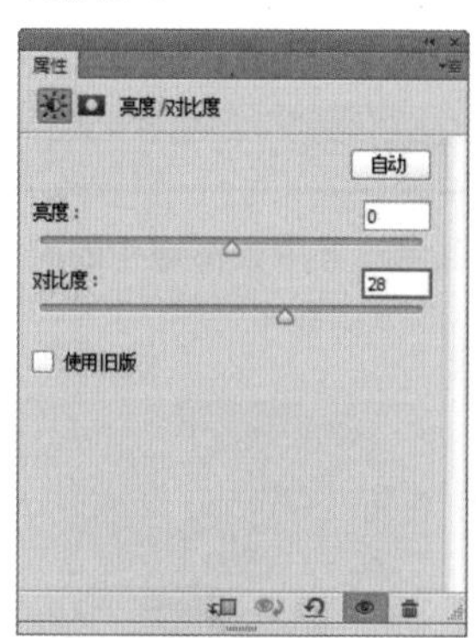

图7-78

图7-79

03 执行“图层”>“新建调整图层”>“色相/饱和度”命令，设置通道为“黄色”，“饱和度”为-81，如图7-80所示。效果如图7-81所示。

图7-80

图7-81

04 使用快速选择工具制作背景选区，如图7-82所示。执行“图层”>“新建调整图层”>“色相/饱和度”命令，以当前选区创建色相饱和度调整图层，并设置该图层的“不透明度”为33%，如图7-83所示。

图7-82

图7-83

05 设置“色相”为144，“饱和度”为40，“明度”为-10，如图7-84所示。效果如图7-85所示。

图7-84

图7-85

06 新建图层，使用柔边圆画笔，设置合适的前景色，在画面中绘制彩色效果，如图7-86所示。设置其混合模式为“滤色”，“不透明度”为85%，如图7-87所示。效果如图7-88所示。

图7-86

图7-87

图7-88

07 执行“图层”>“新建调整图层”>“曲线”命令，调整曲线的形状，如图7-89所示。最终效果如图7-90所示。

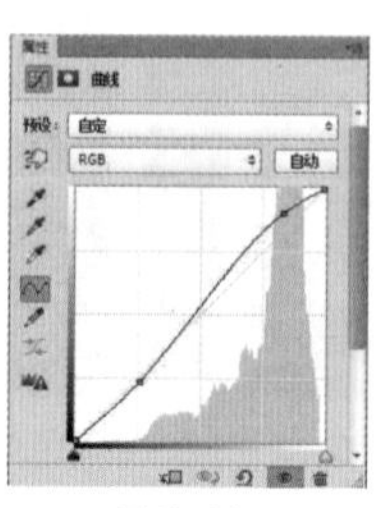

图7-89

图7-90

7.4.4 对比模式组

- 技术速查：对比模式组中的混合模式可以加强图像的差异。在混合时，50%的灰色会完全消失，任何亮度值高于50%灰色的像素都可能提亮下层的图像，亮度值低于50%灰色的像素则可能使下层图像变暗。
- 叠加：对颜色进行过滤并提亮上层图像，具体取决于底层颜色，同时保留底层图像的明暗对比，如图7-91所示。
- 柔光：使颜色变暗或变亮，具体取决于当前图像的颜色。如果上层图像比50%灰色亮，则图像变亮；如果上层图像比50%灰色暗，则图像变暗，如图7-92所示。
- 强光：对颜色进行过滤，具体取决于当前图像的颜色。如果上层图像比50%灰色亮，则图像变亮；如果上层图像比50%灰色暗，则图像变暗，如图7-93所示。
- 亮光：通过增加或减小对比度来加深或减淡颜色，具体取决于上层图像的颜色。如果上层图像比50%灰色亮，则图像变亮；如果上层图像比50%灰色暗，则图像变暗，如图7-94所示。

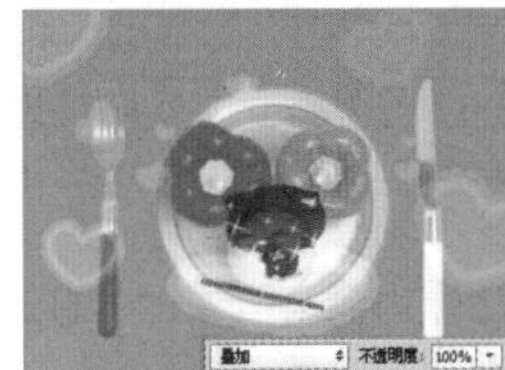
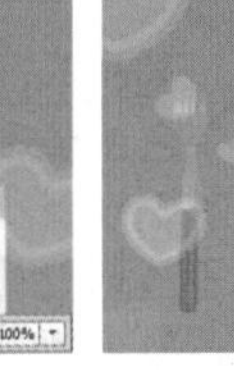

图7—91

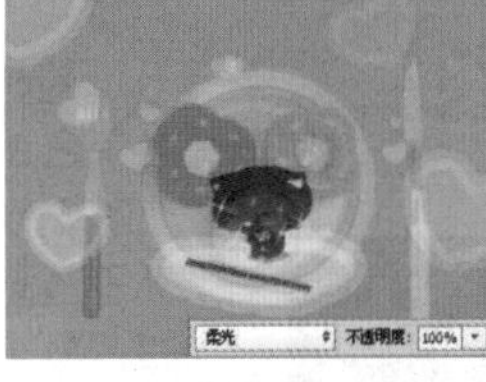

图7—92

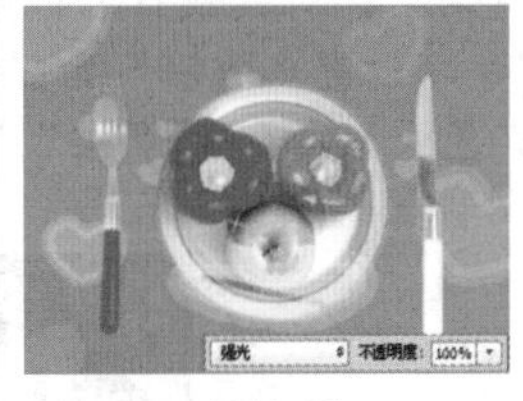

图7—93

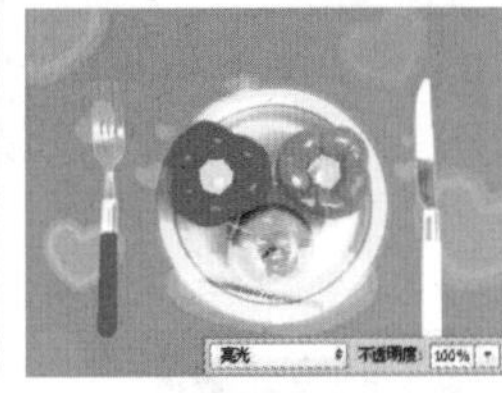

图7—94

- 线性光：通过减小或增加亮度来加深或减淡颜色，具体取决于上层图像的颜色。如果上层图像比50%灰色亮，则图像变亮；如果上层图像比50%灰色暗，则图像变暗，如图7-95所示。
- 点光：根据上层图像的颜色来替换颜色。如果上层图像比50%灰色亮，则替换比较暗的像素；如果上层图像比50%灰色暗，则替换较亮的像素，如图7-96所示。
- 实色混合：将上层图像的RGB通道值添加到底层图像的RGB值。如果上层图像比50%灰色亮，则使底层图像变亮；如果上层图像比50%灰色暗，则使底层图像变暗，如图7-97所示。

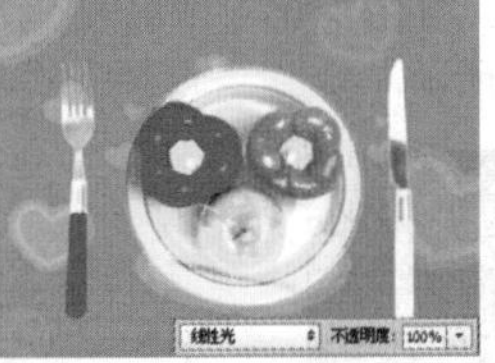

图7—95

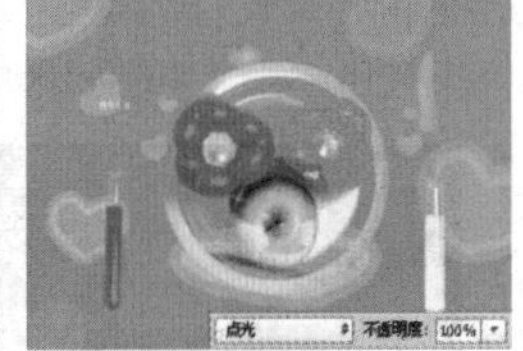

图7—96

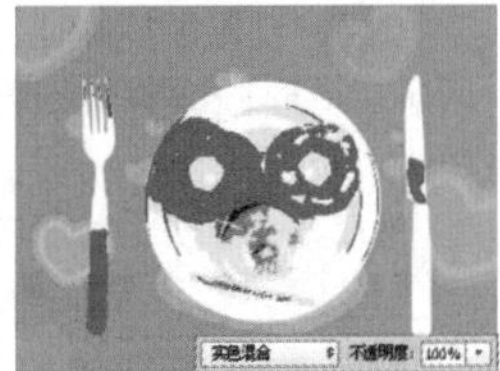

图7—97

★ 案例实战——使用混合模式快速打造高级棕色调

案例文件	案例文件\第7章\使用混合模式快速打造高级棕色调.psd
视频教学	视频文件\第7章\使用混合模式快速打造高级棕色调.flv
难易指数	★★★★★
技术要点	柔光、滤色、图层不透明度设置

案例效果

扫码看视频

本案例主要是使用混合模式和图层蒙版制作高级棕色调，如图7-98所示。

图7—98

操作步骤

01 打开背景素材文件，如图7-99所示。在“图层”面板中拖曳背景图层，到该面板底部的“创建新图层”按钮上，复制背景图层，如图7-100所示。

图7—99

图7—100

02 选择背景拷贝图层，如图7-101所示。按Shift+Ctrl+U组合键，执行“去色”命令，对背景副本进行去色，如图7-102所示。

图7-101

图7-102

03 继续复制背景图层，将其置于“图层”面板的顶部，命名为“智能锐化”。对其执行“滤镜”>“锐化”>“智能锐化”命令，设置“数量”为110%，“半径”为33像素，“减少杂色”为10%，“移去”为“高斯模糊”，如图7-103所示。效果如图7-104所示。

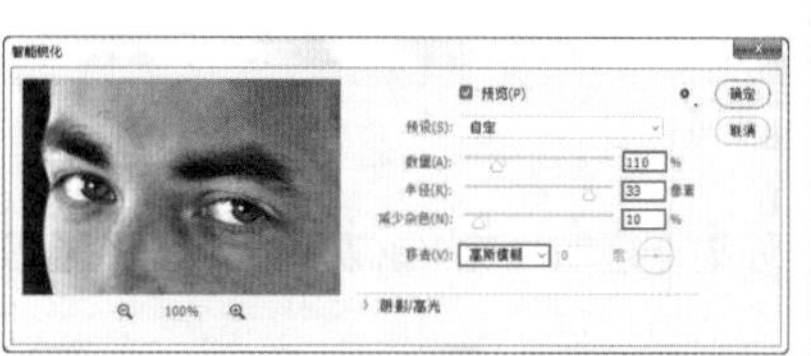
图7-103

图7-104

04 设置智能锐化图层的混合模式为“柔光”，如图7-105所示。此时画面整体颜色发生变化，效果如图7-106所示。

图7-105

图7-106

05 执行“图层”>“新建调整图层”>“曲线”命令，调整曲线的形状，如图7-107所示。使用黑色画笔在曲线调整图层蒙版中绘制画面四角部分，如图7-108所示。效果如图7-109所示。

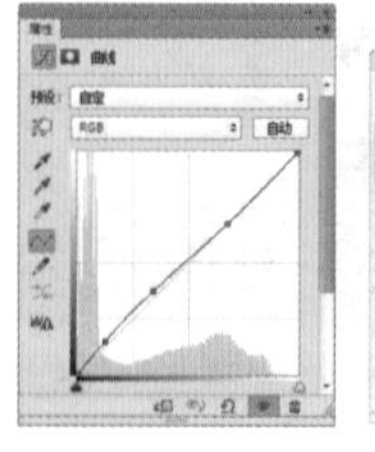
图7-107

图7-108

图7-109

06 新建图层，为其填充黑色，对其执行“滤镜”>“杂色”>“添加杂色”命令，设置“数量”为10%，选中“高斯分布”单选按钮，选中“单色”复选框，如图7-110所示。单击“确定”按钮结束操作，效果如图7-111所示。

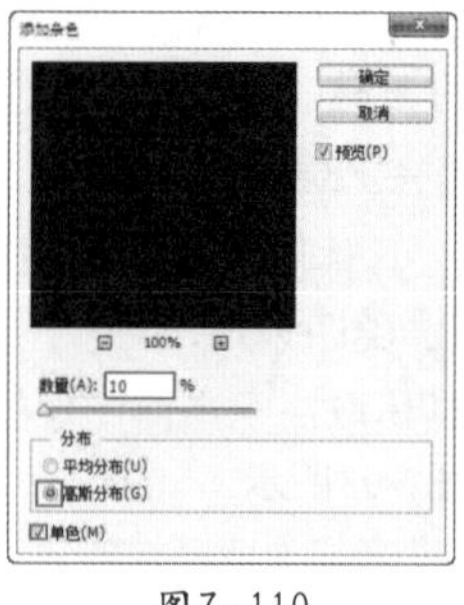
图7-110

图7-111

07 单击“图层”面板底部的“添加图层蒙版”按钮，为杂色图层添加图层蒙版，使用半透明的黑色柔边圆画笔在蒙版中绘制出半透明的效果。设置其混合模式为“滤色”，“不透明度”为51%，如图7-112所示。此时画面产生颗粒感，效果如图7-113所示。

图7-112

图7-113

08 执行“图层”>“新建调整图层”>“自然饱和度”命令，设置“自然饱和度”为+91，如图7-114所示。使用黑色画笔工具在人像眼睛以外的部分进行涂抹，如图7-115所示。效果如图7-116所示。

图7-114

图7-115

图7-116

09 在画面中输入文字并添加合适的图层样式，最终效果如图7-117所示。

图7-117

7.4.5 比较模式组

- 技术速查：比较模式组中的混合模式可以比较当前图像与下层图像，将相同的区域显示为黑色，不同的区域显示为灰色或彩色。如果当前图层中包含白色，那么白色区域会使下层图像反相，而黑色不会对下层图像产生影响。
- 差值：上层图像与白色混合将反转底层图像的颜色，与黑色混合则不产生变化，如图7-118所示。
- 排除：创建一种与“差值”模式相似，但对比度更低的混合效果，如图7-119所示。
- 减去：从目标通道中相应的像素上减去源通道中的像素值，如图7-120所示。
- 划分：比较每个通道中的颜色信息，然后从底层图像中划分上层图像，如图7-121所示。

图7—118

图7—119

图7—120

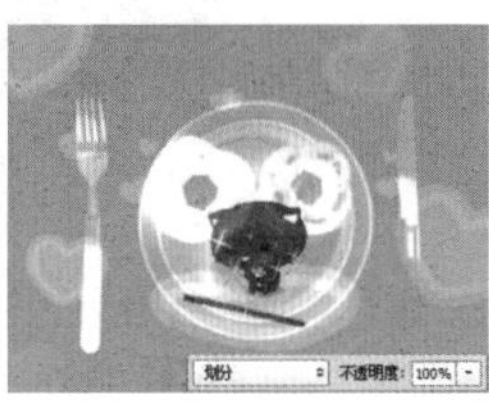
图7—121

7.4.6 色彩模式组

- 技术速查：使用色彩模式组中的混合模式时，Photoshop会将色彩分为色相、饱和度和亮度3种成分，然后再将其中的一种或两种应用在混合后的图像中。
- 色相：用底层图像的明亮度和饱和度以及上层图像的色相来创建结果色，如图7-122所示。
- 饱和度：用底层图像的明亮度和色相以及上层图像的饱和度来创建结果色，在饱和度为0的灰度区域应用该模式不会产生任何变化，如图7-123所示。
- 颜色：用底层图像的明亮度以及上层图像的色相和饱和度来创建结果色，这样可以保留图像中的灰阶，对于为单色图像上色或给彩色图像着色非常有用，如图7-124所示。
- 明度：用底层图像的色相和饱和度以及上层图像的明亮度来创建结果色，如图7-125所示。

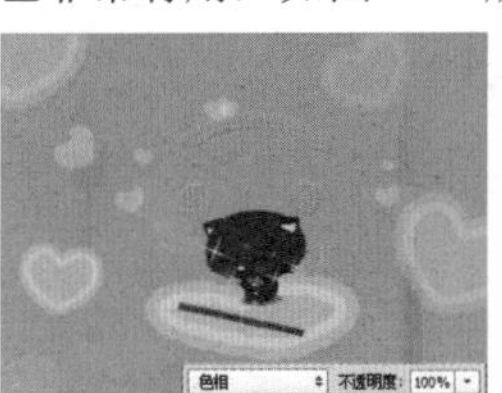
图7—122

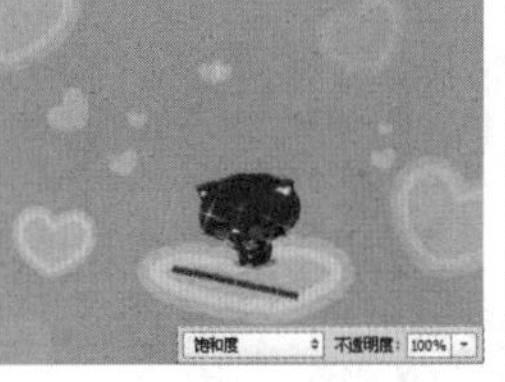
图7—123

图7—124

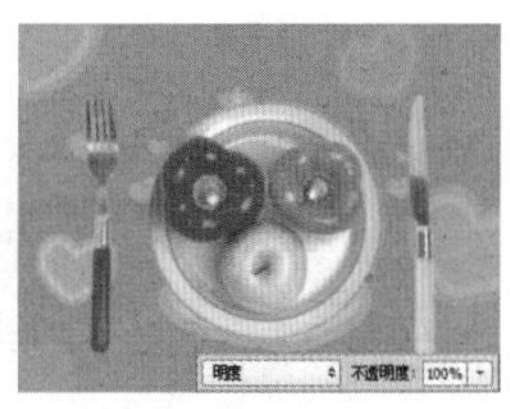
图7—125

★ 案例实战——打造清晨暖阳

案例文件	案例文件\第7章\打造清晨暖阳.psd
视频教学	视频文件\第7章\打造清晨暖阳.flv
难易指数	★★★★★
技术要点	强光、滤色、叠加

案例效果

本案例主要是通过使用强光、滤色、叠加等混合模式打造清晨暖阳色调，如图7-126所示。

扫码看视频

图7—126

操作步骤

01 打开素材“1.jpg”，如图7-127所示。新建图层，选择工具箱中的渐变工具，在选项栏中设置渐变类型为线性模式，单击打开渐变编辑器，在其中编辑一种橘黄色系的渐变色，在画面中从左上到右下方填充渐变。效果如图7-128所示。

图7—127

图7—128

02 设置渐变图层的混合模式为“强光”，单击“图层”面板底部的“添加图层蒙版”按钮，为其添加图层蒙版，使用渐变工具设置黑白色系的渐变，在蒙版中拖曳绘制，如图7-129所示。效果如图7-130所示。

图7—129

图7—130

03 新建图层，设置前景色为淡黄色，并为其填充前景色，如图7-131所示。以同样的方法为其添加图层蒙版，并使用黑色画笔在蒙版中涂抹画面右下角以及人像部分，设置其混合模式为“滤色”，效果如图7-132所示。

图7—131

图7—132

04 新建图层并将其填充为浅棕色，设置其混合模式为“叠加”，如图7-133所示。效果如图7-134所示。

图7—133

图7—134

05 新建图层，设置前景色为橘红色，使用半透明柔边圆画笔在画面中进行绘制，如图7-135所示。设置图层的混合模式为“滤色”。最后置入素材“2.png”，栅格化该图层，此时效果如图7-136所示。

图7—135

图7—136

☆ 视频课堂——使用混合模式打造创意饮品合成

扫码看视频

案例文件\第 7 章\视频课堂——使用混合模式打造创意饮品合成.psd
视频文件\第 7 章\视频课堂——使用混合模式打造创意饮品合成.flv
思路解析：

01 使用渐变填充、纯色填充、画笔工具制作背景。

02 置入饮料素材，栅格化该图层，通过调整图层调整颜色并使用图层蒙版将背景隐藏。

03 置入光效素材、水花素材、气泡素材等并将其栅格化，通过调整混合模式将其融入画面中。

04 置入其他装饰素材，右键单击该图层，执行“栅格化图层”命令，并通过创建曲线调整图层增强画面对比度。

7.5 自动对齐与自动混合图层

7.5.1 自动对齐图层

◎ 视频精讲：Photoshop新手学视频精讲课堂\21.自动对齐图层.flv

很多时候为了节约成本，拍摄全景图像时经常需要拍摄多张后在后期软件中进行拼接。使用“自动对齐图层”命令，可以根据不同图层中的相似内容（如角和边）自动对齐图层。可以指定一个图层作为参考图层，也可以让Photoshop自动选择参考图层，其他图层将与参考图层对齐，以便使匹配的内容能够自动进行叠加，如图7-137所示。

图7—137

将拍摄的多张图像置入到同一文件中，并摆放在合适位置将其栅格化，在“图层”面板中选择两个或两个以上的图层，如图7-138所示。然后执行“编辑>自动对齐图层”命令，打开“自动对齐图层”对话框，选择一种合适的方式，单击“确定“按钮”即可完成自动对齐图层的操作，如图7-139所示。

图7—138

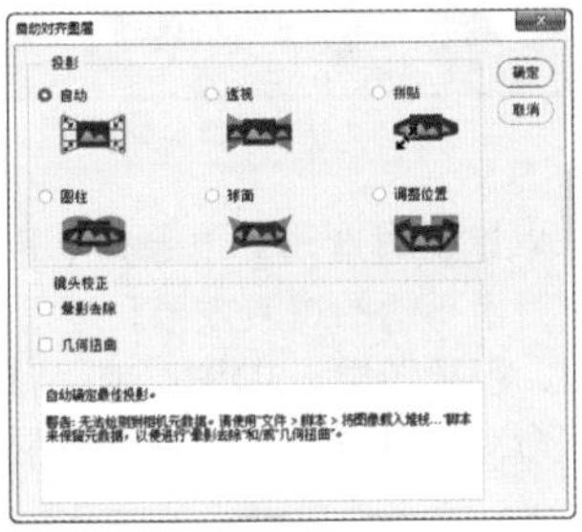

图7—139

◎ 自动：通过分析源图像并应用“透视”或“圆柱”版面。

◎ 透视：通过将源图像中的一张图像指定为参考图像来创建一致的复合图像，然后变换其他图像，以匹配图层的重叠内容。

◎ 圆柱：通过在展开的圆柱上显示各个图像来减少在“透视”版面中会出现的“领结”扭曲，同时图层的重叠内容仍然相互匹配。

◎ 球面：将图像与宽视角对齐（垂直和水平）。指定某个源图像（默认情况下是中间图像）作为参考图像以后，对其他图像执行球面变换，以匹配重叠的内容。

◎ 拼贴：对齐图层并匹配重叠内容，并且不更改图像中对象的形状（例如，圆形将仍然保持为圆形）。

◎ 调整位置：对齐图层并匹配重叠内容，但不会变换（伸展或斜切）任何源图层。

◎ 晕影去除：对导致图像边缘（尤其是角落）比图像中心暗的镜头缺陷进行补偿。

◎ 几何扭曲：补偿桶形、枕形或鱼眼失真。

技巧提示

自动对齐图像之后，可以执行“编辑”>“自由变换”命令来微调对齐效果。

★ 案例实战——自动对齐制作全景图

案例文件	案例文件\第7章\自动对齐制作全景图.psd
视频教学	视频文件\第7章\自动对齐制作全景图.flv
难易指数	★★★★★
技术要点	自动对齐

案例效果

本案例使用“自动对齐图层”功能将多张图片对齐后的效果如图7-140所示。

扫码看视频

图7—140

操作步骤

01 按Ctrl+N快捷键打开“新建”对话框，然后设置“宽度”为2560像素，“高度”为1024像素，“分辨率”为72像素/英寸，具体参数设置如图7-141所示。

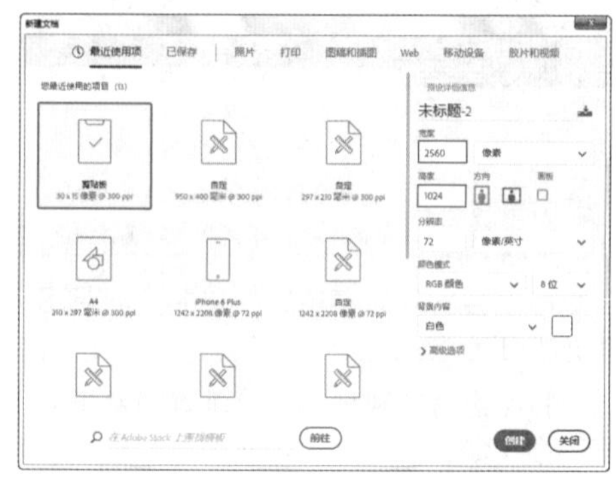

图7—141

02 按Ctrl+O快捷键，打开本书配套资源中的3张素材文件，然后按照顺序将素材分别拖曳到操作界面中，如图7-142所示。

图7—142

03 在“图层”面板中选择其中一个图层，然后按住Ctrl键的同时分别单击另外几个图层的名称（注意，不能单击图层的缩览图，因为这样会载入图层的选区），这样可以同时选择这些图层，如图7-143所示。

图7—143

技巧提示

在这里也可以先选择图层1，然后按住Shift键的同时单击图层4的名称或缩览图，这样也可以同时选择这4个图层。使用Shift键选择图层时，可以选择多个连续的图层，而使用Alt键选择图层时，可以选择多个连续或间隔开的图层。

04 执行“编辑”>“自动对齐图层”命令，在弹出的“自动对齐图层”对话框中选中“自动”单选按钮，如图7-144和图7-145所示。

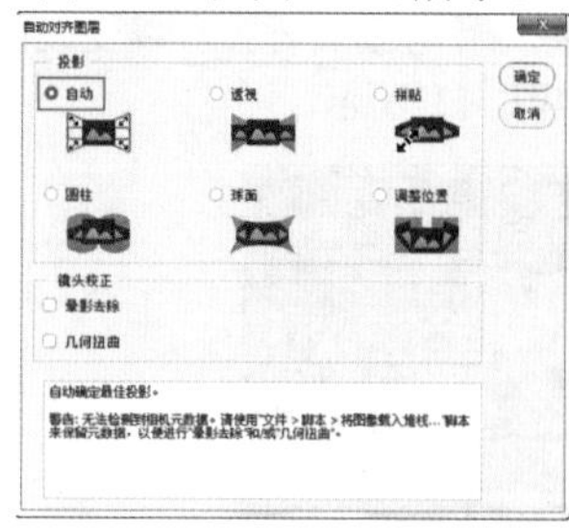

图7—144

图7—145

05 使用剪切工具，把图剪切整齐。此时，可以观察到这3张图像已经对齐了，并且图像之间毫无间隙，最终效果如图7-146所示。

图7—146

7.5.2 自动混合图层

- 视频精讲：Photoshop新手学视频精讲课堂\22.自动混合图层.flv
- 技术速查：“自动混合图层”功能是需要对每个图层应用图层蒙版，以遮盖过度曝光或曝光不足的区域或内容差异。使用“自动混合图层”命令可以缝合或者组合图像，从而在最终图像中获得平滑的过渡效果。

“自动混合图层”功能仅适用于RGB或灰度图像，不适用于智能对象、视频图层、3D图层或“背景”图层。选择两个或两个以上的图层，如图7-147所示。然后执行“编辑”>“自动混合图层”命令，打开“自动混合图层”对话框，设置合适的混合方式，如图7-148所示。即可将多个图层进行混合，如图7-149所示。

- 全景图：将重叠的图层混合成全景图。
- 堆叠图像：混合每个相应区域中的最佳细节。该选项最适合用于已对齐的图层。

图7—147

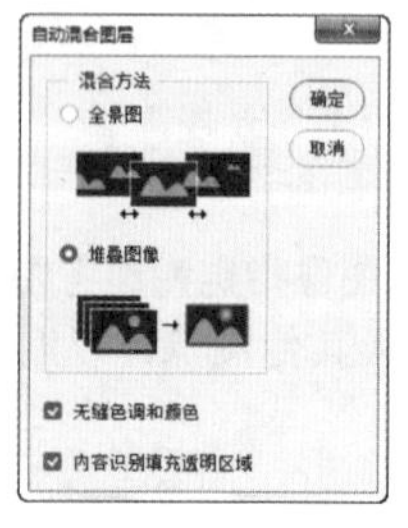

图7—148

图7—149

★ 案例实战——使用自动混合命令合成图像

案例文件	案例文件\第7章\使用自动混合命令合成图像.psd
视频教学	视频文件\第7章\使用自动混合命令合成图像.flv
难易指数	★★★★★
知识掌握	掌握自动混合的运用

案例效果

本案例使用“自动混合图层”功能将多张图像进行合成，如图7-150所示。

扫码看视频

图7-150

操作步骤

01 按Ctrl+O快捷键打开本书配套资源中的素材文件“1.psd”，如图7-151所示。在“图层”面板中同时选择图层1、2和3，如图7-152所示。

图7-151

图7-152

02 执行“编辑”>“自动混合图层”命令，接着在弹出的自动混合图层”对话框中设置“混合方法”为“堆叠图像”，如图7-153所示。最终效果如图7-154所示。

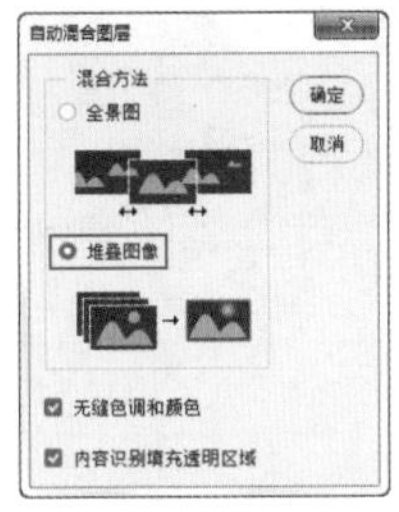

图7-153

图7-154

03 使用加深工具和减淡工具适当涂抹，然后置入前景装饰素材“2.png”，栅格化该图层，最终效果如图7-155所示。

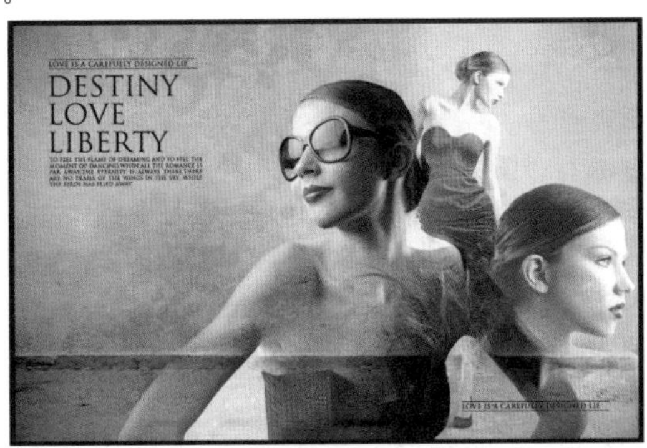

图7-155

7.6 使用图层样式

技术速查：使用图层样式可以快速为图层中的内容添加多种效果，如浮雕、描边、发光、投影等效果。

图层样式是用于模拟质感，制作特殊效果的“绝对利器”。尤其是涉及数码照片的创意合成时，图层样式更是必不可少的技术之一。如图7-156～图7-158所示为一些使用多种图层样式制作的作品。

图7-156

图7-157

图7-158

如果要为某个图层添加图层样式，首先需要选择该图层，然后执行“图层>图层样式”菜单下的子命令，如图7-159所示。打开“图层样式”对话框，在左侧列表中可以看到Photoshop中包含的多种图层样式，如图7-160所示。

图7-159

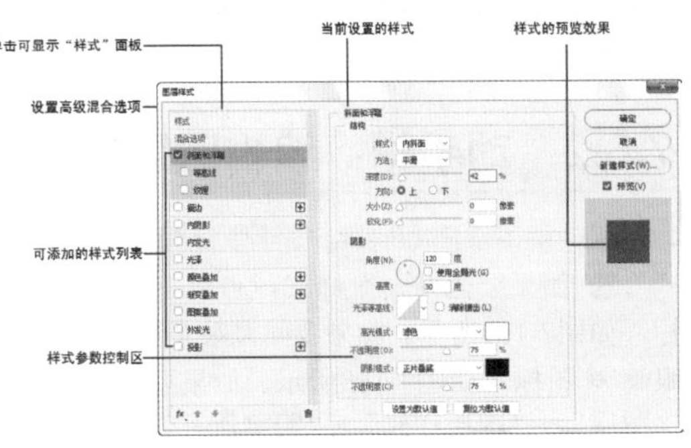

图7-160

这些图层样式从类型上基本包括“投影”“发光”“光泽”“叠加”和“描边”这样几种属性。如图7-161所示为分别使用了这十种图层样式的效果。当然，多种图层样式共同使用还可以制作出更加丰富的奇特效果。

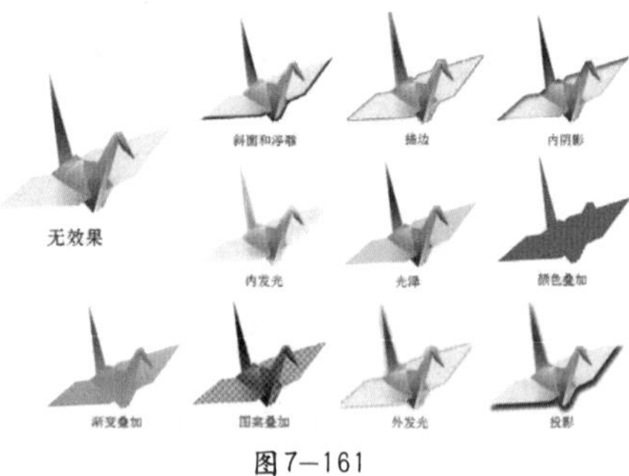

图7—161

读书笔记

7.6.1 动手学：添加图层样式

视频精讲：Photoshop新手学视频精讲课堂\71.图层样式的基本操作.flv

技术速查：“图层样式”对话框集合了全部的图层样式以及图层混合选项。在这里可以添加、删除或编辑图层样式。

01 执行“图层”>“图层样式”菜单下的子命令可以为图层添加图层样式，如图7-162所示。也可以在“图层”面板下单击“添加图层样式”按钮 fx，在弹出的菜单中选择一种样式，如图7-163所示。

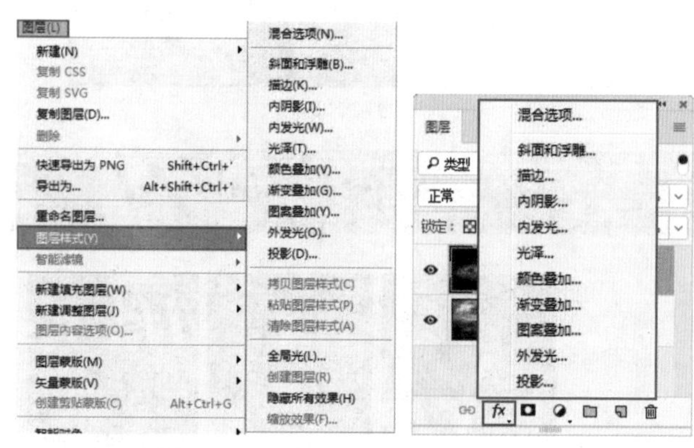

图7—162　　图7—163

02 单击一个样式的名称，可以选中该样式，同时切换到该样式的设置面板，如图7-164和图7-165所示。如果单击样式名称前面的复选框，则可以应用该样式，但不会显示样式设置面板。

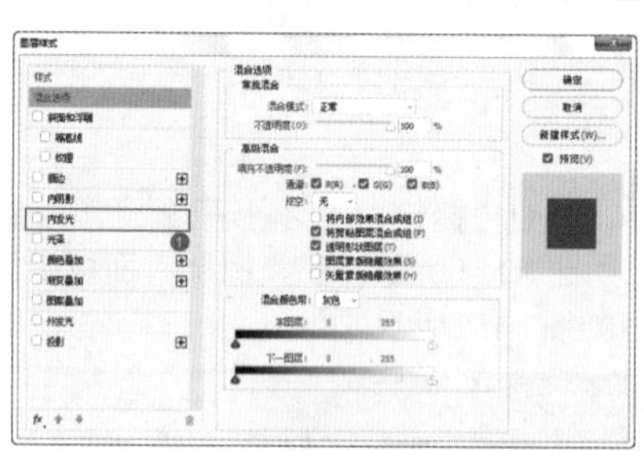

图7—164

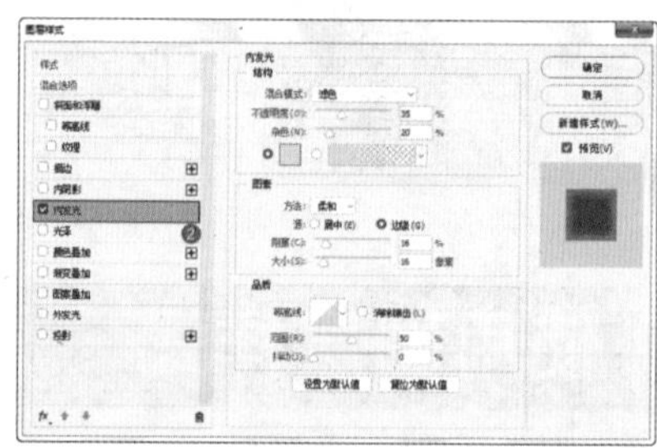

图7—165

03 在“图层样式”对话框中设置好样式参数后，单击“确定”按钮即可为图层添加样式，添加了样式的图层的右侧会出现一个 fx 图标，如图7-166所示。

图7—166

7.6.2 动手学：编辑图层样式

视频精讲：Photoshop新手学视频精讲课堂\71.图层样式的基本操作.flv

01 如果要隐藏一个样式，可以在“图层”面板中单击该样式前面的眼睛图标，如图7-167所示。如果要隐藏某个图层中的所有样式，可以单击“效果”前面的眼睛图标，如图7-168所示。如果要隐藏整个文档中图层的图层样式，可以执行“图层”>“图层样式”>“隐藏所有效果”命令。

图7—167

图7—168

02 如果需要修改当前图层样式的参数，再次对图层执行“图层”>“图层样式”命令或在“图层”面板中双击该样式的名称，即可修改某个图层样式的参数，弹出“图层样式”面板进行参数的修改即可，如图7-169和图7-170所示。

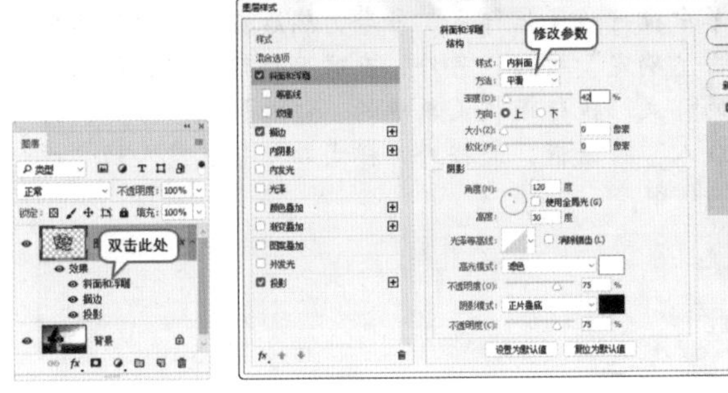

图7—169　　图7—170

03 当文档中有多个需要使用同样样式的图层时，可以进行图层样式的复制与粘贴。选择需要复制图层样式的图层，执行“图层”>“图层样式”>“拷贝图层样式”命令，或者在图层名称上单击鼠标右键，在弹出的快捷菜单中选择“拷贝图层样式”命令，接着选择目标图层，再执行“图层”>“图层样式”>“粘贴图层样式”命令，或者在目标图层的名称上单击鼠标右键，在弹出的快捷菜单中选择“粘贴图层样式”命令即可，如图7-171和图7-172所示。

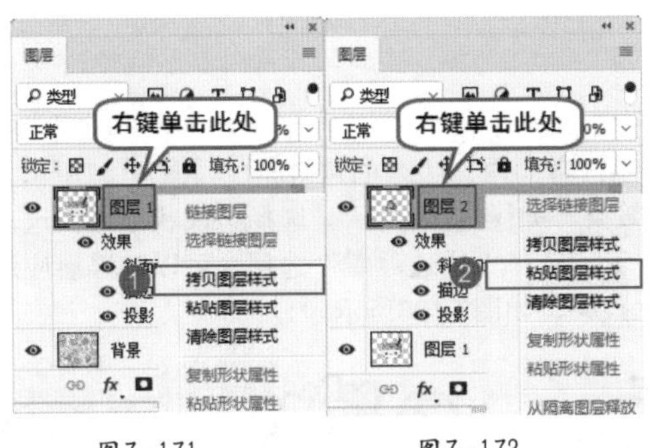

图7—171　　图7—172

技术拓展：复制或移动“图层样式”的快捷方法

按住Alt键的同时将“效果”拖曳到目标图层上，可以复制/粘贴所有样式，如图7—173所示；按住Alt键的同时将单个样式拖曳到目标图层上，可以复制/粘贴这个样式，如图7—174所示。需要注意的是，如果没有按住Alt键，则是将样式移动到目标图层中，原始图层不再有样式。

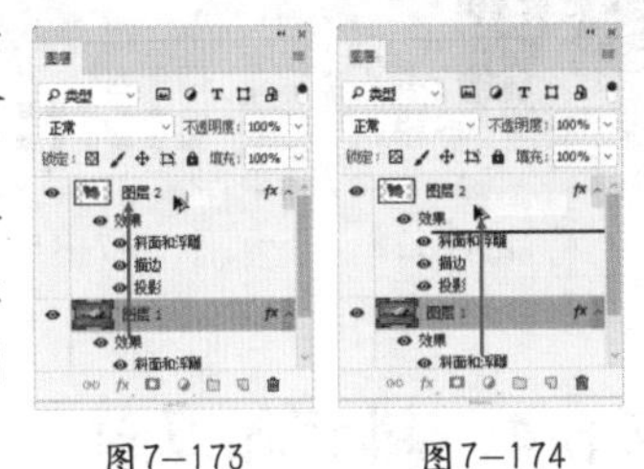

图7—173　　图7—174

04 如果想要清除某个图层样式，那么可以将某一样式拖曳到“删除图层”按钮上，如图7-175所示。如果要删除某个图层中的所有样式，可以选择该图层，然后执行“图层”>“图层样式”>“清除图层样式”命令，或在图层名称上单击鼠标右键，在弹出的快捷菜单中选择“清除图层样式”命令，如图7-176所示。

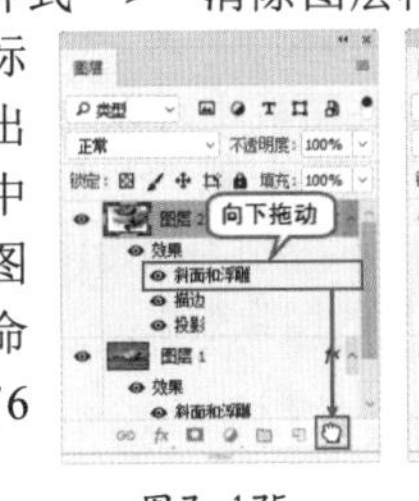

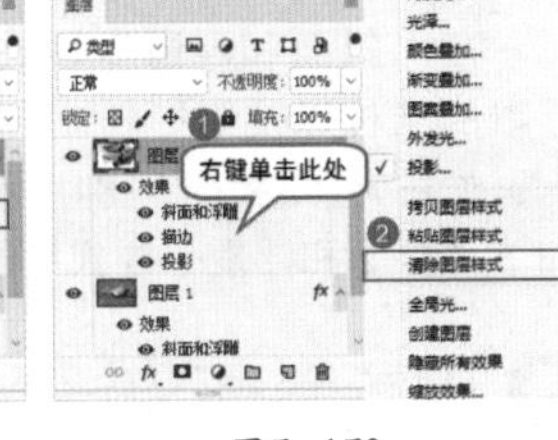

图7—175　　图7—176

05 如果想要将图层样式部分转换为与普通图层的其他部分一样进行编辑处理，可以选择图层样式图层，并执行“图层”>“栅格化”>“图层样式”命令，即可将当前图层的图层样式栅格化到当前图层中，如图7-177所示。

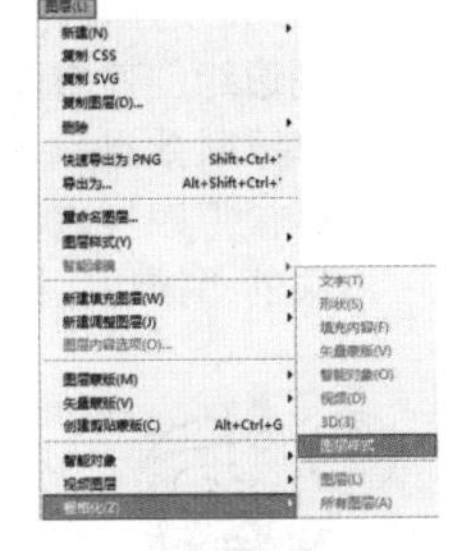

图7—177

7.6.3 使用“样式”面板快速为图层添加样式

- 视频精讲：Photoshop新手学视频精讲课堂\78.使用“样式”面板.flv
- 技术速查：在“样式”面板中可以快速地为图层添加样式，也可以创建新的样式或删除已有的样式。

执行“窗口”>“样式”命令，打开“样式”面板。在该面板的底部包含3个按钮，分别用于快速地清除、创建和删除样式。在面板菜单中可以更改显示方式，还可以复位、载入、存储、替换图层样式，如图7-178所示。

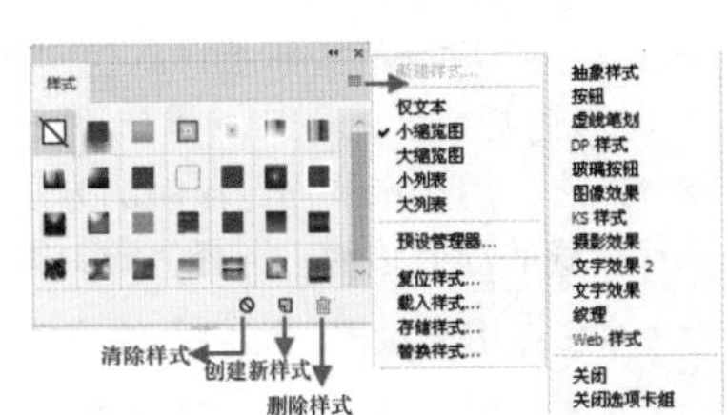

图7—178

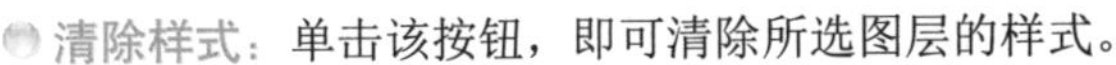

- 清除样式：单击该按钮，即可清除所选图层的样式。
- 创建新样式：如果要将效果创建为样式，可以在“图层”面板中选择添加了效果的图层，然后单击“样式”面板中的创建新样式按钮，打开“新建样式”对话框，设置选项并单击“确定”按钮，即可创建样式。
- 删除样式：将“样式”面板中的一个样式拖动到删除样式按钮上，即可将其删除。按住Alt 键单击一个样式，则可直接将其删除。

选中某个图层，如图7-179所示。单击“样式”面板中的某个样式，如图7-180所示。即可为该图层添加相应样式，如图7-181所示。

图7—179

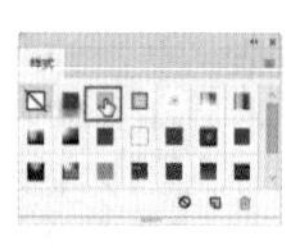

图7—180

图7—181

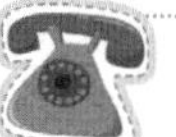

答疑解惑：如何将“样式”面板中的样式恢复到默认状态？

如果要将样式恢复到默认状态，可以在“样式”面板菜单中执行“复位样式”命令，然后在弹出的对话框中单击“确定”按钮。另外，在这里介绍一下如何载入外部的样式。执行面板菜单中的“载入样式”命令，打开“载入”对话框，选择外部样式即可将其载入到“样式”面板中。

7.6.4 斜面和浮雕

- 视频精讲：Photoshop新手学视频精讲课堂\72.斜面与浮雕样式.flv
- 技术速查：“斜面和浮雕”样式可以为图层添加高光与阴影，使图像产生立体的浮雕效果，常用于立体文字的模拟。

在“斜面和浮雕”参数面板中可以对斜面和浮雕的结构以及阴影属性进行设置，如图7-182所示。如图7-183和图7-184所示分别为原始图像与添加了“斜面和浮雕”样式后的图像效果。

图7—182　　图7—183　　图7—184

设置斜面和浮雕

- 样式：选择斜面和浮雕的样式。如图7-185所示为未添加任何效果的原图片。选择“外斜面”选项，可以在图层内容的外侧边缘创建斜面，如图7-186所示。选择“内斜面”选项，可以在图层内容的内侧边缘创建斜面，如图7-187所示。选择“浮雕效果”选项，可以使图层内容相对于下面图层产生浮雕状的效果，如图7-188所示。选择“枕状浮雕”选项，可以模拟图层内容的边缘嵌入到下层图层中产生的效果，如图7-189所示。选择“描边浮雕”选项，可以将浮雕应用于图层的“描边”样式的边界，如果图层没有“描边”样式，则不会产生效果，如图7-190所示。

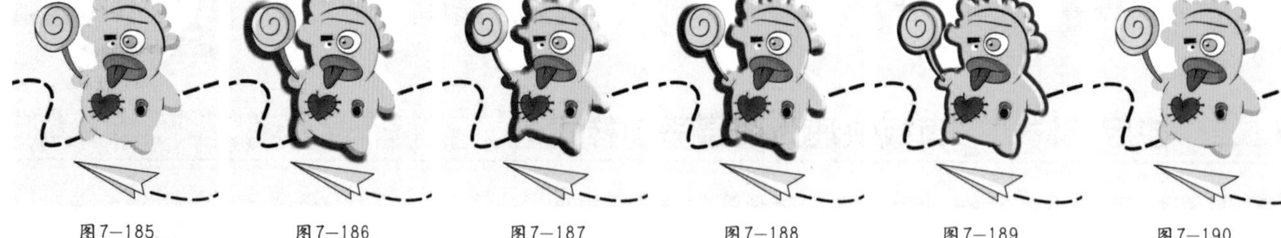

图7—185　　图7—186　　图7—187　　图7—188　　图7—189　　图7—190

- 方法：用来选择创建浮雕的方法。选择“平滑”选项，可以得到比较柔和的边缘；选择“雕刻清晰”选项，可以得到最精确的浮雕边缘；选择“雕刻柔和”选项，可以得到中等水平的浮雕效果。
- 深度：用来设置浮雕斜面的应用深度，该值越大，浮雕的立体感越强。
- 方向：用来设置高光和阴影的位置，该选项与光源的角度有关。
- 大小：表示斜面和浮雕的阴影面积的大小。
- 软化：用来设置斜面和浮雕的平滑程度。
- 角度/高度：“角度”选项用来设置光源的发光角度；“高度”选项用来设置光源的高度。
- 使用全局光：如果选中该复选框，那么所有浮雕样式的光照角度都将保持在同一个方向。

- 光泽等高线：选择不同的等高线样式，可以为斜面和浮雕的表面添加不同的光泽质感，也可以自己编辑等高线样式。
- 消除锯齿：当设置了光泽等高线时，斜面边缘可能会产生锯齿，选中该复选框可以消除锯齿。
- 高光模式/不透明度：这两个选项用来设置高光的混合模式和不透明度，后面的色块用于设置高光的颜色。
- 阴影模式/不透明度：这两个选项用来设置阴影的混合模式和不透明度，后面的色块用于设置阴影的颜色。

设置等高线

单击“斜面和浮雕”样式下面的“等高线”选项，切换到“等高线”设置面板，如图7-191所示。使用“等高线”可以在浮雕中创建凹凸起伏的效果，如图7-192～图7-195所示。

图7—191

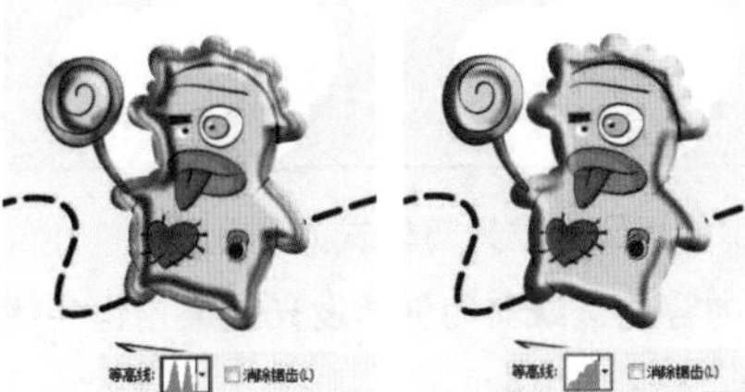

图7—192

图7—193

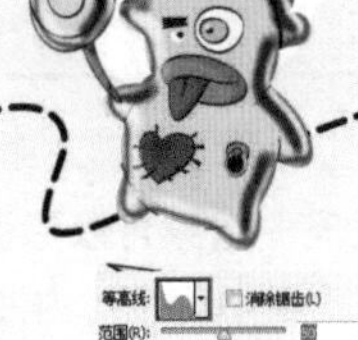

图7—194

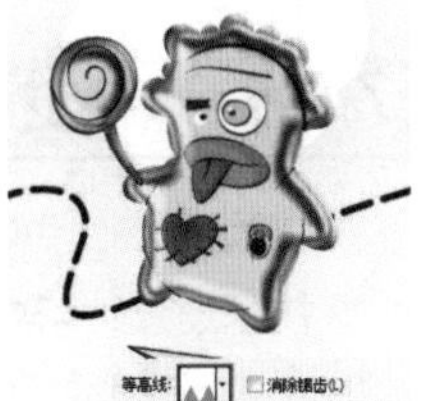

图7—195

设置纹理

单击“等高线”选项下面的“纹理”选项，切换到“纹理”设置面板，如图7-196所示。效果如图7-197和图7-198所示。

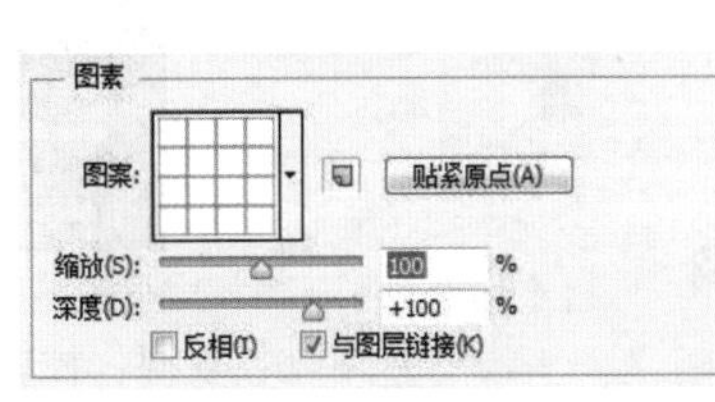

图7—196

图7—197　　图7—198

7.6.5 描边

- 视频精讲：Photoshop新手学视频精讲课堂\73.“描边”样式.flv
- 技术速查：“描边”样式可以使用颜色、渐变以及图案来描绘图像的轮廓边缘。

在“描边”选项组中可以对描边大小、位置、混合模式、不透明度、填充类型以及填充内容进行设置，如图7-199所示。如图7-200~图7-202所示为颜色描边、渐变描边、图案描边效果。

图7—199

图7—200

图7—201

图7—202

7.6.6 内阴影

- 视频精讲：Photoshop新手学视频精讲课堂\74.“内阴影”样式与“投影”样式.flv
- 技术速查：“内阴影”样式可以在紧靠图层内容的边缘内添加阴影，使图层内容产生凹陷效果。

在“内阴影”参数面板中可以对内阴影的结构以及品质进行设置，如图7-203所示。如图7-204和图7-205所示分别为原始图像、添加了“内阴影”样式后的效果。

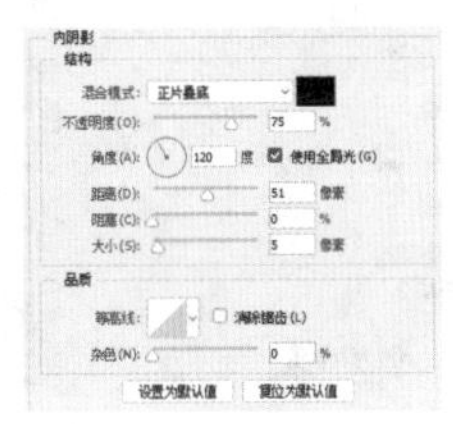

图7—203

图7—204

图7—205

“内阴影”与“投影”的参数设置基本相同，只不过“投影”是用“扩展”选项来控制投影边缘的柔化程度，而“内阴影”是通过“阻塞”选项来控制的。“阻塞”选项可以在模糊之前收缩内阴影的边界，如图7-206所示。另外，“大小”选项与“阻塞”选项是相互关联的，“大小”数值越大，可设置的“阻塞”范围就越大，如图7-207所示。

图7—206

图7—207

7.6.7 内发光

- 视频精讲：Photoshop新手学视频精讲课堂\75.内发光与外发光效果.flv
- 技术速查：“内发光”效果可以沿图层内容的边缘向内创建发光效果，也会使对象出现些许的“突起感”。

在“内发光”参数面板中可以对内发光的结构、图素以及品质进行设置，如图7-208所示。如图7-209和图7-210所示分别为原始图像以及添加了“内发光”样式后的图像效果。

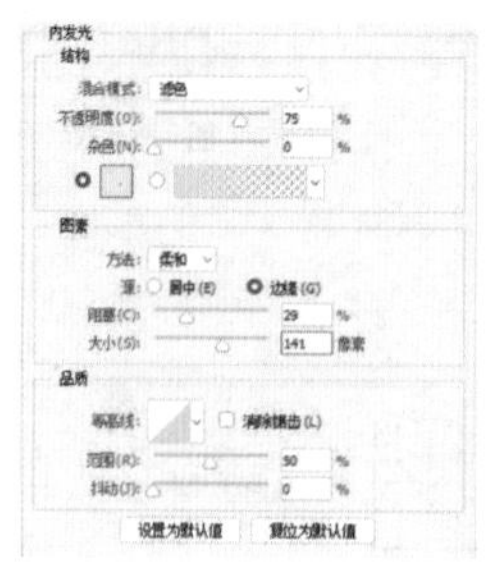

图7—208

图7—209

图7—210

- 混合模式：设置发光效果与下面图层的混合方式。
- 不透明度：设置发光效果的不透明度。
- 杂色：在发光效果中添加随机的杂色效果，使光晕产生颗粒感。
- 发光颜色：单击“杂色”选项下面的颜色块，可以设置发光颜色；单击颜色块后面的渐变条，可以在“渐变编辑器”对话框中选择或编辑渐变色。
- 方法：用来设置发光的方式。选择“柔和”选项，发光效果比较柔和；选择“精确”选项，可以得到精确的发光边缘。
- 源：控制光源的位置。
- 阻塞：用来在模糊之前收缩发光的杂边边界。
- 大小：设置光晕范围的大小。
- 等高线：使用等高线可以控制发光的形状。
- 范围：控制发光中作为等高线目标的部分或范围。
- 抖动：改变渐变的颜色和不透明度的应用。

7.6.8 光泽

- 视频精讲：Photoshop新手学视频精讲课堂\76.光泽效果.flv
- 技术速查：“光泽”样式可以为图像添加光滑的具有光泽的内部阴影，通常用来制作具有光泽质感的按钮和金属。

在“光泽”参数面板中可以对光泽的颜色、混合模式、不透明度、角度、距离、大小、等高线进行设置，如图7-211所示。“光泽”样式的参数没有特别的选项，这里就不再重复讲解。如图7-212和图7-213所示分别为原始图像与添加了“光泽”样式分别后的图像效果。

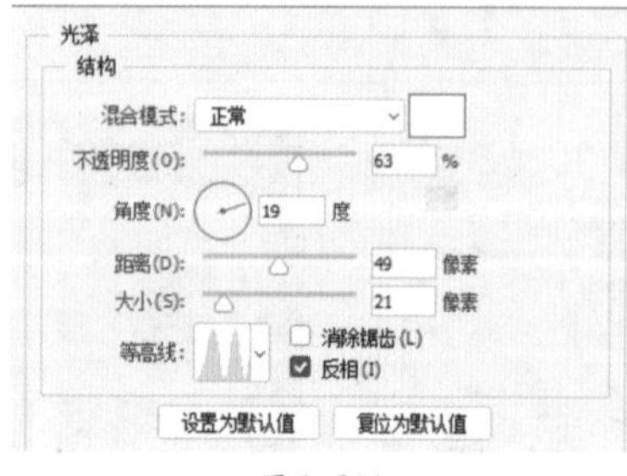

图7—211

图7—212

图7—213

7.6.9 颜色叠加

视频精讲：Photoshop新手学视频精讲课堂\77.颜色叠加、渐变叠加、图案叠加.flv

技术速查："颜色叠加"样式可以在图像上叠加设置的颜色，并且可以通过模式的修改调整图像与颜色的混合效果。

在"颜色叠加"参数面板中可以对"颜色叠加"的颜色、混合模式以及不透明度进行设置，如图7-214所示。如图7-215和图7-216所示分别为原始图像、添加了"颜色叠加"样式后的图像效果。

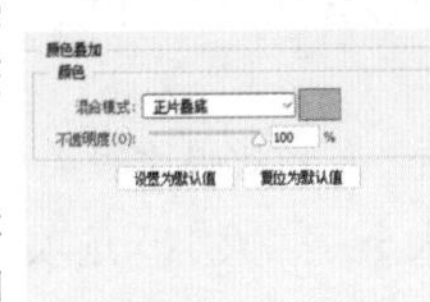
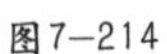

图7—214

图7—215

图7—216

7.6.10 渐变叠加

视频精讲：Photoshop新手学视频精讲课堂\77.颜色叠加、渐变叠加、图案叠加.flv

技术速查："渐变叠加"样式可以在图层上叠加指定的渐变色，渐变叠加不仅仅能够制作带有多种颜色的对象，更能够通过巧妙的渐变颜色设置制作出突起、凹陷等三维效果，以及带有反光的质感效果。

在"渐变叠加"参数面板中可以对渐变叠加的渐变颜色、混合模式、角度、缩放等参数进行设置，如图7-217所示。如图7-218和图7-219所示分别为原始图像以及添加了"渐变叠加"样式后的效果。

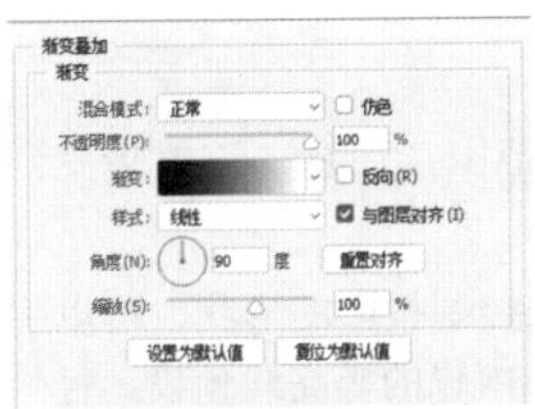

图7—217

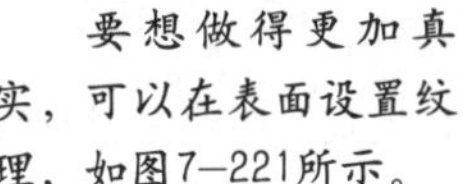

图7—218

图7—219

思维点拨：文字渐变

为文字制作渐变效果是模拟金属质感的一种方法，如图7—220所示。

图7—220

要想做得更加真实，可以在表面设置纹理，如图7—221所示。

图7—221

7.6.11 图案叠加

视频精讲：Photoshop新手学视频精讲课堂\77.颜色叠加、渐变叠加、图案叠加.flv

技术速查："图案叠加"样式可以在图像上叠加图案，与"颜色叠加""渐变叠加"样式相同，也可以通过混合模式的设置使叠加的图案与原图像进行混合。

在"图案叠加"参数面板中可以对"图案叠加"的图案、混合模式、不透明度等参数进行设置，如图7-222所示。如图7-223和图7-224所示分别为原始图像、添加了"图案叠加"样式后的图像效果。

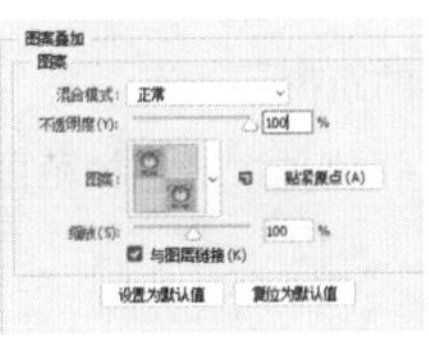

图7—222

图7—223

图7—224

7.6.12 外发光

视频精讲：Photoshop新手学视频精讲课堂\75.内发光与外发光效果.flv

技术速查："外发光"样式可以沿图层内容的边缘向外创建发光效果，可用于制作自发光效果以及人像或者其他对象的梦幻般的光晕效果。

在"外发光"参数面板中可以对外发光的结构、图素以及品质进行设置，如图7-225所示。如图7-226和图7-227所示分别为原始图像、添加了"外发光"样式后的图像效果。

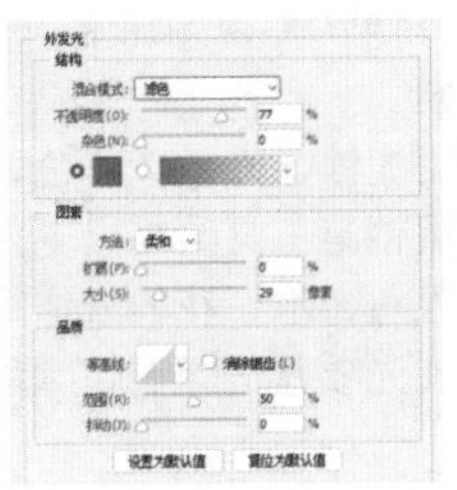

图7—225

图7—226

图7—227

- 混合模式/不透明度：“混合模式”选项用来设置发光效果与下面图层的混合方式；“不透明度”选项用来设置发光效果的不透明度。
- 杂色：在发光效果中添加随机的杂色效果，使光晕产生颗粒感。
- 发光颜色：单击“杂色”选项下面的颜色块，可以设置发光颜色；单击颜色块后面的渐变条，可以在“渐变编辑器”对话框中选择或编辑渐变色。
- 方法：用来设置发光的方式。选择“柔和”选项，发光效果比较柔和；选择“精确”选项，可以得到精确的发光边缘。
- 扩展/大小：“扩展”选项用来设置发光范围的大小；“大小”选项用来设置光晕范围的大小。

7.6.13 投影

- 视频精讲：Photoshop新手学视频精讲课堂\74.内阴影样式与投影样式.flv
- 技术速查：使用“投影”样式可以为图层模拟出向后的投影效果，可增强某部分层次感以及立体感，平面设计中常用于需要突显的文字中。

在“投影”参数面板中可以对“投影”的结构、品质进行设置，如图7-228所示。如图7-229和图7-230所示分别为添加投影样式前后的对比效果。

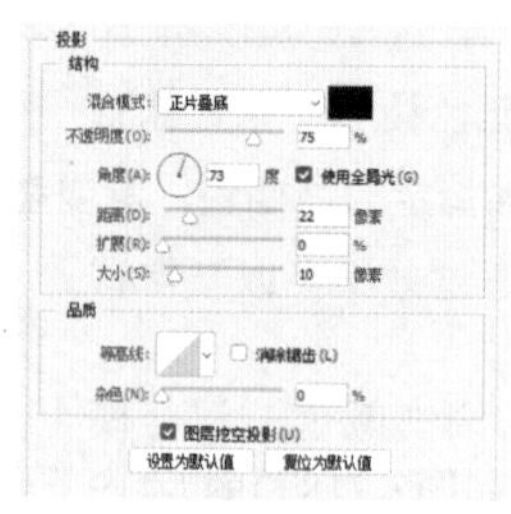

图7—228

图7—229

图7—230

- 混合模式：用来设置投影与下面图层的混合方式，默认设置为“正片叠底”模式。
- 阴影颜色：单击“混合模式”选项右侧的颜色块，可以设置阴影的颜色。
- 不透明度：设置投影的不透明度。数值越小，投影越淡。
- 角度：用来设置投影应用于图层时的光照角度，指针方向为光源方向，相反方向为投影方向。
- 使用全局光：当选中该复选框时，可以保持所有光照的角度一致；取消选中该复选框时，可以为不同的图层分别设置光照角度。
- 距离：用来设置投影偏移图层内容的距离。
- 大小：用来设置投影的模糊范围，该值越大，模糊范围越广，反之投影越清晰。
- 扩展：用来设置投影的扩展范围，注意，该值会受到“大小”选项的影响。
- 等高线：以调整曲线的形状来控制投影的形状，可以手动调整曲线形状，也可以选择内置的等高线预设。
- 消除锯齿：混合等高线边缘的像素，使投影更加平滑。该选项对于尺寸较小且具有复杂等高线的投影比较实用。
- 杂色：用来在投影中添加杂色的颗粒感效果，数值越大，颗粒感越强。
- 图层挖空投影：用来控制半透明图层中投影的可见性。选中该复选框后，如果当前图层的“填充”数值小于100%，则半透明图层中的投影不可见。

☆ 视频课堂——使用图层技术制作月色荷塘

案例文件\第7章\视频课堂——使用图层技术制作月色荷塘.psd
视频文件\第7章\视频课堂——使用图层技术制作月色荷塘.flv
思路解析：

01 使用泥沙、光效、彩色、水花等图层混合制作出背景。
02 使用钢笔工具绘制出主体形状，并为其添加图层样式。
03 置入鱼、水、花、人像等素材并将其栅格化。
04 添加光效并适当调整颜色。

扫码看视频

★ 综合实战——复古作旧风格招贴

实例文件	案例文件\第7章\复古作旧风格招贴.psd
视频教学	视频文件\第7章\复古作旧风格招贴.flv
难易指数	★★★★★
技术要点	混合模式、图层蒙版、画笔

案例效果

扫码看视频

本案例主要是使用混合模式、图层蒙版、画笔制作复古作旧风格招贴，如图7-231所示。

操作步骤

01 打开背景素材文件，如图7-232所示。置入照片素材“2.jpg”并将其置于画面中合适位置后将其栅格化。为其添加图层蒙版，隐藏画框外的部分，如图7-233所示。

图7—231

图7—232

图7—233

02 执行“编辑”>“预设”>“预设管理器”命令，在弹出的对话框中单击“载入”按钮，在弹出的窗口中选择画笔素材“3.abr”，单击“载入”按钮，载入裂痕笔刷，如图7-234所示。使用工具箱中的画笔工具，在“画笔预设”选取器中选择新载入的笔刷，如图7-235所示。

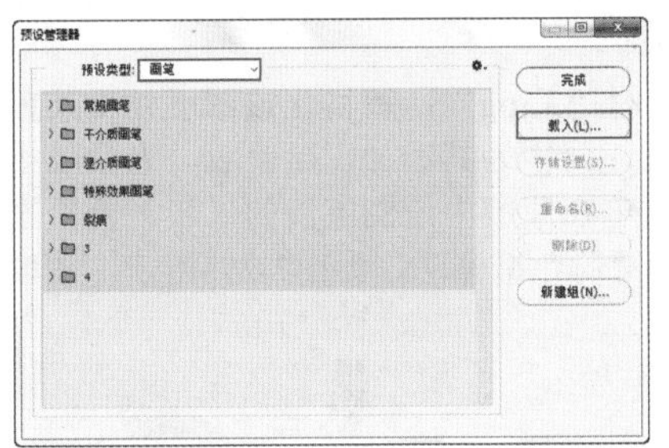

图7—234

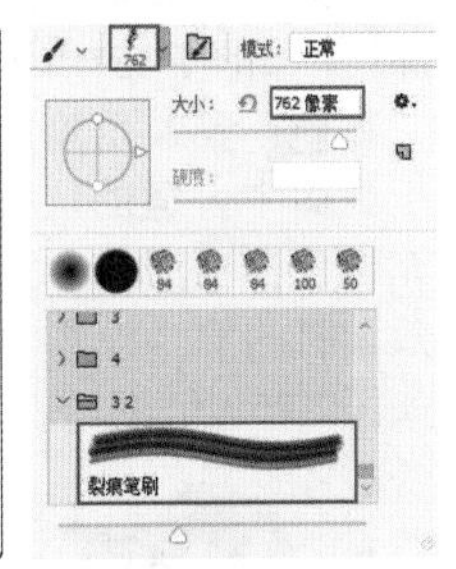

图7—235

03 设置前景色为黑色，在选项栏中设置画笔的“流量”为50%，如图7-236所示。新建图层并命名为“裂痕”，在照片边缘的位置绘制一些裂痕，并在“裂痕”图层上单击鼠标右键，在弹出的快捷菜单中选择“创建剪贴蒙版”命令，如图7-237所示。效果如图7-238所示。

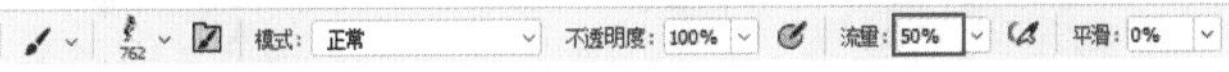

图7—236

图7—237

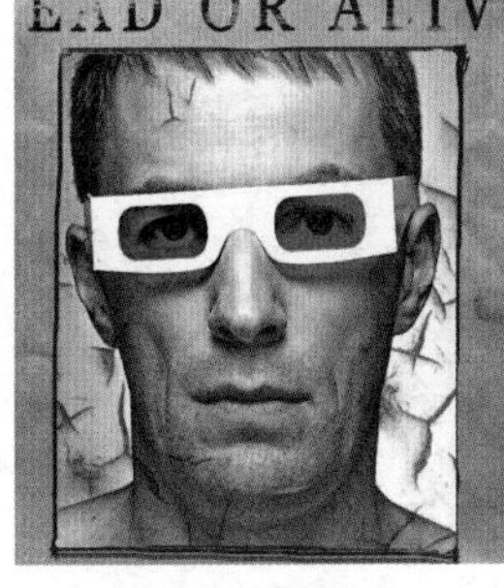

图7—238

04 设置“裂痕”图层的混合模式为“叠加”，如图7-239所示。设置“人像”图层的混合模式为“正片叠底”，如图7-240所示。最终效果如图7-241所示。

图7—239

图7—240

图7—241

★ 综合实战——欧美风格混合插画

案例文件	案例文件\第7章\欧美风格混合插画.psd
视频教学	视频文件\第7章\欧美风格混合插画.flv
难易指数	★★★★★
技术要点	混合模式以及图层样式

案例效果

扫码看视频

本案例主要是利用混合模式以及图层样式制作人像，如图7-242所示。

图7—242

操作步骤

01 打开本书配套资源素材“1.jpg”，如图7-243所

示。置入人像素材“2.jpg”，栅格化该图层，并将其命名为“人”，为其添加图层蒙版使背景部分隐藏，如图7-244所示。效果如图7-245所示。

图7-243

图7-244

图7-245

02 执行“图层”>“新建调整图层”>“色相/饱和度”命令，设置“饱和度”为-100，如图7-246所示。使用黑色“柔边圆”画笔在调整图层蒙版中绘制花朵部分，单击鼠标右键，在弹出的快捷菜单中选择“创建剪贴蒙版”命令，如图7-247所示。效果如图7-248所示。

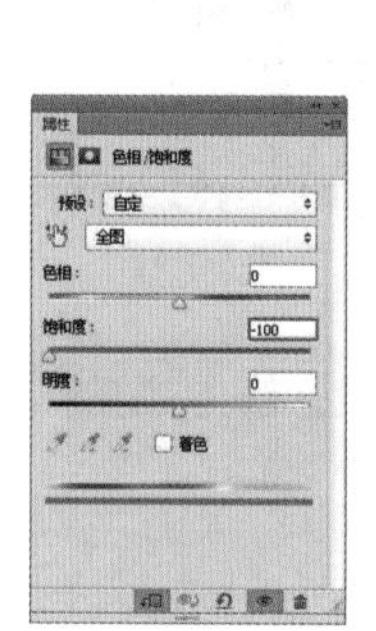
图7-246

图7-247

7-248

03 再次执行“图层”>“新建调整图层”>“曲线”命令，调整曲线形状，如图7-249所示。同样为其创建剪贴蒙版，效果如图7-250所示。

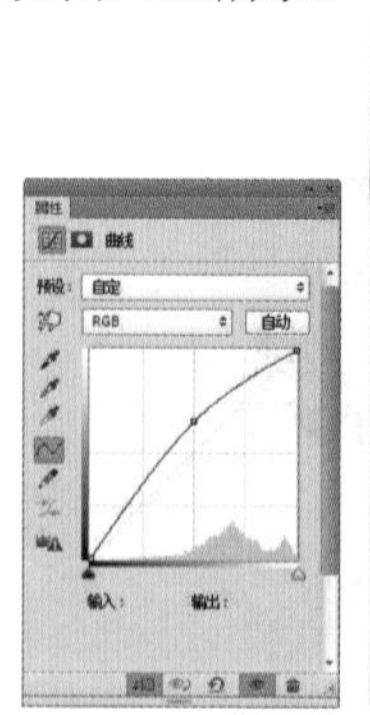
图7-249

图7-250

04 新建图层，设置前景色为紫色，使用柔边圆画笔在人物头发部分进行绘制，如图7-251所示，设置其“混合模式”为“叠加”，为其创建剪贴蒙版，如图7-252所示。效果如图7-253所示。

图7-251

图7-252

图7-253

05 再次新建图层，设置前景色为灰色，使用“硬边圆”画笔在人物眼睛处单击绘制圆形，如图7-254所示。设置“图层15”的混合模式为“颜色加深”，如图7-255所示。效果如图7-256所示。

图7-254

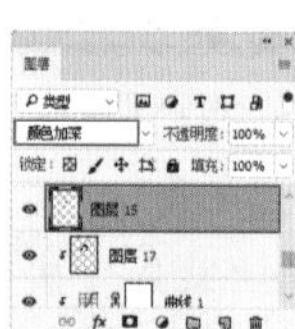
图7-255

图7-256

06 再次新建图层，设置前景色为黄色，分别绘制出人像面部及膝盖位置的形状，设置其混合模式为“颜色加深”，如图7-257所示。

07 置入光效素材“3.jpg”，栅格化该图层并将其置于画面中合适的位置，同样为其添加图层蒙版，为蒙版填充黑色，使用白色画笔在蒙版中绘制流淌的形状，设置光效素材的混合模式为“颜色减淡”，如图7-258所示。效果如图7-259所示。

图7-257

图7-258

图7-259

08 新建图层，使用椭圆选框工具，按住Shift键在画面中合适位置绘制正圆选区，使用渐变工具，在选项栏中编辑粉紫色的渐变，设置“渐变类型”为菱形，如图7-260所示。在选区内由中心向右进行绘制，如图7-261所示。

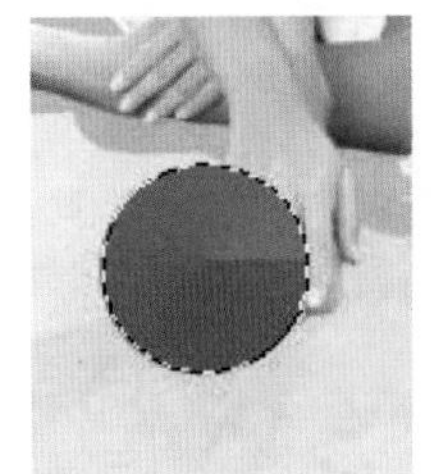

图7—260　　图7—261

09 使用横排文字工具，设置前景色为白色，设置合适的字号字体，输入合适文字。对其执行“图层”>“图层样式”>“投影”命令，设置“混合模式”为“正片叠底”，“不透明度”为75%，如图7-262所示。效果如图7-263所示。

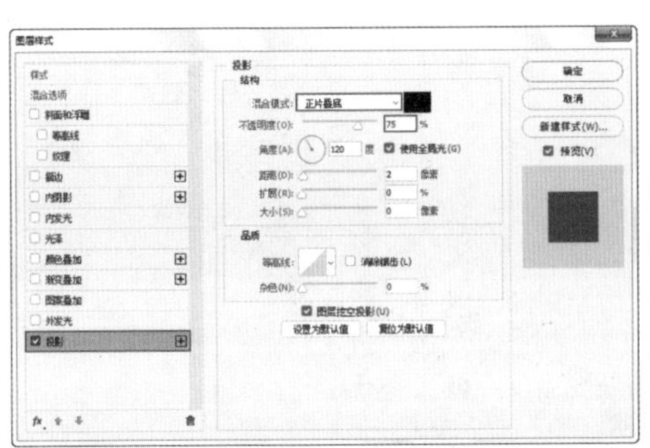

图7—262　　图7—263

10 复制光效图层，并将其置于图层面板顶部，为其添加图层蒙版，为蒙版填充黑色，使用椭圆选框工具在蒙版中绘制圆环的选区形状，设置绘制模式为“从选区中减去”，并为其填充白色，如图7-264所示。效果如图7-265所示。

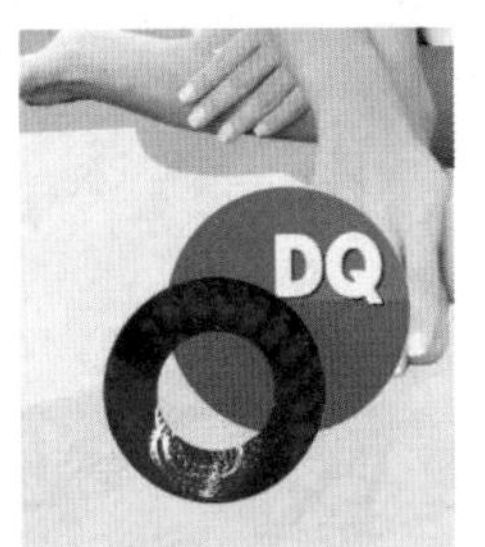

图7—264　　图7—265

11 选择文字图层，单击鼠标右键，在弹出的快捷菜单中选择“拷贝图层样式”命令，如图7-266所示。选择光效副本图层，单击鼠标右键，在弹出的快捷菜单中选择“粘贴图层样式”命令，如图7-267所示。效果如图7-268所示。

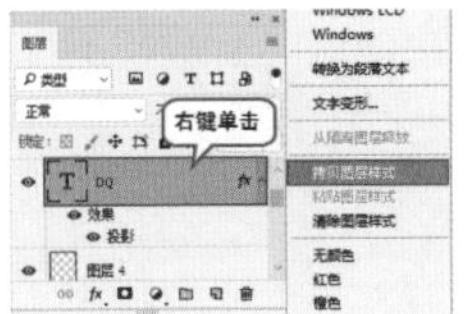

图7—266　　图7—267　　图7—268

12 再次置入光效素材“4.jpg”，栅格化该图层并将其置于画面中，为其添加图层蒙版，使用黑色画笔在蒙版中绘制多余部分，设置“光效2”的混合模式为“滤色”，如图7-269所示。效果如图7-270所示。

图7—269　　图7—270

课后练习

【课后练习——混合模式制作手掌怪兽】

思路解析：本案例通过不透明度的调整制作出木质背景效果，并通过多种混合模式的应用改变手掌的颜色，模拟怪兽的纹理。

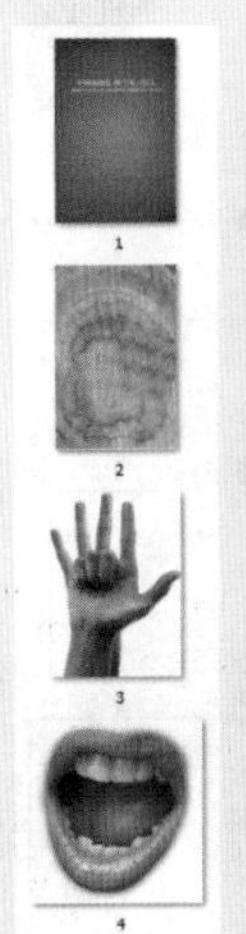

扫码看视频

本章小结

图层是Photoshop的核心内容之一，本章讲解的图层的混合与样式更是图层的精华功能，这两项功能几乎可以出现在大部分案例的制作中。图层混合包括了图层不透明度、混合模式以及高级混合的设置。而图层样式以其全面的参数设置可供用户单一或搭配使用，从而制作出丰富的质感特效。

第8章

通道

本章内容简介：

“通道”技术是Photoshop的核心技术之一。在数码照片处理中，“通道”技术主要应用于调色、抠像方向。本章从“通道”面板以及通道的基本操作方法开始，讲解通道在数码照片处理中的应用。进而学习通道的高级操作，配合典型案例练习使用通道进行调色、抠图、合成等操作。

本章学习要点：

- 掌握通道的基本操作方法
- 掌握通道调色思路与技巧
- 熟练掌握通道抠图法

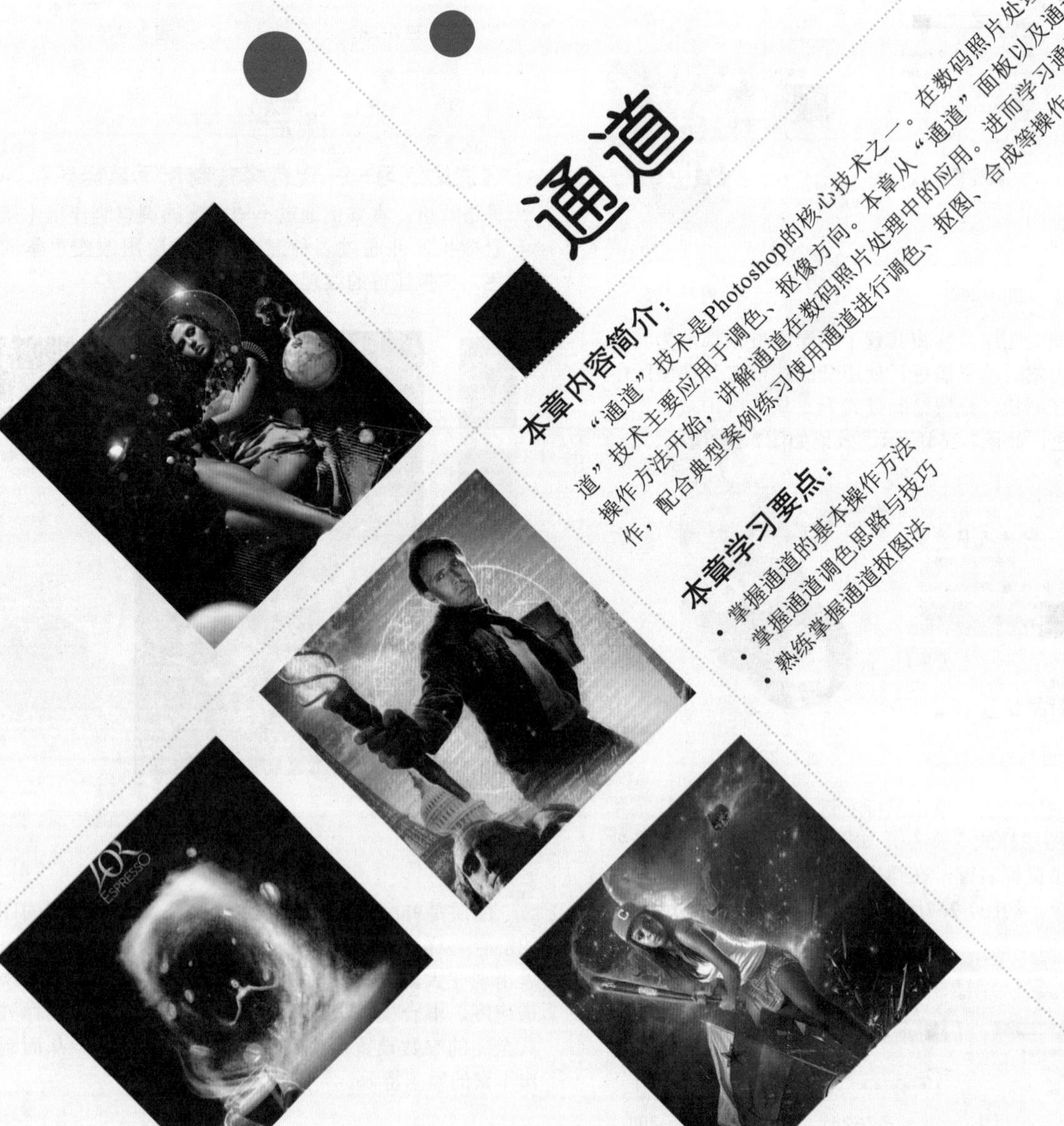

8.1 通道的相关知识

8.1.1 什么是通道

通道是用于存储图像颜色信息和选区信息等不同类型信息的灰度图像。在Photoshop中，只要是支持图像颜色模式的格式，都可以保留颜色通道；如果要保存Alpha通道，可以将文件存储为PDF、TIFF、PSB或 Raw 格式；如果要保存专色通道，可以将文件存储为DCS 2.0 格式。打开任意一张图像，在“通道”面板中能够看到Photoshop自动为这张图像创建颜色信息通道，如图8-1和图8-2所示。

图8—1

图8—2

思维点拨：基本色通道

每个图像都有一个或多个颜色通道，图像中默认的颜色通道数取决于其颜色模式，即一个图像的颜色模式将决定其颜色通道的数量。例如，CMYK图像默认有4个通道，分别为青色、洋红、黄色、黑色。在默认情况下，位图模式、灰度、双色调和索引颜色图像只有一个通道。RGB和Lab图像有3个通道，CMYK图像有4个通道。基本色通道就是将构成整体图像的颜色信息整理并表现为单色图像的工具。根据图像颜色模式的不同，颜色通道的类型也各异。例如，RGB 颜色模式就是利用Red、Green和Blue这3种基本色调来表现繁多的颜色的，将基本色相混合成各种浓度，可以表现出多姿多彩的彩色图像。

8.1.2 通道类型

在Photoshop中包含3种类型的通道，分别是颜色通道、Alpha通道和专色通道。

- 颜色通道：是将构成整体图像的颜色信息整理并表现为单色图像的工具。根据图像颜色模式的不同，颜色通道的数量也不同。例如，RGB模式的图像有RGB、红、绿、蓝4个通道，如图8-3所示；CMYK颜色模式的图像有CMYK、青色、洋红、黄色、黑色5个通道，如图8-4所示。

图8—3

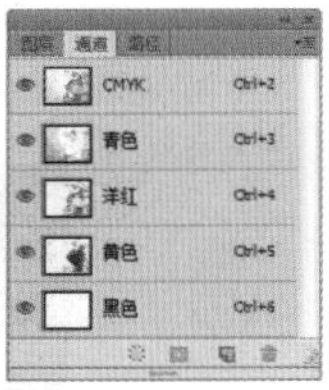

图8—4

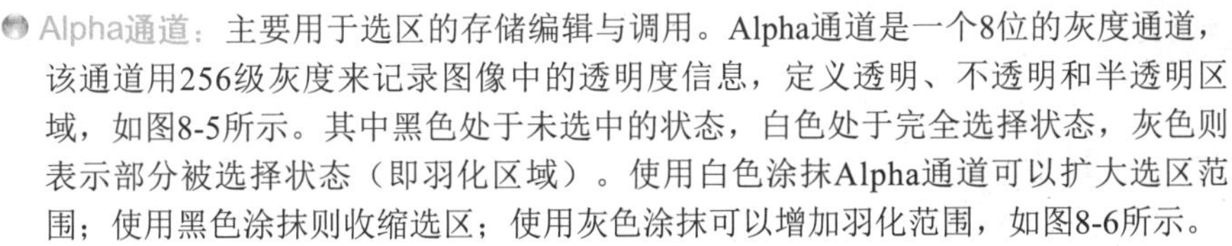

- Alpha通道：主要用于选区的存储编辑与调用。Alpha通道是一个8位的灰度通道，该通道用256级灰度来记录图像中的透明度信息，定义透明、不透明和半透明区域，如图8-5所示。其中黑色处于未选中的状态，白色处于完全选择状态，灰色则表示部分被选择状态（即羽化区域）。使用白色涂抹Alpha通道可以扩大选区范围；使用黑色涂抹则收缩选区；使用灰色涂抹可以增加羽化范围，如图8-6所示。

图8—5

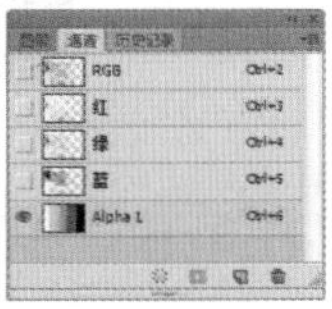

图8—6

- 专色通道：主要用来指定用于专色油墨印刷的附加印版。专色通道可以保存专色信息，同时也具有Alpha通道的特点。每个专色通道只能存储一种专色信息，而且是以灰度形式来存储的。除了位图模式以外，其余所有的色彩模式图像都可以建立专色通道。

8.1.3 “通道”面板

- 技术速查：“通道”面板主要用于创建、存储、编辑和管理通道。

  执行“窗口”>“通道”命令，打开“通道”面板，如图8-7所示。
- 颜色通道：这4个通道都是用来记录图像颜色信息的。
- 复合通道：用来记录图像的所有颜色信息。
- Alpha通道：用来保存选区和灰度图像的通道。

- 将通道作为选区载入 ：单击该按钮，可以载入所选通道图像的选区。
- 将选区存储为通道 ：如果图像中有选区，单击该按钮，可以将选区中的内容存储到通道中。
- 创建新通道 ：单击该按钮，可以新建一个Alpha通道。将已有通道拖拽到该按钮上，即可复制该通道。
- 删除当前通道 ：将通道拖曳到该按钮上，可以删除选择的通道。

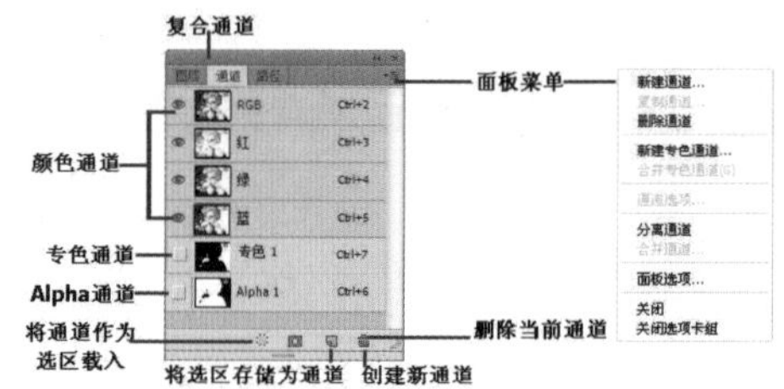

图8—7

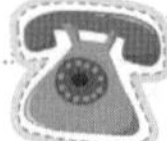

答疑解惑：如何更改通道的缩览图大小？

在“通道”面板菜单中选择“面板选项”命令，在弹出的“通道面板选项”对话框中可以修改通道缩览图的大小。

8.1.4 动手学：新建Alpha通道

01 如果要新建Alpha通道，可以在“通道”面板下面单击“创建新通道”按钮，如图8-8和图8-9所示。

图8—8

图8—9

02 选择Alpha通道，可以使用画笔工具直接在Alpha通道上进行绘制（需要注意的是，Alpha通道只包含灰度信息），另外，作为灰度图像的Alpha通道，还可以使用某些调色命令、绘制工具以及滤镜进行编辑，如图8-10所示。

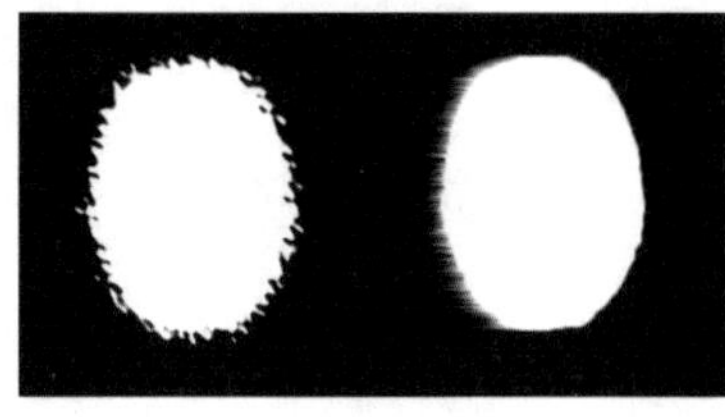

图8—10

技巧提示

默认情况下，编辑Alpha通道时文档窗口中只显示通道中的图像，如图8—11所示。为了能够更精确地编辑Alpha通道，可以将复合通道显示出来。在复合通道前单击使 图标显示出来，此时蒙版的白色区域将变为透明，黑色区域为半透明的红色，类似于快速蒙版的状态，如图8—12所示。

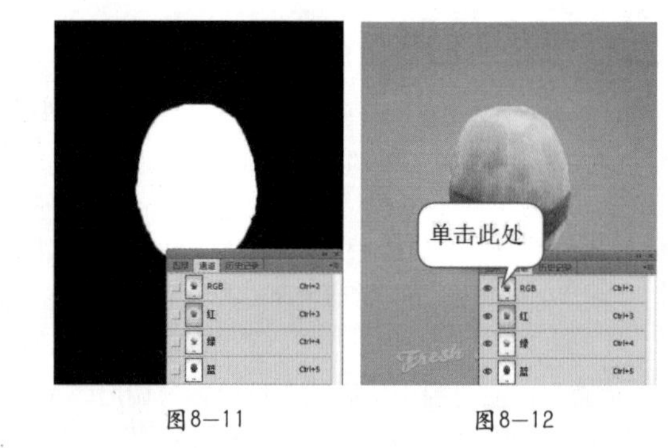

图8—11　图8—12

8.1.5 Alpha通道与选区的相互转换

在包含选区的情况下，如图8-13所示。单击“通道”面板底部的“将选区存储为通道”按钮，可以创建一个Alpha1通道，同时选区会存储到通道中，这就是Alpha通道的第一个功能，即存储选区，如图8-14所示。

图8—13

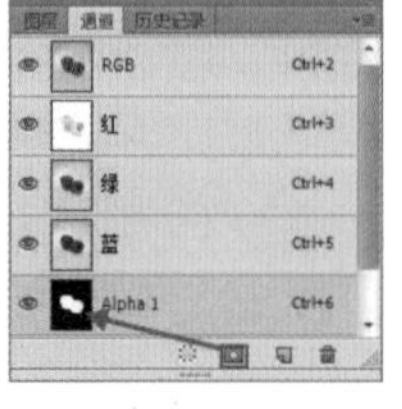

图8—14

将选区转换为Alpha通道后，单独显示Alpha通道可以看到一个黑白图像，如图8-15所示。这时可以对该黑白图像进行编辑，从而达到编辑选区的目的，如图8-16所示。

在“通道”面板下单击“将通道作为选区载入”按钮，或者按住Ctrl键单击Alpha通道缩览图，即可载入之前存储的Alpha1通道的选区，如图8-17所示。

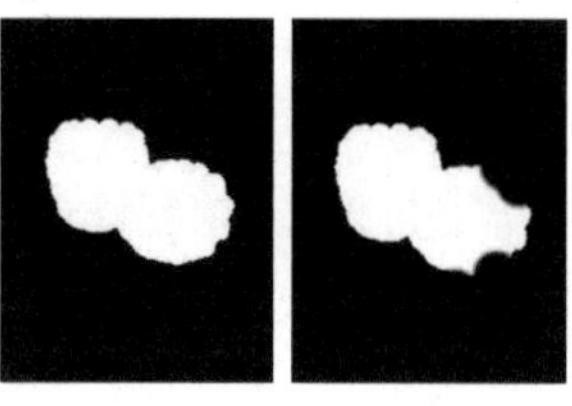

图8—15　图8—16　图8—17

8.2 通道技术在数码照片处理中的应用

8.2.1 用通道进行调色

通道调色是一种高级调色技术，可以对一张图像的单个通道应用各种调色命令，通过调整通道明暗的方式可以达到调整图像色调的目的。当然，进行通道调色并不一定需要在“通道”面板中选择某一通道，也可以直接执行调色操作，并通过通道的设置，实现某一通道的单独调整。

打开一张图像，如图8-18所示。下面就用这张图像和“曲线”命令来介绍下如何用通道调色。在“通道”面板中单独选择“红”通道，按Ctrl+M快捷键，打开“曲线”对话框，将曲线向上调节，可以增加图像中的红色数量，如图8-19所示；将曲线向下调节，则可以减少图像中的红色，反之红色的补色，也就是绿色在画面中的成分便有所增加，如图8-20所示。由此可以看出通过调整通道的明暗度即可影响到画面的颜色。

图8—18

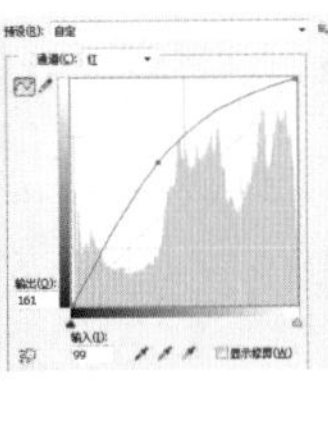

图8—19

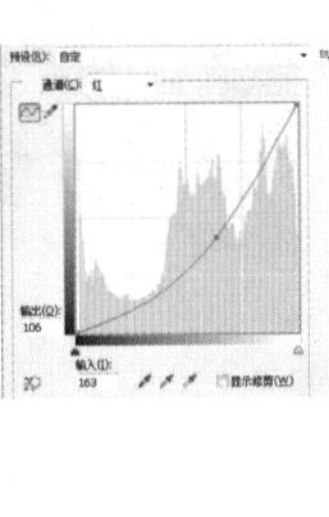

图8—20

8.2.2 使用通道进行抠图

通道抠图法常用于抠选毛发、云朵、烟雾以及半透明的婚纱等对象。通过前面的学习可以了解到Alpha通道主要用于选区的存储编辑与调用。其中黑色处于未选择的状态，白色处于完全选择状态，灰色则表示部分被选择状态（即羽化区域），如图8-21所示。所以，可以利用Alpha通道中的黑白对比来制作所需要的选区，如图8-22和图8-23所示。

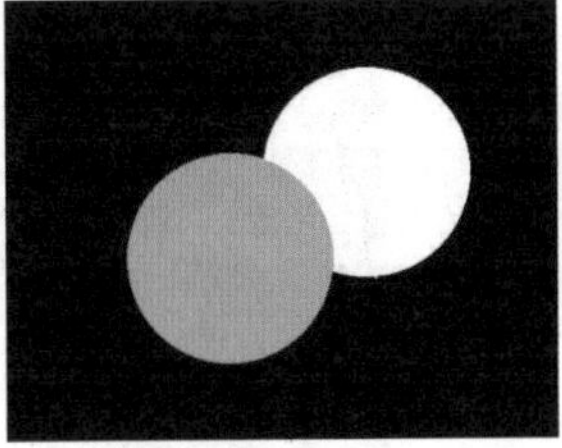

图8—21

图8—22

图8—23

在进行通道抠图过程中大致遵循以下几个步骤：首先复制需要使用的通道（如果不复制通道，直接在原通道进行调整操作，则会影响到画面整体颜色），如图8-24所示。然后对复制的通道副本使用“亮度/对比度”“曲线”“色阶”等调整命令，以及画笔、加深、减淡等工具对通道的明暗度进行调整，得到正确的黑白灰关系，如图8-25所示。然后通过将通道转换为选区，即可得到精确的选区，如图8-26所示。得到选区后即可将主体物从背景中分离出来进行合成，效果如图8-27所示。

图8—24

图8—25

图8—26

图8—27

★ 案例实战——使用Lab模式制作复古青红调

案例文件	案例文件\第8章\使用Lab模式制作复古青红调.psd
视频教学	视频文件\第8章\使用Lab模式制作复古青红调.flv
难易指数	★★★★★
技术要点	Lab模式、通道、曲线调整图层

案例效果

扫码看视频

本案例主要是通过使用Lab模式制作复古青红调，如图8-28所示。

图8-28

操作步骤

01 打开素材文件“1.jpg”，如图8-29所示。由于图像是RGB模式，对其执行“图像”>“模式”>“Lab颜色”命令，如图8-30所示。

图8-29

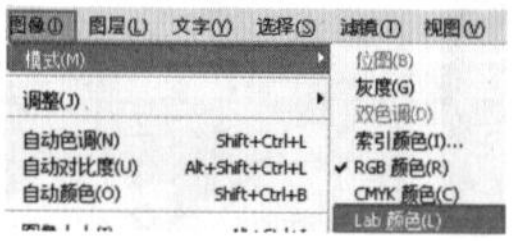
图8-30

02 进入“通道”面板，此时可以看到当前通道显示的通道，如图8-31所示。

图8-31

03 执行“图层”>“新建调整图层”>“曲线”命令，调整“通道”为a，调整曲线形状，如图8-32所示。调整“通道”为b，调整曲线形状，如图8-33所示。效果如图8-34所示。

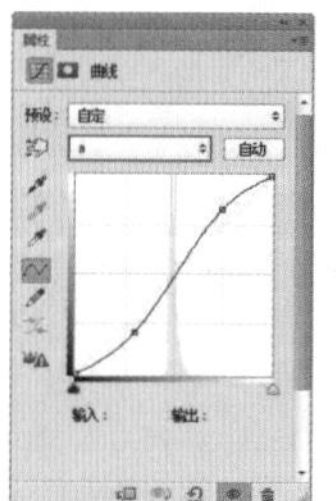
图8-32

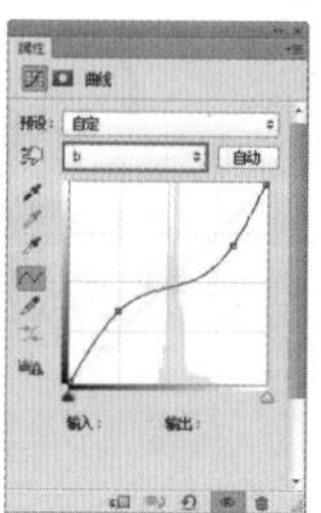
图8-33

图8-34

04 继续置入素材“2.png”，栅格化该图层并将其置于画面中合适的位置，如图8-35所示。

图8-35

★ 案例实战——使用通道抠出彩色烟雾

案例文件	案例文件\第8章\使用通道抠出彩色烟雾.psd
视频教学	视频文件\第8章\使用通道抠出彩色烟雾.flv
难易指数	★★★★★
技术要点	通道的基本操作

案例效果

扫码看视频

本案例将彩色烟雾从原始图像中分离出来，为人物图像添加绚丽的效果。效果如图8-36所示。

操作步骤

01 打开人物素材“1.jpg”，并将烟雾素材“2.jpg”置入到文件中将其栅格化，如图8-37和图8-38所示。

图8-36

图8-37

图8-38

02 先将人物图层隐藏，只显示烟雾图层，进入“通道”面板，复制红通道，并为“红 副本” 通道增加对比度，使用快捷键Ctrl+M调出“曲线”对话框，为其调整对比度，如图8-39和图8-40所示。

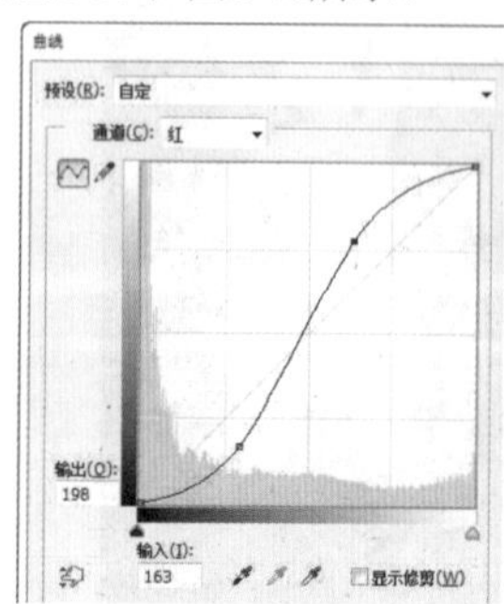
图8-39

图8-40

03 按住Ctrl键单击通道中的通道缩览图，得到白色部分的选区，如图8-41所示。使用快捷键Ctrl+2显示复合通道，如图8-42所示。

图8－41

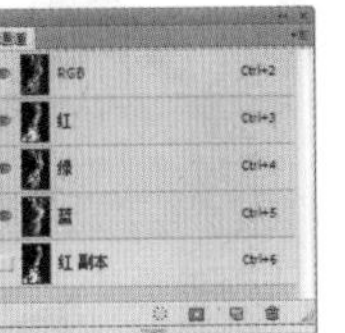
图8－42

04 回到“图层”面板，单击“烟雾”图层，使用Ctrl+J快捷键将选区内容复制到新图层中，如图8-43所示。效果如图8-44所示。

图8－43

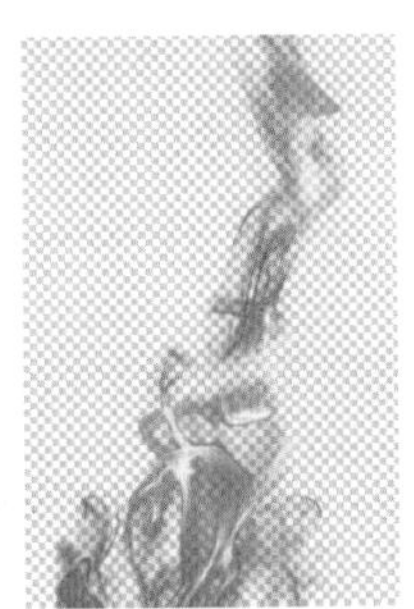
图8－44

05 重复以上操作，将“蓝”通道、“绿”通道中的内容复制出来，如图8-45和图8-46所示。

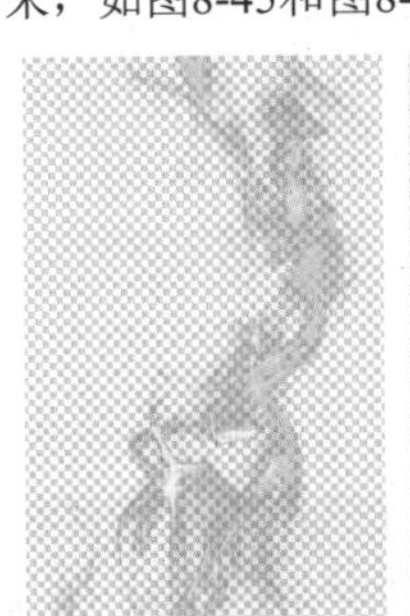
图8－45

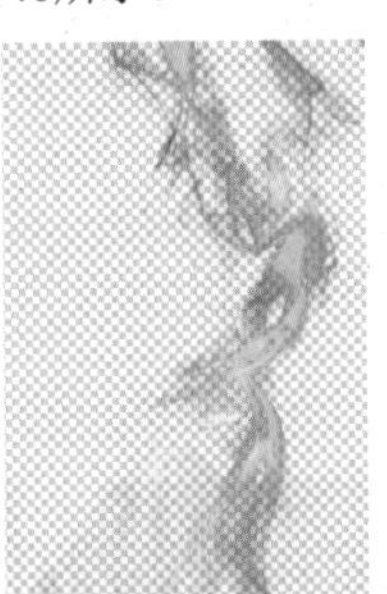
图8－46

06 显示人物图层，将“烟雾”图层隐藏，并将复制出来的3个图层全部显示，如图8-47所示。置入前景装饰素材“3.png”，栅格化该图层，完成本案例的制作，效果如图8-48所示。

图8－47

图8－48

★ 案例实战——通道抠图为长发美女换背景

案例文件	案例文件\第8章\通道抠图为长发美女换背景.psd
视频教学	视频文件\第8章\通道抠图为长发美女换背景.flv
难易指数	★★★★★
技术要点	通道抠图

案例效果

本案例主要是通过使用通道抠图为长发美女换背景，如图8-49所示。

扫码看视频

图8－49

图8－50

操作步骤

01 打开素材文件“1.jpg”，如图8-50所示。

02 单击进入“通道”面板，通过观察发现“蓝”通道的黑白对比最强烈，如图8-51所示。因此选择“蓝”通道，复制“蓝”通道得到“蓝 副本”通道，如图8-52所示。

图8－51

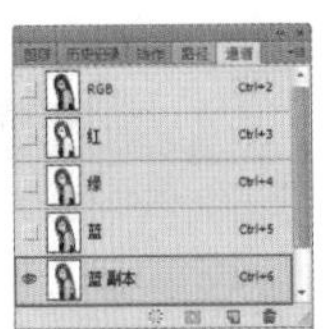
图8－52

03 对“蓝 副本”通道图层按Ctrl+M快捷键，在弹出的对话框中单击“在图像中取样以设置黑场”按钮，在人像身体部分进行单击，如图8-53所示。此时“曲线”对话框如图8-54所示。

图8－53

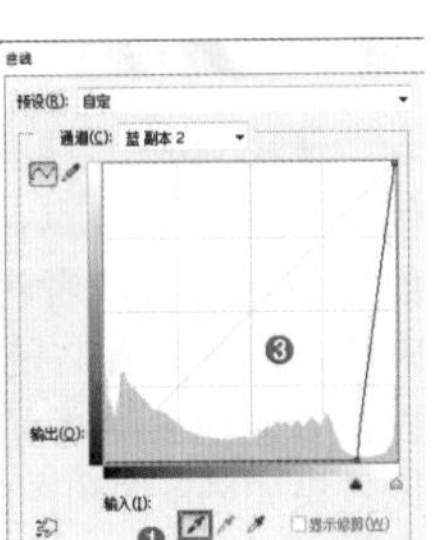

图8－54

04 “蓝 副本”效果如图8-55所示。单击“通道”面板底部的“将通道作为选区载入”按钮，如图8-56所示。

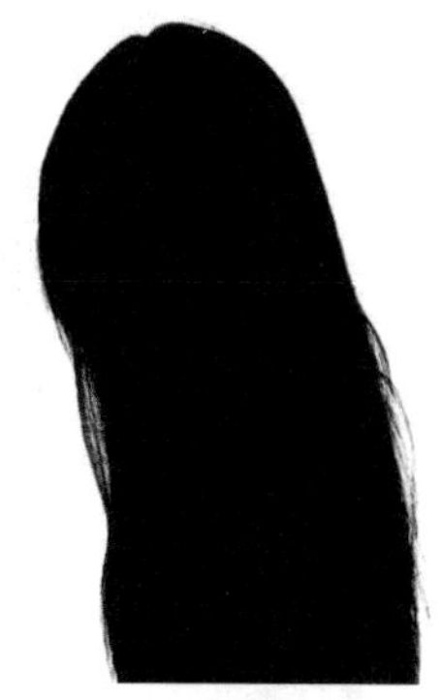

图8-55

图8-56

05 回到“图层”面板，选中“人像”图层，按Delete键删除所选的背景部分，如图8-57所示。

06 置入背景素材和前景素材，栅格化该图层并将其放置在合适位置，最终效果如图8-58所示。

图8-57

图8-58

☆ 视频课堂——使用通道为透明婚纱换背景

扫码看视频

案例文件\第8章\视频课堂——使用通道为透明婚纱换背景.psd
视频文件\第8章\视频课堂——使用通道为透明婚纱换背景.flv
思路解析：

01 打开人像素材，使用钢笔工具将人像部分和白纱部分从素材中分离为两个独立图层。

02 只显示出白纱图层，并进入“通道”面板，选择黑白对比大的通道进行复制。

03 调整通道黑白关系。

04 载入通道选区，回到“图层”面板中为白纱图层添加蒙版，使之成为透明效果。

05 显示出人像部分，置入前景素材和背景素材并将其栅格化。

★ 综合实战——使用“计算”命令制作斑点选区并祛斑

案例文件	案例文件\第8章\使用“计算”命令制作斑点选区并祛斑.psd
视频教学	视频文件\第8章\使用“计算”命令制作斑点选区并祛斑.flv
难易指数	★★★★★
技术要点	通道的操作方法、“计算”命令、“高反差保留”滤镜

案例效果

扫码看视频

使用修补工具或者污点修复画笔工具可以修复小面积的斑点，但是对于大面积的斑点，使用修补工具或者污点修复画笔工具修除不仅麻烦，而且失真。使用“计算”命令进行反复运算，不仅可以很方便地去除斑点，还可以保留人物面庞的明暗关系。对比效果如图8-59和图8-60所示。

图8-59

图8-60

操作步骤

01 打开素材文件“1.jpg”，可以看到人物脸上的斑点是很多的，如图8-61所示。将人物图层复制，并将原图层隐藏，只显示副本图层，如图8-62所示。

图8-61

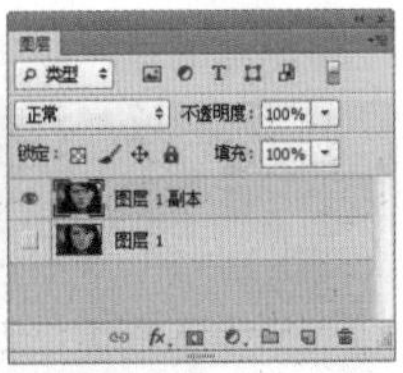

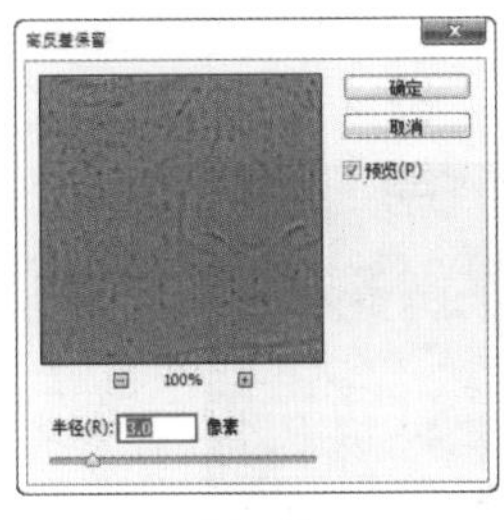

图8-62

02 将人物图层再复制一层，并将该图层命名为“高反差”。执行“滤镜”>“其他”>“高反差保留”命令，在弹出的“高反差保留”对话框中设置“半径”为3像素，如图8-63和图8-64所示。

图8-63

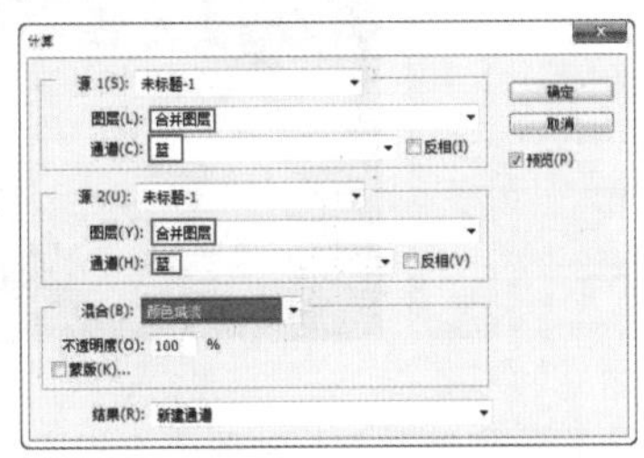

图8-64

03 进入“通道”面板，选择“蓝”通道，执行“图像”>“计算”命令，在弹出的“计算”对话框中设置“源1”选项组中的“图层”为“合并图层”，“通道”为“蓝”；“源2”选项组中的“图层”为“合并图层”，通道为“蓝”；“混合”为“颜色减淡”，如图8-65所示。设置完成后，单击“确定”按钮，得到Alpha 1通道，如图8-66所示，此时图像效果如图8-67所示。

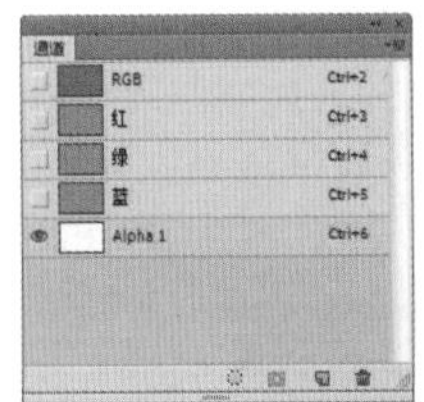

图8-65

图8-66

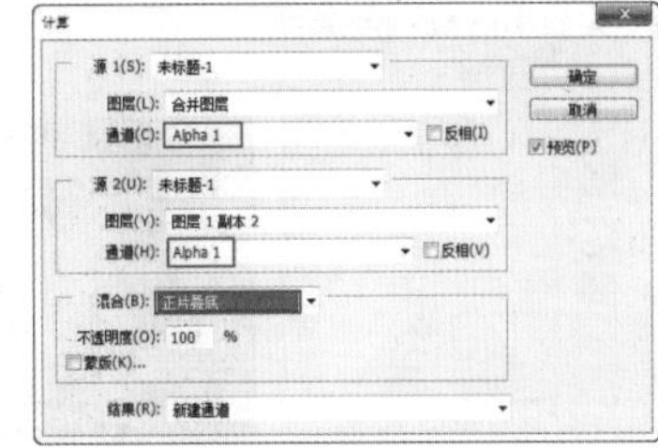

图8-67

04 选择“通道”面板中的Alpha1，执行“图像”>“计算”命令，在弹出的对话框中设置“源1”选项组中的“通道”为Alpha 1，“源2”选项组中的“通道”为Alpha1，“混合”为“正片叠底”。单击“确定”按钮，得到Alpha 2通道，如图8-68和图8-69所示。此时图像效果如图8-70所示。

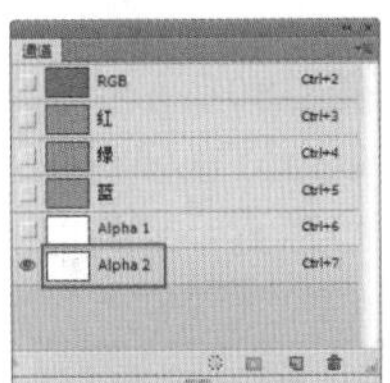

图8-68

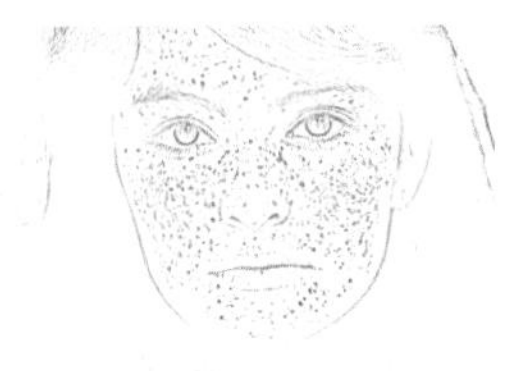

图8-69

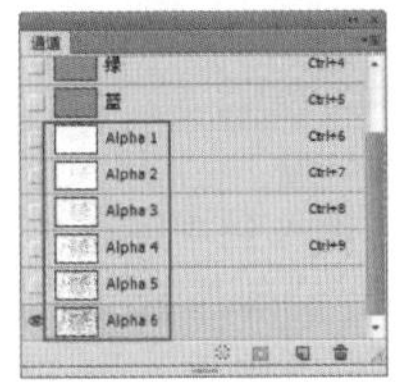

图8-70

05 再次进行4次计算，参数同步骤（3），得到效果如图8-71和图8-72所示。

图8-71

图8-72

06 选择“通道”面板中的Alpha6，使用反相快捷键Ctrl+I，如图8-73所示。按住Ctrl键单击通道缩览图，得到选区，如图8-74所示。

图8-73

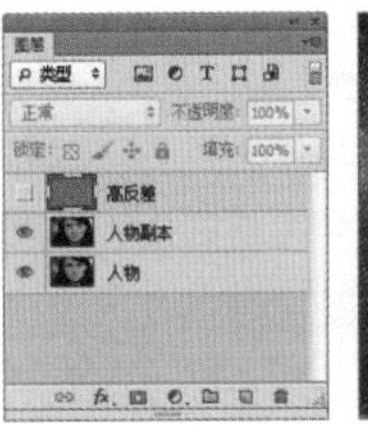

图8-74

07 回到“图层”面板，单击“高反差”图层，并将该图层隐藏，如图8-75和图8-76所示。

图8-75

图8-76

08 单击“调整”面板中的“曲线”按钮，如图8-77所示。在“曲线”面板中调整曲线，如图8-78所示。此时图片效果如图8-79所示，可以观察到，人物脸上的斑点明显变浅了。

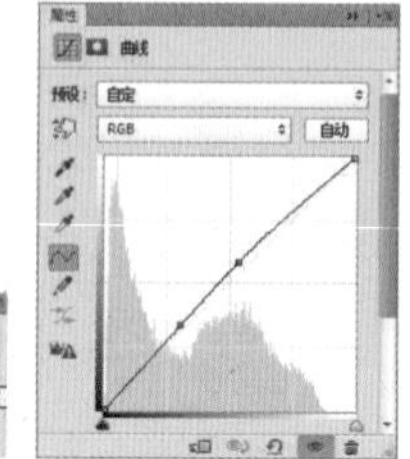

图8-77　图8-78　图8-79

09 使用盖印快捷键Shift+Ctrl+Alt+E将图层盖印，将新图层重命名为“盖印1”，如图8-80所示。执行“滤镜”>“其他”>“高反差保留”命令，在弹出的“高反差保留”对话框中设置“半径”为3像素，此时图像效果如图8-81所示。

图8-80　图8-81

10 选择“盖印1”图层，然后进入到“通道”面板，选择“蓝”通道，执行“图像”>“计算”命令，在弹出的对话框中设置“源1”选项组中的“通道”为“蓝”，“源2”选项组中的“通道”为“蓝”，“混合”为“颜色减淡”，如图8-82所示。设置完成后单击“确定”按钮，生成Alpha 7，此时图像效果如图8-83所示。

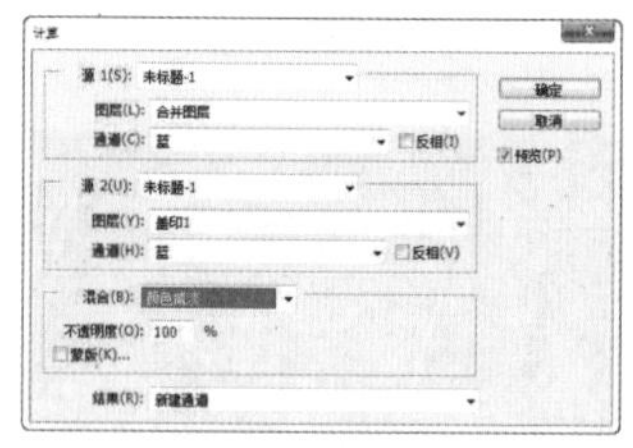
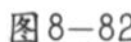

图8-82　图8-83

11 选择Alpha 7，执行“图像”>“计算”命令，在弹出的对话框中设置“源1”选项组中的“通道”为Alpha 7；“源2”选项组中的“通道”为Alpha 7，“混合”为“正片叠底”。图像效果如图8-84所示。反复操作该步骤两次，得到效果如图8-85所示。

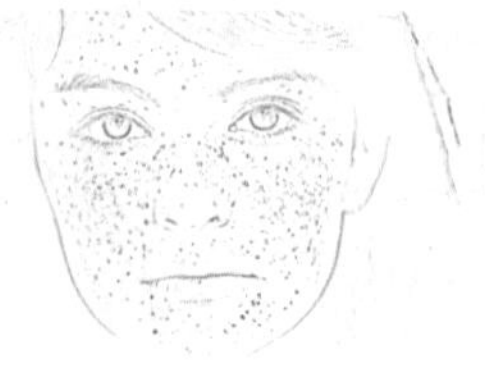
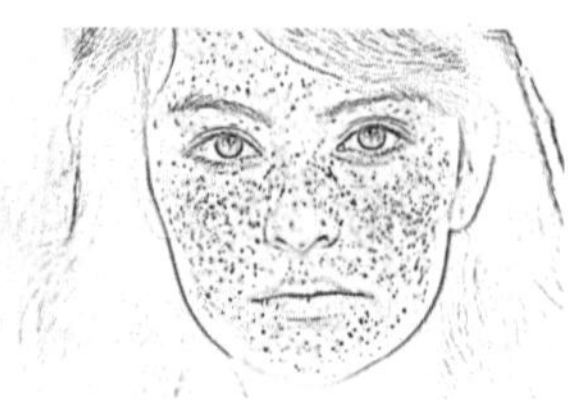

图8-84　图8-85

12 选择Alpha10，使用反相快捷键Ctrl+I，并按住Ctrl键单击通道缩览图，得到选区，如图8-86所示。回到“图层”面板，单击“盖印1”图层，将其隐藏，此时图像中会显露斑点的选区，如图8-87所示。

图8-86　图8-87

13 单击“调整”面板中的“曲线”按钮，在“曲线”面板中调整曲线，如图8-88所示。此时图像效果如图8-89所示。

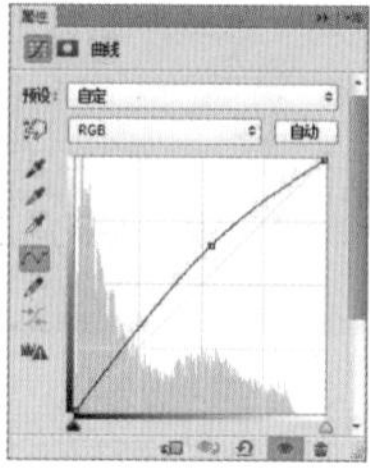

图8-88　图8-89

14 此时人物脸部出现光斑的效果，接下来将这些光斑调整到接近肤色的颜色。单击“调整”面板中的“色相/饱和度”按钮，在面板中调整“色相/饱和度”，如图8-90所示。此时图像效果如图8-91所示。

图8-90　图8-91

15 此时人物脸部细节部分和肤色很相近了，但是大的斑点还没有完全处理干净，需要继续通过计算，进一步祛斑。使用盖印快捷键Shift+Ctrl+Alt+E将图层盖印，将新图层重命名为“盖印2”，执行“滤镜”>“其他”>“高反差保留”命令，在弹出的“高反差保留”对话框中设置“半径”为3像素，此时图像效果如图8-92所示。

图8-92

16 进入“通道”面板，选择“蓝”通道，执行“图像>计算”命令，在弹出的对话框中设置“源1”选项组的“通道”为“蓝”，“源2”选项组的“通道”为“蓝”，“混合”为“颜色减淡”。设置完成后单击“确定”按钮，生成Alpha11，此时图像效果如图8-93所示。然后继续执行“图像>计算”命令，在弹出的对话框中设置“混合”为“正片叠底”，并反复操作两次，得到如图8-94所示的效果。

图8-93　　图8-94

17 使用反相快捷键Ctrl+I，并按住Ctrl键单击通道缩览图，得到选区，如图8-95所示。回到“图层”面板，单击“盖印1”图层，将其隐藏，此时图像中会显露斑点的选区，如图8-96所示。

图8-95　　图8-96

18 调整该图层的“色相/饱和度”和“明暗对比度”，如图8-97所示。

图8-97

19 此时人物脸上大面积的斑点已经去除，接下来去除人物面部最后的斑点。使用盖印快捷键Shift+Ctrl+Alt+E将图层盖印，单击工具箱中的“污点修复画笔工具”按钮，将笔头调整到合适大小，到有斑点的位置单击，去除斑点，如图8-98所示。将整张脸部的斑点去除后的效果如图8-99所示。

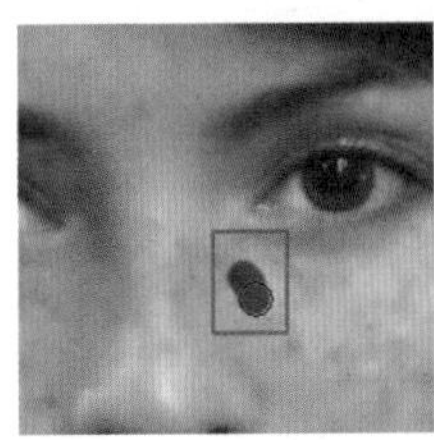

图8-98　　图8-99

20 此时人物面部的斑已经去除，但是可以发现皮肤的颜色还是有些不均匀，可以使用外挂滤镜对其执行“磨皮”操作，执行“滤镜”>“Imagenomic”>“Portraiture”命令，打开“滤镜”面板，使用吸管工具，在人物皮肤单击，在“蒙版预览”中可以显示皮肤、颜色，单击OK按钮，计算机会自动计算，如图8-100和图8-101所示。

图8-100

图8-101

21 使用外挂滤镜磨皮后，人物的皮肤已经很光滑了，但是细节损失很严重。为了制作更逼真的效果，先将图层盖印，选择该图层，执行“滤镜”>“锐化”>“智能锐化”命令，在弹出的“智能锐化”对话框中设置“数量”为100%，“半径”为1像素，移去为“高斯模糊”，单击“确定”按钮，如图8-102和图8-103所示。

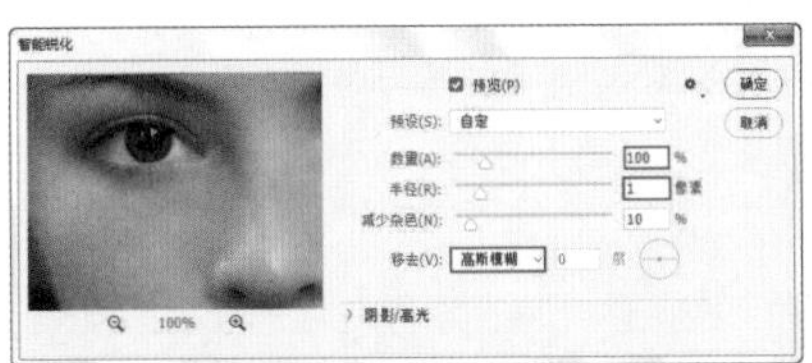

图8-102　　图8-103

22 此时人物的皮肤斑已经去除了，但是除面部以外的头发、背景损失得很严重，显得很不真实，下面就还原头发及背景。新建图层组“组1”，将除背景图层外的所有图层拖曳到“组1”中，如图8-104所示。单击图层组“组1”，然后单击“添加矢量蒙版”按钮，为图层组“组1”添加蒙版，如图8-105所示。

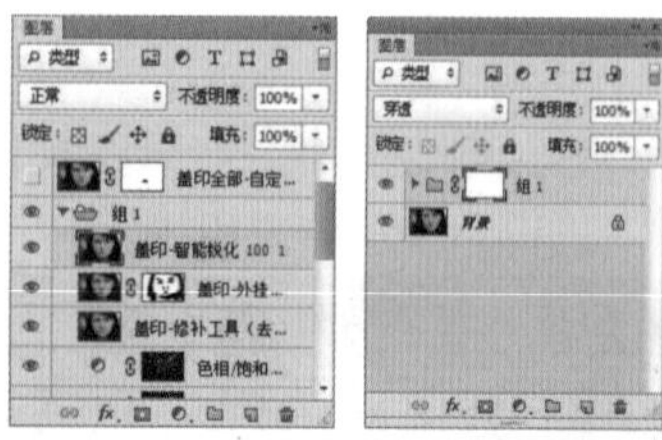

图8-104　　图8-105

23 单击“矢量蒙版缩览图”按钮，选择黑色柔边圆画笔在画布中绘制，大致位置如图8-106所示。此时图像效果如图8-107所示。

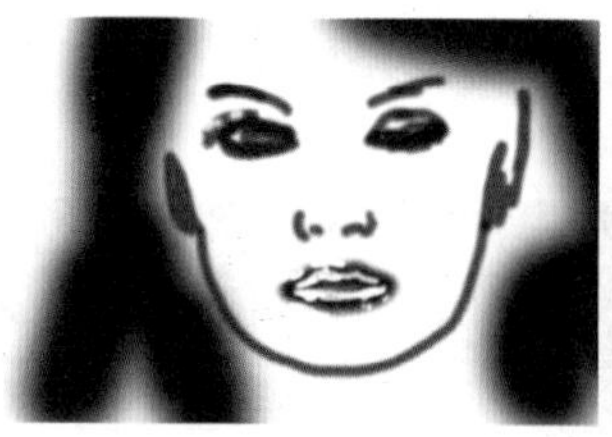

图8-106

图8-107

24 此时人物面部虽然光滑，但是很不真实、不自然。可以将图层盖印，执行“滤镜”>“其他”>“自定”滤镜，在弹出的对话框中设置参数如图8-108所示。

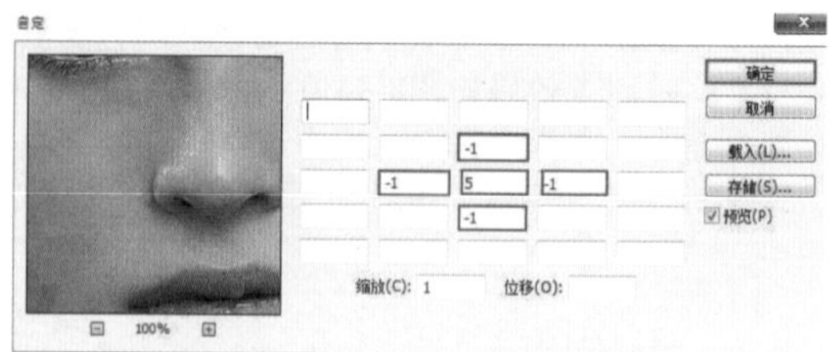

图8-108

25 设置完成后单击“确定”按钮，完成本案例的操作，最终效果如图8-109所示。

图8-109

课后练习

【课后练习——保留细节的通道计算磨皮法】

思路解析：本例主要讲解时下比较流行的通道计算磨皮法，其具有不破坏源图像并且保留细节的优势。这种磨皮方法主要利用通道单一颜色的便利条件，并通过高反差保留滤镜与多次计算得到皮肤瑕疵部分的选区，然后针对选区进行亮度颜色的调整，减小瑕疵与正常皮肤颜色的差异，从而达到磨皮的效果。

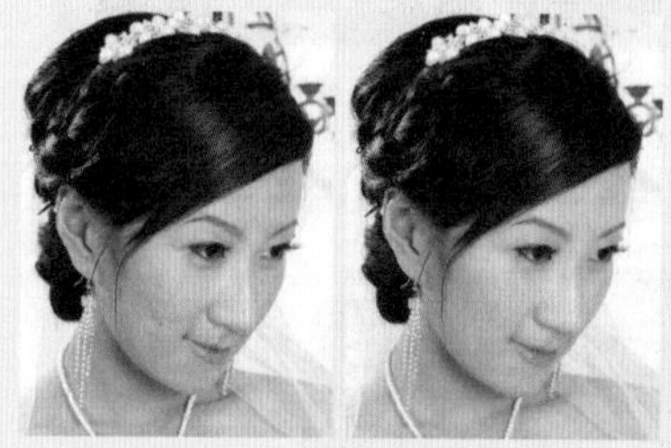

扫码看视频

本章小结

通道虽然是存储图像颜色信息和选区信息等不同类型信息的灰度图像，但是通过通道可以进行很多的高级操作，如调色、抠图、磨皮以及制作特效图像等。

读书笔记

第9章

蒙版与合成

本章内容简介：

蒙版是数码照片处理以及合成中很常用的一项技术。蒙版在图像合成中起着非常重要的作用，利用蒙版可以把两幅或多幅图像非常巧妙地合成为一幅图像，能达到以假乱真的效果。使用蒙版编辑图像，可以避免因为使用橡皮擦或剪切、删除等造成的失误操作。本章主要讲解Photoshop中4种蒙版的特点以及使用方法。

本章学习要点：

- 掌握快速蒙版的使用方法
- 掌握剪贴蒙版的使用方法
- 掌握矢量蒙版的使用方法
- 掌握图层蒙版的使用方法

9.1 蒙版与照片合成

蒙版原本是摄影术语，是指用于控制照片不同区域曝光的传统暗房技术。在Photoshop中，蒙版可以将不同灰度色值转化为不同的透明度，并作用到它所在的图层中，使图层不同部位透明度产生相应的变化。由于蒙版具有可以遮盖住部分图像，使其避免受到操作影响的特点，所以在Photoshop中，蒙版是用于数码照片处理与合成图像的必备利器。这种隐藏而非删除的编辑方式是一种非常方便的非破坏性编辑方式。如图9-1和图9-2所示为使用到蒙版制作的作品。

图9－1

图9－2

蒙版的实质是将原图层的画面进行适当的遮盖，从而显示出设计者需要的部分。在Photoshop中包含多种蒙版，分别为快速蒙版、剪贴蒙版、矢量蒙版和图层蒙版。不同的蒙版具有不同的特性，其使用方法与适用场合都不一样。

- 快速蒙版：使用快捷蒙版可以将任何选区作为蒙版进行编辑，是一种用于创建和编辑选区的工具，如图9-3所示。
- 剪贴蒙版：通过一个对象的形状来控制其他图层的显示区域，如图9-4所示。
- 矢量蒙版：通过路径和矢量形状控制图像的显示区域，如图9-5所示。
- 图层蒙版：通过蒙版中的灰度信息来控制图像的显示区域，如图9-6所示。

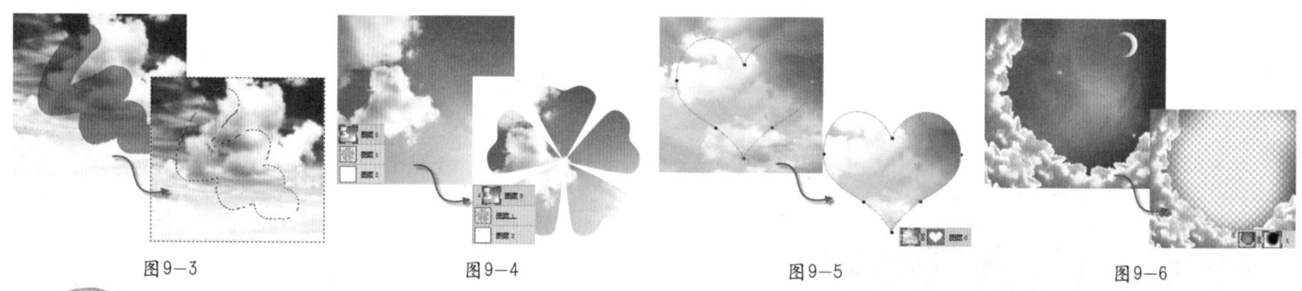
图9－3　图9－4　图9－5　图9－6

9.2 快速蒙版

9.2.1 认识快速蒙版

- 视频精讲：Photoshop新手学视频精讲课堂\29.快速蒙版.flv
- 技术速查：快速蒙版主要用于制作和编辑选区。

快速蒙版其实是一种模式，在快速蒙版模式下可以将选区作为蒙版进行编辑，编辑完成后退出快速蒙版模式即可得到编辑后的选区。可以使用几乎所有的绘画工具或滤镜对蒙版进行编辑。如图9-7和图9-8所示为使用快速蒙版创作的作品。

图9－7

图9－8

9.2.2 动手学：使用快速蒙版制作与编辑选区

01 在工具箱中单击“以快速蒙版模式编辑”按钮或按Q键，可以进入快速蒙版编辑模式，也可以执行“选择”>“在快速蒙版模式下编辑”命令，如图9-9所示。此时在“通道”面板中可以观察到一个快速蒙版通道，但是，所有的蒙版编辑都是在图像窗口中完成的，如图9-10所示。

图9-9　图9-10

02 进入快速蒙版编辑模式以后，可以使用黑色的绘画工具（如画笔工具）在图像上进行绘制，绘制区域将以红色显示出来，如图9-11所示。如果使用白色画笔进行绘制，则会起到擦除的作用。红色的区域表示未选中的区域，非红色区域表示选中的区域。

03 在快速蒙版模式下，还可以使用滤镜来编辑蒙版。如图9-12所示是对快速蒙版应用“拼贴”滤镜以后的效果。

04 在工具箱中单击“以快速蒙版模式编辑”按钮或按Q键，退出快速蒙版编辑模式，可以得到具有拼贴效果的选区，如图9-13所示。

图9-11

图9-12

图9-13

05 如果在包含选区状态下，如图9-14所示，单击“以快速蒙版模式编辑”按钮，即可将当前选区转换为蒙版，如图9-15所示，并可以进行进一步编辑，如图9-16所示。

图9-14

图9-15

图9-16

★ 案例实战——使用快速蒙版制作版式

案例文件	案例文件\第9章\使用快速蒙版制作版式.psd
视频教学	视频文件\第9章\使用快速蒙版制作版式.flv
难易指数	★★★★★
技术要点	快速蒙版以及彩色半调滤镜

案例效果

本案例主要是使用快速蒙版、彩色半调滤镜制作版式。效果如图9-17所示。

扫码看视频

图9-17

操作步骤

01 新建空白背景的文件，置入人像素材“1.jpg”并栅格化，如图9-18所示。按Q键进入快速蒙版编辑模式，设置前景色为黑色，接着使用“画笔工具”进行绘制，如图9-19所示。

图9-18

图9-19

02 执行“滤镜”>“像素化”>“彩色半调”命令，在弹出的对话框中设置“最大半径”为50像素，如图9-20所示。单击“确定”按钮结束操作，如图9-21所示。

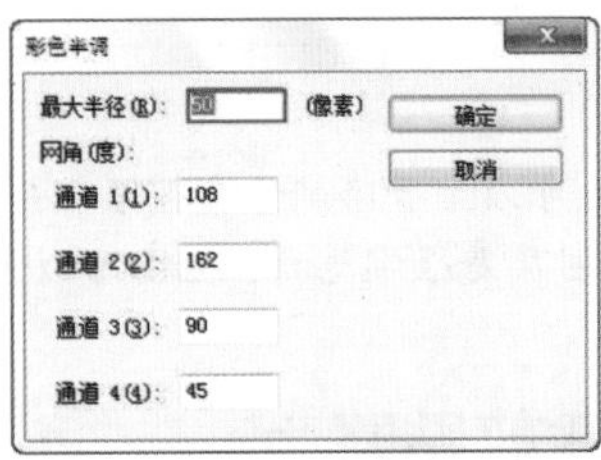

图9-20

图9-21

03 绘制完成后按Q键，退出快速蒙版编辑模式，得到如图9-22所示的选区。按Delete键删除选区中的内容，置入前景素材“2.png”，并将其置于画面中合适的位置，栅格化该图层，最终效果如图9-23所示。

图9-22

图9-23

9.3 使用剪贴蒙版

视频精讲：Photoshop新手学视频精讲课堂\80.使用剪贴蒙版.flv

剪贴蒙版是通过使用处于下方图层的形状来限制上方图层的显示区域。如图9-24和图9-25所示为使用到剪贴蒙版制作的作品。

图9—24

图9—25

9.3.1 认识剪贴蒙版

剪贴蒙版是由两个部分组成：基底图层和内容图层，如图9-26所示。基底图层是位于剪贴蒙版最底端的一个图层，内容图层则可以有多个。基底图层用于限定最终图像的形状，而内容图层则用于限定最终图像显示的颜色图案。如图9-27所示为剪贴蒙版的原理图。

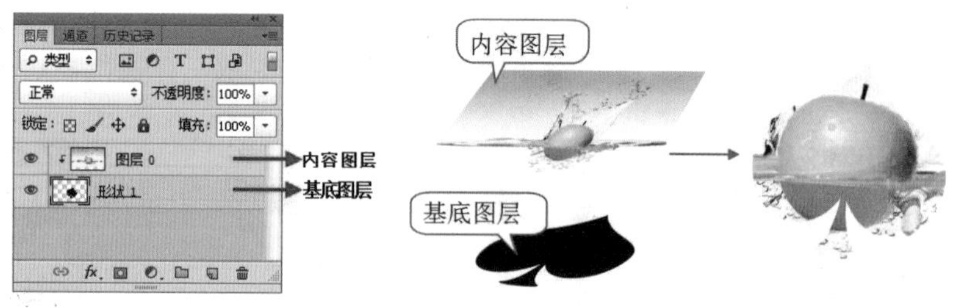

图9—26

图9—27

基底图层：基底图层只有一个，它决定了位于其上面的图像的显示范围。如果对基底图层进行移动、变换等操作，那么上面的图像也会随之受到影响。

内容图层：内容图层可以是一个或多个。对内容图层的操作不会影响基底图层，但是对其进行移动、变换等操作时，其显示范围也会随之而改变。需要注意的是，剪贴蒙版虽然可以应用在多个图层中，但是这些图层不能是隔开的，必须是相邻的图层。

技巧提示

剪贴蒙版的内容图层不仅可以是普通的像素图层，还可以是调整图层、形状图层、填充图层等类型图层。使用调整图层作为剪贴蒙版中的内容图层是很常见的，主要可以用作对某一图层的调整而不影响其他图层。

9.3.2 动手学：创建剪贴蒙版

打开一个包含3个图层的文档，下面就以这个文档来讲解如何创建剪贴蒙版，如图9-28和图9-29所示。

首先把作为基底图层的图层放在内容图层下面，然后选择内容图层，在内容图层的名称上单击鼠标右键，在弹出的快捷菜单中选择“创建剪贴蒙版”命令，如图9-30所示，即可将内容图层和基底图层创建为一个剪贴蒙版组。创建剪贴蒙版以后，内容图层就只显示基底图层的区域，如图9-31所示。

图9—28

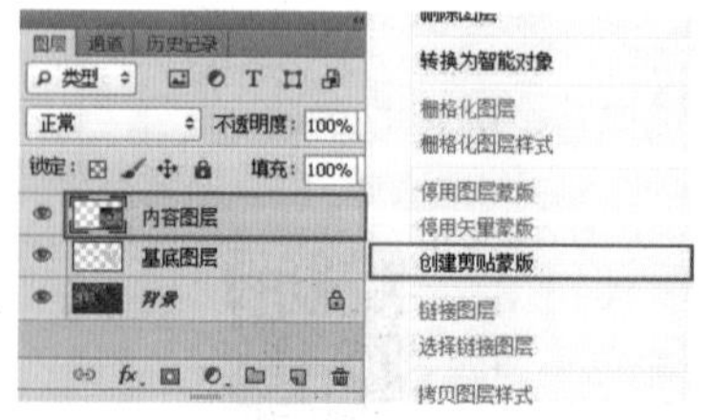

图9—29

图9—30

图9—31

9.3.3 动手学：释放剪贴蒙版

在内容图层的名称上单击鼠标右键，在弹出的快捷菜单中选择“释放剪贴蒙版”命令，如图9-32所示。即可释放剪贴蒙版，释放剪贴蒙版以后，内容图层就不再受基底图层的控制。

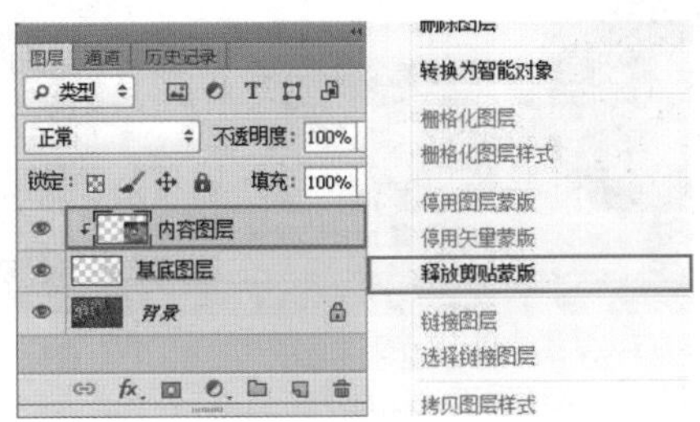

图9—32

9.3.4 动手学：编辑剪贴蒙版

剪贴蒙版组中的图层也具有普通图层的属性，如不透明度、混合模式、图层样式等。

01 调整内容图层的顺序与调整普通图层顺序相同，单击并拖动调整即可，如图9-33和图9-34所示。需要注意的是，一旦移动到基底图层的下方，就相当于释放剪贴蒙版。

图9—33　图9—34

02 当对内容图层的“不透明度”和“混合模式”进行调整时，只会与基底图层混合效果发生变化，不会影响到剪贴蒙版中的其他图层，如图9-35和图9-36所示。

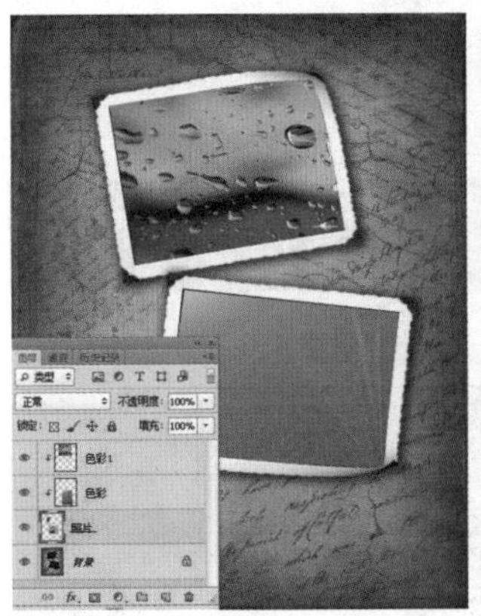

图9—35

图9—36

03 当对基底图层的“不透明度”和“混合模式”调整时，整个剪贴蒙版中的所有图层都会以设置不透明度数值以及混合模式进行混合，如图9-37和图9-38所示。

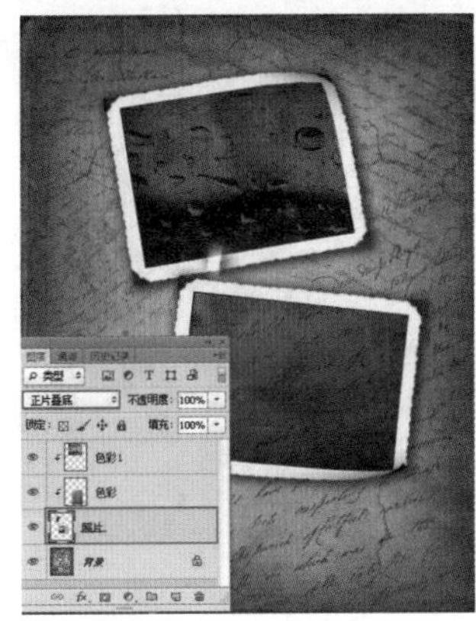

图9—37

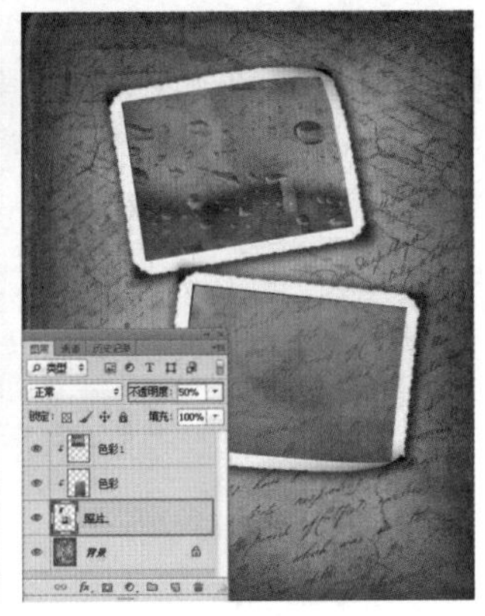

图9—38

04 若要为剪贴蒙版添加图层样式，需要在基底图层上添加，如图9-39所示。如果错将图层样式添加在内容图层上，那么样式是不会出现在剪贴蒙版形状上的，如图9-40所示。

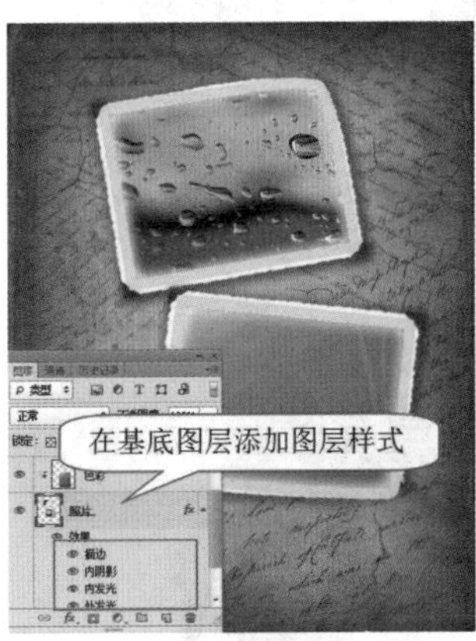

图9—39

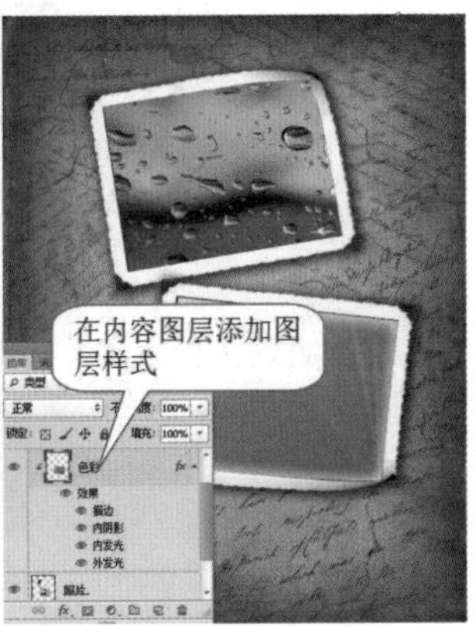

图9—40

★ 案例实战——使用剪贴蒙版制作镂空人像

案例文件	案例文件\第9章\使用剪贴蒙版制作镂空人像.psd
视频教学	视频文件\第9章\使用剪贴蒙版制作镂空人像.flv
难易指数	
技术要点	剪贴蒙版

案例效果

本案例主要是使用剪贴蒙版制作镂空人像，效果如图9-41所示。

扫码看视频

图9—41

操作步骤

01 打开背景素材“1.jpg”，效果如图9-42所示。执行“文件”>“置入嵌入对象”命令，置入人像素材“2.png”，并将其栅格化，置于画面中合适的位置，使用矩形选框工具，在画面中拖曳绘制矩形选区，如图9-43所示。

图9-42

图9-43

02 按Shift+Ctrl+Shift+I组合键执行反选，如图9-44所示。单击“图层”面板底部的“添加图层蒙版”按钮，为当前选区添加图层蒙版，如图9-45所示。

图9-44

图9-45

03 此时人像只显示右半部分，如图9-46所示。

图9-46

04 置入花纹素材“3.png”，将其置于画面中合适的位置，栅格化该图层并为花纹素材添加“投影”图层样式，如图9-47所示。载入人像图层选区，以当前人像选区为花纹图层添加图层蒙版，如图9-48所示。人像区域以外的花纹部分被隐藏，效果如图9-49所示。

图9-47

图9-48

图9-49

05 复制人像图层，将其置于“图层”面板顶部，按Ctrl+I快捷键对蒙版执行反向，选择复制图层，单击鼠标右键，在弹出的快捷菜单中选择“创建剪贴蒙版”命令，如图9-50所示。效果如图9-51所示。

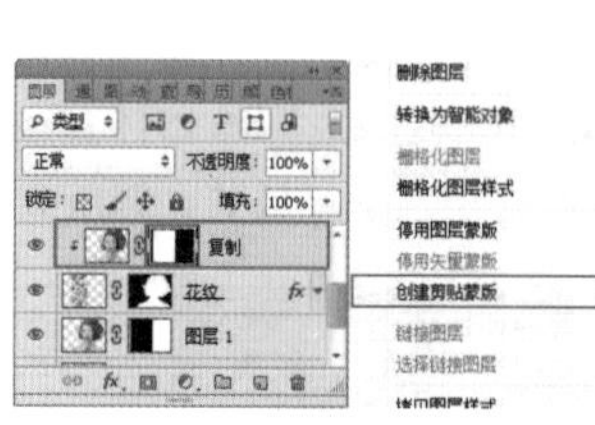

图9-50

图9-51

06 置入艺术字素材“4.png”，栅格化该图层并将其置于画面中合适的位置。最终效果如图9-52所示。

图9-52

9.4 使用图层蒙版进行非破坏性编辑

视频精讲：Photoshop新手学视频精讲课堂\82.使用图层蒙版.flv

图层蒙版是数码照片处理与合成中最常用的工具之一。因为图层蒙版可以进行非破坏性操作，而且可以通过重复编辑蒙版以调整画面显示内容，所以图层蒙版常用于隐藏图像的部分像素、遮挡多余部分、融合多个图像等。如图9-53和图9-54所示为使用图层蒙版制作的作品。

图9-53

图9-54

9.4.1 图层蒙版的工作原理

技术速查：图层蒙版是位图工具，通过使用画笔工具、“填充”命令等处理蒙版的黑白关系，从而控制图像的显示和隐藏。在图层蒙版层上操作只有黑、白、灰3种颜色。图层蒙版中的白色标识全透明，黑色表示遮盖，而灰白系列的则表示半透明。

打开一个文档，该文档中包含两个图层，其中顶部图层有一个图层蒙版，并且图层蒙版为白色，如图9-55所示。按照图层蒙版“黑透、白不透”的工作原理，此时文档窗口中将完全显示顶部图层的内容，如图9-56所示。

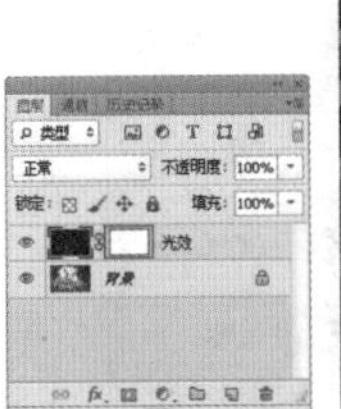

图9—55

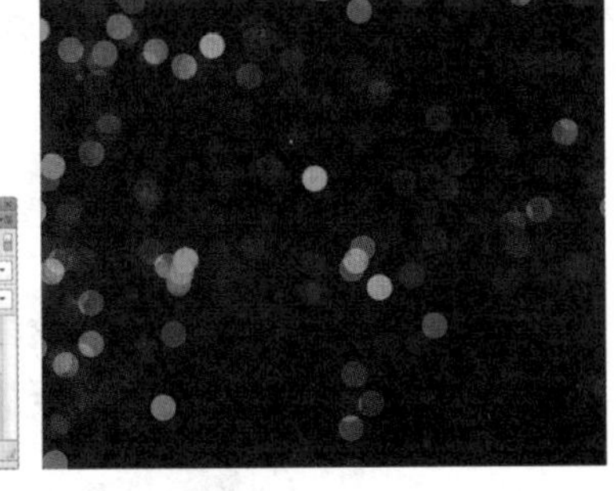

图9—56

如果要全部显示“背景”图层的内容，可以选择顶部图层的蒙版，然后用黑色填充蒙版，如图9-57和图9-58所示。

图9—57

图9—58

如果以半透明方式来显示当前图像，可以用灰色填充顶部图层的蒙版，如图9-59和图9-60所示。

图9—59

图9—60

技术拓展：剪贴蒙版与图层蒙版的差别

01 从形式上看，普通的图层蒙版只作用于一个图层，给人的感觉好像是在图层上面进行遮挡一样。但剪贴蒙版却是对一组图层进行影响，而且是位于被影响图层的最下面。

02 普通的图层蒙版本身不是被作用的对象，而剪贴蒙版本身又是被作用的对象。

03 普通的图层蒙版仅仅是影响作用对象的不透明度，而剪贴蒙版除了影响所有顶层的不透明度外，其自身的混合模式及图层样式都将对顶层产生直接影响。

9.4.2 动手学：创建图层蒙版

创建图层蒙版的方法有很多种，既可以直接在“图层”面板或“属性”面板中进行创建，也可以从选区或图像中生成图层蒙版。如图9-61所示为没有添加图层蒙版的效果。如图9-62所示为添加了图层蒙版隐藏部分图像后的效果。

图9—61

图9—62

在“图层”面板中创建图层蒙版

选择要添加图层蒙版的图层，然后在“图层”面板下单击“添加图层蒙版”按钮，如图9-63所示，可以为当前图层添加一个图层蒙版，如图9-64所示。

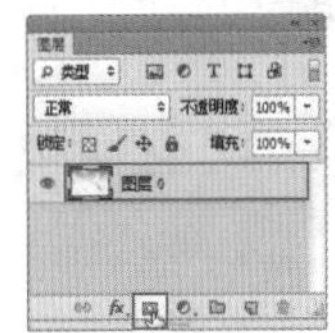

图9—63

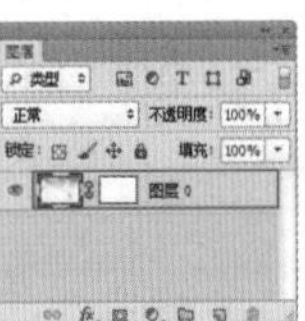

图9—64

添加图层蒙版后如果编辑图层蒙版，需要单击选中图层的蒙版部分，否则编辑的仍然为原图层的内容。如图9-65所示可以看到蒙版呈现选中状态，此时可以在图层蒙版中填充颜色，还可以在图层蒙版中填充渐变、使用不同的画笔工具来编辑蒙版或在图层蒙版中应用各种滤镜，如图9-66所示。需要注意的是，蒙版中只允许存在灰度图像。

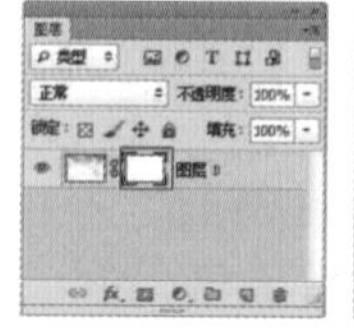
图9－65

图9－66

从选区生成图层蒙版

如果当前图像中存在选区，如图9-67所示，单击“图层”面板下的“添加图层蒙版”按钮，可以基于当前选区为图层添加图层蒙版，选区以外的图像将被蒙版隐藏，如图9-68和图9-69所示。

图9－67

图9－68

图9－69

★ 案例实战——图层蒙版配合不同笔刷制作涂抹画

案例文件	案例文件\第9章\图层蒙版配合不同笔刷制作涂抹画.psd
视频教学	视频文件\第9章\图层蒙版配合不同笔刷制作涂抹画.flv
难易指数	★★★★★
技术要点	图层蒙版以及笔刷

案例效果

本案例主要是使用图层蒙版配合不同笔刷制作涂抹画，如图9-70所示。

扫码看视频

图9－70

操作步骤

01 打开素材背景文件“1.jpg”，如图9-71所示。置入素材照片“2.jpg”，栅格化该图层并将其置于画面中合适的位置，如图9-72所示。

图9－71

图9－72

02 选择照片图层，单击“图层”面板底部的“添加图层蒙版”按钮，为其添加图层蒙版，然后为蒙版填充黑色，此时照片处于隐藏状态，如图9-73所示。

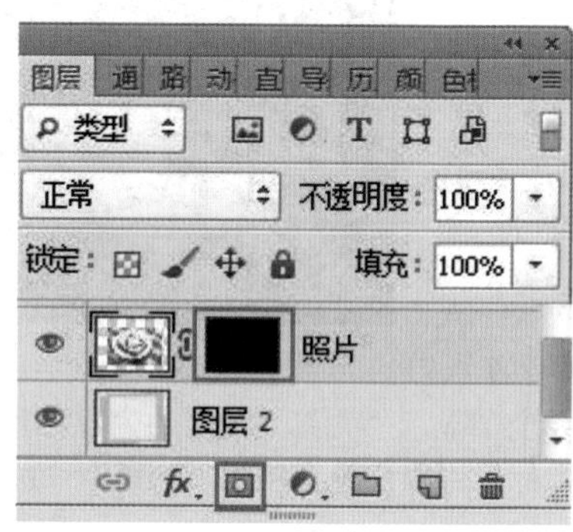

图9－73

03 选择画笔工具，设置前景色为白色，在选项栏中打开“画笔预设”选取器，在“干介质画笔”组下选择合适的画笔笔刷，设置“大小”为84像素，“不透明度”为80%，“流量”为80%，“平滑”为5%，如图9-74所示。在蒙版中涂抹绘制，画面效果如图9-75所示。

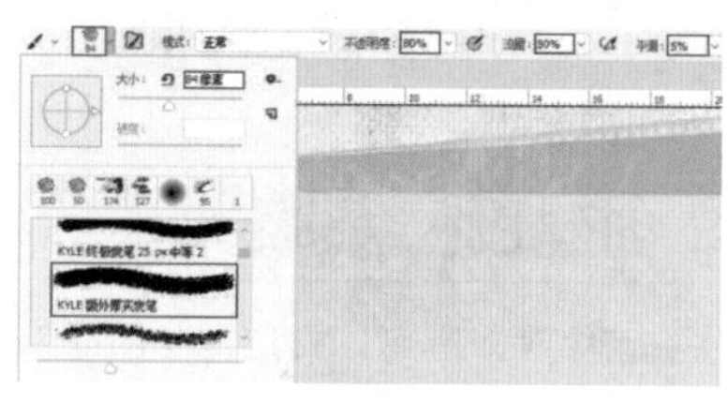
图9－74

图9－75

04 适当降低画笔的不透明度，继续在蒙版中绘制，效果如图9-76所示。置入前景素材“3.png”，栅格化该图层，最终效果如图9-77所示。

图9－76

图9－77

9.4.3 应用图层蒙版

技术速查：应用图层蒙版是指将蒙版效果完全应用到原始图像中，并删除蒙版。

在图层蒙版缩览图上单击鼠标右键，在弹出的快捷菜单中选择“应用图层蒙版”命令，图像中对应蒙版的黑色区域删除，白色区域保留下来，而灰色区域将呈透明效果，并且删除图层蒙版，如图9-78所示。可以将蒙版应用在当前图层中。应用图层蒙版后，蒙版效果将会应用到图像上，如图9-79所示。

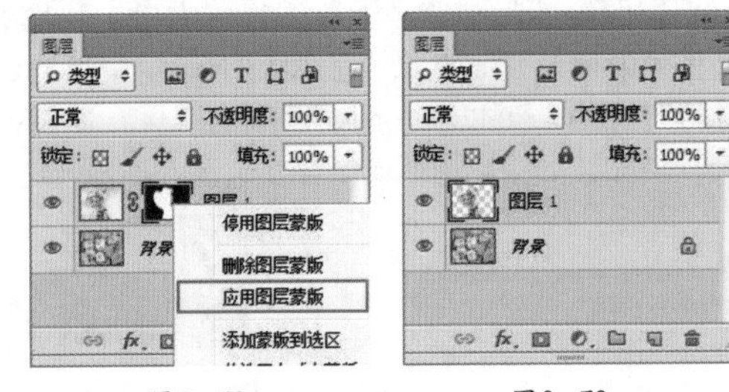

图9-78　　图9-79

9.4.4 动手学：停用/启用/删除图层蒙版

01 如需停用图层蒙版，可以在图层蒙版缩览图上单击鼠标右键，在弹出的快捷菜单中选择“停用图层蒙版”命令，如图9-80所示。停用蒙版后，在“属性”面板的缩览图和“图层”面板的蒙版缩览图中都会出现一个红色的交叉线×，如图9-81所示。

02 在停用图层蒙版以后，如果要重新启用图层蒙版，可以在蒙版缩览图上单击鼠标右键，在弹出的快捷菜单中选择“启用图层蒙版”命令，如图9-82所示。

03 如果要删除图层蒙版，可以在蒙版缩览图上单击鼠标右键，在弹出的快捷菜单中选择“删除图层蒙版”命令，如图9-83所示。

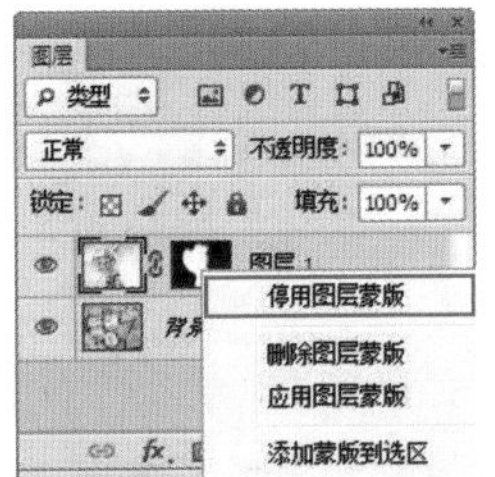

图9-80

图9-81

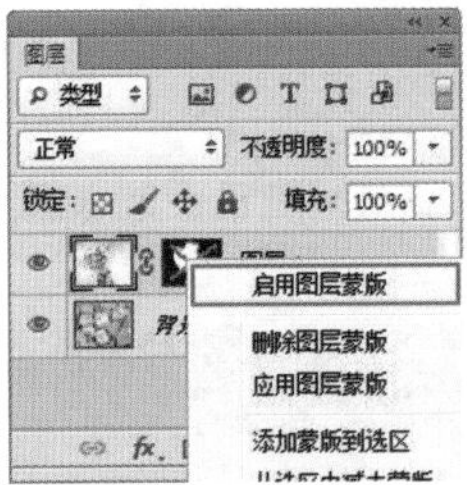

图9-82

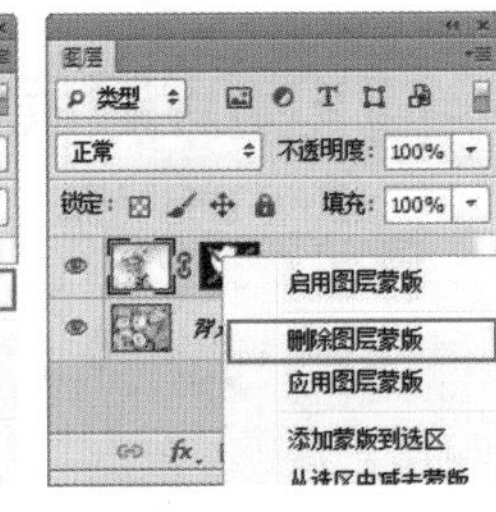

图9-83

9.4.5 动手学：转移/替换/复制图层蒙版

01 如果要转移图层蒙版，可以单击选中要转移的图层蒙版缩览图，并将蒙版拖曳到其他图层上，如图9-84所示，即可将该图层的蒙版转移到其他图层上，如图9-85所示。

02 如果要将一个图层的蒙版替换掉另外一个图层的蒙版，可以将该图层的蒙版缩览图拖曳到另外一个图层的蒙版缩览图上，如图9-86所示。然后在弹出的对话框中单击“是”按钮。替换图层蒙版后，“图层1”的蒙版将被删除，同时“背景”图层的蒙版会被换成“图层1”的蒙版，如图9-87所示。

图9-84

图9-85

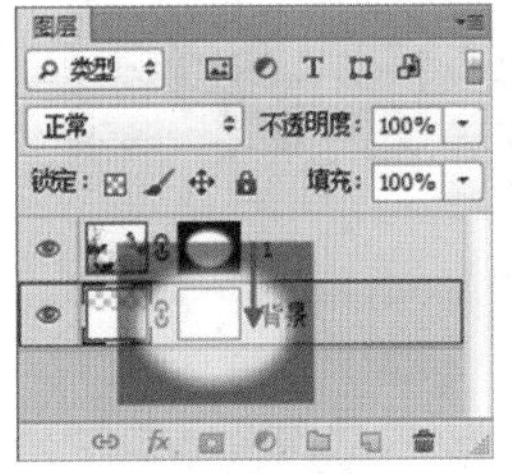

图9-86

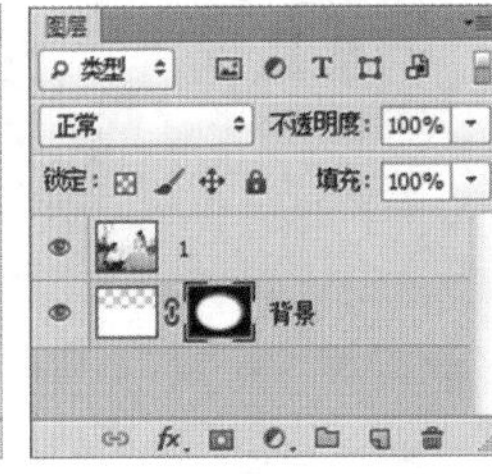

图9-87

03 如果要将一个图层的蒙版复制到另外一个图层上，可以按住Alt键将蒙版缩览图拖曳到另外一个图层上，如图9-88和图9-89所示。

图9-88

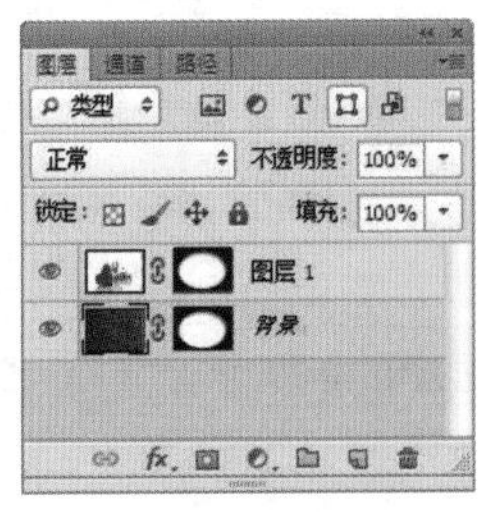

图9-89

9.4.6 动手学：蒙版与选区的运算

在图层蒙版缩览图上单击鼠标右键，如图9-90所示，在弹出的快捷菜单中可以看到3个关于蒙版与选区运算的命令，如图9-91所示。这些命令主要用于设定蒙版的选区与当前选区的运算方式。如果当前图像中没有选区，执行“添加蒙版到选区”命令，可以载入图层蒙版的选区，如图9-92所示。

例如，如果当前图像中存在选区，如图9-93所示。执行该命令，可以将蒙版的选区添加到当前选区中，如图9-94所示。

图9－90

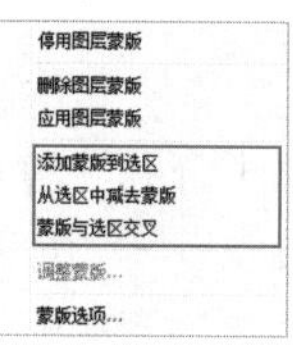

图9－91

图9－92

图9－93

图9－94

技巧提示

按住Ctrl键单击蒙版的缩览图，可以载入蒙版的选区。

☆ 视频课堂——制作婚纱摄影版式

扫码看视频

案例文件\第9章\视频课堂——制作婚纱摄影版式.psd
视频文件\第9章\视频课堂——制作婚纱摄影版式.flv
思路解析：

01 打开背景素材，置入左侧主体人像素材，然后栅格化该图层。
02 为人像素材添加图层蒙版，在蒙版中进行涂抹，使背景部分隐藏。
03 继续置入右侧人像素材，然后栅格化图层后绘制合适的选区，以选区为人像素材添加图层蒙版，使多余区域隐藏。
04 置入其他素材，栅格化图层后设置合适的混合模式。

★ 案例实战——使用图层蒙版制作创意拼图

案例文件	案例文件\第9章\使用图层蒙版制作创意拼图.psd
视频教学	视频文件\第9章\使用图层蒙版制作创意拼图.flv
难易指数	★★★★★
技术要点	图层蒙版

案例效果

本案例主要是使用图层蒙版制作创意拼图，如图9-95所示。

扫码看视频

图9－95

操作步骤

01 新建文件，置入可乐瓶素材“1.png”，并将其置于画面中合适的位置并栅格化图层如图9-96所示。单击“图层”面板底部的“添加图层蒙版”按钮，为其添加图层蒙版，使用黑色画笔在蒙版中绘制多余的部分，如图9-97所示。效果如图9-98所示。

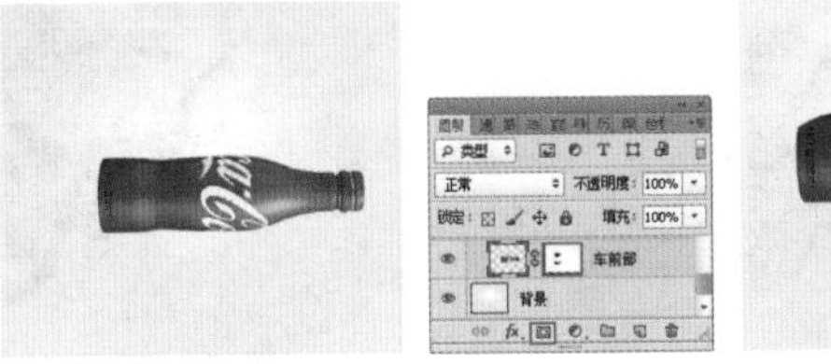

图9—96　图9—97　图9—98

02 继续置入车的素材“2.png”，栅格化图层并将其置于画面中合适的位置作为车位，如图9-99所示。再次为其添加图层蒙版，使用黑色画笔涂抹画面中多余的部分，如图9-100所示。效果如图9-101所示。

图9—99

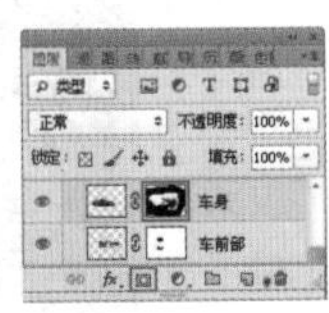

图9—100

图9—101

03 再次置入车的素材“3.jpg”作为车窗，栅格化该图层，如图9-102所示。使用钢笔工具在画面中绘制车窗的部分路径，如图9-103所示。

图9—102

图9—103

04 按Ctrl+Enter快捷键将其快速转换为选区，按Shift+Ctrl+I组合键进行反选，如图9-104所示。按Delete键删除选区内容，按Ctrl+D快捷键取消选区，效果如图9-105所示。

图9—104

图9—105

05 载入可乐图层的选区，如图9-106所示。单击“图层”面板底部的“添加图层蒙版”按钮，以当前选区为车窗部分添加图层蒙版，如图9-107所示。效果如图9-108所示。

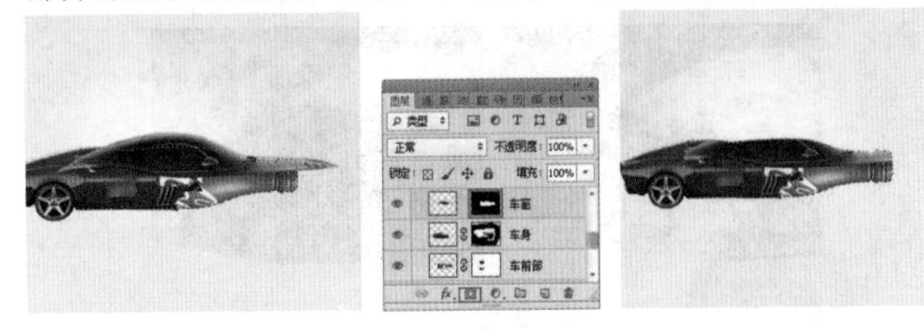

图9—106　图9—107　图9—108

06 取消选区，使用黑色画笔在蒙版中绘制多余的部分，如图9-109所示。置入机械素材“4.png”，栅格化该图层并将其置于画面中车身部分，如图9-110所示。为其添加图层蒙版，使用黑色画笔在蒙版中绘制合适的部分，如图9-111所示。

图9—109　图9—110　图9—111

07 对机械图层执行“图层”>“图层样式”>“内阴影”命令，设置“不透明度”为75%，“角度”为-48度，“距离”为20像素，“阻塞”为0，“大小”为13像素，如图9-112所示。选中“外发光”复选框，设置其“混合模式”为“正常”，“不透明度”为100%，颜色为灰色，“方法”为“精确”，“扩展”为54%，“大小”为2像素，如图9-113所示。效果如图9-114所示。

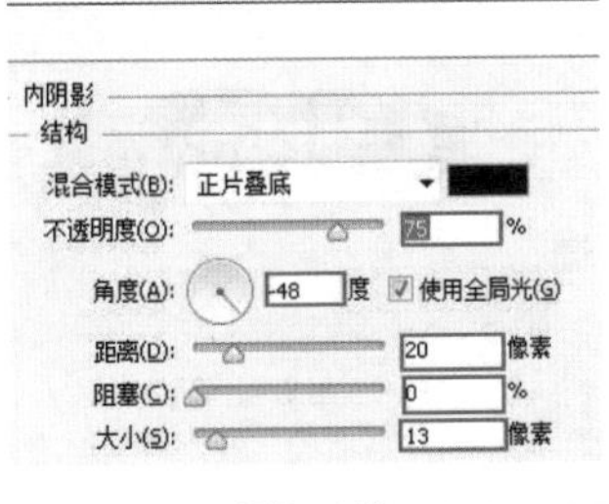

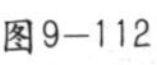

图9—112

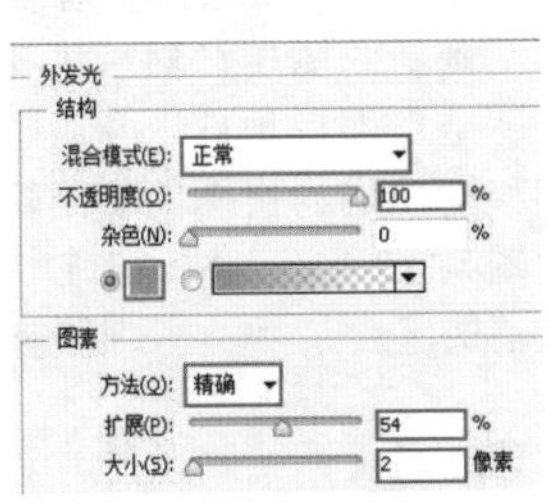

图9—113

图9—114

08 在“图层”面板顶部新建图层，使用钢笔工具，在画面中绘制合适的路径形状，如图9-115所示。将其转换为选区，为其填充黑色，如图9-116所示。

图9-115

图9-116

09 对其执行“图层”>“图层样式”>“投影”命令，设置其“混合模式”为“正常”，颜色为红色，“不透明度”为100%，“角度”为-48度，“距离”为5像素，“扩展”为17%，“大小”为0像素，如图9-117所示。效果如图9-118所示。

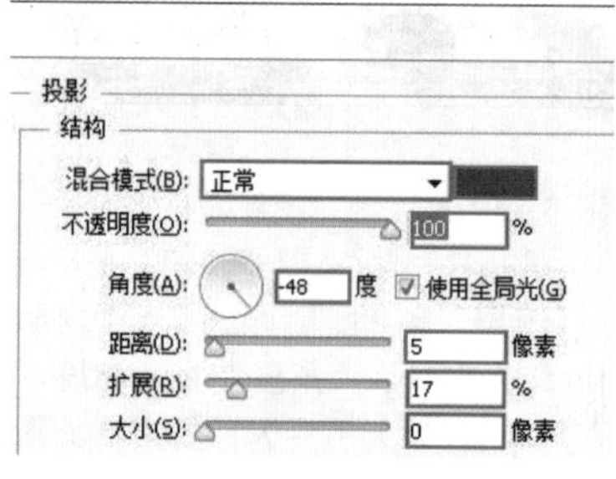

图9-117

图9-118

10 使用椭圆选框工具，按住Shift键绘制正圆选区，框选图中左侧的轮子部分，按Ctrl+J快捷键将选区内容复制并粘贴到新的图层，然后将其置于“图层”面板顶部，并适当向右侧移动，作为拼图的右侧轮子，如图9-119所示。按Ctrl+D快捷键取消选区。

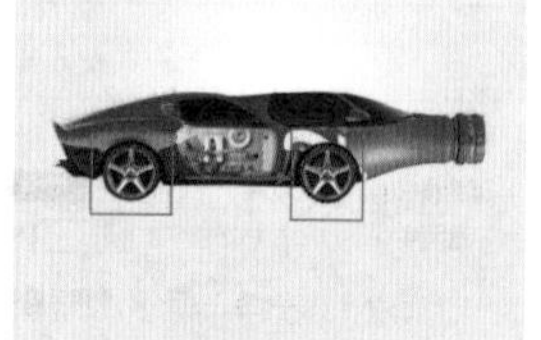

图9-119

11 置入光效素材“5.png”，栅格化图层后并将其置于车尾处，如图9-120所示。设置其混合模式为“滤色”，为其添加图层蒙版，使用黑色柔边圆画笔在画面中绘制合适的部分，如图9-121所示。效果如图9-122所示。

图9-120

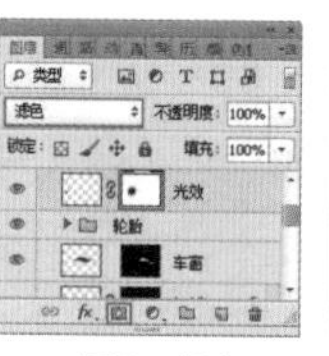

图9-121

图9-122

12 在所有图层下方新建图层，使用黑色柔边圆画笔在车的底部绘制阴影效果，使车体具有立体效果，如图9-123所示。最后置入背景素材文件，栅格化该图层，如图9-124所示。

图9-123

图9-124

13 创建一个曲线调整图层，调整曲线形状，如图9-125所示。最终效果如图9-126所示。

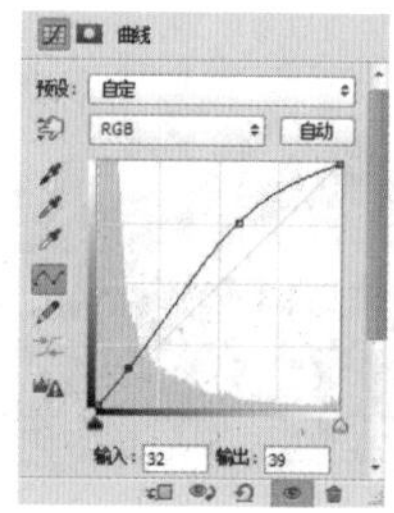

图9-125

图9-126

9.5 使用矢量蒙版

视频精讲：Photoshop新手学视频精讲课堂\81.使用矢量蒙版.flv

矢量蒙版与图层蒙版非常相似，但是矢量蒙版是矢量工具，需要以钢笔或形状工具在蒙版上绘制路径形状控制图像显示隐藏。并且矢量蒙版可以调整路径节点，从而制作出精确的蒙版区域。如图9-127和图9-128所示为使用矢量蒙版制作的作品。

图9-127

图9-128

9.5.1 动手学：创建矢量蒙版

如图9-129和图9-130所示为一个包含两个图层的文档。下面就以这个文档来讲解如何创建矢量蒙版。

图9－129

图9－130

01 使用钢笔工具绘制一个路径，如图9-131所示。然后执行“图层”>“矢量蒙版”>“当前路径”命令，如图9-132所示。可以基于当前路径为图层创建一个矢量蒙版，如图9-133所示。

图9－131

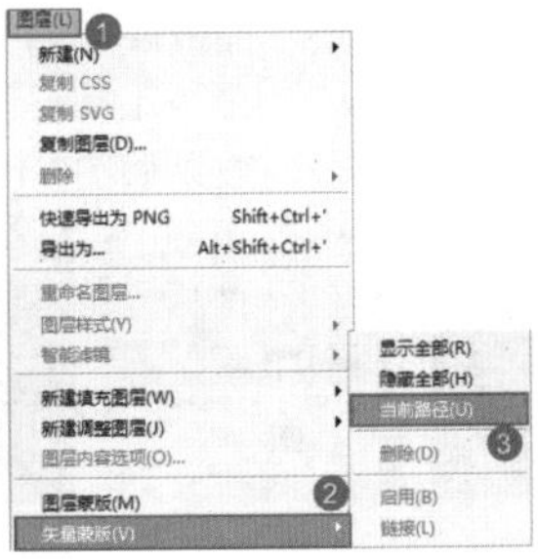

图9－132

图9－133

02 绘制出路径以后，按住Ctrl键在“图层”面板底部单击“添加图层蒙版”按钮 ◘，也可以为图层添加矢量蒙版，如图9-134所示。

图9－134

03 创建矢量蒙版以后，可以继续使用钢笔工具或形状工具在矢量蒙版中绘制形状，如图9-135和图9-136所示。针对矢量蒙版的编辑主要是对矢量蒙版中路径的编辑，除了可以使用钢笔工具、形状工具在矢量蒙版中绘制形状以外，还可以通过调整路径锚点的位置改变矢量蒙版的外形，或者通过变换路径调整其角度大小等。

图9－135

图9－136

9.5.2 将矢量蒙版转换为图层蒙版

技术速查：栅格化矢量蒙版以后，蒙版就会转换为图层蒙版，不再有矢量形状存在。

在蒙版缩览图上单击鼠标右键，在弹出的快捷菜单中选择“栅格化矢量蒙版”命令，如图9-137所示。效果如图9-138所示。

图9－137

图9－138

技巧提示

也可以先选择图层，然后执行“图层”>“栅格化”>“矢量蒙版”命令，还可以将矢量蒙版转换为图层蒙版。

★ 综合实战——宝贝的异想世界

案例文件	案例文件\第9章\宝贝的异想世界.psd
视频教学	视频文件\第9章\宝贝的异想世界.flv
难易指数	★★★★★
技术要点	图层蒙版、剪贴蒙版

案例效果

扫码看视频

本案例主要是通过置入素材，并使用图层蒙版、剪贴蒙版制作宝贝的异想世界。效果如图9-139所示。

操作步骤

01 打开背景素材“1.jpg”，如图9-140所示。

图9－139

图9－140

02 执行“图层”>“新建调整图层”>“渐变映射”命令，编辑一种绿色系渐变，如图9-141所示。在“图层”面板中设置该图层的混合模式为“色相”，并在该调整图层蒙版中使用黑色画笔涂抹天空部分，如图9-142所示。效果如图9-143所示。

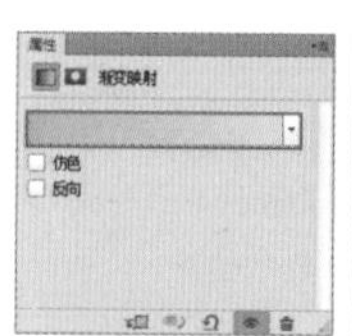
图9－141

图9－142

图9－143

03 调整天空部分颜色，执行“图层”>“新建调整图层”>“渐变映射”命令，编辑一种橙红色系渐变，如图9-144所示。在该调整图层蒙版中使用黑色画笔涂抹地面部分，如图9-145所示。效果如图9-146所示。

图9－144

图9－145

图9－146

04 置入人像素材“2.jpg”，栅格化该图层，使用快速选择工具制作人像选区，如图9-147所示。保持当前选区，并在“图层”面板中单击“添加图层蒙版”按钮，此时选区以外的部分被隐藏，如图9-148和图9-149所示。

图9－147

图9－148

图9－149

05 执行“图层”>“新建调整图层”>“照片滤镜”命令，选中“颜色”单选按钮，设置其为橙色，“浓度”为42%，如图9-150所示。然后在该调整图层上单击鼠标右键，在弹出的快捷菜单中选择“创建剪贴蒙版”命令，如图9-151所示。效果如图9-152所示。

图9－150

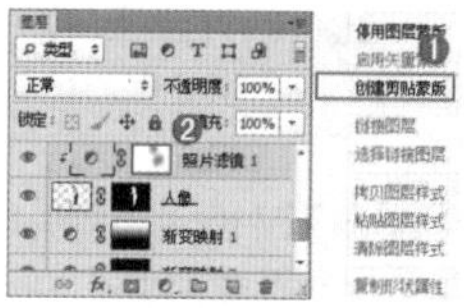

图9－151

图9－152

06 继续置入桥素材“3.jpg”，栅格化该图层，如图9-153所示。单击“图层”面板底部的“添加图层蒙版”按钮，为其添加图层蒙版，如图9-154所示。然后在蒙版中使用黑色画笔涂抹背景部分，效果如图9-155所示。

图9－153

图9－154

图9－155

07 由于桥的颜色与当前画面色调不符合，所以需要创建一个“色相/饱和度”调整图层，设置颜色为“黄色”，调整“色相”为31，如图9-156所示。效果如图9-157所示。

图9－156

图9－157

08 置入玩具素材，同样为该图层添加图层蒙版并栅格化，在蒙版中使用黑色画笔工具涂抹多余部分，如图9-158所示。

09 制作儿童手部与玩具之间的线，首先使用钢笔工具绘制多条线的路径，如图9-159所示。设置前景色为灰色，设置较细的画笔笔尖。在路径上单击鼠标右键，在弹出的快捷菜单中选择“描边路径”命令，效果如图9-160所示。

图9-158

图9-159

图9-160

10 单击工具箱中的“钢笔工具”按钮，设置前景色为黑色。在选项栏中设置较大的柔边圆画笔，降低画笔不透明度。然后在画面的四角处绘制暗角效果，如图9-161所示。

图9-161

11 创建一个曲线调整图层，压暗曲线，如图9-162所示。然后在该调整图层蒙版中使用黑色画笔涂抹画面四角以外的区域，效果如图9-163所示。

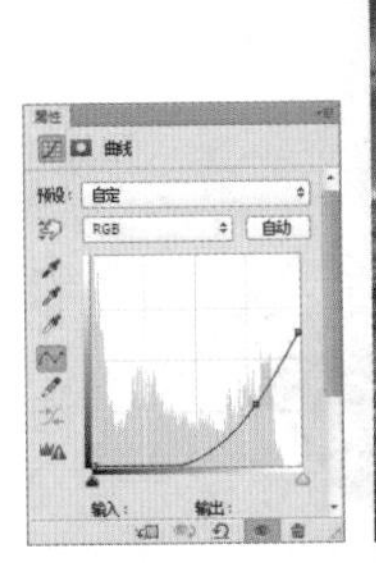

图9-162

图9-163

12 再次创建一个曲线调整图层，调整曲线形态，如图9-164所示。增大画面对比度和颜色感，如图9-165所示。

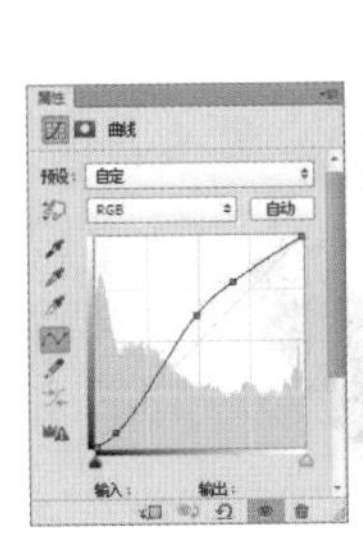

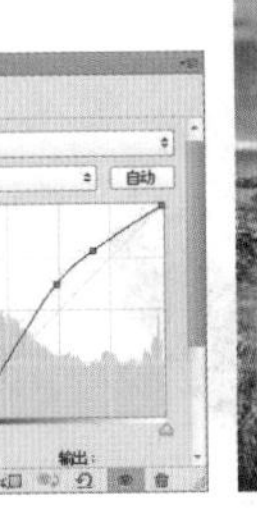

图9-164

图9-165

13 置入光效素材文件“5.jpg”，栅格化该图层，设置混合模式为“滤色”，如图9-166所示。效果如图9-167所示。

图9-166

图9-167

14 置入艺术字素材“6.png”，栅格化该图层，最终效果如图9-168所示。

图9-168

★ 综合实战——使用图层蒙版制作唯美小岛

案例文件	案例文件\第9章\使用图层蒙版制作唯美小岛.psd
视频教学	视频文件\第9章\使用图层蒙版制作唯美小岛.flv
难易指数	★★★★★
技术要点	图层蒙版、钢笔工具

案例效果

本案例主要是使用图层蒙版、钢笔工具制作唯美小岛，如图9-169所示。

扫码看视频

图9-169

操作步骤

01 打开背景素材“1.jpg”，如图9-170所示。新建图层，使用钢笔工具在画面中绘制合适的路径形状，如图9-171所示。

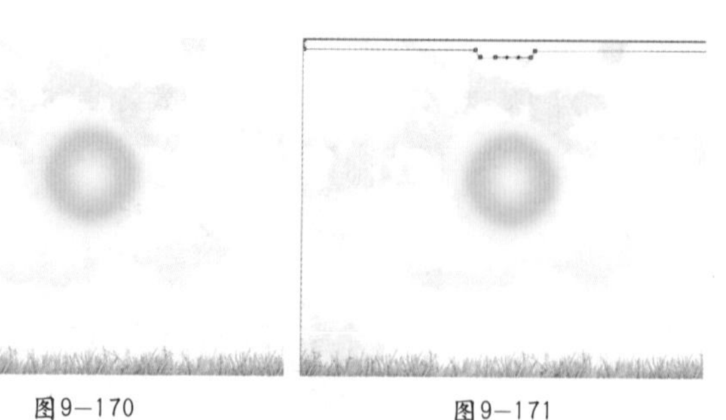

图9—170　　图9—171

02 按Ctrl+Enter快捷键将其转换为选区，为其填充白色，如图9-172所示。对其执行“图层”>“图层样式”>“渐变叠加”命令，设置其“混合模式”为“正片叠底”，“不透明度”为21%，编辑黑白色系的渐变颜色，设置“样式”为“线性”，如图9-173所示。

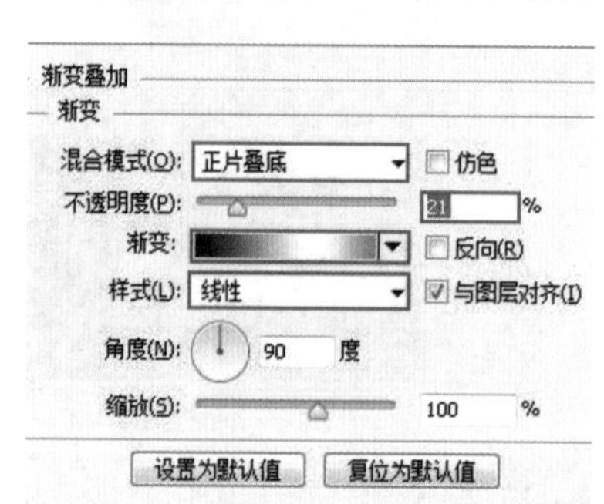

图9—172　　图9—173

03 选中“投影”复选框，设置“不透明度”为30%，“角度”为90度，“距离”为5像素，“扩展”为0，“大小”为15像素，如图9-174所示。效果如图9-175所示。

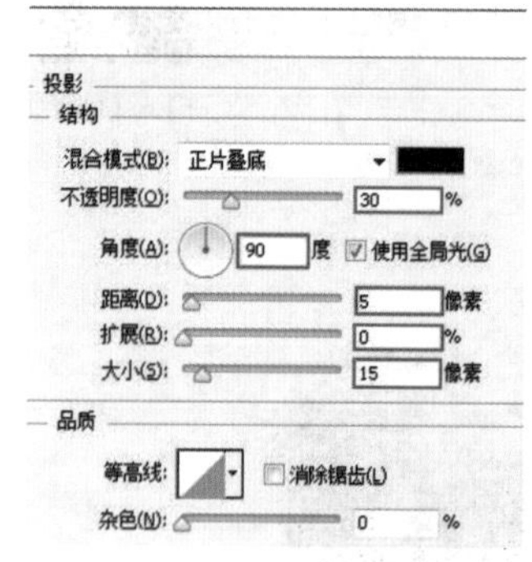

图9—174　　图9—175

04 使用横排文字工具，设置合适的字号以及字体，设置前景色为黑色，在画面中单击输入合适的文字，如图9-176所示。置入树根素材“2.jpg”并栅格化该图层，按下自由变换快捷键Ctrl+T，将其适当缩放，如图9-177所示。

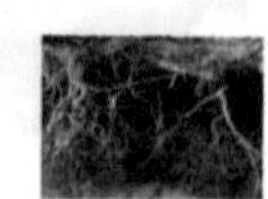

图9—176　　图9—177

05 单击“图层”面板底部的“添加图层蒙版”按钮，为其添加图层蒙版，使用较小的黑色柔边圆画笔在蒙版中绘制合适的部分，如图9-178所示。效果如图9-179所示。

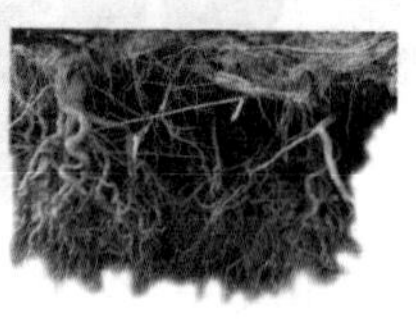

图9—178　　图9—179

06 复制“树根”图层，并将其置于原图层上方，按Ctrl+T快捷键对其执行“自由变换”命令，将其旋转到合适的角度，如图9-180所示。用同样的方法制作其他的树根，效果如图9-181所示。

图9—180　　图9—181

07 合并所有树根图层，设置其混合模式为“溶解”，如图9-182所示。效果如图9-183所示。

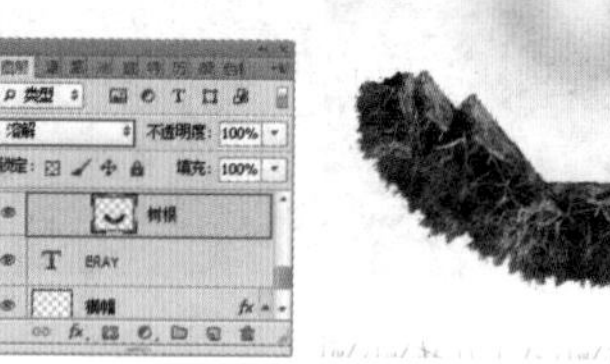

图9—182　　图9—183

08 新建图层填充棕色，载入树根图层选区，为其添加图层蒙版，设置其混合模式为“柔光”，“不透明度”为50%，如图9-184所示。效果如图9-185所示。

图9—184　　图9—185

09 继续置入土壤素材“3.jpg”，栅格化该图层，如图9-186所示。为其添加图层蒙版，使用黑色画笔在蒙版中涂抹去除多余部分，如图9-187所示。效果如图9-188所示。

图9—186

图9—187

图9—188

10 置入草地素材“4.jpg”，栅格化该图层，如图9-189所示。按Ctrl+T快捷键对其执行“自由变换”命令，单击鼠标右键，在弹出的快捷菜单中选择“斜切”命令，拖动控制点，如图9-190所示。变形完毕后按Enter键完成自由变换，如图9-191所示。

图9—189

图9—190

图9—191

11 单击“图层”面板底部的“添加图层蒙版”按钮，为其添加图层蒙版，为蒙版填充黑色，使用白色画笔在蒙版中绘制合适的部分，如图9-192所示。效果如图9-193所示。然后使用黑色柔边圆半透明画笔在草地的顶部及底部适当涂抹，制作出阴影效果，使小岛更加具有立体感，如图9-194所示。

图9—192

图9—193

图9—194

12 置入前景素材“5.png”，栅格化该图层并将其置于画面中合适的位置，最终效果如图9-195所示。

图9—195

课后练习

【课后练习——使用剪贴蒙版制作撕纸人像】

思路解析：本案例通过剪贴蒙版与图层蒙版的使用，将人像面部制作出局部的黑白效果，并将纸卷素材合成到画面中。

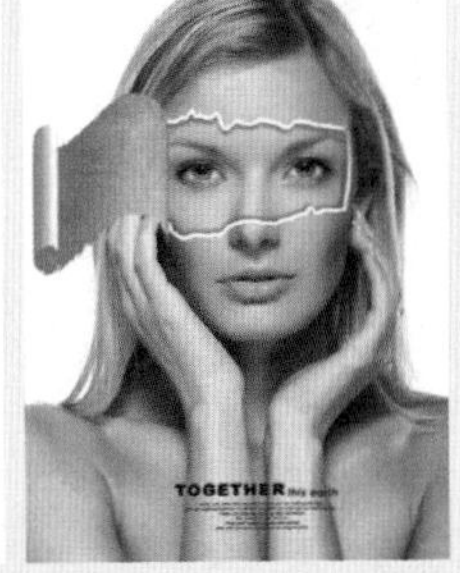

扫码看视频

【课后练习——使用蒙版合成瓶中小世界】

思路解析：本案例主要通过使用图层蒙版，将海星素材合成到瓶中。

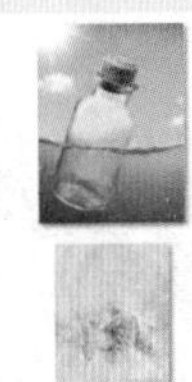

扫码看视频

本章小结

蒙版作为一种非破坏性工具，在合成作品的制作中经常会被使用。通过本章的学习，需要熟练掌握这4种蒙版的使用方法，并了解每种蒙版适合使用的情况，以便在设计作品中快速地合成画面元素。

第10章

数码照片调色实战技法

本章内容简介：

调色技术在实际应用中主要分为两大方面：校正错误色彩和创造风格化色彩。所谓错误的颜色，在数码相片中主要体现在曝光过度、亮度不足、画面偏灰、色调偏色等方面，使用调色技术可以很轻松地调整为正常效果。而创造风格化色彩则相对复杂些，不仅可以使用调色技术，还可以与图层混合、绘制工具等共同使用。

本章学习要点：

- 熟悉色彩的相关知识
- 掌握矫正问题图像的方法
- 熟练掌握常用调整命令
- 掌握多种风格化调色技巧

色彩与调色

10.1.1 认识调色

调色是Photoshop的核心技术之一，是指将特定的色调加以改变，形成不同感觉的另一色调图片。如图10-1~图10-4所示为调色对比效果。

图10—1

图10—2

图10—3

图10—4

在前面的章节中讲解过图像的颜色模式，但并不是所有的颜色模式都适合在后期软件中处理数码照片时使用。在处理数码照片时比较常用的是RGB颜色模式，如图10-5所示。涉及需要印刷的产品时需要使用CMYK颜色模式，如图10-6所示。而Lab颜色模式是色域最宽的色彩模式，也是最接近真实世界颜色的一种色彩模式，如图10-7所示。

图10—5

图10—6

图10—7

10.1.2 “信息”面板

技术速查：在“信息”面板中可以快速准确地查看光标所处的坐标、颜色信息、选区大小、定界框的大小和文档大小等信息。

执行“窗口”>“信息”命令，打开“信息”面板。使用该面板能够准确有效地辅助用户进行精确的颜色调整。在“信息”面板的菜单中单击“面板选项”菜单，打开“信息面板选项”对话框。在该对话框中可以设置更多的颜色信息和状态信息，如图10-8和图10-9所示。

图10—8

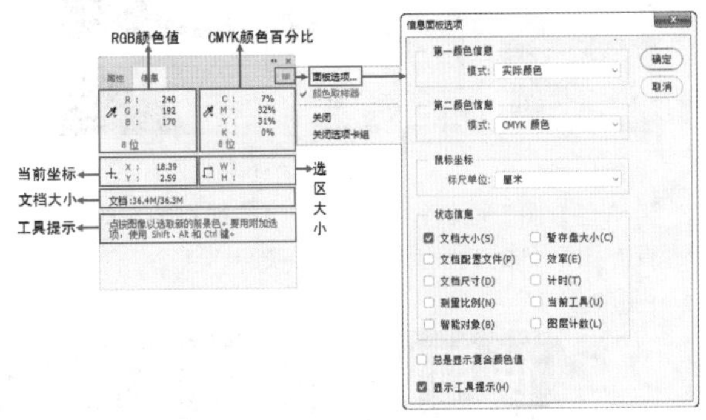

图10—9

“信息面板选项”对话框中的参数介绍如下。

- **第一颜色信息/第二颜色信息**：设置第一个/第二个吸管显示的颜色信息。选择“实际颜色”选项，将显示图像当前颜色模式下的颜色值；选择“校样颜色”选项，将显示图像的输出颜色空间的颜色值；选择“灰度”“RGB颜色”“Web颜色”“HSB颜色”“CMYK颜色”和“Lab颜色”选项，可以显示与之对应的颜色值；选择“油墨总量”选项，可以显示当前颜色所有CMYK油墨的总百分比；选择“不透明度”选项，可以显示当前图层的不透明度。
- **鼠标坐标**：设置当前鼠标所处位置的度量单位。
- **状态信息**：选择相应的选项，可以在“信息”面板中显示出相应的状态信息。
- **显示工具提示**：选中该复选框后，可以显示出当前工具的相关使用方法。

10.1.3 “直方图”面板

技术速查：直方图是用图形来表示图像的每个亮度级别的像素数量，展示像素在图像中的分布情况。

通过直方图可以快速浏览图像色调范围或图像基本色调类型，而色调范围有助于确定相应的色调校正。低色调图像的细节集中在阴影处，高色调图像的细节集中在高光处，而平均色调图像的细节集中在中间调处，全色调范围的图像在所有区域中都有大量的像素。如图10-10~图10-12所示的3张图分别是曝光过度、曝光正常以及曝光不足的图像，在直方图中可以清晰地看出差别。

图10-10　图10-11　图10-12

执行“窗口”>“直方图”命令，打开“直方图”面板，在“直方图”面板菜单中有3种视图模式可以选择，如图10-13所示。

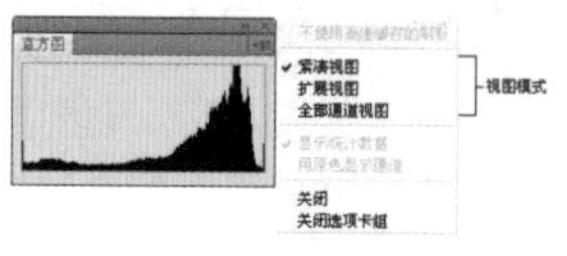

图10-13

“紧凑视图”是默认的显示模式，显示不带控件或统计数据的直方图。该直方图代表整个图像。“扩展视图”显示有统计数据的直方图，如图10-14所示。“全部通道视图”是除了显示“扩展视图”的所有选项外，还显示各个通道的单个直方图，如图10-15所示。

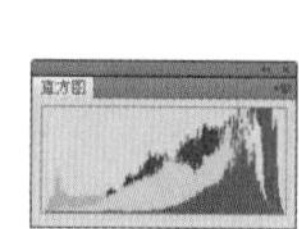

图10-14

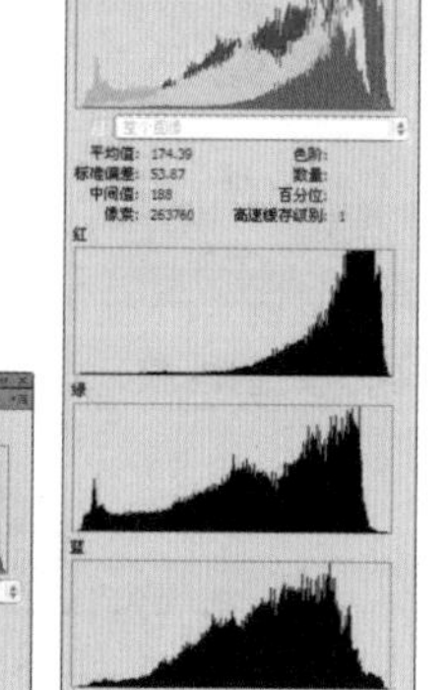

图10-15

当“直方图”面板视图方式为“扩展视图”时，可以看到“直方图”面板上显示的多种选项。

- 通道：包含RGB、红、绿、蓝、明度和颜色6个通道。选择相应的通道以后，在面板中就会显示该通道的直方图。
- 不使用高速缓存的刷新：单击该按钮，可以刷新直方图并显示当前状态下的最新统计数据。
- 源：可以选择当前文档中的整个图像、图层和复合图像，选择相应的图像或图层后，在面板中就会显示出其直方图。
- 平均值：显示像素的平均亮度值（从0~255之间的平均亮度）。直方图的波峰偏左，表示该图偏暗；直方图的波峰偏右，表示该图偏亮。
- 标准偏差：显示出了亮度值的变化范围。数值越小，表示图像的亮度变化不明显；数值越大，表示图像的亮度变化很强烈。
- 中间值：显示出了图像亮度值范围以内的中间值，图像的色调越亮，其中间值就越大。
- 像素：显示出了用于计算直方图的像素总量。
- 色阶：显示当前光标下的波峰区域的亮度级别。
- 数量：显示当前光标下的亮度级别的像素总数。
- 百分比：显示当前光标所处的级别或该级别以下的像素累计数。
- 高速缓存级别：显示当前用于创建直方图的图像高速缓存的级别。

10.2 使用调整图层

视频精讲：Photoshop新手学视频精讲课堂\86.使用调整图层.flv

调整图层在Photoshop中既是一种非常重要的工具，又是一种特殊的图层。作为工具，它可以调整当前图像显示的颜色和色调，并且不会破坏文档中的图层，还可以重复修改。作为图层，调整图层还具备图层的一些属性，例如不透明度、混合模式、图层蒙版、剪切蒙版等属性的可调性。如图10-16和图10-17所示为使用调整图层制作的作品。

图10-16

图10-17

10.2.1 调整图层与调色命令的区别

在Photoshop中，图像色彩的调整共有两种方式。一种是直接执行“图像”>“调整”菜单下的调色命令进行调节，这种方式属于不可修改方式，也就是说一旦调整了图像的色调，就不可以再重新修改调色命令的参数；另外一种方式就是使用调整图层，与调整命令相似，调整图层也可以对图像进行颜色的调整。不同的是调整命令每次只能对一个图层进行操作，而调整图层则会影响在该图层下方所有图层的效果，可以重复修改参数并且不会破坏原图层。调整图层作为图层还具备图层的一些属性，例如可以像普通图层一样进行删除，切换显示隐藏、调整不透明度、混合模式，创建图层蒙版、剪切蒙版等操作。这种方式属于可修改方式，也就是说如果对调色效果不满意，还可以重新对调整图层的参数进行修改，直到满意为止，如图10-18和图10-19所示。

图10—18

图10—19

10.2.2 “调整”面板与“属性”面板

- 技术速查：“调整”面板中包含了用于调整颜色和色调的工具。

执行“窗口”>“调整”命令，打开“调整”面板，单击某一按钮即可创建相应的调整图层，如图10-20所示。新创建的调整图层会出现在“图层”面板上，如图10-21所示。

打开“属性”面板，选中“图层”面板中的调整图层，可以在“属性”面板中进行参数选项的设置，在“属性”面板中还包含一些对调整图层可用的按钮，如图10-22所示。

- 蒙版：单击该按钮，即可进入该调整图层蒙版的设置状态。
- 此调整影响下面的所有图层：单击该按钮，可剪切到图层。
- 切换图层可见性：单击该按钮，可以隐藏或显示调整图层。
- 查看上一状态：单击该按钮，可以在文档窗口中查看图像的上一个调整效果，以比较两种不同的调整效果。
- 复位到调整默认值：单击该按钮，可以将调整参数恢复到默认值。
- 删除此调整图层：单击该按钮，可以删除当前调整图层。

图10—20

图10—21

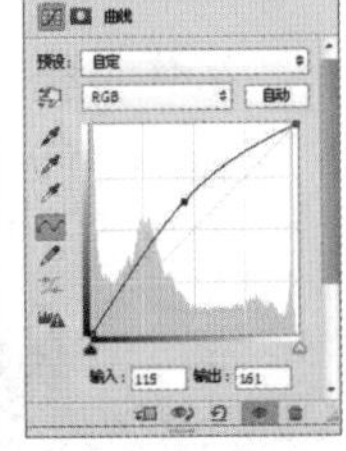

图10—22

技巧提示

因为调整图层包含的是调整数据而不是像素，所以它们增加的文件大小远小于标准像素图层。如果要处理的文件非常大，可以将调整图层合并到像素图层中来减少文件的大小。

10.2.3 新建与使用调整图层

01 除了在“调整”面板中单击调整图层图标外，还可以执行“图层”>“新建调整图层”菜单下的调整命令来创建调整图层，如图10-23所示。在“图层”面板下面单击“创建新的填充或调整图层”按钮，然后在弹出的菜单中选择相应的调整命令也可以创建调整图层，如图10-24所示。

02 创建好调整图层以后，在“图层”面板中单击调整图层的缩览图，如图10-25所示。在“属性”面板中可以显示其相关参数。如果要修改调整参数，重新输入相应的数值即可，如图10-26所示。

图10—23

图10—24

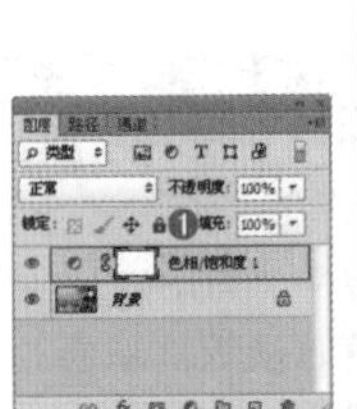

图10—25

图10—26

03 如果要删除调整图层，可以直接按Delete键，也可以将其拖曳到“图层”面板底部的“删除图层”按钮上，如图10-27所示。也可以单击“删除此调整图层”按钮，如图10-28所示。如果要删除调整图层的蒙版，可以将蒙版缩览图拖曳到“图层”面板底部面的“删除图层”按钮上，如图10-29所示。

图10—27

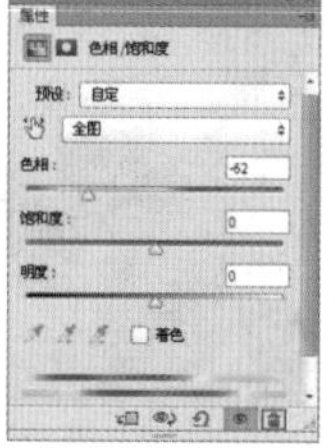
图10—28

图10—29

★ 案例实战——调整图层更改局部颜色

案例文件	案例文件\第10章\调整图层更改局部颜色.psd
视频教学	案例文件\第10章\调整图层更改局部颜色.flv
难易指数	★★★★★
知识掌握	调整图层的使用

案例效果

本案例主要是针对如何使用调整图层调整图像局部的色调进行练习，如图10-30所示。

扫码看视频

操作步骤

01 打开素材文件，如图10-31所示。

图10—30

图10—31

02 执行“图层”>“新建图层样式”>“色相/饱和度”命令，创建一个“色相/饱和度”调整图层。设置“色相”为-41，如图10-32所示。效果如图10-33所示。

图10—32

图10—33

03 选择“色相/饱和度”调整图层的蒙版，填充黑色，然后使用白色画笔工具在服装部分进行适当的涂抹，使调整图层只对部分服装起作用，如图10-34所示。效果如图10-35所示。

图10—34

图10—35

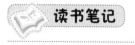

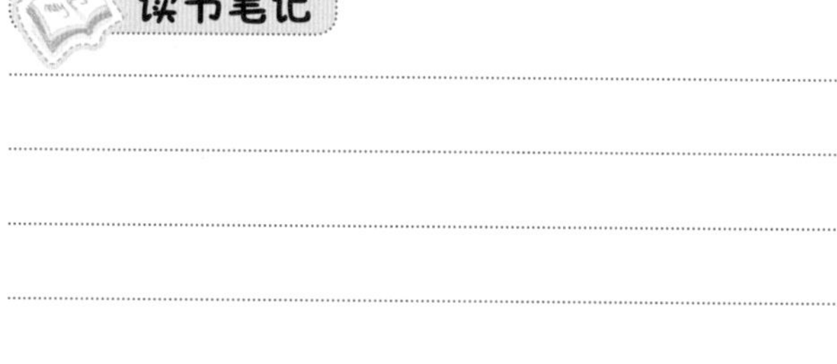

10.3 图像快速调整工具

“图像”菜单中包含大量的与调色相关的命令，其中包含多个可以快速调整图像的颜色和色调的命令，如“自动色调”“自动对比度”“自动颜色”“照片滤镜”“变化”“去色”和“色彩均化”等命令。

10.3.1 自动调整色调/对比度/颜色

视频精讲：Photoshop新手学视频精讲课堂\87.自动调整图像.flv

“自动色调”“自动对比度”和“自动颜色”命令不需要进行参数设置，通常主要用于校正数码相片出现明显的偏色、对比过低、颜色暗淡等常见问题。执行“图像”菜单下的相应命令，即可自动调整画面颜色。如图10-36和图10-37所示分别为矫正发灰的图像与矫正偏色图像效果。

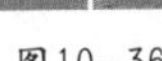

图10—36

图10—37

10.3.2 照片滤镜

● 技术速查："照片滤镜"调整命令可以模仿在相机镜头前面添加彩色滤镜的效果。

打开一张图像，执行"图像">"调整">"照片滤镜"命令，打开"照片滤镜"对话框，在"滤镜"或"颜色"中选择一种方式。然后设置合适的"浓度"数值即可，如图10-38所示。使用该命令可以快速调整通过镜头传输的光的色彩平衡、色温和胶片曝光，以改变照片颜色倾向，如图10-39所示。

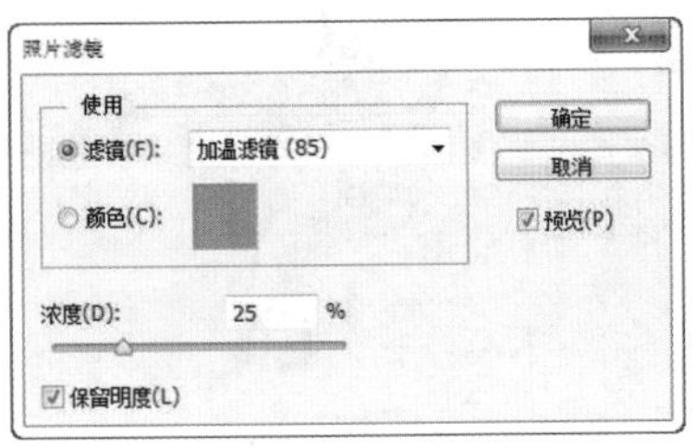

图10—38

图10—39

技巧提示

在调色命令的对话框中，如果对参数的设置不满意，可以按住Alt键，此时"取消"按钮将变成"复位"按钮，单击该按钮可以将参数设置恢复到默认值，如图10—40所示。

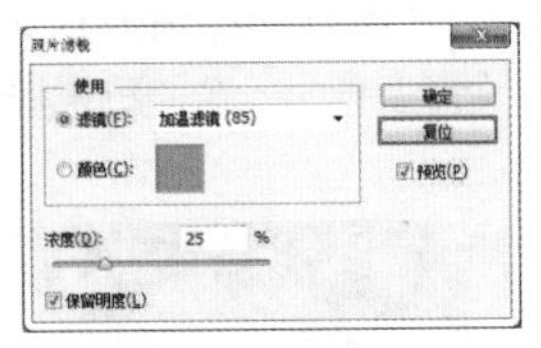

图10—40

● 滤镜：在该下拉列表中可以选择一种预设的效果应用到图像中，如图10-41所示。

● 颜色：选中该单选按钮，可以自行设置颜色，如图10-42所示。

图10—41

图10—42

● 浓度：设置滤镜颜色应用到图像中的颜色百分比。数值越大，应用到图像中的颜色浓度就越大，如图10-43所示；数值越小，应用到图像中的颜色浓度就越低，如图10-44所示。

图10—43

图10—44

● 保留明度：选中该复选框后，可以保留图像的明度不变。

★ 案例实战——快速调整照片色温

案例文件	案例文件\第10章\快速调整照片色温.psd
视频教学	视频文件\第10章\快速调整照片色温.flv
难易指数	★★★★★
技术要点	照片滤镜

案例效果

本案例主要是通过使用照片滤镜制作紫色调照片。对比效果如图10-45和图10-46所示。

扫码看视频

操作步骤

01 打开素材“1.jpg”，如图10-47所示。此时图像整体偏于暖调的橙色系效果，下面将制作整体为冷色调的艺术效果。

图10—45

图10—46

图10—47

02 进行整体颜色调整。执行“图像”>“调整”>“照片滤镜”命令，在弹出的照片滤镜窗口中，设置“滤镜”为“冷却滤镜（82）”，“浓度”为60%，如图10-48所示。置入艺术字素材“2.png”，栅格化该图层。最终效果如图10-49所示。

图10—48

图10—49

10.3.3 去色

技术速查：“去色”命令可以将图像中的颜色去掉，使其成为灰度图像。

打开一张图像，如图10-50所示。然后执行“图像”>“调整”>“去色”命令或按Shift+Ctrl+U快捷键，可以将其调整为灰度效果，如图10-51所示。

图10—50

图10—51

10.3.4 色调均化

技术速查：“色调均化”命令是将图像中像素的亮度值进行重新分布。

直接对图像执行“图像”>“调整”>“色调均化”命令，图像中最亮的值将变成白色，最暗的值将变成黑色，中间的值将分布在整个灰度范围内，使其更均匀地呈现所有范围的亮度级。原图如图10-52所示。效果如图10-53所示。

图10—52

图10—53

如果图像中存在选区（见图10-54），则执行“色调均化”命令时会弹出一个“色调均化”对话框，如图10-55所示。

图10—54

图10—55

- 仅色调均化所选区域：选中该单选按钮，则仅均化选区内的像素，如图10-56所示。

图10—56

- 基于所选区域色调均化整个图像：选中该单选按钮，则可以按照选区内的像素均化整个图像的像素，如图10-57所示。

图10—57

10.4 图像的影调调整

- 视频精讲：Photoshop新手学视频精讲课堂\88.影调调整命令.flv

影调指画面的明暗层次、虚实对比和色彩的色相明暗等之间的关系。通过这些关系，使欣赏者感到光的流动与变化。而图像影调的调整主要是针对图像的明暗、曝光度、对比度等属性的调整。在“图像”菜单下的“色阶”“曲线”“曝光度”等命令都可以对图像的影调进行调整。如图10-58和图10-59所示为使用影调调整命令处理的图像。

图10—58

图10—59

10.4.1 亮度/对比度

- 技术速查：“亮度/对比度”命令可以对图像的色调范围进行简单的调整，是非常常用的影调调整命令，能够快速地矫正图像“发灰”的问题，如图10-60和图10-61所示。

图10—60

图10—61

执行“图像”>“调整”>“亮度/对比度”命令，打开“亮度/对比度”对话框，如图10-62所示。通过调整参数选项的滑块即可调整画面效果，如图10-63所示。

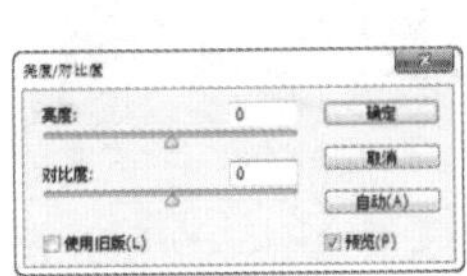

图10—62

图10—63

- 亮度：用来设置图像的整体亮度。数值为负值时，表示降低图像的亮度，如图10-64所示；数值为正值时，表示提高图像的亮度，如图10-65所示。

图10—64

图10—65

- 对比度：用于设置图像亮度对比的强烈程度，如图10-66和图10-67所示。

图10—66

图10—67

- 预览：选中该复选框后，在“亮度/对比度”对话框中调节参数时，可以在文档窗口中观察到图像的亮度变化。
- 使用旧版：选中该复选框后，可以得到与Photoshop CS3以前的版本相同的调整结果。
- 自动：单击该按钮，Photoshop会自动根据画面进行调整。

技巧提示

在进行图像调整时，在相应的对话框中修改参数之后如果需要还原成原始参数，可以按住Alt键，对话框中的“取消”按钮会变为“复位”按钮，单击“复位”按钮即可还原原始参数，如图10-68所示。

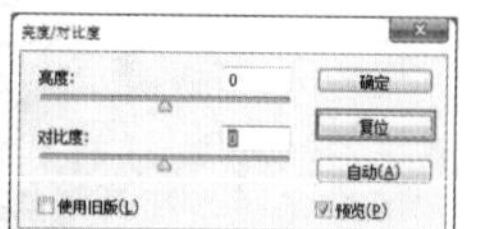

图10-68

10.4.2 色阶

- 技术速查：“色阶”命令不仅可以针对图像进行明暗对比的调整，还可以对图像的阴影、中间调和高光强度级别进行调整，以及分别对各个通道进行调整，以调整图像明暗对比或者色彩倾向。

执行“图像”>“调整”>“色阶”命令或按Ctrl+L快捷键，打开“色阶”对话框。通过选择内置“预设”或调整色阶数值都可以调整画面效果，如图10-69所示。

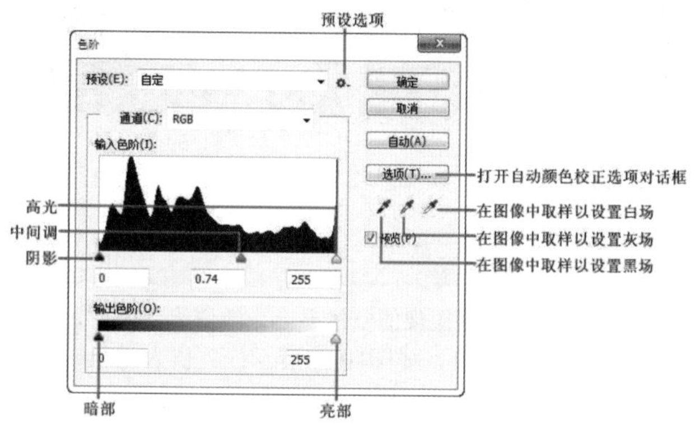

图10-69

- 预设/预设选项：单击“预设”下拉列表，可以选择一种预设的色阶调整选项来对图像进行调整；单击“预设选项”按钮，可以对当前设置的参数进行保存，或载入一个外部的预设调整文件。
- 通道：在该下拉列表中可以选择一个通道来对图像进行调整，以校正图像的颜色，如图10-70所示。

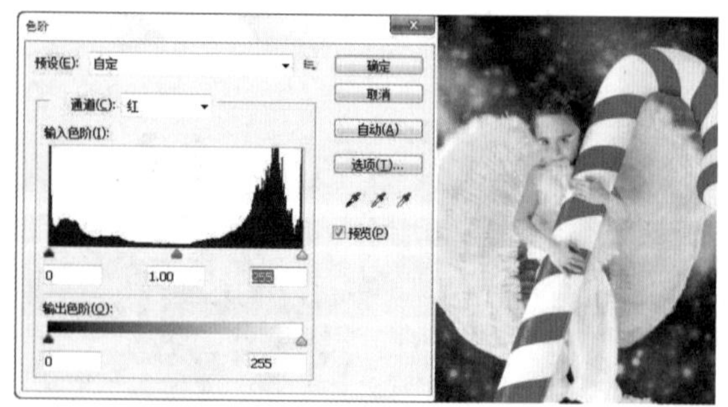

图10-70

- 输入色阶：可以通过拖曳滑块来调整图像的阴影、中间调和高光，同时也可以直接在对应的文本框中输入数值。将滑块向左拖曳，可以使图像变暗，如图10-71所示；将滑块向右拖曳，可以使图像变亮，如图10-72所示。

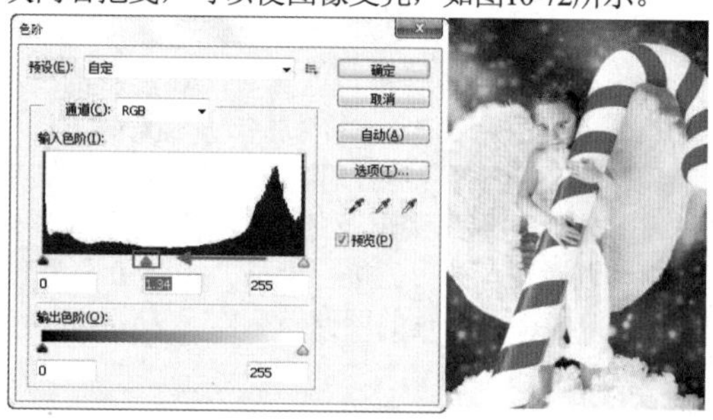

图10-71

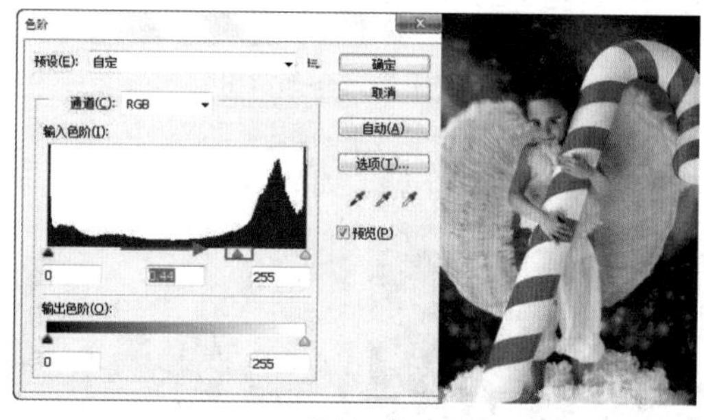

图10-72

- 输出色阶：可以设置图像的亮度范围，从而降低对比度，如图10-73所示。

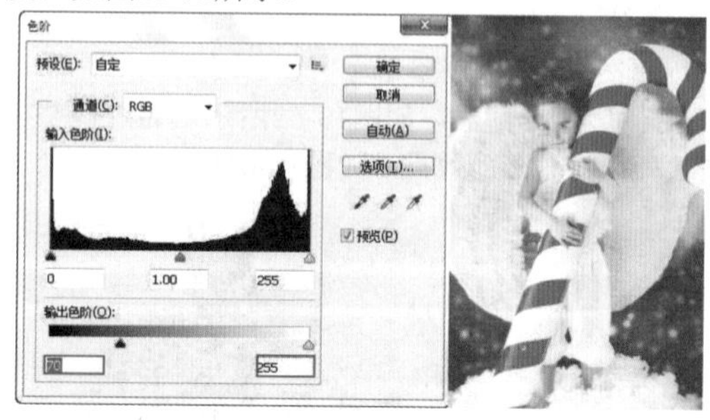

图10-73

- **自动**：单击该按钮，Photoshop会自动调整图像的色阶，使图像的亮度分布更加均匀，从而达到校正图像颜色的目的。
- **在图像中取样以设置黑场**：使用该吸管在图像中单击取样，可以将单击点处的像素调整为黑色，同时图像中比该单击点暗的像素也会变成黑色，如图10-74所示。

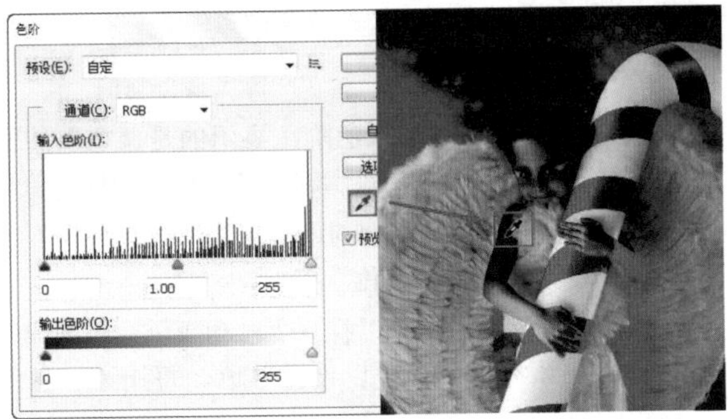

图10-74

- **在图像中取样以设置灰场**：使用该吸管在图像中单击取样，可以根据单击点像素的亮度来调整其他中间调的平均亮度。
- **在图像中取样以设置白场**：使用该吸管在图像中单击取样，可以将单击点处的像素调整为白色，同时图像中比该单击点亮的像素也会变成白色，如图10-75所示。

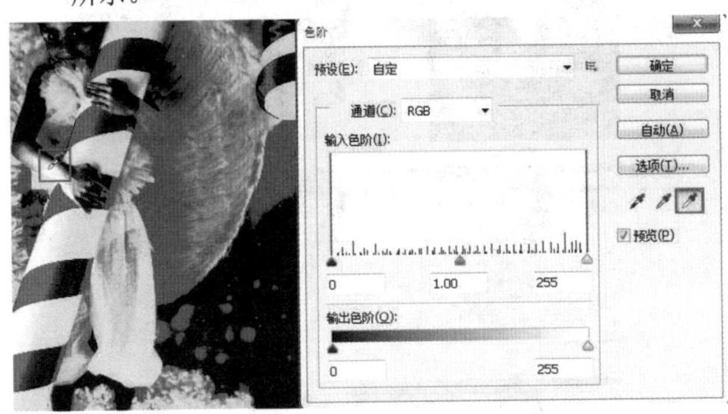

图10-75

☆ 视频课堂——制作绚丽的夕阳火烧云效果

扫码看视频

案例文件\第10章\视频课堂——制作绚丽的夕阳火烧云效果.psd

视频文件\第10章\视频课堂——制作绚丽的夕阳火烧云效果.flv

思路解析：

01 打开风景素材，并置入天空素材，栅格化该图层。

02 将天空素材与原始风景素材进行融合。

03 使用多种调色命令调整画面颜色倾向。

10.4.3 曲线

- **技术速查**：调整曲线可以对图像的亮度、对比度和色调进行非常便捷的调整。

曲线功能非常强大，不但可以进行图像明暗的调整，而且具备了“亮度/对比度”“色彩平衡”“阈值”和“色阶”等命令的功能。执行“曲线”>“调整”>“曲线”命令或按Ctrl+M快捷键，打开“曲线”对话框，可以在“预设”下拉列表中选择一种合适的方式，或直接调整曲线形状，如图10-76所示。

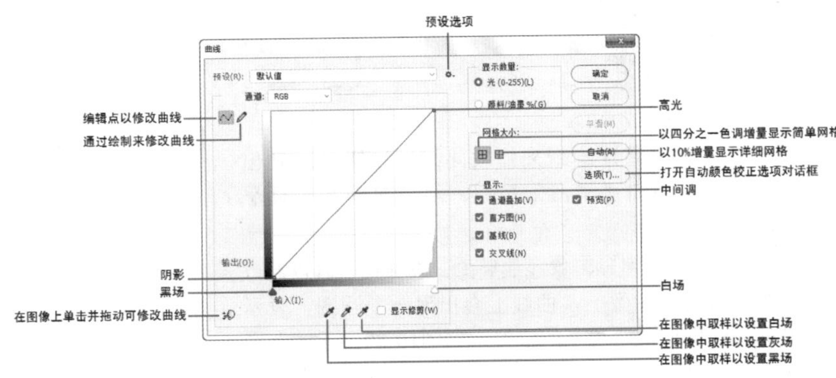

图10-76

曲线基本选项

- 预设/预设选项：在“预设”下拉列表中共有9种曲线预设效果；单击“预设选项”按钮，可以对当前设置的参数进行保存，或载入一个外部的预设调整文件。如图10-77所示为预设效果。

图10−77

- 通道：在该下拉列表中可以选择一个通道来对图像进行调整，以校正图像的颜色。
- 编辑点以修改曲线：使用该工具在曲线上单击，可以添加新的控制点，通过拖曳控制点可以改变曲线的形状，从而达到调整图像的目的，如图10-78所示。
- 通过绘制来修改曲线：使用该工具可以以手绘的方式自由绘制出曲线，绘制好曲线以后单击“编辑点以修改曲线”按钮，可以显示出曲线上的控制点，如图10-79所示。

图10−78

图10−79

- 平滑：使用“通过绘制来修改曲线”按钮绘制出曲线以后，单击“平滑”按钮，可以对曲线进行平滑处理。
- 在图像上单击并拖动可修改曲线：选择该工具以后，将光标放置在图像上，曲线上会出现一个圆圈，表示光标处的色调在曲线上的位置，如图10-80所示。在图像上单击并拖曳鼠标左键可以添加控制点，以调整图像的色调，如图10-81所示。

图10−80

图10−81

- 输入/输出：输入即输入色阶，显示的是调整前的像素值；输出即输出色阶，显示的是调整以后的像素值。
- 自动：单击该按钮，可以对图像应用“自动色调”“自动对比度”或“自动颜色”校正。
- 选项：单击该按钮，可以打开“自动颜色校正选项”对话框。在该对话框中可以设置单色、每通道、深色和浅色的算法等。

曲线显示选项

- 显示数量：包含“光（0-255）”和“颜料/油墨%”两种显示方式。
- 以四分之一色调增量显示简单网格/以10%增量显示详细网格：单击“以四分之一色调增量显示简单网格”按钮，可以以1/4（即25%）的增量来显示网格，这种网格比较简单，如图10-82所示；单击“以10%增量显示详细网格”按钮，可以按 10% 的增量来显示网格，这种网格更加精细，如图10-83所示。

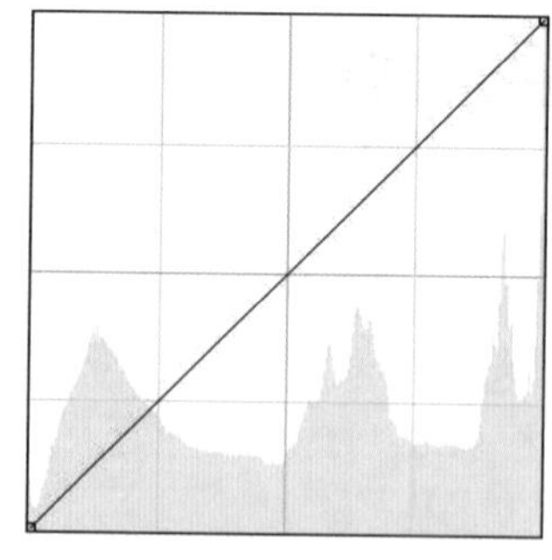

图10−82

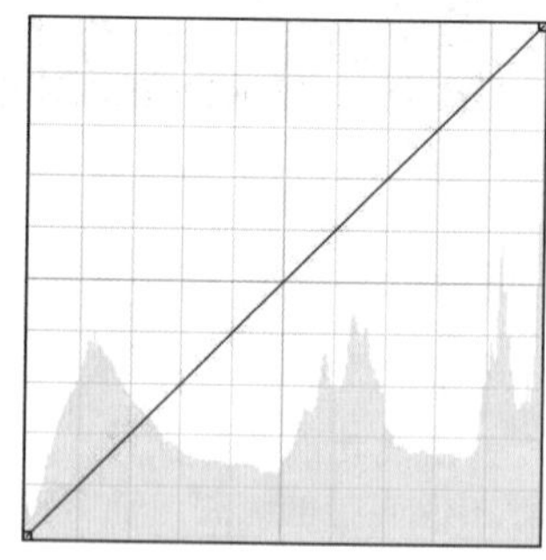

图10−83

- 通道叠加：选中该复选框，可以在复合曲线上显示颜色通道。
- 基线：选中该复选框，可以显示基线曲线值的对角线。
- 直方图：选中该复选框，可在曲线上显示直方图以作为参考。
- 交叉线：选中该复选框，可以显示用于确定点的精确位置的交叉线。

★ 案例实战——典雅复古褐色调

案例文件	案例文件\第10章\典雅复古褐色调.psd
视频教学	视频文件\第10章\典雅复古褐色调.flv
难易指数	★★★★★
技术要点	曲线调整图层、图层蒙版、混合模式

案例效果

扫码看视频

本案例主要是通过使用调整图层、图层蒙版、混合模式制作典雅褐色调，如图10-84所示。

操作步骤

01 打开背景素材“1.jpg”，如图10-85所示。新建图层“图层1”，为其填充棕色，如图10-86所示。

图10-84

图10-85

图10-86

02 设置“图层1”的混合模式为“色相”，如图10-87所示。效果如图10-88所示。

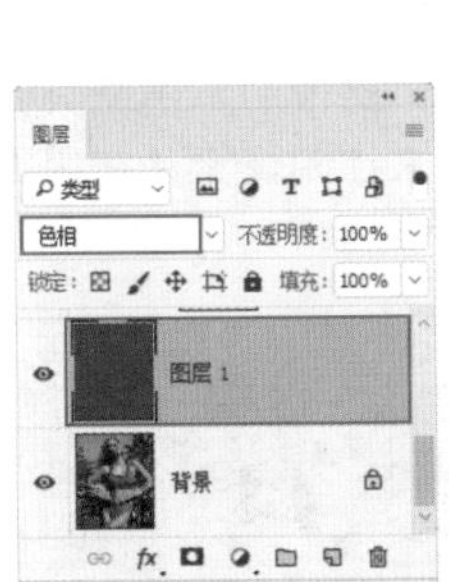

图10-87

图10-88

03 执行“图层”>“新建调整图层”>“曲线”命令，设置通道为“蓝”通道，调整蓝色曲线的形状，如图10-89所示。再次调整RGB曲线的形状，如图10-90所示。效果如图10-91所示。

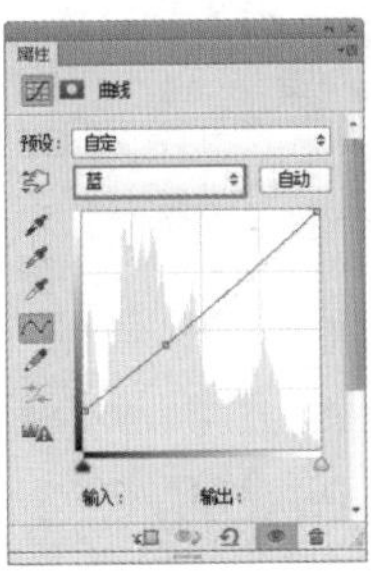

图10-89　图10-90

图10-91

04 对人像皮肤进行提亮，执行“图层”>“新建调整图层”>“曲线”命令，调整RGB曲线的形状，如图10-92所示。使用黑色画笔在调整图层蒙版上绘制人像肌肤以外的部分，如图10-93所示。效果如图10-94所示。

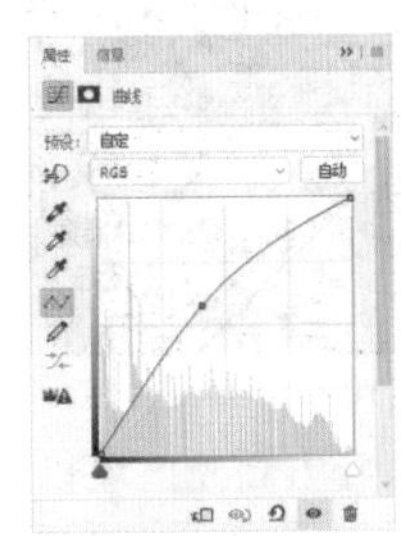

图10-92

图10-93

图10-94

05 置入边框素材“2.png”，并将其置于画面中合适位置，栅格化该图层，最终效果如图10-95所示。

图10-95

10.4.4 曝光度

● 技术速查：使用“曝光度”命令可以通过调整曝光度、位移、灰度系数3个参数调整照片的对比反差，修复数码照片中常见的曝光过度与曝光不足等问题，如图10-96~图10-98所示。

图10-96

图10-97

图10-98

"曝光度"命令是通过在线性颜色空间执行计算而得出的曝光效果。执行"图像">"调整">"曝光度"命令，打开"曝光度"对话框，如图10-99所示。

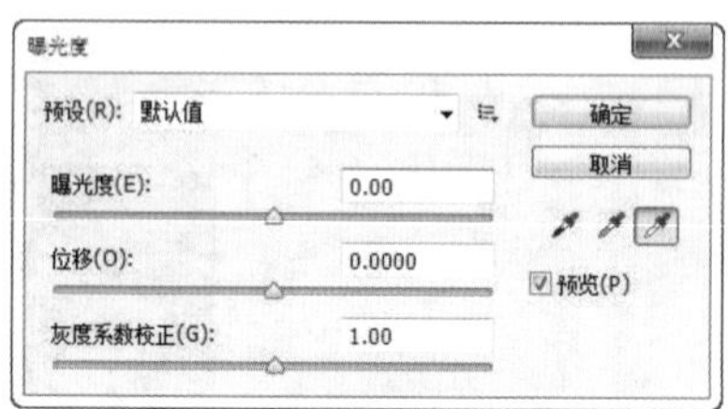

图10—99

- 预设/预设选项：Photoshop预设了4种曝光效果，分别是"减1.0""减2.0""加1.0"和"加2.0"；单击"预设选项"按钮，可以对当前设置的参数进行保存，或载入一个外部的预设调整文件。
- 曝光度：向左拖曳滑块，可以降低曝光效果；向右拖曳滑块，可以增强曝光效果。
- 位移：主要对阴影和中间调起作用，可以使其变暗，但对高光基本不会产生影响。
- 灰度系数校正：使用一种乘方函数来调整图像灰度系数。

10.4.5 阴影/高光

- 技术速查："阴影/高光"命令可以基于阴影/高光中的局部相邻像素来校正每个像素，常用于还原图像阴影区域过暗或高光区域过亮造成的细节损失。如图10-100和图10-101所示为还原暗部细节对比效果。

图10—100

图10—101

打开一张图像，从图像中可以直观地看出高光区域以及阴影区域的分布，如图10-102所示。执行"图像">"调整">"阴影/高光"命令，打开"阴影/高光"对话框，选中"显示更多选项"复选框后（见图10-103），可以显示"阴影/高光"的完整选项，如图10-104所示。

图10—102

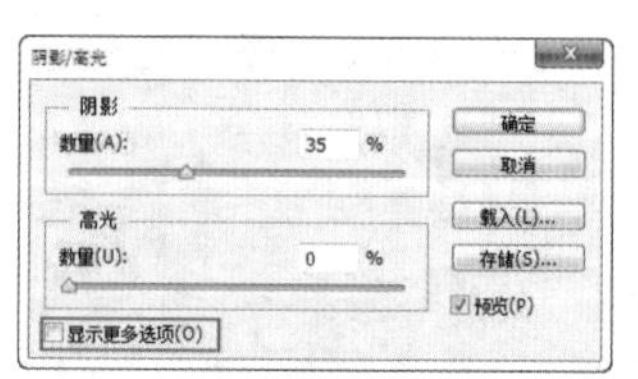

图10—103

图10—104

- 阴影："数量"选项用来控制阴影区域的亮度，值越大，阴影区域就越亮，如图10-105所示；"色调"选项用来控制色调的修改范围，值越小，修改的范围就只针对较暗的区域；"半径"选项用来控制像素是在阴影中还是在高光中，如图10-106所示。

图10—105

图10—106

- 高光："数量"用来控制高光区域的黑暗程度，值越大，高光区域越暗，如图10-107所示；"色调"选项用来控制色调的修改范围，值越小，修改的范围就只针对较亮的区域；"半径"选项用来控制像素是在阴影中还是在高光中，如图10-108所示。

图10—107

图10—108

- 调整："颜色"选项用来调整已修改区域的颜色；"中间调"选项用来调整中间调的对比度；"修剪黑色"和"修剪白色"决定了在图像中将多少阴影和高光剪到新的阴影中。
- 存储为默认值：如果要将对话框中的参数设置存储为默认值，可以单击该按钮。存储为默认值后，再次打开"阴影/高光"对话框时，就会显示该参数。

技巧提示

如果要将存储的默认值恢复为Photoshop的默认值，可以在“阴影/高光”对话框中按住Shift键，此时“存储为默认值”按钮会变成“复位默认值”按钮，单击即可复位为Photoshop的默认值。

★ 案例实战——使用“阴影/高光”命令还原图像细节

案例文件	案例文件\第10章\使用“阴影/高光”命令还原图像细节.psd
视频教学	视频文件\第10章\使用“阴影/高光”命令还原图像细节.flv
难易指数	★★★★★
技术要点	“阴影高光”命令

案例效果

扫码看视频

本案例主要是通过使用“阴影/高光”命令还原暗部细节。对比效果如图10-109和图10-110所示。

图10—109

图10—110

操作步骤

01 打开素材文件“1.jpg”，此时可以看到照片整体偏暗，而且暗部细节缺失严重，如图10-111所示。

图10—111

02 执行“图像”>“调整”>“阴影/高光”命令，在弹出的对话框中选中“显示更多选项”复选框。由于本案例需要还原画面暗部的效果，所以需要对阴影组的参数进行设置，设置“阴影”选项组中的“数量”为67%，“色调”为100%，“半径”为400像素，如图10-112所示。效果如图10-113所示。

图10—112

图10—113

10.5 图像的色调调整

视频精讲：Photoshop新手学视频精讲课堂\89.常用色调调整命令.flv

色彩作为图像最显著的外貌特征，能够首先引起人们的关注。要使一张数码照片作品正确地表达情感，呈现出明显区别于其他图像的视觉特征，并且更富有个性魅力，这都离不开色彩的运用。在某种意义上可以说，色彩就是数码照片的“灵魂”。所以，使用Photoshop进行图像颜色调整是数码照片处理的重要操作之一。如图10-114和图10-115所示为可以进行调色处理的作品。

图10—114

图10—115

10.5.1 自然饱和度

技术速查：自然饱和度可以针对图像饱和度进行调整。与“色相/饱和度”命令相比，使用“自然饱和度”命令，可以在增加图像饱和度的同时有效地控制由于颜色过于饱和而出现溢色现象。

如图10-116所示为原图，如图10-117所示为使用自然饱和度调整的画面效果，如图10-118所示为使用“色相/饱和度”调整的画面效果。

图10-116

图10-117

图10-118

打开一张图像，如图10-119所示。执行“图像”>“调整”>“自然饱和度”命令，打开“自然饱和度”对话框，如图10-120所示。

- 自然饱和度：向左拖曳滑块，可以降低颜色的饱和度，如图10-121所示；向右拖曳滑块，可以增加颜色的饱和度，如图10-122所示。

图10-119

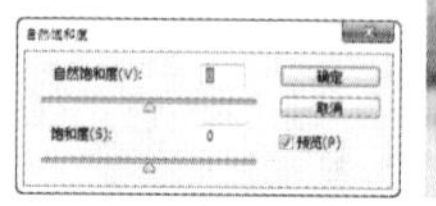
图10-120

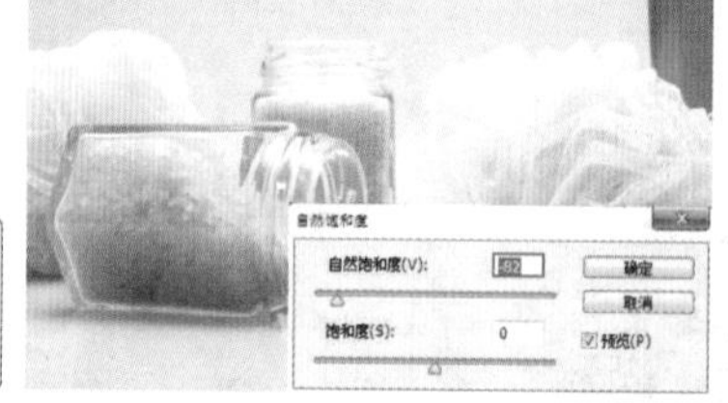
图10-121

图10-122

技巧提示

调节“自然饱和度”选项，不会生成饱和度过高或过低的颜色，画面始终会保持一个比较平衡的色调，对于调节人像非常有用。

- 饱和度：向左拖曳滑块，可以增加所有颜色的饱和度，如图10-123所示；向右拖曳滑块，可以降低所有颜色的

饱和度，如图10-124所示。

图10-123

图10-124

10.5.2 色相/饱和度

- 技术速查：“色相/饱和度”命令可以对色彩的三大属性，即色相、饱和度（纯度）、明度进行修改，如图10-125和图10-126所示。

图10-125

图10-126

执行“图像”>“调整”>“色相/饱和度”命令或按Ctrl+U快捷键，打开“色相/饱和度”对话框。在“色相/饱和度”对话框中既可以调整整个画面的色相、饱和度和明度，也可以单独调整单一颜色的色相、饱和度和明度数值，如图10-127所示。

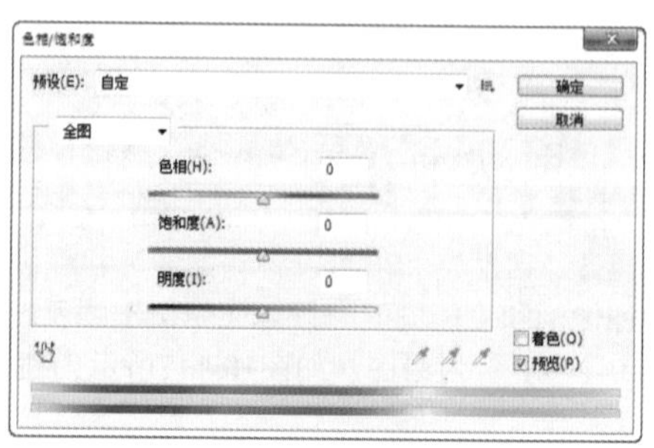

图10-127

- 预设/预设选项 ：在“预设”下拉列表中提供了8种色相/饱和度预设，如图10-128所示；单击“预设选项”按钮 ，可以对当前设置的参数进行保存，或载入一个外部的预设调整文件。

图10—128

- 通道下拉列表 全图 ：在该下拉列表中可以选择全图、红色、黄色、绿色、青色、蓝色和洋红通道进行调整。选择好通道以后，拖曳下面的“色相”“饱和度”和“明度”的滑块，可以对该通道的色相、饱和度和明度进行调整。

- 在图像上单击并拖动可修改饱和度：使用该工具在图像上单击设置取样点后，向右拖曳鼠标可以增加图像的饱和度，向左拖曳鼠标可以降低图像的饱和度，如图10-129~图10-131所示。

图10—129

图10—130

图10—131

- 着色：选中该复选框后，图像会整体偏向于单一的红色调，还可以通过拖曳3个滑块来调节图像的色调，如图10-132所示。

图10—132

10.5.3 色彩平衡

- 技术速查："色彩平衡"命令调整图像的颜色时根据颜色的补色原理，要减少某个颜色就增加这种颜色的补色。该命令可以控制图像的颜色分布，使图像整体达到色彩平衡。如图10-133和图10-134所示为对比效果。

图10—133

图10—134

执行“图像”>“调整”>“色彩平衡”命令或按Ctrl+B快捷键，打开“色彩平衡”对话框，如图10-135所示。

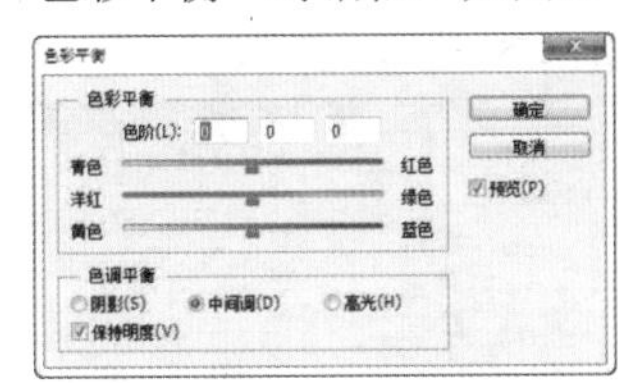

图10—135

- 色彩平衡：用于调整“青色-红色”“洋红-绿色”以及“黄色-蓝色”在图像中所占的比例，可以手动输入，也可以拖曳滑块来进行调整。比如，向左拖曳“青色-红色”滑块，可以在图像中增加青色，同时减少其补色红色；向右拖曳“青色-红色”滑块，可以在图像中增加红色，同时减少其补色青色，如图10-136和图10-137所示。

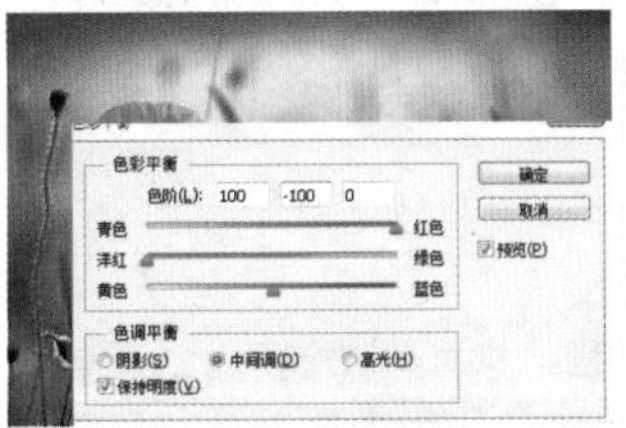

图10—136

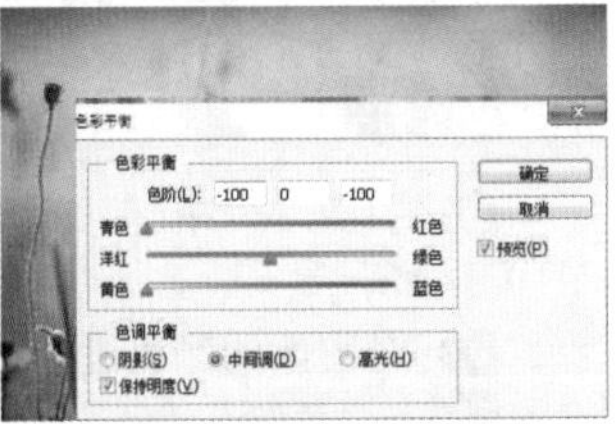

图10—137

- 色调平衡：选择调整色彩平衡的方式，包含“阴影“中间调”和“高光”3个选项。如图10-138~图10-140所示分别是向“阴影”“中间调”和“高光”添加蓝色以后的效果。如果选中“保持明度”复选框，还可以保持图像的色调不变，以防止亮度值随着颜色的改变而改变。

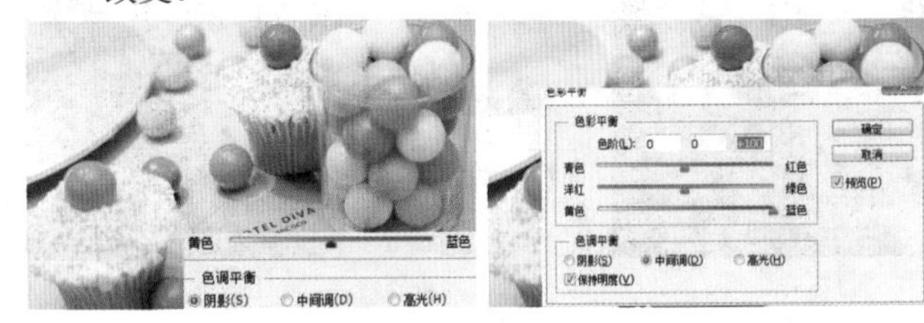

图10—138　　图10—139

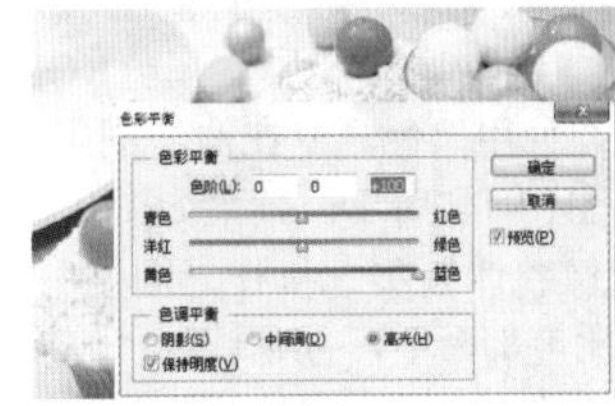

图10—140

第10章 数码照片调色实战技法

★ 案例实战——威尼斯印象

案例文件	案例文件\第10章\威尼斯印象.psd
视频教学	视频文件\第10章\威尼斯印象.flv
难易指数	★★★★★
技术要点	色阶、曲线、色彩平衡、可选颜色

案例效果

本案例主要使用色阶、曲线、色彩平衡、可选颜色等命令制作风格化的照片色调，对比效果如图10-141和图10-142所示。

扫码看视频

图10－141

图10－142

操作步骤

01 打开本书配套资源中的素材文件“1.jpg”，如图10-143所示。

02 对图像的颜色进行调整。执行“图层”>“新建调整图层”>“色阶”命令，创建“色阶”调整图层，单击黑色滑块向右侧拖曳，数值为29、1.00、255，如图10-144所示。效果如图10-145所示。

图10－143

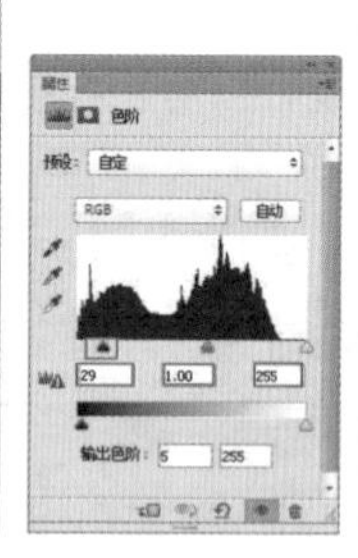

图10－144

图10－145

03 执行“图层”>“新建调整图层”>“曲线”命令，创建新的“曲线”调整图层，调整RGB曲线的形状，如图10-146所示。使用黑色画笔在曲线图层的蒙版上涂抹底部湖水区域，如图10-147所示。效果如图10-148所示。

04 此时图像整体偏灰。执行“图层”>“新建调整图层”>“亮度/对比度”命令，创建新的“亮度/对比度”调整图层，设置“亮度”为4，“对比度”为95，如图10-149所示。在图层蒙版上使用黑色画笔绘制涂抹右侧区域，如图10-150所示。效果如图10-151所示。

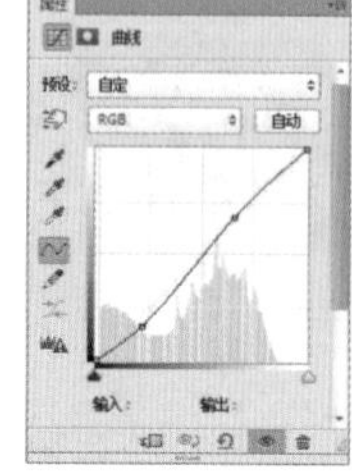

图10－146

图10－147

图10－148

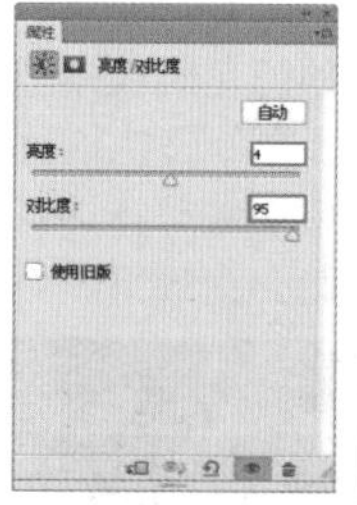

图10－149

图10－150

图10－151

05 执行“图层”>“新建调整图层”>“色彩平衡”命令，设置“色调”为阴影，“青色-红色”为5，“黄色-蓝色”为－15，如图10-152所示。设置“色调”为“中间调”，“青色-红色”为23，“黄色-蓝色”为－8，如图10-153所示。设置“色调”为“高光”，“青色-红色”为16，“洋红-绿色”为5，“黄色-蓝色”为－44。如图10-154所示。效果如图10-155所示。

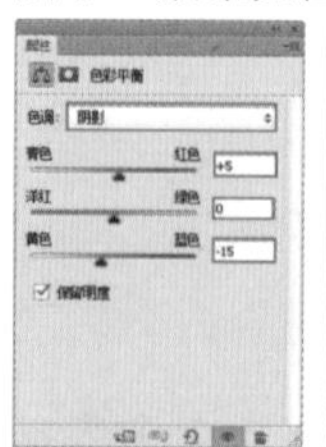

图10－152

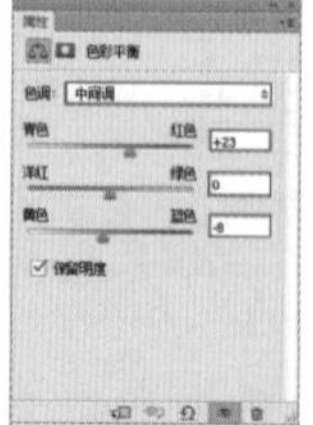

图10－153

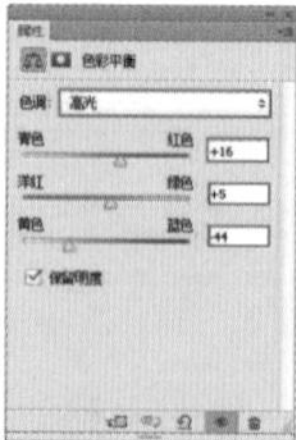

图10－154

图10－155

06 执行“图层”>“新建调整图层”>“可选颜色”命令，创建新的“可选颜色”调整图层，设置“颜色”为“红色”，调节“洋红”为43%，“黄色”为26%，如图10-156所示。设置“颜色”为“青色”，调节“青色”为25%，“洋红”为－100%，“黄色”为100%，如图10-157所示。

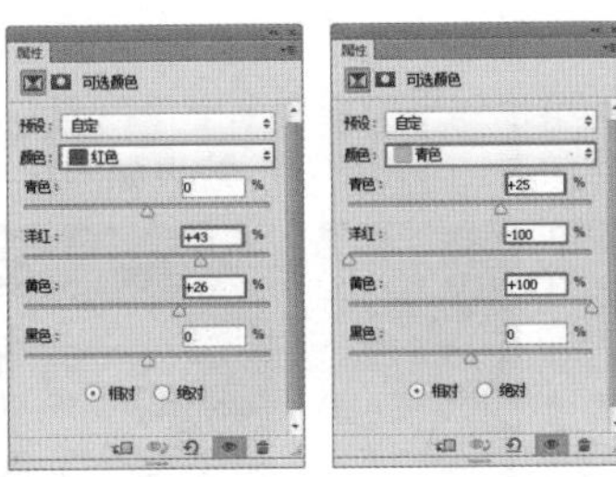

图10-156　图10-157

07 设置“颜色”为蓝色，调节“青色”为-81%，“洋红”为-100%，“黄色”为100%。如图10-158所示。

设置“颜色”为白色，调节“黄色”为-100%，如图10-159所示。最终效果如图10-160所示。

图10-158　图10-159　图10-160

10.5.4 黑白

● 技术速查：“黑白”命令具有两项功能：一是在把彩色图像转换为黑色图像的同时还可以控制每一种色调的量，二是可以将黑白图像转换为带有颜色的单色图像。

执行“图像”>“调整”>“黑白”命令或按Shift+Ctrl+Alt+B组合键，打开“黑白”对话框，如图10-161所示。在该对话框中可以设置原始图像中各个颜色转换为灰度后的明暗程度，原图与效果图对比如图10-162和图10-163所示。

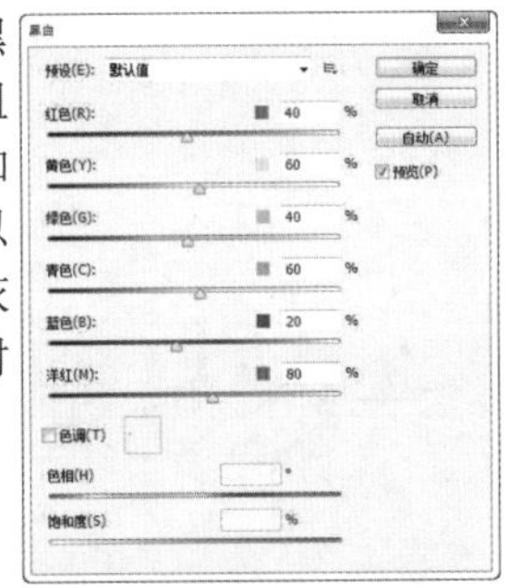

图10-161

图10-162　图10-163

● 预设：在该下拉列表中提供了12种黑色效果，可以直接选择相应的预设来创建黑白图像。

● 颜色：这6个选项用来调整图像中特定颜色的灰色调。例如，在这张图像中，向左拖曳“红色”滑块，可以使由红色转换而来的灰度色变暗，如图10-164所示；向右拖曳，则可以使灰度色变亮，如图10-165所示。

图10-164　图10-165

● 色调/色相/饱和度：选中“色调”复选框，可以为黑色图像着色，以创建单色图像；另外，还可以调整单色图像的色相和饱和度，如图10-166所示。

图10-166

答疑解惑：“去色”命令与“黑白”命令有什么不同？

“去色”命令只能简单地去掉所有颜色，只保留原始图像中单纯的黑白灰关系，并且将丢失很多细节。而“黑白”命令则可以通过参数的设置调整各个颜色在黑白图像中的亮度，这是“去色”命令所不能达到的。所以，如果想要制作高质量的黑白照片，则需要使用“黑白”命令。

★ 案例实战——使用“黑白”命令制作单色照片

案例文件	案例文件\第10章\使用“黑白”命令制作单色照片.psd
视频教学	视频文件\第10章\使用“黑白”命令制作单色照片.flv
难易指数	★★★★★
技术要点	“黑白”命令

案例效果

本案例主要使用“黑白”命令制作单色照片，对比效果如图10-167和图10-168所示。

扫码看视频

图10—167

图10—168

操作步骤

01 打开本书配套资源中的素材文件“1.jpg”，如图10-169所示。

图10—169

02 执行“图层”>“新建调整图层”>“黑白”命令，分别调整“红色”为10，“黄色”为130，“绿色”为40，“青色”为60，“蓝色”为-30，“洋红”为-150。为了制作带有颜色的单色效果，需要选中“色调”复选框，设置颜色为淡紫色，如图10-170所示。效果如图10-171所示。

图10—170

图10—171

03 单击工具箱中的“文字工具”按钮，设置合适字体及大小，输入文字并制作边框，最终效果如图10-172所示。

图10—172

☆ 视频课堂——制作古典水墨画

案例文件\第10章\视频课堂——制作古典水墨画.psd

视频文件\第10章\视频课堂——制作古典水墨画.flv

思路解析：

01 打开水墨背景素材，置入人像素材，栅格化该图层，然后将人像素材从背景中分离出来。

02 创建“黑白”调整图层，在蒙版中设置影响范围为人像服装部分。

03 创建“色相/饱和度”调整图层，降低皮肤部分饱和度。

04 置入水墨前景素材。栅格化该图层。

扫码看视频

10.5.5 通道混合器

● 技术速查：“通道混合器”命令可以对图像某一个通道颜色进行调整，以创建出各种不同色调的图像。同时也可以用来创建高品质的灰度图像，如图10-173和图10-174所示。

执行“通道混合器”命令，可以在“预设”下拉列表中选择一种预设方式，也可以选择合适的输出通道并设置各个通道的数值，如图10-175所示。

图10—173

图10—174

图10—175

● 预设/预设选项：Photoshop提供了6种制作黑白图像的预设效果。单击“预设选项”按钮，可以对当前设置的参数进行保存，或载入一个外部的预设调整文件。

- 输出通道：在该下拉列表中可以选择一种通道来对图像的色调进行调整。
- 源通道：用来设置源通道在输出通道中所占的百分比。将一个源通道的滑块向左拖曳，可以减小该通道在输出通道中所占的百分比，如图10-176所示；向右拖曳，则可以增加百分比，如图10-177所示。
- 总计：显示源通道的计数值。如果计数值大于100%，则有可能会丢失一些阴影和高光细节。
- 常数：用来设置输出通道的灰度值，负值可以在通道中增加黑色，正值可以在通道中增加白色。
- 单色：选中该复选框后，图像将变成黑白效果。

图10—176

图10—177

10.5.6 颜色查找

- 技术速查：数字图像输入或输出设备都有自己特定的色彩空间，这就导致了色彩在不同的设备之间传输时出现不匹配的现象。“颜色查找”命令可以使画面颜色在不同的设备之间精确传递和再现，如图10-178和图10-179所示。

执行“颜色查找”命令，在弹出的对话框中可以选择用于颜色查找的方式：3DLUT文件，摘要和设备链接，并在每种方式的下拉列表中选择合适的类型，选择完成后可以看到图像整体颜色发生了风格化的效果，如图10-180所示。

图10—178

图10—179

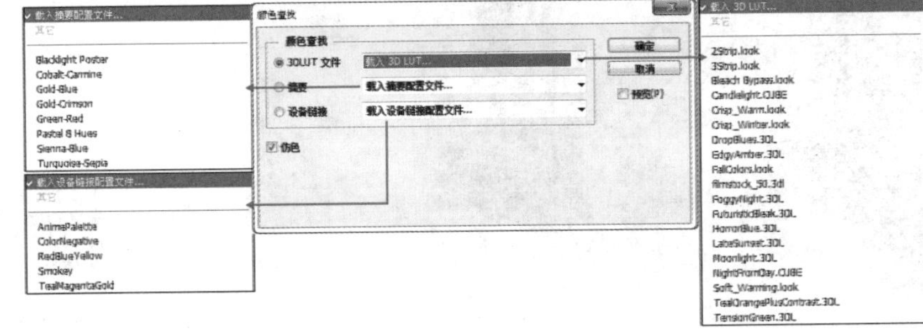

图10—180

10.5.7 可选颜色

- 技术速查：“可选颜色”命令可以在图像中的每个主要原色成分中更改印刷色的数量，也可以在不影响其他主要颜色的情况下有选择地修改任何主要颜色中的印刷色数量，如图10-181和图10-182所示。

图10—181

图10—182

打开一张图像，执行“图像”>“调整”>“可选颜色”命令，打开“可选颜色”对话框，可以在“预设”下拉列表中选择一种预设方式，也可以选择某种颜色并调整相应的数值，如图10-183所示。

- 颜色：在该下拉列表中选择要修改的颜色，然后对下面的颜色进行调整，可以调整该颜色中青色、洋红、黄色和黑色所占的百分比，如图10-184所示和图10-185所示为调整颜色百分比的前后对比效果。

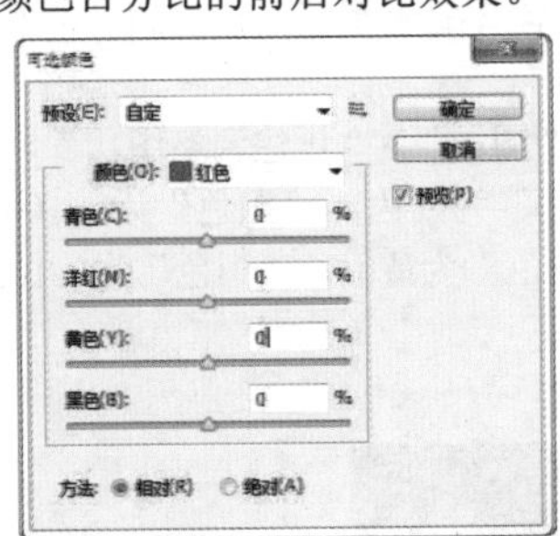

图10—183

图10—184　　图10—185

- 方法：选择“相对”方式，可以根据颜色总量的百分比来修改青色、洋红、黄色和黑色的数量；选择“绝对”方式，可以采用绝对值来调整颜色。

★ 案例实战——使用可选颜色制作经典青调

案例文件	案例文件\第10章\使用可选颜色制作经典青调.psd
视频教学	视频文件\第10章\使用可选颜色制作经典青调.flv
难易指数	★★★★★
技术要点	可选颜色

案例效果

本案例主要是通过使用可选颜色制作经典青调，如图10-186和图10-187所示。

扫码看视频

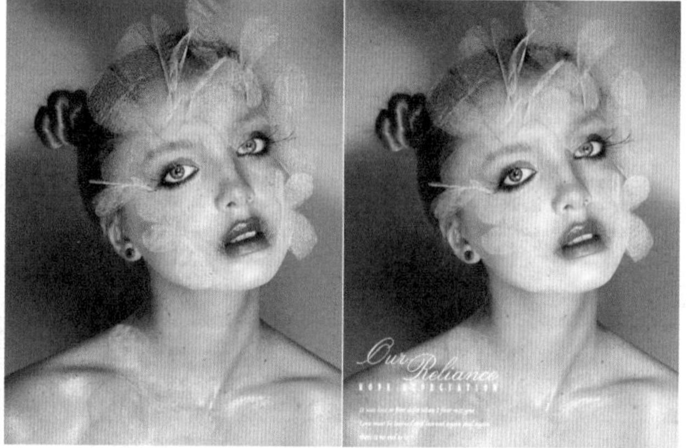

图10-186　　图10-187

操作步骤

01 打开本书配套资源中的素材文件“1.jpg”，如图10-188所示。

02 执行“图层”>“新建调整图层”>“可选颜色”命令，设置“颜色”为红色，“黑色”为-100%，如图10-189所示。设置“颜色”为黄色，“黑色”为-100%，如图10-190所示。

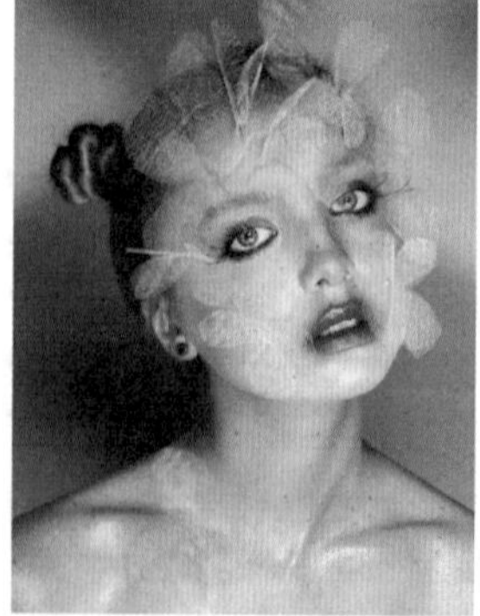

图10-188　　图10-189　　图10-190

03 设置“颜色”为白色，“青色”为-100%，“黄色”为100%，“黑色”为-59%，如图10-191所示。设置“颜色”为中性色，“青色”为39%，如图10-192所示。

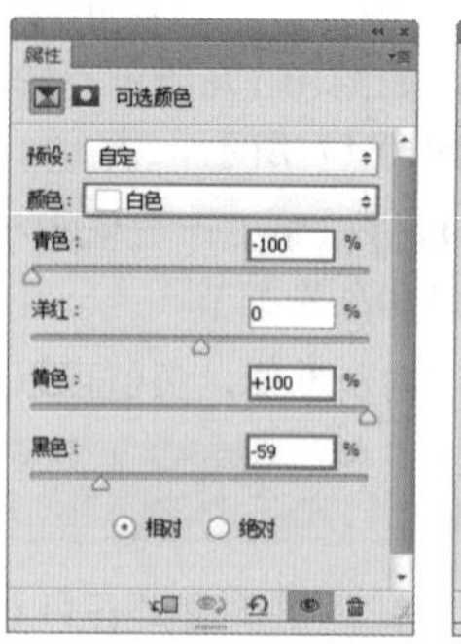

图10-191

图10-192

04 设置“颜色”为黑色，“青色”为100%，如图10-193所示。效果如图10-194所示。

图10-193

图10-194

05 选择调整图层蒙版，使用黑色柔边圆画笔在蒙版中绘制人物皮肤部分，如图10-195所示。置入素材“2.png”，并将其置于画面中合适位置，栅格化该图层。效果如图10-196所示。

图10-195

图10-196

10.5.8 匹配颜色

- 技术速查："匹配颜色"命令的原理是将一个图像作为源图像，另一个图像作为目标图像。然后将源图像的颜色与目标图像的颜色进行匹配。源图像和目标图像可以是两个独立的文件，也可以匹配同一个图像中不同图层之间的颜色。

打开两张图像，如图10-197和图10-198所示。选中其中一个文档，执行"图像">"调整">"匹配颜色"命令，打开"匹配颜色"对话框，如图10-199所示。

图10—197

图10—198

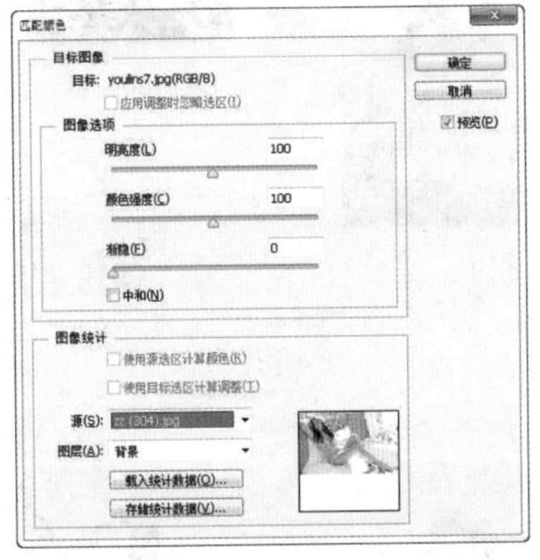

图10—199

- 目标：显示要修改的图像的名称以及颜色模式。
- 应用调整时忽略选区：如果目标图像（即被修改的图像）中存在选区，选中该复选框，Photoshop将忽视选区的存在，会将调整应用到整个图像，如图10-200所示；如果不选中该复选框，那么调整只针对选区内的图像，如图10-201所示。

图10—200

图10—201

- 明亮度：用来调整图像匹配的明亮程度。
- 颜色强度：相当于图像的饱和度，因此它用来调整图像的饱和度。如图10-202和图10-203所示分别是设置该值为178和41时的颜色匹配效果。

图10—202

图10—203

- 渐隐：有点类似于图层蒙版，它决定了有多少源图像的颜色匹配到目标图像的颜色中。如图10-204和图10-205所示分别是设置该值为50和100（不应用调整）时的匹配效果。

图10—204

图10—205

- 中和：主要用来去除图像中的偏色现象，如图10-206所示。

图10—206

- 使用源选区计算颜色：可以使用源图像中选区图像的颜色来计算匹配颜色，如图10-207和图10-208所示。

图10—207

图10—208

- 使用目标选区计算调整：可以使用目标图像中选区图像的颜色来计算匹配颜色（注意，这种情况必须选择源图像为目标图像），如图10-209和图10-210所示。

图10-209

图10-210

- 源：用来选择源图像，即将颜色匹配到目标图像的图像。
- 图层：用来选择需要匹配颜色的图层。
- 载入统计数据/存储统计数据：主要用来载入已存储的设置与存储当前的设置。

10.5.9 替换颜色

- 技术速查："替换颜色"命令可以修改图像中选定颜色的色相、饱和度和明度，从而将选定的颜色替换为其他颜色。如图10-211和图10-212所示为将水果部分颜色进行了替换的效果。

图10-211

图10-212

打开一张图像，如图10-213所示。然后执行"图像">"调整">"替换颜色"命令，打开"替换颜色"对话框，如图10-214所示。

图10-213

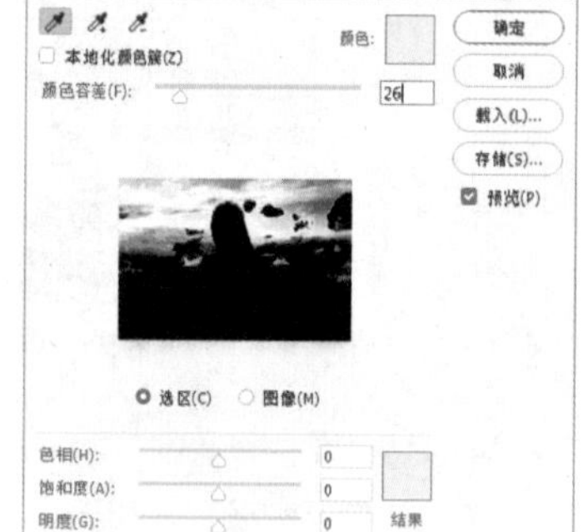

图10-214

- 吸管：使用吸管工具在图像上单击，可以选择单击点处的颜色，同时在"选区"缩览图中也会显示出选择的颜色区域（白色代表选择的颜色，黑色代表未选择的颜色），如图10-215和图10-216所示；使用添加到取样在图像上单击，可以将单击点处的颜色添加到选择的颜色中，如图10-217和图10-218所示；使用从取样中减去在图像上单击，可以将单击点处的颜色从选定的颜色中减去，如图10-219和图10-220所示。

图10-215

图10-216

图10-217　　图10-218

图10-219　　图10-220

- 本地化颜色簇：主要用来在图像上选择多种颜色。例如，如果要选择图像中的蓝色和黄色，可以先选中该复选框，然后使用吸管工具在蓝色上单击，再使用添加到取样在黄色上单击，同时选择这两种颜色（如果继续单击其他颜色，还可以选择多种颜色），如图10-221和图10-222所示。这样就可以同时调整多种颜色的色相、饱和度和明度，如图10-223和图10-224所示。

图10-221

图10-222

图10-223

图10-224

- 颜色：显示选择的颜色。
- 颜色容差：用来控制选中颜色的范围。数值越大，选择的颜色范围越广。
- 选区/图像：选择“选区”方式，可以以蒙版方式进行显示，其中白色表示选择的颜色，黑色表示未选择的颜色，灰色表示只选择了部分颜色。选择“图像”方式，则只显示图像，如图10-225所示。
- 色相/饱和度/明度：这3个选项与“色相/饱和度”命令的3个选项相同，可以调整选定颜色的色相、饱和度和明度。

图10-225

★ 案例实战——使用“替换颜色”命令打造薰衣草天堂

案例文件	案例文件\第10章\使用“替换颜色”命令打造薰衣草天堂.psd
视频教学	视频文件\第10章\使用“替换颜色”命令打造薰衣草天堂.flv
难易指数	
技术要点	替换颜色

案例效果

本案例主要使用“替换颜色”命令打造薰衣草天堂，对比效果如图10-226和图10-227所示。

扫码看视频

图10-226

图10-227

操作步骤

01 按Ctrl+O快捷键，打开本书配套资源中的素材文件“1.jpg”，如图10-228所示。

图10-228

02 执行“图像”>“调整”>“替换颜色”命令，在弹出的对话框中使用滴管工具吸取草地的颜色，并使用第二个滴管工具加选没有被选择到的区域，将“颜色容差”调整为80，并设置“色相”为170，“饱和度”为20，如图10-229和图10-230所示。

图10-229

图10-230

03 执行“图层>新建调整图层>自然饱和度”命令，设置“自然饱和度”为+100，如图10-231所示。在蒙版中填充从白到黑的渐变，如图10-232所示。使该调整图层只对天空部分进行调整，如图10-233所示。

图10-231

图10-232

图10-233

10.6 特殊色调调整命令

视频精讲：Photoshop新手学视频精讲课堂\90.特殊色调调整命令.flv

在Photoshop中除了存在常规的影调调整命令以及色调调整命令，还存在一些特殊的颜色调整方式，如反相、色调分离、阈值、渐变映射和HDR色调。如图10-234和图10-235所示为可以使用这些命令制作的效果。

”

图10-234

图10-235

10.6.1 反相

技术速查：“反相”命令可以将图像中的某种颜色转换为它的补色，即将原来的黑色变成白色，将原来的白色变成黑色，从而创建出负片效果。

执行“图层”>“调整”>“反相”命令或按Ctrl+I快捷键，即可得到反相效果。“反相”命令是一个可以逆向操作的命令，比如对一张图像执行“反相”命令，创建出负片效果，再次对负片图像执行“反相”命令，又会得到原来的图像，如图10-236和图10-237所示。

图10-236

图10-237

10.6.2 色调分离

● 技术速查："色调分离"命令可以指定图像中每个通道的色调级数目或亮度值，然后将像素映射到最接近的匹配级别，如图10-238和图10-239所示。

图10—238

图10—239

执行"图像">"调整">"色调分离"命令，在"色调分离"对话框中可以进行"色阶"数量的设置，如图10-240所示。设置的"色阶"值越小，分离的色调越多；"色阶"值越大，保留的图像细节就越多，如图10-241和图10-242所示。

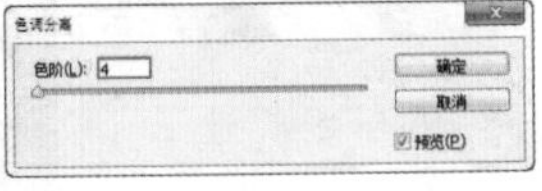

图10—240

图10—241　　图10—242

10.6.3 阈值

● 技术速查：阈值是基于图片亮度的一个黑白分界值。在Photoshop中使用"阈值"命令将删除图像中的色彩信息，将其转换为只有黑白两种颜色的图像。并且比阈值亮的像素将转换为白色，比阈值暗的像素将转换为黑色，如图10-243和图10-244所示。

图10—243

图10—244

在"阈值"对话框中拖曳直方图下面的滑块或输入"阈值色阶"数值，可以指定一个色阶作为阈值，如图10-245所示。

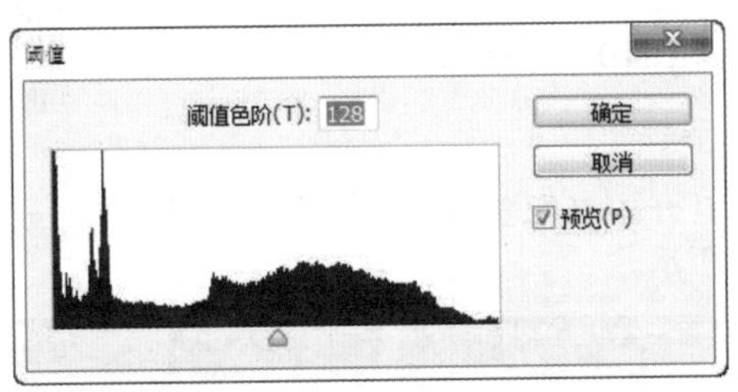

图10—245

10.6.4 渐变映射

● 技术速查：渐变映射的工作原理其实很简单，先将图像转换为灰度图像，然后将相等的图像灰度范围映射到指定的渐变填充色，就是将渐变色映射到图像上，如图10-246和图10-247所示。

图10—246

图10—247

执行"图像">"调整">"渐变映射"命令，打开"渐变映射"对话框，如图10-248和图10-249所示。

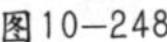

图10—248

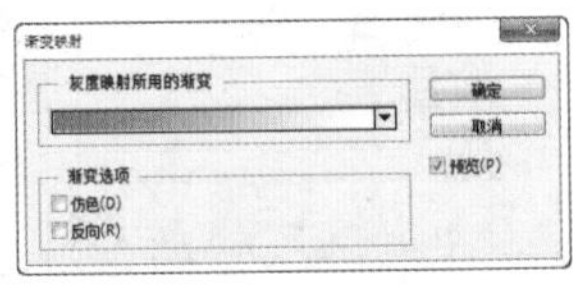

图10—249

● 灰度映射所用的渐变：单击下面的渐变条，打开"渐变编辑器"对话框，在该对话框中可以选择或重新编辑一种渐变应用到图像上，如图10-250所示。效果如图10-251所示。

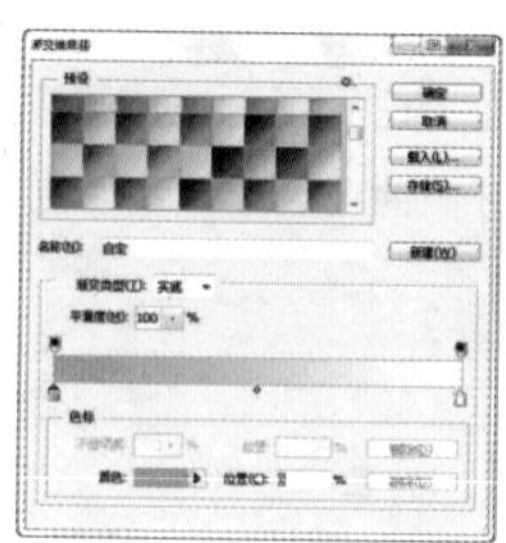

图10-250

图10-251

- 仿色：选中该选复选框后，Photoshop会添加一些随机的杂色来平滑渐变效果。
- 反向：选中该选复选框后，可以反转渐变的填充方向，映射出的渐变效果也会发生变化。

★ 案例实战——使用渐变映射制作梦幻色调

案例文件	案例文件\第10章\使用渐变映射制作梦幻色调.psd
视频教学	视频文件\第10章\使用渐变映射制作梦幻色调.flv
难易指数	★★★★★
技术要点	渐变映射、曲线、混合模式

案例效果

扫码看视频

本案例主要是通过使用渐变映射制作梦幻色调，如图10-252所示。

操作步骤

01 打开本书配套资源中的素材文件“1.jpg”，如图10-253所示。

图10-252

图10-253

02 执行“图层”>“新建调整图层”>“渐变映射”命令，创建新的渐变映射调整图层，如图10-254所示。编辑一种紫金色系的渐变，如图10-255所示。

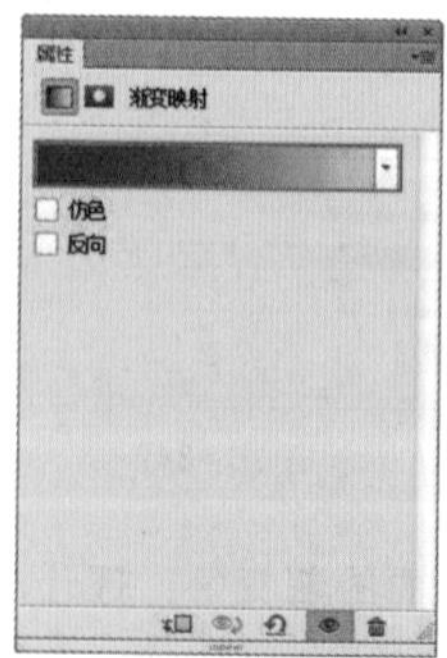

图10-254

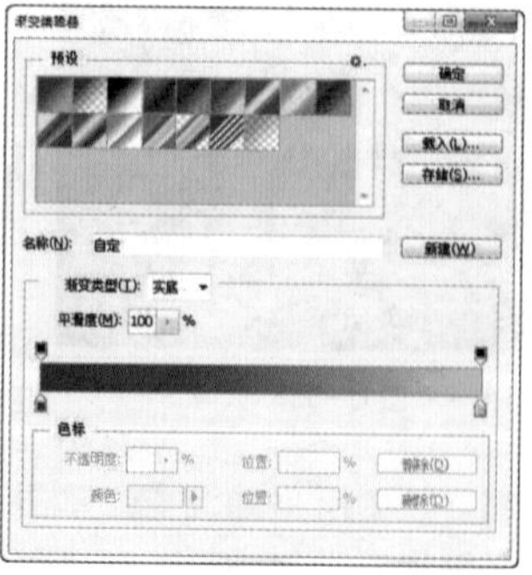

图10-255

03 设置渐变映射调整图层的混合模式为“滤色”，“不透明度”为60%，如图10-256所示。效果如图10-257所示。

图10-256

图10-257

04 执行“图层”>“新建调整图层”>“曲线”命令，设置通道为“绿”，调整曲线形状，如图10-258所示。设置通道为“蓝”，调整曲线形状，如图10-259所示。设置通道为RGB，调整曲线形状，如图10-260所示。效果如图10-261所示。

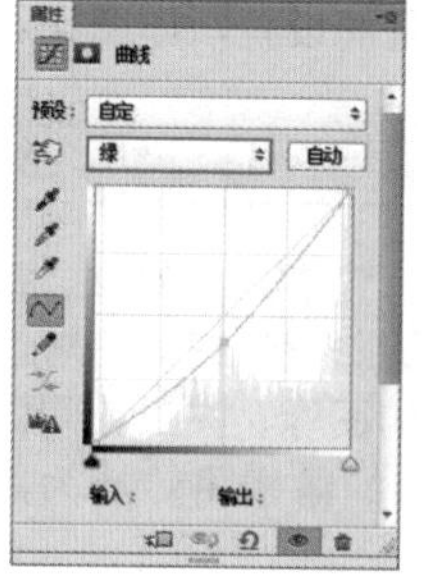

图10-258

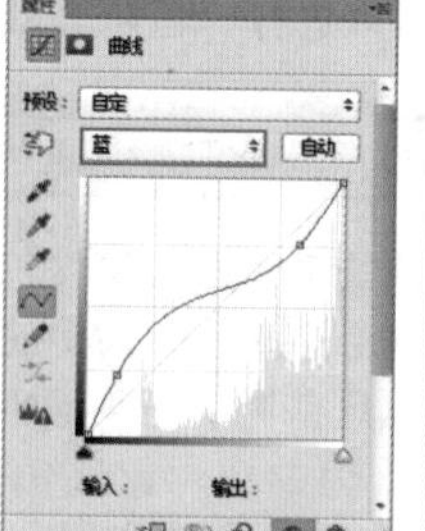

图10-259

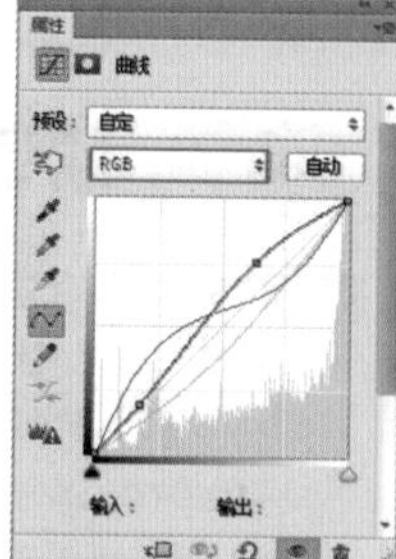

图10-260

图10-261

05 置入素材装饰字“2.png”，并将其置于画面中合适位置，栅格化该图层，如图10-262所示。

图10-262

10.6.5 HDR色调

- 技术速查：HDR的全称是High Dynamic Range，即高动态范围，“HDR色调”命令可以用来修补太亮或太暗的图像，制作出高动态范围的图像效果，对于处理风景图像非常有用，如图10-263和图10-264所示。

图10—263

图10—264

执行“图像”>“调整”>“HDR色调”命令，打开“HDR色调”对话框，在该对话框中可以使用预设选项，也可以自行设定参数，如图10-265和图10-266所示。

图10—265

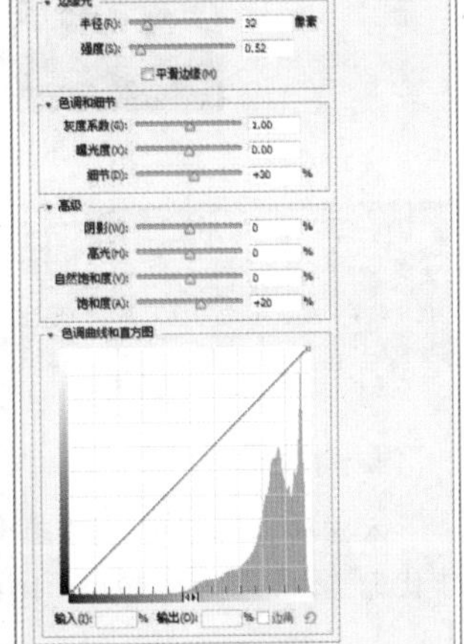

图10—266

技巧提示

HDR图像具有几个明显的特征：亮的地方可以非常亮，暗的地方可以非常暗，并且亮暗部的细节都很明显。

- 预设：在该下拉列表中可以选择预设的HDR效果，既有黑白效果，也有彩色效果。
- 方法：选择调整图像采用何种HDR方法。
- 边缘光：用于调整图像边缘光的强度，如图10-267所示。
- 色调和细节：调节该选项组中的选项可以使图像的色调和细节更加丰富细腻，如图10-268所示。
- 高级：在该选项组中可以控制画面整体阴影、高光以及饱和度。

图10—267

图10—268

- 色调曲线和直方图：该选项组的使用方法与“曲线”命令的使用方法相同。

★ 案例实战——制作奇幻的HDR效果

案例文件	案例文件\第10章\制作奇幻的HDR效果.psd
视频教学	视频文件\第10章\制作奇幻的HDR效果.flv
难易指数	★★★★★
技术要点	HDR色调、阴影/高光、颜色查找、曲线、自然饱和度

案例效果

扫码看视频

本案例主要使用“HDR色调”“阴影/高光”“颜色查找”“曲线”“自然饱和度”等命令制作奇幻的HDR效果，对比效果如图10-269和图10-270所示。

图10—269

图10—270

操作步骤

01 打开素材文件，原图画面偏灰，暗部细节损失较多，如图10-271所示。

图10—271

02 执行“图像”>“调整”>“HDR色调”命令，打开“HDR色调”对话框，设置“方法”为“局部适应”，设置“边缘光”选项组中的“半径”为170像素，“强度”为0.7。设置“色调和细节”选项组中的“灰度系数”为0.9，“曝光度”为-0.05，“细节”为300%。设置“阴影”为-100%，“高光”为-100%，“自然饱和度”为100%，“饱和度”为30%。展开色调曲线和直方图，调整曲线形状，如

图10-272所示。效果如图10-273所示。

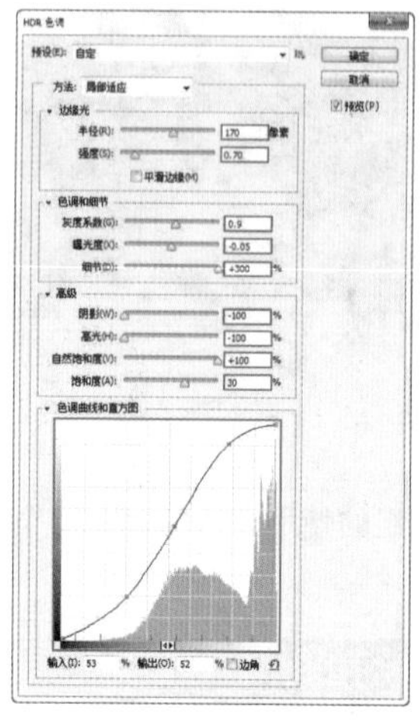
图10-272

图10-273

03 执行“图像”>“调整”>“阴影/高光”命令，在弹出的对话框中设置“阴影”选项组的“数量”为30%，如图10-274所示。增强画面阴影部分的细节，如图10-275所示。

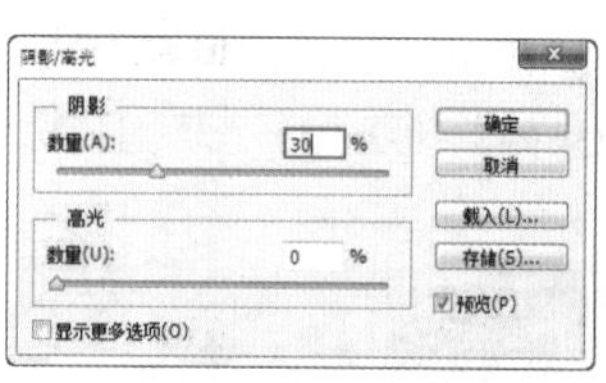
图10-274

图10-275

04 执行“图层”>“新建调整图层”>“颜色查找”命令，在弹出的面板中选中“摘要”单选按钮，设置类型为Turquoise-Sepia，如图10-276所示。效果如图10-277所示。

图10-276

图10-277

05 执行“图层”>“新建调整图层”>“曲线”命令，调整曲线形状，如图10-278所示。增强画面对比度，如图10-279所示。

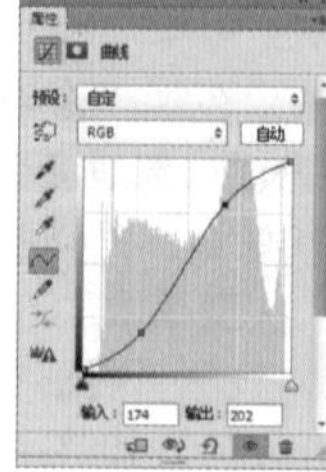
图10-278

图10-279

06 创建一个自然饱和度调整图层，设置“自然饱和度”为100，如图10-280所示。增强画面颜色感，如图10-281所示。

图10-280

图10-281

07 在顶部新建图层，使用黑色柔边圆画笔涂抹画面四角处，制作出暗角效果，如图10-282所示。

图10-282

★ 综合实战——年代记忆

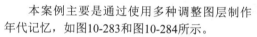

案例文件	案例文件\第10章\年代记忆.psd
视频教学	视频文件\第10章\年代记忆.flv
难易指数	★★★★★
技术要点	曲线、色相饱和度

案例效果

扫码看视频

本案例主要是通过使用多种调整图层制作年代记忆，如图10-283和图10-284所示。

图10-283

图10-284

操作步骤

01 打开背景素材“1.jpg”，如图10-285所示。执行“图层”>“新建调整图层”>“曲线”命令，调整RGB曲线的形状，如图10-286所示。

图10−285　　图10−286

02 在调整图层蒙版上，使用黑色画笔绘制画面中央的部分，如图10-287所示。效果如图10-288所示。

图10−287　　图10−288

03 执行“图层”>“新建调整图层”>“色相/饱和度”命令，创建“色相/饱和度”调整图层，设置“色相”为29，“饱和度”为60，“明度”为 - 35，如图10-289所示。使用黑色画笔绘制绿色帽子以外的部分，如图10-290所示。效果如图10-291所示。

图10−289　　图10−290　　图10−291

04 执行“图层”>“新建调整图层”>“曲线”命令，设置通道为“红”，调整曲线形状，如图10-292所示。设置通道为RGB，调整曲线的形状，如图10-293所示。效果如图10-294所示。

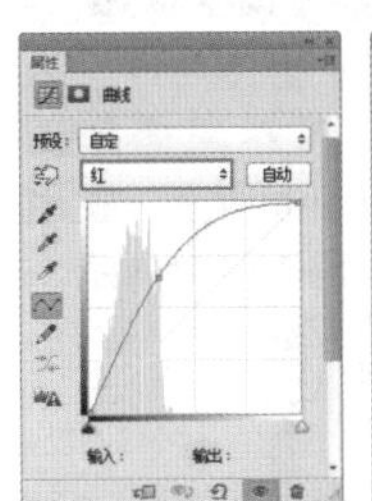

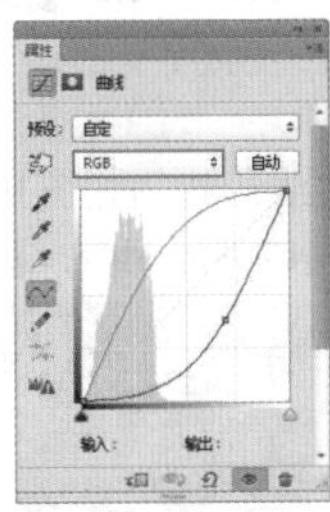

图10−292　　图10−293　　图10−294

05 使用黑色画笔绘制人物部分，如图10-295所示。此时只有背景部分发生了颜色变化，效果如图10-296所示。

图10−295　　图10−296

★ 综合实战——雪国物语

案例文件	案例文件\第10章\雪国物语.psd
视频教学	视频文件\第10章\雪国物语.flv
难易指数	★★★★★
技术要点	曲线、可选颜色、色相/饱和度

案例效果

扫码看视频

本案例主要是利用“曲线”“可选颜色”“色相/饱和度”等命令制作雪国物语，如图10-297和图10-298所示。

操作步骤

01 打开本书配套资源中的文件“1.jpg”，如图10-299所示。

图10-297

图10-298

图10-299

02 提亮皮肤部分。执行“图层”>“新建调整图层”>“曲线”命令，调整曲线形状，如图10-300所示。使用黑色画笔为白色绘制皮肤高光以外的部分，如图10-301所示。

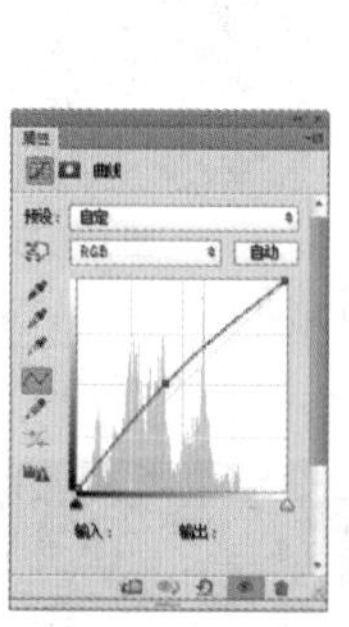

图10-300

图10-301

03 对皮肤颜色进行调整。执行“图层”>“新建调整图层”>“可选颜色”命令，在弹出的“可选颜色”对话框中调整颜色参数，如图10-302和图10-303所示。使用黑色画笔在调整图层蒙版上涂抹人像皮肤以外的部分，如图10-304所示。

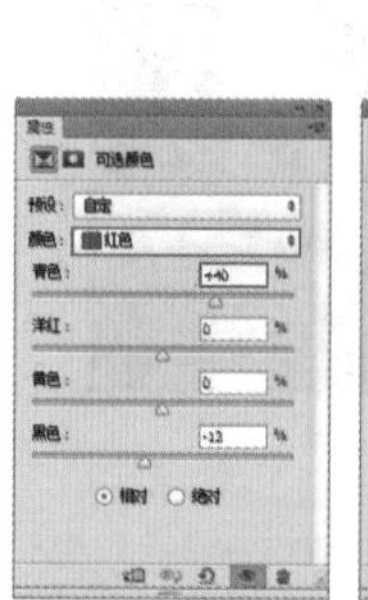

图10-302

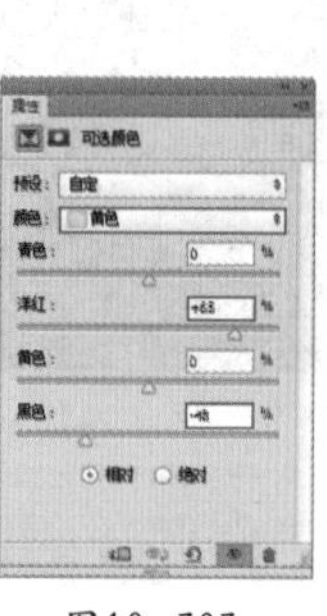

图10-303

图10-304

04 再次将皮肤部分提亮。创建“曲线2”调整图层，分别调整RGB和蓝色通道的曲线形状，如图10-305所示。使用黑色画笔在调整图层蒙版上涂抹皮肤以外的部分，如图10-306所示。

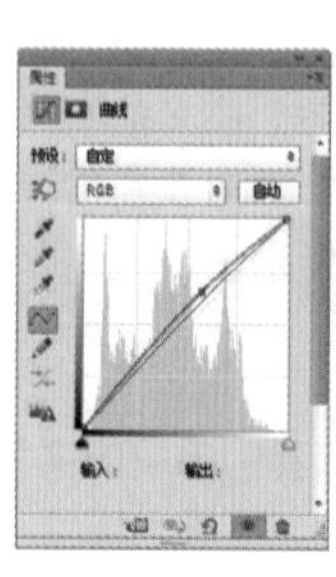

图10-305

图10-306

05 创建“曲线3”调整图层，调整曲线形状，如图10-307所示。将画面整体提亮，效果如图10-308所示。

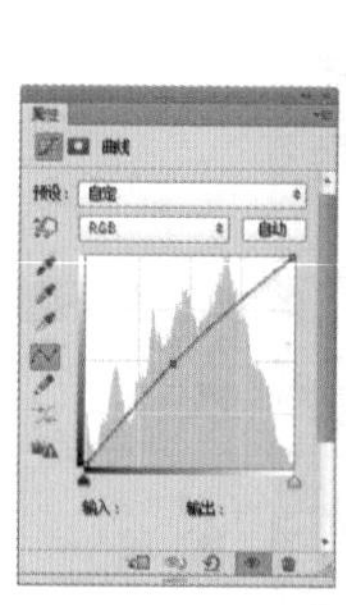

图10-307

图10-308

06 执行“图层”>“新建调整图层”>“可选颜色”命令，在弹出的“可选颜色”对话框中调整颜色参数，如图10-309和图10-310所示。使用黑色画笔涂抹人像部分，如图10-311所示。

图10-309

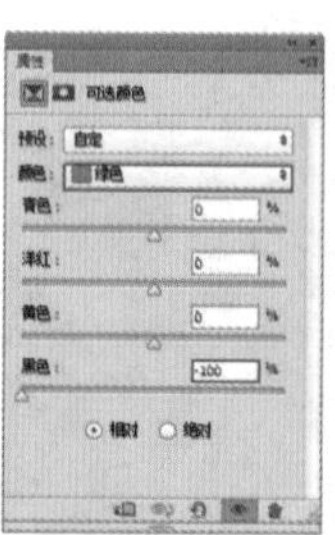

图10-310

图10-311

07 创建新的“色相/饱和度”调整图层，在弹出的“色相/饱和度”对话框中设置参数，如图10-312和图10-313所示。使用黑色画笔在调整图层蒙版上涂抹人像面部及头发位置，如图10-314所示。

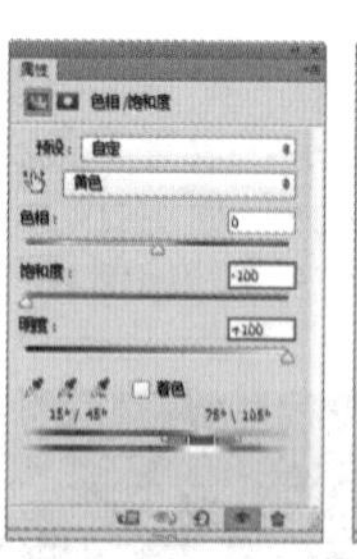

图10-312

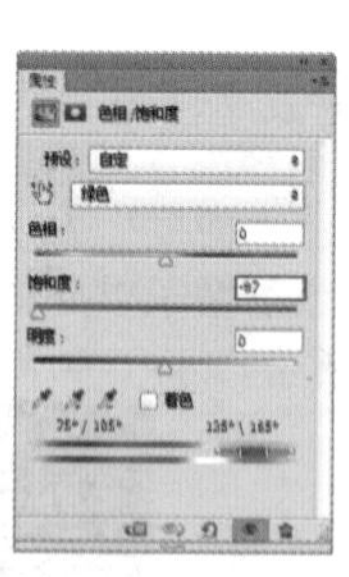

图10-313

图10-314

08 将头发颜色调整为黑色，创建“色相/饱和度2”调整图层，在弹出的“色相/饱和度”对话框中设置参数，如图10-315所示。使用黑色画笔在调整图层蒙版上涂抹人像头发以外的位置，如图10-316所示。

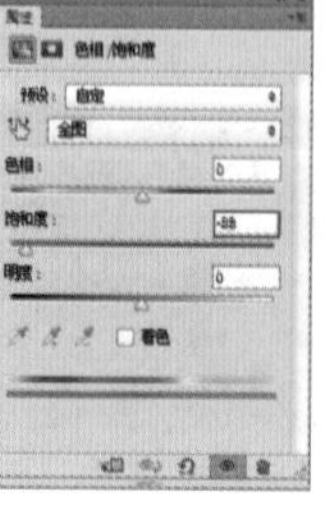

图10-315

图10-316

09 创建曲线调整图层，调整曲线形状，如图10-317所示。效果如图10-318所示。

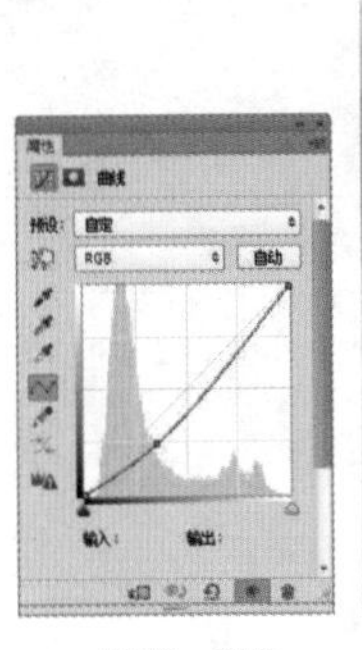
图10-317

图10-318

10 创建新图层并命名为“雪”，使用画笔工具在图像上绘制一些白色圆点作为雪花，执行“滤镜”>“模糊”>“动感模糊”命令，设置“角度”为35度，“距离”为92像素，如图10-319所示。制作雪花飘落的动感效果，如图10-320所示。

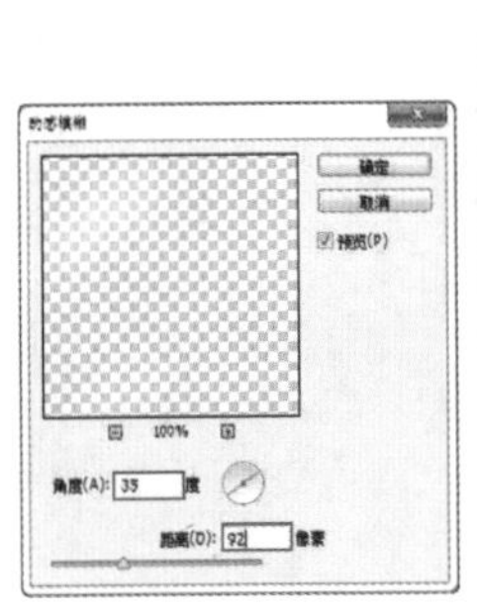
图10-319

图10-320

11 创建新组，使用黑色画笔绘制四周，给图像添加暗角，如图10-321所示。

图10-321

12 新建图层并填充浅蓝色到透明的渐变，如图10-322所示。然后设置混合模式为“柔光”，如图10-323所示。最后置入艺术字及边框文件“2.png”，栅格化该图层。效果如图10-324所示。

图10-322

图10-323

图10-324

课后练习

【课后练习——制作水彩色调】

思路解析：本案例通过使用可选颜色以及其他多种颜色调整命令调整画面颜色，模拟水彩画轻柔的色调效果。

扫码看视频

【课后练习——打造高彩外景】

思路解析：本案例通过调整画面饱和度增强色彩感，并通过前景可爱素材的使用制造出童趣的高彩外景效果。

扫码看视频

本章小结

调色命令的使用方法简单，而且效果直观，很容易学习和掌握，但是调色技术却是博大精深的。想要调出完美的颜色，不仅仅需要掌握调色命令的使用方法，而且需要深刻体会每种调色命令的特性，多种调色命令搭配使用，并配合图层、通道、蒙版、滤镜等其他工具命令共同操作。当然，也需要在色彩的构成及搭配上多加考虑。

第11章

使用滤镜处理照片

本章内容简介：

滤镜本身是一种摄影器材，安装在相机上用于改变光源的色温，使符合摄影的目的及制作特殊效果的需要。在Photoshop中滤镜的功能非常强大，不仅可以制作一些常见的例如素描、印象派绘画等特殊艺术效果，还可以创作出绚丽无比的创意图像。

本章学习要点：

- 掌握滤镜的使用方法
- 掌握智能滤镜的使用方法
- 了解常用滤镜的使用方法
- 了解常用外挂滤镜的安装与使用方法

11.1 掌握滤镜的操作方法

视频精讲：Photoshop新手学视频精讲课堂\91.滤镜与智能滤镜.flv

在滤镜菜单中“滤镜库”“自适应广角”“CameraRAW滤镜”“镜头校正”“液化”和“消失点”滤镜属于特殊滤镜。“3D”“风格化”“模糊”“扭曲”“锐化”“视频”“像素化”“渲染”“杂色”和“其他”属于滤镜组，如图11-1所示。如果安装了外挂滤镜，在“滤镜”菜单的底部会显示出来。另外，在“滤镜库”中还包含很多种滤镜，如图11-2所示。

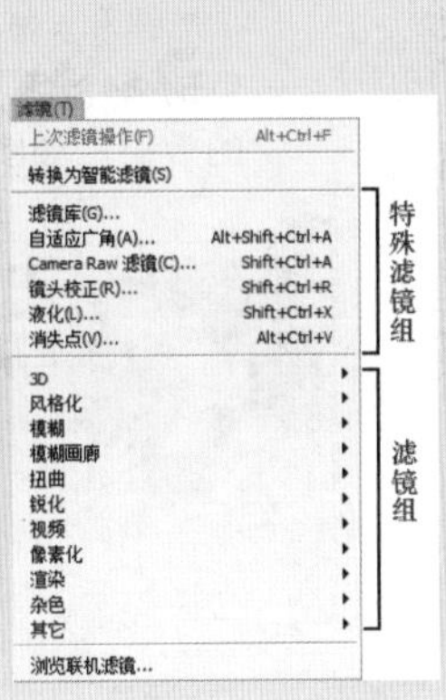

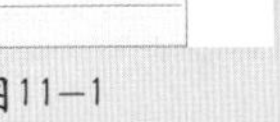

图11-1

图11-2

11.1.1 动手学：滤镜的使用方法

01 为图像添加滤镜的方法很简单，单击菜单栏中的“滤镜”按钮，在菜单中选择一个合适的滤镜，例如此处选择“模糊”滤镜组的“高斯模糊”滤镜，如图11-3所示。选择合适的滤镜后会弹出参数设置对话框（有些滤镜并没有参数设置对话框），设置合适的参数并单击“确定”按钮即可完成操作，如图11-4所示。

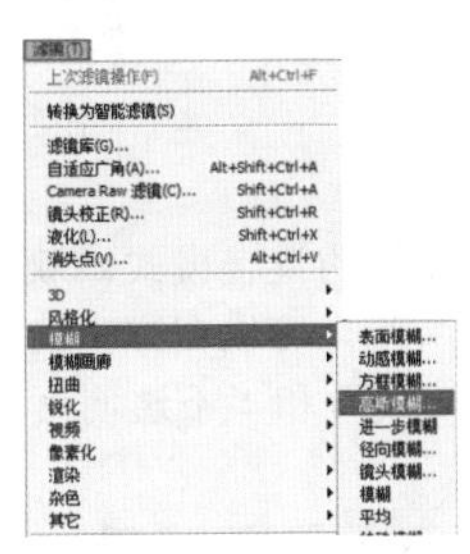

图11-3

图11-4

02 如果要执行一些当前的滤镜菜单中没有显示的内置滤镜，可以执行“滤镜”>“滤镜库”命令，如图11-5所示。打开滤镜库，选择合适的滤镜，然后适当调节参数，调整完成后单击“确定”按钮结束操作，如图11-6所示。

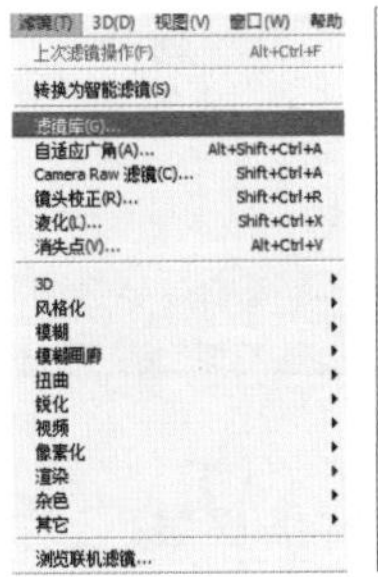

图11-5

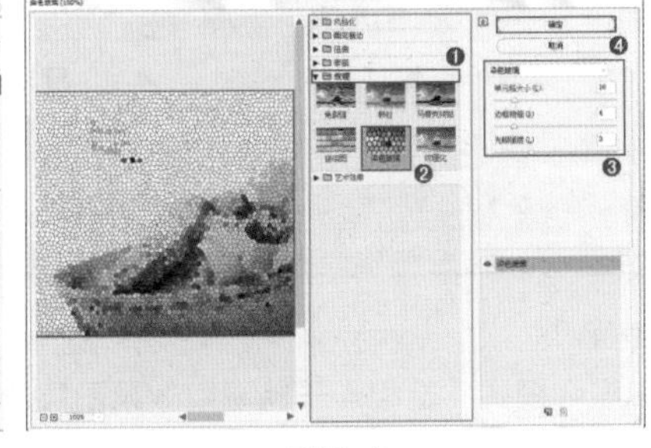

图11-6

技巧提示

滤镜在Photoshop中具有非常神奇的作用。使用时只需要从滤镜菜单中选择需要的滤镜，然后适当调节参数即可。在通常情况下，滤镜需要配合通道、图层等一起使用，才能获得最佳艺术效果。

- 在使用滤镜时，掌握了其使用原则和使用技巧，可以大大提高工作效率。
- 使用滤镜处理图层中的图像时，该图层必须是可见图层。
- 如果图像中存在选区，则滤镜效果只应用在选区之内；如果没有选区，则滤镜效果将应用于整个图像，如图11-7所示。

图11-7

- 滤镜效果以像素为单位进行计算，因此，相同参数处理不同分辨率的图像，其效果也不一样。
- 只有“云彩”滤镜可以应用在没有像素的区域，其余滤镜都必须应用在包含像素的区域（某些外挂滤镜除外）。

- 滤镜可以用来处理图层蒙版、快速蒙版和通道。
- 在CMYK颜色模式下，某些滤镜将不可用；在索引和位图颜色模式下，所有的滤镜都不可用。如果要对CMYK图像、索引图像和位图图像应用滤镜，可以执行“图像”>“模式”>“RGB颜色”命令，将图像模式转换为RGB颜色模式后，再应用滤镜。
- 当应用完一个滤镜以后，“滤镜”菜单下的第1行会出现该滤镜的名称。执行该命令或按Ctrl+Alt+F组合键，可以按照上一次应用该滤镜的参数配置再次对图像应用该滤镜。
- 在任何一个滤镜对话框中按住Alt键，“取消”按钮都将变成“复位”按钮。单击“复位”按钮，可以将滤镜参数恢复到默认设置。效果如图11-8所示。

图11-8

- 在应用滤镜的过程中，如果要终止处理，可以按Esc键。
- 在应用滤镜时，通常会弹出该滤镜的对话框或滤镜库，在预览窗口中可以预览滤镜效果，同时可以拖曳图像，以观察其他区域的效果，如图11-9所示。单击按钮和按钮可以缩放图像的显示比例。另外，在图像的某个点上单击，在预览窗口中就会显示出该区域的效果，如图11-10所示。

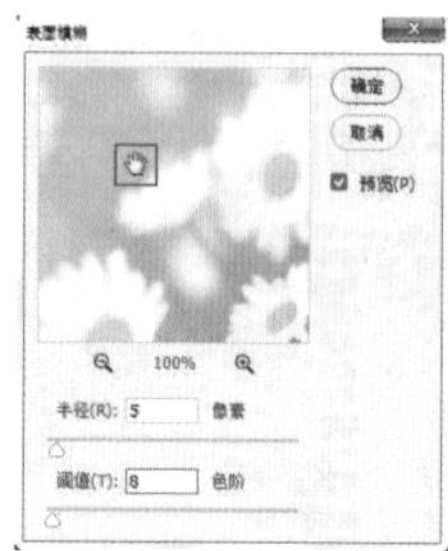

图11-9

图11-10

11.1.2 动手学：使用智能滤镜

- 技术速查：应用于智能对象的任何滤镜都是智能滤镜，智能滤镜属于非破坏性滤镜。

01 由于智能滤镜的参数是可以调整的，因此可以调整智能滤镜的作用范围，或将其进行移除、隐藏等操作。要使用智能滤镜，首先需要将普通图层转换为智能对象。在普通图层的缩览图上单击鼠标右键，在弹出的快捷菜单中选择“转换为智能对象”命令，即可将普通图层转换为智能对象，如图11-11所示。

图11-11

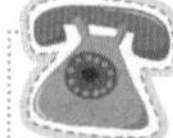

答疑解惑：哪些滤镜可以作为智能滤镜使用？

除了“抽出”滤镜、“液化”滤镜和“镜头模糊”滤镜以外，其他滤镜都可以作为智能滤镜应用，当然也包含支持智能滤镜的外挂滤镜。另外，“图像”>“调整”菜单下的“阴影/高光”和“变化”命令也可以作为智能滤镜来使用。

02 对智能对象图层执行滤镜操作，完成后即可看到智能对象图层上包含一个类似于图层样式的列表，也就是智能滤镜列表。在这里可以快捷地隐藏、停用和删除滤镜，如图11-12所示。

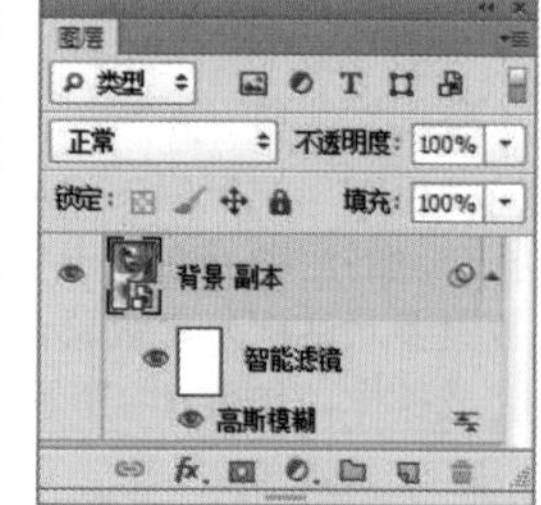

图11-12

03 还可以设置智能滤镜与图像的混合模式，双击滤镜名称右侧的图标，如图11-13所示。可以在弹出的“混合选项”对话框中调节滤镜的“模式”和“不透明度”，如图11-14所示。

图11-13

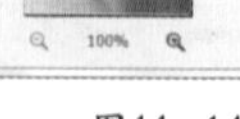

图11-14

11.1.3 动手学：渐隐滤镜效果

- 视频精讲：Photoshop新手学视频精讲课堂\16.使用“渐隐”命令.flv
- 技术速查：“渐隐”命令可以用于更改滤镜效果的不透明度和混合模式，就相当于将滤镜效果图层放在原图层的上方，并调整滤镜图层的混合模式以及透明度得到的效果。

01 执行“文件”>“打开”命令，打开一张照片，如图11-15所示。执行“滤镜”>“滤镜库”命令，如图11-16所示。

图11—15

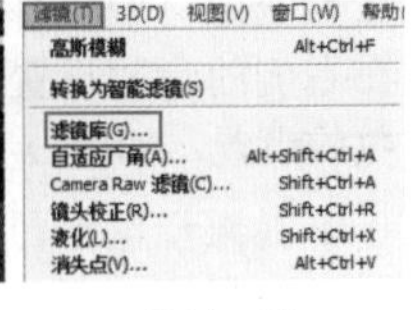

图11—16

技巧提示

“渐隐”命令必须是在进行了编辑操作之后立即执行，如果这中间又进行其他操作，则该命令会发生相应的变化。

02 在滤镜库中选择“素描”滤镜组，单击“影印”滤镜，设置“细节”为4，“暗度”为20，如图11-17所示。效果如图11-18所示。

图11—17

图11—18

03 执行“编辑”>“渐隐滤镜库”命令，如图11-19所示。在弹出的“渐隐”对话框中设置“模式”为“正片叠底”，如图11-20所示。最终效果如图11-21所示。

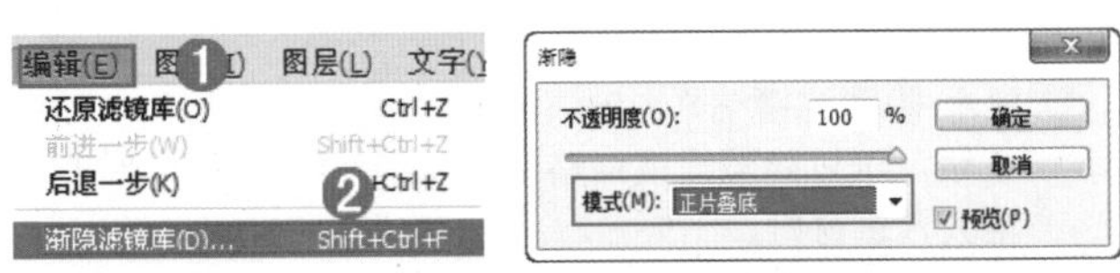

图11—19　　图11—20

图11—21

11.1.4 提高滤镜性能

在应用某些滤镜时，会占用大量的内存，如“铬黄渐变”滤镜、“光照效果”滤镜等，特别是处理高分辨率的图像，Photoshop的处理速度会更慢。遇到这种情况，可以尝试使用以下3种方法来提高处理速度。

01 关闭多余的应用程序。

02 在应用滤镜之前先执行“编辑”>“清理”菜单下的命令，释放出部分内存。

03 将计算机内存多分配给Photoshop一些。执行“编辑”>“首选项”>“性能”命令，打开“首选项”对话框，在“内存使用情况”选项组中将Photoshop的内容使用量设置得高一些，如图11-22所示。

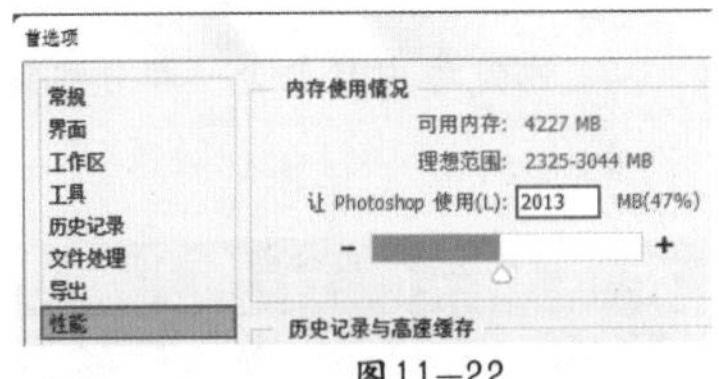

图11—22

11.2 认识滤镜库

视频精讲：Photoshop新手学视频精讲课堂\92.滤镜库的使用方法.flv

技术速查：滤镜库是一个集合了多个滤镜的对话框，在滤镜库中，可以对一张图像应用一个或多个滤镜，或对同一图像多次应用同一滤镜；另外，还可以使用其他滤镜替换原有的滤镜。

执行“滤镜”>“滤镜库”命令，打开滤镜库窗口。在滤镜库中选择某个组，并在其中单击某个滤镜，在预览窗口中即可观察到滤镜效果，在右侧的参数设置面板中可以进行参数的设置，如图11-23所示。

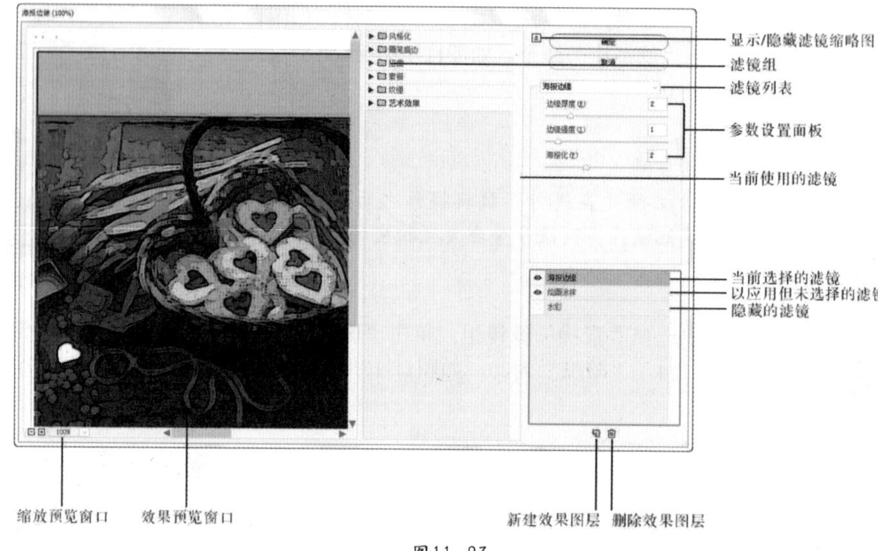

图11—23

- 效果预览窗口：用来预览滤镜的效果。
- 缩放预览窗口：单击⊟按钮，可以缩小显示比例；单击⊞按钮，可以放大预览窗口的显示比例。另外，还可以在缩放列表中选择预设的缩放比例。
- 显示/隐藏滤镜缩略图⊠：单击该按钮，可以隐藏滤镜缩略图，以增大预览窗口。
- 滤镜列表：在该列表中可以选择一个滤镜。这些滤镜是按名称汉语拼音的先后顺序排列的。
- 参数设置面板：单击滤镜组中的一个滤镜，可以将该滤镜应用于图像，同时在参数设置面板中会显示该滤镜的参数选项。
- 当前使用的滤镜：显示当前使用的滤镜。
- 滤镜组：滤镜库中共包含6组滤镜，单击滤镜组前面的▶图标，可以展开该滤镜组。
- “新建效果图层”按钮：单击该按钮，可以新建一个效果图层，在该图层中可以应用一个滤镜。
- “删除效果图层”按钮：选择一个效果图层以后，单击该按钮可以将其删除。
- 当前选择的滤镜：单击一个效果图层，可以选择该滤镜。

技巧提示

选择一个滤镜效果图层以后，使用鼠标左键可以向上或向下调整该图层的位置。效果图层的顺序对图像效果有影响，如图11—24所示。

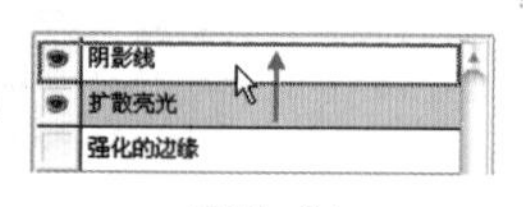

图11—24

- 隐藏的滤镜：单击效果图层前面的👁图标，可以隐藏滤镜效果。

技巧提示

滤镜库中只包含一部分滤镜，如“模糊”滤镜组和“锐化”滤镜组就不在滤镜库中。

★ 案例实战——使用滤镜库打造淡彩风景画

案例文件	案例文件\第11章\使用滤镜库打造淡彩风景画.psd
视频教学	视频文件\第11章\使用滤镜库打造淡彩风景画.flv
难易指数	★★★★★
技术要点	滤镜库、新建调整图层、历史记录画笔

案例效果

扫码看视频

本案例主要使用多种滤镜打造淡彩风景画，对比效果如图11-25和图11-26所示。

图11—25

图11—26

操作步骤

01 按Ctrl+N快捷键，新建一个大小为5000×2900像素的文档。置入素材文件“1.jpg”，将其放置在界面中，栅格化该图层。如图11-27所示。

02 创建新图层“白色”，单击工具箱中的“画笔工具”按钮，设置前景色为白色。调整一种柔边圆边画笔，并调整“不透明度”为40%，“流量”为40%。在画面顶部和底部进行涂抹，如图11-28所示。使用盖印快捷键Shift+Ctrl+Alt+E，将当前画面效果盖印为一个图层“图层1”。

图11—27

图11—28

03 连续3次按Ctrl+J快捷键复制“图层1”，选择“图层1”副本，单击另外两个图层副本将其隐藏，如图11-29所示。

图11—29

04 执行“滤镜”>“滤镜库”命令，单击“素描”按钮，在下拉列表中选择“水彩画笔”选项，设置“纤维长度”为18，“亮度”为80，“对比度”为2，如图11-30所示。设置图层的“不透明度”为80%，呈现出水彩画纸晕染效果，如图11-31所示。

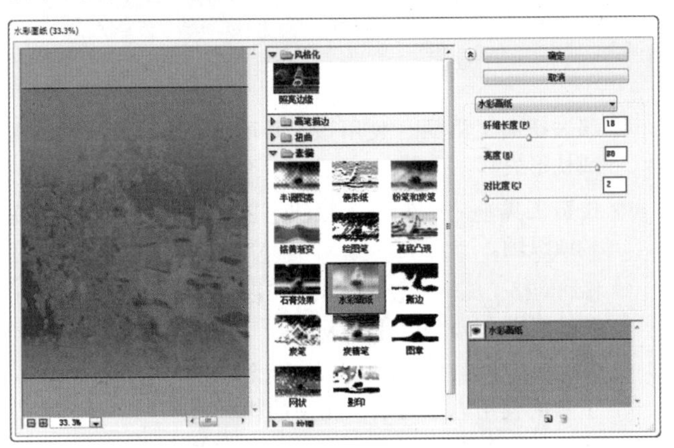

图11—30

图11—31

05 选择并显示“图层1副本1”。执行“滤镜”>“滤镜库”命令，单击“艺术效果”按钮，在下拉列表中选择“调色刀”选项，设置“描边大小”为23，“描边细节”为3，“软化度”为6，如图11-32所示。设置混合模式为“柔光”，如图11-33所示。

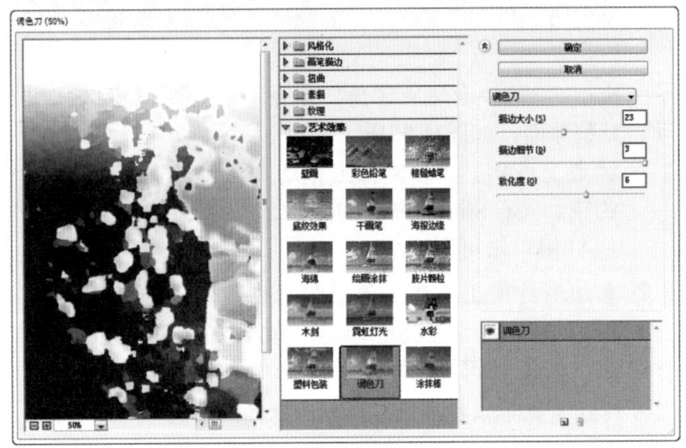

图11—32

图11—33

06 显示“图层1副本2”。执行“滤镜”>“风格化”>“查找边缘”命令，提取轮廓线效果。设置混合模式为“正片叠底”，调整“不透明度”为60%，并添加图层蒙版，使用黑色柔边圆画笔在顶部和底部进行涂抹，使其变虚，如图11-34所示。

图11—34

07 创建一个“自然饱和度”调整图层，设置“自然饱和度”为100，如图11-35所示。置入艺术字素材“2.png”，调整合适大小及位置，栅格化该图层。设置混合模式为“正片叠底”，最终效果如图11-36所示。

图11—35

图11—36

11.3 使用“自适应广角”滤镜校正广角变形

视频精讲：Photoshop新手学视频精讲课堂\93.自适应广角滤镜.flv

技术速查：“自适应广角”滤镜可以对广角、超广角及鱼眼效果进行变形校正。

执行“滤镜>自适应广角”命令，打开滤镜窗口。在“校正”下拉列表中可以选择校正的类型，包含鱼眼、透视、自动、完整球面，如图11-37所示。

- 约束工具：单击图像或拖动端点可添加或编辑约束。按住Shift键单击可添加水平/垂直约束。按住Alt键单击可删除约束。
- 多边形约束工具：单击图像或拖动端点可添加或编辑约束。按住Shift键单击可添加水平/垂直约束。按住Alt键单击可删除约束。
- 移动工具：拖动以在画布中移动内容。
- 抓手工具：放大窗口的显示比例后，可以使用该工具移动画面。
- 缩放工具：单击即可放大窗口的显示比例，按住Alt键单击即可缩小显示比例。

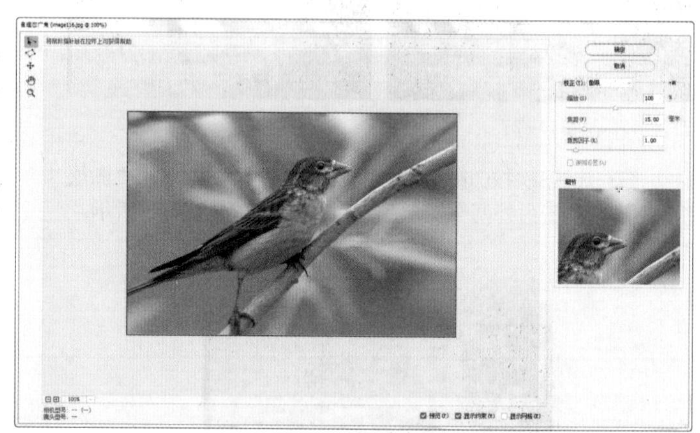

图11—37

11.4 使用“镜头校正”滤镜校正镜头畸形

视频精讲：Photoshop新手学视频精讲课堂\94.镜头校正滤镜.flv

技术速查：“镜头校正”滤镜可以快速修复常见的镜头瑕疵，也可以用来旋转图像，或修复由于相机在垂直或水平方向上倾斜而导致的图像透视错误现象。

执行“滤镜”>“镜头校正”命令，打开“镜头校正”窗口，如图11-38所示。在这里可以通过设置参数校正，在使用数码相机拍摄照片时经常会出现桶形失真、枕形失真、晕影和色差等问题。“镜头校正”滤镜只能处理 8位/通道和16位/通道的图像。

图11—38

- 移去扭曲工具：使用该工具可以校正镜头桶形失真或枕形失真。
- 拉直工具：绘制一条直线，以将图像拉直到新的横轴或纵轴。
- 移动网格工具：使用该工具可以移动网格，以将其与图像对齐。
- 抓手工具/缩放工具：这两个工具的使用方法与工具箱中的相应工具完全相同。

下面讲解“自定”面板中的参数选项，如图11-39所示。

- 几何扭曲：“移去扭曲”选项主要用来校正镜头桶形失真或枕形失真，如图11-40所示。数值为正数时，图像将向外扭曲；数值为负数时，图像将向中心扭曲，如图11-41所示。

图11—39

图11-40

图11-41

- 色差：用于校正色边。在进行校正时，放大预览窗口的图像，可以清楚地查看色边校正情况。
- 晕影：校正由于镜头缺陷或镜头遮光处理不当而导致边缘较暗的图像。“数量”选项用于设置沿图像边缘变亮或变暗的程度，如图11-42所示；“中点”选项用来指定受“数量”数值影响的区域的宽度，如图11-43所示。

图11-42

图11-43

- 变换：“垂直透视”选项用于校正由于相机向上或向下倾斜而导致的图像透视错误，设置“垂直透视”为 - 100时，可以将其变换为俯视效果，如图11-44所示；设置“垂直透视”为100时，可以将其变换为仰视效果，如图11-45所示。“水平透视”选项用于校正图像在水平方向上的透视效果，如图11-46所示。“角度”选项用于旋转图像，以针对相机歪斜加以校正，如图11-47所示。“比例”选项用来控制镜头校正的比例，如图11-48所示。

图11-44

图11-45

图11-46

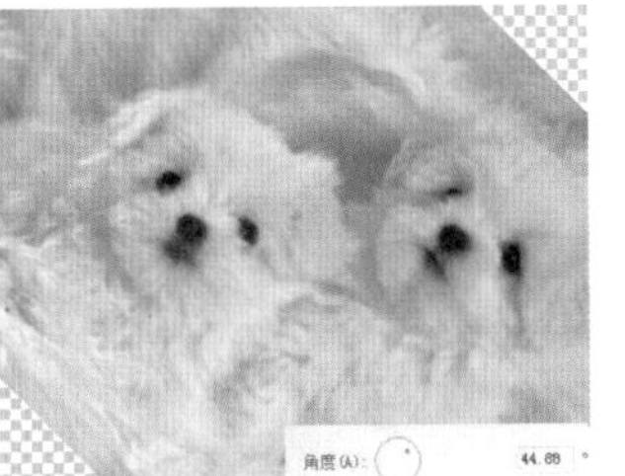

图11-47

图11-48

11.5 使用“液化”滤镜

- 视频精讲：Photoshop新手学视频精讲课堂\95.“液化”滤镜的使用.flv
- 技术速查：“液化”滤镜是修饰图像和创建艺术效果的强大工具，常用于数码照片修饰，例如人像身型调整、面部结构调整等。

执行“滤镜”>“液化”命令，打开“液化”窗口，默认情况下“液化”窗口以简洁的基础模式显示，很多功能处于隐藏状态。选中右侧面板中的“高级模式”复选框可以显示出完整的功能，如图11-49所示。“液化”命令的使用方法比较简单，但功能相当强大，可以创建推、拉、旋转、扭曲和收缩等变形效果。

图11-49

工具

在“液化”滤镜窗口的左侧排列着多种工具，其中包括变形工具、蒙版工具和视图平移缩放工具。

- 向前变形工具：可以向前推动像素，如图11-50所示。
- 重建工具：用于恢复变形的图像。在变形区域单击或拖曳鼠标进行涂抹时，可以使变形区域的图像恢复到原来的效果，如图11-51所示。
- 平滑工具：对变形位置进行平滑操作。

图11-50

图11-51

- 顺时针旋转扭曲工具：拖曳鼠标可以顺时针旋转像素，如图11-52所示。如果按住Alt键进行操作，则可以逆时针旋转像素，如图11-53所示。

图11-52

图11-53

- 褶皱工具：可以使像素向画笔区域的中心移动，使图像产生内缩效果，如图11-54所示。
- 膨胀工具：可以使像素向画笔区域中心以外的方向移动，使图像产生向外膨胀的效果，如图11-55所示。

图11-54

图11-55

- 左推工具：当向上拖曳鼠标时，像素会向左移动；当向下拖曳鼠标时，像素会向右移动，如图11-56所示；按住Alt键向上拖曳鼠标时，像素会向右移动；按住Alt键向下拖曳鼠标时，像素会向左移动，如图11-57所示。

图11-56

图11-57

- 冻结蒙版工具：如果需要对某个区域进行处理，并且不希望操作影响到其他区域，可以使用该工具绘制出冻结区域（该区域将受到保护而不会发生变形），如图11-58所示。例如，在面包上绘制出冻结区域，然后使用向前变形工具处理图像，被冻结起来的像素就不会发生变形，如图11-59所示。

图11-58

图11-59

- 解冻蒙版工具：使用该工具在冻结区域涂抹，可以将其解冻，如图11-60所示。

图11-60

- 脸部工具：单击该按钮，进入面部编辑状态，软件会自动识别人物的五官，并在面部添加一些控制点，可以通过拖动控制点调整面部五官的形态，也可以在右侧参数列表中进行调整。
- 抓手工具/缩放工具：这两个工具的使用方法与工具箱中的相应画笔工具完全相同。

画笔工具选项

在“工具选项”选项组下，可以设置当前使用的工具的各种属性，如图11-61所示。

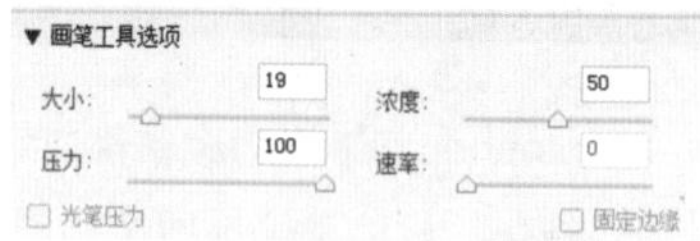

图11-61

- 大小：用来设置扭曲图像的画笔的大小。
- 浓度：控制画笔边缘的羽化范围。画笔中心产生的效果最强，边缘处最弱。
- 压力：控制画笔在图像上产生扭曲的速度。
- 速率：设置使用工具（如旋转扭曲工具）在预览图像中保持静止时扭曲所应用的速度。
- 光笔压力：当计算机配有压感笔或数位板时，选中该复选框可以通过压感笔的压力来控制工具。
- 固定边缘：勾选该选项，在对画面边缘进行变形时，不会出现透明的缝隙。

人脸识别液化

在此选项组中可以分别对人物面部的眼睛、鼻子、嘴唇以及脸部外形进行调整。展开此选项组，继续展开各个子选项组，在其中调整滑块即可直接在画面中观察到五官细节的变化。如图11-62所示。

图11—62

载入网格选项

在此选项组中可以储存当前的液化变形网格，也可以载入已经储存好的液化变形网格，以便于对图像进行相同的液化操作。如图11-63所示。

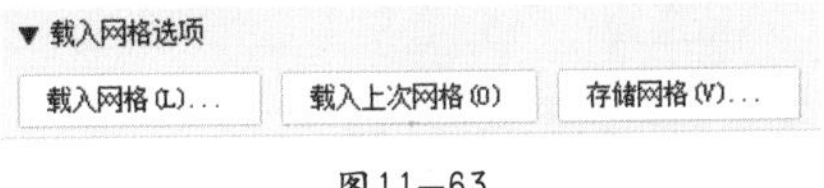

图11—63

蒙版选项

如果图像中包含选区或蒙版，可以通过“蒙版选项”选项组来设置蒙版的保留方式，如图11-64所示。

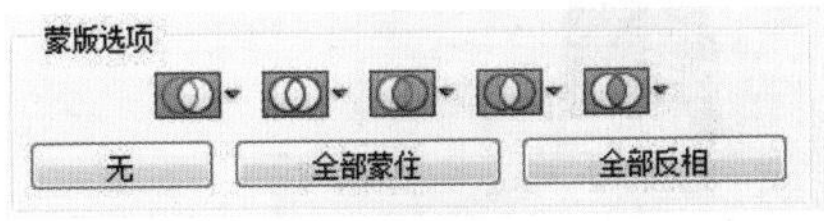

图11—64

- 替换选区：显示原始图像中的选区、蒙版或透明度。
- 添加到选区：显示原始图像中的蒙版，以便可以使用冻结蒙版工具添加到选区。
- 从选区中减去：从当前的冻结区域中减去通道中的像素。
- 与选区交叉：只使用当前处于冻结状态的选定像素。
- 反相选区：使用选定像素使当前的冻结区域反相。
- 无：单击该按钮，可以使图像全部解冻。
- 全部蒙住：单击该按钮，可以使图像全部冻结。
- 全部反相：单击该按钮，可以使冻结区域和解冻区域反相。

视图选项

“视图选项”选项组主要用来显示或隐藏图像、网格和背景。另外，还可以设置网格大小和颜色、蒙版颜色、背景模式和不透明度，如图11-65所示。

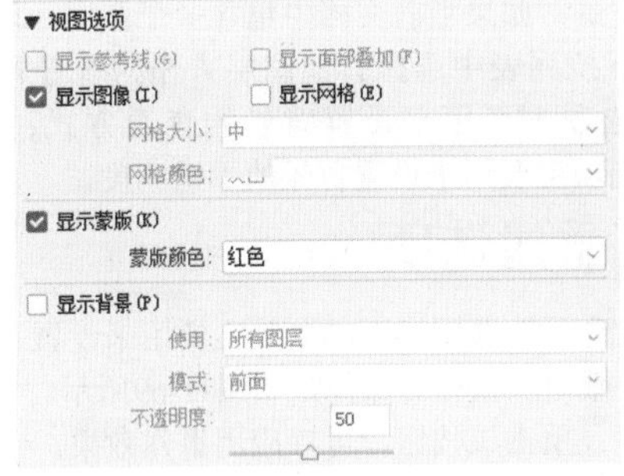

图11—65

- 显示参考线：勾选启用该项即可将已经创建好的参考线显示出来。该选项仅在文档中包含参考线时可用。
- 显示面部叠加：勾选该选项即可在人物面部周围显示出面部调整的控制器。
- 显示图像：控制是否在预览窗口中显示图像。
- 显示网格：选中该复选框可以在预览窗口中显示网格，通过网格可以更好地查看扭曲。如图11-66和图11-67所示分别是扭曲前的网格和扭曲后的网格。选中“显示网格”复选框后，下面的“网格大小”选项和“网格颜色”选项才可用，这两个选项主要用来设置网格的密度和颜色。

图11—66

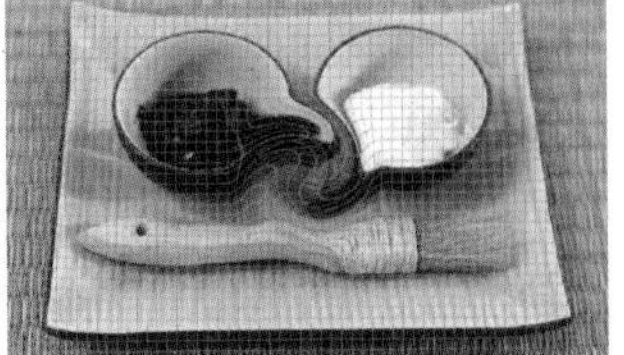

图11—67

- 显示蒙版：控制是否显示蒙版。可以在下面的“蒙版颜色”选项中修改蒙版的颜色。如图11-68所示是蓝色蒙版效果。

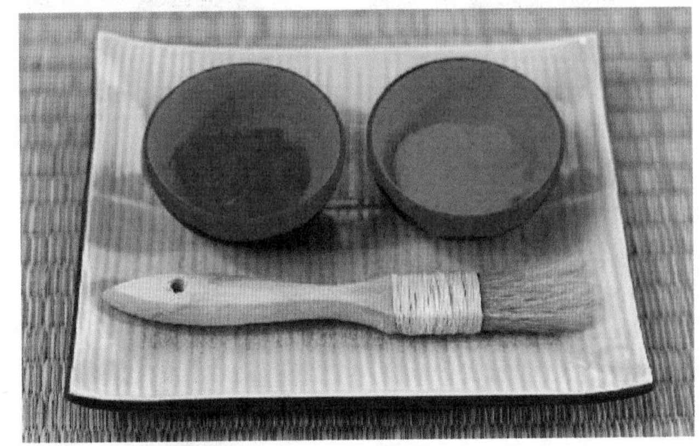

图11—68

- 显示背景：如果当前文档中包含多个图层，可以在“使用”下拉列表中选择其他图层来作为查看背景；“模式”选项主要用来设置背景的查看方式；“不透明度”选项主要用来设置背景的不透明度。

画笔重建选项

“重建选项”选项组下的参数主要用来设置重建方式，以及如何让撤销所执行的操作，如图11-69所示。

- 重建：单击该按钮，可以应用重建效果。
- 恢复全部：单击该按钮，可以取消所有的扭曲效果。

图11-69

★ 案例实战——使用“液化”滤镜为美女瘦身

案例文件	案例文件\第11章\使用“液化”滤镜为美女瘦身.psd
视频教学	视频文件\第11章\使用“液化”滤镜为美女瘦身.flv
难易指数	★★★★★
技术要点	“液化”滤镜

案例效果

扫码看视频

使用“液化”滤镜中的工具对画面进行变形，从而达到为人像瘦身的目的，原图与效果图如图11-70和图11-71所示。

图11-70

图11-71

操作步骤

01 打开本书配套资源中的背景文件“1.jpg”，如图11-72所示。为了避免破坏原图层，可以按下快捷键Ctrl+J复制一层背景。

图11-72

02 对其执行“滤镜”>“液化”命令，单击选择“向前变形工具”，设置“大小”为100，设置完成后在画面中由外向内涂抹为人物瘦身，如图11-73所示。

图11-73

03 更改“大小”为150，调整人像肩颈处、手臂与手的区域，如图11-74所示。

图11-74

04 对人像面部进行调整，设置“大小”为80，在人像下颌处向上进行调整，达到瘦脸的目的。单击“确定”按钮完成液化操作，如图11-75所示。

图11-75

05 回到图层中，对液化完成的效果执行“自由变换”操作，单击鼠标右键，在弹出的快捷菜单中选择“变形”命令，调整照片透视角度，使人像显得更加高挑，如图11-76所示。最终效果如图11-77所示。

图11—76

图11—77

11.6 使用“消失点”滤镜校正透视平面

视频精讲：Photoshop新手学视频精讲课堂\97.“消失点”滤镜.flv

技术速查：“消失点”滤镜可以在包含透视平面（如建筑物的侧面、墙壁、地面或任何矩形对象）的图像中进行透视校正操作。

在修饰、仿制、复制、粘贴或移去图像内容时，Photoshop可以准确确定这些操作的方向。执行“滤镜”>“消失点”命令，打开“消失点”对话框，如图11-78所示。

图 11—78

- 编辑平面工具：用于选择、编辑、移动平面的节点以及调整平面的大小。如图11-79所示是一个创建的透视平面。如图11-80所示是使用该工具修改过后的透视平面。

图11—79

图11—80

- 创建平面工具：用于定义透视平面的4个角节点，如图11-81所示。创建好4个角节点以后，可以使用该工具对节点进行移动、缩放等操作。如果按住Ctrl键拖曳边节点，可以拉出一个垂直平面，如图11-82所示。另外，如果节点的位置不正确，可以按BackSpace键删除该节点，如图11-83所示。

图11—81

图11—82

图11—83

技巧提示

如果要结束对角节点的创建，不能按Esc键，否则会直接关闭"消失点"对话框，这样所做的一切操作都将丢失。另外，删除节点也不能按Delete键（不起任何作用），只能按BackSpace键。

- 选框工具：使用该工具可以在创建好的透视平面上绘制选区，以选择平面上的某个区域，如图11-84所示。建立选区后，将光标放置在选区内，按住Alt键拖曳选区，可以复制图像，如图11-85所示。如果按住Ctrl键拖曳选区，则可以用源图像填充该区域。

图11－84

图11－85

- 图章工具：使用该工具时，按住Alt键在透视平面内单击，可以设置取样点，如图11-86所示，然后在其他区域拖曳鼠标即可进行仿制操作。如图11-87所示为设置取样点、仿制图像效果。

图11－86

图11－87

技巧提示

选择图章工具后，在对话框的顶部可以设置该工具修复图像的模式。如果要绘画的区域不需要与周围的颜色、光照和阴影混合，可以选择"关"选项；如果要绘画的区域需要与周围的光照混合，同时又需要保留样本像素的颜色，可以选择"明亮度"选项；如果要绘画的区域需要保留样本像素的纹理，同时又要与周围像素的颜色、光照和阴影混合，可以选择"开"选项。

- 画笔工具：主要用来在透视平面上绘制选定的颜色。
- 变换工具：主要用来变换选区，其作用相当于"编辑>自由变换"命令。如图11-88所示是利用选框工具复制的图像。如图11-89所示是利用变换工具对选区进行变换以后的效果。

图11－88

图11－89

- 吸管工具：可以使用该工具在图像上拾取颜色，以用作画笔工具的绘画颜色。
- 测量工具：使用该工具可以在透视平面中测量项目的距离和角度。
- 抓手工具：在预览窗口中移动图像。
- 缩放工具：在预览窗口中放大或缩小图像的视图。

11.7 "风格化"滤镜组

视频精讲：Photoshop新手学视频精讲课堂\99."风格化"滤镜组.flv

在"风格化"滤镜组中有多种滤镜，分别是"查找边缘""等高线""风""浮雕效果""扩散""拼贴""曝光过度""凸出"和"油画"。这些滤镜分布在"滤镜">"风格化"菜单下以及滤镜库中的"风格化"滤镜组中。

11.7.1 查找边缘

技术速查：使用"查找边缘"滤镜后可以自动查找图像像素对比度变换强烈的边界。

对图像使用"查找边缘"滤镜可以将高反差区变亮，将低反差区变暗，而其他区域则介于两者之间。同时硬边会变成线条，柔边会变粗，从而形成一个清晰的轮廓。打开一张素材图片，如图11-90所示。执行"滤镜">"风格化>"查找边缘"命令，即可为图像添加"查找边缘"滤镜效果，如图11-91所示。

图11－90

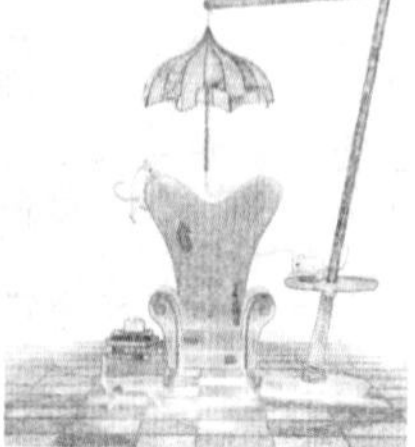

图11－91

★ 案例实战——使用滤镜制作冰冻效果

案例文件	案例文件\第11章\使用滤镜制作冰冻效果.psd
视频教学	视频文件\第11章\使用滤镜制作冰冻效果.flv
难易指数	★★★★★
技术要点	查找边缘、照亮边缘

案例效果

扫码看视频

本案例主要使用“查找边缘”和“照亮边缘”滤镜制作出冰冻效果，如图11-92所示。

操作步骤

01 打开背景素材文件“1.jpg”，如图11-93所示。置入人像素材“2.jpg”，栅格化该图层。调整合适大小及位置，如图11-94所示。

图11—92　图11—93　图11—94

02 单击工具箱中的“套索工具”按钮，沿着人像绘制选区，如图11-95所示。单击“图层”面板底部的“添加图层蒙版”按钮，隐藏背景部分，如图11-96所示。

图11—95

图11—96

03 复制人像，隐藏源图像，使用黑色柔边圆画笔在蒙版中进行适当涂抹，将人像腿部进行适当隐藏，如图11-97所示。单击“图层”面板上的“创建调整图层”按钮，执行“可选颜色”命令，设置“颜色”为白色，“青色”为37%，“黑色”为－73%，如图11-98所示。设置“颜色”为中性色，“黑色”为13%，如图11-99所示。

图11—97

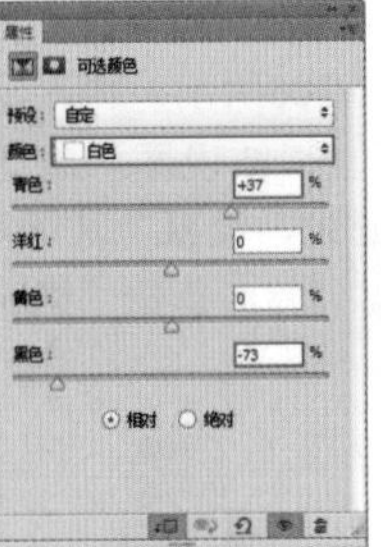
图11—98

图11—99

04 设置“颜色”为黑色，鼠标“青色”为61%，“黄色”为－27%，“黑色”为18%，如图11-100所示。在该调整图层上单击鼠标右键，在弹出的快捷菜单中选择“创建剪贴蒙版”命令，使其只对人像图层起作用，如图11-101所示。

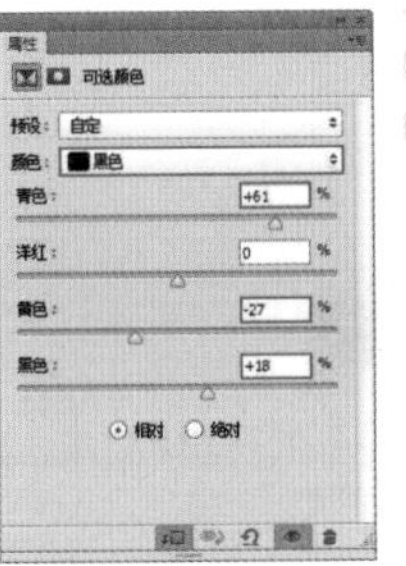
图11—100

图11—101

05 设置前景色为蓝色，新建图层，使用画笔工具在人像头发的位置涂抹绘制，如图11-102所示。设置图层的“混合模式”为“色相”，单击鼠标右键，在弹出的快捷菜单中选择“创建剪贴蒙版”命令，使其只对人像起作用，如图11-103所示。

图11—102

图11—103

06 复制人像图层，并放置在顶层。执行“滤镜”>“风格化”>“查找边缘”命令，效果如图11-104所示。使用黑色柔边圆画笔在蒙版上进行适当涂抹，隐藏多余部分，如图11-105所示。

图11—104　图11—105

07 设置该图层的“混合模式”为“正片叠底”，使其融入画面中，如图11-106所示。再次复制源图像，并放置在顶层。执行“滤镜”>“滤镜库”命令，单击“风格化”组中的“照亮边缘”滤镜，设置“边缘宽度”为3，“边缘亮度”为5，“平滑度”为3，单击“确定”按钮完成操作，如图11-107所示。

图11—106

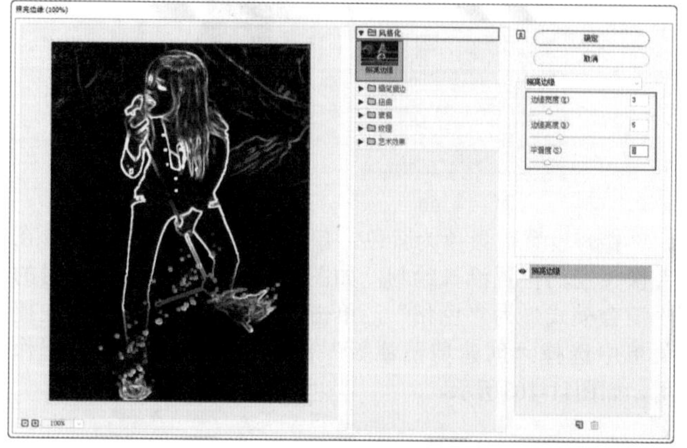

图11—107

08 使用黑色柔边圆画笔在图层蒙版上进行适当涂抹，隐藏多余部分，如图11-108所示。设置该图层的“混合模式”为“滤色”，如图11-109所示。

图11—108　　图11—109

09 连续复制6次使用照亮边缘滤镜的图层，加强人像画面的效果。最终效果如图11-110所示。

图11—110

11.7.2 等高线

- 技术速查：“等高线”滤镜用于查找主要亮度区域，并为每个颜色通道勾勒主要亮度区域，以获得与等高线图中的线条类似的效果。

打开一张素材图片，如图11-111所示。执行“滤镜”>“风格化”>“等高线”命令，如图11-112所示。设置完成后单击“确定”按钮，效果如图11-113所示。

- 色阶：用来设置区分图像边缘亮度的级别。
- 边缘：用来设置图像边缘等高线产生的方式。选中“较低”单选按钮时，可以在基准亮度等级以下的轮廓上生成等高线；选中“较高”单选按钮时，可以在基准亮度等级以上生成等高线。

图11—111

图11—112

图11—113

11.7.3 风

技术速查："风"滤镜在图像中放置一些细小的水平线条来模拟风吹效果。

打开素材图片，如图11-114所示。执行"滤镜">"风格化">"风"命令，打开"风"对话框，如图11-115所示。

- 方法：包含"风""大风"和"飓风"3种等级。如图11-116所示分别是这3种等级的效果。
- 方向：用来设置风源的方向，包含"从右"和"从左"两种。

图11–114

图11–115

图11–116

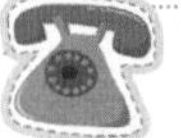

答疑解惑：如何制作垂直效果的"风"？

使用"风"滤镜只能向右吹或向左吹。如果要在垂直方向上制作风吹效果，就需要先旋转画布，然后再应用"风"滤镜，最后将画布旋转到原始位置即可，如图11–117所示。

图11–117

11.7.4 浮雕效果

技术速查："浮雕效果"滤镜可以通过勾勒图像或选区的轮廓和降低周围颜色值来生成凹陷或凸起的浮雕效果。

打开素材图片，如图11-118所示。执行"滤镜">"风格化">"浮雕效果"命令，打开"浮雕效果"对话框，如图11-119所示。在"浮雕效果"对话框中可以更改"角度""高度"和"数量"，效果如图11-120所示。

- 角度：用于设置浮雕效果的光线方向。光线方向会影响浮雕的凸起位置。
- 高度：用于设置浮雕效果的凸起高度。
- 数量：用于设置"浮雕效果"滤镜的作用范围。数值越大，边界越清晰（小于40%时，图像会变灰）。

图11–118

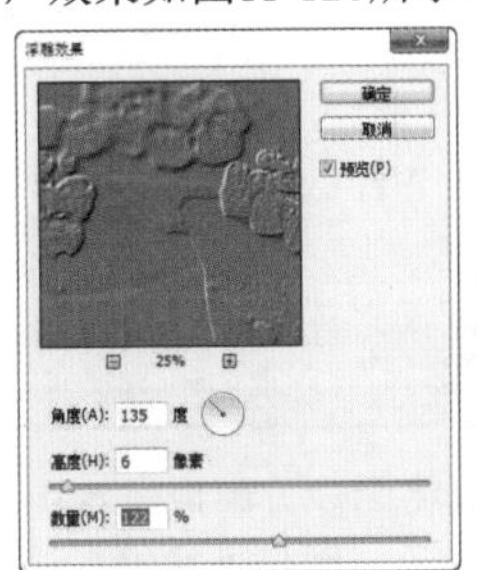

图11–119

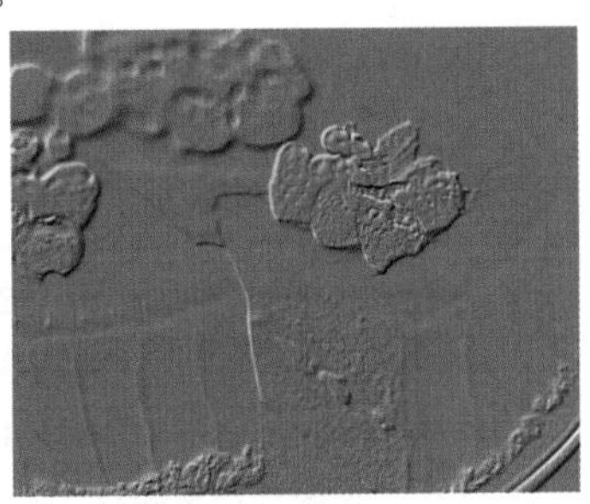

图11–120

11.7.5 扩散

技术速查："扩散"滤镜可以通过使图像中相邻的像素按指定的方式有机移动，让图像形成一种类似于透过磨砂玻璃观察物体时的分离模糊效果。

打开一张图片，如图11-121所示。执行"滤镜">"风格化">"扩散"命令，打开"扩散"对话框，在该对话框中，可以通过更改"模式"来更改效果，如图11-122所示。

- 正常：使图像的所有区域都进行扩散处理，与图像的颜色值没有任何关系。
- 变暗优先：用较暗的像素替换亮部区域的像素，并且只有暗部像素产生扩散。
- 变亮优先：用较亮的像素替换暗部区域的像素，并且只有亮部像素产生扩散。
- 各向异性：使用图像中较暗和较亮的像素产生扩散效果，即在颜色变化最小的方向上搅乱像素。

图11-121

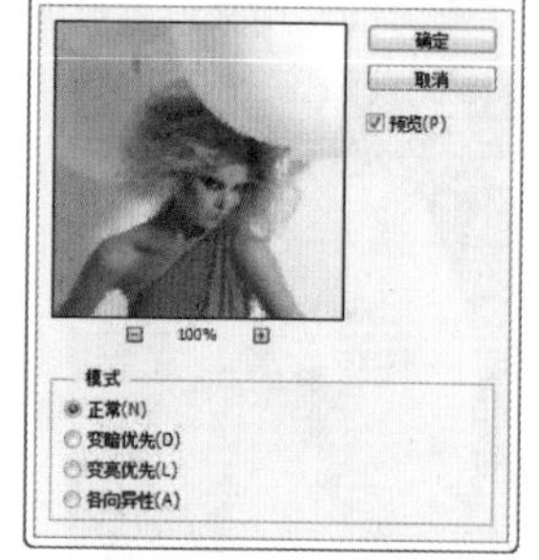

图11-122

11.7.6 拼贴

技术速查："拼贴"滤镜可以将图像分解为一系列块状，并使其偏离原来的位置，以产生不规则拼砖的图像效果。

打开一张图片，如图11-123所示。执行"滤镜">"风格化">"拼贴"命令，打开"拼贴"对话框，如图11-124所示。在"拼贴"对话框中可以设置相应的参数，设置完成后单击"确定"按钮，效果如图11-125所示。

- 拼贴数：用来设置在图像每行和每列中要显示的贴块数。
- 最大位移：用来设置拼贴偏移原始位置的最大距离。
- 填充空白区域用：用来设置填充空白区域的使用方法。

图11-123

图11-124

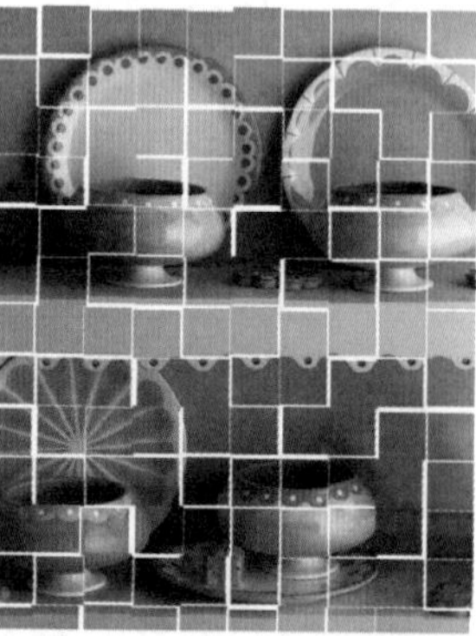

图11-125

11.7.7 曝光过度

技术速查："曝光过度"滤镜可以混合负片和正片图像，类似于显影过程中将摄影照片短暂曝光的效果。

打开一张图片，如图11-126所示。执行"滤镜">"风格化">"曝光过度"命令，无须任何参数设置，图像自动变为"曝光过度"效果，如图11-127所示。

图11-126

图11-127

11.7.8 凸出

技术速查："凸出"滤镜可以将图像分解成一系列大小相同且有机重叠放置的立方体或椎体，以生成特殊的3D效果。

打开一张图片，如图11-128所示。执行"滤镜">"风格化">"凸出"命令，打开"凸出"对话框，在该对话框中设置参数，改变凸出效果，如图11-129所示。参数设置完成后，单击"确定"按钮，效果如图11-130所示。

- 类型：用来设置三维方块的形状，包含“块”和“金字塔”两种，如图11-131所示。

图11—128

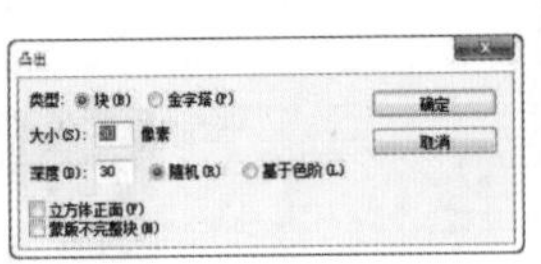

图11—129

图11—130

图11—131

- 大小：用来设置立方体或金字塔底面的大小。
- 深度：用来设置凸出对象的深度。“随机”选项表示为每个块或金字塔设置一个随机的任意深度；“基于色阶”选项表示使每个对象的深度与其亮度相对应，亮度越亮，图像越凸出。
- 立方体正面：选中该复选框后，将失去图像的整体轮廓，生成的立方体上只显示单一的颜色，如图11-132所示。

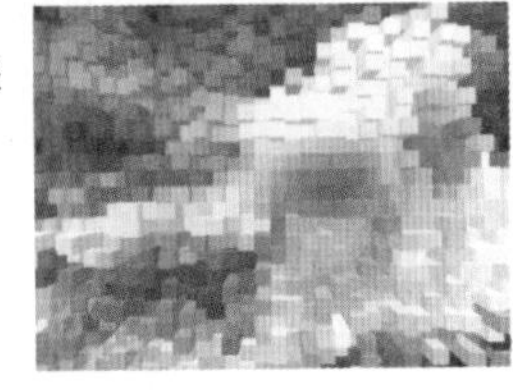
图11—132

- 蒙版不完整块：使所有图像都包含在凸出的范围之内。

11.7.9 油画

- 视频精讲：Photoshop新手学视频精讲课堂\96.“油画”滤镜的使用.flv
- 技术速查：使用“油画”滤镜可以为图像添加油画效果。

“油画”滤镜最大的特点就是笔触鲜明，整体感觉厚重，有质感。如图11-133所示为原图。执行“滤镜”>“风格化”>“油画”命令，打开“油画”对话框，通过参数的调整可以看到画面整体呈现出绘画感效果，如图11-134所示。

- 描边样式：通过调整参数调整笔触样式。
- 清洁度：通过调整参数设置纹理的柔化程度。
- 缩放：设置纹理缩放程度。
- 硬毛刷细节：设置画笔细节程度，数值越大，毛刷纹理越清晰。
- 光照：启用该选项画面中会显现出画笔肌理受光照后的明暗感。
- 角度：启用“光照”选项可以通过“角度”设置光线的照射方向。
- 闪亮：启用“光照”选项，可以通过“闪亮”控制纹理的清晰度，产生锐化效果。

图11—133

图11—134

11.8 “扭曲”滤镜组

- 视频精讲：Photoshop新手学视频精讲课堂\100.“扭曲”滤镜组.flv

在“扭曲”滤镜组中包含“波浪”“波纹”“极坐标”“挤压”“切变”“球面化”“水波”“旋转扭曲”和“置换”9种滤镜。执行“滤镜”>“扭曲”命令，即可在子菜单中找到这些滤镜。

11.8.1 波浪

- 技术速查：“波浪”滤镜可以在图像上创建类似于波浪起伏的效果。

打开一张图片，如图11-135所示。执行“滤镜”>“扭曲”>“波浪”命令，打开“波浪”对话框，如图11-136所示。在

"波浪"对话框中可以进行相应的设置，效果如图11-137所示。

- 生成器数：用来设置波浪的强度。
- 波长：用来设置相邻两个波峰之间的水平距离，包含"最小"和"最大"两个选项，其中"最小"数值不能超过"最大"数值。
- 波幅：设置波浪的宽度（最小）和高度（最大）。
- 比例：设置波浪在水平方向和垂直方向上的波动幅度。

图11—135

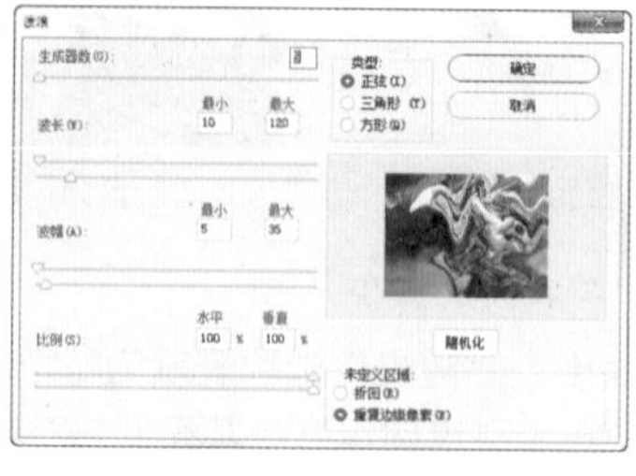

图11—136

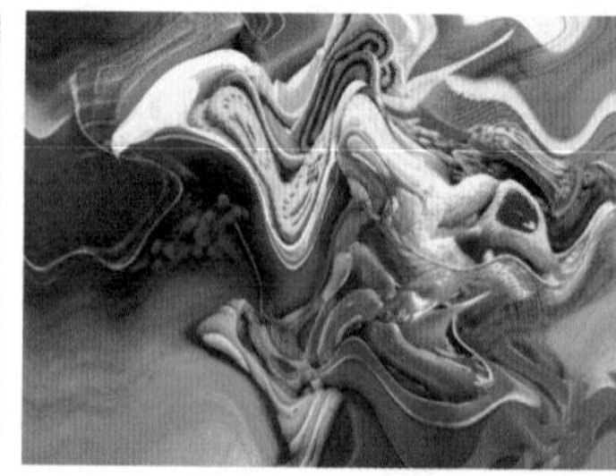

图11—137

- 类型：选择波浪的形态，包括"正弦""三角形"和"方形"3种形态，如图11-138所示。
- 随机化：如果对波浪效果不满意，可以单击该按钮，以重新生成波浪效果。
- 未定义区域：用来设置空白区域的填充方式。选择"折回"选项，可以在空白区域填充溢出的内容；选择"重复边缘像素"选项，可以填充扭曲边缘的像素颜色。

图11—138

11.8.2 波纹

- 技术速查："波纹"滤镜与"波浪"滤镜类似，但只能控制波纹的数量和大小。

"波纹"滤镜会使图像产生一种像水面波纹的效果，打开一张图片，如图11-139所示。执行"滤镜">"扭曲">"波纹"命令，打开"波纹"对话框，如图11-140所示。在"波纹"对话框中可以通过调整"数量"来调整产生波纹的数量，通过调整"大小"来调整产生波纹的大小。

- 数量：用于设置产生波纹的数量。
- 大小：设置所产生的波纹的大小。

图11—139

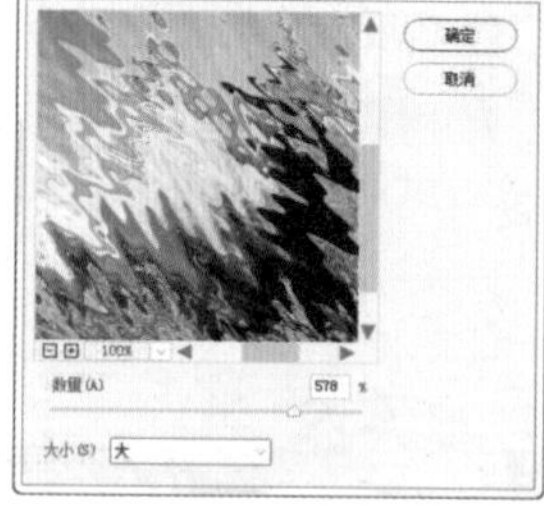

图11—140

11.8.3 极坐标

- 技术速查："极坐标"滤镜可以将图像从平面坐标转换到极坐标，或从极坐标转换到平面坐标。

如图11-141和图11-142所示为原始图像以及"极坐标"对话框。

图11—141

图11—142

- 平面坐标到极坐标：使矩形图像变为圆形图像，如图11-143所示。
- 极坐标到平面坐标：使圆形图像变为矩形图像，如图11-144所示。

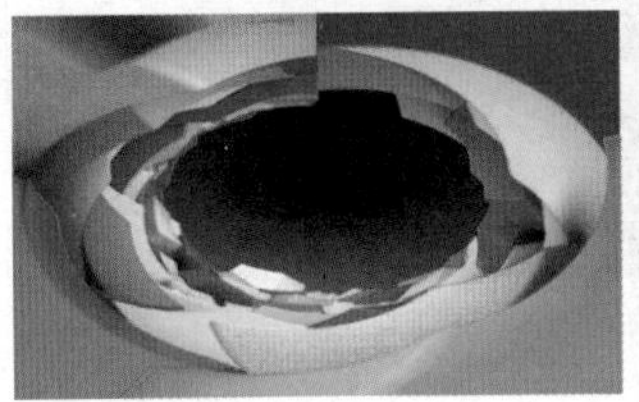
图11—143

图11—144

★ 案例实战——使用“极坐标”滤镜制作极地星球

案例文件	案例文件\第11章\使用“极坐标”滤镜制作极地星球.psd
视频教学	视频文件\第11章\使用“极坐标”滤镜制作极地星球.flv
难易指数	★★★★★
技术要点	掌握“极坐标”滤镜的使用方法

案例效果

扫码看视频

本案例通过对宽幅全景图使用“极坐标”滤镜，将其转换为鱼眼镜头拍摄的极地星球效果，如图11-145所示。

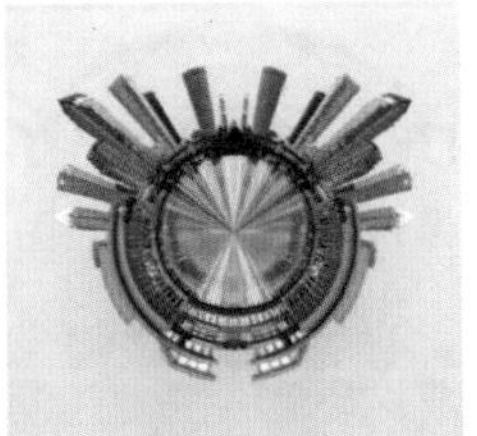
图11—145

操作步骤

01 打开素材文件，按住Alt键并双击背景图层将其转换为普通图层，如图11-146所示。

图11—146

02 执行“滤镜”>“扭曲”>“极坐标”命令，在弹出的“极坐标”对话框中选中“平面坐标到极坐标”单选按钮，单击“确定”按钮结束操作，如图11-147和图11-148所示。

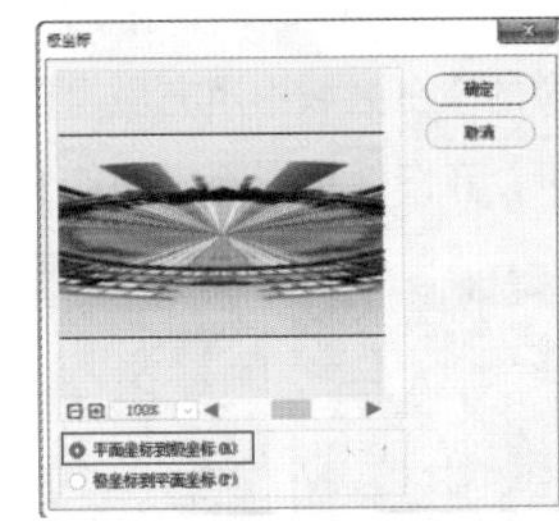
图11—147

图11—148

03 使用自由变换快捷键Ctrl+T，将当前图层进行横向缩放。最终效果如图11-149所示。

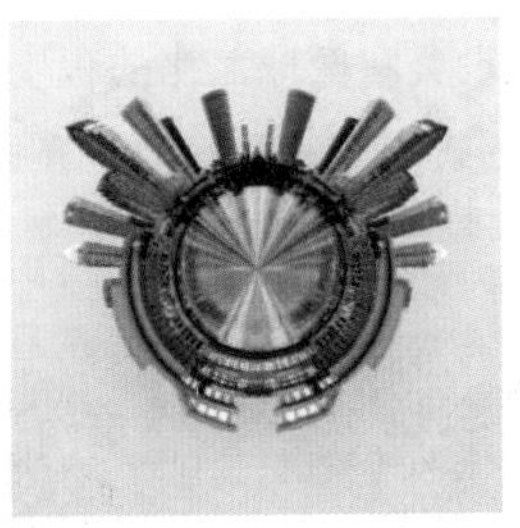
图11—149

11.8.4 挤压

- 技术速查：“挤压”滤镜可以将选区内的图像或整个图像向外或向内挤压。

打开一张图片，如图11-150所示。执行“滤镜”>“扭曲”>“挤压”命令，在弹出的“挤压”对话框中通过调整“数量”来控制挤压图像的程度，如图11-151所示。

- 数量：用来控制挤压图像的程度。当数值为负值时，图像会向外挤压；当数值为正值时，图像会向内挤压，如图11-152和图11-153所示。

图11—150

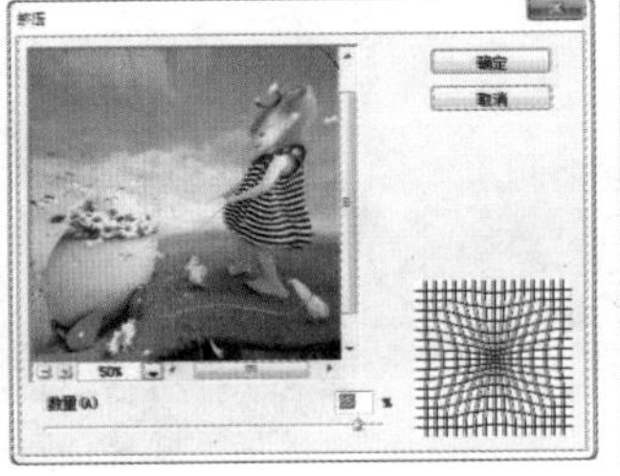
图11—151

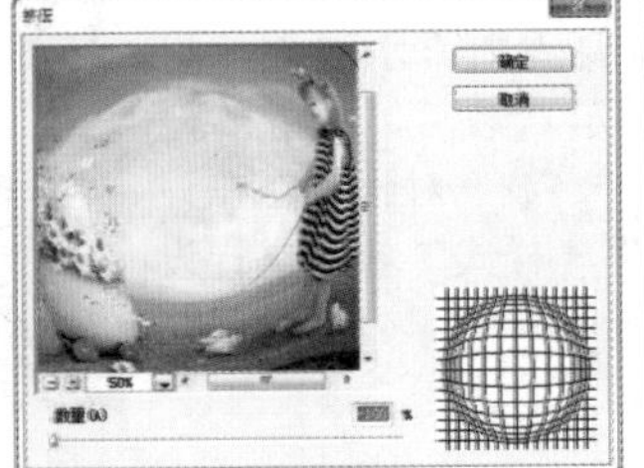
图11—152

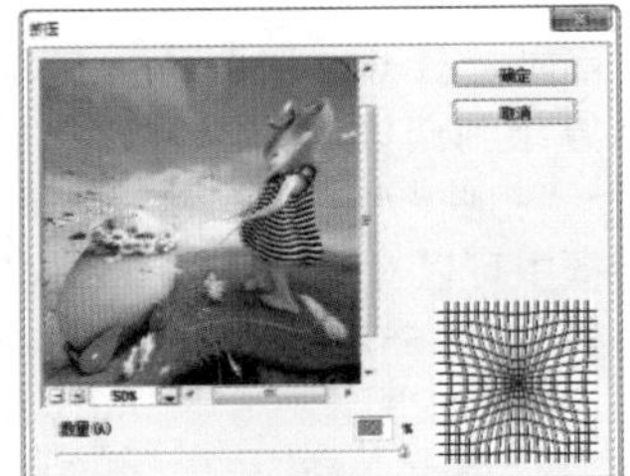
图11—153

11.8.5 切变

技术速查：“切变”滤镜可以沿一条曲线扭曲图像，通过拖曳调整框中的曲线可以应用相应的扭曲效果。

打开一张图片，如图11-154所示。执行“滤镜>扭曲>切变”命令，打开“切变”对话框，在该对话框中可以调整参数，设置“切变”的变形效果，如图11-155所示。

- 曲线调整框：可以通过控制曲线的弧度来控制图像的变形效果。如图11-156和图11-157所示为不同的变形效果。
- 折回：在图像的空白区域中填充溢出图像之外的图像内容，如图11-158所示。
- 重复边缘像素：在图像边界不完整的空白区域填充扭曲边缘的像素颜色，如图11-159所示。

图11—154

图11—155

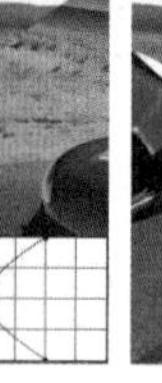

图11—156

图11—157

图11—158

图11—159

11.8.6 球面化

技术速查：“球面化”滤镜可以将选区内的图像或整个图像扭曲为球形。

打开一张图片，如图11-160所示。执行“滤镜”>“扭曲”>“球面化”命令，打开“球面化”对话框，如图11-161所示。

- 数量：用来设置图像球面化的程度。当设置为正值时，图像会向外凸起；当设置为负值时，图像会向内收缩，如图11-162和图11-163所示。
- 模式：用来选择图像的挤压方式，包含“正常”“水平优先”和“垂直优先”3种方式。

图11—160

图11—161

图11—162

图11—163

11.8.7 水波

技术速查：“水波”滤镜可以使图像产生真实的水波波纹效果。

首先，打开一张图片，在需要添加“水波”滤镜的地方绘制选区，如图11-164所示。然后，执行“滤镜”>“扭曲>水波”命令，打开“水波”对话框，在该对话框中可以对“数量”“起伏”“样式”参数进行设置，如图11-165所示。

图11—164

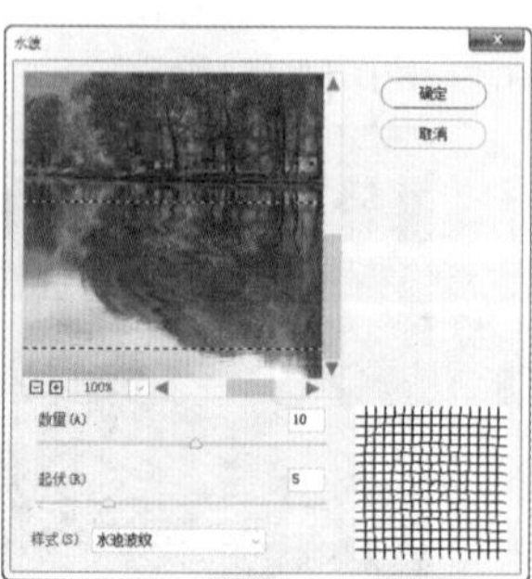

图11—165

- 数量：用来设置波纹的数量。当设置为负值时，将产生下凹的波纹；当设置为正值时，将产生上凸的波纹，如图11-166和图11-167所示。

图11—166

图11—167

- 起伏：用来设置波纹的数量。数值越大，波纹越多。
- 样式：用来选择生成波纹的方式。选择“围绕中心”选项时，可以围绕图像或选区的中心产生波纹；选择“从中心向外”选项时，波纹将从中心向外扩散；选择“水池波纹”选项时，可以产生同心圆形状的波纹，如图11-168所示为不同方式的对比效果。

图11—168

11.8.8 旋转扭曲

- 技术速查：“旋转扭曲”滤镜可以顺时针或逆时针旋转图像，旋转会围绕图像的中心进行处理。

打开一张图片，如图11-169所示。执行“滤镜”>“扭曲”>“旋转扭曲”命令，打开“旋转扭曲”对话框，如图11-170所示。

- 角度：用来设置旋转扭曲方向。当设置为正值时，会沿顺时针方向进行扭曲；当设置为负值时，会沿逆时针方向进行扭曲，如图11-171和图11-172所示。

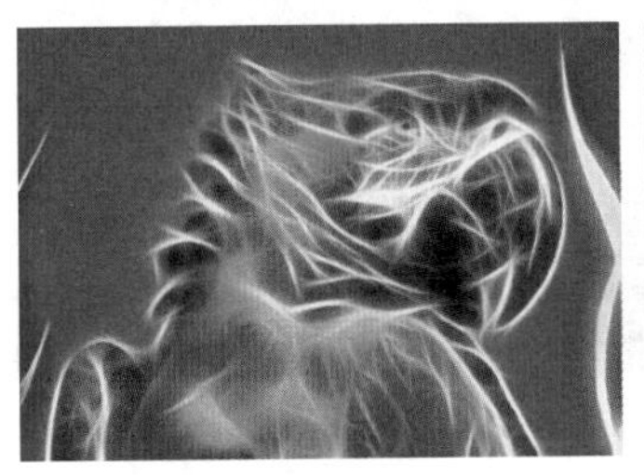
图11—169

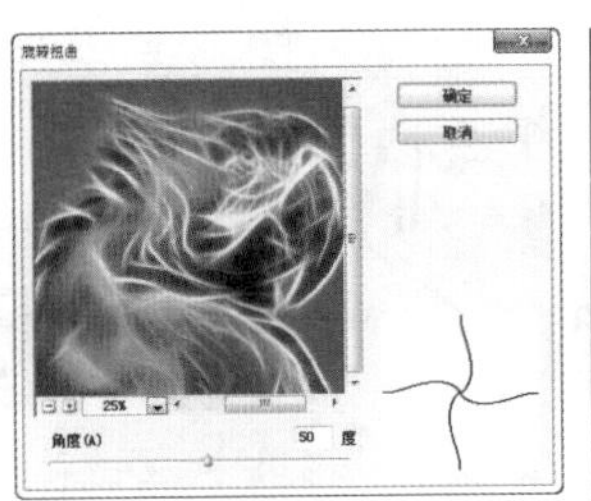
图11—170

图11—171

图11—172

11.8.9 置换

- 技术速查：“置换”滤镜可以用另外一张图像（必须为PSD文件）的亮度值使当前图像的像素重新排列，并产生位移效果。

打开一个素材文件，如图11-173所示。执行“滤镜”>“扭曲”>“置换”命令，弹出“置换”对话框，如图11-174所示。在“置换”对话框中设置合适的参数，单击“确定”按钮后选择PSD格式用于置换的文件，如图11-175所示。通过Photoshop的自动运算即可得到位移效果，如图11-176所示。

- 水平比例/垂直比例：可以用来设置水平方向和垂直方向所移动的距离。单击“确定”按钮可以载入PSD文件，然后用该文件扭曲图像。
- 置换图：用来设置置换图像的方式，包括“伸展以适合”和“拼贴”两种。

图11—173

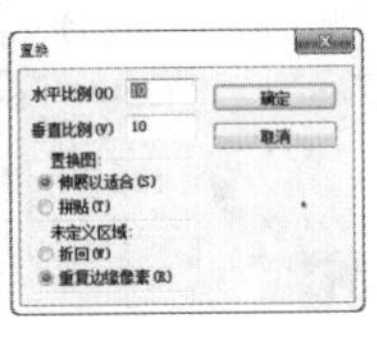
图11—174

图11—175

图11—176

☆ 视频课堂——使用“置换”滤镜制作水晶心

案例文件\第11章\视频课堂——使用“置换”滤镜制作水晶心.psd
视频文件\第11章\视频课堂——使用“置换”滤镜制作水晶心.flv
思路解析：

01 打开一张照片素材，对其执行“置换”滤镜操作。
02 在弹出的“置换”对话框中设置参数，单击“确定”按钮。
03 继续在弹出的对话框中选择PSD格式的置换文件，进行置换。
04 多次重复置换得到心形凸起效果。
05 绘制选区去除心形以外的部分。
06 将原始图片素材模糊后作为背景。

扫码看视频

11.9 “像素化”滤镜组

视频精讲：Photoshop新手学视频精讲课堂\101.“像素化”滤镜组.flv

“像素化”滤镜组可以将图像进行分块或平面化处理。“像素化”滤镜组包含“彩块化”“彩色半调”“点状化”“晶格化”“马赛克”“碎片”和“铜版雕刻”7种滤镜。

11.9.1 彩块化

技术速查：“彩块化”滤镜可以将纯色或相近色的像素结成相近颜色的像素块（该滤镜没有参数设置对话框）。

“彩块化”滤镜常用来制作手绘图像、抽象派绘画等艺术效果。打开一张图片，如图11-177所示。执行“滤镜”>“像素化”>“彩块化”命令，图像就会自动添加“彩块化”效果，如图11-178所示。

图11—177

图11—178

11.9.2 彩色半调

技术速查：“彩色半调”滤镜可以模拟在图像的每个通道上使用放大的半调网屏的效果。

打开一张图片，如图11-179所示。执行“滤镜”>“像素化”>“彩色半调”命令，打开“彩色半调”对话框，如图11-180所示。设置相应参数后，单击“确定”按钮，图像效果如图11-181所示。

- 最大半径：用来设置生成的最大网点的半径。
- 网角（度）：用来设置图像各个原色通道的网点角度。

图11—179

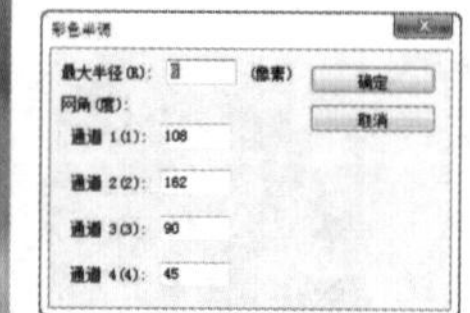

图11—180

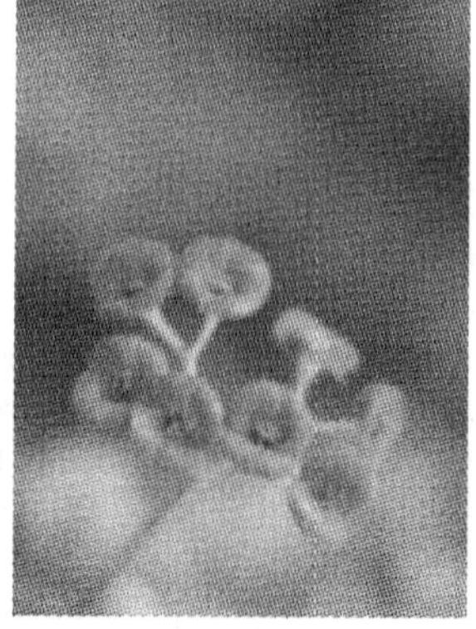

图11—181

11.9.3 点状化

技术速查："点状化"滤镜可以将图像中的颜色分解成随机分布的网点，并使用背景色作为网点之间的画布区域。

打开一张图片，如图11-182所示。执行"滤镜">"像素化">"点状化"命令，打开"点状化"对话框，如图11-183所示。设置完成后，单击"确定"按钮，图像效果如图11-184所示。

单元格大小：用来设置每个多边形色块的大小。

图11—182

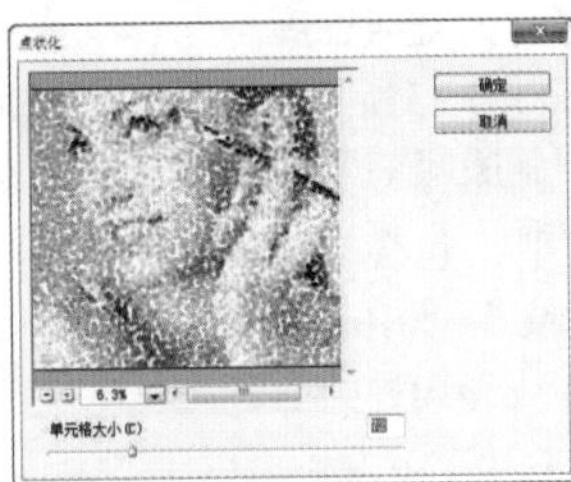
图11—183

图11—184

11.9.4 晶格化

技术速查："晶格化"滤镜可以使图像中颜色相近的像素结块形成多边形纯色。

打开一张需要添加"晶格化"的图片，如图11-185所示。执行"滤镜">"像素化">"晶格化"命令，打开"晶格化"对话框，如图11-186所示。效果如图11-187所示。

单元格大小：用来设置每个多边形色块的大小。

图11—185

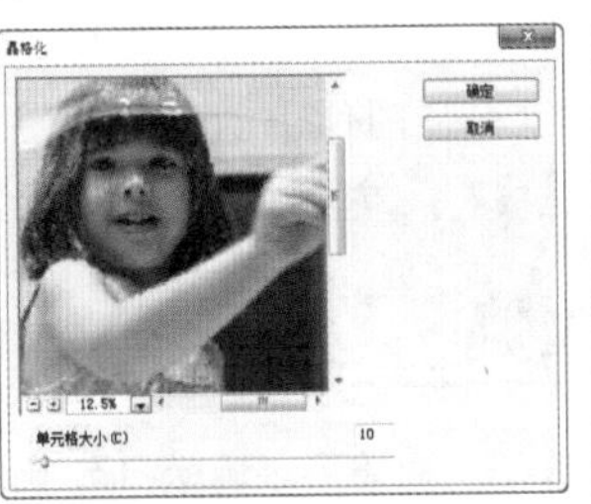
图11—186

图11—187

11.9.5 马赛克

技术速查："马赛克"滤镜可以使像素结为方形色块，创建出类似于马赛克的效果。

打开一张图片，如图11-188所示。执行"滤镜">"像素化">"马赛克"命令，打开"马赛克"对话框，如图11-189所示。效果如图11-190所示。

单元格大小：用来设置每个多边形色块的大小。

图11—188

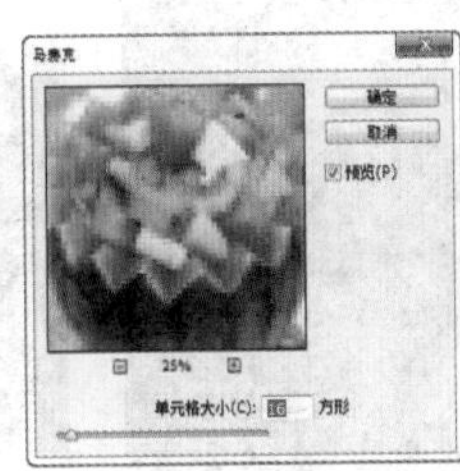
图11—189

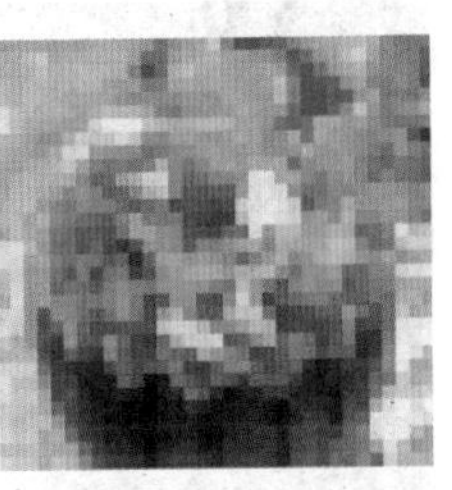
图11—190

思维点拨：什么是马赛克？

马赛克（Mosaic），建筑专业名词为锦砖，分为陶瓷锦砖和玻璃锦砖两种。现今马赛克泛指这种类似五彩斑斓的视觉效果。马赛克也指现行广为使用的一种图像（视频）处理手段，此手段将影像特定区域的色阶细节劣化，并造成色块打乱的效果，因为这种模糊看上去由一个个的小格子组成，便形象地称这种画面为马赛克。其目的通常是使之无法辨认。

11.9.6 碎片

技术速查："碎片"滤镜可以将图像中的像素复制4次，然后将复制的像素平均分布，并使其相互偏移（该滤镜没有参数设置对话框）。

打开一张图片，如图11-191所示。执行"滤镜">"像素化">"碎片"命令，效果如图11-192所示。

图11—191

图11—192

11.9.7 铜版雕刻

技术速查："铜版雕刻"滤镜可以将图像转换为黑白区域的随机图案或彩色图像中完全饱和颜色的随机图案。

打开一张素材图片，如图11-193所示。执行"滤镜">"像素化">"铜版雕刻"命令，打开"铜版雕刻"对话框，如图11-194所示。

- 类型：选择铜版雕刻的类型，包含"精细点""中等点""粒状点""粗网点""短直线""中长直线""长直线""短描边""中长描边"和"长描边"10种类型。

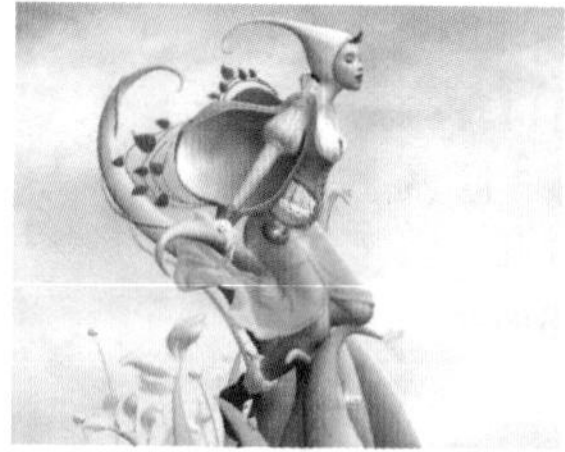

图11—193

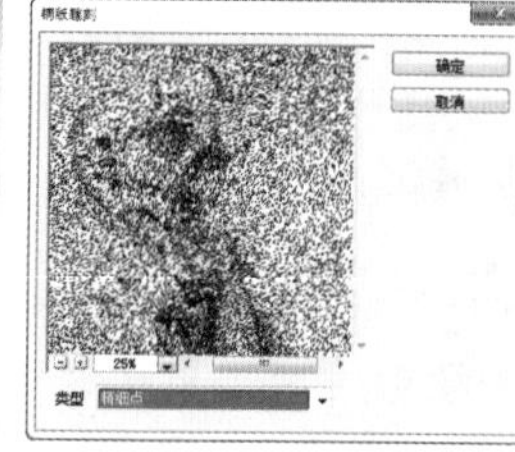

图11—194

11.10 "渲染"滤镜组

视频精讲：Photoshop新手学视频精讲课堂\102."渲染"滤镜组.flv

"渲染"滤镜组在图像中创建云彩图案、3D形状、折射图案和模拟的光反射效果。"渲染"滤镜组包含"火焰""图片框""树""分层云彩""光照效果""镜头光晕""纤维"和"云彩"8种滤镜。

11.10.1 火焰

技术速查："火焰"滤镜可以轻松打造出沿路径排列的火焰效果。

首先需要在画面中绘制一条路径，选择一个图层（可以是空图层），执行"滤镜>渲染>火焰"命令，如图11-195所示。接着弹出"火焰"窗口。在"基本"选项卡中首先可以针对火焰类型等参数进行设置，如图11-196所示。单击"确定"按钮，图层中即可出现火焰效果。如图11-197所示。

图11—195

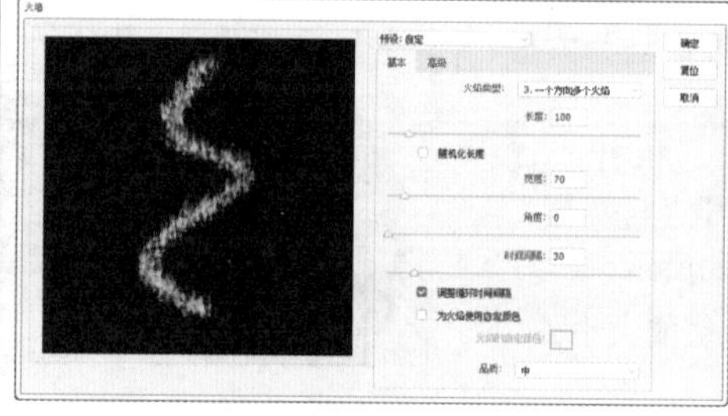

图11—196

图11—197

- 长度：用于控制火焰的长度。数值越大，每个火苗的长度越长。
- 宽度：用户控制每个火苗的宽度。数值越大，火苗越宽。
- 角度：用于控制火苗的旋转角度。
- 时间间隔：用于控制火苗之间的间隔，数值越大，火苗之间的距离越大。
- 为火焰使用自定颜色：默认的火苗与真实火苗颜色非常接近，如果想要制作出其他颜色的火苗可以勾选"为火焰使用自定颜色"选项，然后在下方设置火焰的颜色。

单击"高级"选项，在窗口中可以进行湍流、锯齿、不透明度、火焰线条（复杂性）、火焰底部对齐、火焰样式、火焰形状等参数进行设置。

- 湍流：用于设置火焰左右摇摆的动态效果，数值越大，波动越强。
- 锯齿：设置较大的数值后，火苗边缘呈现出更加尖锐的效果。
- 不透明度：用于设置火苗的透明效果，数值越小火焰越透明。
- 火焰线条（复杂性）：该选项用于设置构成火焰的火苗的复杂程度，数值越大火苗越多，火焰效果越复杂。
- 火焰底部对齐：用于设置构成每一簇火焰的火苗底部是否对齐。数值越小对齐程度越高，数值越大火苗底部越分散。

11.10.2 图片框

技术速查："图片框"滤镜可以在图像边缘处添加各种风格的花纹相框。

使用方法非常简单，打开一张图片，如图11-198所示。新建图层，执行"滤镜">"渲染">"图片框"命令，在弹出的窗口中可以在"图案"列表中选择一个合适的图案样式，接着可以在下方进行图案上的颜色以及细节参数的设置，如图11-199所示。设置完成后单击"确定"按钮，效果如图11-200所示。

图11-198

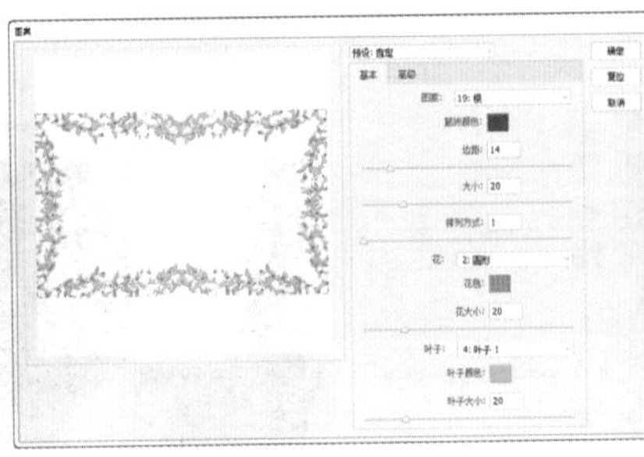

图11-199

图11-200

11.10.3 树

技术速查：使用"树"滤镜可以轻松创建出多种类型的树。

首先选择一个图层，执行"滤镜">"渲染">"树"命令，在弹出的窗口中单击"基本树类型"列表，在其中可以选择一个合适的树形，接着可以在下方进行参数设置，参数设置效果非常直观，只需尝试调整并观察效果即可。如图11-201所示。调整完成后单击"确定"按钮，完成操作，效果如图11-202所示。

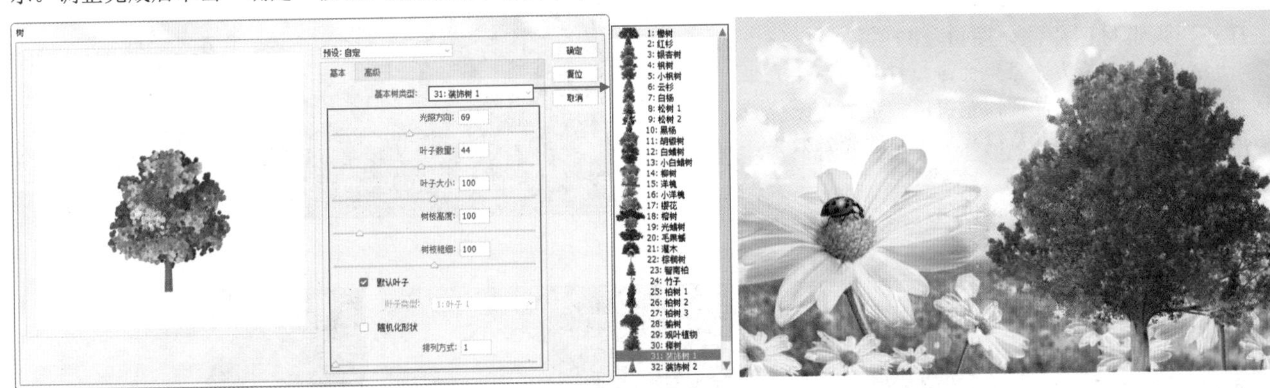

图11-201

图11-202

11.10.4 分层云彩

技术速查："分层云彩"滤镜可以将云彩数据与现有的像素以"差值"方式进行混合（该滤镜没有参数设置对话框）。

打开一张图片，如图11-203所示。执行"滤镜">"渲染">"分层云彩"命令，效果如图11-204所示。首次应用该滤镜时，图像的某些部分会被反相成云彩图案。

图11-203

图11-204

11.10.5 光照效果

技术速查：使用“光照效果”滤镜，可以在 RGB 图像上产生多种光照效果。

“光照效果”滤镜的功能相当强大，也可以使用灰度文件的凹凸纹理图产生类似 3D 的效果，并存储为自定样式以在其他图像中使用。执行“滤镜”>“渲染”>“光照效果”命令，打开“光照效果”窗口，如图11-205所示。

在选项栏的“预设”下拉列表中包含多种预设的光照效果，选中某一项即可更改当前画面效果，如图11-206所示。也可以直接在右侧进行参数调整。

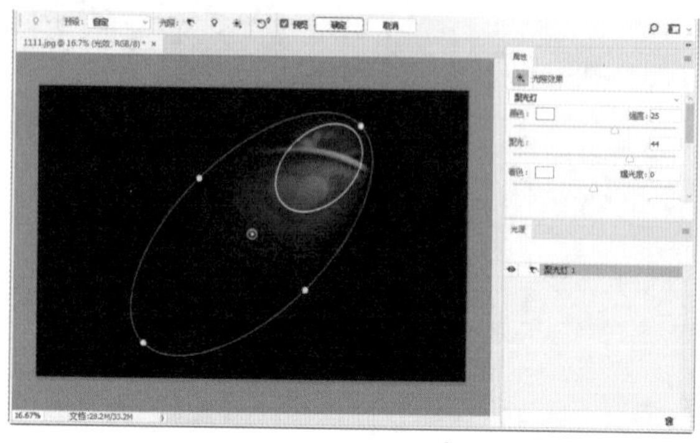

图11—205

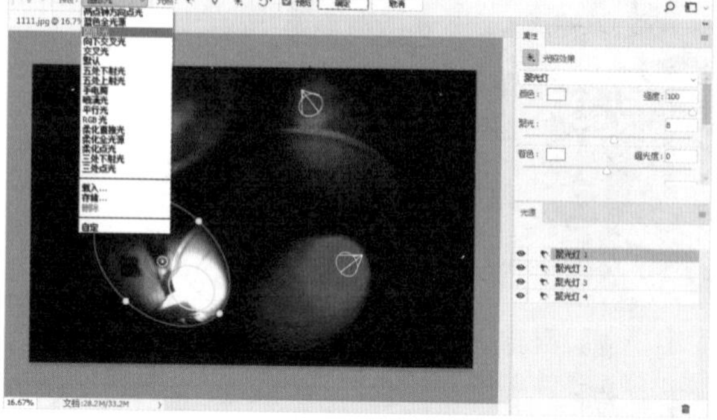

图11—206

11.10.6 镜头光晕

技术速查：“镜头光晕”滤镜可以模拟亮光照射到相机镜头所产生的折射效果。

打开一张素材图片，如图11-207所示。执行“滤镜”>“渲染”>“镜头光晕”命令，打开“镜头光晕”对话框，首先将光标放置到预览窗口中定位光晕位置，然后通过设置亮度数值以及镜头类型修改光晕效果，如图11-208所示。

- 预览窗口：在该窗口中可以通过拖曳十字线来调节光晕的位置，如图11-209所示。
- 亮度：用来控制镜头光晕的亮度，其取值范围为10%~300%。如图11-210和图11-211所示分别是设置“亮度”为100%和200%时的效果。

图11—207　图11—208

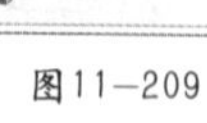

图11—209

图11—210

图11—211

- 镜头类型：用来选择镜头光晕的类型，包括“50-300毫米变焦”“35毫米聚焦”“105毫米聚焦”和“电影镜头”4种类型，如图11-212所示。

图11—212

思维点拨：光的原理

由于光的存在并通过其他媒介的传播，反映到人们的视觉之中，人们才能看到色彩。光是一种电磁波，有着极其宽广的波长范围。根据电磁波的不同波长，可以分为Y射线、X射线、紫外线、可见光、红外线及无线电波等。人的眼睛可以感知的电磁波波长一般在400～700nm之间，但还有一些人能够感知到波长在380～780nm之间的电磁波，所以称为可见光。光可分出红、橙、黄、绿、青、蓝、紫的色光，各种色光的波长又不相同，具体如下所示。

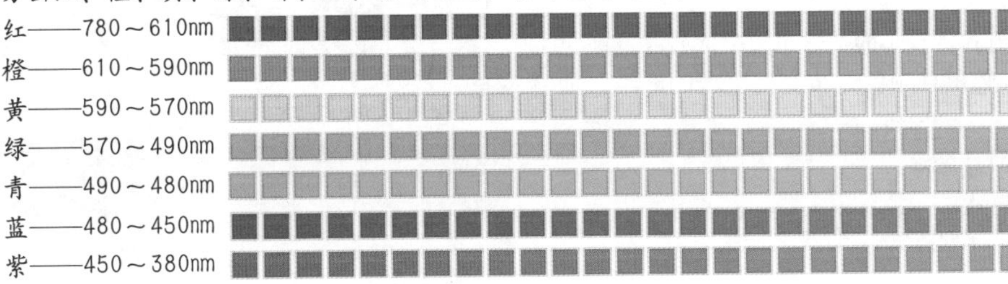

★ 案例实战——使用“镜头光晕”滤镜

案例文件	案例文件\第11章\使用“镜头光晕”滤镜.psd
视频教学	视频文件\第11章\使用“镜头光晕”滤镜.flv
难易指数	★★★★★
技术要点	镜头光晕

案例效果

本案例通过使用“镜头光晕”滤镜为画面添加光晕效果。效果如图11-213所示。

扫码看视频

图11-213

操作步骤

01 打开素材文件，如图11-214所示。新建图层并填充为黑色，如图11-215所示。

图11-214

图11-215

02 执行“滤镜”>“渲染”>“镜头光晕”命令，设置镜头类型为50~300毫米变焦，调整合适的光晕角度，调整“亮度”为100%，单击“确定”按钮结束操作，如图11-216所示。效果如图11-217所示。

图11-216

图11-217

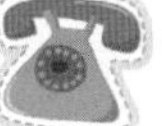

答疑解惑：为什么要新建图层？

“镜头光晕”滤镜会直接在所选图层上添加光效，所以完成滤镜操作之后不能方便地修改光效的位置或亮度等属性。但是，如果新建空白图层，则不能够进行“镜头光晕”滤镜操作。所以，需要新建黑色图层，并通过调整混合模式来滤去黑色部分。

03 在“图层”面板中设置其混合模式为“滤色”，如图11-218所示。效果如图11-219所示。

图11-218

图11-219

11.10.7 纤维

技术速查："纤维"滤镜可以根据前景色和背景色来创建类似编织的纤维效果。

在使用"纤维"滤镜之前，先设置前景色与背景色，如图11-220所示。执行"滤镜">"渲染">"纤维"命令，打开"纤维"对话框，如图11-221所示。

- 差异：用来设置颜色变化的方式。较小的数值可以生成较长的颜色条纹，较大的数值可以生成较短且颜色分布变化更大的纤维，如图11-222所示。
- 强度：用来设置纤维外观的明显程度。
- 随机化：单击该按钮，可以随机生成新的纤维。

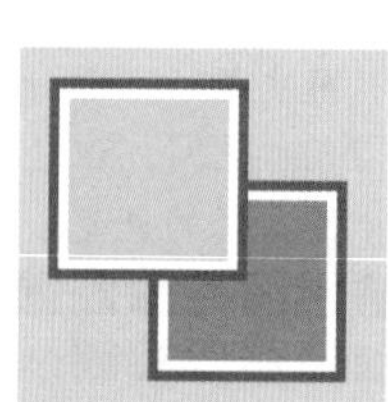

图11—220

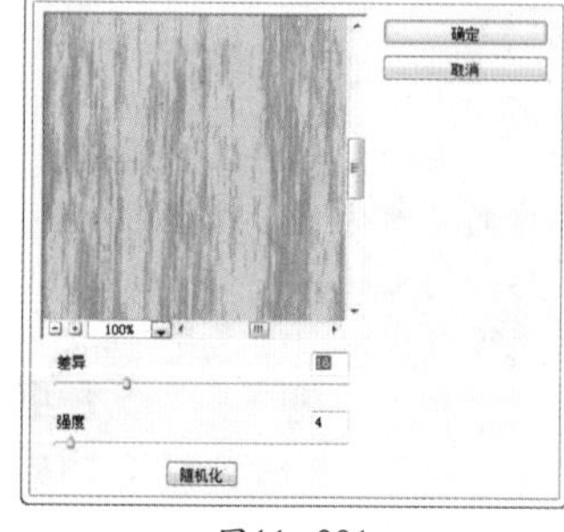

图11—221

图11—222

11.10.8 云彩

技术速查："云彩"滤镜可以根据前景色和背景色随机生成云彩图案（该滤镜没有参数设置对话框）。

在使用"云彩"滤镜之前先设置前景色与背景色，如图11-223所示。执行"滤镜">"渲染">"云彩"命令，如图11-224所示为应用"云彩"滤镜后的效果。

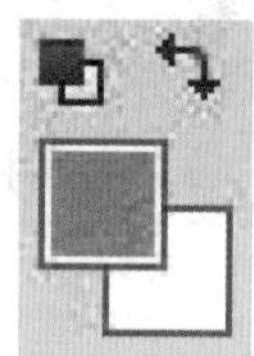

图11—223

图11—224

★ 案例实战——使用"云彩"滤镜打造云雾效果

案例文件	案例文件\第11章\使用"云彩"滤镜打造云雾效果.psd
视频教学	视频文件\第11章\使用"云彩"滤镜打造云雾效果.flv
难易指数	★★★★★
技术要点	掌握"云彩"滤镜的使用方法

案例效果

本案例主要是针对"云彩"滤镜的使用方法进行练习，如图11-225所示。

扫码看视频

图11—225

操作步骤

01 打开本书配套资源中的"1.jpg"文件，如图11-226所示。然后在"图层"面板中新建"图层1"。

02 将前景色与背景色恢复为默认的黑白色。执行"滤镜">"渲染">"云彩"命令，打造云雾效果，如图11-227所示。

图11—226

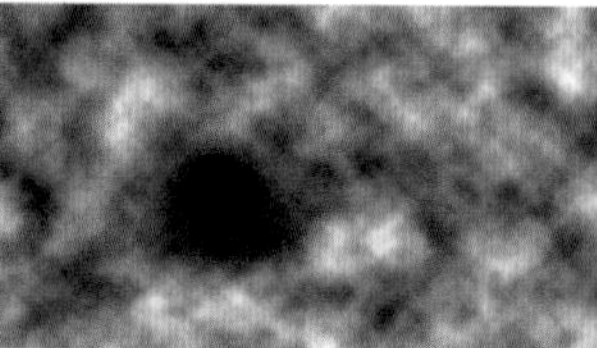

图11—227

03 设置该图层的混合模式为"滤色"，设置其图层的"不透明度"为90%，此时云雾中的黑色部分被滤除。为图层添加一个图层蒙版，在图层蒙版中使用黑色画笔绘制云雾多余区域，如图11-228和图11-229所示。

图11—228

图11—229

04 云雾效果整体上看有些单薄。选择"图层1"，单击拖动到"创建新图层"按钮上，建立"图层1副本"，如图11-230所示。将该层图像向左侧位移，进行适当的调整，在图层蒙版中使用黑色画笔绘制云雾多余区域，最终效果如图11-231所示。

图11—230

图11—231

“添加杂色”滤镜

视频精讲：Photoshop新手学视频精讲课堂\103.杂色滤镜组.flv

技术速查：“添加杂色”滤镜可以在图像中添加随机像素，也可以用来修缮图像中经过重大编辑过的区域。

打开一张需要“添加杂色”的图片，如图11-232所示。执行“滤镜”>“杂色”>“添加杂色”命令，打开“添加杂色”对话框，如图11-233所示。在该对话框中，可以进行相应的参数设置。效果如图11-234所示。

图11-232

图11-233

图11-234

- 数量：用来设置添加到图像中杂点的数量。
- 分布：选中“平均分布”单选按钮，可以随机向图像中添加杂点，杂点效果比较柔和；选中“高斯分布”单选按钮，可以沿一条钟形曲线分布杂色的颜色值，以获得斑点状的杂点效果。
- 单色：选中该复选框后，杂点只影响原有像素的亮度，并且像素的颜色不会发生改变。

★ 案例实战——使用“添加杂色”滤镜制作雪天效果

案例文件	案例文件\第11章\使用“添加杂色”滤镜制作雪天效果.psd
视频教学	视频文件\第11章\使用“添加杂色”滤镜制作雪天效果.flv
难易指数	★★★★★
技术要点	添加杂色、动感模糊

案例效果

本案例主要通过使用“添加杂色”滤镜制作出雪花，并通过动感模糊的使用制作出飘雪效果，如图11-235所示。

扫码看视频

图11-235

操作步骤

01 打开背景素材文件“1.psd”，其中包含背景与人像两个图层，如图11-236和图11-237所示。

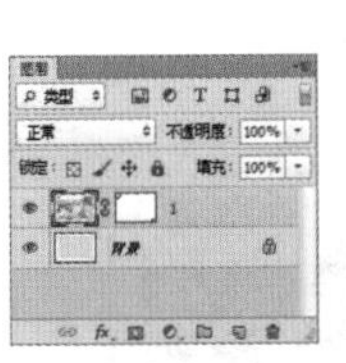

图11-236

图11-237

02 对照片进行颜色调整，执行“图层”>“创建调整图层”>“色相/饱和度”命令，设置颜色通道为“黄色”，“饱和度”为-100，“明度”为100，如图11-238所示。在该调整图层上单击鼠标右键，在弹出的快捷菜单中选择“创建剪贴蒙版”命令，使其只对人像照片起作用，此时背景部分变为白色效果，接近冬季的色调，如图11-239所示。

图11-238

图11-239

03 新建图层并将其填充为黑色，执行“滤镜”>“杂色”>“添加杂色”命令，设置其“数量”为33%，选中“高斯分布”单选按钮，选中“单色”复选框，然后单击“确定”按钮结束操作，如图11-240所示。

图11—240

04 在“图层”面板中设置其混合模式为“滤色”，并创建剪贴蒙版，如图11-241所示。此时可以看到杂色图层的黑色部分被隐去，只留下白色的杂点，如图11-242所示。

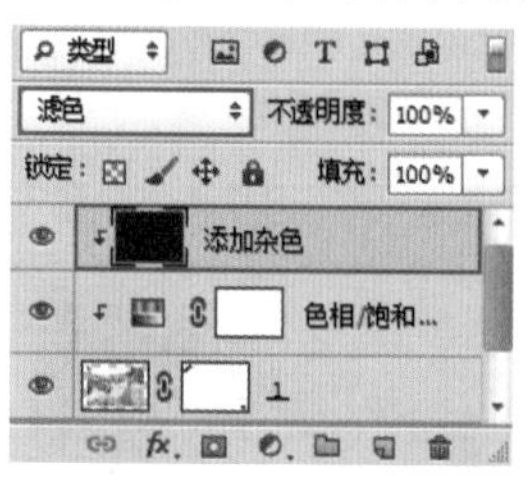

图11—241

图11—242

05 由于当前的白色杂点太小，所以可以将杂色图层进行放大，以增大雪花的大小，如图11-243所示。

图11—243

06 为了制作出雪花被风吹的效果，需要对雪花图层执行“滤镜”>“模糊”>“动感模糊”命令，设置“角度”为50度，“距离”为5像素，如图11-244所示。效果如图11-245所示。

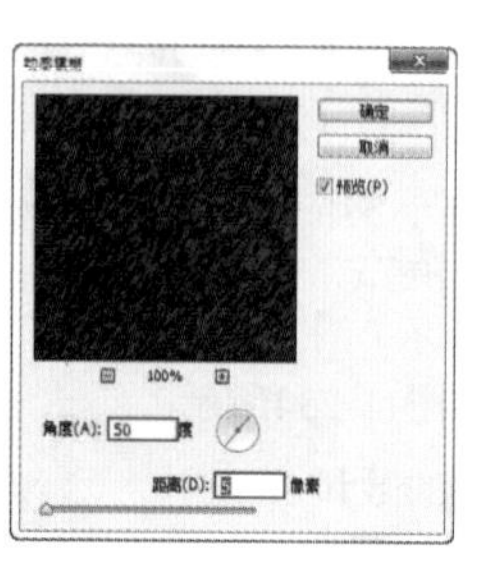

图11—244

图11—245

07 复制雪花图层，并进一步放大，制作出尺寸不同的雪花图层，使画面显得更加有层次感。最终效果如图11-246所示。

图11—246

11.12 “其他①”滤镜组

视频精讲：Photoshop新手学视频精讲课堂\104.“其他”滤镜组.flv

“其他”滤镜组中的有些滤镜可以允许用户自定义滤镜效果，有些滤镜可以修改蒙版，在图像中使选区发生位移和快速调整图像颜色。“其他”滤镜组包含“HSB/HSL”“高反差保留”“位移”“自定”“最大值”和“最小值”5种滤镜。

① 注：“其他”同软件中“其它”，后文不再赘述。

11.12.1 HSB/HSL

技术速查：使用 "HSB/HSL" 滤镜可以实现RGB 到 HSL（色相、饱和度、明度）的相互转换，也可以实现从 RGB 到 HSB（色相、饱和度、亮度）的相互转换。

打开一张图片，如图11-247所示。接着执行"滤镜">"其他">"HSB/HSL"，打开"HSB/HSL"窗口。如图11-248所示。接着进行设置，然后单击"确定"按钮，画面效果如图11-249所示。

图11—247

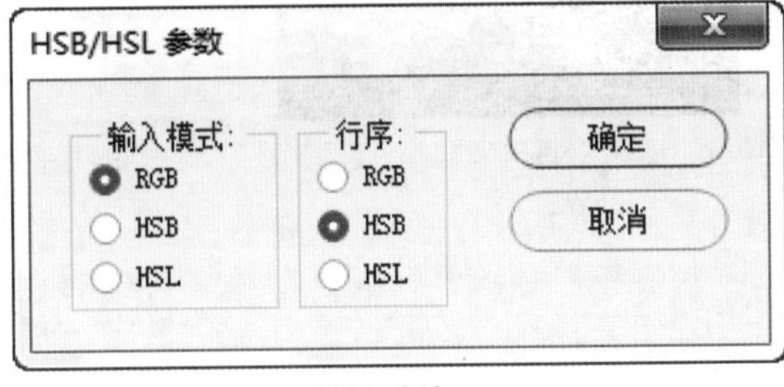

图11—248

图11—249

11.12.2 高反差保留

技术速查："高反差保留"滤镜可以在具有强烈颜色变化的地方按指定的半径来保留边缘细节，并且不显示图像的其余部分。

打开一张图片，如图11-250所示。执行"滤镜>其他>高反差保留"命令，打开"高反差保留"对话框。可以在该对话框中设置"半径"的大小，数值越大时，所保留的原始像素就越多。当数值为0.1像素时，仅保留图像边缘的像素，如图11-251所示。

半径：用来设置滤镜分析处理图像像素的范围。

图11—250

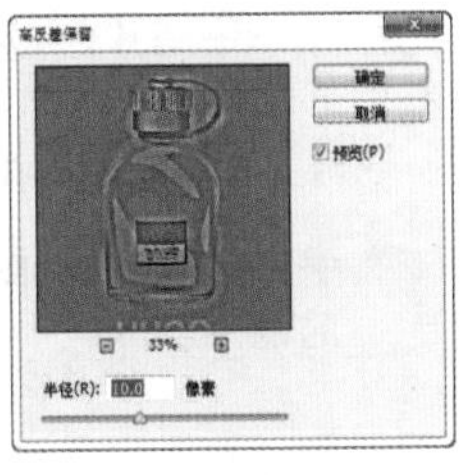

图11—251

11.12.3 位移

技术速查："位移"滤镜可以在水平或垂直方向上偏移图像。

打开一张图片，如图11-252所示。执行"滤镜">"其他">"位移"命令，打开"位移"对话框，如图11-253所示。在该对话框中设置相应参数，单击"确定"按钮，效果如图11-254所示。

水平：用来设置图像像素在水平方向上的偏移距离。数值为正值时，图像会向右偏移，同时左侧会出现空缺。

垂直：用来设置图像像素在垂直方向上的偏移距离。数值为正值时，图像会向下偏移，同时上方会出现空缺。

未定义区域：用来选择图像发生偏移后填充空白区域的方式。选中"设置为背景"单选按钮时，可以用背景色填充空缺区域；选中"重复边缘像素"单选按钮时，可以在空缺区域填充扭曲边缘的像素颜色；选中"折回"单选按钮时，可以在空缺区域填充溢出图像之外的图像内容。

图11—252

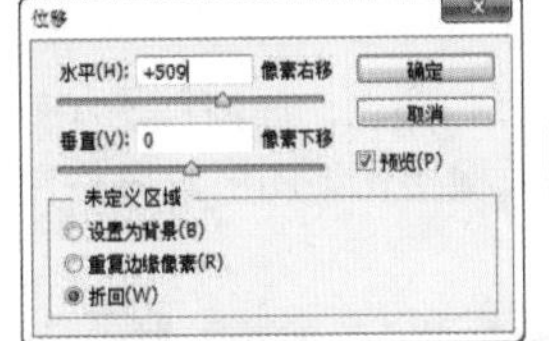

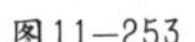

图11—253

图11—254

11.12.4 自定

技术速查："自定"滤镜可以根据预定义的"卷积"数学运算来更改图像中每个像素的亮度值。

在"其他"滤镜组中有个"自定"滤镜，使用该滤镜可以设计用户自己的滤镜效果。如图11-255所示为"自定"对话框。

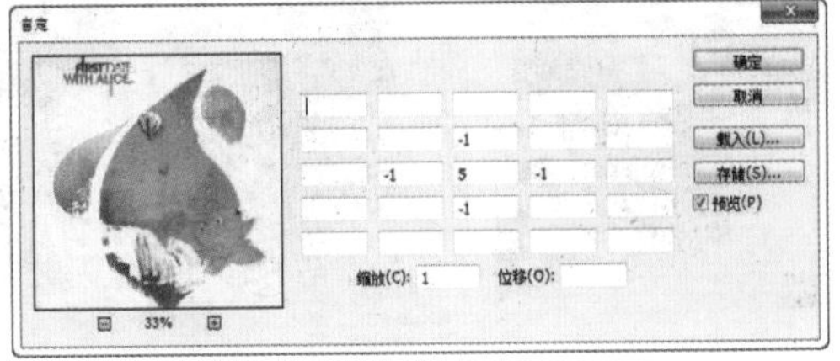

图11—255

11.12.5 最大值

技术速查："最大值"滤镜可以在指定的半径范围内，用周围像素的最大亮度值替换当前像素的亮度值。

"最大值"滤镜对于修改蒙版非常有用。"最大值"滤镜具有阻塞功能，可以展开白色区域，而阻塞黑色区域。如图11-256~图11-258所示为原始图像、"最大值"对话框以及应用"最大值"滤镜后的效果。

图11—256

图11—257

图11—258

- 半径：设置用周围像素的最大亮度值来替换当前像素的亮度值的范围。

11.12.6 最小值

技术速查："最小值"滤镜具有伸展功能，可以扩展黑色区域，而收缩白色区域。

"最小值"滤镜对于修改蒙版非常有用。首先打开一张图片，如图11-259所示。然后执行"滤镜">"其他">"最小值"命令，打开"最小值"对话框，如图11-260所示。效果如图11-261所示。

- 半径：设置滤镜扩展黑色区域、收缩白色区域的范围。

图11—259

图11—260

图11—261

★ 综合实战——使用滤镜制作欧美风格海报

案例文件	案例文件\第11章\使用滤镜制作欧美风格海报.psd
视频教学	视频文件\第11章\使用滤镜制作欧美风格海报.flv
难易指数	★★★★★
技术要点	彩色半调、阈值、去色

案例效果

本案例主要是使用"彩色半调""阈值"和"去色"命令打造欧美风格海报，如图11-262所示。

扫码看视频

操作步骤

01 打开背景素材"1.jpg"，如图11-263所示。置入一张人像素材"2.jpg"，并栅格化该图层。调整合适大小及位置，如图11-264所示。

图11—262

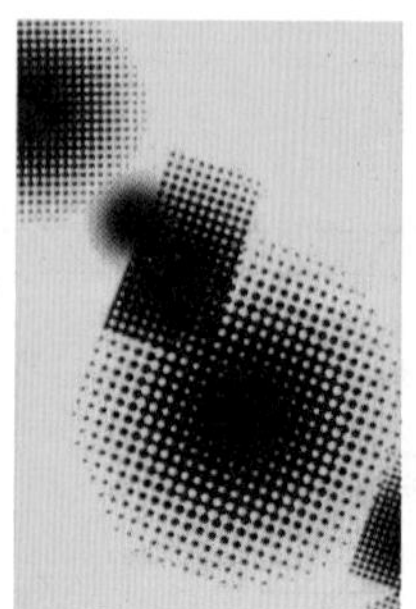

图11—263

图11—264

02 使用快速选择工具选择人像背景的选区，如图11-265所示，并进行删除，如图11-266所示。

图11—265

图11—266

03 复制人像，隐藏原图。执行"图像">"调整">"阈值"命令，在弹出的对话框中设置"阈值色阶"为175，如图11-267所示。效果如图11-268所示。

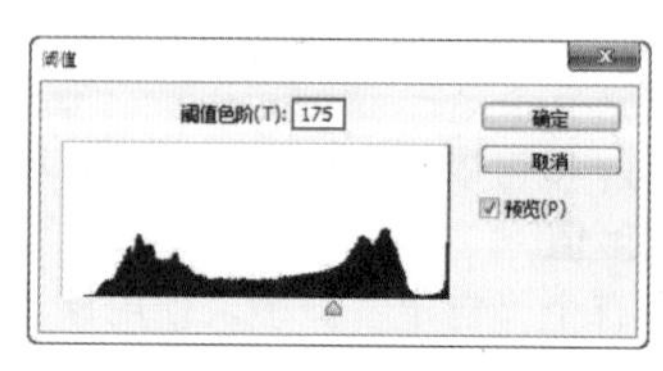

图11—267

图11—268

04 执行“滤镜”>“像素化”>“彩色半调”命令，在弹出的对话框中设置“最大半径”为25像素，如图11-269所示。调整人像大小及位置，如图11-270所示。

图11-269　　图11-270

05 设置该图层的混合模式为“深色”，“不透明度”为80%，如图11-271所示。复制原人像图层，将其放置在顶层，如图11-272所示。

图11-271

图11-272

06 执行“图像”>“调整”>“去色”命令，人像效果如图11-273所示。复制去色人像，设置混合模式为“深色”，“不透明度”为85%，如图11-274所示。

图11-273

图11-274

07 置入另一张人像素材“3.jpg”，栅格化该图层。调整合适的大小及位置，如图11-275所示。仍然使用快速选择工具为其去除背景，如图11-276所示。

图11-275

图11-276

08 同样复制人像，隐藏原图形，执行“图像”>“调整”>“阈值”命令，在弹出的对话框中设置“阈值色阶”为200，如图11-277所示。同样执行“彩色半调”命令，调整大小及位置，如图11-278所示。

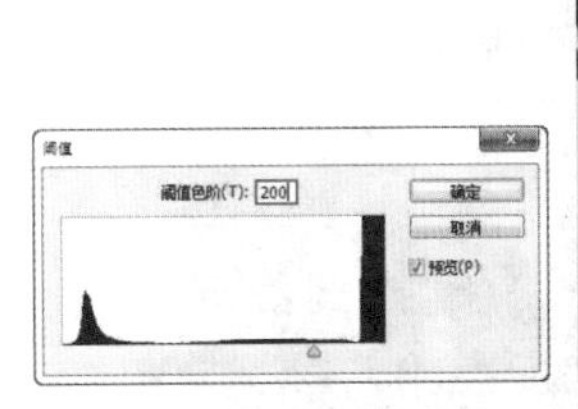

图11-277

图11-278

09 设置该图层的混合模式为“深色”，“不透明度”为75%，如图11-279所示。复制人像，执行“去色”命令，复制去色图层，设置混合模式为“深色”，“不透明度”为75%，如图11-280所示。

10 单击图层蒙版上的“添加调整图层”按钮，执行“曲线”命令，调整曲线形状，如图11-281所示。此时画面效果如图11-282所示。

图11-279

图11-280

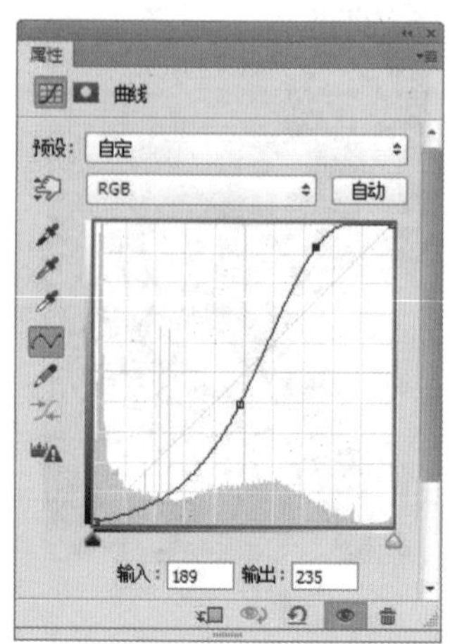

图11-281

图11-282

11 置入前景素材，调整合适的大小及位置，栅格化该图层。最终效果如图11-283所示。

图11-283

★ 综合实战——打造复古油画质感

案例文件	案例文件\第11章\打造复古油画质感.psd
视频教学	视频文件\第11章\打造复古油画质感.flv
难易指数	★★★★★
技术要点	使用调整图层制作复古油画质感

案例效果

本案例主要是通过使用调整图层制作复古油画质感，如图11-284所示。

扫码看视频

操作步骤

01 新建文件，置入素材背景“1.jpg”，栅格化该图层。如图11-285所示。

图11-284

图11-285

02 对其执行“图层”>“新建调整图层”>“自然饱和度”命令，设置“自然饱和度”和“饱和度”为100，如图11-286所示。效果如图11-287所示。

图11-286

图11-287

03 执行“图层”>“新建调整图层”>“色彩范围”命令，设置“色调”为“阴影”，数值为0、－17、－41，如图11-288所示。设置“色调”为“高光”，数值为－6、0、－33，如图11-289所示。效果如图11-290所示。

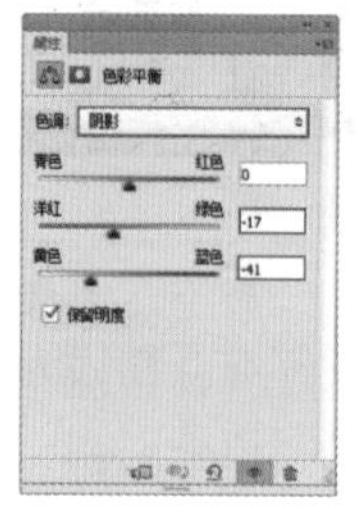

图11-288

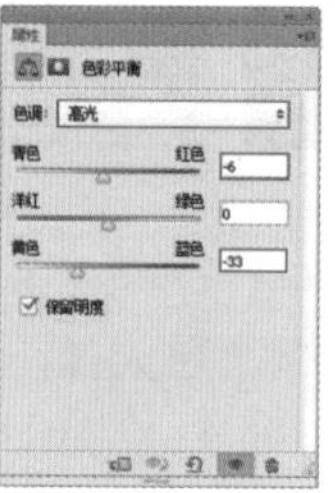

图11-289

图11-290

04 执行“图层”>“新建调整图层”>“曲线”命令，调整“蓝”通道和RGB曲线的形状，如图11-291所示。使用黑色柔边圆画笔在蒙版中间区域进行涂抹绘制，效果如图11-292所示。

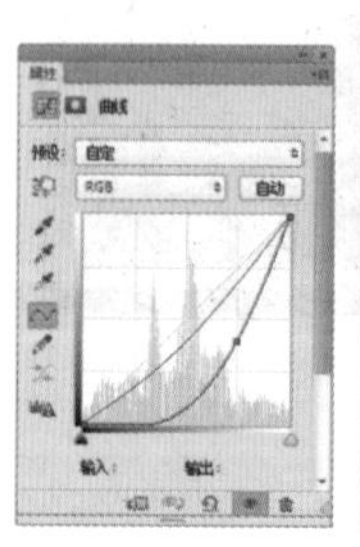

图11-291

图11-292

05 按Shift+Ctrl+Alt+E快捷键盖印所有图层，对其执行“滤镜”>“滤镜库”命令，选择“风格化”滤镜组中的“照亮边缘”滤镜，设置“边缘宽度”为2，“边缘亮度”为6，“平滑度”为5，单击“确定”按钮，如图11-293所示。效果如图11-294所示。

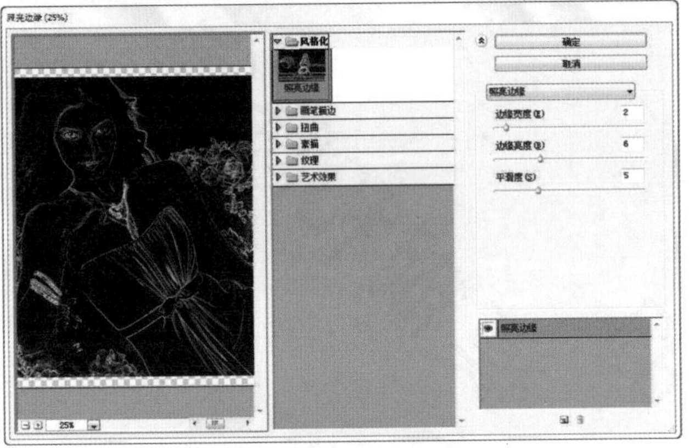

图11—293

图11—294

06 设置该图层混合模式为“滤色”，“不透明度”为50%，效果如图11-295所示。

图11—295

07 置入纹理素材“2.png”，栅格化该图层。如图11-296所示。设置混合模式为“柔光”，最后置入相框素材“3.png”并将其栅格化，效果如图11-297所示。

图11—296

图11—297

课后练习

【课后练习——利用“查找边缘”滤镜制作彩色速写】

思路解析：本案例通过对数码照片执行“查找边缘”滤镜操作，并与源图像进行混合模拟出彩色速写效果。

扫码看视频

本章小结

Photoshop中的滤镜可以用来实现各种各样的特殊效果。而且操作方法非常简单，效果明显。但是想要真正发挥滤镜的强大之处，需要多种滤镜混合使用，并且配合图层、通道、蒙版等功能才能取得最佳艺术效果。

读书笔记

第12章

照片的锐化、模糊和降噪

本章内容简介：

“模糊”滤镜组、“锐化”滤镜组、“杂色”滤镜组是Photoshop滤镜中最为重要的几组滤镜。这些滤镜使用方法简单，效果明显。常用于针对数码照片局部或整体的调整，除了使用滤镜可以对画面起到锐化、模糊的作用以外，使用其他工具也可以达到锐化图像或模糊图像的目的。

本章学习要点：

- 掌握“模糊”和“锐化”滤镜组的使用方法
- 掌握降噪的多种方法
- 掌握提高图像清晰度的方法

12.1 数码照片的锐化处理

视频精讲：Photoshop新手学视频精讲课堂\98.模糊滤镜与锐化滤镜.flv

在前面的章节中讲解过，在Photoshop中，想要针对范围较小的局部细节清晰度的增加，可以使用工具箱中的锐化工具 △.。但是，如果想要对大面积或者整个画面进行“锐化”处理，则需要使用到“锐化”滤镜。“锐化”滤镜可以通过增强相邻像素之间的对比度来聚集模糊的图像，使画面精细度提高，如图12-1和图12-2所示。

图12—1

图12—2

执行“滤镜>锐化”命令，在“锐化”滤镜组中可以看到包含“USM锐化”“防抖”“进一步锐化”“锐化”“锐化边缘”和“智能锐化”6种滤镜，如图12-3所示。

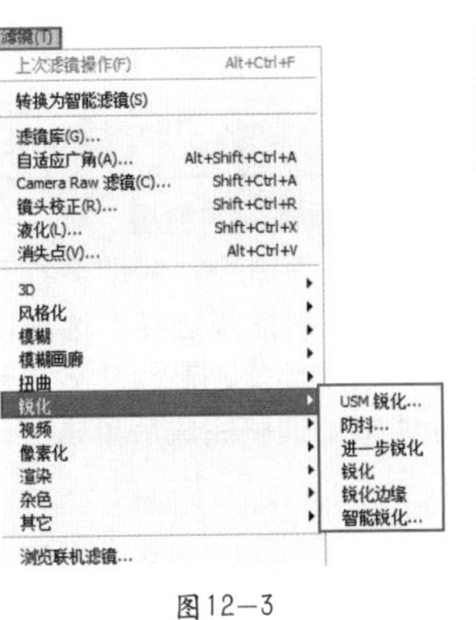

图12—3

思维点拨：数码照片的锐化

在拍摄时会碰到被摄物体运动、相机震动或者轻微对焦不准等问题，某些相机的照片图像偏软，此时就要进行锐化处理。锐化也许可以矫正存在的问题，但是它最初是用来设计解决数字化问题的，也就是将景物或胶卷上的影像从连续影调区域转换为特定影调的小方块。由于虚化的图像使细节跨越数个像素而被记录下来，“锐化”命令就可以提高毗邻像素之间的反差来还原这部分细节。

12.1.1 USM锐化

技术速查：“USM锐化”滤镜可以查找图像颜色发生明显变化的区域，然后将其锐化。

执行“滤镜”>“锐化”>“USM锐化”命令，在弹出的“USM锐化”对话框中调整“数量”数值，用来设置锐化效果的精细程度；调整“半径”数值，可以设置图像锐化的半径范围大小，调整“阈值”数值，用于控制相邻像素之间可进行锐化的差值，达到所设置的“阈值”数值时才会被锐化，“阈值”越大，被锐化的像素就越少。如图12-4所示为“USM锐化”对话框。如图12-5和图12-6所示为原始图像以及应用“USM锐化”滤镜后的效果。

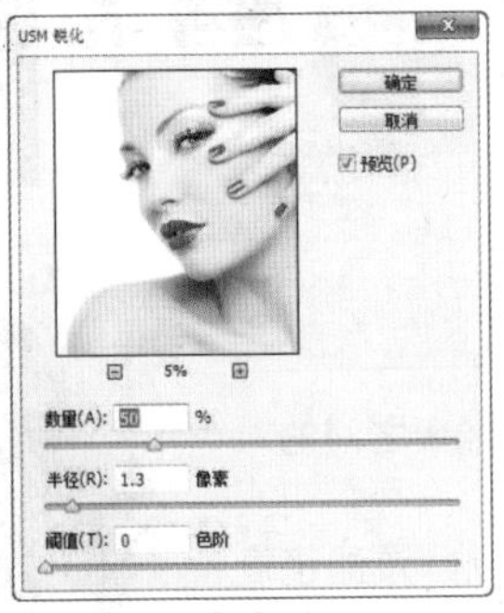

图12—4

图12—5

图12—6

★ 案例实战——使用“USM锐化”滤镜提高图像清晰度

案例文件	案例文件\第12章\使用“USM锐化”滤镜提高图像清晰度.psd
视频教学	视频文件\第12章\使用“USM锐化”滤镜提高图像清晰度.flv
难易指数	★★★★★
技术要点	USM锐化

案例效果

本案例主要使用“USM锐化”滤镜命令提高图像清晰度，对比效果如图12-7和图12-8所示。

扫码看视频

图12—7

图12—8

操作步骤

01 打开素材文件，图像看上去有些模糊，需要进行锐化处理，如图12-9所示。执行“滤镜”>“锐化”>“USM锐化”命令，如图12-10所示。

02 在弹出的“USM锐化”对话框中，设置“数量”为125%，“半径”为11.6像素，“阈值”为7色阶，如图12-11所示。使用锐化处理完的最终效果如图12-12所示。

图12—9

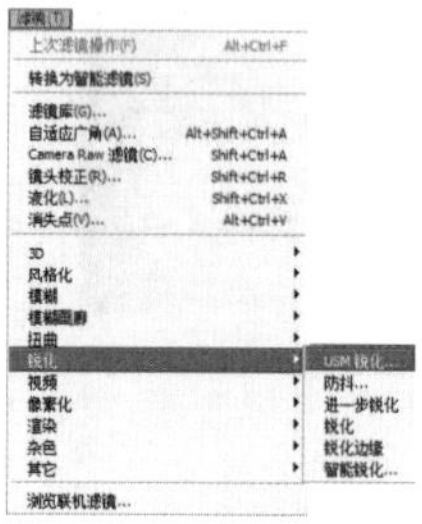

图12—10

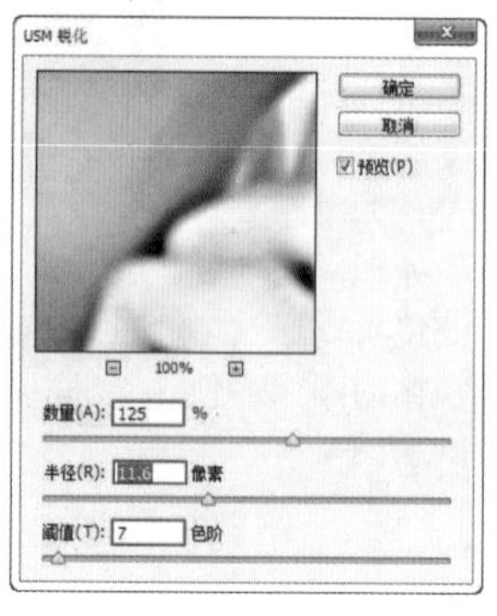

图12—11

图12—12

12.1.2 防抖

技术速查：“防抖”滤镜可以处理并减少由于相机震动而产生的拍照模糊的情况。

打开一张图片，如图12-13所示。执行“滤镜”>“锐化”>“防抖”命令，随即会打开“防抖”窗口，在该窗口右侧可以进行参数的调整，如图12-14所示。接着在该窗口中可以调整“模糊描摹边界”选项以增强锐化效果，该选项是用来增加锐化的强度，这是该滤镜中最基础的锐化。“模糊描摹边界”选项数值越高锐化效果越好，但是过度的数值会产生一定的晕影。这时就可以配合“平滑”和“抑制伪像”选项去进行调整。调整完成后单击“确定”按钮完成操作。对比效果如图12-15和图12-16所示。

图12—13

图12—14

图12—15

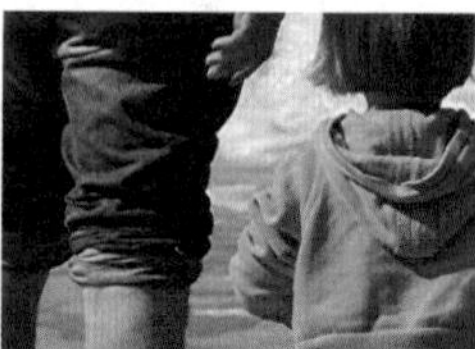
图12—16

12.1.3 进一步锐化

技术速查：“进一步锐化”滤镜可以通过增加像素之间的对比度使图像变得清晰，但锐化效果不是很明显。

执行“滤镜”>“锐化”>“进一步锐化”命令，该滤镜没有参数设置对话框。如图12-17和图12-18所示为原始图像与应用两次“进一步锐化”滤镜后的效果。

图12—17

图12—18

12.1.4 锐化

技术速查：“锐化”滤镜与“进一步锐化”滤镜一样，都可以通过增加像素之间的对比度使图像变得清晰。

执行“滤镜”>“锐化”>“锐化”命令，可以对图像进行“锐化”处理。“锐化”滤镜没有参数设置对话框，但是其锐化效果没有“进一步锐化”滤镜的锐化效果明显，应用一次“进一步锐化”滤镜，相当于应用了3次“锐化”滤镜。

12.1.5 锐化边缘

- **技术速查：**“锐化边缘”滤镜只锐化图像的边缘，同时会保留图像整体的平滑度。

“锐化边缘”滤镜没有参数设置对话框，执行“滤镜”>“锐化”>“锐化边缘”命令，如图12-19和图12-20所示为原始图像及应用“锐化边缘”滤镜后的效果。

图12—19

图12—20

12.1.6 智能锐化

- **技术速查：**“智能锐化”滤镜的功能比较强大，它具有独特的锐化选项，可以设置锐化算法、控制阴影和高光区域的锐化量。

执行“滤镜>锐化>智能锐化”命令，在弹出的“智能锐化”对话框右侧可以进行“基本”以及“高级”的设置。如图12-21和图12-22所示为原始图像与“智能锐化”对话框。

图12—21

图12—22

- **预设：**在列表中可以将已调整好的锐化参数进行储存，也可以从列表中选择一种已经储存好的图像的锐化预设。
- **数量：**用来设置锐化的精细程度。数值越大，越能强化边缘之间的对比度。如图12-23和图12-24所示分别是设置“数量”为100%和500%时的锐化效果。

图12—23

图12—24

- **半径：**用来设置受锐化影响的边缘像素的数量。数值越大，受影响的边缘就越宽，锐化的效果也越明显。如图12-25和图12-26所示分别是设置“半径”为3像素和6像素时的锐化效果。

图12—25

图12—26

- **减少杂色：**用于减少因锐化而产生的杂点，该选项数值越高效果越强烈，画面效果越柔和。
- **移去：**选择锐化图像的算法。选择“高斯模糊”选项，可以使用“USM锐化”滤镜的方法锐化图像；选择“镜头模糊”选项，可以查找图像中的边缘和细节，并对细节进行更加精细的锐化，以减少锐化的光晕；选择“动感模糊”选项，可以激活下面的“角度”选项，通过设置“角度”值可以减少由于相机或对象移动而产生的模糊效果。

在“智能锐化”对话框中，还包含“阴影”和“高光”两个选项，如图12-27所示和12-28所示。

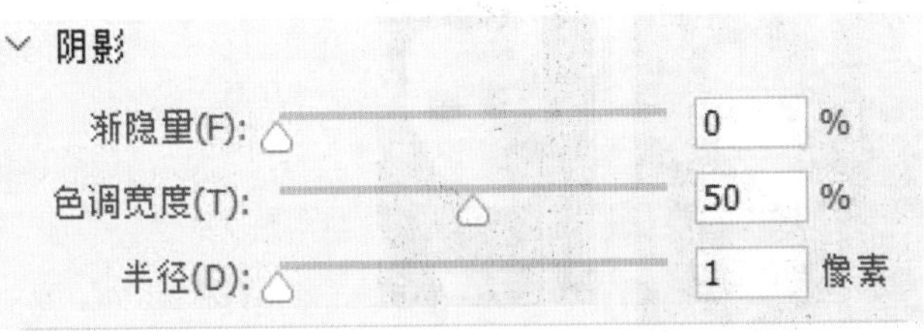

图12—27

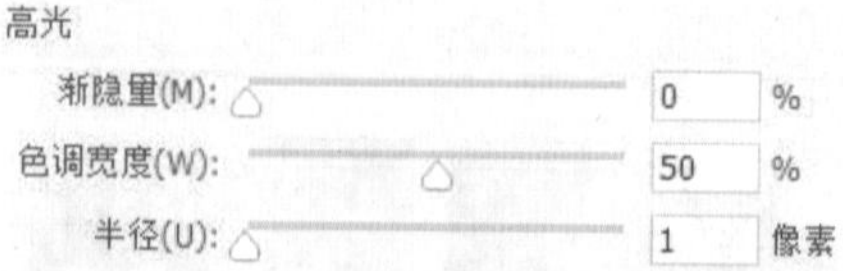

图12—28

- 渐隐量：用于设置阴影或高光中的锐化程度。
- 色调宽度：用于设置阴影或高光中色调的修改范围。
- 半径：用于设置每个像素周围区域的大小。

★ 案例实战——使用智能锐化打造质感HDR人像

案例文件	案例文件\第12章\使用智能锐化打造质感HDR人像.psd
视频教学	视频文件\第12章\使用智能锐化打造质感HDR人像.flv
难易指数	★★★★★
技术要点	智能锐化、阴影/高光

案例效果

扫码看视频

本案例主要是通过使用“智能锐化”与“阴影/高光”命令打造质感HDR人像，如图12-29所示。

图12—29

操作步骤

01 打开素材“1.jpg ”，如图12-30所示。复制人像图层，在“图层”面板上单击鼠标右键，在弹出的快捷菜单中选择“转换为智能对象”命令。执行“滤镜”>“锐化”>“智能锐化”命令，在弹出的对话框中设置“数量”为50%，“半径”为60像素，如图12-31所示。

图12—30

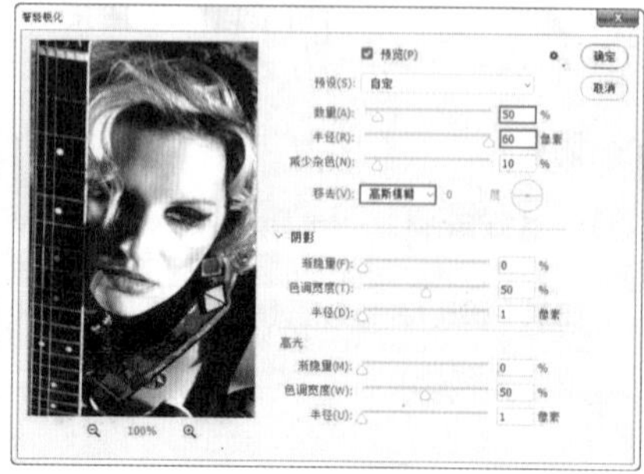
图12—31

02 执行“图像”>“调整”>“阴影/高光”命令，在弹出的对话框中设置“阴影”选项组中的“数量”为80%，“高光”选项组中的“数量”为10%，“颜色校正”为20，如图12-32所示。人像效果如图12-33所示。

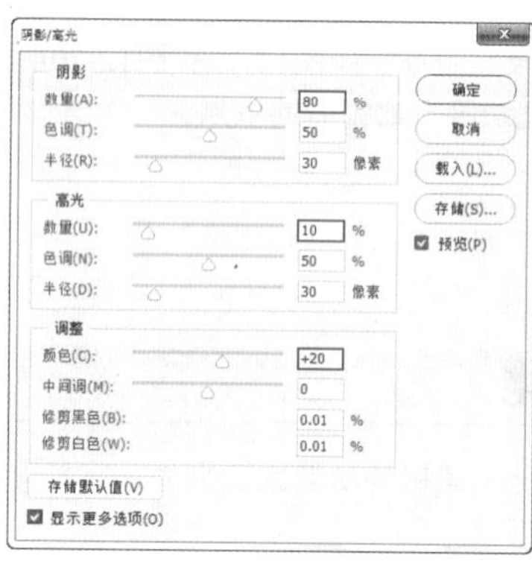

图12—32

图12—33

03 复制智能图层并命名为“图层1”，单击鼠标右键，在弹出的快捷菜单中选择“栅格化图层”命令，然后执行“图像”>“调整”>“去色”命令，得到黑白图像，如图12-34所示。设置“图层1”的混合模式为“强光”，“不透明度”为50%，最终效果如图12-35所示。

图12—34

图12—35

12.2 提高画面清晰度

众所周知，同样的一幅作品，清晰的数码照片较之模糊的数码照片更具有感染力，如图12-36和图12-37所示。提高数码照片清晰度最常用到的就是“锐化”滤镜组，除此之外，还可以借助Photoshop的其他工具，以“另类”方法提高画面清晰度。

图12—36

图12—37

12.2.1 动手学：明度通道锐化法

在人像照片清晰度稍低的情况下，直接对图像使用“锐化”滤镜会造成皮肤部分噪点增加。如果只针对明度通道进行锐化，则可避免这种情况的发生，因此将人像转换为Lab色彩模式。对比效果如图12-38和图12-39所示。

图12—38

图12—39

01 打开一张图像，执行“图像”>“模式”>“Lab颜色”命令，效果如图12-40所示。

图12—40

02 转换为Lab模式后，使用快捷键Ctrl+J复制背景图层，并命名为“USM锐化”。打开“通道”面板，单击“明度”通道，如图12-41和图12-42所示。

图12—41

图12—42

03 执行“滤镜”>“锐化”>“USM锐化”命令，打开“USM锐化”对话框，设置“数量”为125%，“半径”为11.6像素，“阈值”为7色阶，如图12-43所示。锐化完毕后单击Lab复合通道，回到“图层”面板，如图12-44所示。

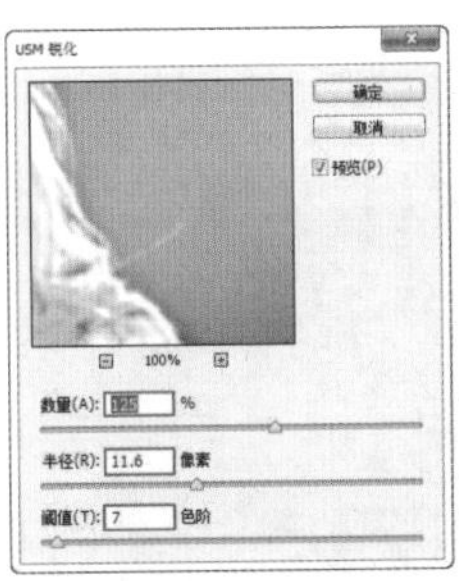

图12—43

图12—44

04 此时可以看到锐化后皮肤部分出现噪点，需要为该图层添加图层蒙版，如图12-45所示。单击图层蒙版，使用黑色柔边圆画笔在蒙版上人像头发以及皮肤的部分上进行绘制。皮肤部分保留原始的模糊状态，其他部分的清晰程度明显提高，最终效果如图12-46所示。

图12—45

图12—46

12.2.2 动手学：浮雕滤镜锐化法

技术速查：使用“浮雕效果”滤镜能够快速地提取边缘轮廓。

数码照片看起来比较模糊的主要原因是颜色交界的边缘处反差小，细节少。所以，锐化图像的重点就在于对边缘处的强化。本案例就是利用“浮雕效果”滤镜能够强化边缘这一特点锐化图像。对比效果如图12-47和图12-48所示。

01 打开一张图像，复制背景图层并命名为“图层1”，如图12-49所示。

图12—47

图12—48

图12—49

02 执行“滤镜”>“风格化”>“浮雕效果”命令，在弹出的“浮雕效果”对话框中，设置“角度”为135度，“高度”为3像素，“数量”为100%，如图12-50所示。为了避免在图层混合后产生多余的颜色，需要对该浮雕图层执行“图像”>“调整”>“去色”命令，使其转换为灰度图像，如图12-51所示。

03 得到浮雕效果的灰度图像后将该图层的混合模式设置为“叠加”，如图12-52所示。此时，可以看到图像中的边缘部分明显强化了很多，而皮肤部分并没有多余的噪点，最终效果如图12-53所示。

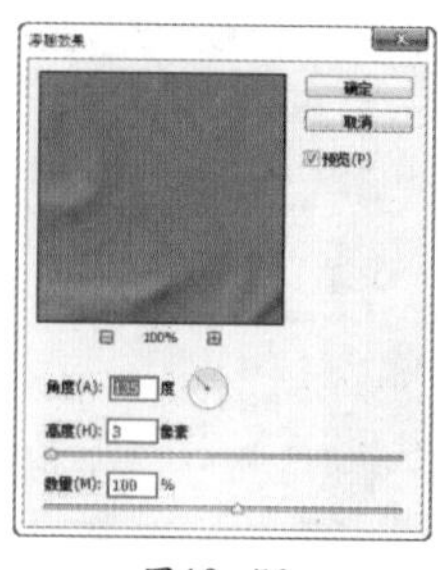
图12—50

图12—51

图12—52

图12—53

12.2.3 动手学：高反差保留锐化法

对彩色图像使用锐化滤镜可以提高图像清晰度，但是如果锐化过度则会出现较多的杂色。本案例通过使用高反差保留得到图像颜色交界边缘的灰度图像，并与原图进行叠加的方法强化图像清晰度。对比效果如图12-54和图12-55所示。

图12—54

图12—55

01 打开一张图像，复制出背景图层副本并命名为“高反差保留”，如图12-56所示。

图12—56

02 执行“滤镜”>“其他”>“高反差保留”命令，在弹出的“高反差保留”对话框中，设置“半径”为5像素，如图12-57所示。此时，得到的高反差保留图像将在后面的步骤中与原图进行混合，来提高原图清晰度，当前灰色图像中细节的丰富程度决定了最后图像的锐化程度，如图12-58所示。

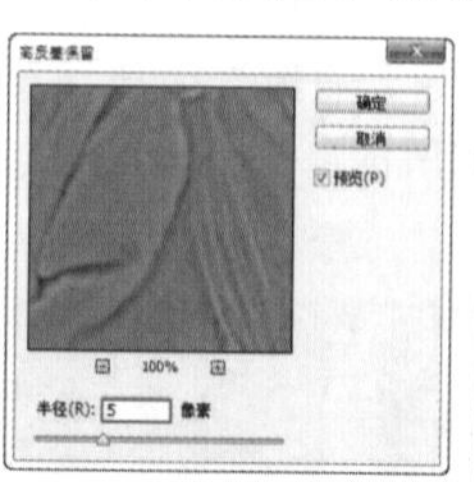
图12—57

图12—58

03 为了避免在图层混合后产生多余的颜色，需要对该图层执行“图像”>“调整”>“去色”命令，使其转换为灰度图像。将该图层的混合模式设置为“叠加”，如图12-59所示。此时，可以看到图像中的边缘部分明显强化了很多，如图12-60所示。

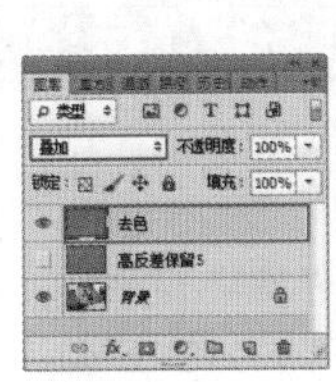
图12-59

图12—60

04 如果需要进一步增强图像清晰度，可以复制高反差保留图层，图像的清晰度会提高1倍，如图12-61所示。效果如图12-62所示。

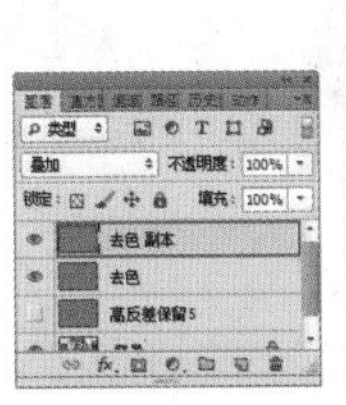
图12—61

图12—62

技巧提示

本案例所使用的锐化图像的思路与浮雕滤镜锐化提高图像清晰度的思路基本相同，不同的是，浮雕滤镜处理过的灰度图像会保留较明显的边界，而高反差保留滤镜则能够提取出更小的细节。也就是说，如果针对人像照片使用本案例中的方法，可能会造成皮肤上的瑕疵更明显的问题，所以高反差保留法更适合针对风景照片的锐化。如图12—63所示为使用高反差保留处理的人像，皮肤部分瑕疵被强化。

图12—63

★ 案例实战——人像照片的局部锐化

案例文件	案例文件\第12章\人像照片的局部锐化.psd
视频教学	视频文件\第12章\人像照片的局部锐化.flv
难易指数	★★★★★
技术要点	智能锐化、图层蒙版

案例效果

扫码看视频

很多时候使用外挂滤镜对人像进行磨皮后，或进行液化以及其他变形处理后，数码照片的清晰度都会受到不同程度的损失。所以，数码照片处理的最后一个步骤通常是，需要对照片进行适当的锐化来提高清晰度，以增强图像的冲击力。对比效果如图12-64和图12-65所示。

图12—64

图12—65

操作步骤

01 打开素材，按Ctrl+J快捷键，复制出一个背景副本图层，并命名为“智能锐化”，如图12-66所示。

图12—66

02 执行“滤镜”>“锐化”>“智能锐化”命令，在打开的“智能锐化”对话框中，设置“数量”为300%，“半径”为2.4像素，如图12-67所示。

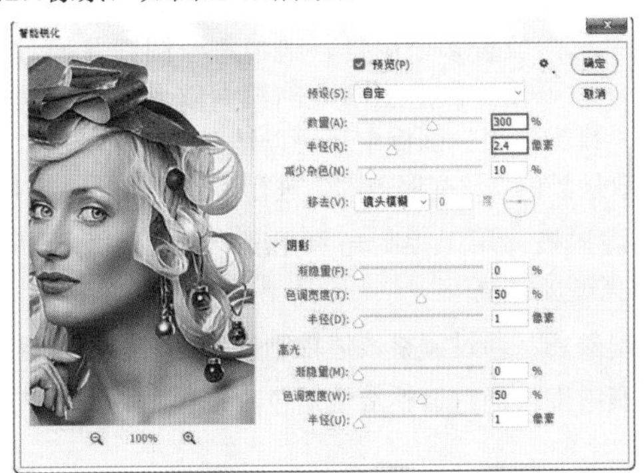
图12—67

03 此时，可以看到全图的锐化使皮肤瑕疵和皱纹更明显，所以人像照片通常不适合整体锐化。因此需要为“智能锐化”图层添加图层蒙版，如图12-68所示。由于锐化图层需要显示出的是除去皮肤以外的区域，所以需要使用白色柔边圆画笔绘制人像皮肤部分，绘制的同时可以看到锐化效果被还原。效果如图12-69所示。

图12—68

图12—69

第12章 照片的锐化、模糊和降噪

12.3 使用“模糊画廊”滤镜制作模糊特效

视频精讲：Photoshop新手学视频精讲课堂\98.模糊滤镜与锐化滤镜.flv

Photoshop的“模糊画廊”滤镜组包括“场景模糊”“光圈模糊”“移轴模糊”“路径模糊”和“旋转模糊”。这些模糊滤镜功能非常出色，通过这5种模糊滤镜的使用可以快速制作出真实的虚焦、微距、移轴、景深等特殊摄影效果，如图12-70所示。

图12—70

12.3.1 场景模糊

技术速查：使用“场景模糊”滤镜可以使画面呈现出不同区域、不同模糊程度的效果。

执行“滤镜”>“模糊画廊”>“场景模糊”命令，在画面中单击放置多个图钉，选中每个图钉并通过调整模糊数值，即可使画面产生渐变的模糊效果。模糊调整完成后，在“模糊效果”面板中还可以针对模糊区域的“光源散景”“散景颜色”“光照范围”进行调整，如图12-71所示。

- 光源散景：用于控制光照亮度，数值越大，高光区域的亮度就越高。
- 散景颜色：通过调整数值控制散景区域颜色的程度。
- 光照范围：通过调整滑块用色阶来控制散景的范围。

图12—71

12.3.2 光圈模糊

技术速查：使用“光圈模糊”命令可将一个或多个焦点添加到图像中，用户可以根据不同的要求而对焦点的大小与形状、图像其余部分的模糊数量以及清晰区域与模糊区域之间的过渡效果进行相应的设置。

执行“滤镜”>“模糊画廊”>“光圈模糊”命令，在“模糊工具”面板中可以对“光圈模糊”的数值进行设置，数值越大，模糊程度也越大。在“模糊效果”面板中还可以针对模糊区域的“光源散景”“散景颜色”“光照范围”进行调整，如图12-72所示。也可以将光标定位到控制框上，调整控制框的大小以及圆度。调整完成后单击选项栏中的“确定”按钮即可，如图12-73所示。

图12—72

图12—73

12.3.3 移轴模糊

技术速查：使用“移轴模糊”滤镜可以轻松地模拟移轴摄影效果。

移轴摄影即移轴镜摄影，泛指利用移轴镜头创作的作品，所拍摄的照片效果就像是缩微模型一样，非常特别，如图12-74和图12-75所示。

图12—74

图12—75

执行“滤镜”>“模糊画廊”>“移轴模糊”命令，进入模糊画廊。通过调整中心点的位置可以调整清晰区域的位置，调整控制框可以调整清晰区域的大小，在右侧参数面板中可以通过设置“模糊”和“扭曲度”数值控制画面模糊效果，如图12-76所示。

图12—76

★ 案例实战——制作移轴摄影效果

案例文件	案例文件\第12章\制作移轴摄影效果.psd
视频教学	视频文件\第12章\制作移轴摄影效果.flv
难易指数	★★★★★
技术要点	“移轴模糊”滤镜

案例效果

本案例主要是通过使用“移轴模糊”滤镜制作移轴摄影，如图12-77所示。

扫码看视频

图12—77

操作步骤

01 打开素材背景文件，如图12-78所示。复制背景文件，对其执行“滤镜”>“模糊画廊”>“移轴模糊”命令，设置“模糊”为30像素，调整好光圈位置，如图12-79所示。

图12—78

图12—79

02 执行“图层”>“新建调整图层”>“自然饱和度”命令，设置“自然饱和度”为100，如图12-80所示。再次创建一个“曲线”调整图层，调整曲线形状，如图12-81所示。最终效果如图12-82所示。

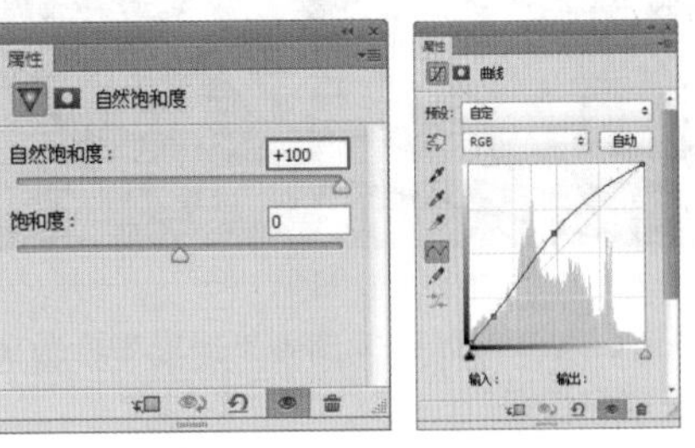

图12—80　　图12—81

图12—82

12.3.4 路径模糊

技术速查：使用“路径模糊”滤镜可以轻松制作多角度、多层次动效的模糊效果。

“路径模糊”滤镜可以沿着一定方向进行画面模糊，使用该滤镜可以在画面中创建任何角度的直线或者是弧线的控制杆，像素沿着控制杆的走向进行模糊。“路径模糊”滤镜可以用于制作带有动效的模糊效果，并且能够制作出多角度、多层次的模糊效果。

01 选择一个图层，如图 12-83 所示。接着执行“滤镜”>“模糊画廊”>“路径模糊”命令，打开模糊画廊窗口。在默认情况下画面中央有一个箭头形的控制杆。在窗口右侧进行参数的设置，可以看到画面中所选的部分发生了横向的带有运动感的模糊。如图 12-84 所示。

图 12-83

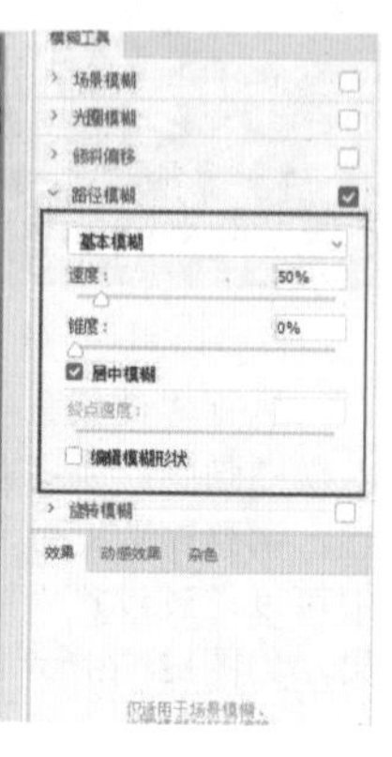

图 12-84

02 拖拽控制点可以改变控制杆的形状，同时会影响模糊的效果。如图 12-85 所示。也可以在控制杆上单击添加控制点，并调整箭头的形状，如图 12-86 所示。

图 12-85

图 12-86

03 在窗口右侧可以通过调整“速度”参数调整模糊的强度，调整“锥度”参数调整模糊边缘的渐隐强度。调整完成后按一下“确定”按钮。

12.3.5 旋转模糊

技术速查：使用“旋转模糊”滤镜可以轻松地模拟拍照时旋转相机时所产生的模糊效果。

“旋转模糊”滤镜可以一次性在画面中添加多个模糊点，还能够随意控制每个模糊点的模糊的范围、形状与强度。“旋转模糊”滤镜可以用于模拟拍照时旋转相机时所产生的模糊效果，以及旋转的物体产生的模糊效果。

01 打开一张图片，如图12-87所示。接着执行“滤镜”>“模糊画廊”>“旋转模糊”命令，打开模糊画廊窗口。在该窗口中，画面中央位置有一个“控制点”用来控制模糊的位置，在窗口的右侧调整“模糊”数值用来调整模糊的强度。如图12-88所示。

图 12-87

图 12-88

02 接着拖拽外侧圆形控制点即可调整控制框的形状、大小，如图12-89所示。拖拽内侧圆形控制点可以调整模糊的过渡效果。如图12-90所示。

图 12-89

图 12-90

03 在画面中继续单击即可添加控制点，并进行参数调整，如图12-91所示。设置完成后单击“确定”按钮。

图 12-91

12.4 数码照片的模糊处理

技术速查：在Photoshop中，使用工具箱中的模糊工具可以方便地针对图像局部进行模糊，而“模糊”滤镜组则可以柔化图像中的选区或整个图像，使其产生模糊效果。

在数码照片处理中，经常需要进行模糊，例如针对皮肤部分的模糊磨皮、对背景部分的模糊模拟景深效果或是模拟物体高速运动时产生的动感模糊等，如图12-92所示。“模糊”滤镜组包含“表面模糊”“动感模糊”“方框模糊”“高斯模糊”“进一步模糊”“径向模糊”“镜头模糊”“模糊”“平均”“特殊模糊”和“形状模糊”等多种非常实用的滤镜。

图12—92

12.4.1 表面模糊

技术速查：“表面模糊”滤镜可以在保留边缘的同时模糊图像，可以用该滤镜创建特殊效果并消除杂色或粒度。

执行“滤镜>模糊>表面模糊”命令，在弹出的“表面模糊”对话框中设置“半径”数值，可以控制模糊取样区域的大小。“阈值”数值用于控制相邻像素色调值与中心像素值相差多大时才能成为模糊的一部分。色调值差小于阈值的像素将被排除在模糊之外，如图12-93所示。如图12-94和图12-95所示分别为原始图像和应用“表面模糊”滤镜后的效果。

图12—93

图12—94

图12—95

12.4.2 动感模糊

技术速查：“动感模糊”滤镜可以沿指定的方向（－360°~360°），以指定的距离（1~999）进行模糊，所产生的效果类似于在固定的曝光时间拍摄一个高速运动的对象。

执行“滤镜”>“模糊”>“动感模糊”命令，在弹出的“动感模糊”对话框中设置角度的数值，以控制模糊的方向。然后调整“距离”数值，设置像素模糊的程度。如图12-96所示为“动感模糊”对话框。如图12-97和图12-98所示分别为原始图像和应用“动感模糊”滤镜后的效果。

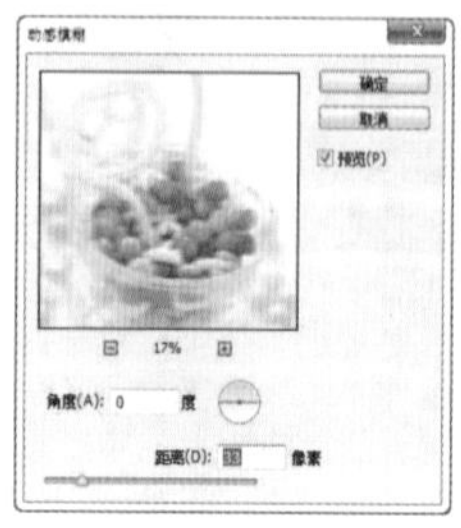

图12—96

图12—97

图12—98

★ 案例实战——使用“动感模糊”滤镜制作极速奔跑

案例文件	案例文件\第12章\使用“动感模糊”滤镜制作极速奔跑.psd
视频教学	视频文件\第12章\使用“动感模糊”滤镜制作极速奔跑.flv
难易指数	★★★★
技术要点	动感模糊

案例效果

扫码看视频

本案例主要使用“动感模糊”滤镜制作极速奔跑效果，如图12-99所示。

图12—99

操作步骤

01 打开背景素材文件“1.jpg”，如图12-100所示。置入人像素材文件“2.jpg”，栅格化该图层。调整合适的大小及位置，如图12-101所示。

图12—100

图12—101

02 使用快速选择工具制作背景选区并删除，如图12-102所示。复制人像图层并命名为“动感模糊”，使用套索工具绘制人像右半部分的选区，按Delete键删除多余部分，如图12-103所示。

图12—102

图12—103

03 执行“滤镜”>“模糊”>“动感模糊”命令，设置“角度”为0度，“距离”为550像素，如图12-104所示。将“动感模糊”图层放置在人像图层下，调整合适位置，如图12-105所示。

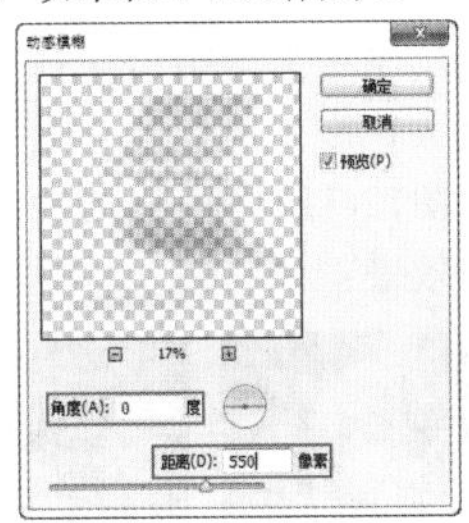

图12—104

图12—105

04 复制动感模糊图层，将其放置在人像图层上方以加强效果，如图12-106所示。置入前景素材“3.png”，栅格化该图层。最终效果如图12-107所示。

图12—106

图12—107

☆ 视频课堂——使用“动感模糊”滤镜制作动感光效人像

案例文件\第12章\视频课堂——使用“动感模糊”滤镜制作动感光效人像.psd
视频文件\第12章\视频课堂——使用“动感模糊”滤镜制作动感光效人像.flv
思路解析：

01 打开背景素材，置入人像素材，并栅格化该图层。

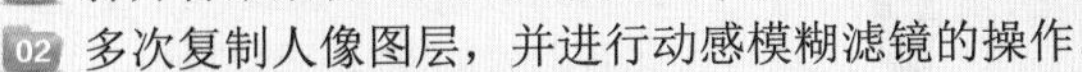

02 多次复制人像图层，并进行动感模糊滤镜的操作。

03 擦除模糊图层中多余的部分。

04 添加光效素材。

扫码看视频

12.4.3 方框模糊

● 技术速查：“方框模糊”滤镜可以基于相邻像素的平均颜色值来模糊图像，生成的模糊效果类似于方块模糊。

执行“滤镜”>“模糊”>“方框模糊”命令，在弹出的“方框模糊”对话框中设置“半径”数值，可以用于计算指定像素平均值的区域大小。数值越大，产生的模糊效果越好，如图12-108所示。如图12-109和图12-110所示分别为原始图像和应用“方框模糊”滤镜后的效果。

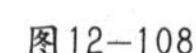
图12-108

图12-109

图12-110

12.4.4 高斯模糊

技术速查："高斯模糊"滤镜可以向图像中添加低频细节，使图像产生一种朦胧的模糊效果。

执行"滤镜">"模糊">"高斯模糊"命令，弹出"高斯模糊"对话框，其中的"半径"数值用于计算指定像素平均值的区域大小，数值越大，产生的模糊效果越好，如图12-111所示。如图12-112和图12-113所示分别为原始图像和应用"高斯模糊"滤镜后的效果。

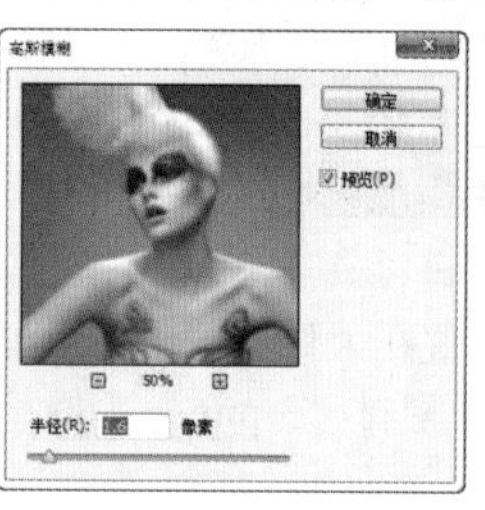
图12-111

图12-112

图12-113

★ 案例实战——使用多种模糊滤镜磨皮法

案例文件	案例文件\第12章\使用多种模糊滤镜磨皮法.psd
视频教学	视频文件\第12章\使用多种模糊滤镜磨皮法.flv
难易指数	★★★★★
技术要点	表面模糊、高斯模糊

案例效果

扫码看视频

模糊磨皮法是一种常见的磨皮方法，其原理主要是通过将皮肤部分模糊，从而虚化细节瑕疵的方法使皮肤呈现光滑的质感。对比效果如图12-114和图12-115所示。

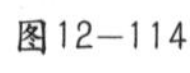
图12-114

图12-115

操作步骤

01 打开素材文件，按Ctrl+J快捷键复制背景图层，并命名为"表面模糊"，在背景副本图层上单击鼠标右键，在弹出的快捷菜单中选择"转换为智能对象"命令，效果如图12-116所示。执行"滤镜">"模糊">"表面模糊"命令，在弹出的对话框中设置"半径"为80像素，"阈值"为15色阶，单击"确定"按钮结束操作，如图12-117所示。

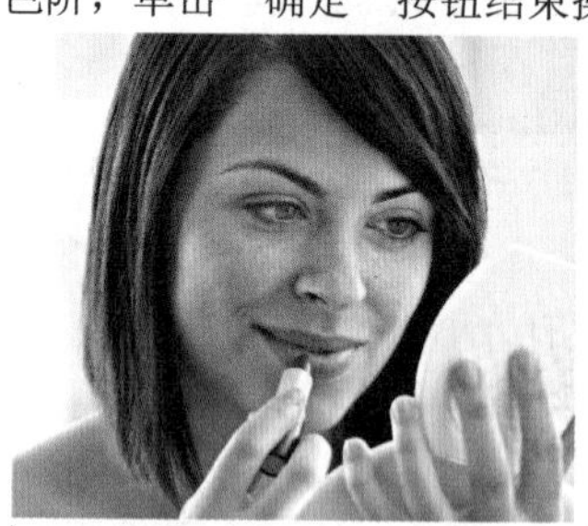
图12-116

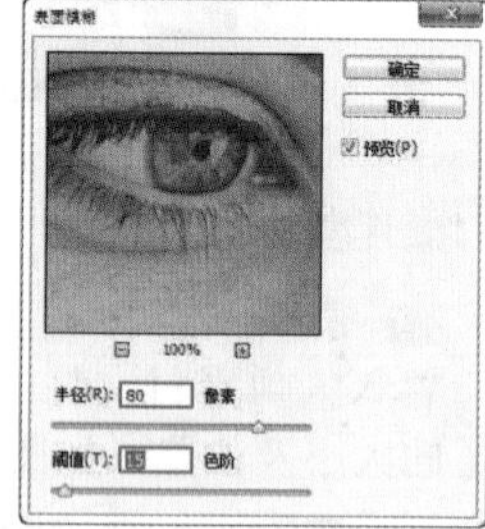
图12-117

02 此时画面整体出现模糊效果，由于这一部分模糊只需要对皮肤部分操作，所以需要选中该智能滤镜蒙版，使用黑色画笔涂抹去不需要模糊的区域，如图12-118和图12-119所示。

图12-118

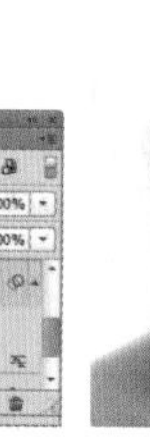
图12-119

03 盖印当前画面效果，在"盖印"图层上单击鼠标右键，在弹出的快捷菜单中选择"转换为智能对象"命令，然后对该图层执行"滤镜">"模糊">"高斯模糊"命令，在弹出的对话框中设置"半径"为15像素，如图12-120所示。此时效果如图12-121所示。

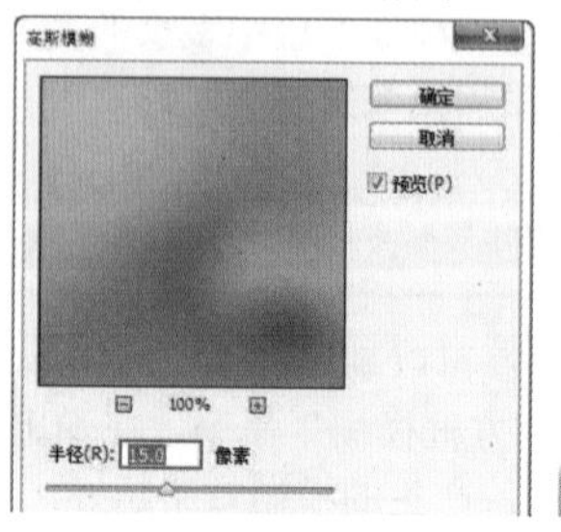
图12-120

图12-121

04 选中该智能滤镜蒙版，使用黑色画笔涂抹去不需要模糊的区域，如图12-122所示。最终效果如图12-123所示。

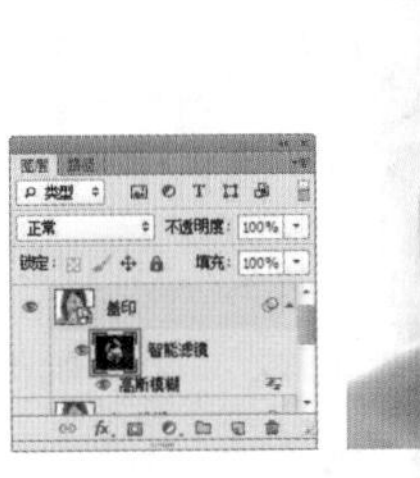
图12—122

图12—123

读书笔记

12.4.5 进一步模糊

技术速查："进一步模糊"滤镜可以平衡已定义的线条和遮蔽区域的清晰边缘旁边的像素，使变化显得柔和。

执行"滤镜">"模糊">"进一步模糊"命令，该滤镜属于轻微模糊滤镜，并且没有参数设置对话框。如图12-124和图12-125所示分别为原始图像以及应用"进一步模糊"滤镜后的效果。

图12—124

图12—125

12.4.6 动手学：使用"径向模糊"滤镜

技术速查："径向模糊"滤镜用于模拟缩放或旋转相机时所产生的模糊，产生的是一种柔化的模糊效果。

01 打开一个图像，如图12-126所示。执行"滤镜">"模糊">"径向模糊"命令，弹出"径向模糊"对话框，其中的"数量"用于设置模糊的强度。数值越大，模糊效果越明显。设置合适的数量，如图12-127所示。应用"径向模糊"滤镜后的效果如图12-128所示。

图12—126

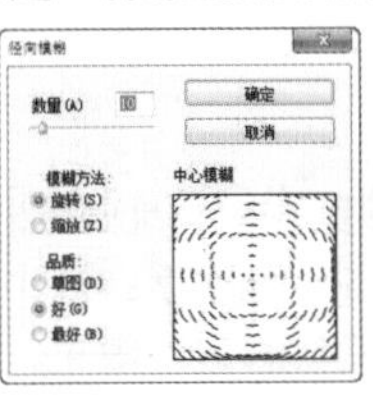
图12—127

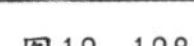
图12—128

02 在"模糊方法"选项组中选中"旋转"单选按钮时，图像可以沿同心圆环线产生旋转的模糊效果，如图12-129所示。选中"缩放"单选按钮时，可以从中心向外产生反射模糊效果，如图12-130所示。

图12—129

图12—130

03 将光标放置在"中心模糊"设置框中，使用鼠标左键拖曳可以定位模糊的原点，原点位置不同，模糊中心也不同。如图12-131和图12-132所示分别为不同原点的旋转模糊效果。

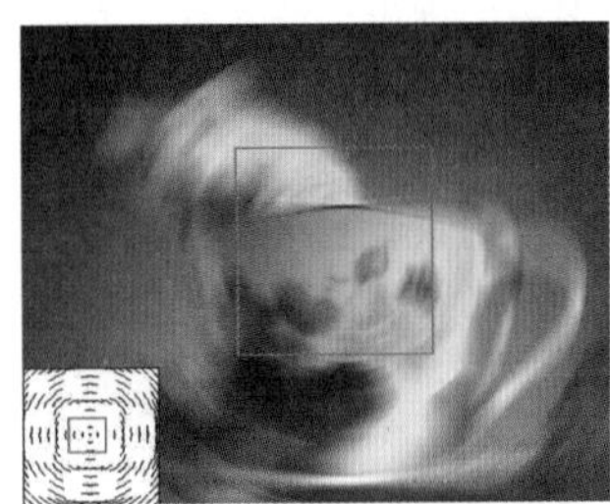
图12—131

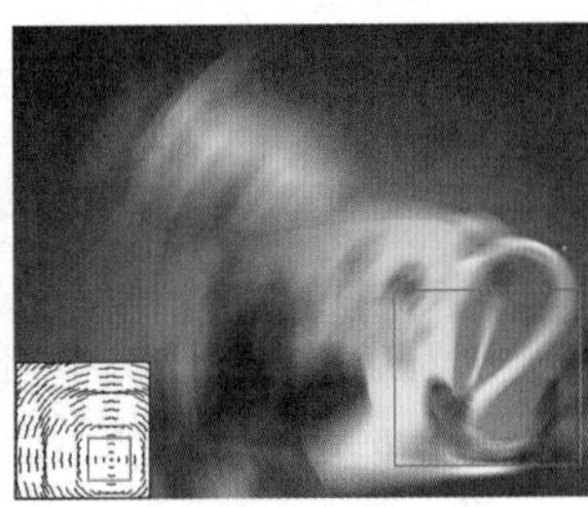
图12—132

04 "品质"用来设置模糊效果的质量。"草图"的处理速度较快，但会产生颗粒效果；"好"和"最好"的处理速度较慢，但是生成的效果比较平滑。

12.4.7 镜头模糊

● 技术速查："镜头模糊"滤镜可以向图像中添加模糊，模糊效果取决于模糊的"源"设置。

如果图像中存在Alpha通道或图层蒙版，则可以为图像中的特定对象创建景深效果，使这个对象在焦点内，而使另外的区域变得模糊。例如，图12-133所示是一张普通人物照片，图像中没有景深效果。如果要模糊背景区域，就可以将这个区域存储为选区蒙版或Alpha通道，如图12-134所示。

执行"滤镜">"模糊">"镜头模糊"命令，打开"镜头模糊"对话框，如图12-135所示。在应用"镜头模糊"滤镜时，将"源"设置为"图层蒙版"或Alpha1通道，如图12-136所示，就可以模糊选区中的图像，即模糊背景区域。

图12—133

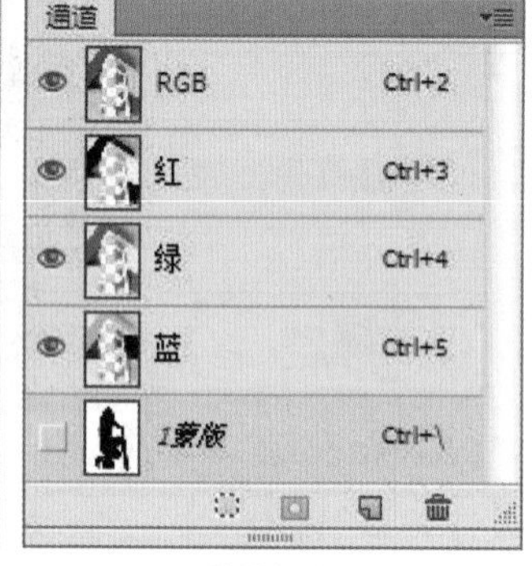

图12—134

图12—135

图12—136

● 预览：用来设置预览模糊效果的方式。选中"更快"单选按钮，可以提高预览速度；选中"更加准确"单选按钮，可以查看模糊的最终效果，但生成的预览时间更长。

● 深度映射：从"源"下拉列表中可以选择使用Alpha通道或图层蒙版来创建景深效果（前提是图像中存在Alpha通道或图层蒙版），其中通道或蒙版中的白色区域将被模糊，而黑色区域则保持原样；"模糊焦距"选项用来设置位于角点内像素的深度；"反相"选项用来反转Alpha通道或图层蒙版。

● 光圈：用来设置模糊的显示方式。"形状"选项用来选择光圈的形状；"半径"选项用来设置模糊的数量；"叶片弯度"选项用来设置对光圈边缘进行平滑处理的程度；"旋转"选项用来旋转光圈。

● 镜面高光：用来设置镜面高光的范围。"亮度"选项用来设置高光的亮度；"阈值"选项用来设置亮度的停止点，比停止点值亮的所有像素都被视为镜面高光。

● 杂色："数量"选项用来在图像中添加或减少杂色；"分布"选项用来设置杂色的分布方式，包含"平均分布"和"高斯分布"两种；如果选中"单色"复选框，则添加的杂色为单一颜色。

★ 案例实战——使用"镜头模糊"滤镜强化主体

案例文件	案例文件\第12章\使用"镜头模糊"滤镜强化主体.psd
视频教学	视频文件\第12章\使用"镜头模糊"滤镜强化主体.flv
难易指数	★★★★★
技术要点	"镜头模糊"滤镜

案例效果

扫码看视频

本案例主要使用"镜头模糊"滤镜强化主体，对比效果如图12-137和图12-138所示。

图12—137

图12—138

操作步骤

01 打开素材文件“1.psd”，如图12-139所示。在“通道”面板中可以看到一个Alpha 1通道，如图12-140所示。

图12-139

图12-140

02 执行“滤镜”>“模糊”>“镜头模糊”命令，在弹出的对话框中设置“源”为Alpha 1，“半径”为100，如图12-141所示。可以看到通道中白色的部分被模糊了，而人像显得非常突出，如图12-142所示。

图12-141

图12-142

12.4.8 模糊

技术速查：“模糊”滤镜用于在图像中有显著颜色变化的地方消除杂色，它可以通过平衡已定义的线条和遮蔽区域的清晰边缘旁边的像素来使图像变得柔和。

执行“滤镜”>“模糊”>“模糊”命令，该滤镜没有参数设置对话框。如图12-143和图12-144所示分别为原始图像和应用“模糊”滤镜后的效果。

图12-143

图12-144

技巧提示

“模糊”滤镜与“进一步模糊”滤镜都属于轻微模糊滤镜。相比于“进一步模糊”滤镜，“模糊”滤镜的模糊效果要低3~4倍。

12.4.9 动手学：使用“平均”滤镜

技术速查：“平均”滤镜可以查找图像或选区的平均颜色，再用该颜色填充图像或选区，以创建平滑的外观效果。

01 选择需要操作的图层，如图12-145所示。执行“滤镜”>“模糊”>“平均”命令，即可得到一个平均颜色的图层，如图12-146所示。

02 如果画面中存在选区，如图12-147所示。应用“平均”滤镜则只能对选区以内部分进行计算，如图12-148所示。

图12-145

图12-146

图12-147

图12-148

12.4.10 特殊模糊

技术速查："特殊模糊"滤镜可以精确地模糊图像。

执行"滤镜">"模糊">"特殊模糊"命令，弹出如图12-149所示的"特殊模糊"对话框。如图12-150和图12-151所示分别为原始图像和应用"特殊模糊"滤镜后的效果。

图12-149

图12-150

图12-151

- 半径：用来设置要应用模糊的范围。
- 阈值：用来设置像素具有多大差异后才会被模糊处理。
- 品质：设置模糊效果的质量，包含"低""中等"和"高"3种。
- 模式：选择"正常"选项，不会在图像中添加任何特殊效果，如图12-152所示；选择"仅限边缘"选项，将以黑色显示图像，以白色描绘出图像边缘像素亮度值变化强烈的区域，如图12-153所示；选择"叠加边缘"选项，将以白色描绘出图像边缘像素亮度值变化强烈的区域，如图12-154所示。

图12-152

图12-153

图12-154

12.4.11 形状模糊

技术速查："形状模糊"滤镜可以用设置的形状来创建特殊的模糊效果。

执行"滤镜">"模糊">"形状模糊"命令，弹出"形状模糊"对话框，可以在"形状列表"中选择一个形状来模糊图像，如图12-155所示。如图12-156和图12-157所示分别为原始图像和应用"形状模糊"滤镜后的效果。

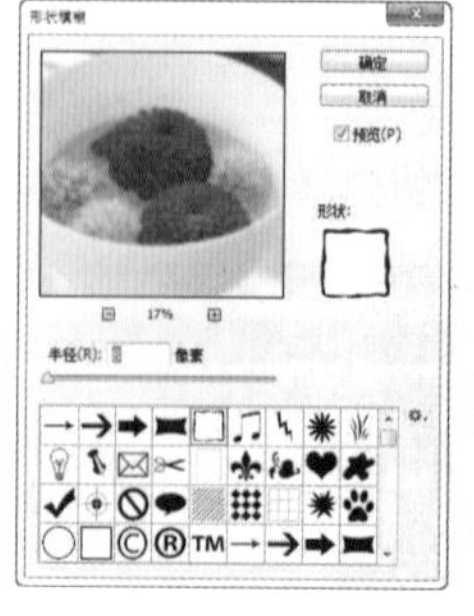

图12-155

图12-156

图12-157

12.5 数码照片的降噪处理

视频精讲：Photoshop新手学视频精讲课堂\103.杂色滤镜组.flv

降噪是消除数字噪声的意思，数字照片拍摄时由于种种原因出现的污点称为数字噪声，体现在数码照片上就是一些较小的杂色像素点。在Photoshop中进行大面积降噪最常用的就是“减少杂色”“蒙尘与划痕”“去斑”和“中间值”滤镜，小面积的降噪则可以使用工具箱中的修饰工具。如图12-158所示为数码照片中常见的噪点问题。

图12—158

12.5.1 减少杂色

技术速查：“减少杂色”滤镜可以基于影响整个图像或各个通道的参数设置来保留边缘并减少图像中的杂色。

执行“滤镜”>“杂色”>“减少杂色”命令，在弹出的“减少杂色”对话框中选中“基本”单选按钮可以对“减少杂色”的强度与细节保留等参数进行设置，选中“高级”单选按钮可以通过对单一通道进行高级处理，如图12-159所示。

图12—159

设置基本选项

在“减少杂色”对话框中选中“基本”单选按钮，可以设置“减少杂色”滤镜的基本参数。

- 强度：用来设置应用于所有图像通道的明亮度杂色的减少量。
- 保留细节：用来控制保留图像的边缘和细节（如头发）的程度。数值为100%时，可以保留图像的大部分细节，但是会将明亮度杂色减到最低。
- 减少杂色：移去随机的颜色像素。数值越大，减少的颜色杂色越多。
- 锐化细节：用来设置移去图像杂色时锐化图像的程度。
- 移去JPEG不自然感：选中该复选框后，可以移去因JPEG压缩而产生的不自然感。

设置高级选项

在“减少杂色”对话框中选中“高级”单选按钮，可以设置“减少杂色”滤镜的高级参数。其中，“整体”选项卡与基本参数完全相同，如图12-160所示；“每通道”选项卡可以基于红、绿、蓝通道来减少通道中的杂色，如图12-161~图12-163所示。

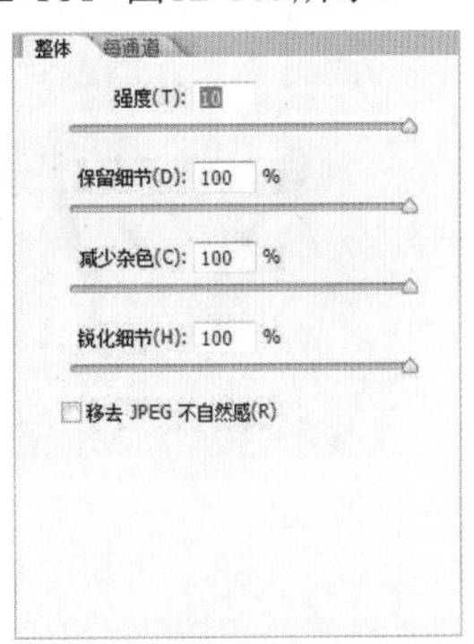

图12—160

图12—161

图12—162

图12—163

12.5.2　蒙尘与划痕

技术速查："蒙尘与划痕"滤镜可以通过修改具有差异化的像素来减少杂色，可以有效地去除图像中的杂点和划痕。

执行"滤镜">"杂色">"蒙尘与划痕"命令，在弹出的"蒙尘与划痕"对话框中同样可以进行"半径"以及"阈值"的设置，如图12-164所示。如图12-165和图12-166所示分别为原始图像和应用"蒙尘与划痕"滤镜后的效果。

- 半径：用来设置柔化图像边缘的范围。
- 阈值：用来定义像素的差异有多大才被视为杂点。数值越大，消除杂点的能力越弱。

图12—164

图12—165

图12—166

★ 案例实战——使用"蒙尘与划痕"滤镜进行磨皮

案例文件	案例文件\第12章\使用"蒙尘与划痕"滤镜进行磨皮.psd
视频教学	视频文件\第12章\使用"蒙尘与划痕"滤镜进行磨皮.flv
难易指数	★★★★★
技术要点	"液化"滤镜、"蒙尘与划痕"滤镜

案例效果

扫码看视频

本案例主要使用"液化"和"蒙尘与划痕"滤镜对人像进行磨皮处理，对比效果如图12-167所示。

图12—167

操作步骤

01 按Ctrl+O快捷键，打开素材文件。按Ctrl+J快捷键复制背景图层，并在背景副本图层上单击鼠标右键，在弹出的快捷菜单中选择"转换为智能对象"命令，如图12-168所示。

图12—168

02 执行"滤镜">"杂色">"蒙尘与划痕"命令，打开"蒙尘与划痕"对话框，设置"半径"为25像素，如图12-169所示。此时效果如图12-170所示。

图12—169

图12—170

03 可以看到人像皮肤部分细腻了很多，但是眼睛、眉毛以及皮肤转折区域也变得模糊了，这就需要为该图层添加图层蒙版，使用黑色画笔涂抹需要保留清晰效果的区域，如五官、手指、头发、服装等部分，如图12-171所示。最终效果如图12-172所示。

图12—171

图12—172

12.5.3 去斑

● 技术速查："去斑"滤镜可以检测图像的边缘（发生显著颜色变化的区域），并模糊边缘外的所有区域，同时会保留图像的细节。

执行"滤镜">"杂色">"去斑"命令，该滤镜没有参数设置对话框。如图12-173和图12-174所示分别为原始图像和应用"去斑"滤镜后的效果。

图12—173

图12—174

12.5.4 中间值

● 技术速查："中间值"滤镜可以混合选区中像素的亮度来减少图像的杂色。

执行"滤镜">"杂色">"中间值"命令，该滤镜会搜索像素选区的半径范围以查找亮度相近的像素，并且会扔掉与相邻像素差异太大的像素，然后用搜索到像素的中间亮度值来替换中心像素。如图12-175~图12-177所示分别为原始图像、应用"中间值"滤镜后的效果以及"中间值"对话框。

● 半径：用于设置搜索像素选区的半径范围。

图12—175

图12—176

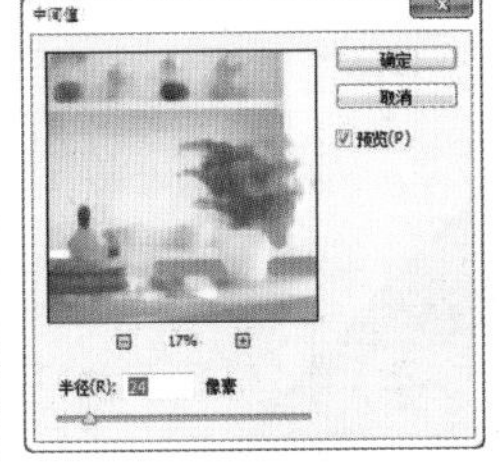

图12—177

PROMPT 技巧提示

经过降噪的图像清晰程度必然会受到损失，但是噪点较多的图像尽量不要进行锐化操作，否则噪点会更加明显，损害图像质量。若必须要进行锐化，可尝试锐化绿通道。

课后练习

【课后练习——制作急速飞车】

● 思路解析：本案例通过多种模糊滤镜的使用，模拟出汽车急速飞驰的效果。

扫码看视频

本章小结

在学习完多种锐化模糊降噪的方式后会发现，想达到某个目的可能有很多种方法，在多种方法中必然有一种最为简便快捷。Photoshop中的某一种工具会有很多种用途，例如，"高斯模糊"滤镜可以对整个画面进行模糊，也可以对画面局部进行模糊，还可以对图层蒙版进行操作，甚至可以对快速蒙版进行操作。所以在熟练掌握各项技能后一定要活学活用。

第13章

使用Camera Raw处理照片

本章内容简介：

Camera Raw 虽然是作为Adobe Photoshop的一项增效工具来介绍，但是就其功能来说，实际上已经是一款独立的图像处理软件。由于Camera Raw是无损化处理，所以用它来处理JPEG图像文件的优势是很明显的。Camera Raw不但提供了导入和处理相机原始数据文件的功能，并且也可以用来处理JPEG和TIFF文件。

本章学习要点：

- 掌握Camera Raw的使用方法
- 熟练使用Camera Raw调整照片颜色的方法
- 熟练掌握Camera Raw去除瑕疵的方法

13.1 认识Camera Raw

Camera Raw是Photoshop的一款滤镜，它可以解释相机原始数据文件，使用有关相机的信息以及图像元数据来构建和处理彩色图像。然后通过色彩平衡、对比度等操作以得到所需的图像效果。

13.1.1 RAW格式定义

- 技术速查：RAW文件不是图像文件，而是一个数据包，一般的图像浏览软件是不能预览RAW文件的，需要特定的图像处理软件才能转换为图像文件。

与JPEG文件不同，RAW文件是从数码相机的光电传感器直接获取的原始数据，所以相对来说，其包含颜色和亮度的内容也是极其丰富的。RAW文件拥有12位和16位数据的层次和颜色的细节，通过转换软件，可以从所摄图像中获得8位的JPEG或TIFF格式文件所不能保留的更多细节。

13.1.2 熟悉Camera Raw的操作界面

在Photoshop中打开一张图片，执行“滤镜”>“Camera Raw滤镜”命令。Camera Raw相对于Photoshop的操作界面要简洁得多，主要由工具栏、直方图、图像调整选项与图像窗口构成。可以对图像的白平衡、色调、饱和度进行调整，也可以对图像进行修饰、锐化、降噪、镜头矫正等操作。如图13-1所示为Camera Raw操作界面。

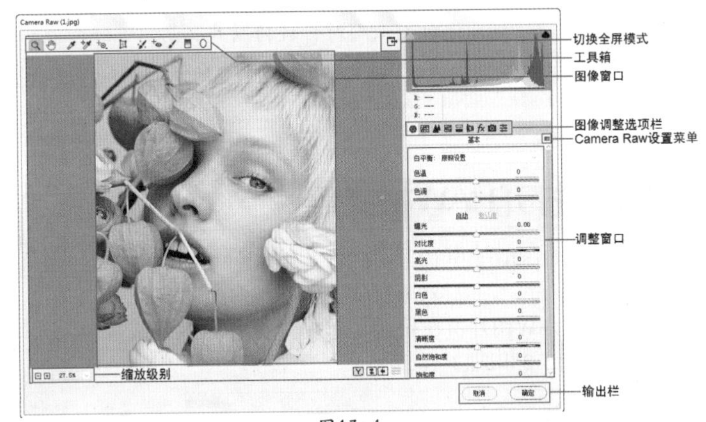

图13-1

- 工具栏：显示Camera Raw中的工具按钮，后面的章节将进行详细讲解。
- 切换全屏模式：单击该按钮，可以将对话框切换为全屏模式。
- 图像窗口：可在窗口中实时显示对照片所做的调整。
- 缩放级别：可以从菜单中选取一个放大设置，或单击按钮缩放窗口的视图比例。
- 图像调整选项栏：选择需要使用的调整命令。
- Camera Raw设置菜单：单击该按钮，可以打开“Camera Raw 设置”菜单，访问菜单中的命令。
- 调整窗口：调整命令的参数窗口，可以通过修改调整窗口的参数或移动滑块调整图像。

SPECIAL

技术拓展：Camera Raw工具详解

Camera Raw窗口的顶部工具栏中包含有多个工具，在直接打开RAW文件时，和执行“滤镜”>“Camera Raw滤镜”命令时，工具组中显示的工具数量略有不同。

- 缩放工具：单击可以放大窗口中图像的显示比例，按住 Alt 键单击则缩小图像的显示比例。如果要恢复到100%显示，可以双击该工具。
- 抓手工具：放大窗口以后，可使用该工具在预览窗口中移动图像。此外，按住空格键可以切换为该工具。
- 白平衡工具：使用该工具在白色或灰色的图像内容上单击，可以校正照片的白平衡。
- 颜色取样器工具：使用该工具在图像中单击，可以建立颜色取样点，对话框顶部会显示取样像素的颜色值，以便于调整时观察颜色的变化情况。一个图像最多可以放置9个取样点，如图13-2所示。
- 目标调整工具：单击该工具，在打开的下拉列表中选择一个选项，包括“参数曲线”“色相”“饱和度”和“明

亮度”，然后在图像中单击并拖动鼠标即可应用调整。

图13—2

- 裁剪工具：可用于裁剪图像。
- 拉直工具：可用于校正倾斜的照片。
- 变换工具：可用于调整画面的扭曲、透视以及缩放，常用于校正画面的透视，或者为画面营造出透视感。
- 污点去除：可以使用另一区域中的样本修复图像中选中的区域。
- 红眼去除：与Photoshop中的红眼工具相同，可以去除红眼。
- 调整画笔：处理局部图像的曝光度、亮度、对比度、饱和度和清晰度等。
- 渐变滤镜：用于对图像进行局部处理。
- 打开首选项对话框：单击该按钮，可打开“Camera Raw首选项”对话框。
- 旋转工具：可以逆时针或顺时针旋转照片。
- 径向滤镜：“径向滤镜”是以圆形径向渐变的方式进行过渡调整，而且“径向滤镜”可以分别对“内部”或“外部”进行参数调整。

13.1.3 打开RAW格式照片

单击Photoshop中的“文件”按钮，执行“文件”>“打开”命令，或按Ctrl+O快捷键，弹出“打开”对话框，选择RAW图片所在位置，单击“打开”按钮或按Enter键，如图13-3和图13-4所示。

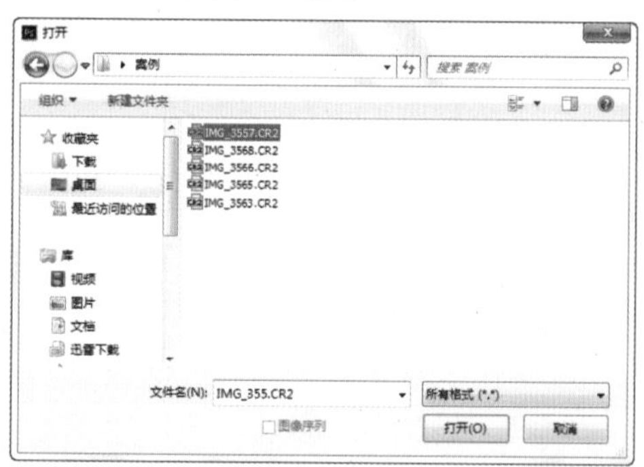

图13—3

图13—4

技巧提示

不同的相机RAW文件的扩展名也不同，CR2为佳能相机RAW文件扩展名。常见相机厂商的RAW文件扩展名：富士（*.raf）、佳能（*.crw或*.cr2）、柯达（*.kdc）、美能达（*.mrw）、尼康（*.nef）、奥林巴斯（*.orf）、Adobe（*.dng）、宾得（*.ptx或*.pef）、索尼（*.arw）、适马（*.x3f）、松下（*.rw2）。

13.1.4 在Camera Raw中打开其他格式文件

要在Camera Raw中处理JPEG和TIFF格式的图像，可在Photoshop中单击“文件”按钮，执行“文件”>“打开为”命令，或按Shift+Ctrl+Alt+O组合键，弹出“打开”对话框，选择照片，然后在“打开”下拉列表中选择Camera Raw选项，如图13-5所示，单击“打开”按钮，即可在Camera Raw中打开图片。

图13—5

技巧提示

Camera Raw滤镜作为Photoshop中的插件，不仅可以针对RAW格式的文件进行处理，还可以对其他图像文件进行处理。选择打开的图片图层，在Photoshop中执行“滤镜”>“Camera Raw滤镜”命令，即可打开Camera RAW窗口。操作方式与处理RAW文件相同，但是界面中的部分图标可能会发生变化。操作完成后单击“确定”按钮即可完成操作。而直接在Camera RAW中打开RAW格式文件时，处理完成后需要单击“打开图像”按钮即可在Photoshop中打开该文件，单击“确定”即可将当前调整保存到RAW文件中。

思维点拨：RAW格式的优势

每个像素只负责获得一种颜色，每个像素承载的数据通常有10或12位，而这些数据能存储到RAW文件中。相机的内置图像处理器通过这些RAW数据进行插值运算，计算出3个颜色通道的值，输出一个24位的JPEG或TIFF图像。

虽然TIFF文件保持了每个颜色通道8位的信息，但它的文件大小比RAW更大。JPEG通过压缩照片原文件，减少文件大小，但压缩是以牺牲画质为代价的。因此，RAW是上述两者的平衡，既保证了照片的画质和颜色，又节省存储空间。一些高端的数码相机更能输出几乎是无损的压缩RAW文件。

13.2 Camera Raw的基本操作

13.2.1 缩放工具

使用缩放工具单击，即可将预览缩放设置为下一较高预设值，也就是放大图像，如图13-6所示。反之，按住Alt键即可缩小图像；双击此工具可使图像恢复到100%，如图13-7所示。

图13—6

图13—7

技巧提示

使用快捷键Z能够快速切换到该工具；按住Ctrl+Alt快捷键滚动鼠标中轮，可以快速切换图像缩放级别；按住Alt键滚动鼠标中轮，可以按1.7%的增量调整图像缩放级别。也可以在左下角缩放级别列表中进行选择，如图13—8所示。

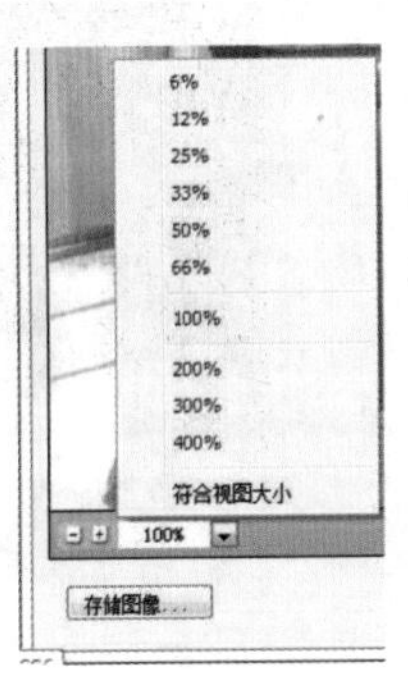

图13—8

13.2.2　动手学：使用抓手工具

抓手工具用于在预览窗口中调整图像显示区域，如图13-9所示。在使用其他工具时，按住空格键可以切换为该工具。双击抓手工具按钮可以将预览图像设置为适合窗口的大小。在使用抓手工具时，按住Ctrl键可暂时切换为放大工具，按住Alt键可暂时切换为缩放工具，如图13-10所示。

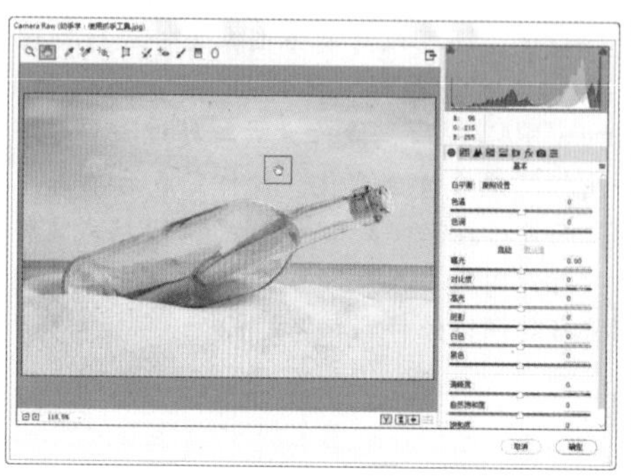

图13—9

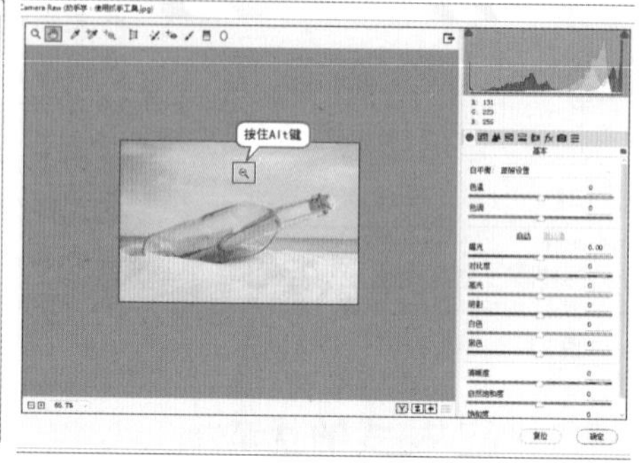

图13—10

13.2.3　动手学：使用裁切工具

裁切工具用于对图像进行裁剪，以达到调整图像大小和构图的目的。

01 在工具箱中单击该工具，在图像中单击并向另一方向进行拖曳，定界框以内的部分为保留区域，如图13-11所示。

02 单击工具箱中的“裁切工具”按钮，在下拉列表中可以进行长宽比的选择，并裁切出特定长宽比的图像，如图13-12所示。

图13—11

图13—12

03 将鼠标移动到定界框的控制点上，光标会变为双箭头，此时单击并拖曳鼠标即可更改定界框大小。在定界框内双击或按Enter键可以完成裁剪，如图13-13所示。

04 将鼠标移动到定界框以外，光标会变为弯曲的双箭头，此时单击并拖曳鼠标即可更改界定框角度。在定界框内双击或按Enter键可以完成裁剪，如图13-14所示。

图13—13

图13—14

技巧提示

在编辑RAW格式时才会出现此选项。Camera Raw中的裁切工具并不像Photoshop中的裁切工具一样，使用Camera Raw的裁切工具裁切图片后，再次单击裁切工具，图像会自动还原裁切掉的部分和上次裁切的定界框，以便于再次调整图像大小。

13.2.4 动手学：拉直工具

使用拉直工具 可以快速绘制出任意角度的裁切界定框，常用于校正倾斜的照片和旋转并裁切图像。

01 单击“拉直工具”按钮后在画面上以任意角度画出直线，如图13-15所示。画面对照片以最大矩形进行裁剪，并自动跳转到裁剪工具状态下，如图13-16所示。

02 定界框出现后操作方法与使用裁剪工具完全相同，可以对定界框进行旋转、调整大小等操作，按Enter键结束操作，如图13-17所示。

图13—15

图13—16

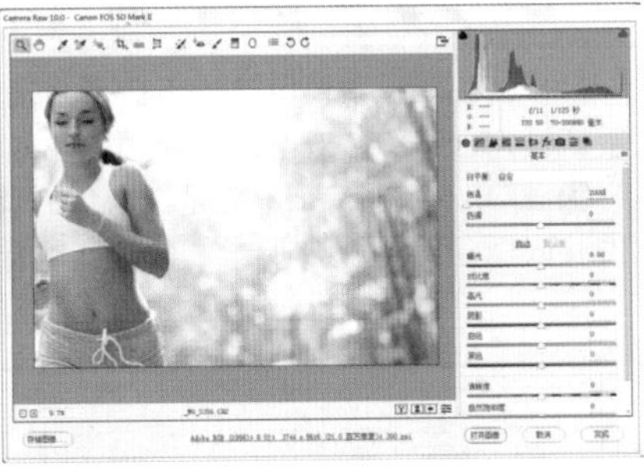

图13—17

13.2.5 动手学：旋转图像

Camera Raw中有两个旋转工具：逆时针旋转90°工具 和顺时针旋转90°工具 。单击这两个旋转按钮，即可快速便捷地旋转图像，如图13-18和图13-19所示。

图13—18

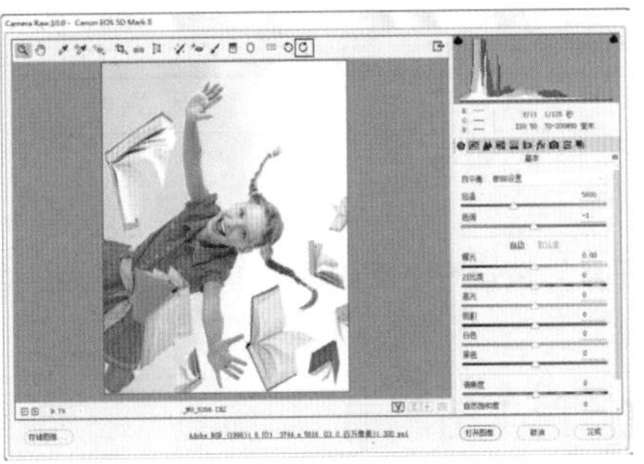

图13—19

13.2.6 调整照片大小和分辨率

单击Camera Raw对话框底部的“工作流程选项”超链接，在弹出的“工作流程选项”对话框中可以对其“色彩空间”“色彩深度”“大小”“分辨率”和“锐化”进行设置。勾选“调整大小以合适”，可以选择合适的尺寸，也可以直接修改分辨率数值，单击“确定”按钮结束操作，如图13-20所示。

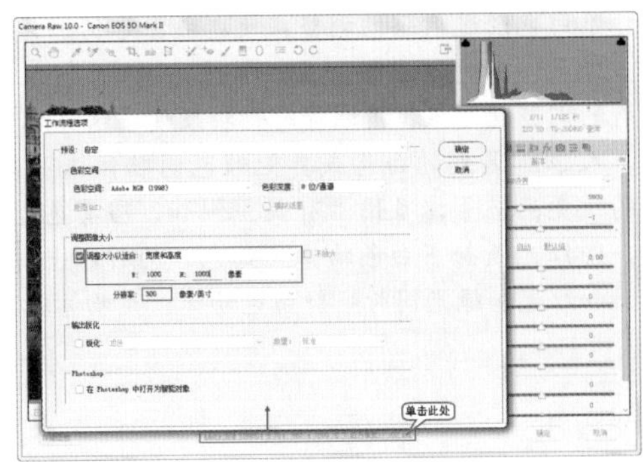

图13—20

13.3 在Camera Raw中进行局部调整

在Camera Raw中包含多种可以快速校正拍摄中出现的常见问题的工具，例如校正镜头缺陷，调整照片的颜色、白平衡、污点去除及红眼去除等操作，如图13-21所示。

图13—21

13.3.1 动手学：使用白平衡工具校正图像白平衡

白平衡工具主要用于校正白平衡设置不当引起的偏色问题，使用该工具在图像中本应是白色或灰色的区域上单击，可以重新设定白平衡，双击该工具，可以将白平衡恢复到照片最初状态。

01 打开一张照片，本应是纯白色的背景部分倾向于黄色，所以这里可以以背景为样本像素。使用白平衡工具在画面中单击并取样，如图13-22所示。此时可以看到服装部分不再偏黄了，如图13-23所示。

图13—22

图13—23

02 单击“白平衡工具”按钮时，在画面中单击鼠标右键，可以分别将照片设置为其他不同预设效果，如图13-24所示。

思维点拨：白平衡原理

白平衡从字面上的理解是白色的平衡，也可以简单地理解为在任意色温条件下，相机镜头所拍摄的标准白色经过电路的调整，使之成像后仍然为白色。相机内部有3个电子耦合元件，它们分别感受蓝色、绿色、红色的光线，在预置情况下这3个感光电路电子放大比例是相同的，为1：1：1的关系，白平衡的调整就是根据被调校的景物改变了这种比例关系。

人眼所见到的白色或其他颜色同物体本身的固有色、光源的色温、物体的反射或透射特征、人眼的视觉感应等诸多因素有关。例如，当有色光照射到消色物体时，物体反射光颜色与入射光颜色相同，即红光照射下白色物体呈红色，两种以上有色光同时照射到消色物体上时，物体颜色呈加色法效应，如红光和绿光同时照射白色物体，该物体就呈黄色。

原照设置
自动
日光
阴天
阴影
白炽灯
荧光灯
闪光灯

图13—24

13.3.2　动手学：使用目标调整工具

目标调整工具可以更加直观地通过在照片上拖动来校正色调和颜色，无须使用图像调整选项卡中的滑块。例如，使用目标调整工具在画面上向下拖动，以降低其饱和度，或向上拖动，以增强其色相。单击该工具，在下拉列表中可以选择进行调整的方式，如改变“参数曲线”“色相”“饱和度”“明亮度”的值，从而改变图像局部的颜色与色调，如图13-25所示。

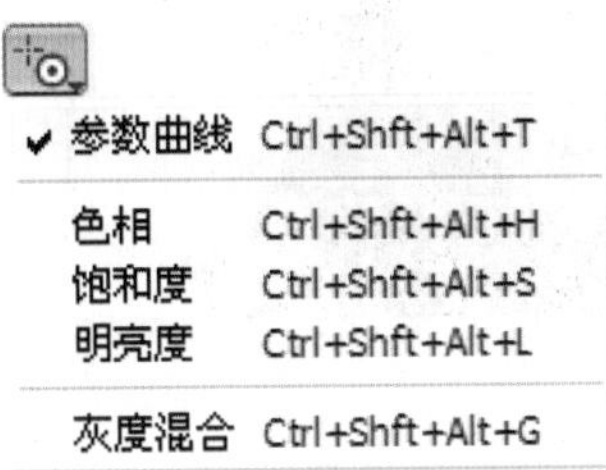

图13—25

01 打开一张图像，在工具箱中单击“目标调整工具”按钮，在画面中单击鼠标右键选择“饱和度”选项，此时调整面板会同时显示对应的调整设定页——“饱和度”页面，如图13-26所示。

图13—26

02 使用该工具在图像上单击并向左拖动，如图13-27所示。此时，可以看到图像中偏黄色的部分基本变为偏灰色的效果，如图13-28所示。

图13—27

图13—28

03 也可以在参数调整面板中修改参数以改变图像，调整“绿色”为 - 100%，此时图像中绿色的部分也变为灰色，如图13-29所示。效果如图13-30所示。

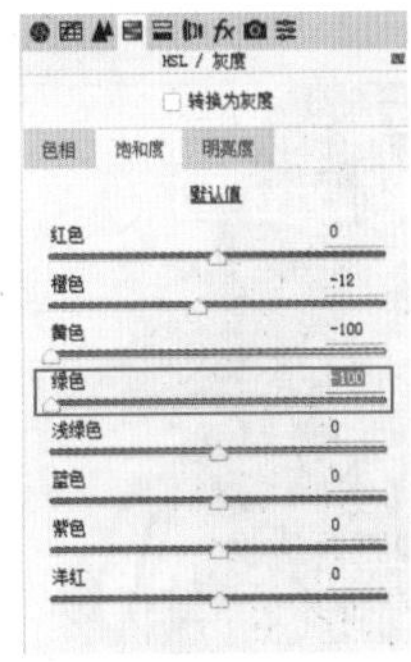

图13—29

图13—30

第13章　使用Camera Raw处理照片

13.3.3 动手学：使用污点去除工具去除面部斑点

01 打开图片，使用污点去除工具 在污点处单击，如图13-31所示。单击并拖曳出一个圆形的区域，如图13-32所示。

图13—31

图13—32

02 松开鼠标后出现另一个圆形区域，也就是用于修复的样本，移动该区域到合适的位置，如图13-33所示。松开鼠标即可修复当前污点，如图13-34所示。

图13—33

图13—34

13.3.4 动手学：使用红眼去除工具去除红眼

单击“红眼去除工具”按钮 ，右侧参数面板出现其参数设置，如图13-35所示。拖动“瞳孔大小”滑块可以增加或减少校正区域的大小。向右拖动“变暗”滑块可以使选区中的瞳孔区域和选区外的光圈区域变暗。

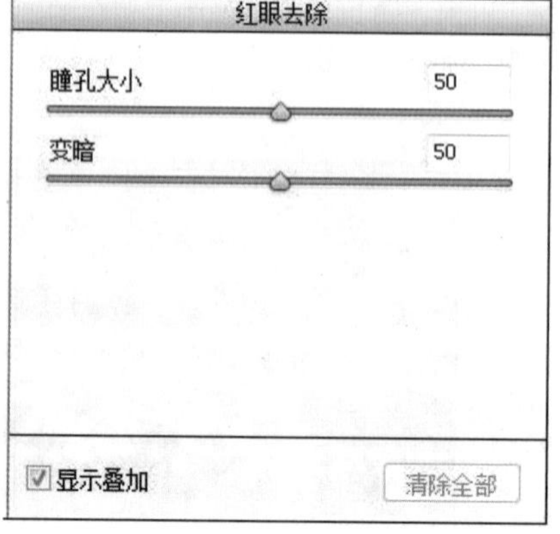

图13—35

01 单击“红眼去除工具”按钮，在图像中拖曳绘制出红眼的选区，如图13-36所示。松开鼠标后红眼部分饱和度降低，变为正常颜色，如图13-37所示。

图13—36

图13—37

02 去除红眼后将图像放大，可以看到瞳孔的附近有一个选区，选区内的部分饱和度为0，如图13-38所示。选区外的眼球部分饱和度稍高一些，调整该选区大小可以控制饱和度为0的区域大小，如图13-39所示。

图13—38

图13—39

13.3.5 动手学：使用调整画笔工具调整图像

使用调整画笔工具 在需要进行调整的区域进行绘制，具体调整参数可以通过右侧面板进行控制，如图13-40所示。

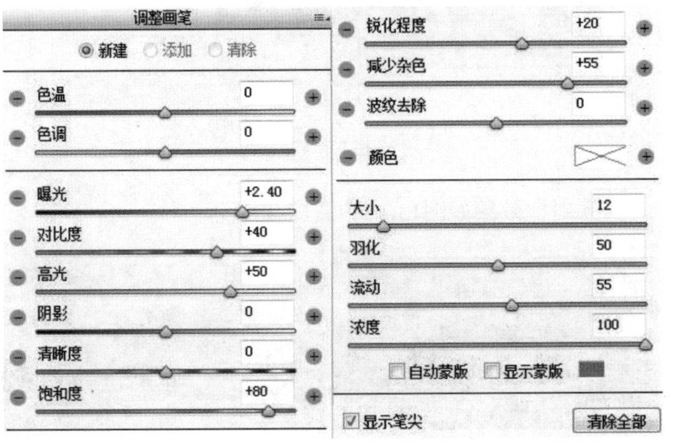

图13—40

01 执行“文件”>“滤镜”>“Camera Raw滤镜”命令，打开素材照片，如图13-41所示。单击工具栏中的“调整画笔工具”按钮，在右侧的“调整画笔”选项卡中设置画笔“大小”为15，“羽化”为50，“流动”为55，“浓度”为100，选中“显示蒙版”复选框，为了便于观察蒙版区域，设置蒙版颜色为红色，如图13-42所示。

图13—41

图13—42

02 使用调整画笔工具在画面中涂抹，如图13-43所示。

图13—43

03 在绘制过程中会出现绘制错误的区域，这时可以在右侧的“调整画笔”选项卡中设置画笔类型为“清除”，并设置画笔“大小”为15，“羽化”为50，“流动”为50。然后在建筑边缘处进行涂抹，擦去多余绘制的部分，如图13-44所示。

图13—44

技巧提示

当画笔类型为“添加”状态时，也可以按住Alt键将画笔快速切换为“清除”类型。

04 蒙版区域绘制完毕，可以取消选中“显示蒙版”复选框或按Y键，隐藏蒙版。设置“曝光”为1.5，“对比度”为40，“饱和度”为80，绘制的部分呈现出明亮艳丽的效果，如图13-45所示。调整完成后，单击“确定”按钮，执行“文件”>“储存”命令储存该图片。

图13—45

技巧提示

将调整画笔类型设置为“新建”，即可添加其他的调整区域，如图13-46所示。

图13—46

05 对比效果如图13-47和图13-48所示。

图13—47　　图13—48

13.3.6 使用渐变滤镜工具

渐变滤镜 也是用于对图像进行局部调整的工具。该工具以渐变的方式将图像分为“两极”，分别是调整后效果和未调整的效果，两极中间则是过渡带。单击该工具，在图像中单击出现绿色圆点“调整后的效果”，拖曳即可出现红色圆点“未调整的效果”，中间的区域为过渡区。在窗口右侧可以调整相应的参数设置，如图13-49所示。

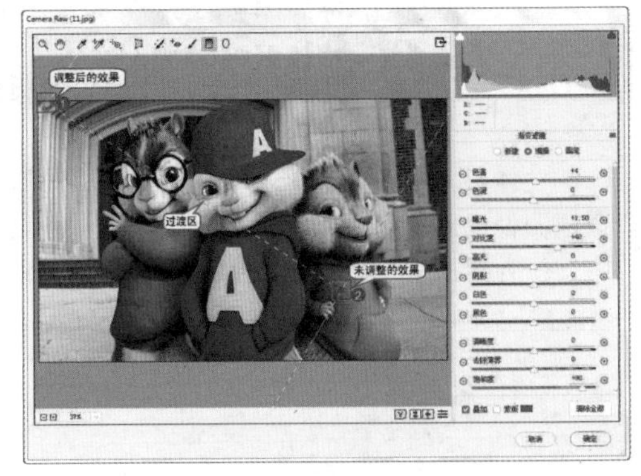

图13—49

13.3.7 使用径向滤镜工具

“径向滤镜” 与“渐变滤镜”的功能非常相似，“渐变滤镜”是以线形渐变的方式进行过渡，而“径向滤镜”是以圆形径向渐变的方式进行过渡，而且“径向滤镜”可以分别对“内部”或“外部”进行参数调整。如图13-50和图13-51所示。“径向滤镜”能够突出展示图像的特定部分，与“光圈模糊”滤镜有些类似。

图13—50

图13—51

01 选择一张图片，执行“滤镜”>“Camera Raw滤镜”命令，在Camera Raw中打开该图片，如图13-52所示。单击工具箱中的“径向滤镜”工具，在人物上方按住鼠标左键并拖动，绘制出一个椭圆形状区域。在右侧面板中设置“色温”为100，“曝光”为-4，“对比度”为100，“饱和度”为80，“效果”为“外部”，如图13-53所示。此时图片效果如图13-54所示。

图13—52

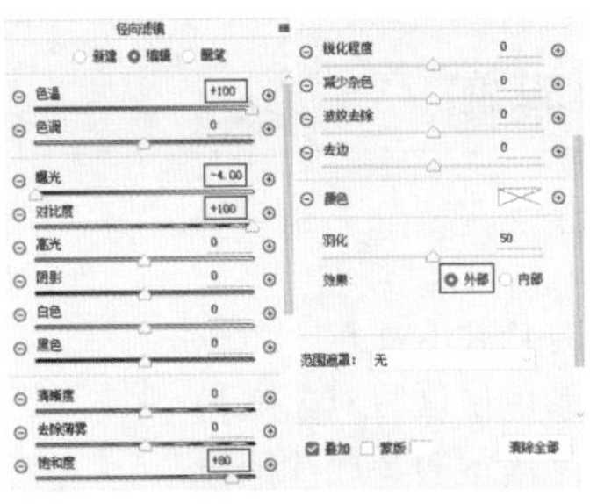

图13—53

图13—54

02 接着在右侧面板底部设置“效果”为“内部”，如图13-55所示。使当前的调整效果应用于椭圆形状控制框以内的区域，如图13-56所示。

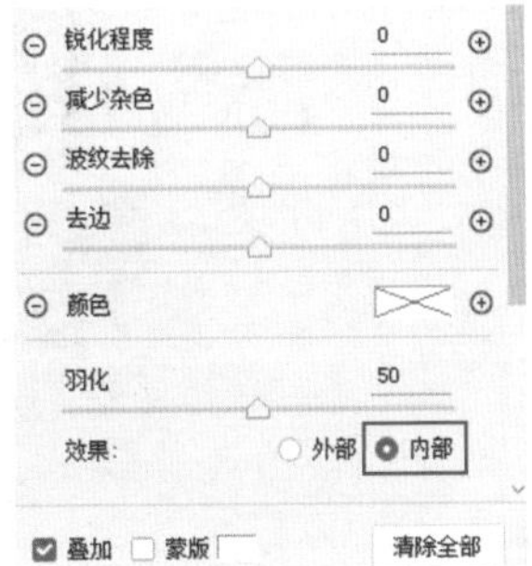

图13—55

图13—56

13.4 在Camera Raw中调整颜色和色调

在使用Camera Raw调整RAW照片的颜色和色调时，将保留原图像的相机数据、调整内容或存储在Camera Raw数据库中，作为数据嵌入在图像文件中，如图13-57和图13-58所示。

图13—57

图13—58

13.4.1 认识Camera Raw中的直方图

技术速查：直方图是用于了解图像曝光情况及观察图像调整处理结果的工具。

Camera Raw中的直方图由红、绿、蓝3个颜色组成，当所有3个通道重叠时，将显示为白色。其中两个通道重叠时，分别显示为青色、黄色或洋红色。根据直方图的形态可以方便地判断图像存在的问题，以便有目的地对图像进行调整，如图13-59所示。

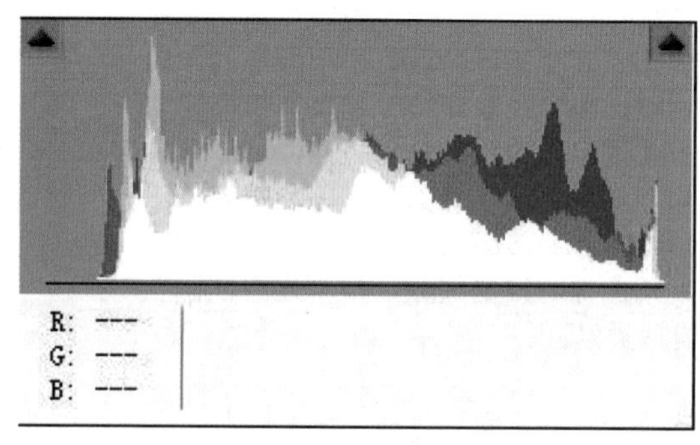

图13—59

技巧提示

红色+绿色通道为黄色；红色+蓝色通道为洋红色；绿色+蓝色通道为青色。

13.4.2 动手学：调整白平衡

技术速查：调整白平衡不仅可以使用白平衡工具进行快速调整，也可以在“基本”面板中进行详细调整。

调整白平衡首先需要确定图像中应具有中性色（白色或灰色）的对象，然后调整图像中的颜色使这些对象变为中性色。“白平衡列表”在默认情况下显示的是照片拍摄时相机使用的白平衡设置；还可以基于图像数据自动计算合适的白平衡设置。或者直接进行参数的调整，如图13-60所示。

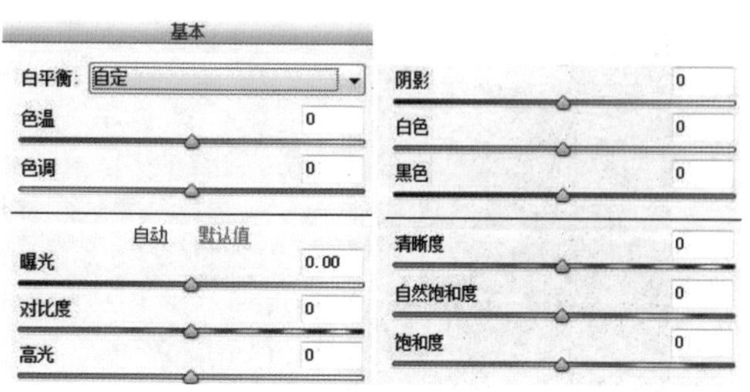

图13—60

01 按Ctrl+O快捷键，打开本书配套资源中的素材文件，如图13-61所示。

图13—61

02 这张照片的色调偏冷色，在Camera Raw面板中单击“白平衡工具”按钮，在图像中性色（白色或灰色）区域单击鼠标左键，Camera Raw滤镜可以确定场景的光线颜色进行自动调整，如图13-62所示。

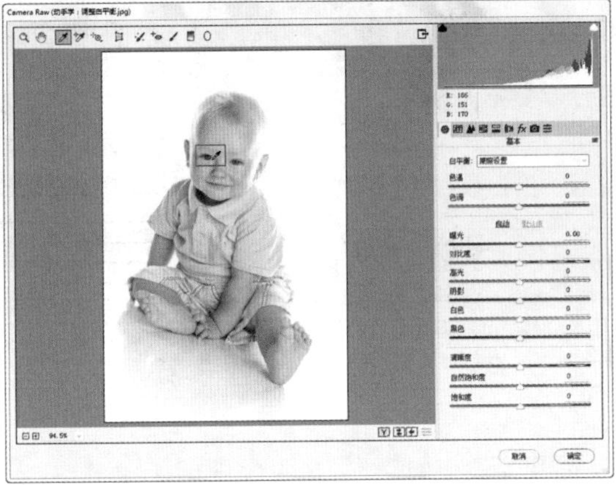

图13—62

技巧提示

当照片主体是人像，并且环境中没有明显的中性色可以以眼白作为中性色区域。

03 此时人物肤色明显变得更加红润，如图13-63所示。

04 为了使图像整体更暖一些，可以在Camera Raw常规面板中增大色调数值，最终效果如图13-64所示。

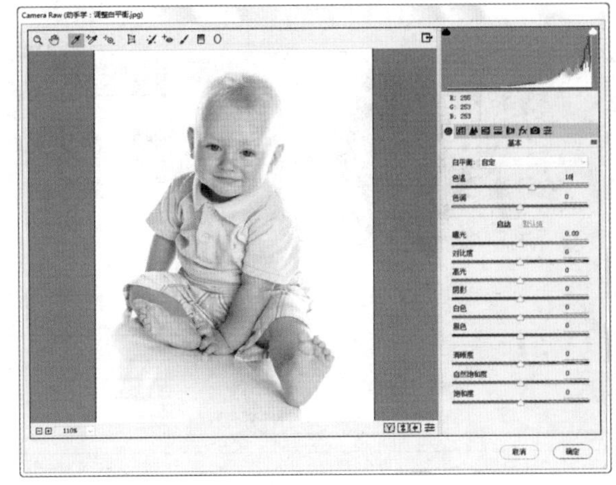

图13—63

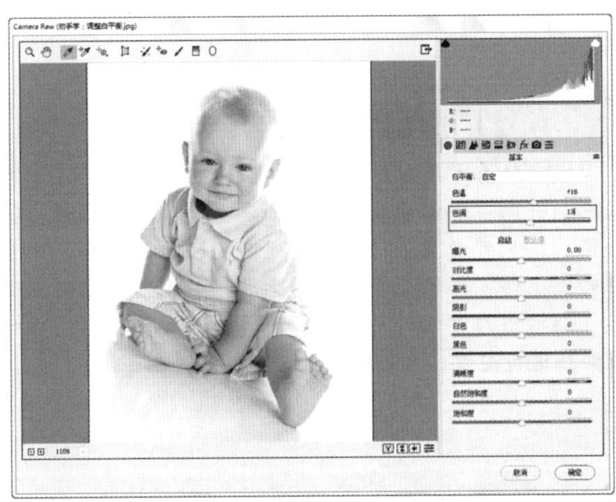

图13—64

13.4.3 清晰度、饱和度控件

- 技术速查：更改图像的清晰度和颜色纯度，可以使图像色调更加鲜亮、明快。

在Camera Raw中，可通过基本选项卡调整“清晰度”“自然饱和度”和“饱和度”的数值，如图13-65所示。

- 清晰度：可以调整图像的清晰度。
- 自然饱和度：可以调整饱和度，并在颜色接近最大饱和度时减少溢色。该设置更改所有低饱和度颜色的饱和度，对高饱和度颜色的影响较小，类似于Photoshop的“自然饱和度”命令。
- 饱和度：可以均匀地调整所有颜色的饱和度，调整范围为 - 100（单色）到+100（饱和度加倍）。该命令类似“色相/饱和度”命令中的饱和度功能。

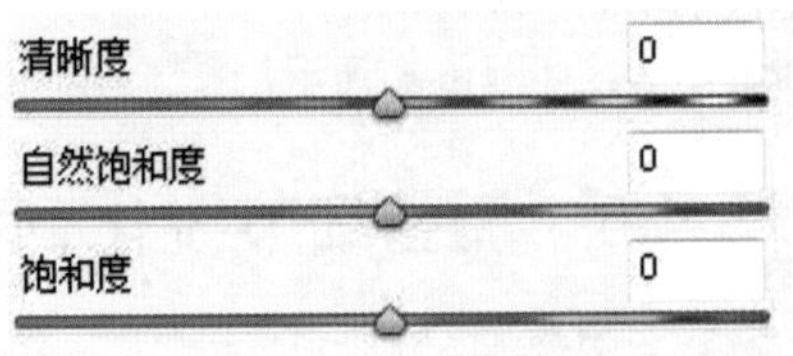

图13—65

13.4.4 调整色调曲线

色调曲线表示对图像色调范围所做的更改。色调曲线包含两种不同的调整方式，分别是“参数曲线”和“点曲线”。“参数曲线”是通过调整曲线的数值来调整图像的亮度及对比度；“点曲线”的使用方法与传统的曲线相同，通过调整曲线形状来调整图像，如图13-66所示。

图13—66

技巧提示

水平轴表示图像的原始色调值（输入值），左侧为黑色，并向右逐渐变亮。垂直轴表示更改的色调值（输出值），底部为黑色，并向上逐渐变为白色。如果曲线中的点上移，则输出为更亮的色调；如果曲线中的点下移，则输出为更暗的色调。45°斜线表示没有对色调响应曲线进行更改：原始输入值与输出值完全匹配。

参数曲线

参数曲线是通过调整曲线坐标数值来调整图像的，可以使用“参数”选项卡中的色调曲线来调整图像中特定色调范围的值。沿图形水平轴拖移区域分隔控件，扩展或收缩滑块所影响的曲线区域，然后拖移“参数”选项卡中的“高光”“亮区”“暗区”或“阴影”滑块调整参数，即可调整曲线形状。中间区域属性（“暗区”和“亮区”）主要影响曲线的中间区域。“高光”和“阴影”属性主要影响色调范围的两端，如图13-67所示。

图13—67

点曲线

点曲线相对参数曲线更加直观，要调整曲线形状，只需在曲线上单击并拖移曲线上的点即可，色调曲线下面将显示“输入”和“输出”色调值。也可以使用“曲线”预设选项，包括“线性”“中对比度”“强对比度”和“自定”来改变曲线形状，如图13-68所示。

图13—68

13.4.5 调整细节锐化

- 技术速查：Camera Raw的锐化只应用于图像的亮度，并不影响色彩。

单击Camera Raw对话框中的“细节”按钮，进入细节选项卡面板，移动滑块或修改其数值，可对图像进行锐化调节，如图13-69所示。

- 数量：调整边缘的清晰度。该值为0时关闭锐化。
- 半径：调整应用锐化的细节的大小。该值过大会导致图像内容不自然。
- 细节：调整锐化影响的边缘区域的范围，它决定了图像细节的显示程度。较小的值将主要锐化边缘，以便消除模糊，较大的值则可以使图像中的纹理更清楚。

图13—69

- 蒙版：Camera Raw是通过强调图像边缘的细节来实现锐化效果的。将“蒙版”设置为0时，图像中的所有部分均接受等量的锐化；设置为100时，可将锐化限制在饱和度最高的边缘附近，避免非边缘区域锐化。

技巧提示

锐化和降噪是相对的两个调整，锐化的同时也会产生噪点，锐化作用越强，所产生噪点也就越多。所以在调整“锐化”面板的同时，也要适当调整“减少杂色”面板，使图像呈现最佳状态，如图13—70所示。

图13—70

13.4.6 使用HSL/灰度调整图像色彩

单击Camera Raw对话框中的“HSL/灰度”按钮，通过对选项卡中的“色相”“饱和度”和“明亮度”进行调整来控制各个颜色的范围，如图13-71所示。

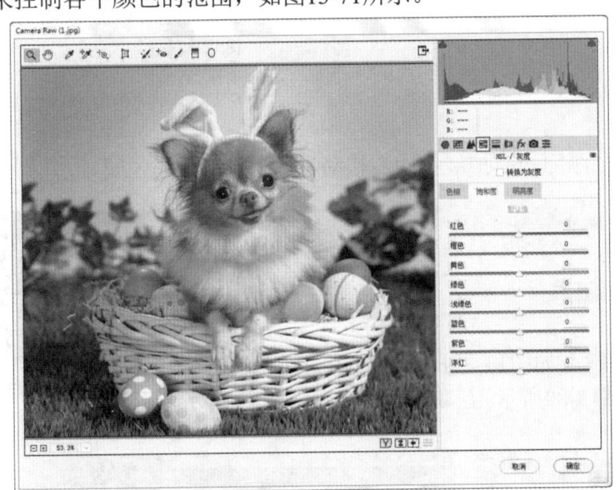

图13—71

选中“转换为灰度”复选框，可以进入灰度模式，将彩色图像转换为黑白效果，通过调整颜色的滑块，使图像呈现出不同的饱和度。进行HSL调整时，除了观察画面的变化，也要注意观察直方图的变化， 当其中一种颜色对直方图不起任何作用时，不必滑动该滑块。HSL用于对红、橙、黄、绿、浅绿、蓝、紫和洋红8种在图像中常见的颜色进行一定的调整，如图13-72所示。

图13—72

13.4.7 分离色调

- 技术速查：分离色调可以通过调整“高光”和“阴影”的“色相”及“饱和度”来为黑白照片或灰度图像着色，形成单色调或双色调图像，也可以为彩色图像应用特殊处理，如反冲处理的外观。

单击Camera Raw对话框中的“分离色调”按钮，如图13-73所示为原图。如图13-74所示为分离色调后的效果。

图13-73

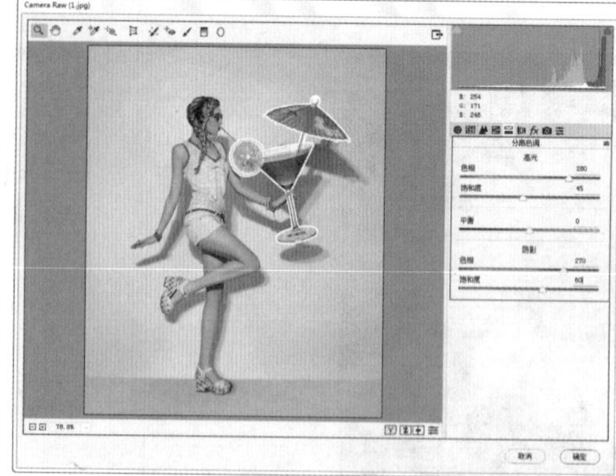
图13-74

13.4.8 镜头校正

技术速查：镜头校正主要用于消除由于镜头原因造成的图像缺陷。

单击Camera Raw对话框中的"镜头校正"按钮，在"配置文件"页面中可以对镜头配置文件以及镜头配置文件进行设置，如图13-75所示。单击"手动"按钮，可以对镜头校正的具体参数进行设置，如图13-76所示。

图13-75

图13-76

- 扭曲度：设置画面扭曲畸变度，数值为正值时向内凹陷，数值为负值时向外膨胀。
- 去边：在该组中通过调整滑块修复紫边绿边问题。
- 数量：正值使角落变亮，负值使角落变暗。
- 中点：调整晕影的校正范围，向左拖动滑块，可以使变亮区域向画面中心扩展；向右拖动滑块则收缩变亮区域。

13.4.9 添加特效

技术速查：在"效果"面板中可以通过移动滑块调整数值为图像添加"颗粒"和"裁剪后晕影"两大类画面特效。

单击Camera Raw对话框中的"效果"按钮fx，进入"效果"面板。如图13-77所示为原图。如图13-78所示为去除薄雾效果。如图13-79所示为添加颗粒特效。如图13-80所示为添加晕影特效。

图13-77

图13-78

图13-79

图13-80

13.4.10 调整相机的颜色显示

技术速查：相机校准主要用于校正某些相机普遍性的色偏问题。

相机校准可以通过对“阴影”“红原色”“绿原色”和“蓝原色”的“色相”及“饱和度”的滑块调整来校正偏色问题；也可以用来模拟不同类型的胶卷。在Camera Raw 滤镜对话框中进行调整，并将它定义为这款相机的默认设置。以后打开该相机拍摄的照片时，就会自动对颜色进行补偿，如图13-81所示。

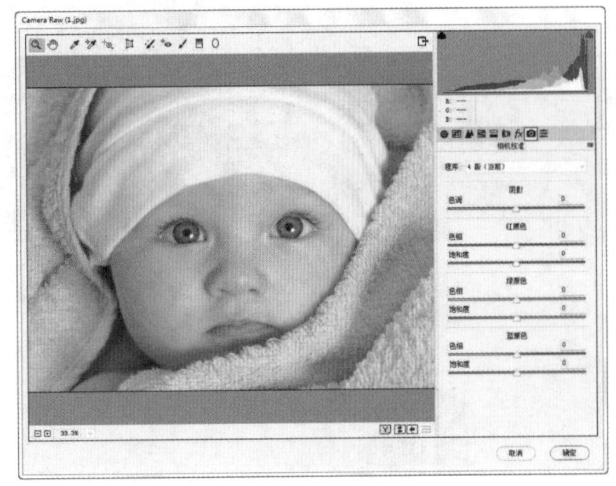

图13—81

13.4.11 预设和快照

技术速查：Camera Raw中的“预设”是一个非调整项，其目的是将已调整好的图像调整设置应用到其他图像。

单击“预设”按钮，在弹出的预设窗口右下角单击“新建预设”按钮，在弹出的对话框中设置名称及所要保留的项目，单击确定按钮结束操作，如图13-82所示。

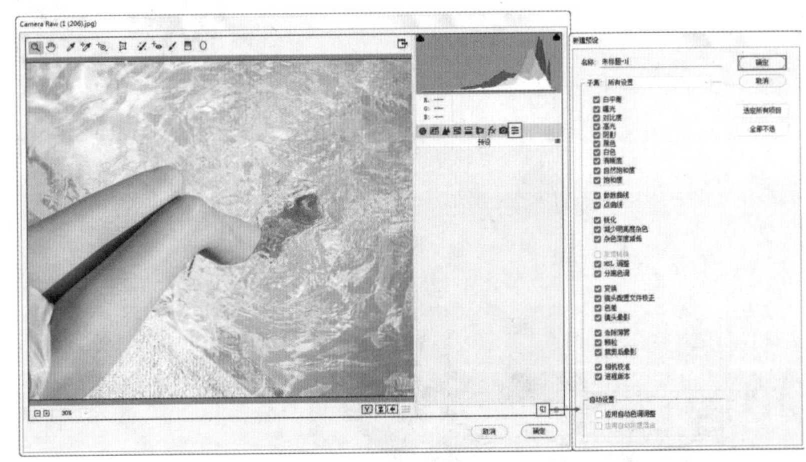

图13—82

课后练习

【课后练习——调整局部效果】

思路解析：本案例通过调整画笔的使用来调整画面局部效果，使画面中背光区域呈现受光效果。

扫码看视频

本章小结

Camera Raw 以其简单快捷的图像处理方式逐渐被越来越多的摄影爱好者所接受。其调整图像的方式与Photoshop默认的颜色调整方式比较接近，所以学习起来也非常容易。重点掌握工具的使用方法以及参数的设置方式，即可快速调整数码照片的画面效果。

第14章

高级抠图技法

本章内容简介：

抠图是Photoshop的一个非常重要的功能，使用抠图可以将图像中需要的部分从背景中提取出来，使其与另一个图像很好地融合，从而完成图像换背景、图像合成等效果。可以使用快速蒙版、通道、色彩范围等不同方法抠图，本章将通过具体实例介绍不同的抠图方法。

本章学习要点：

- 利用快速蒙版溶图
- 利用快速选择工具为人像照片换背景
- 使用通道抠出云朵
- 利用边缘检测抠取美女头发
- 使用通道抠出飘逸的长发
- 为毛茸茸的小动物换背景
- 提取玻璃质感物体
- 使用多种抠图工具合成人像

★ 14.1 利用快速蒙版溶图

案例文件	案例文件\第14章\14.1利用快速蒙版溶图.psd
视频教学	视频文件\第14章\14.1利用快速蒙版溶图.flv
难易指数	★★★★★
技术要点	快速蒙版

案例效果

扫码看视频

所谓溶图其实就是用Photoshop除抠图之外给人物替换背景的另一种演变，但溶图的形式又完全不同于抠图。抠图所追求的是极致的精益求精，而溶图却允许出现柔化的边缘。本案例将使用快速蒙版进行溶图。原图与效果图对比如图14-1和图14-2所示。

图14—1

图14—2

操作步骤

01 打开人像素材文件“1.jpg”，如图14-3所示。然后置入背景素材文件“2.jpg”，栅格化该图层。将该素材放在人像图层的上方作为“图层1”，如图14-4所示。

图14—3

图14—4

02 在工具箱中单击“以快速蒙版模式编辑”按钮，进入快速蒙版模式。在工具箱中单击“画笔工具”按钮，在“画笔预设”选区器的常规画笔组下选择柔边圆画笔，设置画笔的“大小”为48像素，如图14-5所示。设置前景色为黑色，在图14-6上方和右侧的位置进行涂抹，涂抹过的区域出现红色半透明的效果。

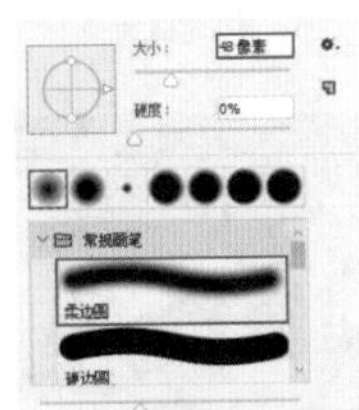

图14—5

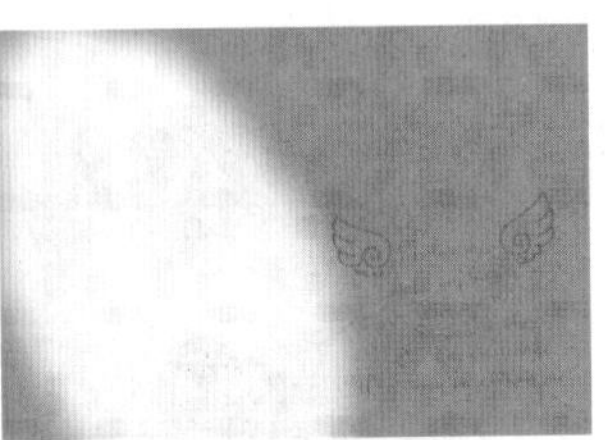

图14—6

技巧提示

绘制蒙版的前景色只能为黑、白、灰这3种颜色。如果选择其他颜色，Photoshop也会以所选颜色的明度将其转换为灰色。

03 按Q键退出快速蒙版模式，此时背景中未被涂抹的部分将生成选区，并且选区非常平滑，如图14-7所示。选择背景素材“图层1”，按Delete键删除选区内的部分，透出背景人像部分，最终效果如图14-8所示。

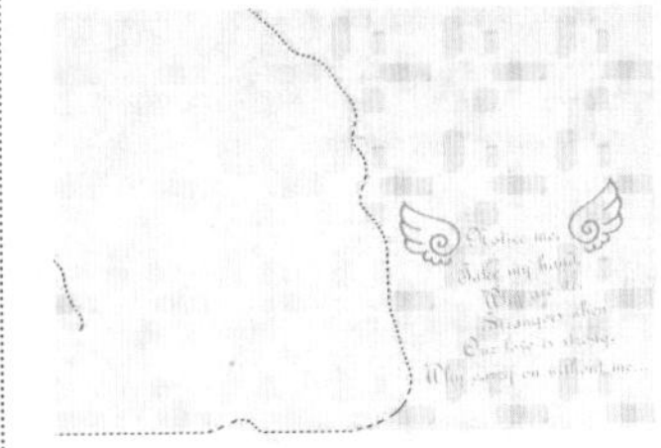

图14—7

图14—8

思维点拨：柔和色调

本案例的画面效果意在展示女性柔美温婉的一面，所以选择柔和的黄色调。黄色给人以轻快、透明、辉煌，充满希望的色彩印象。柔和的黄色是一种可以放松心情的治愈系色彩，这种黄色有着花一样的温柔气质。

★ 14.2 利用快速选择工具为人像照片换背景

案例文件	案例文件\第14章\14.2利用快速选择工具为人像照片换背景.psd
视频教学	视频文件\第14章\14.2利用快速选择工具为人像照片换背景.flv
难易指数	★★★★★
技术要点	快速选择工具

案例效果

扫码看视频

本案例需要将人像从图中分离出来，从图14-9中能够看到人像部分与背景部分色调差异较大，所以使用快速选择工具能够轻松地制作出人像的选区。效果如图14-10所示。

图14—9

图14—10

操作步骤

01 打开本书配套资源中的素材文件“1.jpg”，如图14-11所示。在工具箱中单击“快速选择工具”按钮，然后在选项栏中设置画笔的“大小”为39像素，“硬度”为76%，如图14-12所示。

02 在人物头部单击并拖曳光标，如图14-13所示。然后向下拖曳光标，选择整个身体部分，如图14-14所示。

图14—11

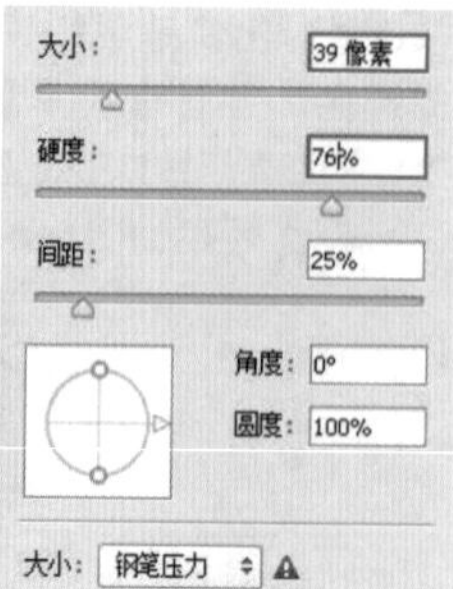

图14—12

图14—13

图14—14

03 放大图像，可以观察到人物附近有些背景也被选中了，然后按住Alt键的同时单击背景区域，减去这些部分，如图14-15所示。使用同样的方法制作其他多余的选区，如图14-16所示。

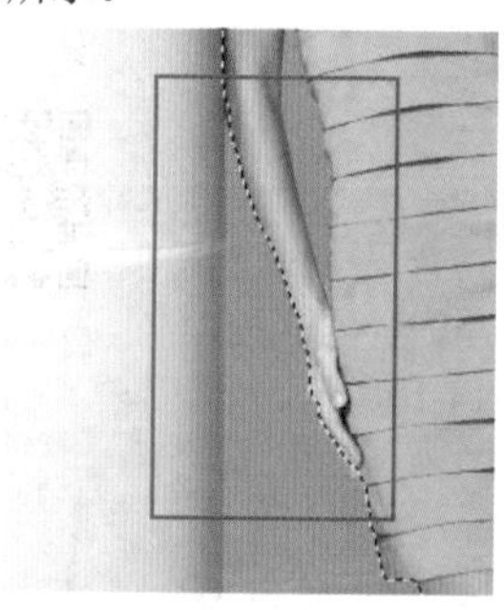
图14—15

图14—16

04 使用快捷键Ctrl+J，将选区内的图像复制到一个新的“图层1”中，如图14-17所示。置入背景素材“2.jpg”将其栅格化并将其放置在人像图层下方；置入前景素材“3.png”栅格化该图层并将其放在人像图层上方。最终效果如图14-18所示。

图14—17

图14—18

思维点拨：抠图简介

抠图就是把图片或影像的某一部分从原始图片或影像中分离出来成为单独的图层。主要功能是为了后期的合成做准备。常用的方法有套索工具、选框工具直接选择、快速蒙版、钢笔勾画路径后转换选区、抽出滤镜、外挂滤镜抽出、通道和计算等，如图14—19所示。

图14—19

★ 14.3 使用通道抠出云朵

案例文件	案例文件\第14章\14.3使用通道抠出云朵.psd
视频教学	视频文件\第14章\14.3使用通道抠出云朵.flv
难易指数	★★★★★
技术要点	通道抠图

案例效果

扫码看视频

从天空图像提取云朵的方法很简单，由于天空是蓝色的，所以在“通道”面板中的红通道中云朵与背景的黑白对比较强，非常适合使用通道抠图的方法进行抠出。本案例主要针对如何使用通道抠图进行练习。原图与效果图对比如图14-20和图14-21所示。

图14—20

图14—21

操作步骤

01 按下快捷键Ctrl+O，打开人像照片素材文件“1.jpg”，如图14-22所示。置入天空素材文件“2.png”，栅格化该图层。将该图层命名为“天空”，如图14-23所示。

图14—22

图14—23

02 先将背景图层隐藏，只显示天空的素材。然后从天空中抠出云朵。进入“通道”面板，可以看出红通道中的云朵颜色与背景颜色差异最大，如图14-24和图14-25所示。

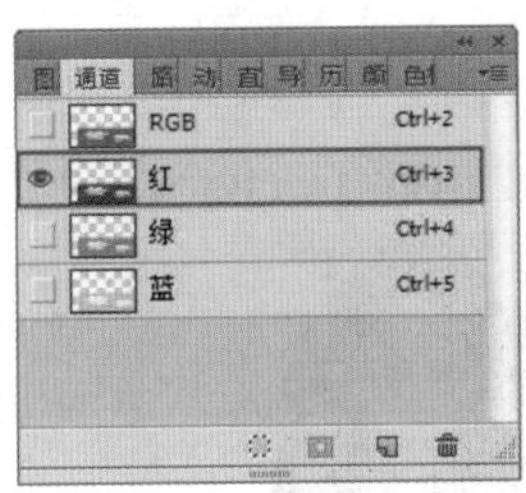

图14—24

图14—25

03 在红通道上单击鼠标右键，在弹出的快捷菜单中选择“复制通道”命令，如图14-26所示。此时将会出现一个新的“红 副本”通道，如图14-27所示。

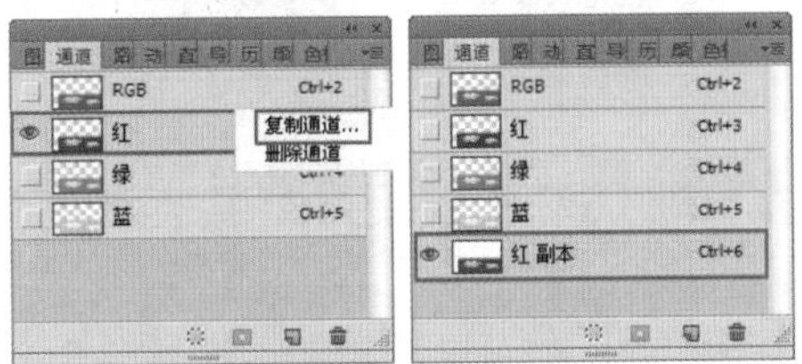

图14—26　　图14—27

04 为了制作云朵部分的选区，需要增大通道中云朵与背景色的差距，执行“图像”>“调整”>“曲线”命令，选择黑色吸管，在视图中多次吸取背景颜色，使背景变为黑色，如图14-28所示。效果如图14-29所示。

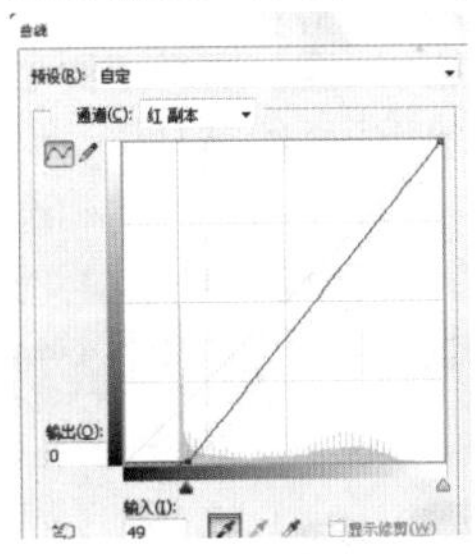

图14—28

图14—29

技巧提示

如果想要半透明效果的云朵，可以在此步骤后载入选区。

05 使用减淡工具，在选项栏中设置“范围”为“高光”，“曝光度”为50%，如图14-30所示。使用减淡画笔工具，在云朵上面进行绘制涂抹，使云朵部分变为白色。然后按住Ctrl键，单击红通道副本载入云朵的选区，如图14-31所示。

图14—30　　图14—31

06 回到“图层”面板，单击“添加图层蒙版”按钮，为“图层1”添加一个图层蒙版，蓝天部分被隐藏起来，如图14-32所示。显示出人像图层，使用自由变换工具快捷键Ctrl+T，调整云朵大小，并将其放置在背景天空上面，如图14-33所示。

图14—32

图14—33

07 创建新的“色相/饱和度”调整图层，设置“色相”为-6，“明度”为42，如图14-34所示。在“图层”面板上选择调整图层，单击鼠标右键，在弹出的快捷菜单中选择“创建剪贴蒙版”命令，只对天空图层做调整，使云朵颜色与天空相匹配。最终效果如图14-35所示。

图14—34

图14—35

★ 14.4 利用边缘检测抠取美女头发

案例文件	案例文件\第14章\14.4利用边缘检测抠取美女头发.psd
视频教学	视频文件\第14章\14.4利用边缘检测抠取美女头发.flv
难易指数	★★★★★
技术要点	选择并遮住

案例效果

扫码看视频

本案例主要是针对“选择并遮住”中的“边缘检测”功能进行练习。原图与效果图对比如图14-36和图14-37所示。

图14—36

图14—37

操作步骤

01 打开本书配套资源中的素材文件“1.jpg”，如图14-38所示。在工具箱中单击“魔棒工具”按钮，然后在选项栏中设置“容差”为10，单击“添加到选区”按钮，取消选中“连续”复选框，接着在背景部分多次单击，选中背景区域，如图14-38所示。

图14—38

技巧提示

由于背景的颜色不单一，因此需要进行多次选择，才能选择背景区域。

02 执行“选择”>“选择并遮住”命令，进入到“选择并遮住”调整状态，然后设置“视图模式”为黑白模式，此时在画布中可以观察到很多头发都被选中了，如图14-39所示。在“属性”面板中选中“智能半径”复选框，设置“半径”为10像素，如图14-40所示。此时可以在黑白图中看到发丝部分更加细腻。使用“调整边缘画笔工具”在人物边缘进行细致的涂抹，完成后单击“确定”按钮得到选区，如图14-41所示。

图14—39

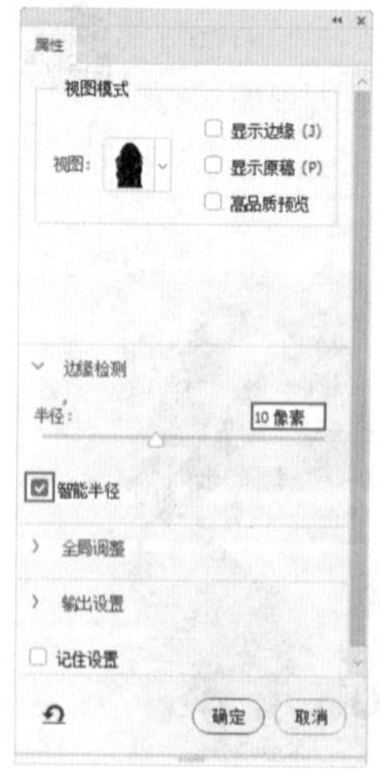

图14—40

图14—41

03 此时按Delete键删除背景，按Ctrl+D快捷键取消选区，如图14-42所示。置入背景素材“2.jpg”，栅格化该图层并将其放置在人像图层后，最终效果如图14-43所示。

图14—42

图14—43

★ 14.5 使用通道抠出飘逸的长发

案例文件	案例文件\第14章\14.5使用通道抠出飘逸的长发.psd
视频教学	视频文件\第14章\14.5使用通道抠出飘逸的长发.flv
难易指数	★★★★★
技术要点	钢笔工具、通道抠图

案例效果

通道抠图主要是利用图像的色相差别或明度差别来创建选区，在操作过程中可以多次重复使用“亮度/对比度”“曲线”“色阶”等调整命令，以及画笔、加深、减淡等工具对通道进行调整，以得到最精确的选区。通道抠图法常用于抠选毛发、云朵、烟雾以及半透明的婚纱等对象。为人像换背景通常是使用钢笔工具绘制头发以外部分的精确选区，而头发部分（尤其是类似本案例中这样飘散的长发）的抠图则需要使用到通道抠图。原图与效果图对比如图14-44和图14-45所示。

图14—44

图14—45

操作步骤

01 打开人像照片素材“1.jpg”，将人像部分从背景中分离出来，首先复制出一个人像图层，如图14-46所示。使用钢笔工具绘制出人像轮廓的闭合路径，头发部分只需绘制大概轮廓即可，如图14-47所示。

02 绘制完成后按Ctrl+Enter快捷键建立选区，如图14-48所示。隐藏原图层，复制选区内容到新图层，如图14-49所示。

图14—46　　图14—47

图14—48　　图14—49

03 在“图层”面板中单击“添加图层蒙版”按钮，使用黑色柔边圆画笔在图层蒙版中绘制头发边缘部分，如图14-50和图14-51所示。

图14—50　　图14—51

04 使用多边形套索工具绘制头发部分选区，并使用复制和粘贴的快捷键（Ctrl+C、Ctrl+V）复制出一个单独的头发图层。将其他图层隐藏，如图14-52所示。使用通道抠图的方法抠出飘逸的发丝部分。进入“通道”面板，可以看出蓝通道中头发颜色与背景颜色差异最大，如图14-53所示。

图14—52　　图14—53

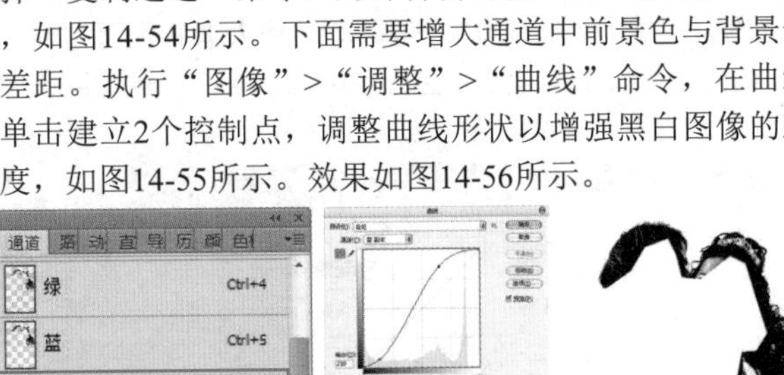

05 在蓝通道上单击鼠标右键，在弹出的快捷菜单中选择“复制通道”命令，此时将会出现一个“蓝 副本”通道，如图14-54所示。下面需要增大通道中前景色与背景色的差距。执行“图像”>“调整”>“曲线”命令，在曲线上单击建立2个控制点，调整曲线形状以增强黑白图像的对比度，如图14-55所示。效果如图14-56所示。

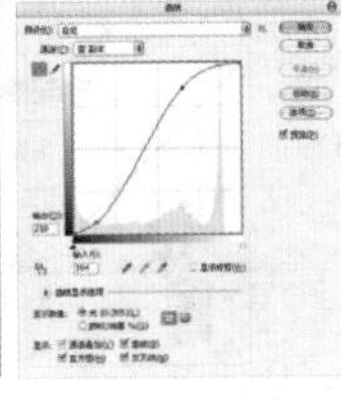

图14—54　　图14—55　　图14—56

06 使用加深工具，在选项栏中设置“范围”为“中间调”，“曝光度”为50%。在人像头发部分涂抹使之加深为黑色效果，如图14-57所示。按住Ctrl键并鼠标左键单击蓝通道副本，载入蓝通道副本选区，如图14-58所示。

图14—57

图14—58

技巧提示

由于此时头发为黑色，而背景部分为白色。所以此时载入的选区为头发以外区域的选区。

07 回到“图层”面板，单击鼠标右键，在弹出的快捷菜单中选择“选择反相”命令，并为图层添加一个图层蒙版，如图14-59所示。然后将其他图层显示出来，这样人像被完整抠出来了，如图14-60所示。

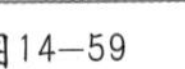

图14—59　　图14—60

08 创建新的“曲线”调整图层，提亮RGB通道曲线，压暗绿通道曲线，如图14-61所示。在图层蒙版中填充黑色，使用白色画笔绘制出人像部分，使人像肤色更白皙，如图14-62所示。置入背景素材文件“2.jpg”，栅格化该图层并将其放置在人像图层后，如图14-63所示。

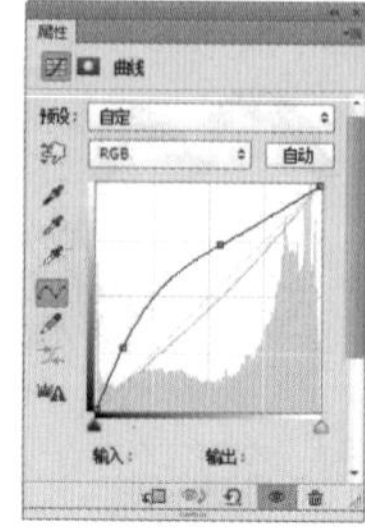
图14—61

图14—62

图14—63

09 载入“曲线1”调整图层的蒙版选区，执行“图层”>“新建调整图层”>“可选颜色”命令，创建可选颜色调整图层，设置“颜色”为黄色，“黄色”为-24%，“黑色”为-47%，如图14-64所示。最终效果如图14-65所示。

图14—64

图14—65

★ 14.6 为毛茸茸的小动物换背景

案例文件	案例文件\第14章\14.6为毛茸茸的小动物换背景.psd
视频教学	视频文件\第14章\14.6为毛茸茸的小动物换背景.flv
难易指数	★★★★★
技术要点	通道抠图法

案例效果

扫码看视频

本案例将要把毛茸茸的小动物从原图中分离出来，并为其更换背景。对于这种边缘复杂并且具有半透明属性的对象抠图与人像长发抠图的思路较像，都可以使用“边缘检测”命令、“色彩范围”命令、通道抠图等的方法，但是动物皮毛与人类头发相比边缘更加柔和一些，所以在抠图的过程中可以保留大量半透明的区域。原图与效果图对比如图14-66和图14-67所示。

图14—66

图14—67

操作步骤

01 打开动物素材“1.jpg”，为了避免破坏原图，按Ctrl+J快捷键复制背景图层为背景副本图层，如图14-68所示。

图14—68

02 进入“通道”面板，选择一个前背景亮度差异较大的通道——“红”通道，拖曳该通道到“新建通道”按钮上，创建出红通道副本，如图14-69所示。

图14—69

03 对红通道副本执行“图像”>“调整”>“曲线”命令，在弹出的“曲线”对话框中单击第一个吸管“在画面中取样设置黑场”，如图14-70所示。在图像的背景部分单击，如图14-71所示。此时图像背景处变为黑色，如图14-72所示。

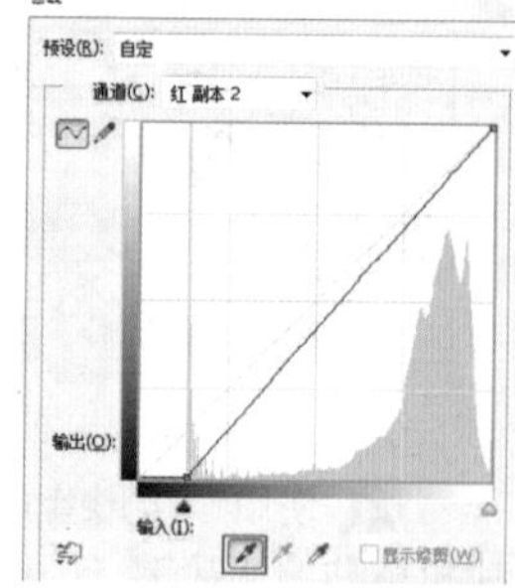

图14—70

图14—71

图14—72

04 再次对红通道副本执行“图像”>“调整”>“曲线”命令，在弹出的“曲线”对话框中单击第三个吸管“在画面中取样设置白场”，如图14-73所示。在图像的动物皮毛部分单击，如图14-74所示。此时小动物的皮毛部分变为白色，如图14-75所示。

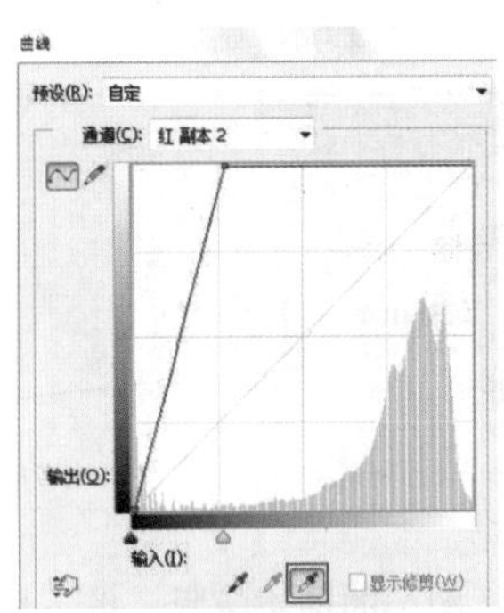

图14—73

图14—74　　图14—75

05 背景部分基本变为黑色，只有图像底部有部分灰色，单击工具箱中的“加深工具”按钮，在选项栏中设置“范围”为“中间调”，设置合适的画笔大小，如图14-76所示。涂抹灰色部分使其变为黑色，如图14-77所示。

图14—76　　图14—77

06 单击“通道”面板底端的“载入选区”按钮，载入红副本通道的选区，如图14-78和图14-79所示。

图14—78　　图14—79

07 单击RGB复合通道并回到“图层”面板，为背景副本添加图层蒙版，此时背景与小动物身上的暗部均被隐藏，如图14-80所示。

图14—80

08 单击该图层蒙版，使用白色画笔在小动物身上被隐藏的部分涂抹，使其显示出来，如图14-81所示。置入背景素材文件“2.jpg”，栅格化该图层并将其放置在小动物图层后，如图14-82所示。

图14—81　　图14—82

09 由于小动物图像原图整体倾向于蓝色，而这里选择的背景整体倾向于黄色，所以需要对小动物图层进行调色。创建一个新的曲线调整图层，调整曲线形状，如图14-83所示。单击鼠标右键，在弹出的快捷菜单中选择“创建剪贴蒙版”命令，使该曲线调整图层只对背景副本图层操作，如图14-84所示。

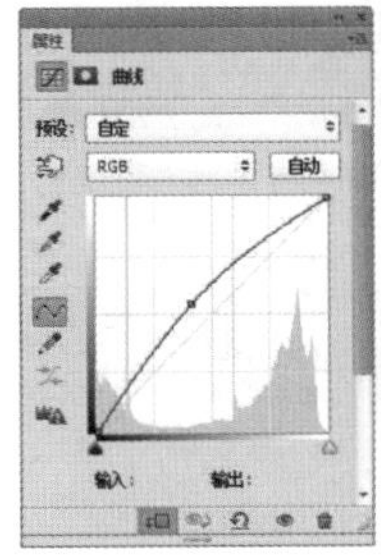

图14—83　　图14—84

10 创建一个“色相/饱和度”调整图层，调整“色相”为180，“饱和度”为-72，如图14-85所示。为蒙版填充黑色，使用白色画笔在蒙版中绘制小动物的边缘，同样为其创建剪贴蒙版，如图14-86所示。此时小动物边缘的颜色与背景融合得非常好，最终效果如图14-87所示。

图14—85　　图14—86

图14—87

★ 14.7 提取玻璃质感物体

案例文件	案例文件\第14章\14.7提取玻璃质感物体.psd
视频教学	视频文件\第14章\14.7提取玻璃质感物体.flv
难易指数	★★★★★
技术要点	通道抠图法

案例效果

扫码看视频

如果想要将玻璃素材、半透明的液体或是光效素材从背景中提取出来，可以使用通道抠图法。需要注意的是，在通道中需要保留大量的灰色部分，以保证其透明质感。原图与效果图对比如图14-88和图14-89所示。

图14—88

图14—89

操作步骤

01 打开背景素材文件“1.jpg”，如图14-90所示。

图14—90

02 进入“通道”面板，选择一个黑白差异较大的通道——“蓝”通道，拖曳该通道到“新建通道”按钮上，创建出蓝通道副本，单击“将通道载入选区”按钮，如图14-91和图14-92所示。

图14—91

图14—92

03 单击RGB复合通道并回到“图层”面板，以当前选区为“水杯”图层添加图层蒙版，如图14-93所示。此时水杯部分被隐藏，如图14-94所示。

图14—93

图14—94

04 选择水杯图层的图层蒙版，按下反相快捷键Ctrl+I对蒙版执行反相调整，如图14-95所示。此时水杯显示出来，效果如图14-96所示。

图14—95

图14—96

05 置入背景素材文件“2.jpg”以及前景素材文件“3.png”，栅格化图层后调整图层顺序。最终效果如图14-97所示。

图14—97

★ 14.8 使用多种抠图工具合成人像

案例文件	案例文件\第14章\14.8使用多种抠图工具合成人像.psd
视频教学	视频文件\第14章\14.8使用多种抠图工具合成人像.flv
难易指数	★★★★★
技术要点	钢笔工具、添加与删除锚点、转换点工具、直接选择工具

案例效果

扫码看视频

在抠图中经常使用钢笔工具绘制复杂而精确的选区。本案例主要使用钢笔工具绘制出精确的人像路径，并通过转换为选区的方式去除背景，效果如图14-98所示。

操作步骤

01 打开背景文件“1.jpg”，如图14-99所示。置入人像素材文件“2.jpg”，并栅格化该图层。将其命名为“大头像”图层。单击工具箱中的“钢笔工具”按钮，首先从人像手的部分开始绘制，单击即可添加一个锚点，继续在另一处单击添加锚点，即可出现一条直线路径，多次沿人像转折处单击，如图14-100所示。

图14—98

图14—99

图14—100

技巧提示

在绘制复杂路径时，经常会为了使绘制更加精细而绘制很多锚点。但是路径上的锚点越多，编辑调整时就越麻烦。所以在绘制路径时可以先在转折处添加尖角锚点绘制出大体形状，之后再使用添加锚点工具增加细节或使用转换锚点工具调整弧度。

02 继续使用同样的方法沿人像边缘绘制，最终回到起始点处并单击闭合路径，如图14-101所示。

图14—101

03 路径闭合之后需要调整路径的弧度，例如头部的边缘在前面绘制的是直线路径，为了将路径变为弧线形，需要在直线路径的中间处单击添加一个锚点，如图14-102所示。使用直接选择工具调整新添加的锚点位置，如图14-103所示。

图14—102

图14—103

04 此处新添加的锚点即为平滑的锚点，所以直接拖曳调整左侧控制棒的长度，即可调整这部分路径的弧度，如图14-104所示。

图14—104

05 缺少锚点的区域很多，使用同样的方法，可以继续使用钢笔工具移动到没有锚点的区域单击，即可添加锚点，如图14-105所示。使用直接选择工具调整锚点的位置，如图14-106所示。

图14—105

图14—106

06 大体形状调整完成，下面需要放大图像显示比例仔细观察细节部分。以左侧手臂边缘为例，手臂边缘呈现些许的凹型，而之前绘制的路径则为直线型，所以仍然需要添加锚点，并调整锚点位置，如图14-107和图14-108所示。

图14—107

图14—108

07 继续观察右侧人像身体边缘，虽然路径形状大体匹配，但是“角点”类型的锚点导致转折过于强烈，这里需要使用转换为点工具单击该锚点，并向下拖动鼠标调出控制棒，然后单击一侧控制棒拖动这部分路径的弧度，如图14-109和图14-110所示。

图14—109

图14—110

08 使用同样的方法，调整手部锚点，将其转换为平滑锚点并调整弧度，如图14-111和图14-112所示。

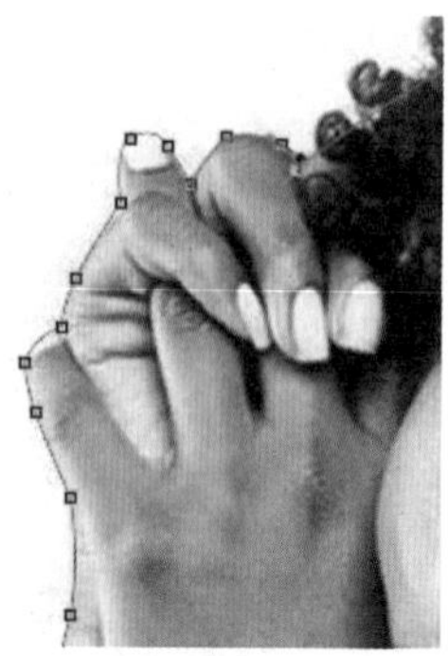
图14—111

图14—112

09 调整完毕后单击鼠标右键，在弹出的快捷菜单中选择建立选区命令，在弹出的对话框中单击“确定”按钮，选区效果如图14-113所示。然后以当前选区为“大头像”图层添加图层蒙版，置入前部装饰喷溅素材“3.png”并将其栅格化，效果如图14-114所示。

图14—113

图14—114

10 置入人像素材照片“4.jpg”，栅格化该图层，为其添加图层蒙版，使用黑色柔边圆画笔在蒙版中绘制，如图14-115所示。

图14—115

11 置入前景装饰素材文件“5.png”栅格化该图层并将其置于画面中合适的位置，如图14-116所示。新建图层，设置前景色为粉红色，使用柔边圆画笔在画面中绘制光效，并设置该图层的“混合模式”为“线性减淡”，如图14-117所示。

图14—116

图14—117

12 新建图层并填充黑色，执行“滤镜”>“渲染”>“镜头光晕”命令，在弹出的对话框中单击“确定”按钮，如图14-118所示。设置“混合模式”为“变亮”，最终效果如图14-119所示。

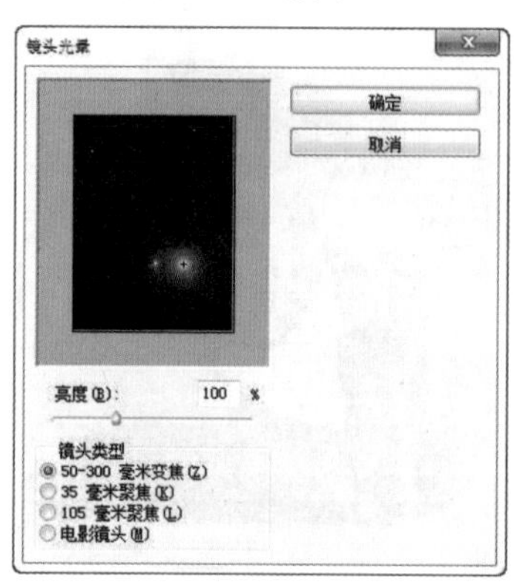

图14—118

图14—119

读书笔记

第15章

日常照片处理技巧

本章内容简介：

拍完照片后，有时候可能对照片不满意，比如照片偏色或照片中出现多余的物体等，有时候需要对多种照片应用同一种效果，有时候需要将多张照片合成一张照片以模拟全景图效果等，本章将通过具体实例介绍日常照片处理中的方法和技巧。

本章学习要点：

- 调整构图增大想象空间
- 调整人物身形
- 快速处理一批照片
- 合成全景图
- 去除风景照片中多余的人物
- 巧妙套用模板
- 影楼数码照片去黄
- 为黑白照片上色

★ 15.1 调整构图增大想象空间

案例文件	案例文件\第15章\15.1调整构图增大想象空间.psd
视频教学	视频文件\第15章\15.1调整构图增大想象空间.flv
难易指数	
技术要点	裁剪工具

案例效果

扫码看视频

本案例主要是使用裁剪工具调整构图增大想象空间，效果如图15-1所示。

操作步骤

01 打开照片素材“1.jpg”，画面中作为主体物的人像位于画面的右侧，但是过于完整的构图使画面缺少想象的空间，在这里可以通过去除部分画面以增强照片的趣味性，如图15-2所示。

图15－1

图15－2

02 单击工具箱中的“裁剪工具”按钮，在画面中单击并拖动即可绘制出需要保留的区域，如图15-3所示。完成后按Enter键确定裁剪。

03 为了丰富画面效果，选择横排文字工具设置合适的字号以及字体，在画面中单击输入文字。最终效果如图15-4所示。

图15－3

图15－4

★ 15.2 调整人物身形

案例文件	案例文件\第15章\15.2调整人物身形.psd
视频教学	视频文件\第15章\15.2调整人物身形.flv
难易指数	
技术要点	自由变换、调整图层

案例效果

扫码看视频

本案例主要是使用自由变换以及调整图层调整人像身形，效果如图15-5所示。

操作步骤

01 打开人像素材文件“1.jpg”，为了避免破坏原始图像，可以复制人像图层，如图15-6所示。

图15－5

图15－6

02 在数码照片拍摄过程中，经常会出现由于拍摄角度产生透视，从而使主体人像显得不够高挑，在这里首先按自由变换快捷键Ctrl+T，然后单击鼠标右键，在弹出的快捷菜单中选择“透视”命令，调整控制点，如图15-7所示。修复人像照片的透视效果，使人像显得更加高挑，如图15-8所示。

图15－7　　图15－8

思维点拨：人体比例

人体的比例具有一定的规律可循，遵循既定的规律有助于科学地增强人像的美感。在古典美感中，8头身的比例是被认为最美的。现代人的平均比例是7.5头身，而服装设计中9头身是最为人们所喜爱的。

03 透视操作之后，人像两侧出现了空当，可以使用工具箱中的仿制图章工具进行修复，在需要仿制的像素处按Alt键并单击鼠标左键进行取样，如图15-9所示。然后在衔接处涂抹，补足空缺部分，如图15-10所示。

图15—9

图15—10

04 执行“图层”>“新建调整图层”>“可选颜色”命令，选择“颜色”为红色，调节“青色”为100，“黑色”数值为－100，如图15-11所示。选择“颜色”为“黄色”，调节“青色”为100，如图15-12所示。

图15—11

图15—12

05 再次创建“可选颜色”调整图层。选择“颜色”为中性色，调节“青色”为33%，“洋红”为25%，“黄色”为－14%，如图15-13所示。为可选颜色调整图层添加图层蒙版，使用黑色画笔进行适当涂抹，使其只对人像皮肤以外的部分起作用，最终效果如图15-14所示。

图15—13

图15—14

★ 15.3 制作可爱宝宝大头贴

案例文件	案例文件\第15章\15.3制作可爱宝宝大头贴.psd
视频教学	视频文件\第15章\15.3制作可爱宝宝大头贴.flv
难易指数	★★★★★
技术要点	圆角矩形、图层蒙版

案例效果

扫码看视频

本案例主要是使用圆角矩形工具以及图层蒙版制作可爱宝宝大头贴，效果如图15-15所示。

图15—15

操作步骤

01 打开背景照片文件“1.jpg”，如图15-16所示。置入前景宝宝照片“2.jpg”，栅格化该图层。如图15-17所示。

图15—16 图15—17

02 单击工具箱中的“圆角矩形工具”按钮，在选项栏中设置“绘制模式”为“路径”，“半径”为30像素，如图15-18所示。在宝宝照片上按住鼠标左键并拖曳，绘制一个合适大小的圆角矩形，如图15-19所示。

03 按Ctrl+Enter快捷键将路径转换为选区，选择“图层1”，单击“图层”面板中的“添加图层蒙版”按钮，如图15-20所示。隐藏多余部分，如图15-21所示。

图15—18

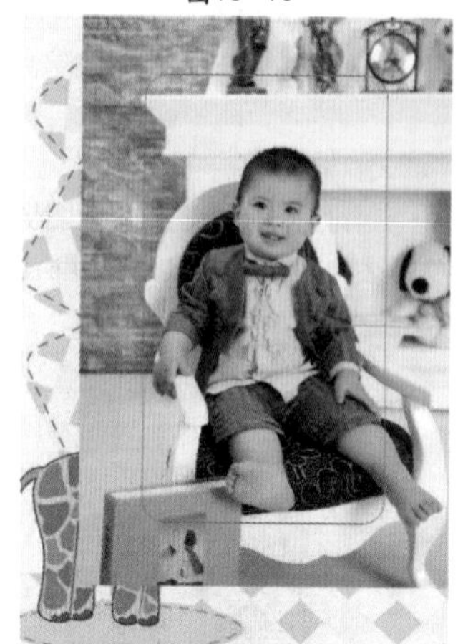

图15—19

图15—20

图15—21

04 由于照片遮挡住了背景中的长颈鹿，所以需要隐藏“图层1”，使用钢笔工具在画面中绘制长颈鹿的路径，如图15-22所示。将其转换为选区，显示出“图层1”，在蒙版中单击“图层1”，为长颈鹿选区填充黑色。按Ctrl+D快捷键取消选区，最终效果如图15-23所示。

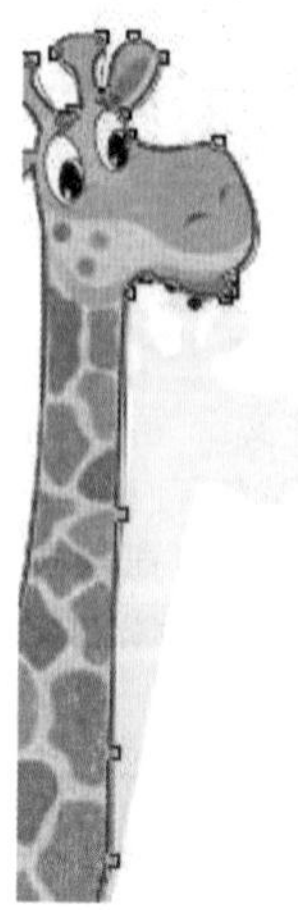

图15—22

图15—23

★ 15.4 为日常照片应用动作

案例文件	案例文件\第15章\15.4为日常照片应用动作.psd
视频教学	视频文件\第15章\15.4为日常照片应用动作.flv
难易指数	★★★★★
技术要点	应用动作

案例效果

扫码看视频

本案例主要是使用动作快速为日常照片设置颜色效果，如图15-24所示。

操作步骤

01 打开背景照片文件“1.jpg”，如图15-25所示。执行“窗口”>“动作”命令，打开“动作”面板。

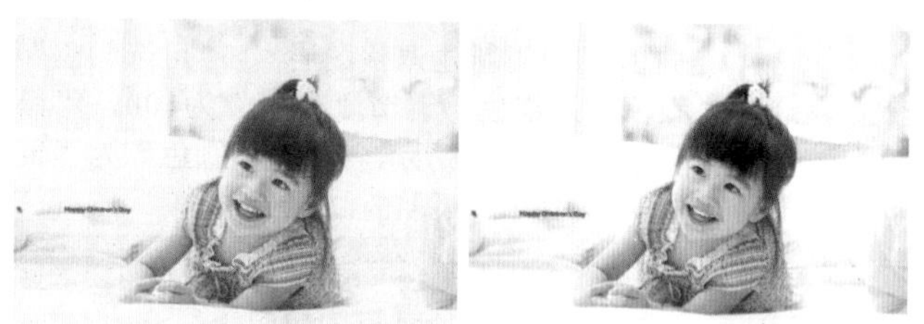

图15—24　　图15—25

02 打开素材文件夹，将动作素材文件“2.atn”拖曳至“动作”面板中，如图15-26所示。这样即可快速载入动作文件，在“动作”面板中可以看到新载入的动作，如图15-27所示。

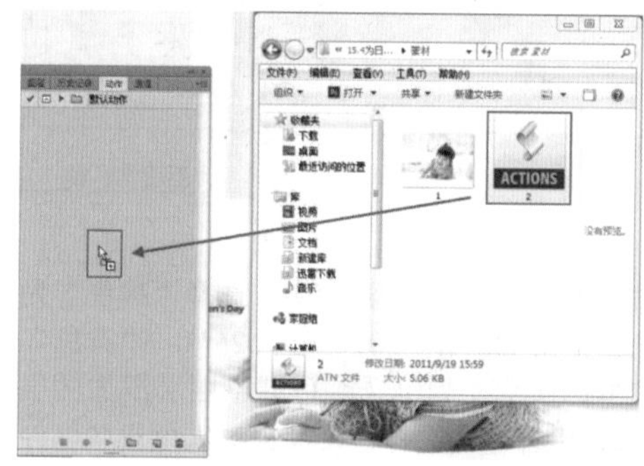

图15—26

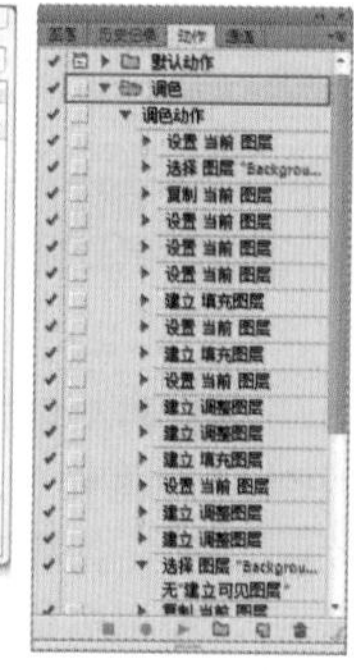

图15—27

03 选择新载入的动作，单击“动作”面板中的“播放选定的动作”按钮，如图15-28所示。此时，可以看到画面效果会以动作文件中设置的步骤进行播放，方便快捷地调整了画面效果。最终效果如图15-29所示。

图15—28

图15—29

★ 15.5 快速处理一批照片

案例文件	无
视频教学	视频文件\第15章\15.5快速处理一批照片.flv
难易指数	★★★★★
技术要点	"批处理"命令

案例效果

扫码看视频

本案例将对多张图像进行批处理。对多个图像文件进行批处理，首先需要创建或载入相关动作，然后执行"文件">"自动">"批处理"命令进行相应设置即可。对比效果如图15-30和图15-31所示。

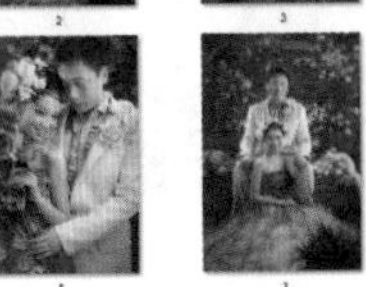

图15—30

图15—31

操作步骤

01 使用批处理操作可以不在Photoshop中打开图像，但是需要将用于批处理的照片放置在同一个文件夹中，如图15-32所示。

图15—32

02 载入需要使用的动作文件，在"动作"面板的菜单中执行"载入动作"命令，如图15-33所示。然后在弹出的"载入"对话框中选择已有的动作文件，如图15-34所示。单击"载入动作"按钮，此时的"动作"面板如图15-35所示。

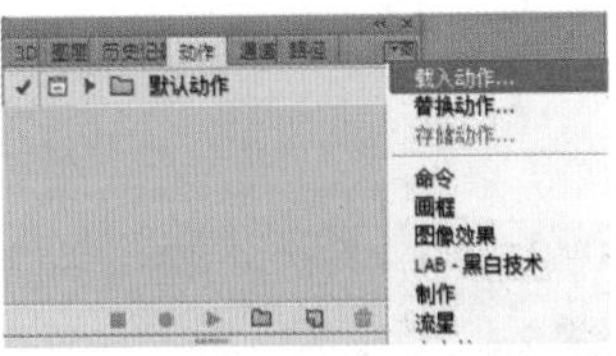

图15—33

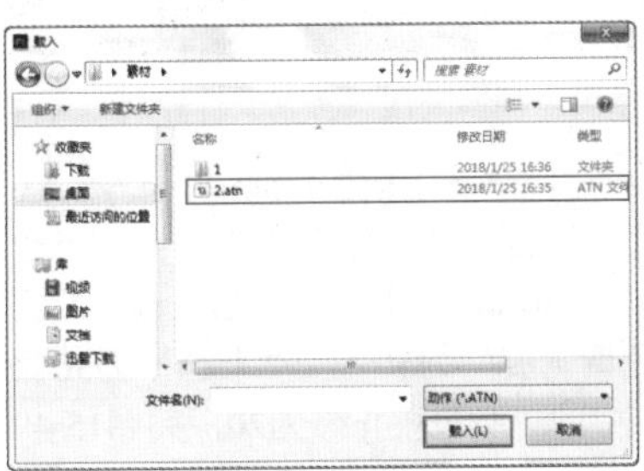

图15—34

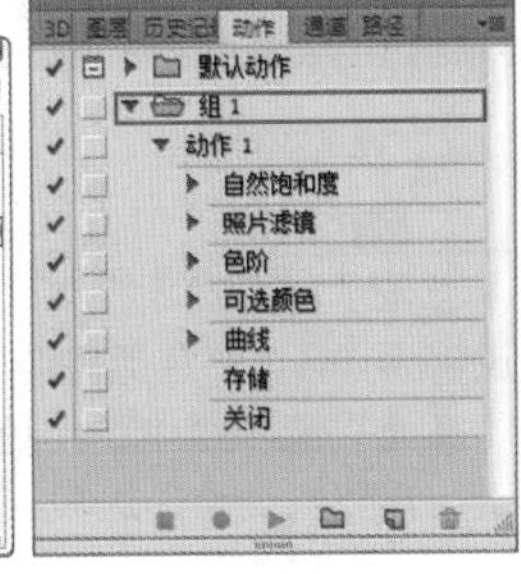

图15—35

03 执行"文件">"自动">"批处理"命令，打开"批处理"对话框，然后在"播放"选项组下选择上一步载入的"组1"动作，并设置"源"为"文件夹"，接着单击下面的"选择"按钮，最后在弹出的对话框中选择本书配套资源中的照片素材文件夹，如图15-36所示。

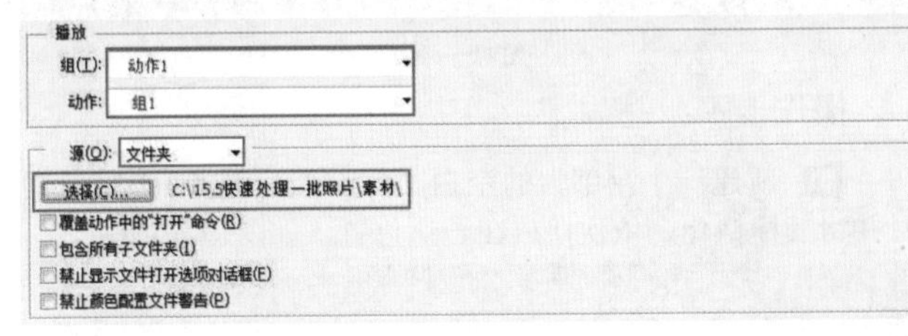

图15—36

04 设置"目标"为"文件夹"，然后单击下面的"选择"按钮，接着设置好文件的保存路径，最后选中"覆盖动作中的'存储为'命令"复选框，如图15-37所示。

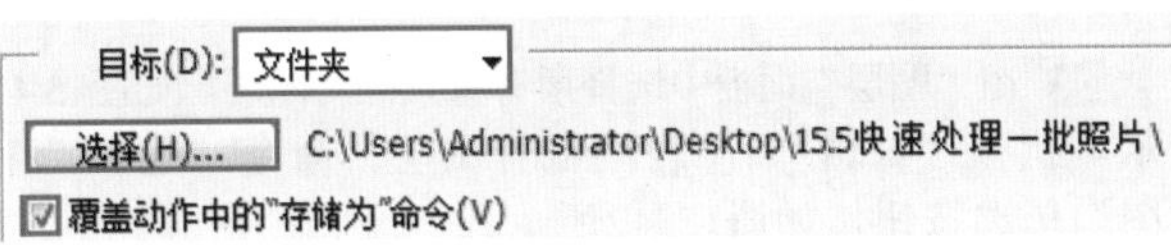

图15—37

05 在"批处理"对话框中单击"确定"按钮，Photoshop会自动处理文件夹中的图像，并将其保存到设置好的文件夹中，最终效果如图15-38所示。

图15—38

★ 15.6 合成全景图

案例文件	案例文件\第15章\15.6合成全景图.psd
视频教学	视频文件\第15章\15.6合成全景图.flv
难易指数	★★★★★
技术要点	自动混合图层

案例效果

扫码看视频

本案例主要是使用"自动混合图层"命令合成全景图，效果如图15-39所示。

图15-39

操作步骤

01 新建一个足够大的空白文件，然后置入3张风景素材并将其栅格化，依次摆放在合适位置，如图15-40所示。

图15-40

02 在“图层”面板中选择所有背景照片图层，如图15-41所示。执行“编辑”>“自动混合图层”命令，选中“全景图”单选按钮，如图15-42所示。

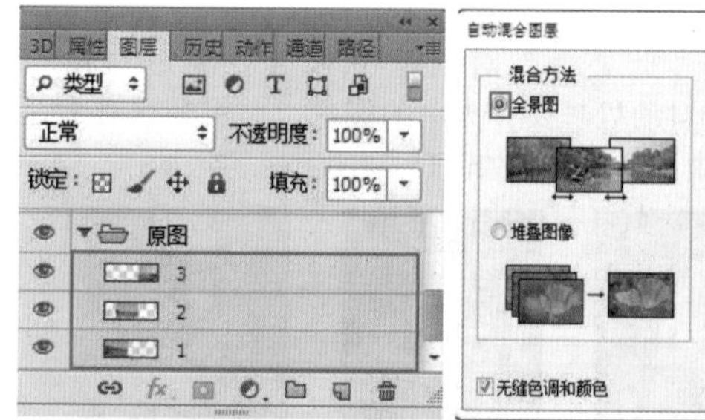

图15-41　　图15-42

03 经过运算之后可以看到图像之间明显的分割线消失了，画面很好地融合在一起，如图15-43所示。

图15-43

04 修复画面顶部和底部空缺的部分。使用仿制图章工具，在画面中正常的区域按住Alt键单击，设置取样点，在顶部缺损处单击进行涂抹绘制，效果如图15-44所示。使用同样的方法补全其他缺损区域，效果如图15-45所示。

图15-44

图15-45

05 将所有图层合并，单击鼠标右键，在弹出的快捷菜单中选择“转换为智能对象”命令，如图15-46所示。

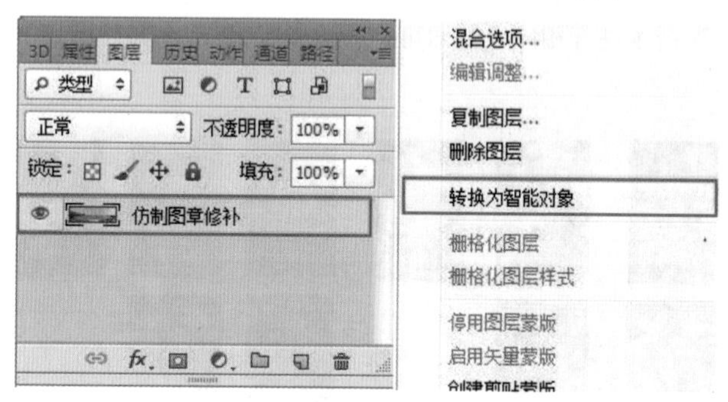

图15-46

06 执行“滤镜”>“锐化”>“智能锐化”命令，设置“数量”为110%，“半径”数值为30像素，“减少杂色”为10%，如图15-47所示。增强画面冲击力，效果如图15-48所示。

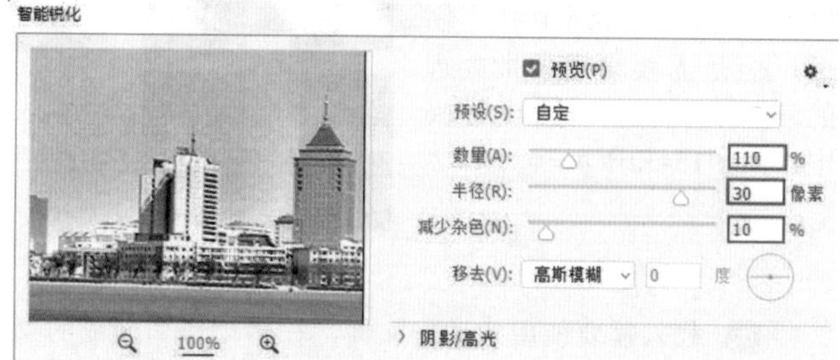

图15-47

图15-48

07 执行“图像”>“调整”>“阴影/高光”命令，选中“显示更多选项”复选框，设置“阴影”选项组中的“数量”为10%，“色调宽度”为50%，“半径”为30像素；设置“高光”选项组中的“色调宽度”为50%，“半径”为30像素；设置“调整”选项组中的“颜色校正”为20，如图15-49所示。此时画面的细节强化了很多，如图15-50所示。

阴影/高光

阴影
数量(A): 10 %
色调(T): 50 %
半径(R): 30 像素

高光
数量(U): 0 %
色调(N): 50 %
半径(D): 30 像素

调整
颜色(C): +20
中间调(M): 0
修剪黑色(B): 0.01 %
修剪白色(W): 0.01 %

图15—49

图15—50

08 执行“图层”>“新建调整图层”>“自然饱和度”命令，设置“自然饱和度”为100，如图15-51所示。最终效果如图15-52所示。

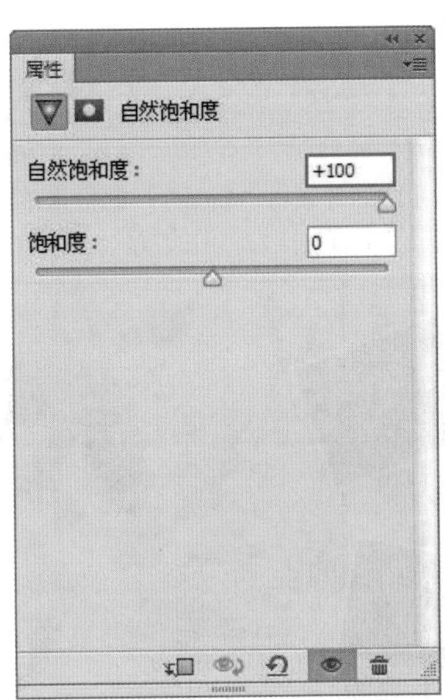

图15—51

图15—52

★ 15.7 去除风景照片中多余的人物

案例文件	案例文件\第15章\15.7去除风景照片中多余的人物.psd
视频教学	视频文件\第15章\15.7去除风景照片中多余的人物.flv
难易指数	★★★★★
技术要点	仿制图章工具、调整图层

案例效果

扫码看视频

在拍摄风景照片时，经常会因为画面中出现多余的人物致使作品出现瑕疵，在Photoshop中可以轻松地解决这个问题。对比效果如图15-53和图15-54所示。

图15—53

图15—54

操作步骤

01 打开本书配套资源中的素材文件“1.jpg”，如图15-55所示。将画面放大显示，可以看到在风景照中有一些多余的游客，如图15-56所示。

图15—55

图15—56

02 在这里可以使用仿制图章工具进行去除。单击工具箱中的“仿制图章工具”按钮，在人物左边的区域按住Alt键并单击进行取样，然后将光标移动到人物上涂抹（见图15-57），即可去除多余人物，如图15-58所示。

图15—57

图15—58

03 用同样的方法去除右侧多余的人物，使用仿制图章工具在人物附近正常的区域按住Alt键单击进行取样，如图15-59所示。然后在人物上进行涂抹，效果如图15-60所示。

图15—59

图15—60

04 对画面的颜色进行适当调整。创建“可选颜色1”调整图层，在弹出的“可选颜色”对话框中设置颜色为黄色，调整“青色”为41%，“洋红”为-23%，“黄色”为-9%，“黑色”为29%，如图15-61所示。单击“可选颜色”图层蒙版，填充蒙版背景为黑色，并使用白色画笔涂抹草地部分，使该调整图层只对草地部分起作用，如图15-62所示。

图15-61

图15-62

05 创建“可选颜色2”调整图层，分别调整青色和蓝色的数值，如图15-63和图15-64所示。此时天空的颜色发生了变化，如图15-65所示。

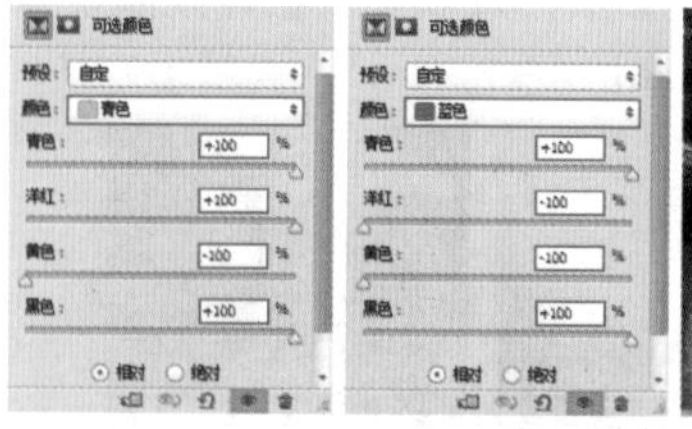
图15-63　图15-64

图15-65

06 创建“曲线”调整图层，调整曲线形态，如图15-66所示。最终效果如图15-67所示。

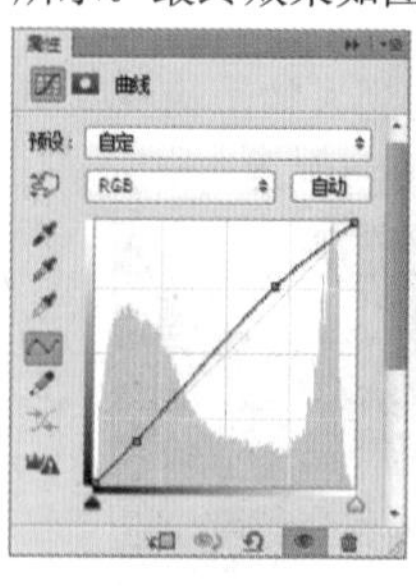
图15-66

图15-67

★ 15.8 巧妙套用模板

案例文件	案例文件\第15章\15.8巧妙套用模板.psd
视频教学	视频文件\第15章\15.8巧妙套用模板.flv
难易指数	★★★★★
技术要点	自由变换、剪贴蒙版

案例效果

本案例主要通过自由变换以及剪贴蒙版巧妙套用模板，效果如图15-68所示。

扫码看视频

图15-68

操作步骤

01 打开婚纱照片版式素材文件“1.psd”，如图15-69所示。由于素材文件中的所有部分都是分层显示，所以用户可以通过照片的置入与适当变形，方便快捷地制作出精美的婚纱照片版式，如图15-70所示。

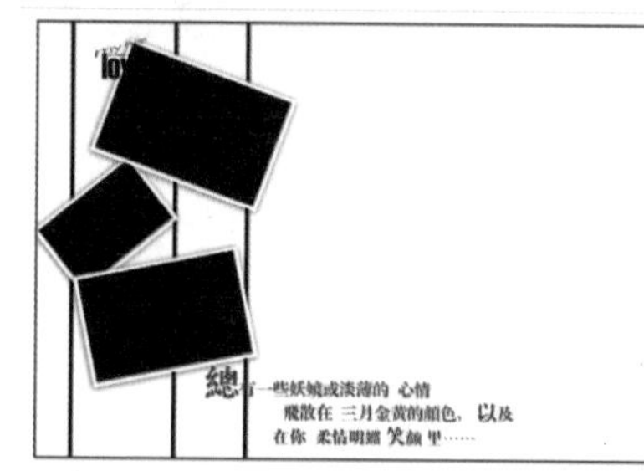
图15-69

图15-70

02 置入主体照片素材“5.jpg”，栅格化该图层，并放置在“背景”图层的上方，作为画面的背景，如图15-71所示。

图15-71

03 置入前景照片素材“2.jpg”，栅格化该图层并置于画面中合适位置，如图15-72所示。按Ctrl+T快捷键对照片执行“自由变换”命令，将其旋转到合适的角度，为便于观察可降低图层的不透明度，如图15-73所示。

图15-72　　图15-73

04 旋转完毕后按Enter键完成变换，将其置于图层3的上方，单击鼠标右键，在弹出的快捷菜单中选择“创建剪贴蒙版”命令，如图15-74所示。此时可以看到相框以外的部分被隐藏，效果如图15-75所示。

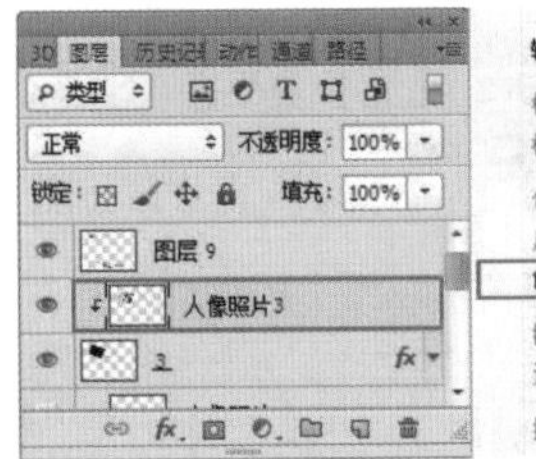

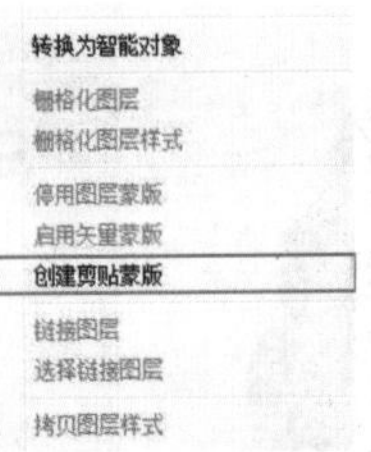

图15-74

图15-75

05 使用同样的方法制作其他的照片效果，最终效果如图15-76所示。

图15-76

★ 15.9 影楼数码照片去黄

案例文件	案例文件\第15章\15.9影楼数码照片去黄.psd
视频教学	视频文件\第15章\15.9影楼数码照片去黄.flv
难易指数	★★★★★
技术要点	调整图层、图层蒙版

案例效果

扫码看视频

本案例主要是通过使用调整图层、图层蒙版为影楼数码照片去黄，如图15-77和图15-78所示。

图15-77

图15-78

操作步骤

01 打开本书配套资源中的素材文件“1.jpg”，暗光的室内人像摄影经常会出现人像皮肤偏色的情况，如图15-79所示。

图15-79

02 将画面提亮，执行“图层”>“新建调整图层”>“曲线”命令，创建新的“曲线”调整图层，调整RGB曲线的形状，如图15-80所示。使用黑色填充蒙版，并使用白色画笔在曲线蒙版中绘制人物面部，如图15-81所示。效果如图15-82所示。

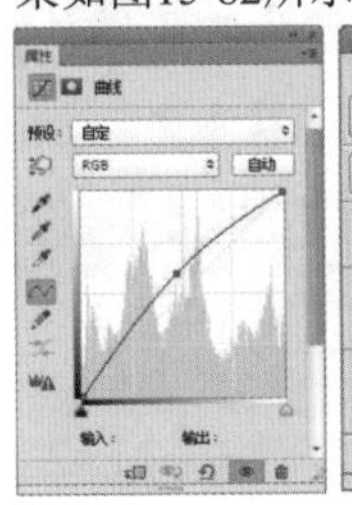

图15-80

图15-81

图15-82

03 执行“图层”>“新建调整图层”>“可选颜色”命令，设置“颜色”为黄色，“黄色”为59%，如图15-83所示。在曲线图层的蒙版上使用黑色画笔涂抹合适的部分，如图15-84所示。效果如图15-85所示。

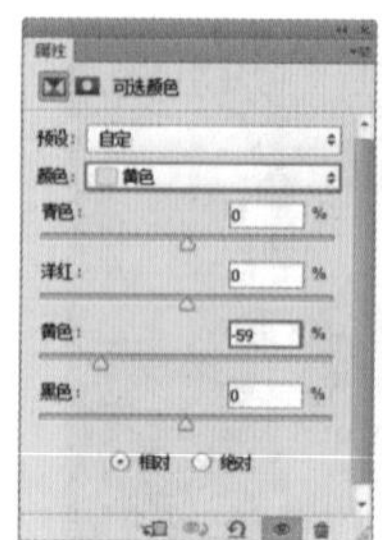
图15-83

图15-84

图15-85

04 执行“图层”>“新建调整图层”>“曲线”命令，调整曲线的形状，如图15-86所示。此时，可以看到画面中人像肤色恢复正常，效果如图15-87所示。

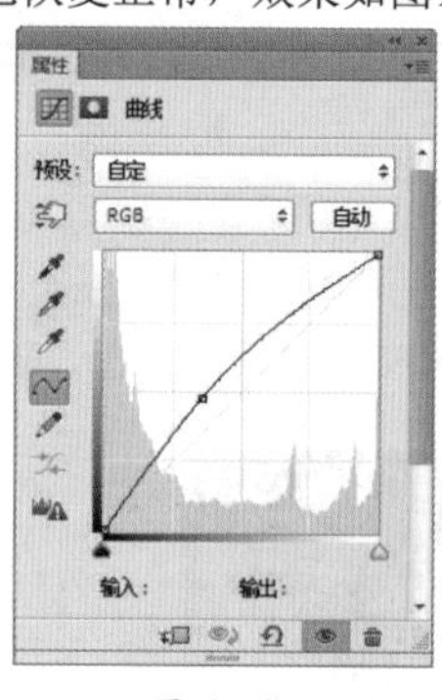
图15-86

图15-87

05 为画面调整风格化颜色，执行“图层”>“新建调整图层”>“可选颜色”命令，设置“颜色”为白色，“黄色”为-32%，如图15-88所示。设置“颜色”为黑色，调整“黄色”为-43%，“黑色”为28%，如图15-89所示。效果如图15-90所示。

图15-88

图15-89

图15-90

★ 15.10 制作白底/红底/蓝底证件照

案例文件	案例文件\第15章\15.10制作白底/红底/蓝底证件照.psd
视频教学	视频文件\第15章\15.10制作白底/红底/蓝底证件照.flv
难易指数	★★★★★
技术要点	调整图层、混合模式

案例效果

本案例主要是使用调整图层以及混合模式制作多种底色的证件照，效果如图15-91~图15-93所示。

扫码看视频

图15-91

图15-92

图15-93

操作步骤

01 打开照片素材“1.jpg”，如图15-94所示。由于当前照片背景为灰色，所以首先需要处理背景颜色。创建曲线调整图层，使用“以当前取样设置白场”按钮，单击背景部分，如图15-95所示。

02 此时背景部分变为全白色，但是人像部分也会出现变亮的情况。所以需要使用黑色画笔在调整图层蒙版中绘制还原人像部分颜色，如图15-96所示。效果如图15-97所示。

图15-94

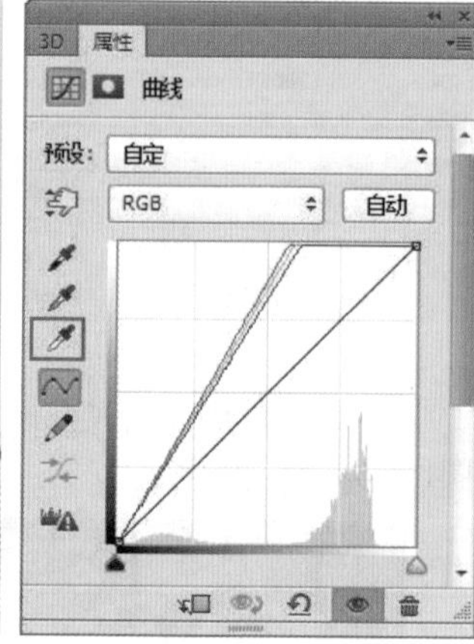
图15-95

03 使用矩形选框工具框选人像头部以及肩部的区域，

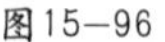
图15-96

图15-97

如图15-98所示。执行“编辑”>“选择性拷贝”>“合并拷贝”命令，并执行“编辑”>“粘贴”命令，将这一部分粘贴为独立图层，到这里白底证件照制作完成，如图15-99所示。

04 制作红底证件照，载入照片图层选区，在“图层”

图15—98

图15—99

面板顶部新建图层，并填充红色，如图15-100所示。设置该图层混合模式为“正片叠底”，如图15-101所示。此时，可以看到画面整体呈现出红色效果，如图15-102所示。

05 为红色图层添加图层蒙版，在蒙版中使用黑色画笔

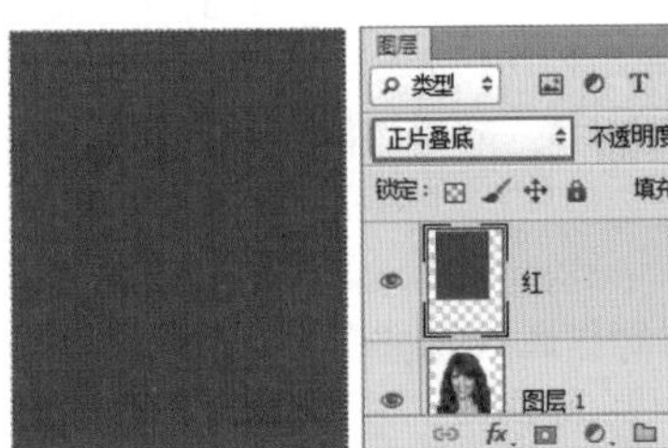

图15—100　　图15—101

图15—102

涂抹人像面部以及头发部分，如图15-103所示。使头发边缘与红色背景产生融合效果，到这里红底证件照制作完成，效果如图15-104所示。

图15—103

图15—104

技巧提示

在将白色背景照片转换为彩色背景时，可能首先会想到将人像从白色的背景中分离出来，然后在人像图层后方创建一个红色图层，如果这样会出现人像边缘带有白色杂点的情况，如图15-105所示。而本案例所使用的彩色图层混合的方法则有效地避免了白色杂点的出现，但是需要注意彩色图层与头发边缘混合时会使头发颜色发生改变，所以对于彩色图层的蒙版处理就显得尤为重要。

图15—105

06 用同样的方法可以制作其他背景的照片，也可以复制红色图层，并载入选区进行其他纯色或渐变色的填充。如图15-106所示为蓝色背景照片。如图15-107所示为渐变色背景照片。

图15—106

图15—107

★ 15.11　常用的证件照排版

案例文件	案例文件\第15章\15.11常用的证件照排版.psd
视频教学	视频文件\第15章\15.11常用的证件照排版.flv
难易指数	★★★★★
技术要点	对齐与分布

案例效果

本案例主要是使用对齐与分布制作证件照排版，效果如图15-108所示。

扫码看视频

图15—108

操作步骤

01 执行“文件”>“新建”命令，打开“新建文档”窗口。设置“宽度”为3.5英寸，“高度”为5英寸，“分辨率”为300，“背景内容”为“白色”，单击“创建”按钮创建新的文档。如图15-109所示。

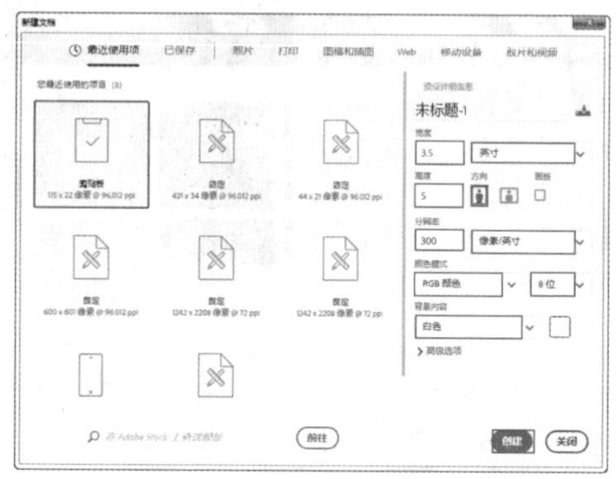

图15—109

02 置入证件照素材“1.jpg”，栅格化该图层，按Ctrl+T快捷键对头像部分图层进行等比例缩放，如图15-110所示。

图15—110

03 变换完毕后按Enter键完成变换，将其移至合适位置，如图15-111所示。多次复制照片素材，如图15-112所示。选中所有照片素材，如图15-113所示。

图15—111

图15—112

图15—113

04 单击工具箱中的“移动工具”按钮，在选项栏中单击“顶对齐”按钮和“水平居中分布”按钮，如图15-114所示。此时照片均匀分布在画面顶部，效果如图15-115所示。

图15—114

图15—115

思维点拨：常用的证件照尺寸

1英寸=2.54厘米。

小1寸证件照（身份证大头照）是2.2×3.3cm，1寸证件照是2.5×3.5cm，小2寸证件照（护照）是3.3×4.8cm，2寸证件照是3.5×4.5cm，5寸是12.7×8.9cm，6寸是15.2×10.2cm，7寸是17.8×12.7cm，8寸是20.3×15.2cm，10寸是25.4×20.3cm，12寸是 30.5×20.3cm，15寸是38.1×25.4cm。

05 使用同样的方法制作底部的照片效果，最终效果如图15-116所示。

图15—116

读书笔记

★ 15.12 为黑白照片上色

案例文件	案例文件\第15章\15.12为黑白照片上色.psd
视频教学	视频文件\第15章\15.12为黑白照片上色.flv
难易指数	★★★★★
技术要点	可选颜色调整图层，图层蒙版

案例效果

扫码看视频

本例主要是通过使用可选颜色调整图层、图层蒙版为黑白照片上色。对比效果如图15-117和图15-118所示。

图15—117

图15—118

操作步骤

01 打开本书配套资源中的素材文件“1.jpg”，如图15-119所示。为黑白照片上色有多种方法，可以通过彩色图层的混合叠加，也可以通过色彩调整命令，本案例采用的是“可选颜色”命令进行上色。

图15—119

02 执行“图层”>“新建调整图层”>“可选颜色”命令，创建调整图层，设置“颜色”为中性色，“青色”为-50%，“洋红”为-15%，“黄色”为27%，如图15-120所示。使用黑色画笔在蒙版中绘制人物皮肤以外的部分，如图15-121所示。此时皮肤呈现出彩色效果，如图15-122所示。

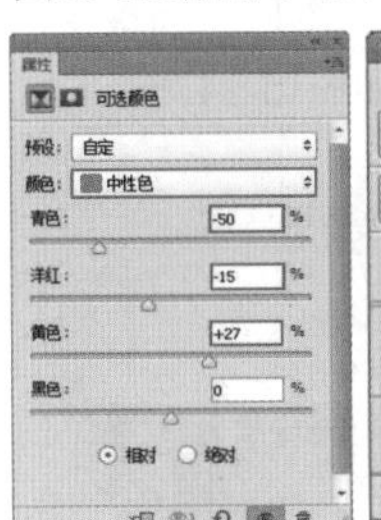
图15—120

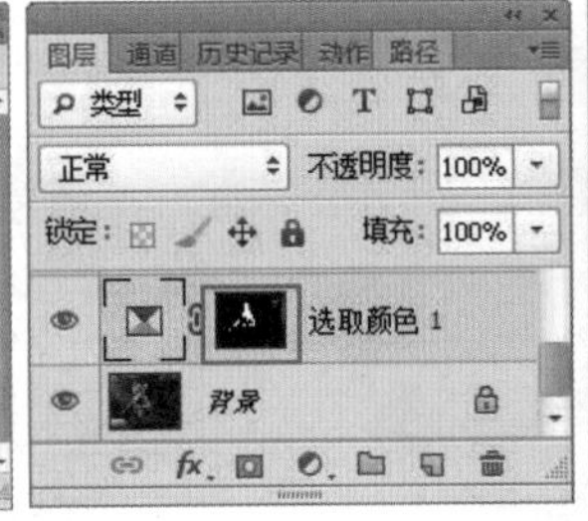
图15—121

图15—122

03 为嘴唇添加颜色，执行“图层”>“新建调整图层”>“可选颜色”命令，创建调整图层，设置“颜色”为中性色，“青色”为-100%，“洋红”为100%，“黄色”为100%，如图15-123所示。使用黑色画笔在蒙版中绘制人物嘴唇以外的部分，设置调整图层的“不透明度”为70%，如图15-124所示。效果如图15-125所示。

图15—123

图15—124

图15—125

04 继续为服装添加颜色。执行“图层”>“新建调整图层”>“可选颜色”命令，创建调整图层，设置“颜色”为中性色，“青色”为-70%，“洋红”为-82%，“黄色”为57%，如图15-126所示。使用黑色画笔在蒙版中绘制人物服饰以外的部分，如图15-127所示。效果如图15-128所示。

图15—126

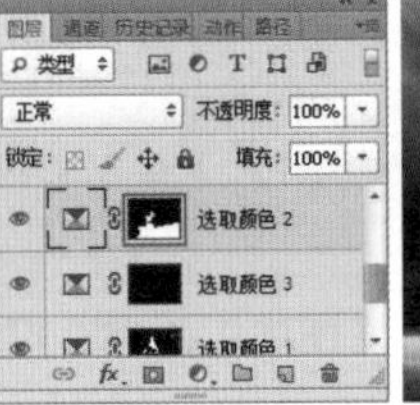
图15—127

图15—128

05 用同样的方法为头发部分添加颜色，执行“图层”>“新建调整图层”>“可选颜色”命令，创建调整图层，设置“颜色”为中性色，“青色”为-68%，“洋红”为-39%，“黄色”为25%，“黑色”为-9%，如图15-129所示。使用黑色画笔在蒙版中绘制人物帽子以及手镯以外的部分，如图15-130所示。效果如图15-131所示。

图15—129

图15—130

图15—131

06 人像部分制作完毕，最后开始制作背景部分。执行“图层”>“新建调整图层”>“可选颜色”命令，创建调整图层，设置“颜色”为中性色，“青色”为-73%，“洋红”为-43%，“黄色”为-42%，如图15-132所示。使用黑色画笔在蒙版中绘制远处土地以外的部分，如图15-133所示。效果如图15-134所示。

图15—132

图15—133

图15—134

07 执行“图层”>“新建调整图层”>“可选颜色”命令，创建调整图层，设置“颜色”为中性色，“青色”为-35%，“洋红”为-23%，“黄色”为27%，如图15-135所示。使用黑色画笔在蒙版中绘制天空以外的部分，如图15-136所示。最终效果如图15-137所示。

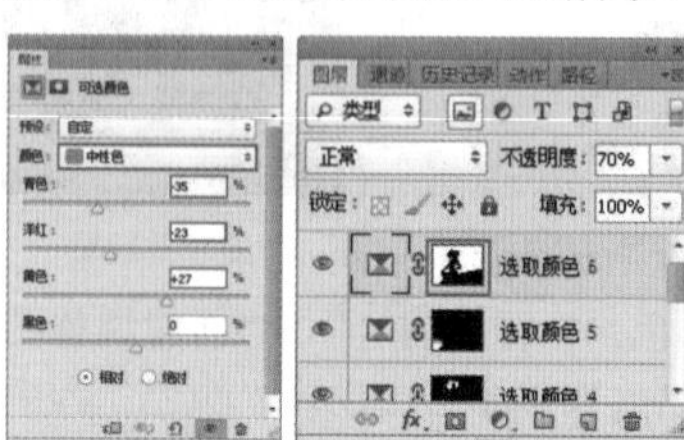
图15—135

图15—136

图15—137

★ 15.13 珠宝照片处理

案例文件	案例文件\第15章\15.13珠宝照片处理.psd
视频教学	视频文件\第15章\15.13珠宝照片处理.flv
难易指数	★★★★★
技术要点	调整图层

案例效果

扫码看视频

本案例主要是使用调整图层以及混合模式处理珠宝照片。对比效果如图15-138和图15-139所示。

图15—138

图15—139

操作步骤

01 新建文件，使用渐变工具，在选项栏中编辑粉色到白色的渐变，设置绘制模式为径向，如图15-140所示。在画面中拖曳绘制径向渐变，如图15-141所示。

图15—140

图15—141

02 置入戒指素材“1.jpg”，栅格化该图层。在这里可以看到拍摄的戒指照片对比度较低，并且出现不同程度的偏色情况，本案例重点在于塑造戒指的金属质感与宝石的水晶质感。置于画面中合适位置，按Ctrl+T快捷键对戒指执行“自由变换”命令，将其旋转到水平的角度，如图15-142所示。按Enter键完成变换，如图15-143所示。

图15—142

图15—143

03 使用矩形选框工具，在画面中绘制左半部分选区，按Ctrl+J快捷键将选区内的部分复制并粘贴到新图层，如图15-144所示。对复制的图层执行“自由变换”命令，将中心控制点移至合适位置，单击鼠标右键，在弹出的快捷菜单中选择“水平翻转”命令，如图15-145所示。

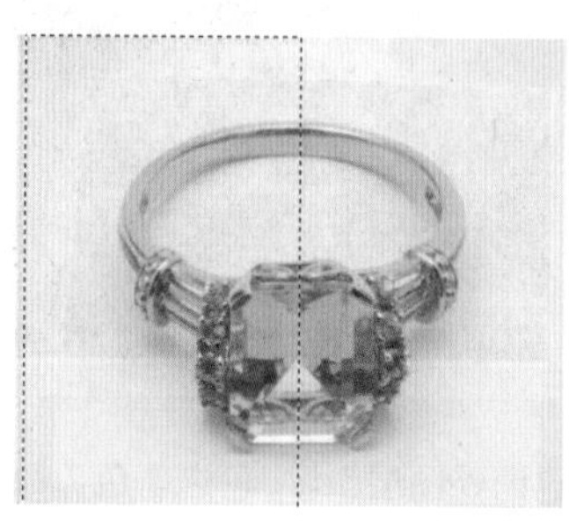
图15—144

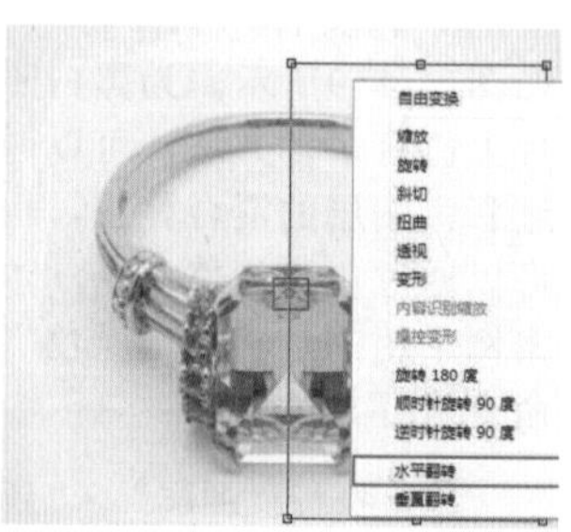
图15—145

04 按Enter键完成变换，合并所有戒指图层，使用钢笔工具，在画面中绘制戒指的路径形状，如图15-146所示。按Ctrl+Enter快捷键将路径转换为选区，单击“图层”面板中的“添加图层蒙版”按钮，隐藏背景部分，如图15-147所示。

图15—146

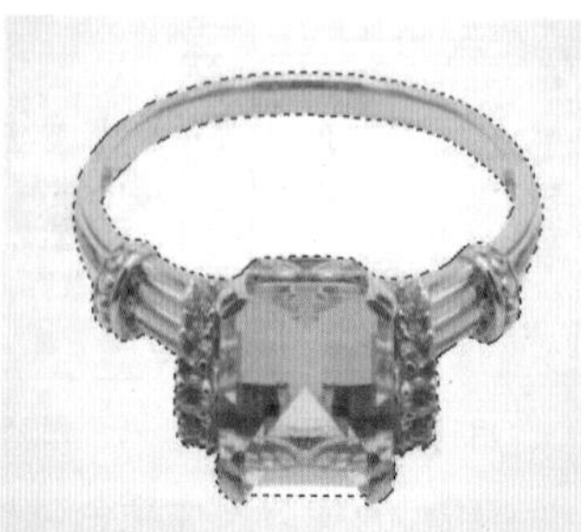
图15—147

05 执行“图层”>“新建调整图层”>“曲线”命令，创建曲线调整图层，调整曲线的形状，如图15-148所示。效果如图15-149所示。

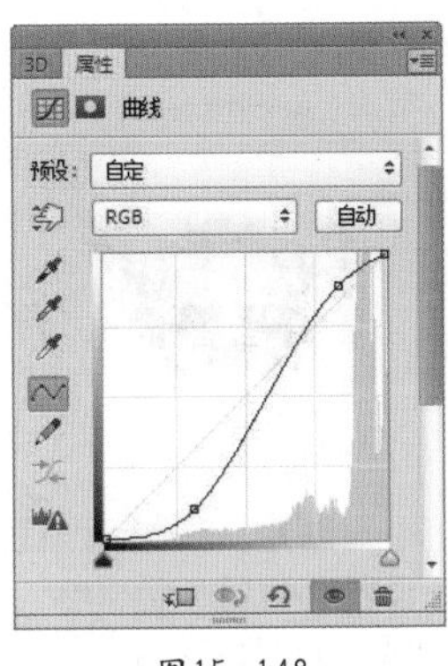

图15—148

图15—149

06 还原黄金部分的颜色，创建“色相/饱和度”调整图层，设置“色相”为13，如图15-150所示。使用黑色画笔在“色相/饱和度”调整图层蒙版上涂抹宝石部分，如图15-151和图15-152所示。

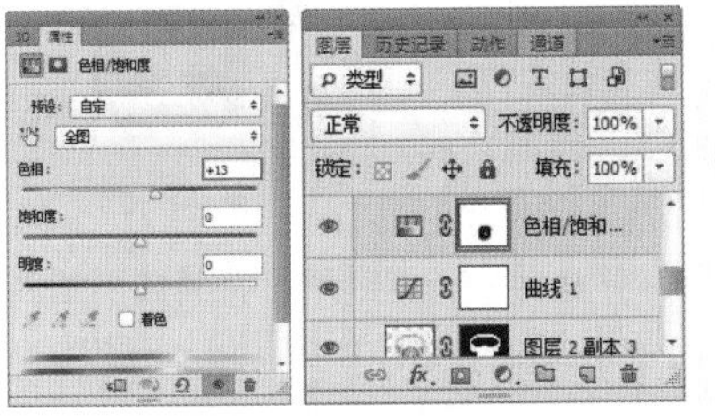

图15—150　图15—151　图15—152

07 调整宝石的颜色。新建图层，使用钢笔工具绘制宝石的路径形状，将其转换为选区，为其填充合适的颜色，如图15-153所示。为其添加图层蒙版，使用黑色画笔在蒙版的合适位置绘制，如图15-154所示。

图15—153

图15—154

08 设置其混合模式为“正片叠底”，“不透明度”为40%，如图15-155和图15-156所示。

图15—155

图15—156

09 继续载入宝石的选区，如图15-157所示。创建曲线调整图层，调整曲线的形状，如图15-158所示。宝石的质感得到了强化，如图15-159所示。

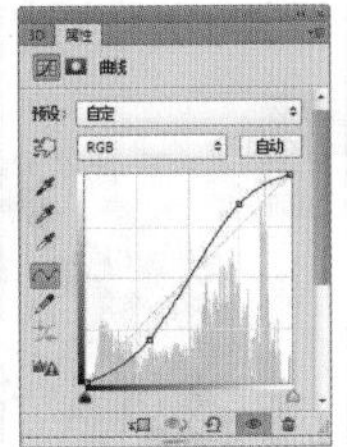

图15—157　图15—158　图15—159

10 载入宝石选区，创建“色相/饱和度”调整图层，设置“色相”为-39，如图15-160和图15-161所示。

图15—160

图15—161

11 继续新建图层，使用白色柔边圆画笔在画面中绘制合适的部分，如图15-162所示。设置混合模式为“柔光”，“不透明度”为72%，如图15-163所示。

图15—162

图15—163

12 继续创建“色相/饱和度”调整图层，设置“色相”为-25，如图15-164所示。为调整图层蒙版填充黑色，使用白色画笔在蒙版中绘制小宝石的区域，如图15-165和图15-166所示。

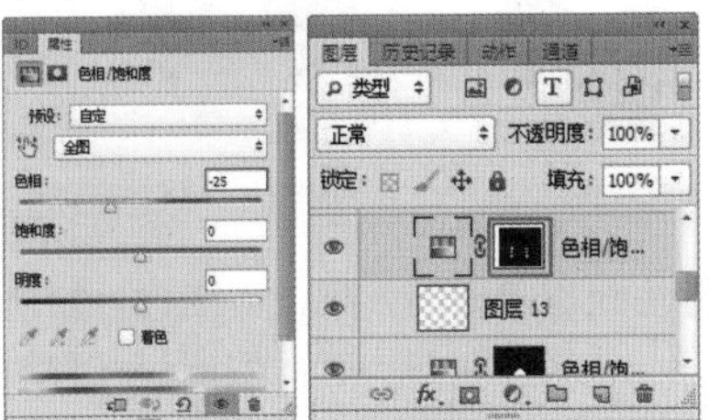

图15—164　图15—165　图15—166

13 创建曲线调整图层，调整“红通道”曲线形状以及RGB的曲线形状，如图15-167所示。继续为曲线调整图层蒙版填充黑色，使用白色画笔在蒙版中绘制宝石中较暗的区域，如图15-168所示。

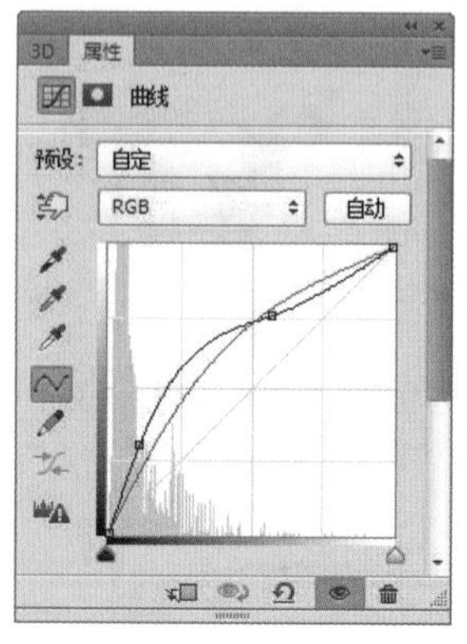

图15-167

图15-168

14 新建图层，调整黄金的瑕疵。使用吸管工具吸取正常的黄金颜色作为前景色，然后使用画笔工具在黄金的瑕疵部分进行绘制，如图15-169所示。效果如图15-170所示。

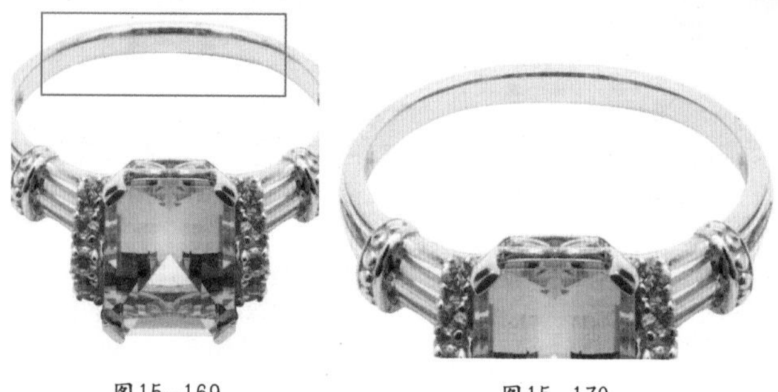

图15-169　图15-170

15 制作转角处的白色高光。新建图层，使用钢笔工具，在画面中绘制合适的路径形状，如图15-171所示。将其转换为选区，为其填充白色，效果如图15-172所示。

图15-171　图15-172

16 使用同样的方法制作阴影的效果，如图15-173所示。创建曲线调整图层，调整曲线的形状，如图15-174所示。效果如图15-175所示。

图15-173

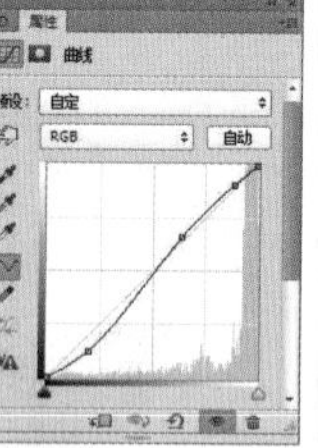

图15-174

图15-175

17 将所有戒指图层合并为同一图层，执行“滤镜”>“锐化”>“智能锐化”命令，设置“数量”为80%，“半径”为5像素，“减少杂色”为10%，如图15-176所示。效果如图15-177所示。

图15-176

图15-177

18 复制戒指图层，并命名为“倒影”，将其向下适当移动，作为戒指的倒影效果，设置其“不透明度”为20%，如图15-178所示。效果如图15-179所示。

图15-178

图15-179

19 使用横排文字工具，设置合适的字号字体，在画面右上角单击输入深红色文字，最终效果如图15-180所示。

图15-180

★ 15.14 制作网店商品展示效果

案例文件	案例文件\第15章\15.14制作网店商品展示效果.psd
视频教学	视频文件\第15章\15.14制作网店商品展示效果.flv
难易指数	★★★★★
技术要点	图层蒙版、图层样式、自由变换、文字工具

案例效果

扫码看视频

本案例主要是使用渐变工具、图层蒙版、图层样式、自由变换、文字工具制作网店商品展示效果，如图15-181所示。

图15—181

操作步骤

01 新建白色背景的空白文件。新建图层，使用矩形选框工具在画面顶部绘制合适的矩形选区，使用渐变工具，在选项栏中编辑金色系的渐变，设置“渐变模式”为线性，如图15-182所示。在选区中拖曳填充，如图15-183所示。

图15—182

图15—183

02 使用同样的方法制作底部的渐变矩形框，如图15-184所示。

图15—184

03 执行“图层”>“图层样式”>“投影”命令，设置合适的投影颜色，调整“距离”为5像素，“扩展”为15%，“大小”为6像素，如图15-185所示。效果如图15-186所示。

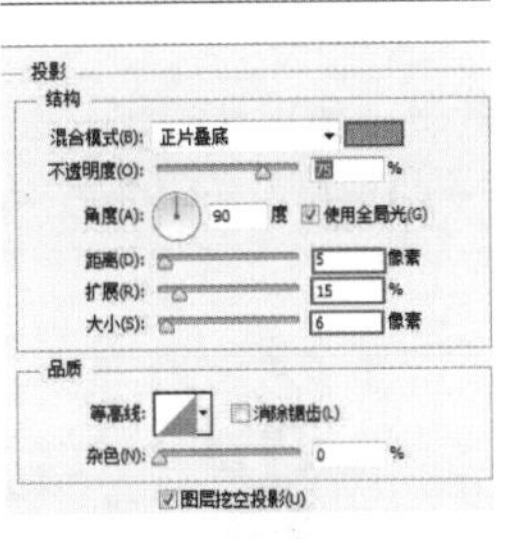

图15—185

图15—186

04 置入前景花纹素材“1.png”，并置于画面中合适位置，栅格化该图层。如图15-187所示。置入白色背景的化妆品素材“2.jpg”将其栅格化，如图15-188所示。设置其混合模式为“正片叠底”，即可将白色背景滤除，效果如图15-189所示。

图15—187 图15—188 图15—189

05 继续置入化妆品“3.jpg”，栅格化该图层。使用钢笔工具，在画面中绘制瓶子形状的路径，如图15-190所示。按快捷键Ctrl+Enter将路径快速转换为选区，单击“图层”面板上的“添加图层蒙版”按钮，为其添加图层蒙版，如图15-191所示。效果如图15-192所示。

图15—190 图15—191 图15—192

06 复制化妆品素材并将其置于原图层上方，选择图层蒙版，单击鼠标右键，在弹出的快捷菜单中选择“应用图层蒙版”命令，如图15-193所示。按Ctrl+T快捷键对其执行“自由变换”命令，将控制点移至底部，单击鼠标右键，在弹出的快捷菜单中选择“垂直翻转”命令，如图15-194所示。变换完毕后按Enter键完成变换。

图15—193

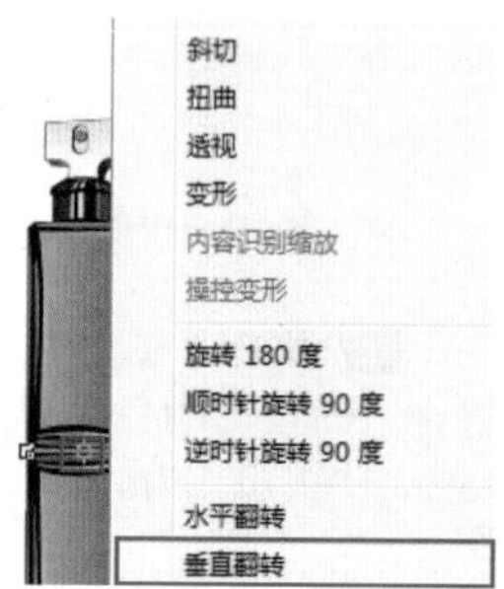

图15—194

07 再次为倒影图层添加图层蒙版，使用渐变工具在蒙版中填充黑白色的渐变，设置其“不透明度”为30%，如图15-195所示。效果如图15-196所示。

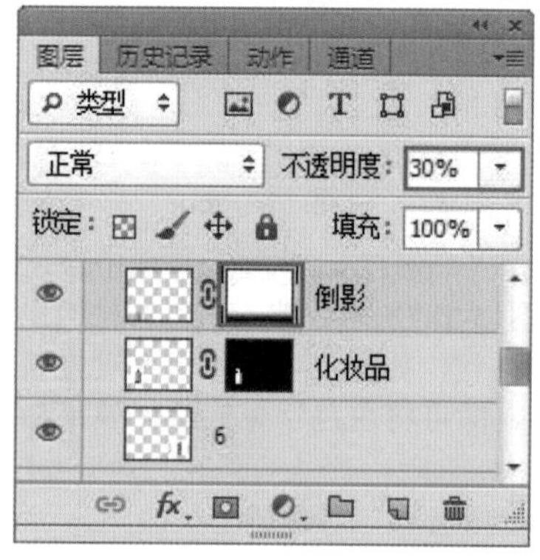

图15—195

图15—196

08 使用同样的方法制作其他的化妆品，效果如图15-197所示。

图15—197

思维点拨：网页版式设计技巧

网页版式的设计可以根据不同产品的特点而进行相应的设计。例如，化妆品的网页多使用简洁、清晰的设计手法，简练与清晰的板式结构可以有组织、有规律地表现出宣传品的特点。

09 使用钢笔工具，在选项栏中设置绘制模式为“形状”，“填充”为无，“描边”颜色为灰色，“大小”为1.33点，设置样式为虚线，如图15-198所示。在画面中按住Shift键绘制水平的虚线效果，如图15-199所示。使用同样的方法制作其他的虚线效果，如图15-200所示。

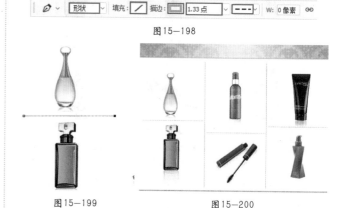

图15—198

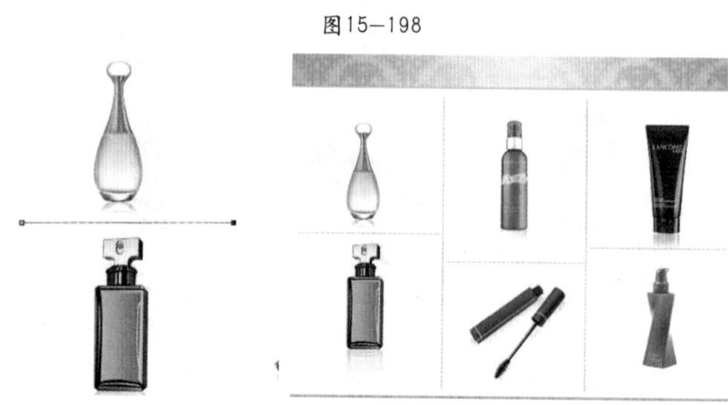

图15—199　　图15—200

10 选择横排文字工具，设置合适的字号以及字体，并设置相应的前景色，在画面中单击输入文字，最终效果如图15-201所示。

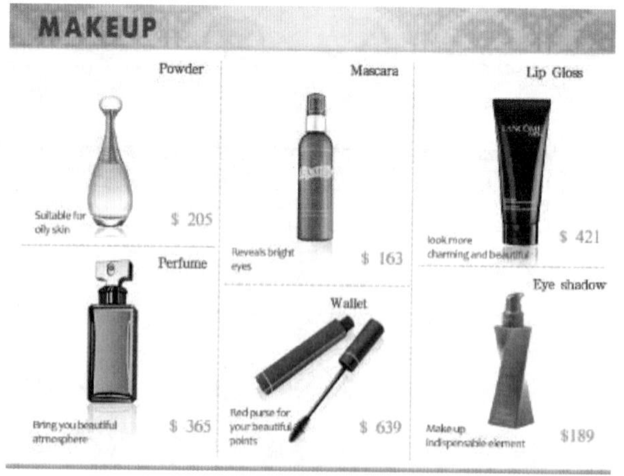

图15—201

第16章

人像照片精修

本章内容简介：

在人物摄影时，当对人像要求较高时，对照片进行精修就是必不可少的环节。本章将通过一些具体实例讲解人像照片精修的具体方法。

本章学习要点：

- 制作碧蓝明眸
- 青春粉嫩嘴唇
- 黑珍珠质感长发
- 打造粉嫩肌肤
- 老年人像还原年轻态
- 保留质感的人像精修
- 梦幻人像造型设计

★ 16.1　制作碧蓝明眸

案例文件	案例文件\第16章\16.1制作碧蓝明眸.psd
视频教学	视频文件\第16章\16.1制作碧蓝明眸.flv
难易指数	★★★★★
技术要点	曲线、混合模式、添加杂色滤镜、径向模糊滤镜

案例效果

扫码看视频

本案例主要使用曲线、混合模式、添加杂色滤镜、径向模糊滤镜等命令打造碧蓝明眸，对比效果如图16-1和图16-2所示。

图16-1

图16-2

操作步骤

01 执行“文件”>“打开”命令，打开素材文件“1.jpg”，从图中可以看出人像眼睛非常没有神采，使用工具箱中的套索工具绘制羽化值为1像素的选区，如图16-3所示。

图16-3

02 以当前选区执行“图层”>“新建调整图层”>“曲线”命令，调整曲线形状，如图16-4所示。增强选区中眼睛的对比度，如图16-5所示。

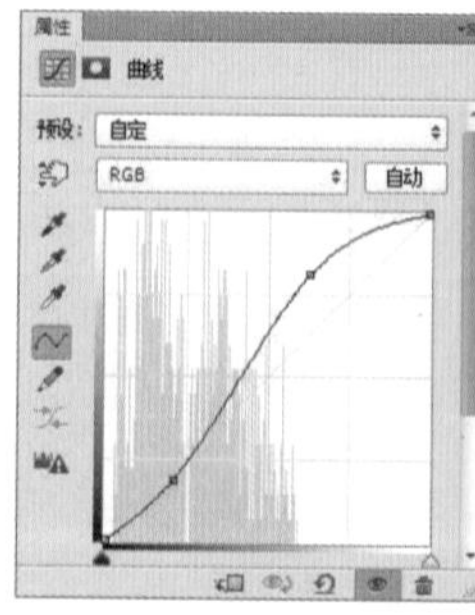

图16-4

图16-5

03 使用钢笔工具在眼睛的下半部分绘制月牙形路径，如图16-6所示。单击鼠标右键，在弹出的快捷菜单中选择“建立选区”命令，在弹出的对话框中设置“羽化半径”为1像素，如图16-7所示。

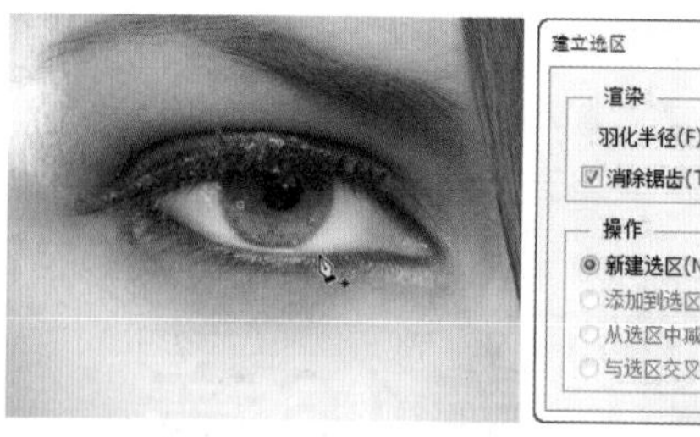

图16-6　图16-7

04 得到选区后新建图层，并填充为白色，如图16-8所示。

图16-8

05 继续新建图层，使用钢笔工具绘制饼形路径，转换为选区后使用渐变工具填充白色到半透明的渐变，如图16-9所示。

06 为眼睛改变颜色，新建图层“颜色”，设置前景色为蓝色，使用圆形柔边圆画笔绘制蓝色效果，如图16-10所示。

图16-9

图16-10

07 在“图层”面板中设置该图层的混合模式为“颜色”，如图16-11所示。效果如图16-12所示。

图16-11

图16-12

08 模拟眼球中的纹理，新建图层“放射”，绘制矩形选区并填充黑色，如图16-13所示。执行“滤镜”>“杂色”>“添加杂色”命令，设置一定的数值，使黑色图层产生白色的杂点，如图16-14所示。

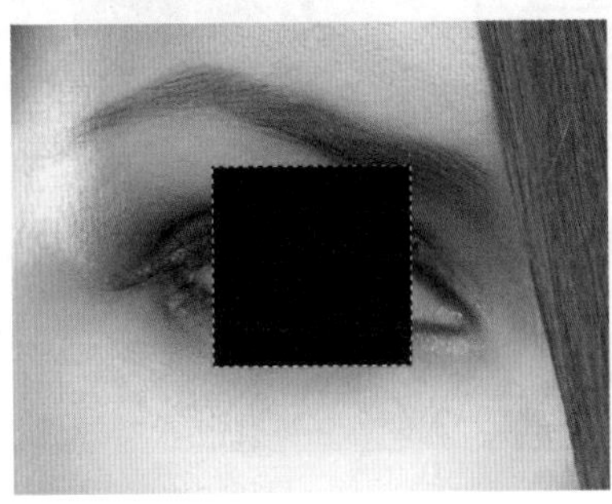

图16—13

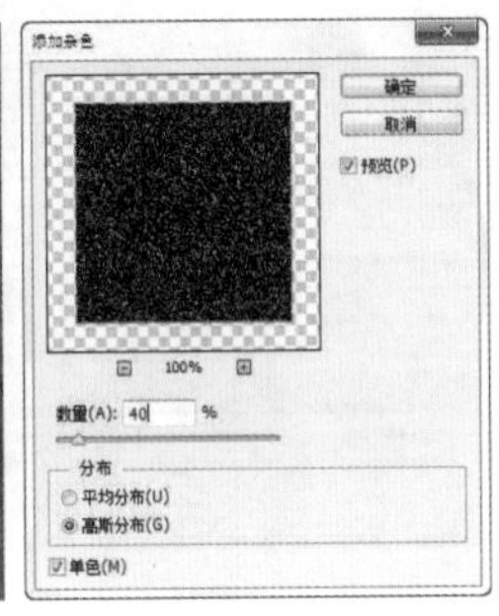

图16—14

09 继续对其执行“滤镜”>“模糊”>“径向模糊”命令，设置“数量”为100，“模糊方法”为“缩放”，如图16-15所示。此时“放射”图层发生了明显的变化，如图16-16所示。

图16—15

图16—16

10 设置“放射”图层的混合模式为“滤色”，并为其添加图层蒙版，在蒙版中擦除多余部分，如图16-17所示。效果如图16-18所示。

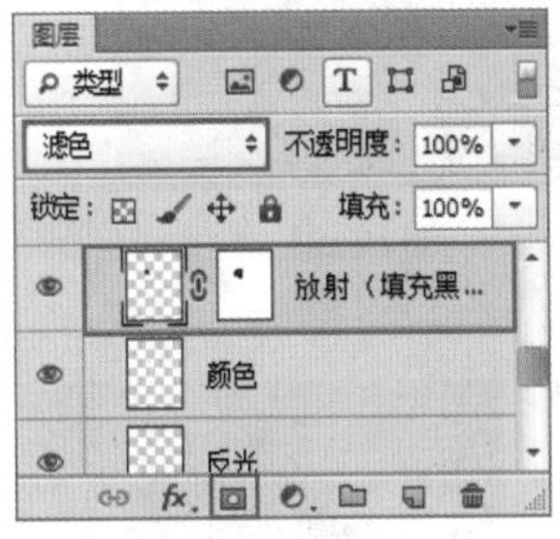

图16—17

图16—18

11 新建图层“亮光”，设置前景色为白色，使用较小的圆形硬角画笔在瞳孔附近绘制两个大小不同的白色高光点，如图16-19所示。

图16—19

12 为了强化眼睛的效果，在“图层”面板中复制“放射”和“颜色”两个图层并放在顶部，如图16-20所示。效果如图16-21所示。

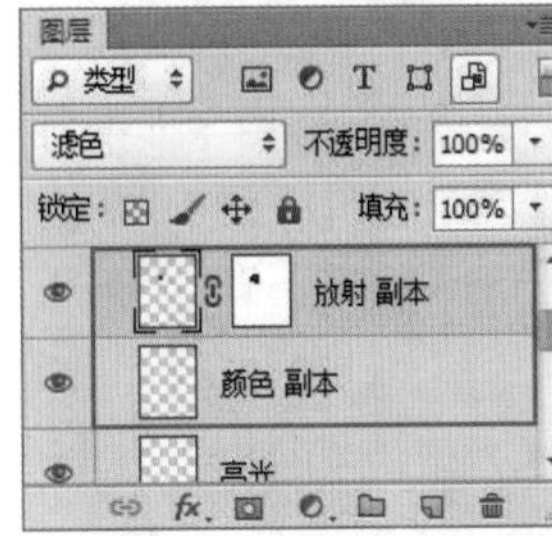

图16—20

图16—21

13 将对眼睛调整的所有图层都放置在一个图层组中，并为“眼睛”图层组添加图层蒙版，在蒙版中使用黑色画笔涂抹眼球以外的部分，如图16-22所示。效果如图16-23所示。

图16—22

图16—23

14 单击工具箱中的“画笔工具”按钮，在画笔预设选取器菜单中执行“导入画笔”命令，在弹出的对话框中载入“2.abr”文件。载入完毕后即可在画笔预设选取器中找到新载入的“睫毛”笔刷，新建图层并单击绘制出睫毛。然后对睫毛图层进行自由变换操作，对其进行变形，使其与眼睛形状相吻合，如图16-24所示。最终效果如图16-25所示。

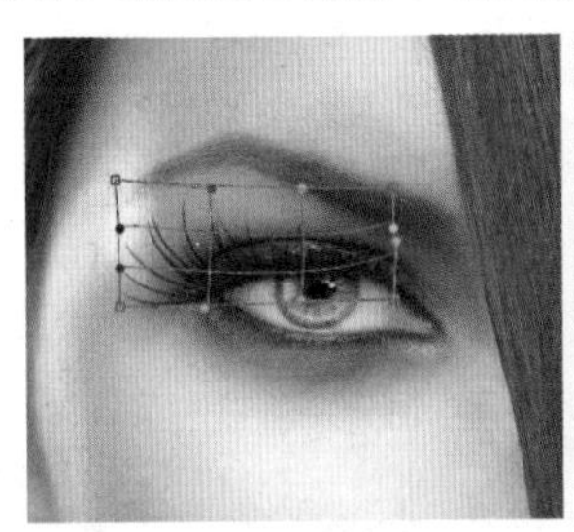

图16—24

图16—25

★ 16.2 青春粉嫩嘴唇

案例文件	案例文件\第16章\16.2青春粉嫩嘴唇.psd
视频教学	视频文件\第16章\16.2青春粉嫩嘴唇.flv
难易指数	★★★★★
技术要点	曲线、色相/饱和度

案例效果

本案例主要使用曲线、色相/饱和度打造青春粉嫩嘴唇，对比效果如图16-26和图16-27所示。

扫码看视频

图16-26

图16-27

操作步骤

01 执行“文件”>“打开”命令，打开素材文件“1.jpg”，如图16-28所示。为了调整嘴唇颜色，首先需要使用套索工具绘制嘴唇部分的选区，绘制之前可以在选项栏中设置一定的羽化半径，如图16-29所示。

图16-28

图16-29

02 以当前选区执行“图像”>“调整”>“曲线”命令，调整曲线形状，如图16-30所示。使嘴唇部分变亮，如图16-31所示。

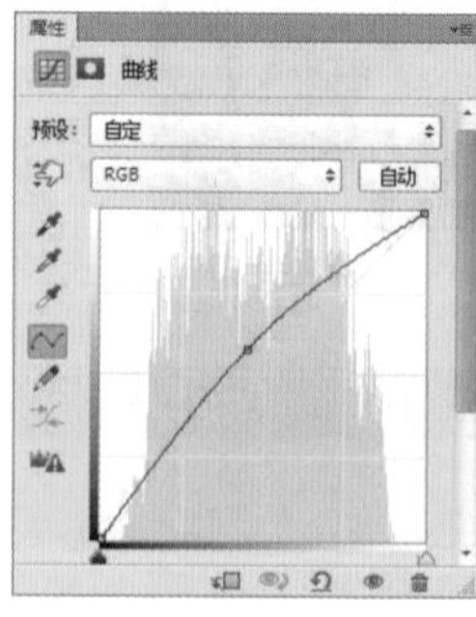

图16-30

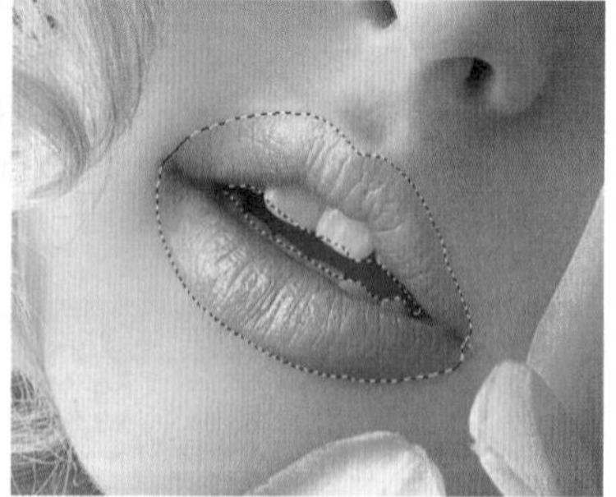

图16-31

03 改变嘴唇部分的颜色，保持当前选区，执行“图像”>“调整”>“色相/饱和度”命令，设置“色相”为+15，“饱和度”为+10，如图16-32所示。最终效果如图16-33所示。

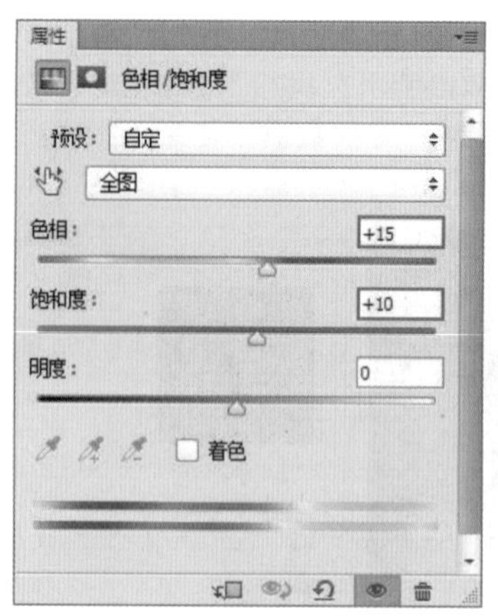

图16-32

图16-33

★ 16.3　黑珍珠质感长发

案例文件	案例文件\第16章\16.3黑珍珠质感长发.psd
视频教学	视频文件\第16章\16.3黑珍珠质感长发.flv
难易指数	★★★★★
技术要点	色相/饱和度、曲线

案例效果

扫码看视频

本案例通过色相/饱和度和曲线调整图层的使用打造黑珍珠质感长发，对比效果如图16-34和图16-35所示。

图16-34

图16-35

操作步骤

01 执行“文件”>“打开”命令，打开素材文件“1.jpg”。为了调整头发颜色，首先需要使用快速选择工具制作头发的选区，如图16-36所示。

图16-36

02 以当前选区执行“图像”>“调整”>“色相/饱和度”命令，设置“饱和度”为-100，如图16-37所示。虽然头发变为黑白效果，但是由于对比度不强，使头发产生一种“发灰”的感觉，效果如图16-38所示。

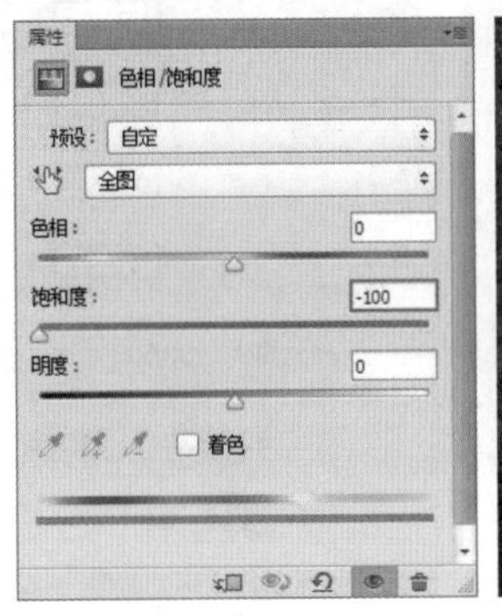

图16—37

图16—38

03 保持当前选区，执行“图像”>“调整”>“曲线”命令，调整曲线形状，如图16-39所示。增强头发部分对比度，最终效果如图16-40所示。

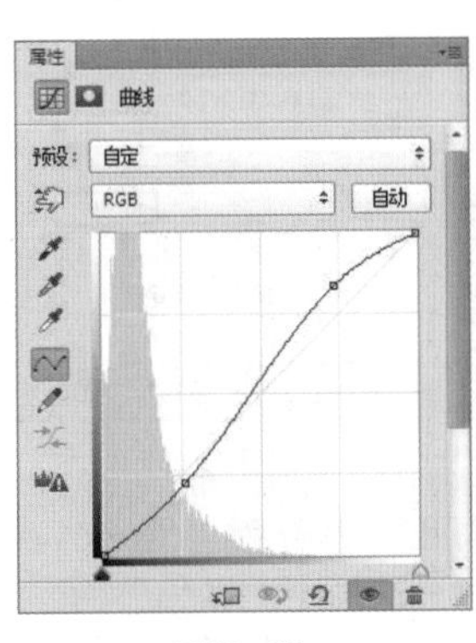

图16—39

图16—40

★ 16.4 打造粉嫩肌肤

案例文件	案例文件\第16章\16.4打造粉嫩肌肤.psd
视频教学	视频文件\第16章\16.4打造粉嫩肌肤.flv
难易指数	★★★★★
技术要点	色相/饱和度、可选颜色、混合模式、曲线

案例效果

扫码看视频

本案例主要使用色相/饱和度、可选颜色、混合模式、曲线等命令打造人像粉嫩肌肤效果，对比效果如图16-41和图16-42所示。

图16—41

图16—42

操作步骤

01 打开素材文件“1.jpg”，如图16-43所示。

图16—43

02 执行“图层”>“新建调整图层”>“色相/饱和度”命令，设置“色相”为-23，如图16-44所示。使用黑色画笔在调整图层蒙版中绘制人物头发以外的部分，如图16-45所示。效果如图16-46所示。

图16—44　图16—45

图16—46

03 执行“图层”>“新建调整图层”>“曲线”命令，调整曲线的形状，如图16-47所示。效果如图16-48所示。

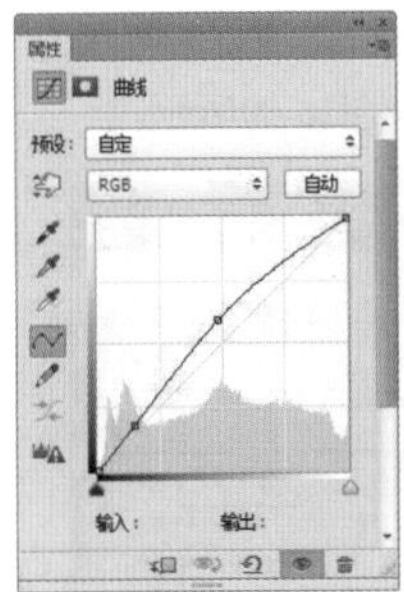

图16—47

图16—48

04 执行“图层”>“新建调整图层”>“色相/饱和度”命令，设置通道为“黄色”，“色相”为-45，“饱和度”为-58，“明度”为100，如图16-49所示。使用黑色画笔在调整图层蒙版中绘制人物以外的部分，如图16-50所示。效果如图16-51所示。

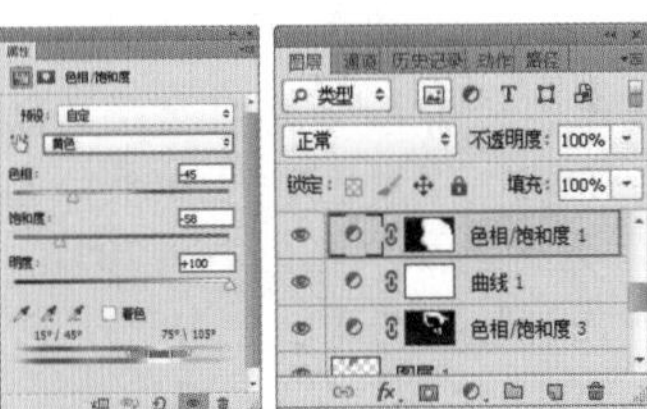

图16—49　图16—50

图16—51

05 执行“图层”>“新建调整图层”>“自然饱和度”命令，设置“自然饱和度”为74，如图16-52所示。使用黑色画笔在调整图层蒙版中绘制人物的嘴唇部分，如图16-53

所示。效果如图16-54所示。

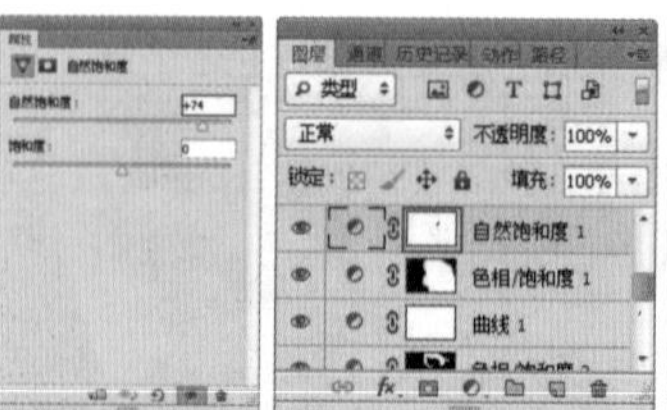

图16-52　图16-53

图16-54

06 执行“图层”>“新建调整图层”>“色相/饱和度”命令，设置“色相”为31，如图16-55所示。使用黑色画笔在调整图层蒙版中绘制人物部分，如图16-56所示。效果如图16-57所示。

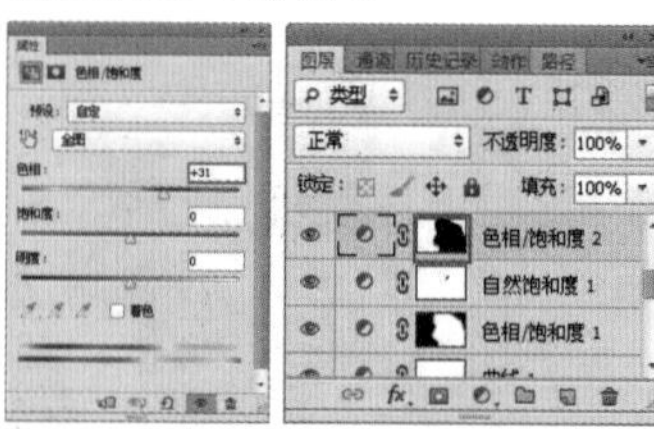

图16-55　图16-56

图16-57

07 执行“图层”>“新建调整图层”>“可选颜色”命令，设置“颜色”为“红色”，“青色”为-38%，“洋红”为-34%，“黄色”为29%，“黑色”为-3%，如图16-58所示。设置“颜色”为黄色，“青色”为-19%，“洋红”为-8%，“黄色”为-25%，“黑色”为1%，如图16-59所示。

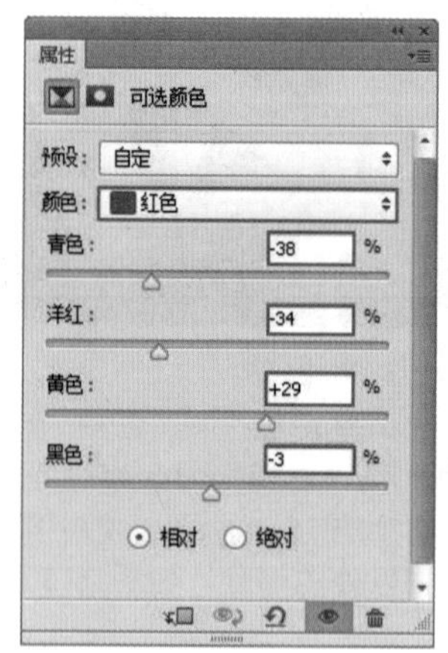

图16-58

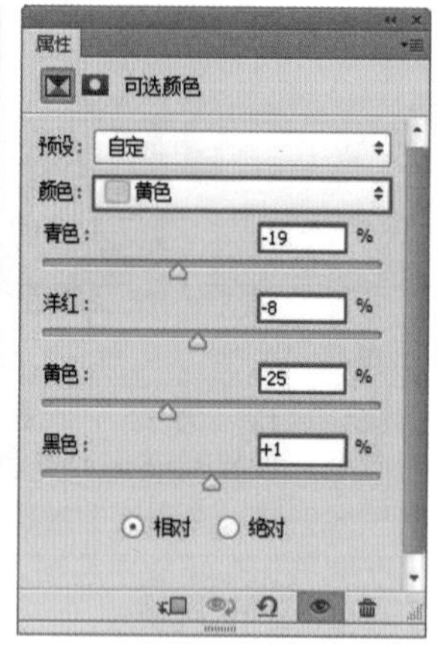

图16-59

08 设置“颜色”为绿色，“青色”为71%，“洋红”为-20%，“黄色”为-59%，“黑色”为100%，如图16-60所示。设置“颜色”为青色，“青色”为70%，“洋红”为-5%，“黄色”为30%，“黑色”为2%，如图16-61所示。

09 设置“颜色”为蓝色，“青色”为53%，“洋红”为16%，“黑色”为-17%，如图16-62所示。设置“颜色”为洋红，“青色”为72%，“洋红”为17%，“黄色”为-7%，“黑色”为-65%，如图16-63所示。

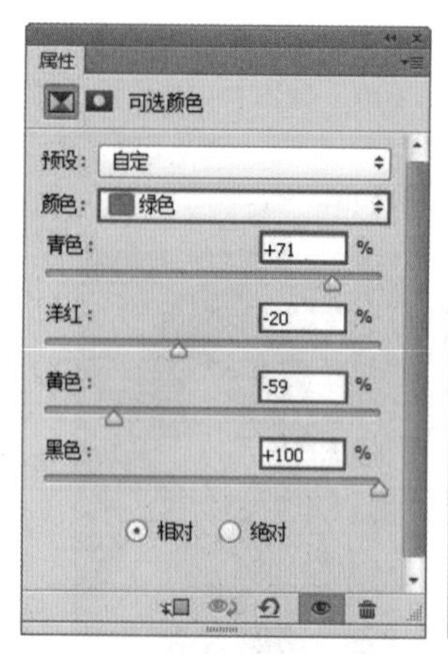

图16-60

图16-61

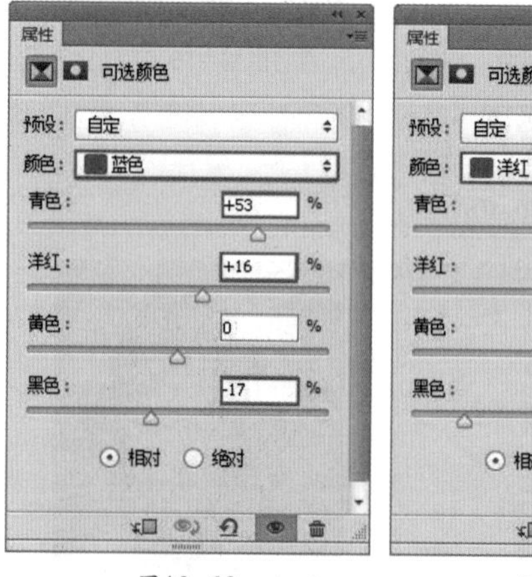

图16-62　图16-63

10 设置“颜色”为白色，“青色”为10%，“洋红”为-14%，“黄色”为-26%，“黑色”为-3%，如图16-64所示。使用黑色画笔绘制嘴唇部分，如图16-65所示。效果如图16-66所示。

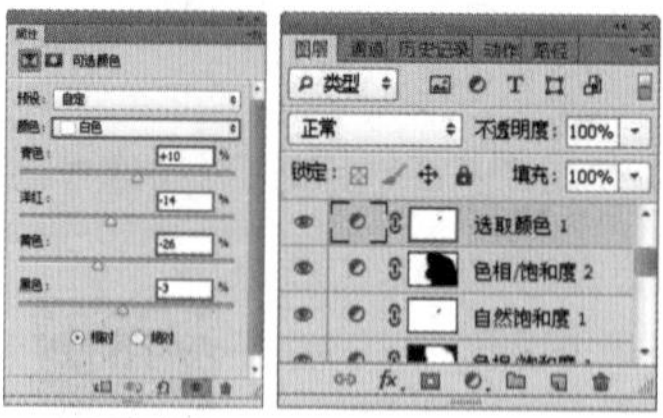

图16-64　图16-65

图16-66

11 执行“图层”>“新建调整图层”>“曲线”命令，设置通道为蓝色，调整曲线形状，如图16-67所示。设置通道为RGB，调整曲线形状，如图16-68所示。使用黑色画笔在曲线蒙版中绘制嘴唇部分以外的部分，如图16-69所示。效果如图16-70所示。

12 执行“图层”>“新建调整图层”>“色相/饱和度”命令，设置通道为黄色，设置“饱和度”为-100，“明度”为100，如图16-71所示。使用黑色画笔在图层蒙版中绘制人物皮肤以外的部分，如图16-72所示。最终效果如图16-73所示。

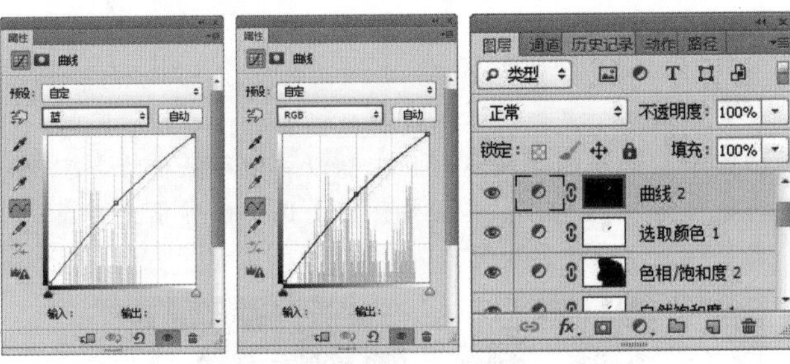

图16—67　　图16—68　　图16—69

图16—70

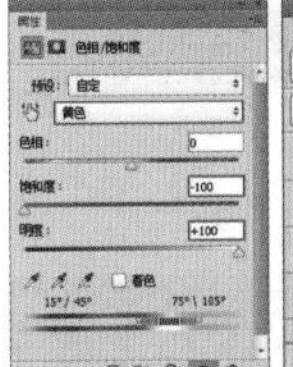

图16—71

图16—72

图16—73

★ 16.5　炫彩妆面设计

案例文件	案例文件\第16章\16.5炫彩妆面设计.psd
视频教学	视频文件\第16章\16.5炫彩妆面设计.flv
难易指数	★★★★★
技术要点	混合模式

案例效果

扫码看视频

本案例主要使用混合模式工具制作炫彩妆面设计，效果如图16-74所示。

操作步骤

01 打开素材文件“1.jpg”，如图16-75所示。

图16—74

图16—75

02 为了增强肌肤的通透感，按快捷键Ctrl+J，复制背景图层，并设置其混合模式为“柔光”，如图16-76和图16-77所示。

图16—76

图16—77

03 执行“图层”>“创建调整图层”>“自然饱和度”命令，创建一个“自然饱和度”调整图层，设置“自然饱和度”为－30，此时肌肤颜色更加透亮，如图16-78所示。

图16—78

04 使用矩形选框工具，在画面中依次绘制矩形选区并填充合适的颜色，如图16-79所示。将其旋转到合适的角度，如图16-80所示。

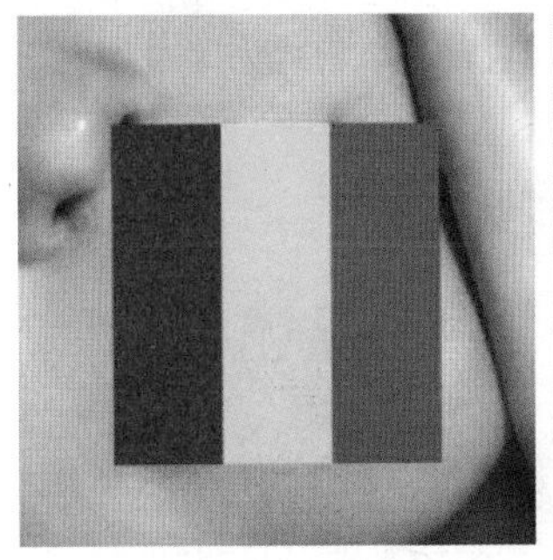

图16—79

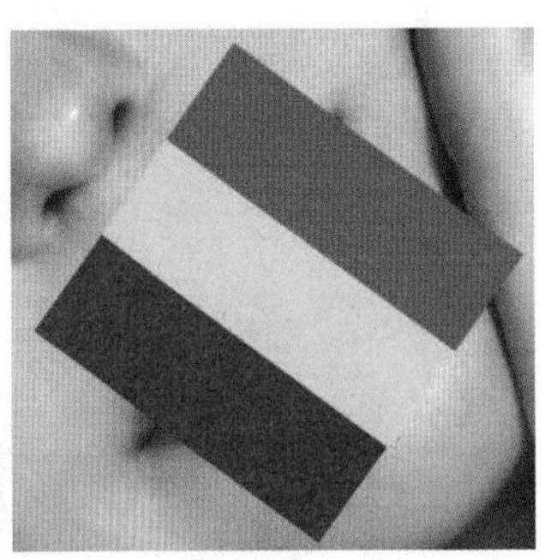

图16—80

05 设置其混合模式为“柔光”，如图16-81和图16-82所示。

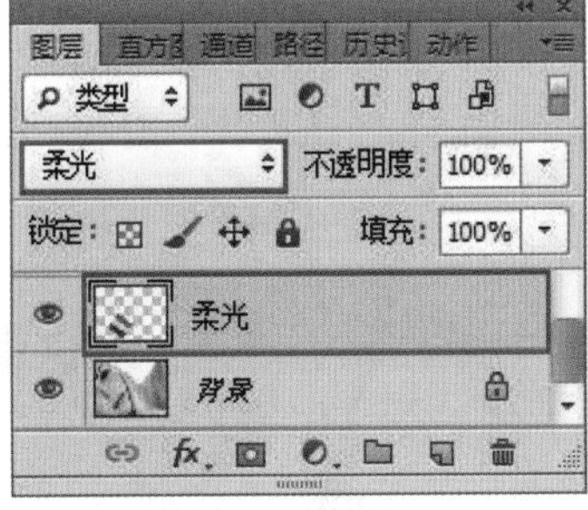

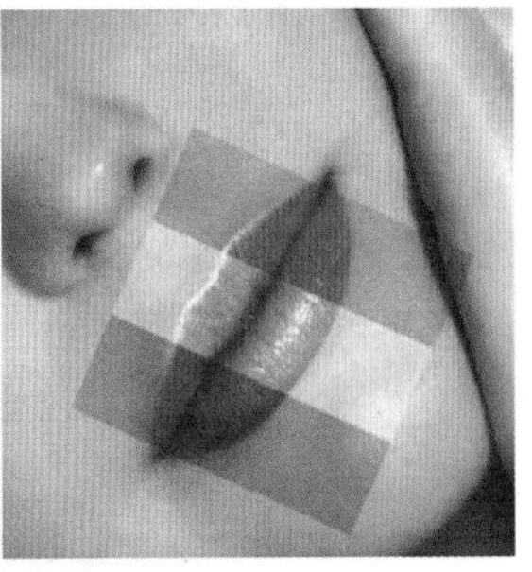

图16—81　　图16—82

06 执行“滤镜>模糊>高斯模糊”命令，设置其“半径”为20像素，如图16-83和图16-84所示。

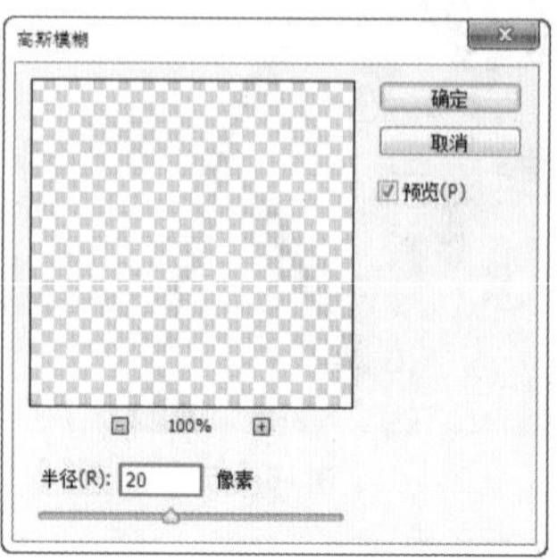

图16—83

图16—84

07 单击“图层”面板底部的“添加图层蒙版”按钮，为其添加图层蒙版，使用黑色画笔在蒙版中绘制嘴唇以外的部分，隐藏多余部分，如图16-85所示。

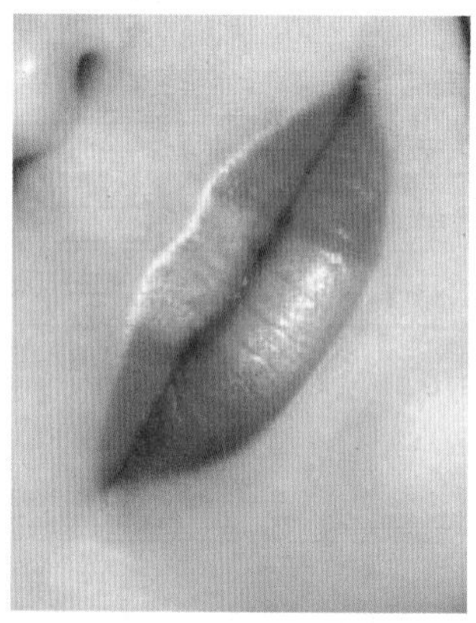

图16—85

08 为了与唇妆呼应，下面需要制作眼妆。新建图层“彩妆”，设置合适的前景色，使用画笔工具在画面中绘制眼影效果，如图16-86所示。设置其混合模式为“叠加”，如图16-87所示。

图16—86

图16—87

09 置入花纹素材“2.png”，栅格化该图层并置于画面中合适的位置，最终效果如图16-88所示。

图16—88

思维点拨：关于“彩妆”

“彩妆”是指人们通过粉底、蜜粉、口红、眼影、胭脂等有色泽的化妆材料和工具以美化和保护脸部容貌的妆饰方法的总称，其主要作用是让女性形象更美丽，更令人关注或者更加突出，如图16—89所示。

图16—89

★ 16.6 老年人像还原年轻态

案例文件	案例文件\第16章\16.6老年人像还原年轻态.psd
视频教学	视频文件\第16章\16.6老年人像还原年轻态.flv
难易指数	★★★★★
技术要点	调整图层、色彩范围、混合模式、修补工具、仿制图章、液化滤镜

案例效果

本案例主要是使用调整图层、色彩范围、混合模式、修补工具、仿制图章、液化滤镜为老年人像还原年轻态，如图16-90所示。

扫码看视频

图16—90

操作步骤

01 打开背景素材文件“1.jpg”，如图16-91所示。新建图层组，复制人像图层，并将其置于调整图层组中，单击“图层”面板底部的“添加图层蒙版”按钮，为调整图层组添加图层蒙版，使用矩形选框工具在蒙版中绘制矩形的选框，为其填充黑色，如图16-92所示。

02 执行“图层”>“新建调整图层”>“曲线”命令，创建曲线调整图层，调整曲线的形状，如图16-93所示。提亮画面，如图16-94所示。

图16-91

图16-92

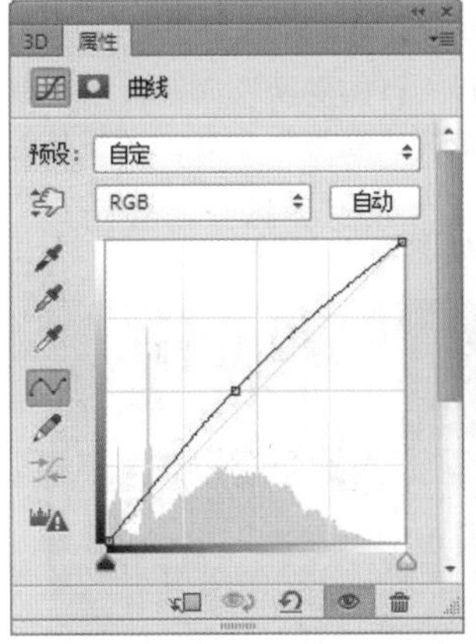

图16-93

图16-94

03 按Shift+Ctrl+Alt+E组合键盖印图层，使用仿制图章工具，在画面中按住Alt键在较光滑的皮肤处单击设置取样点，松开Alt键在皱纹的部分进行涂抹绘制，如图16-95所示。效果如图16-96所示。

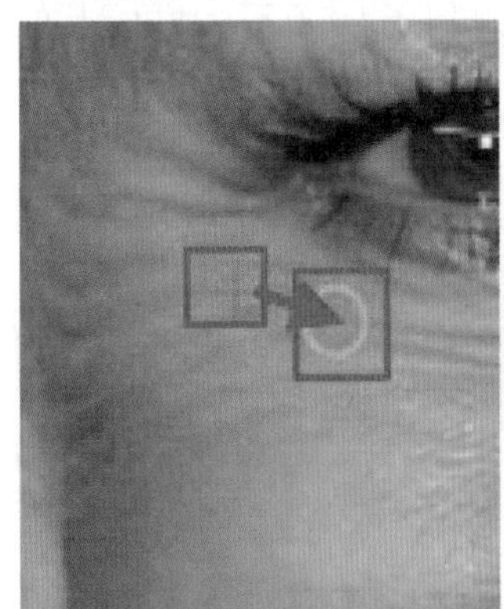

图16-95

图16-96

04 对其使用外挂滤镜进行磨皮，使用吸管工具，在面部单击，单击OK按钮完成操作，如图16-97所示。为其添加图层蒙版，使用黑色画笔涂抹，去除人像皮肤以外的影响，如图16-98所示。

05 执行“滤镜”>“液化”命令，使用向前变形工具，设置“画笔大小”为240，在画面中调整面部的形状，如图16-99所示。单击“确定”按钮结束操作，如图16-100所示。

图16-97

图16-98

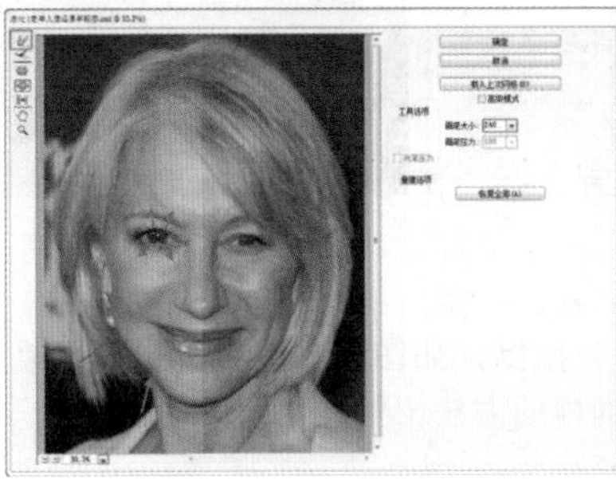

图16-99

图16-100

06 再次盖印图层，执行“选择”>“色彩范围”命令，使用吸管工具，单击人像唇边位置，设置“颜色容差”为28，如图16-101所示。得到人像面部选区，如图16-102所示。

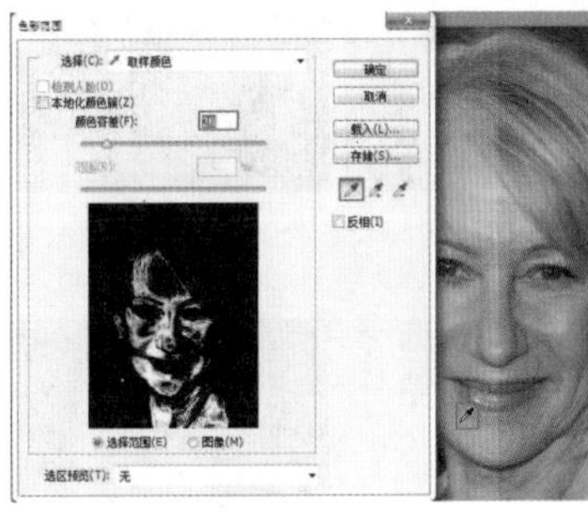

图16-101

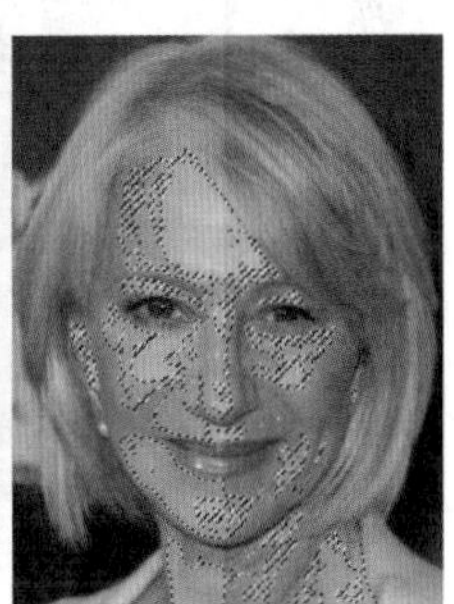

图16-102

07 创建曲线调整图层，调整曲线的形状，如图16-103所示。效果如图16-104所示。

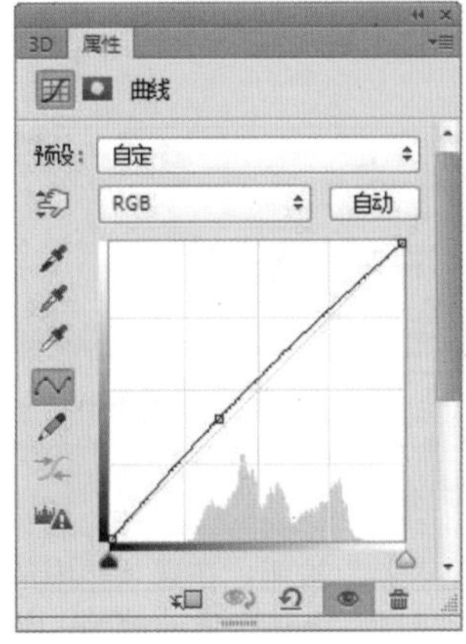

图16-103

图16-104

08 选中调整图层蒙版，执行“滤镜”>“模糊”>“高斯模糊”命令，设置“半径”为30像素，如图16-105所示。单击“确定”按钮结束操作，如图16-106所示。

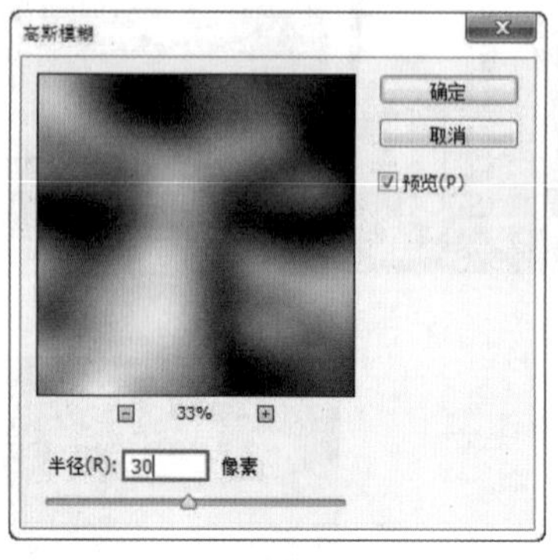

图16－105

图16－106

09 使用修补工具，在画面中绘制刘海部分选区，在画面中向光滑的部分拖曳，如图16-107所示。效果如图16-108所示。使用同样的方法调整其他部分的皱纹，效果如图16-109所示。

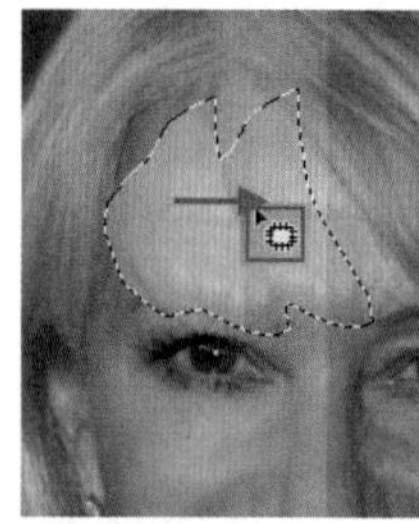

图16－107

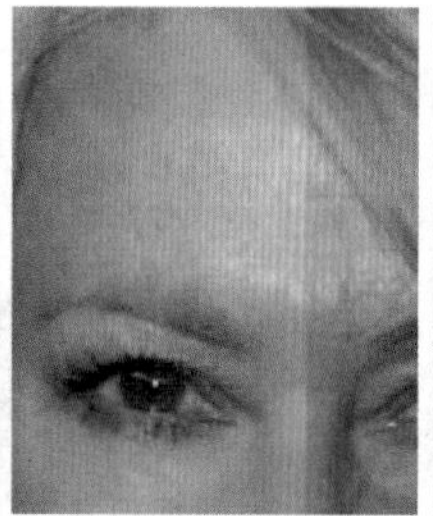

图16－108

图16－109

10 使用矩形选框工具，框选眼睛的部分，并将其复制到新图层，如图16-110所示。

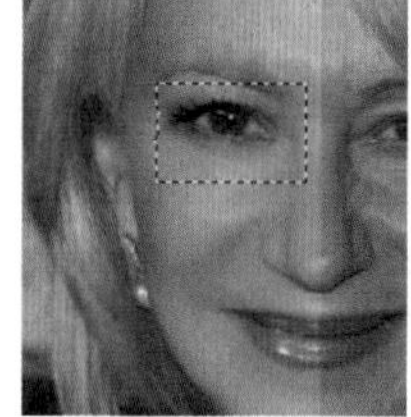

图16－110

11 执行“编辑”>“预设”>“预设管理器”命令，单击“载入”按钮，在弹出的对话框中选择睫毛笔刷素材文件“2.abr”，单击“载入”按钮，再单击“完成”按钮，如图16-111所示。

图16－111

12 单击工具箱中的“画笔工具”按钮，在选项栏中的“画笔预设”选取器中打开组“3”，选择合适的睫毛，如图16-112所示。设置前景色为黑色，使用画笔在画面中单击绘制睫毛，如图16-113所示。

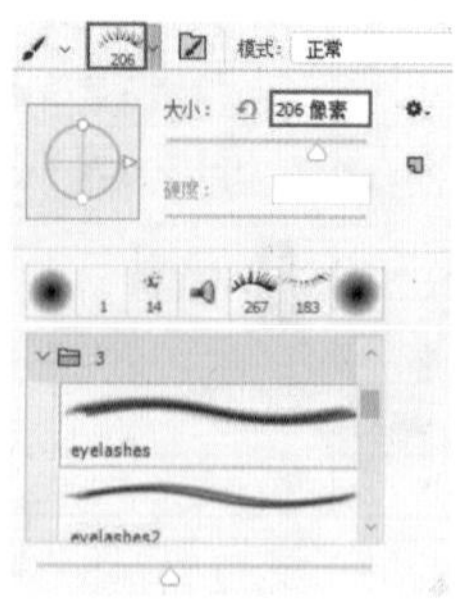

图16－112

图16－113

13 按Ctrl+T快捷键，执行“自由变换”命令，单击鼠标右键，在弹出的快捷菜单中选择“变形”命令，调整睫毛的形状，使其与眼睛形状吻合，如图16-114所示。调整完毕后按Enter键，完成调整，效果如图16-115所示。

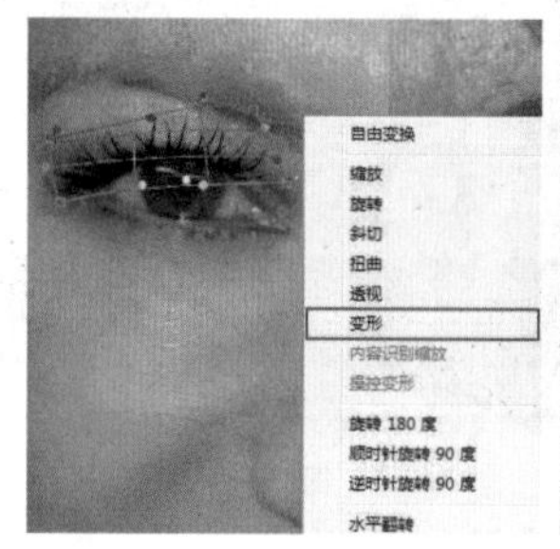

图16－114

图16－115

14 执行“图层”>“图层样式”>“颜色叠加”命令，设置颜色为棕色，“不透明度”为42%，如图16-116所示。单击“确定”按钮结束操作，如图16-117所示。使用同样的方法制作底部的睫毛效果，如图16-118所示。

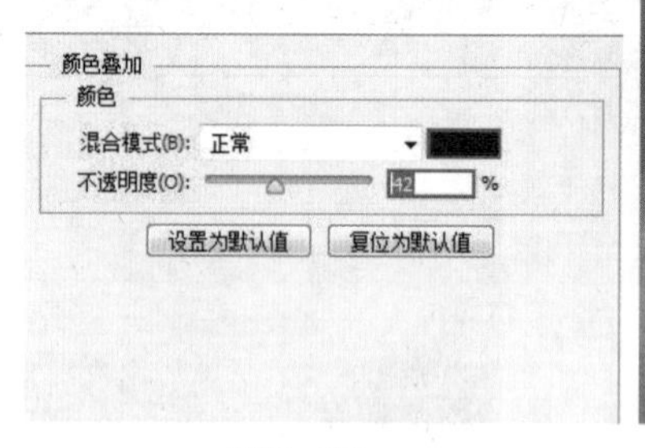

图16－116

图16－117

15 执行“图层”>“新建调整图层”>“色相/饱和度”命令，设置“饱和度”为-59，如图16-119所示。为其蒙版填充黑色，使用白色画笔在眼睛浑浊的部分进行单击，如图16-120所示。

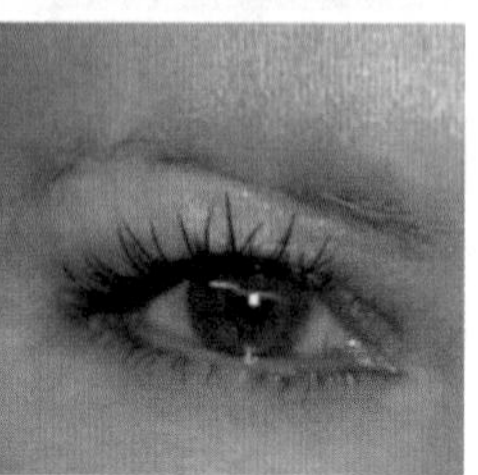

图16－118

16 载入色相/饱和度调整图层蒙版选区，继续创建曲线调整图层，调整曲线的形状，如图16-121所示。效果如图16-122所示。

图16—119

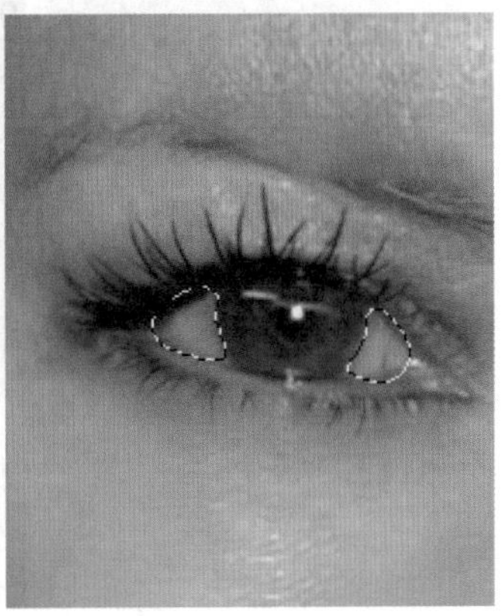

图16—120

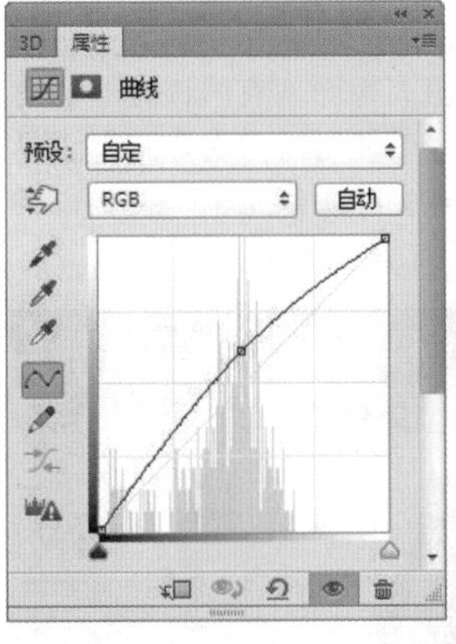

图16—121

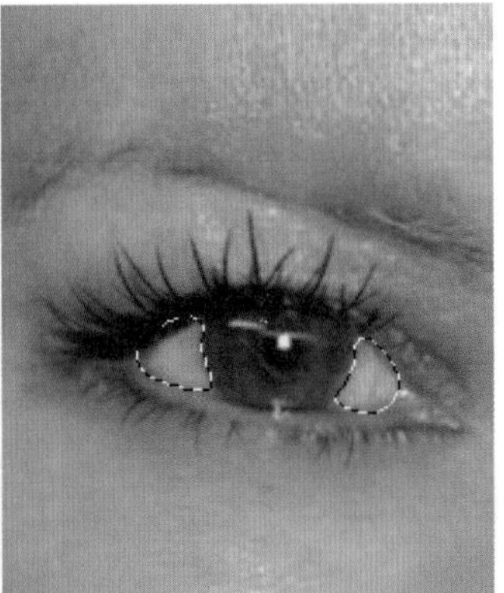

图16—122

17 新建图层，设置前景色为蓝色，绘制瞳孔形状，如图16-123所示。设置其“混合模式”为“柔光”，“不透明度”为65%，如图16-124所示。

图16—123

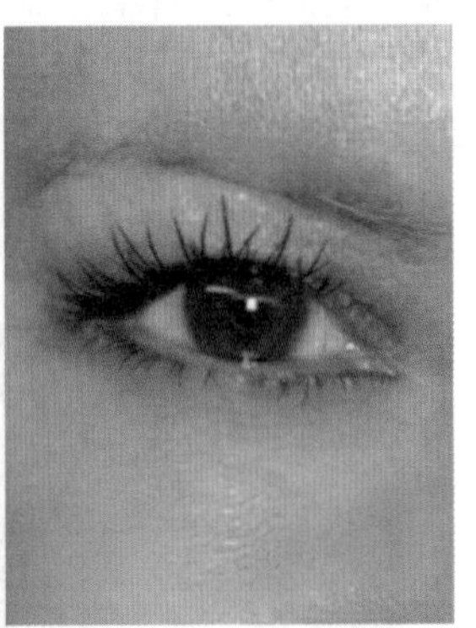

图16—124

18 创建可选颜色调整图层，设置“颜色”为红色，“黄色”为-34%，如图16-125所示。使用黑色画笔在可选颜色调整图层蒙版中绘制嘴部以及眼睛部分，如图16-126所示。

图16—125

图16—126

19 创建曲线调整图层，调整曲线形状，如图16-127所示。效果如图16-128所示。

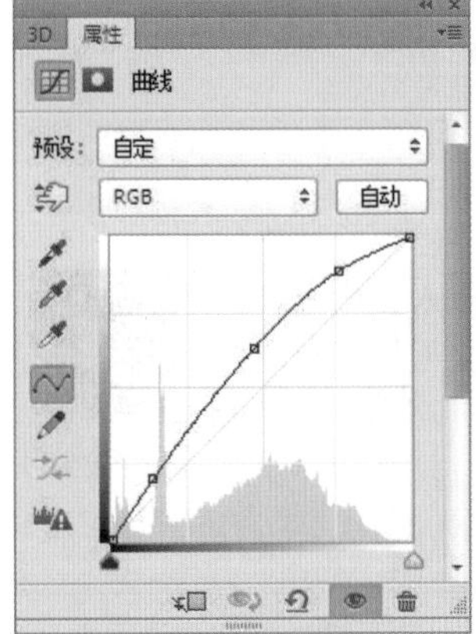

图16—127

图16—128

20 置入嘴部的素材“3.png”，并将其置于画面中合适的位置，栅格化该图层，如图16-129所示。为其添加图层蒙版，使用黑色画笔擦除多余的部分，如图16-130所示。

21 创建色相/饱和度调整图层，设置“色相”为-10，效果如图16-131所示。

图16—129

图16—130

图16—131

22 置入眉毛的素材“4.png”栅格化该图层并使用同样的方法进行处理，效果如图16-132所示。最终效果如图16-133所示。

图16—132

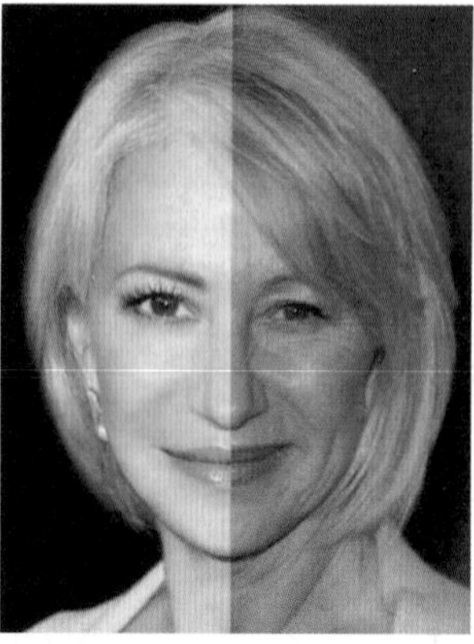

图16—133

★ 16.7 保留质感的人像精修

案例文件	案例文件\第16章\16.7保留质感的人像精修.psd
视频教学	视频文件\第16章\16.7保留质感的人像精修flv
难易指数	★★★★★
技术要点	修复画笔、修补工具、仿制图章、液化滤镜、混合模式、“自由变换”命令、“颜色调整”命令、外挂笔刷

案例效果

本案例主要讲解商业人像摄影中的精修技术。所谓人像精修，需要在去除人像瑕疵、简单美化的基础上更深层次地进行编修，保持真实性的前提下最大程度的美化。效果如图16-134所示。

扫码看视频

操作步骤

瑕疵修复

01 打开原素材“1.jpg”，从照片上来看，本素材包含这样几个明显的问题：画面整体偏暗、调整皮肤质感与色调、五官需要进行精细刻画、修整人像身形轮廓、发型的调整、暗部细节恢复等，如图16-135所示。

图16—134

图16—135

02 执行“图层”>“新建调整图层”>“曲线”命令，创建曲线调整图层，调整曲线形状，如图16-136所示。增强画面亮度，如图16-137所示。

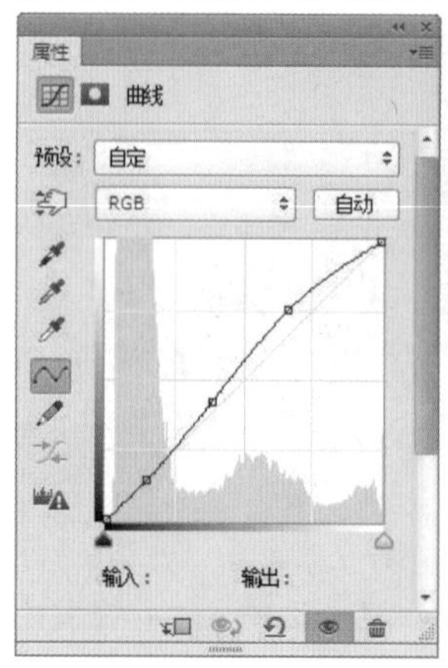

图16—136

图16—137

03 对人像面部进行美化，使用缩放工具放大人像面部以便进行细致的编辑，可以看出人像面部有些许较小的斑点，如图16-138所示。这些斑点可以使用污点去除画笔工具进行去除，单击工具箱中的“污点去除画笔工具”按钮，并在斑点处单击进行去除，效果如图16-139所示。

图16—138

图16—139

04 斑点去除完成后需要对零散的发丝进行处理。在这里可以使用修补工具，在工具箱中单击该工具按钮，放大图像并找到多余的发丝部分，绘制该发丝部分的选区，并拖动到干净的皮肤上，如图16-140所示。多余的发丝直接被覆盖了，如图16-141所示。

图16—140

图16—141

05 使用同样的方法处理另外一些多余的发丝，效果如图16-142所示。

图16—142

06 继续使用修补工具或者仿制图章工具去除左侧太阳穴与耳朵处的发丝，如图16-143所示。这两部分发丝较多，需将图像以200%左右的显示比例进行编辑比较适合。另外，头部以外的区域可以使用仿制图章工具进行大面积的去除，如图16-144所示。

图16—143

图16—144

07 对人像身体和服装部分进行调整，这部分比较明显的就是皮肤纹理以及衣服上的褶皱，如图16-145所示。

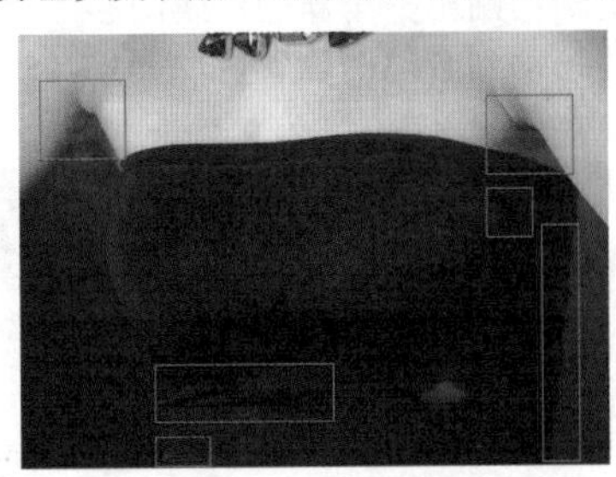

图16—145

08 对于这部分也可以使用修补工具在衣服褶皱部分绘制选区，然后在选区内单击并向下拖动，注意拖动的过程中需要选择质地相似并且边缘处能够融合的区域，松开鼠标后褶皱被自动去除掉，如图16-146所示。

图16—146

09 使用同样的方法去除其他褶皱以及皮肤上不美观的部分，如图16-147所示。

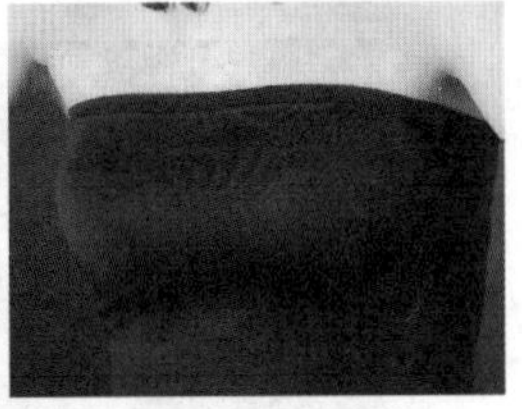

图16—147

10 对人像进行面部轮廓的调整，执行“滤镜”>“液化”命令，单击“向前变形工具”按钮调整合适的画笔大小。首先对下颌部分进行调整，为了制作出小巧的尖下巴，需要从两侧向中间进行推动。继续对右侧面颊向左涂抹进行“瘦脸”操作；然后对嘴角进行调整使两侧嘴角对称；最后对头发部分进行适当的调整，如图16-148所示。

图16—148

11 对人像肩颈以及手臂部分进行调整，为了避免影响到面部，需要使用蒙版工具涂抹脸部区域，被涂抹的部分变为红色，如图16-149所示。使用向前变形工具调整身体轮廓，调整完成后单击“确定”按钮结束操作，如图16-150所示。

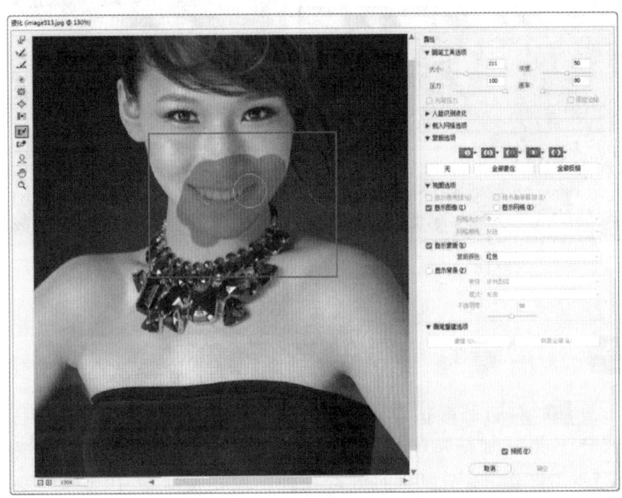

图16—149

图16—150

12 对人像进行磨皮，首先对脸部皮肤进行磨皮，这里使用到外挂滤镜PORTRAITURE2，执行“滤镜”>“Imagenomic”>“Portraiture”命令，如图16-151所示。在弹出的窗口中使用吸管工具吸取皮肤部分的颜色，滤镜将会自动进行磨皮，如图16-152所示。

图16—151

图16—152

13 完成对面部的磨皮后需要对身体部分进行磨皮，同样使用吸管吸取身体部分皮肤的颜色，如图16-153所示。效果如图16-154所示。

图16—153

图16—154

五官精修

01 对眉毛形状进行调整，使用矩形选区工具框选眉毛部分，并复制粘贴出一个新的图层，对其执行自由变换快捷键Ctrl+T，单击鼠标右键，在弹出的快捷菜单中选择“变形”命令，如图16-155所示。

02 对眉毛进行形变，并调整到合适的角度，如图16-156所示。

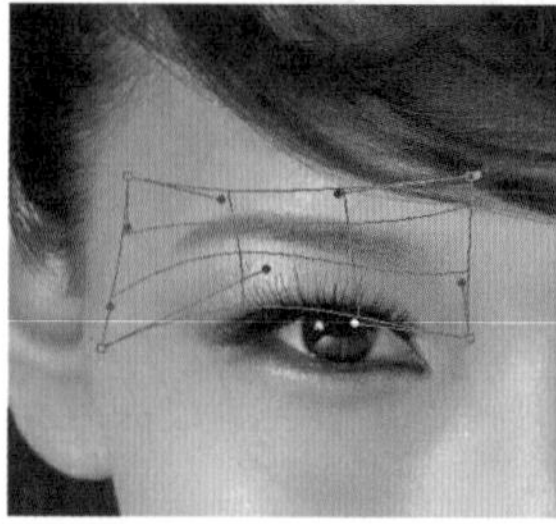

图16—155

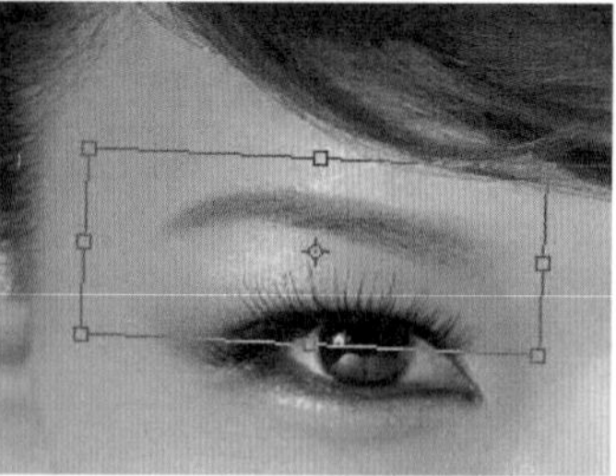

图16—156

03 使用同样的方法处理另外一侧的眉毛，为了保证两侧眉毛堆成可以用参考线进行辅助对齐，形状调整完成后需要为两个眉毛的图层添加图层蒙版，使用黑色柔边圆画笔涂抹边缘的部分，使其过渡更加柔和一些，如图16-157所示。

04 执行“图层”>“新建调整图层”>“曲线”命令，分别调整RGB通道、红通道和蓝通道曲线形状。使用黑色画笔在调整图层蒙版上涂抹眉毛以外的部分，使其只对人像眉毛起作用，如图16-158所示。

图16—157

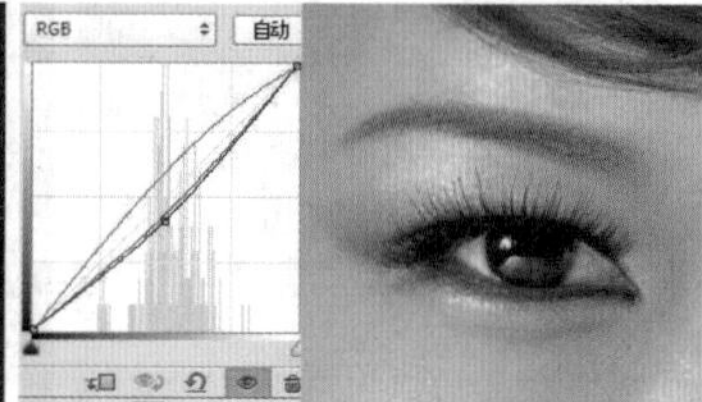

图16—158

05 使用钢笔工具绘制眼睛形状的闭合路径，单击鼠标右键，在弹出的快捷菜单中选择“建立选区”命令，创建选区之后复制粘贴出一个新的眼睛图层，对该图层进行适当放大，并移动到合适的位置，如图16-159所示。效果如图16-160所示。

图16—159

图16—160

技巧提示

为了使眼睛更有神，通常需要将眼睛放大，一般情况下可以使用液化工具对瞳孔处进行膨胀或者变形，但是由于液化命令的灵活性很强，所以很容易在调整的过程中使眼睛形变得太夸张。本案例中选择的操作方法既能将眼睛放大，又避免了过分变形的问题。

06 载入放大的眼睛图层选区，以当前选区创建一个曲线调整图层，调整曲线形状，如图16-161所示。此时可以看到随着曲线的调整眼白部分变白，并且瞳孔处对比度增强显得更加有神，如图16-162所示。

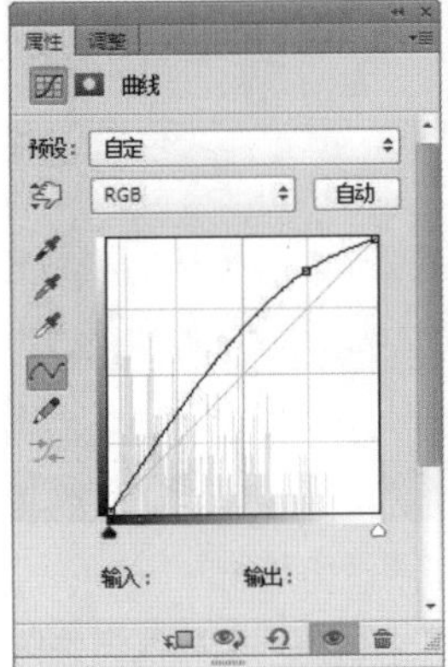

图16—161

图16—162

07 对人像眼部彩妆进行调整，由于原图中人像彩妆不太明显，所以需要创建一个新的曲线调整图层，调整曲线形状，如图16-163所示。然后在图层蒙版中使用黑色涂抹眼影以外的区域，如图16-164所示。

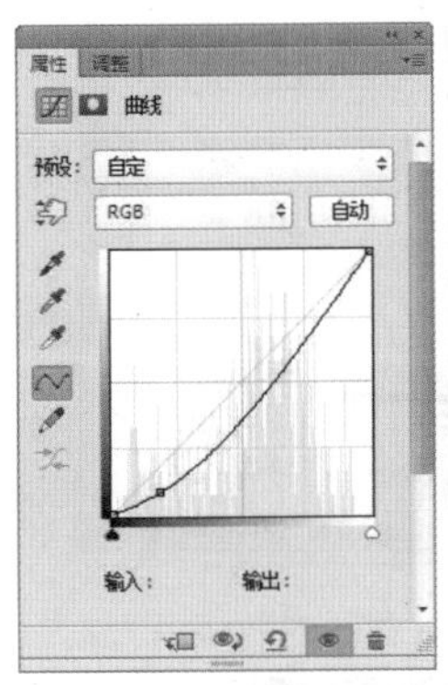

图16—163

图16—164

08 继续制作假睫毛，由于当前模特的睫毛已经很明显了，所以在这里只需要选择一种比较自然纤长的睫毛笔刷即可，如图16-165所示。设置前景色为黑色，新建图层绘制假睫毛，对其进行自由变换，调整到合适的位置及角度，如图16-166所示。

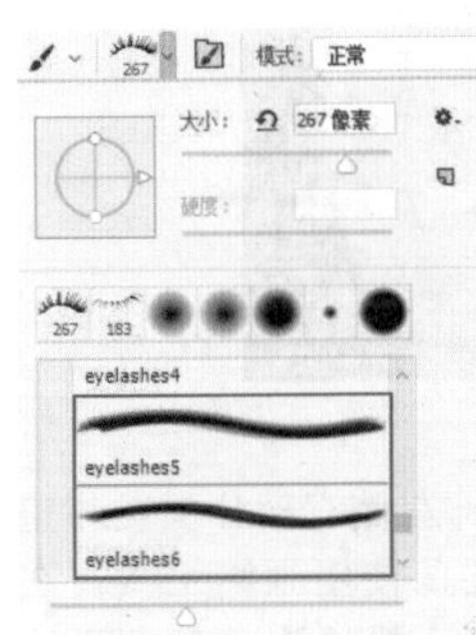

图16—165

图16—166

09 使用同样的方法为另外一侧制作眼妆和睫毛，如图16-167所示。

图16—167

10 对嘴唇部分进行调整，从图16-168中可以看出嘴唇上有细微的唇纹，并且高光分布的有些散乱。使用套索工具绘制出嘴唇部分的选区，复制为一个新的图层，并使用修饰工具进行调整，如图16-169所示。

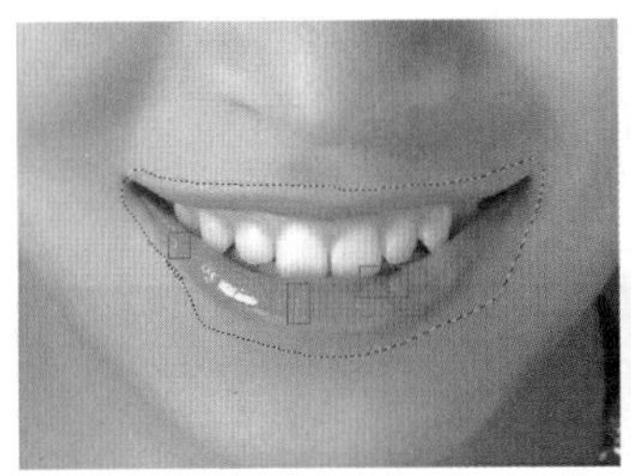

图16—168

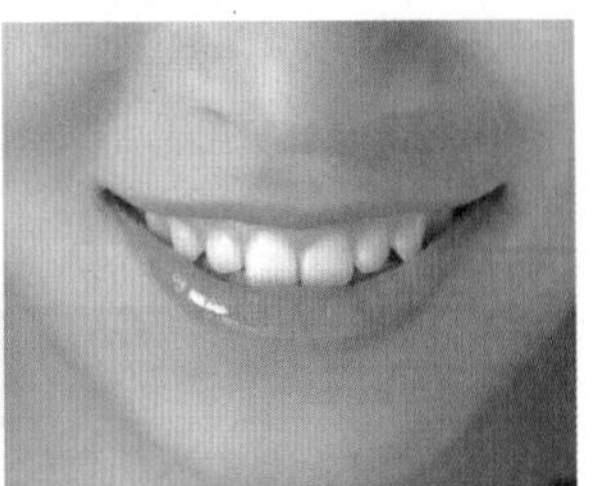

图16—169

技巧提示

这里所说的修饰工具主要是指污点修复画笔工具、修复画笔工具、修补工具和仿制图章工具。在人像精修中，这些工具的使用频率非常高，并且应用范围也很广。需要注意的是，这些工具并不一定要单独使用，很多时候配合使用效果更好。

11 对嘴唇颜色进行调整，创建一个“色相/饱和度”调整图层，设置其“饱和度”为18，如图16-170所示。然后在该图层蒙版中使用黑色画笔去除对嘴唇以外区域的影响，效果如图16-171所示。

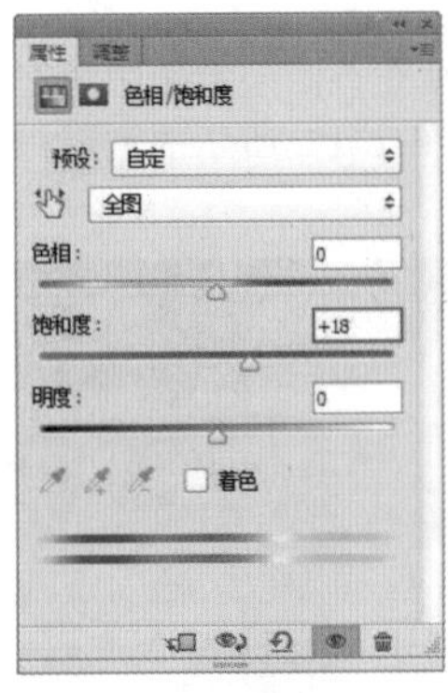

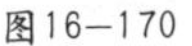

图16—170

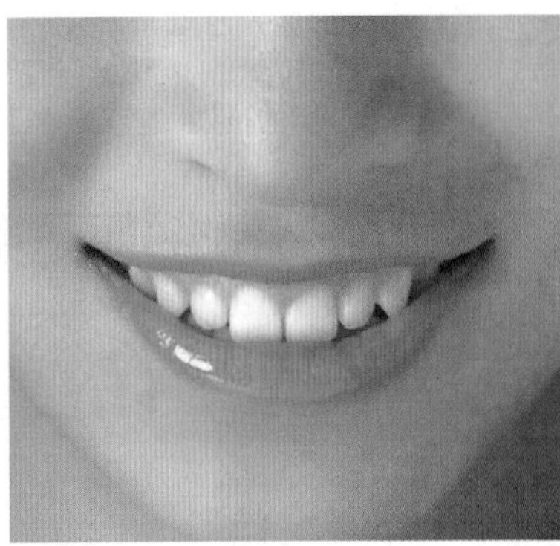

图16—171

12 由于拍摄时灯光的原因，人像右侧鼻翼有比较明显的阴影，下面需要创建一个新图层，使用画笔工具在阴影部分涂抹浅灰色，如图16-172所示。然后设置该图层的混合模式为“柔光”，如图16-173所示。此时鼻翼右侧被提亮，如图16-174所示。

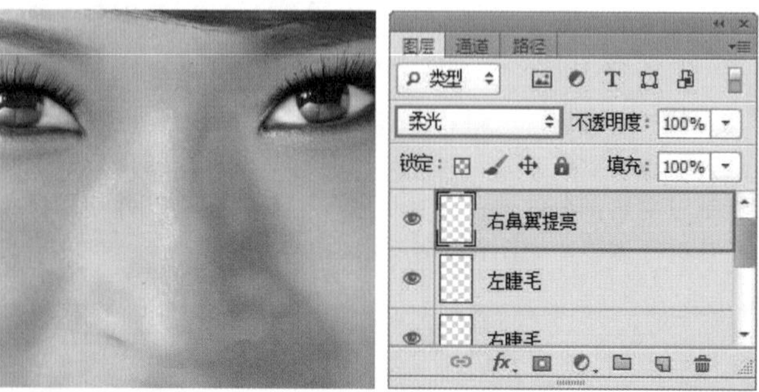

图16—172　　图16—173

图16—174

13 为了使脸部轮廓更加立体，创建一个曲线调整图层，压暗曲线，如图16-175所示。然后在该图层蒙版中填充黑色，使用半透明的灰色画笔涂抹如图16-176所示的区域，使该区域变暗。

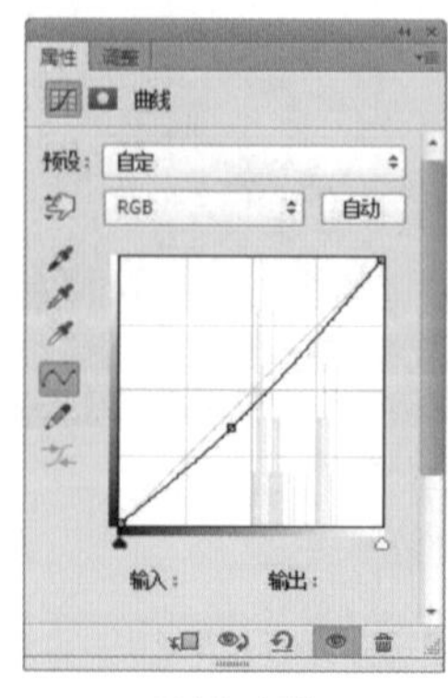

图16—175　　图16—176

14 使用套索工具在右侧面颊处绘制羽化值为30的选区，并以当前选区创建曲线调整图层，调整曲线形状，如图16-177所示。压暗该区域，效果如图16-178所示。

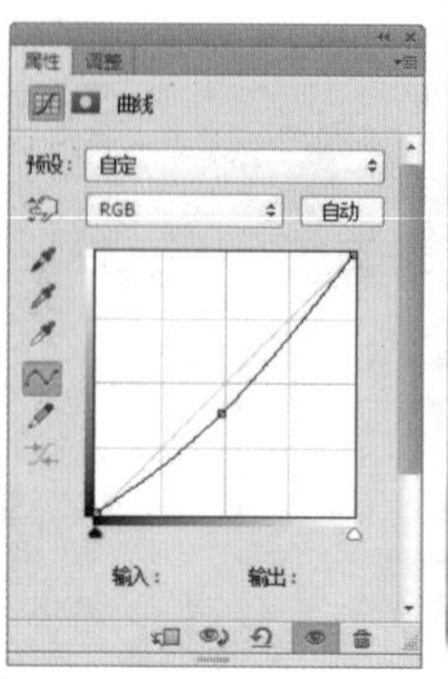

图16—177

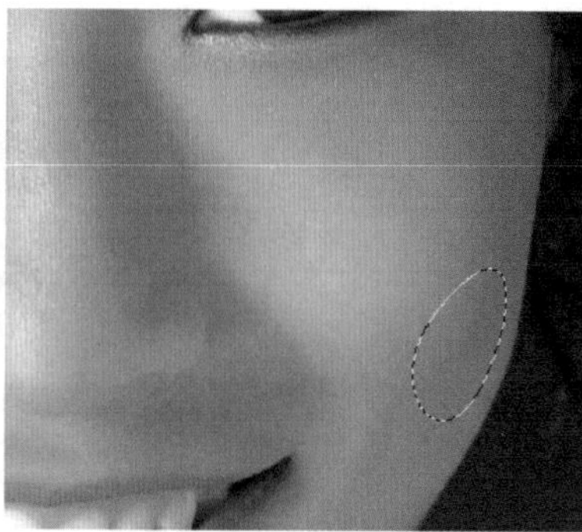

图16—178

15 图上右半边脸明度较低，需要创建一个曲线调整图层，提亮RGB通道与红通道，如图16-179和图16-180所示。并且只针对该区域进行调整，如图16-181所示。

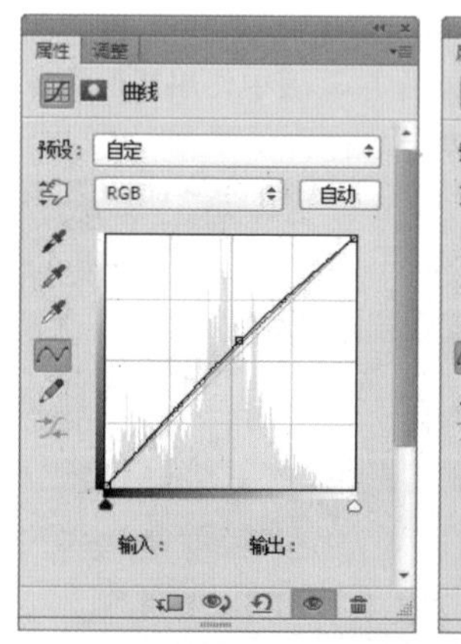

图16—179

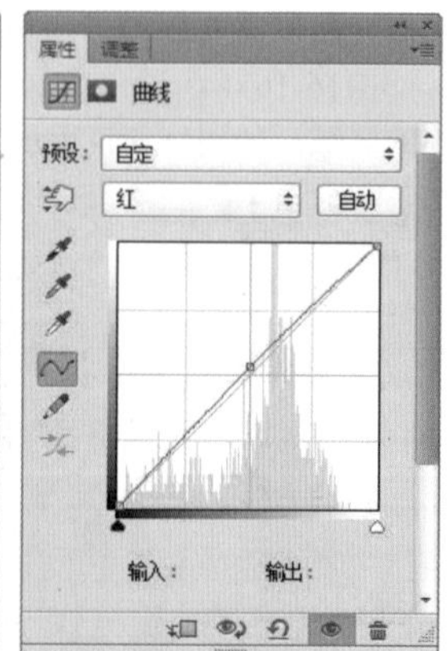

图16—180

图16—181

16 从图16-182中可以看出，头部左侧有部分头发与整体颜色差异较大。可以创建新的图层，使用画笔工具，在此处绘制棕色，然后设置该图层的混合模式为“颜色”，如图16-183所示。效果如图16-184所示。

图16—182

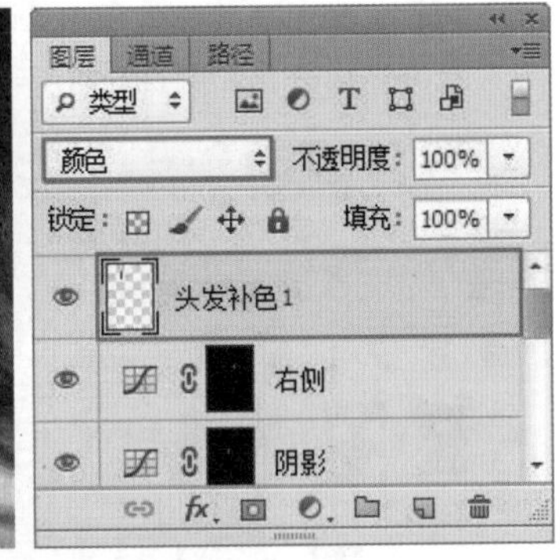

图16—183

图16—184

17 为了加强左侧头发颜色效果，可以复制该图层，得到更加明显的效果，如图16-185所示。效果如图16-186所示。

图16—185

图16—186

18 到这里人像面部基本修饰完成，效果如图16-187所示。

图16—187

肤色及画面色感调整

01 人像面部肤色与身体肤色颜色差异较大，面部倾向于粉白色，而皮肤则倾向于黄棕色，下面需要针对身体部分的颜色进行调整。使用套索工具绘制人像身体选区，创建一个“可选颜色”调整图层。设置“颜色”为“黄色”，调整其“黄色”为 - 61%，如图16-188所示。此时皮肤颜色倾向于粉色，如图16-189所示。

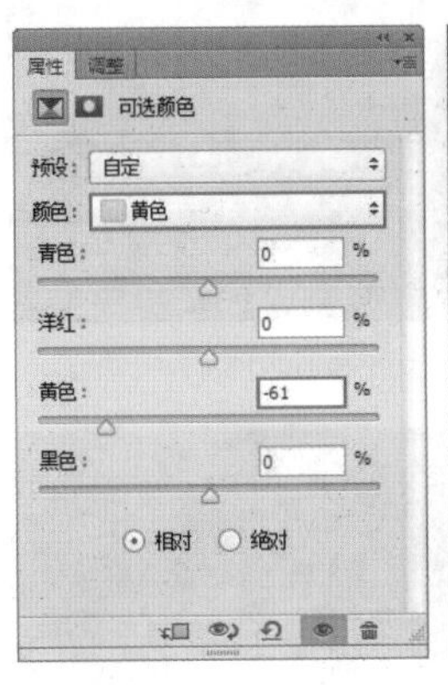

图16—188

图16—189

02 载入可选颜色调整图层蒙版的选区，创建一个曲线调整图层，调整曲线形状，如图16-190所示。适当将皮肤部分提亮，此时肤色恢复正常，如图16-191所示。

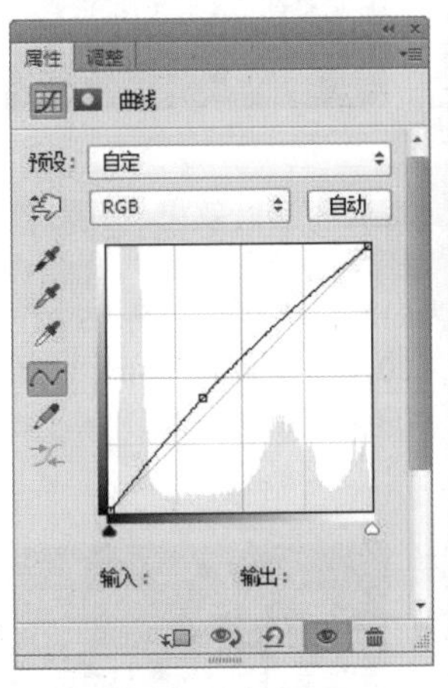

图16—190

图16—191

03 为了增强图像对比，创建一个曲线调整图层，在曲线调整图层上创建两个点，分别调整点的位置，调整曲线形状，如图16-192所示。此时可以看到人像照片对比度增强，更具有冲击力，并且肤色更加通透，如图16-193所示。

04 在该图层蒙版中使用黑色画笔涂抹头发以及顶部的背景部分，如图16-194所示。效果如图16-195所示。

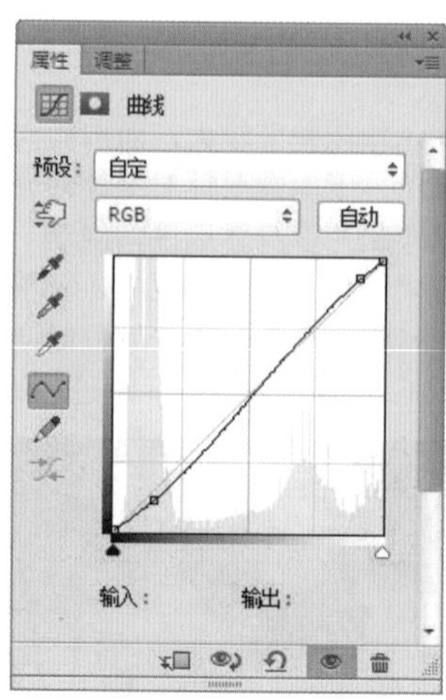

图16—192

图16—193

图16—194

图16—195

05 按Shift+Ctrl+Alt+E组合键盖印当前效果，并对该图层执行“图像”>“调整”>“阴影/高光”命令，设置其“阴影”选项组中的“数量”为51%，“色调”为35%，“半径”为116像素，“颜色”为20，“中间调”为65，如图16-196所示。此时图像中暗部亮度明显增强，如图16-197所示。

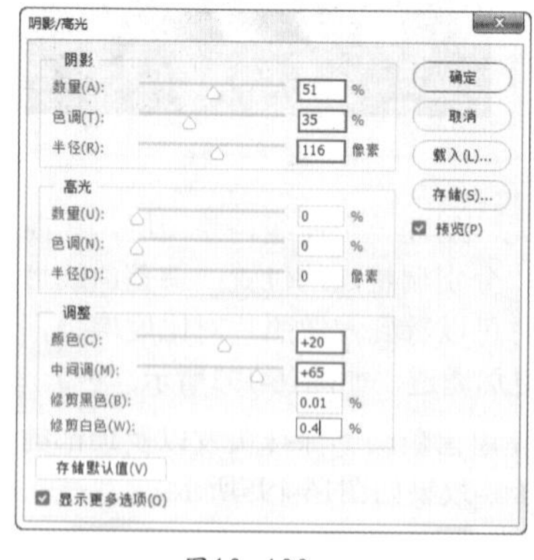

图16—196

图16—197

06 为盖印的图层添加图层蒙版，在图层蒙版中涂抹去除人像身体部分，如图16-198所示。效果如图16-199所示。

图16—198

图16—199

07 为了增强头发的层次感，可以制作一些彩色“挑染”效果，使用套索工具绘制几缕头发选区，以当前选区创建“色相/饱和度”调整图层，设置“色相”为11，“饱和度”为52，如图16-200所示。此时可以看到选区内的头发颜色变为金色，如图16-201所示。

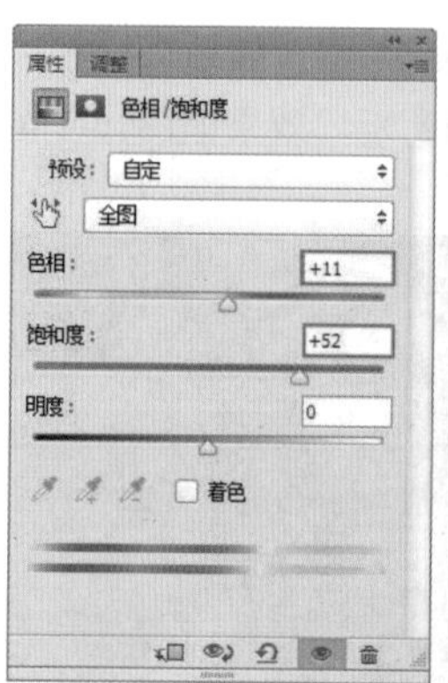

图16—200

图16—201

08 使用同样的方法创建另外一个颜色的彩色头发效果，如图16-202所示。效果如图16-203所示。

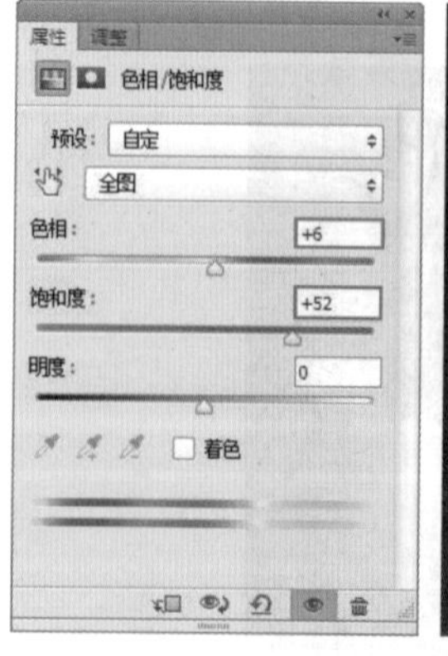

图16—202

图16—203

09 由于背景部分颜色较脏，可以绘制出背景部分选区，然后复制作为一个独立图层，执行“滤镜”>“模糊”>“表面模糊”命令，设置“半径”为26像素，“阈值”为34，如图16-204所示。效果如图16-205所示。

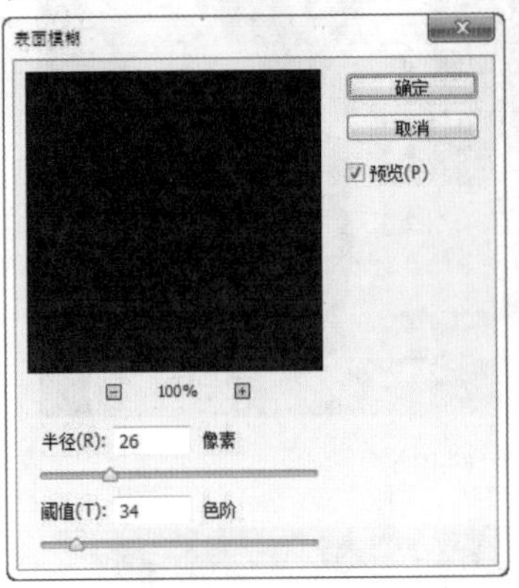

图16-204

图16-205

10 对照片进行整体调色，创建一个可选颜色调整图层，设置“颜色”为黑色，“黄色”为-12%，如图16-206所示。此时图像暗部倾向于紫色，如图16-207所示。

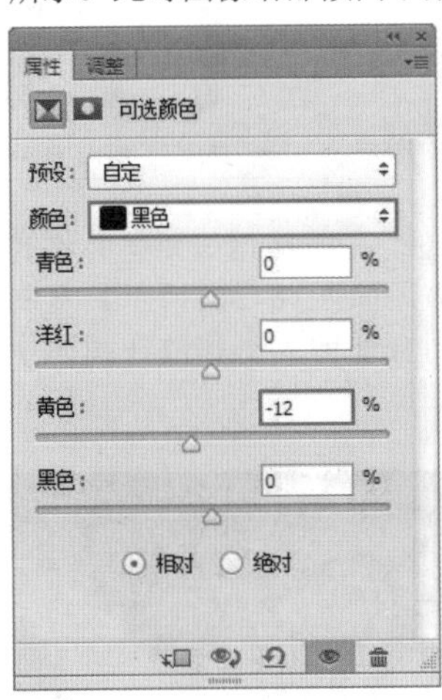

图16-206

图16-207

11 再次创建一个曲线调整图层，调整曲线形状，适当将图像提亮，如图16-208所示。效果如图16-209所示。

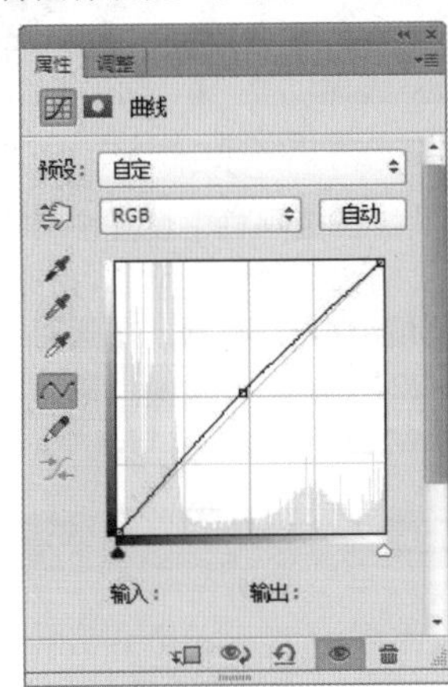

图16-208

图16-209

12 为了加强图像色调，可以在创建的曲线调整图层和选取颜色调整图层下方新建图层，命名为盖印，如图16-210所示。然后盖印当前图像效果到该图层，此时可以看到图像更加倾向于紫色，如图16-211所示。

图16-210

图16-211

13 输入文字并添加投影效果，最终完成效果如图16-212所示。

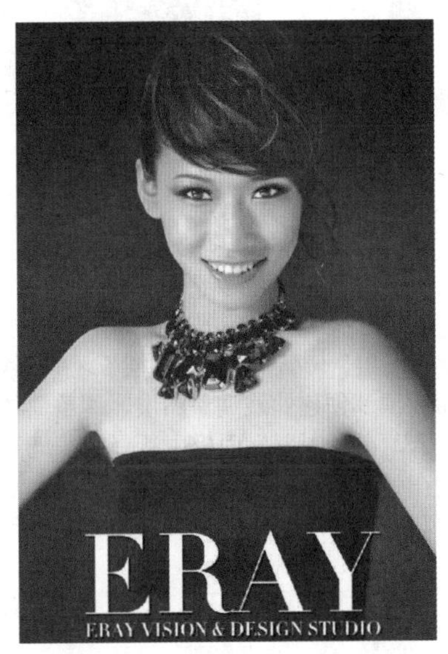

图16-212

★ 16.8 梦幻人像造型设计

案例文件	案例文件\第16章\16.8梦幻人像造型设计.psd
视频教学	视频文件\第16章\16.8梦幻人像造型设计.flv
难易指数	★★★★★
技术要点	图层蒙版、图层样式、调整图层、钢笔工具、画笔工具

案例效果

本案例是通过使用图层蒙版、图层样式、调整图层、钢笔工具、画笔工具制作梦幻感人像造型设计，如图16-213所示。

扫码看视频

操作步骤

01 打开背景素材文件“1.jpg”，如图16-214所示。

图16-213

图16-214

02 置入人像照片素材“2.jpg”，栅格化该图层。使用钢笔工具，在人像边缘绘制闭合的路径，如图16-215所示。按Ctrl+Enter快捷键将路径快速转换为选区，并按Shift+Ctrl+I组合键选择反向选区，按Delete键删除选区内的部分，如图16-216所示。

图16-215

图16-216

03 置入翅膀素材“3.png”，栅格化该图层并将其置于人像图层下方，执行“图层”>“图层样式”>“外发光”命令，设置颜色为白色，“方法”为柔和，“大小”为106像素，如图16-217所示。效果如图16-218所示。

04 执行“图层”>“新建调整图层”>“曲线”命令，在“图层”面板顶部创建曲线调整图层，调整曲线的形状，如图16-219所示。在“图层”面板中选择曲线调整图层，单击鼠标右键，在弹出的快捷菜单中选择“创建剪贴蒙版”命令，使曲线只对人像图层起作用，如图16-220所示。

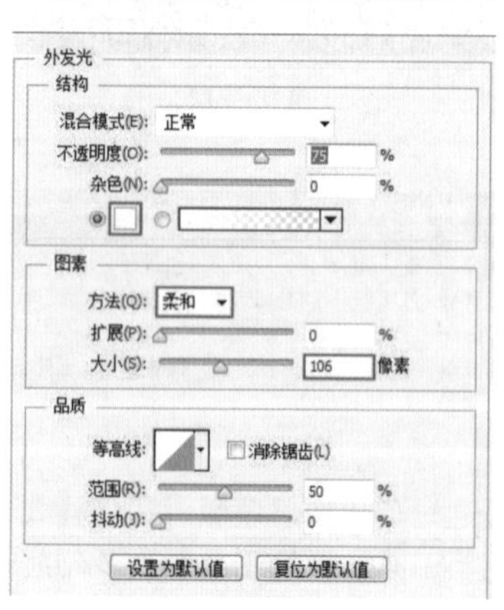

图16-217

图16-218

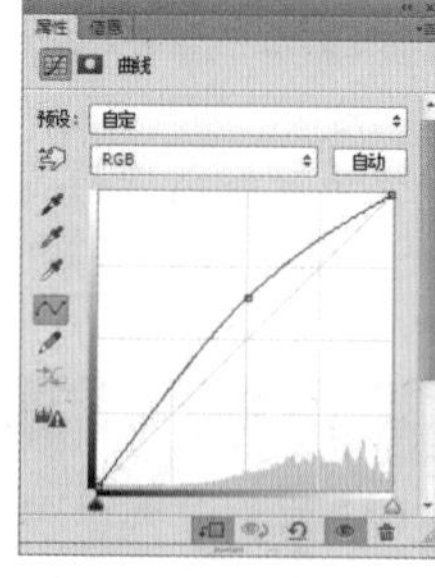

图16-219

图16-220

05 置入花朵素材“4.png”，栅格化该图层并将其置于人像的头部上方作为头饰，如图16-221所示。复制花朵素材图层，并将其变换到合适的大小摆放在画面中合适位置，如图16-222所示。

图16-221

图16-222

06 在工具箱中选择钢笔工具，在选项栏中设置绘制模式为“形状”，“填充”为无，“描边颜色”为绿色，“描边数值”为1.5点，样式为直线，如图16-223所示。在画面中合适位置单击绘制曲线，如图16-224所示。继续使用钢笔工具，绘制其他的曲线形状，如图16-225所示。

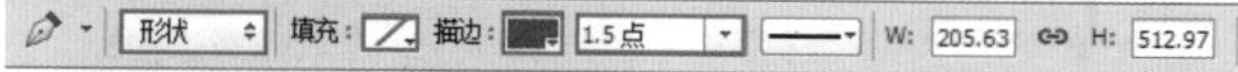

图16-223

07 再次复制花朵图层，放置在手臂和手腕处，如图16-226所示。为其添加图层蒙版，使用黑色画笔在蒙版中绘制手臂外的部分，并设置其“混合模式”为“线性加深”，如图16-227所示。

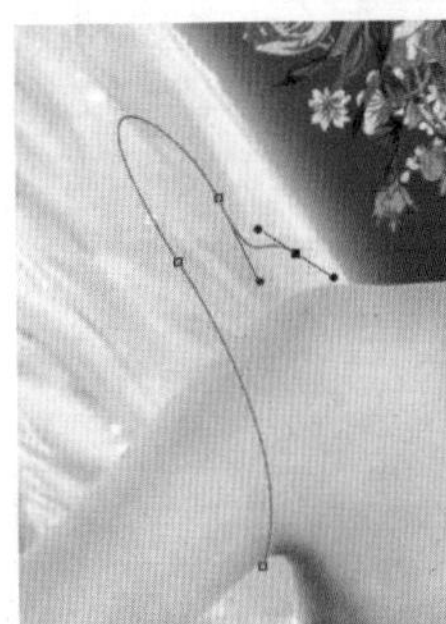
图16—224

图16—225

图16—226

图16—227

08 为人像制作妆容部分，新建图层，使用半透明的画笔在人像眼睛处进行绘制涂抹，作为人像的眼影，如图16-228所示。

图16—228

09 执行“编辑”>“预设”>“预设管理器”命令，在弹出的对话框中单击“载入”按钮，在弹出的对话框中选择笔刷素材“5.abr”，单击“载入”按钮，回到“预设管理器”窗口，单击“完成”按钮，睫毛笔刷成功置入文件中，如图16-229所示。使用画笔工具，在选项栏中的“画笔预设选取器”中打开组“4”选择载入的睫毛笔刷，如图16-230所示。

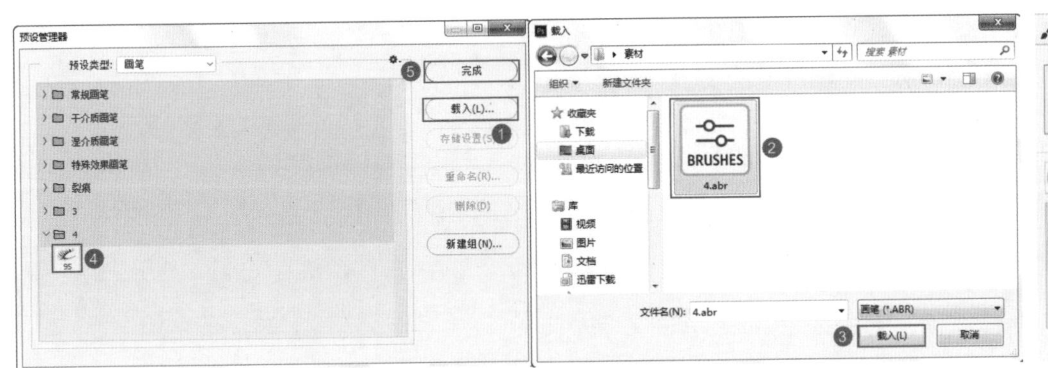

图16—229

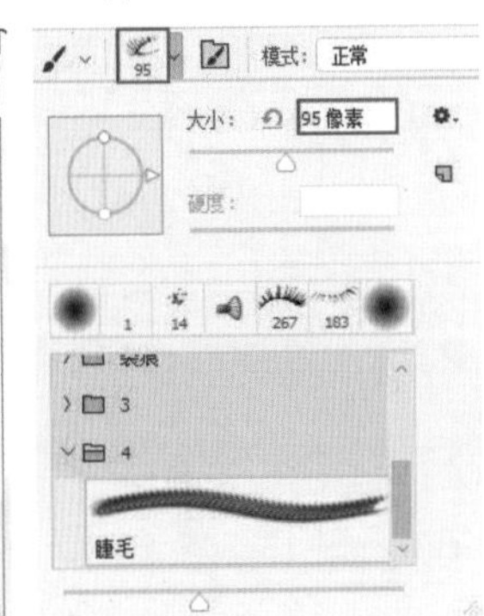

图16—230

10 设置前景色为黑色，新建图层，使用画笔工具在画面中单击，绘制出睫毛效果，如图16-231所示。复制左侧的睫毛，并将其水平翻转到右侧，摆放在人物的右眼上，效果如图16-232所示。

11 使用圆形柔边圆画笔配合涂抹工具，制作出眼线部分，效果如图16-233所示。

图16—231

图16—232

图16—233

12 继续在“图层”面板顶部创建曲线调整图层，调整曲线形状，如图16-234所示。使用黑色画笔在调整图层蒙版中绘制嘴唇以外的部分，使其只对嘴唇部分起作用，如图16-235所示。

13 置入前景装饰素材“6.jpg”，栅格化该图层。设置其“混合模式”为“滤色”。执行“图层”>“新建调整图层”>“曲线”命令，调整曲线的形状，压暗画面，如图16-236所示。使用黑色柔边圆画笔在调整图层蒙版中绘制画面中心部分，制作出压暗画面四角的部分，最终效果如图16-237所示。

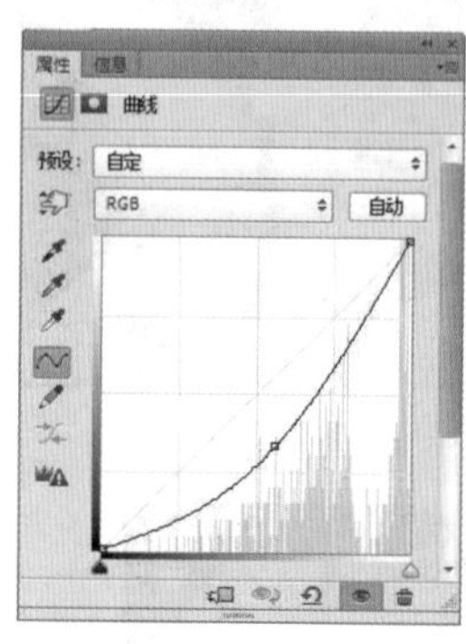

图16—234

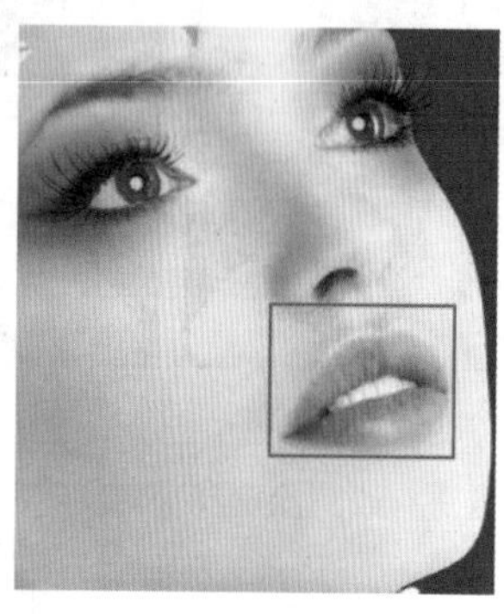
图16—235

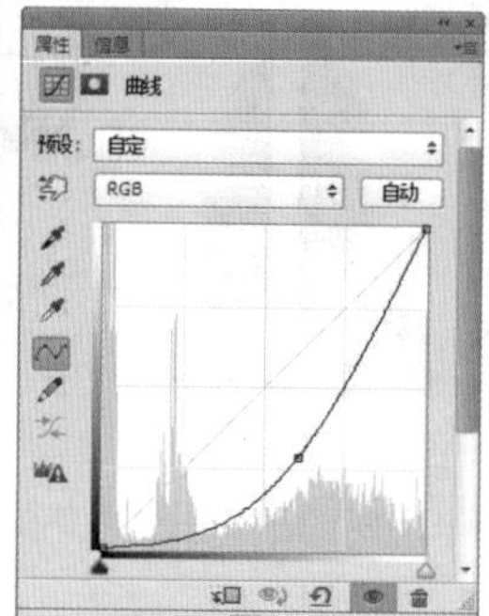

图16—236

图16—237

读书笔记

第17章

艺术写真设计

本章内容简介：

艺术写真是人像摄影的一个重要形式，很多人都喜欢将自己最美最年轻的状态以照片的形式记录下来，制作成影集，以备将来回忆，所以对照片进行设计是很有必要的。本章将介绍Photoshop在影楼数码照片设计中的具体应用。

本章学习要点：

- 可爱的童话风格版式
- 卡通风格写真版式
- 田园风情婚纱摄影版式
- 古典水墨风格情侣写真版式
- 趣味儿童摄影版式
- 杂志风格婚纱写真版式

★ 17.1 可爱的童话风格版式

案例文件	案例文件\第17章\17.1可爱的童话风格版式.psd
视频教学	视频文件\第17章\17.1可爱的童话风格版式.flv
难易指数	★★★★★
技术要点	混合模式、调整图层、图层样式

案例效果

扫码看视频

本案例主要是通过使用混合模式、曲线、图层样式等工具制作风格可爱的童话照片版式，如图17-1所示。

图17—1

操作步骤

01 打开本书配套资源中的素材文件“1.jpg”，将其作为人像背景，如图17-2所示。接着置入人像素材“2jpg”，并将其置于画面中合适位置，栅格化该图层，然后为其添加图层蒙版，在蒙版中使用黑色画笔涂抹背景部分使之隐藏，如图17-3所示。

图17—2

图17—3

02 执行“图层”>“图层样式”>“外发光”命令，打开“图层样式”对话框，设置“混合模式”为“滤色”，“不透明度”为35%，“颜色”为浅黄色（R：255，G：255，B：190），“方法”为“柔和”，“大小”为38像素，如图17-4所示。效果如图17-5所示。

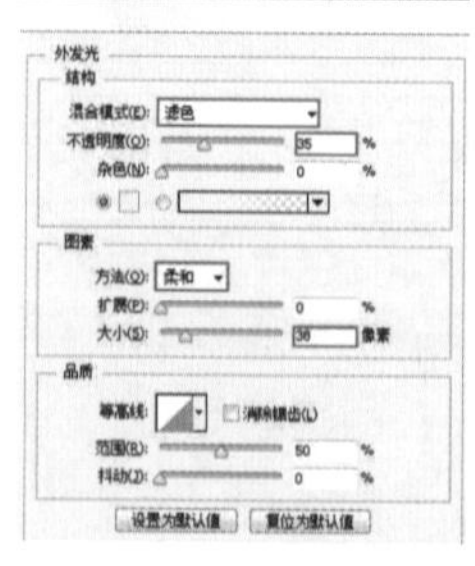
图17—4

图17—5

03 执行“图层”>“新建调整图层”>“曲线”命令，创建新的曲线调整图层，调整曲线形状，如图17-6所示。在“图层”面板中选择曲线调整图层，单击鼠标右键，在弹出的快捷菜单中选择“创建剪贴蒙版”命令，使之只对人像图层做调整，如图17-7所示。

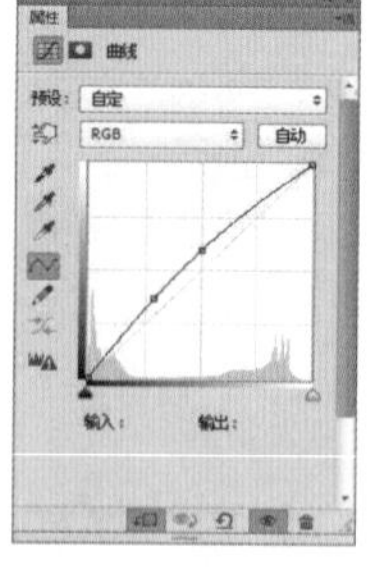
图17—6

图17—7

04 置入雾素材文件“3.png”，栅格化该图层，设置图层的混合模式为“变暗”，如图17-8所示。继续置入素材文件“4.png”，调整好大小和位置，然后栅格化该图层。如图17-9所示。

图17—8

图17—9

05 单击工具箱中的“圆角矩形工具”按钮，在选项栏中设置绘制模式为“形状”，设置填充色为白色，描边为无，在画面中合适位置绘制一个圆角矩形。执行“图层”>“图层样式”>“投影”命令，在弹出的对话框中设置“混合“模式”为“正片叠底”，“不透明度”为85%，“角度”为120度，“距离”为7像素，“大小”为46像素，如图17-10所示。效果如图17-11所示。

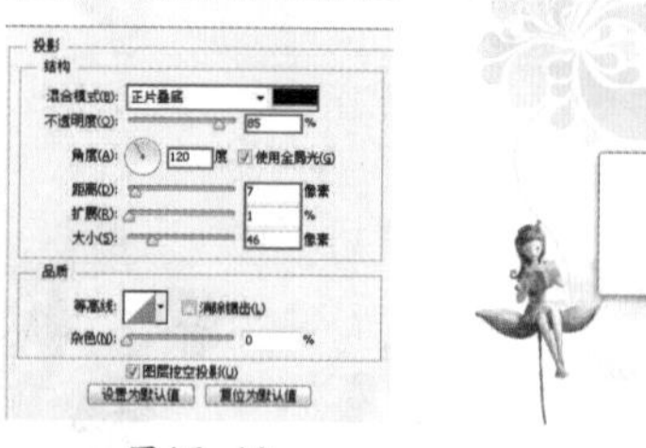
图17—10

图17—11

06 置入素材文件“5.jpg”，并将其放置在圆角矩形上，栅格化该图层，如图17-12所示。为其添加一个图层蒙版，使用黑色画笔涂抹边缘区域，隐藏多余部分，设置该图层的混合模式为“变暗”，调整“不透明度”为70%，如图17-13所示。

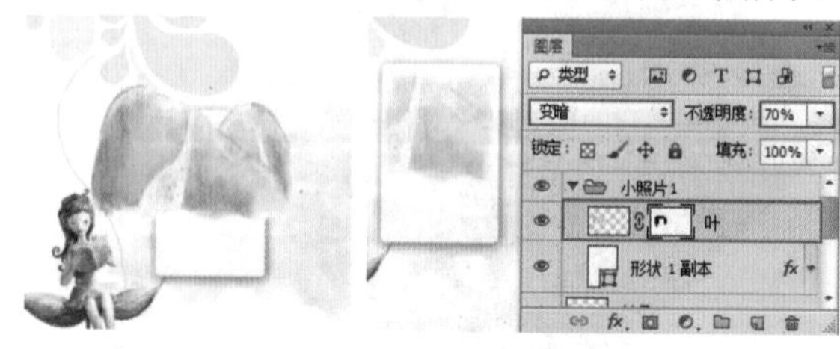
图17—12

图17—13

07 置入人像照片素材文件“6.jpg”，栅格化该图层，同样需要为其添加一个图层蒙版，使用黑色画笔涂抹人像背景部分，如图17-14所示。置入卡通花纹素材文件“7.png”，栅格化该图层并摆放在照片的下方，如图17-15所示。

图17-14　　图17-15

08 使用同样的方法制作出另外一组小照片，如图17-16所示。置入前景素材文件“11.png”，栅格化该图层，然后调整好大小和位置，最终效果如图17-17所示。

图17-16　　图17-17

★ 17.2 卡通风格写真版式

案例文件	案例文件\第17章\17.2卡通风格写真版式.psd
视频教学	视频文件\第17章\17.2卡通风格写真版式.flv
难易指数	★★★★★
技术要点	圆角矩形工具、横排文字工具、图层样式

案例效果

本案例主要是通过使用圆角矩形工具、横排文字工具和图层样式等工具制作卡通风格写真版式，如图17-18所示。

扫码看视频

图17-18

操作步骤

01 打开本书配套资源中的“1.jpg”文件，如图17-19所示。置入小照片素材“2.png”，摆放在右侧，栅格化该图层。设置图层的“不透明度”为50%，如图17-20所示。

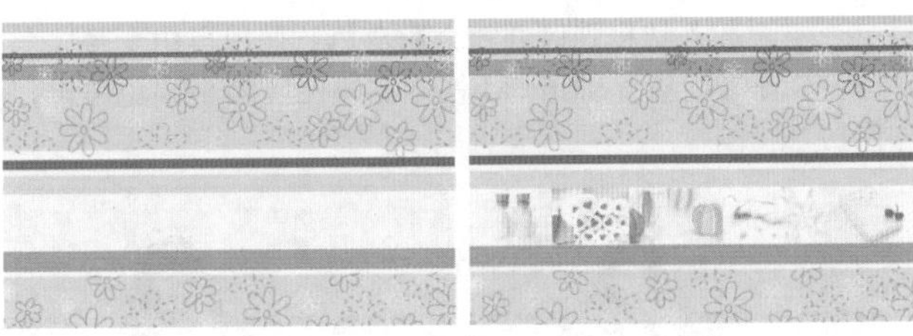

图17-19　　图17-20

02 置入人像文件“3.jpg”，栅格化该图层。单击工具箱中的“魔棒工具”按钮，在选项栏中设置“容差”为20，如图17-21所示。在背景部分单击载入选区，按组合键Shift+Ctrl+I反向选择，并为人像图层添加图层蒙版，如图17-22所示。

图17-21　　图17-22

03 执行“图层”>“图层样式”>“外发光”命令，设置“不透明度”为100%。调整粉红色系的渐变，设置“大小”为24像素，如图17-23和图17-24所示。

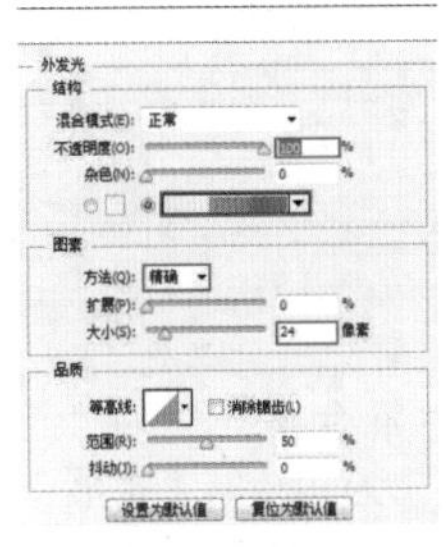

图17-23　　图17-24

04 置入花纹素材文件“4.png”，栅格化该图层。如图17-25所示。新建图层，单击工具箱中的“圆角矩形工具”按钮，在选项栏中设置绘制模式为“路径”，“半径”为80像素，在画面中拖曳绘制一个较大的圆角矩形，如图17-26所示。

图17-25

图17-26

05 按Ctrl+Enter快捷键快速将路径转换为选区，按键Shift+Ctrl+I组合键反向选择并填充白色，如图17-27所示。按Ctrl + J快捷键复制边框图层，建立副本，并放置在边框图层下一层，载入边框选区并填充粉灰色。使用自由变换工具快捷键Ctrl+T，按住Shift+Alt快捷键等比例缩小褐色边框，如图17-28所示。

图17—27

图17—28

06 单击工具箱中的“文字工具”按钮，设置合适的字体及大小，在画面中输入文字，调整文字角度，如图17-29所示。执行“图层”>“图层样式”>“渐变叠加”命令，编辑粉色系的渐变颜色，设置“样式”为线性，如图17-30所示。

图17—29

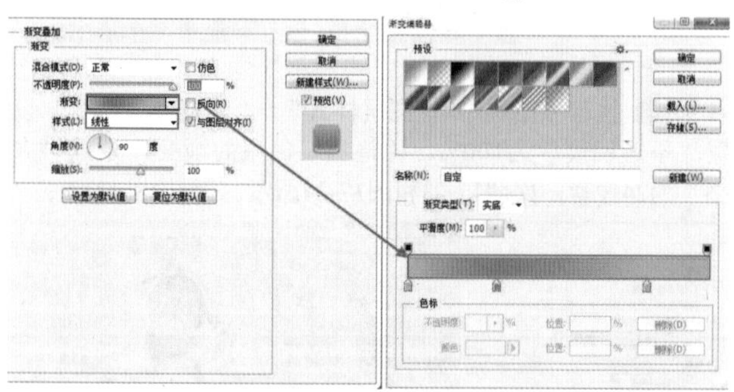

图17—30

07 选中“投影”复选框，设置“混合模式”为“正片叠底”，颜色为橘黄色，“不透明度”为50%，“扩展”为3%，“大小”为5像素，设置合适的“等高线”形状，如图17-31所示。效果如图17-32所示。

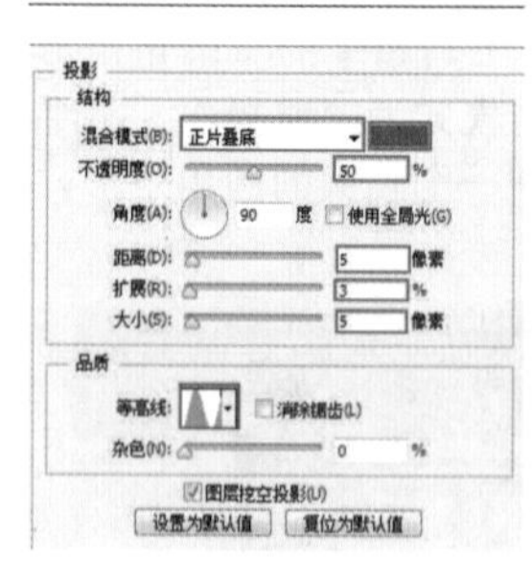

图17—31

图17—32

08 使用文字工具，设置不同的字体及大小，在文字空白处输入文字“的”，调整角度，如图17-33所示。最后输入其他两组文字，并将其旋转到合适的角度，最终效果如图17-34所示。

图17—33

图17—34

★ 17.3 田园风情婚纱摄影版式

案例文件	案例文件\第17章\17.3田园风情婚纱摄影版式.psd
视频文件	视频教学\第17章\17.3田园风情婚纱摄影版式.flv
难度级别	★★★★★
技术要点	图层蒙版、调整图层、仿制图章

案例效果

扫码看视频

本案例主要使用图层蒙版、调整图层、仿制图章制作田园风格婚纱摄影版式，如图17-35所示。

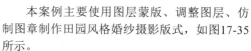

图17—35

操作步骤

01 按Ctrl+N快捷键，新建一个3226×2000像素的文档。置入素材文件“1.jpg”，栅格化该图层。如图17-36所示。

图17—36

02 单击工具箱中的“矩形选框工具”按钮，绘制合适大小的矩形选区，如图17-37所示。单击“图层”面板中的“添加图层蒙版”按钮，隐藏多余部分，如图17-38所示。

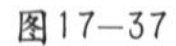

图17—37

图17—38

03 使用矩形选框工具框选左侧的花藤，如图17-39所示。然后复制这部分内容并移动到最左侧和最右侧，如图17-40所示。

图17—39

图17—40

04 选择复制出来的右侧花藤，然后对其进行水平翻转操作，接着使用仿制图章工具修补背景中的空隙区域，如图17-41所示。

图17—41

技巧提示

在人像版面设计中，经常会遇到照片背景区域不够用的情况。如果遇到这种情况，可以采用以下3种方法来修补空白区域。

01 局部拉长法。框选合适的背景区域，然后用自由变换功能将其拉长。当然不可拉伸过度，否则会影响画面的整体效果，如图17—42～图17—44所示。

图17—42

图17—43

图17—44

02 图像覆盖法。框选部分合适的背景，然后将其进行多次复制，以覆盖掉空白区域。如果覆盖效果不理想，还可以在交界处使用图层蒙版进行处理，使边界的融合效果更加柔和，如图17—45～图17—47所示。

图17—45

图17—46

图17—47

03 同组照片混合法。如果原始人像的背景范围很小，则难以复制背景。这时可以尝试使用同组照片或风格匹配的其他照片作为背景，然后擦除人像的边缘即可，如图17—48～图17—50所示。

图17—48

图17—49

图17—50

05 分别置入素材文件“2.jpg”和“3.jpg”，然后调整好大小和位置，栅格化该图层。如图17-51所示。

图17—51

06 由于左下角的人像将后面的人像挡住了一部分，并且两张人像中间的衔接处都有柱子，因此可以为图层3添加图层蒙版，使用黑色画笔涂抹顶部多余区域，并使用黑色柔边圆画笔涂抹衔接处，如图17-52所示。此时效果如图17-53所示。

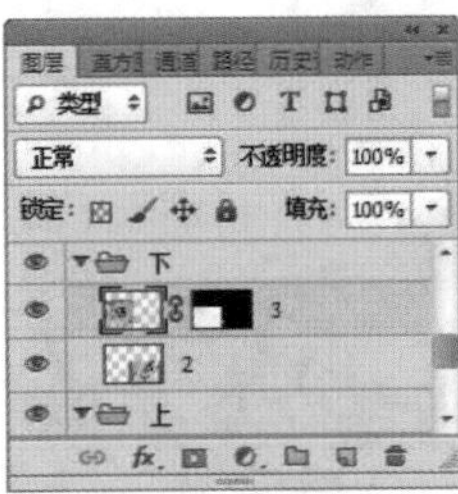

图17—52

图17—53

07 使用矩形选框工具分别在人像上部和下部绘制矩形选区，新建图层填充白色，如图17-54所示。设置图层的“不透明度”为40%，如图17-55所示。

图17—54

图17—55

08 再次新建图层，使用半透明的白色画笔工具在画面顶部的两个角以及底部绘制白色遮罩，如图17-56所示。使用矩形选框工具绘制两个长的矩形选区，新建图层填充为灰绿色，如图17-57所示。

图17—56

图17—57

09 执行“图层”>“新建调整图层”>“可选颜色”命令，设置“颜色”为红色，接着设置“青色”为－43%、“洋红”为4%、“黄色”为－43%、“黑色”为－18%，如图17-58所示。设置“颜色”为中性色，然后设置“黑色”为－14%，如图17-59所示。

图17—58

图17—59

10 置入素材文件“4.png”，栅格化该图层，最终效果如图17-60所示。

图17—60

★ 17.4 古典水墨风格情侣写真版式

案例文件	案例文件\第17章\17.4古典水墨风格情侣写真版式.psd
视频教学	视频文件\第17章\17.4古典水墨风格情侣写真版式.flv
难易指数	★★★★★
技术要点	渐变工具、图层蒙版、混合模式

案例效果

扫码看视频

本案例主要是使用渐变工具、图层蒙版、混合模式制作古典水墨风格情侣写真版式，如图17-61所示。

图17—61

操作步骤

01 新建文件，使用渐变工具，在选项栏中设置米黄色到白色的渐变，渐变模式为线性，如图17-62所示。按住Shift键在画面中自上而下拖曳鼠标进行填充，如图17-63所示。

图17—62

图17—63

02 置入花纹素材“1.png”，并将其置于画面中，栅格化该图层，如图17-64所示。单击“图层”面板底部的“添加图层蒙版”按钮，为其添加图层蒙版，使用渐变工具在蒙版中填充黑色到白色的渐变，如图17-65所示。效果如图17-66所示。

图17—64

图17—65　　图17—66

03 置入水墨素材文件“2.png”，并将其置于画面中，栅格化该图层。设置混合模式为“点光”，“不透明度”为21%，如图17-67所示。复制水墨素材图层，设置其混合模式为“柔光”，如图17-68所示。

图17—67　　图17—68

04 再次复制水墨素材，适当缩小并设置“不透明度”为50%，如图17-69所示。置入素材照片“3.jpg”，调整大小，将其放置在水墨上，栅格化该图层。单击“图层”面板中的“添加图层蒙版”按钮，并在图层蒙版中使用黑色柔边圆画笔在四周进行涂抹，隐藏多余部分，如图17-70所示。

图17—69　　图17—70

思维点拨：水墨写真

本案例以水墨效果为主，搭配人像服饰，打造极具复古感的写真版式。水墨画是一种融汇诗书、涵泳情怀、讲究形式趣味的精英艺术。

05 置入水墨素材“4.png”，摆放在人像图层的上方。栅格化该图层，为其添加图层蒙版，使用黑色画笔在蒙版中绘制遮挡住人像的部分，设置混合模式为“叠加”，如图17-71所示。置入水墨素材文件“5.png”，栅格化该图层，如图17-72所示。

图17—71　　图17—72

06 再次置入人像素材“6.png”，栅格化该图层并将其放在画面的右上角，如图17-73所示。在人像素材图层上添加图层蒙版，使用黑色柔边圆画笔在蒙版上进行适当涂抹，使其更加融合，最终效果如图17-74所示。

图17—73　　图17—74

★ 17.5　趣味儿童摄影版式

案例文件	案例文件/第17章/17.5趣味儿童摄影版式.psd
视频教学	视频教学/第17章/17.5趣味儿童摄影版式.flv
难易指数	★★★★★
技术要点	钢笔工具、图层蒙版

案例效果

本案例主要是使用钢笔工具和图层蒙版制作趣味儿童摄影版式，如图17-75所示。

扫码看视频

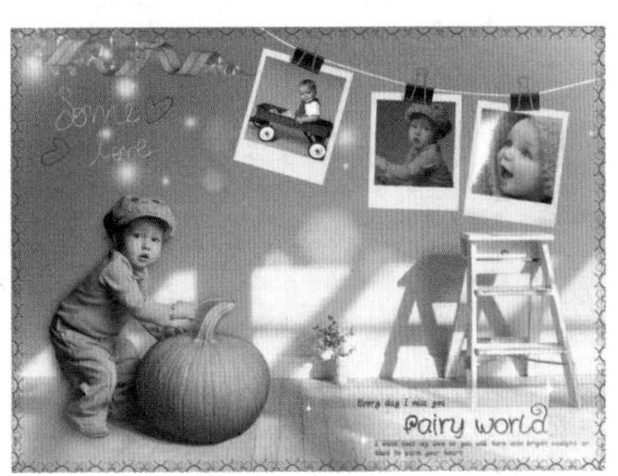

图17—75

操作步骤

01 打开背景素材文件“1.jpg”，如图17-76所示。置入儿童照片素材“2.jpg”，并将其置于画面中，栅格化该图层，使用钢笔工具，绘制出人像部分的闭合路径，单击鼠标右键，在弹出的快捷菜单中选择“建立选区”命令，如图17-77所示。单击“图层”面板底部的“添加图层蒙版”按钮，以当前选区为其添加图层蒙版，如图17-78所示。

图17-76

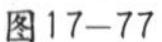

图17-77

图17-78

02 按Ctrl键单击人像图层蒙版载入选区，在背景图层上方新建图层“投影”，如图17-79所示。为选区填充棕色，如图17-80所示。

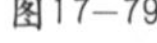

图17-79

图17-80

03 按Ctrl+D快捷键取消选区，执行“滤镜”>模糊”>“高斯模糊”命令，在弹出的对话框中设置“半径”为15像素，如图17-81所示。效果如图17-82所示。

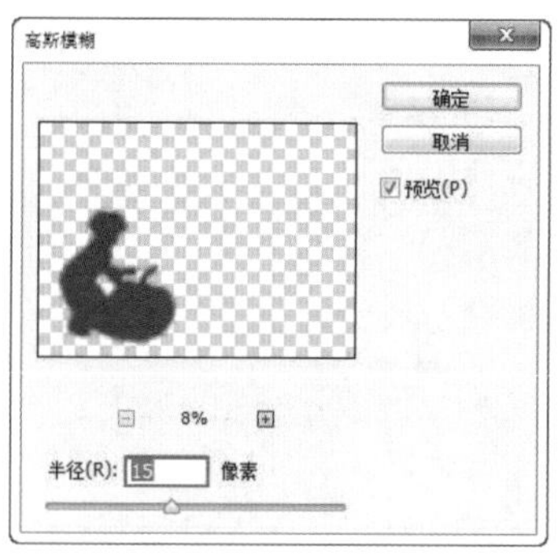

图17-81

图17-82

04 单击“图层”面板底部的“添加图层蒙版”按钮，为其添加图层蒙版，使用黑色画笔在蒙版中绘制多余的部分，如图17-83所示。效果如图17-84所示。

图17-83

图17-84

思维点拨：儿童写真

本案例使用柔和的土黄色为主色打造儿童版式。浅淡的色调给人一种轻快柔和的感觉，让人有着稚嫩、柔软纯真的印象。使用明度较低的黄色，给人柔和、稚嫩轻软的印象，散发着柔和亲近的感觉。

05 继续置入照片底框素材“3.png”，并将其摆放在画面右上角，栅格化该图层。然后置入小照片素材“4.jpg”，并将其置于第一个照片框上，栅格化该图层，如图17-85所示。隐藏小照片素材图层，使用多边形套索工具沿着画框边缘绘制闭合选区，然后显示出小照片图层，如图17-86所示。

图17-85

图17-86

06 选择小照片素材图层，单击“图层”面板底部的“添加图层蒙版”按钮，隐藏多余部分，如图17-87所示。使用同样的方法制作其他的小照片效果，如图17-88所示。

图17—87

图17—88

07 新建图层，使用矩形选框工具在画面下半部分绘制矩形选区，使用渐变工具，在选项栏中编辑白色到透明的渐变，设置“绘制模式”为线性，如图17-89所示。在选区中沿水平方向拖曳绘制白色到透明的渐变，如图17-90所示。

图17—89

图17—90

08 复制白色渐变矩形并向上移动，适当缩放，如图17-91所示。最后置入前景装饰边框素材“7.png”，并将其置于画面中合适的位置，栅格化该图层，最终效果如图17-92所示。

图17—91

图17—92

★ 17.6 杂志风格婚纱写真版式

案例文件	案例文件\第17章\17.6杂志风格婚纱写真版式.psd
视频教学	视频文件\第17章\17.6杂志风格婚纱写真版式.flv
难易指数	★★★★★
技术要点	图层样式、图层不透明度、段落文字

案例效果

本案例主要使用图层样式、图层不透明度、段落文字制作杂志风格婚纱写真版式，如图17-93所示。

扫码看视频

图17—93

操作步骤

01 按Ctrl+N快捷键，新建一个3550×2540像素的文档，如图17-94所示。置入背景素材文件“1.jpg”，栅格化该图层，如图17-95所示。

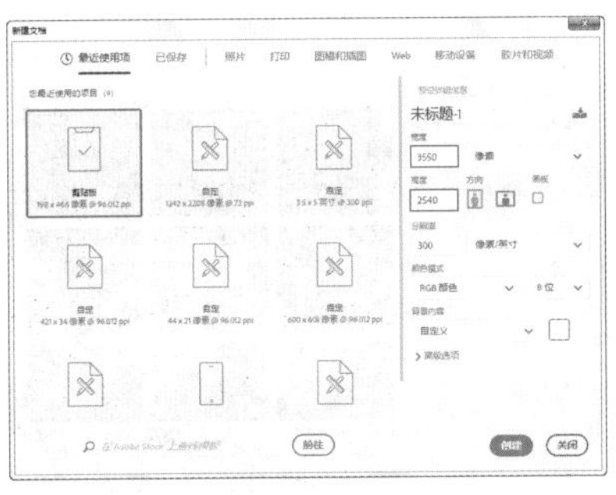

图17—94

图17—95

02 新建图层，使用矩形选框工具在画面左侧绘制矩形选区，填充深蓝色，如图17-96所示。设置该图层的“不透明度”为85%，如图17-97所示。

图17—96

图17—97

03 单击工具箱中的“横排文字工具”按钮，设置颜色为暗红，选择合适字号以及字体，单击在画面中输入文字，如图17-98所示。使用横排文字工具选择其中一个文字，并在选项栏中更改颜色为白色，如图17-99所示。

图17—98

图17—99

04 继续输入第二组英文，适当旋转，如图17-100所示。执行“图层”>“图层样式”>“内发光”命令，选中“边缘”单选按钮，设置“大小”为73像素，如图17-101所示。

图17—100

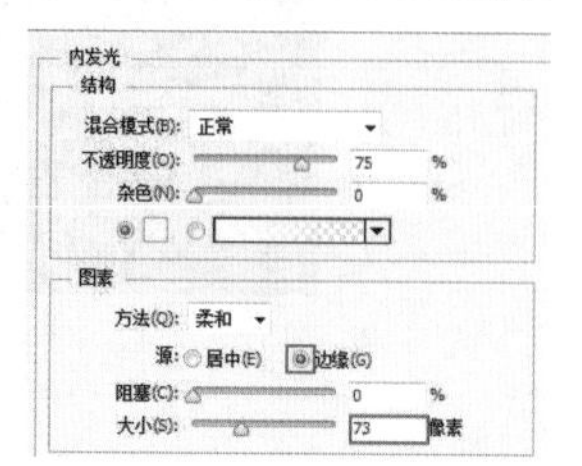

图17—101

05 选中“外发光”复选框，设置“混合模式”为“滤色”，“不透明度”为100%，设置合适的颜色，“方法”为“柔和”，“大小”为73像素，如图17-102所示。效果如图17-103所示。

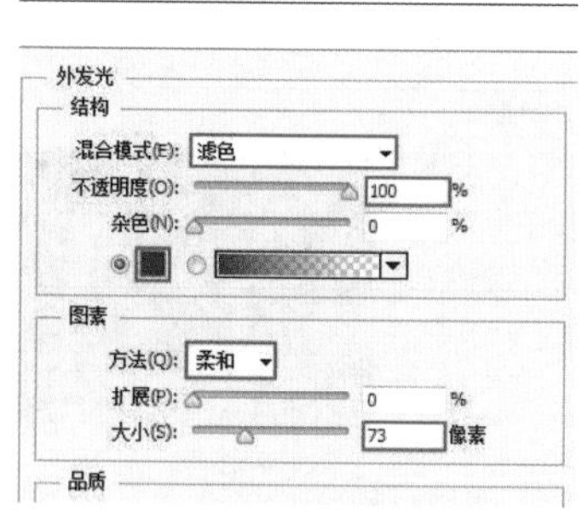

图17—102

图17—103

06 继续使用横排文字工具，在画面中拖曳绘制出段落文本框，并在其中输入文字，设置对齐方式为“右对齐”，如图17-104所示。继续输入其他点文字，如图17-105所示。

图17—104

图17—105

07 使用矩形选框工具在画面顶部绘制矩形选区，新建图层，填充暗红色，如图17-106所示。设置图层的“不透明度”为40%。单击“图层”面板中的“添加图层蒙版”按钮，使用黑色画笔在蒙版中进行适当的涂抹，效果如图17-107所示。

图17—106

图17—107

08 置入花纹素材“2.png”，并将其置于画面左上角，栅格化该图层，设置“不透明度”为88%，最终效果如图17-108所示。

图17—108

读书笔记

第18章

特效照片制作

本章内容简介：

在广告设计中为了表现出某种特殊效果，经常需要将照片做特效处理，以最大程度上吸引人们的注意力。本章将介绍字符人像、素描效果人像、霓虹人像、水墨风情等特效照片的制作方法。

本章学习要点：

- 超酷彩色字符人像
- 打造素描效果人像
- 古典水墨风情

★ 18.1 超酷彩色字符人像

案例文件	案例文件\第18章\18.1超酷彩色字符人像.psd
视频教学	视频文件\第18章\18.1超酷彩色字符人像.flv
难易指数	★★★★★
技术要点	调整图层、"色彩范围"命令、文字工具、渐变样式

案例效果

扫码看视频

本案例主要是通过调整图层、"色彩范围"命令、文字工具和渐变样式等工具的使用制作超酷彩色字符人像，如图18-1所示。

图18－1

操作步骤

01 新建文件，置入人像素材"1.jpg"，栅格化该图层，如图18-2所示。对其执行"图像">"调整">"亮度/对比度"命令，设置"对比度"为65，效果如图18-3所示。

图18－2　　图18－3

02 执行"选择">"色彩范围"命令，在弹出的对话框中设置"选择"为阴影，单击"确定"按钮，如图18-4所示。得到阴影选区，按Ctrl+J快捷键复制选区内的内容到新的图层，并将其命名为"选择色彩范围阴影"，如图18-5所示。

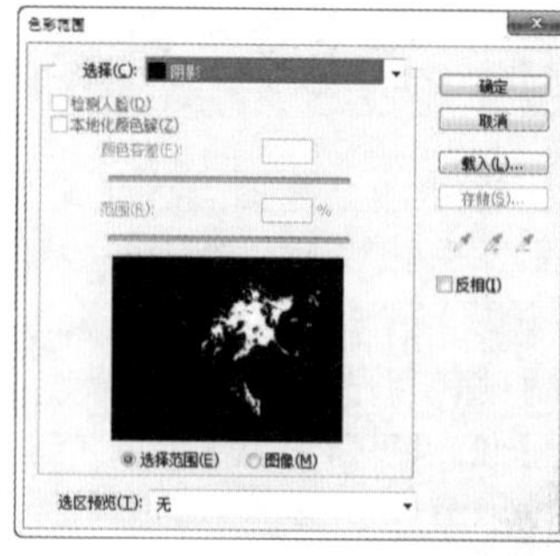

图18－4

图18－5

03 执行"选择">"色彩范围"命令，在弹出的对话框中设置"选择"为中间调，如图18-6所示。得到选区后同样复制选区内的内容到新的图层，并将其命名为"选择色彩范围中间调"，如图18-7所示。

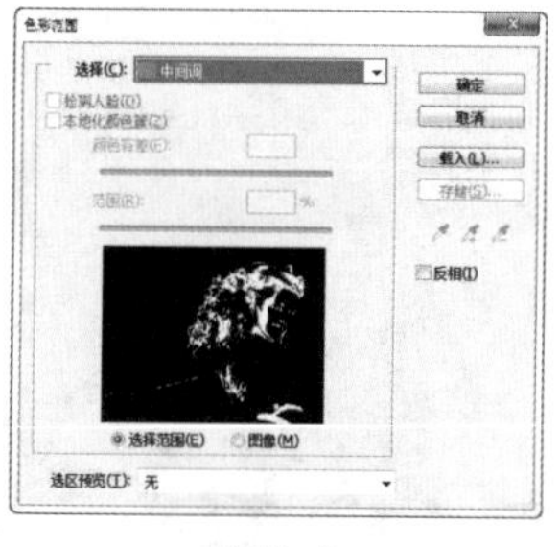

图18－6

图18－7

04 执行"选择">"色彩范围"命令，在弹出的对话框中使用"添加到取样工具"，设置"颜色容差"为65，如图18-8所示。在画面中选择人物的衣服部分，同样复制选区内的内容到新的图层，并将其命名为"色彩范围"，如图18-9所示。

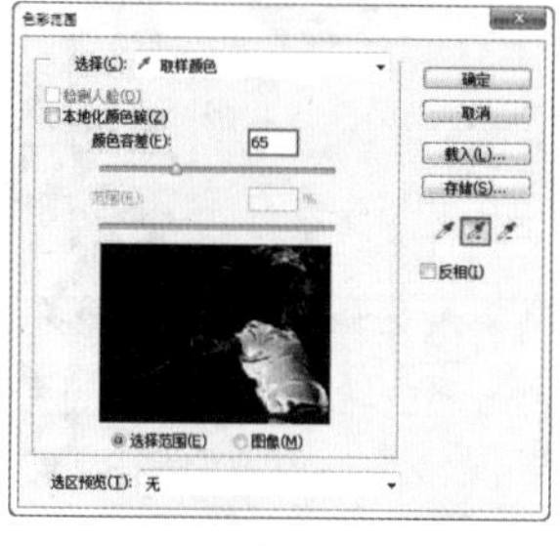

图18－8

图18－9

05 复制"选择色彩范围中间调"图层，并将其命名为"中间调副本"，按Shift+Ctrl+U组合键对其执行去色操作，使用同样的方法制作"阴影 副本"，隐藏原始图层，并将所有复制图层置于"组2"中，如图18-10所示。选中组2，按Ctrl+E快捷键将其合并为同一图层，并命名为"阴影中间 黄色合层"，如图18-11所示。

图18－10

图18－11

06 隐藏"阴影 中间 黄色合层"图层以外的其他图层，如图18-12所示。效果如图18-13所示。

07 设置前景色为黑色，使用横排文字工具设置合适的字体以及字号，在画面中输入文字，如图18-14所示。将文字合并为一个图层，多次复制文字图层，摆放在合适位置，将所有文字图层合并为同一图层"图层5"，如图18-15所示。

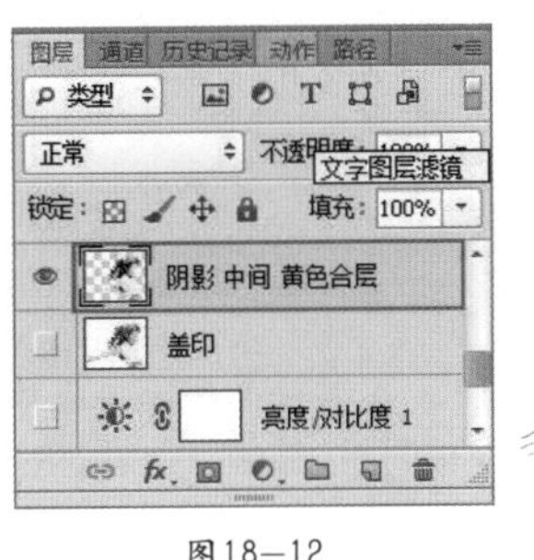

图18-12

图18-13

图18-14

图18-15

08 按住Ctrl键单击“阴影 中间 黄色合层”图层缩览图，将其载入选区，选中文字图层“图层5”，单击“添加图层蒙版”按钮，为其添加图层蒙版，如图18-16所示。

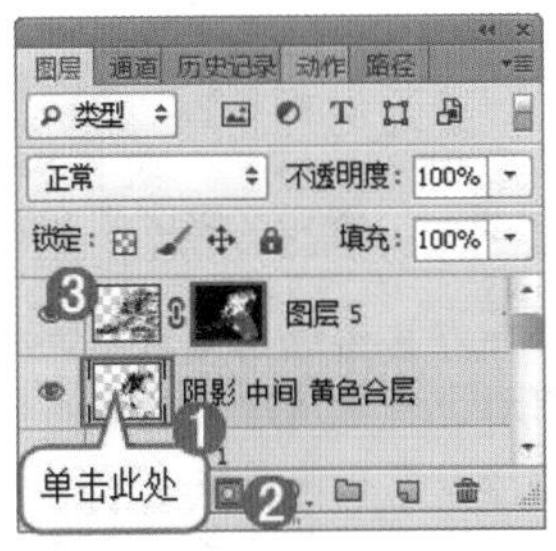

图18-16

09 隐藏“阴影 中间 黄色合层”图层，对“图层5”执行“图层”>“图层样式”>“渐变叠加”命令，设置“混合模式”为“正常”，“不透明度”为90%，编辑一种七彩渐变，设置“样式”为“线性”，“角度”为60度，如图18-17所示。效果如图18-18所示。

图18-17

图18-18

10 使用横排文字工具，设置合适的字体以及字号，在人像手臂上单击并输入文字。同样为文字添加多彩的“渐变叠加”。最终效果如图18-19所示。

图18-19

★ 18.2 打造素描效果人像

案例文件	案例文件\第18章\18.2打造素描效果人像.psd
视频教学	视频文件\第18章\18.2打造素描效果人像.flv
难易指数	★★★★★
技术要点	图层蒙版、画笔工具

案例效果

本案例主要是通过画笔工具、图层蒙版打造素描效果人像，如图18-20所示。

扫码看视频

图18-20

操作步骤

01 打开人像素材文件“1.jpg”，使用多边形套索工具绘制画框内人像区域的选区，如图18-21所示。按Ctrl+J快捷键将选区内的图像复制到新的图层中，如图18-22所示。

图18-21

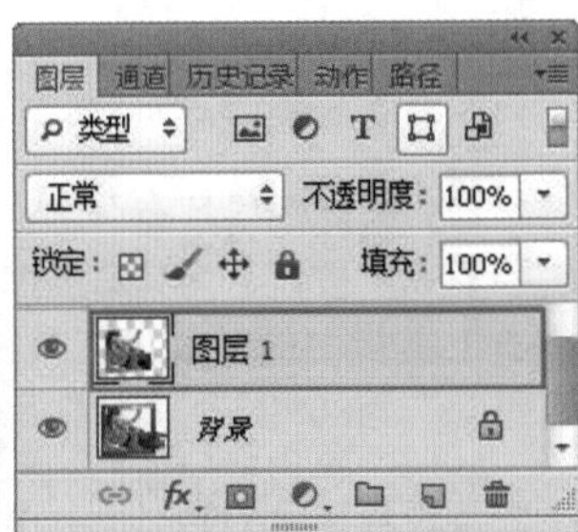

图18-22

02 执行“图层”>“新建调整图层”>“黑白”命令，创建黑白调整图层，此时画面变为黑白效果，如图18-23所示。

图18—23

03 执行“图层”>“新建调整图层”>“曲线”命令，创建曲线调整图层，调整曲线形状，如图18-24所示。调整画面的对比度，如图18-25所示。

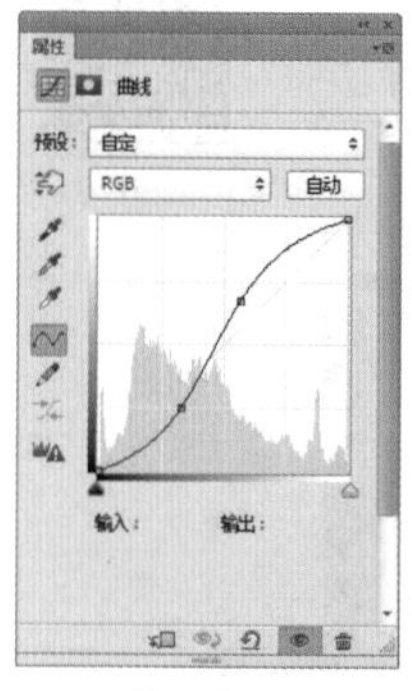

图18—24

图18—25

04 选中两个调整图层，单击鼠标右键，在弹出的快捷菜单中选择“创建剪贴蒙版”命令，如图18-26所示。使其只对框内人像起作用，如图18-27所示。

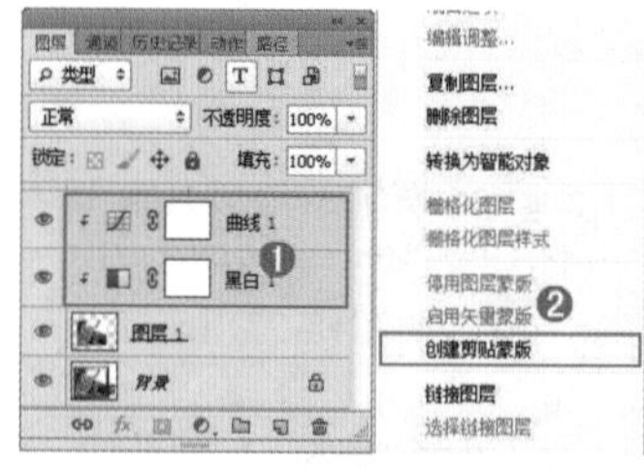

图18—26

图18—27

05 新建图层填充白色，单击“图层”面板中的“添加图层蒙版”按钮，为其添加图层蒙版。设置前景色为黑色，单击工具箱中的“画笔工具”按钮，在选项栏中设置“不透明度”为80%，“流量”为70%，单击打开画笔预设选取器，选择“圆扇形细硬毛刷”，设置“大小”为50像素，如图18-28所示。用画笔工具在蒙版中涂抹绘制，制作出笔触的效果，如图18-29所示。

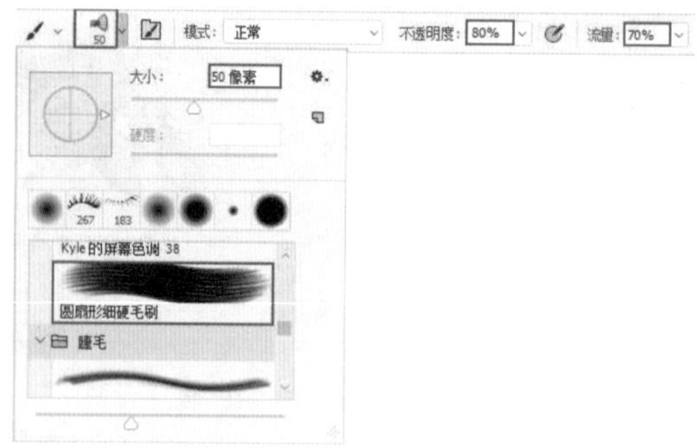

图18—28

图18—29

思维点拨：素描简介

素描，是一种以具体形象为表现，以光线明暗为依托，层次感觉明朗，科学道理准确应用的立体式画作技巧。素描基本功练习可提高作者自身对形象、轮廓、光线、明暗、层次、透视、总局等能力的把握，对于具体事物刻画更为准确，使绘画技巧更为熟练，是发展自身对艺术参透能力的首要前提。

06 选中白色“图层 1”，单击鼠标右键，在弹出的快捷菜单中选择“创建剪贴蒙版”命令。最终效果如图18-30所示。

图18—30

★ 18.3 古典水墨风情

案例文件	案例文件\第18章\18.3古典水墨风情.psd
视频教学	视频文件\第18章\18.3古典水墨风情.flv
难易指数	★★★★★
技术要点	特殊模糊、调整图层

案例效果

本案例主要通过特殊模糊、可选颜色、黑白、曲线、自然饱和度等命令制作出古典水墨风情的画面效果，如图18-31所示。

扫码看视频

图18—31

操作步骤

01 新建文件，置入素材背景“1.jpg”，栅格化该图层，如图18-32所示。

图18—32

02 对人像的细节进行去除，复制素材人像图层，对其执行“滤镜”>“模糊”>“特殊模糊”命令，设置“半径”为84，“阈值”为80，如图18-33所示。效果如图18-34所示。

03 执行“窗口”>“历史记录”命令，打开“历史记录”面板，标记复制图层，如图18-35所示。单击工具箱中的“历史记录画笔”按钮，设置画笔笔尖为圆形柔边圆画笔。使用历史记录画笔在画面中涂抹，还原人像面部的清晰度，效果如图18-36所示。

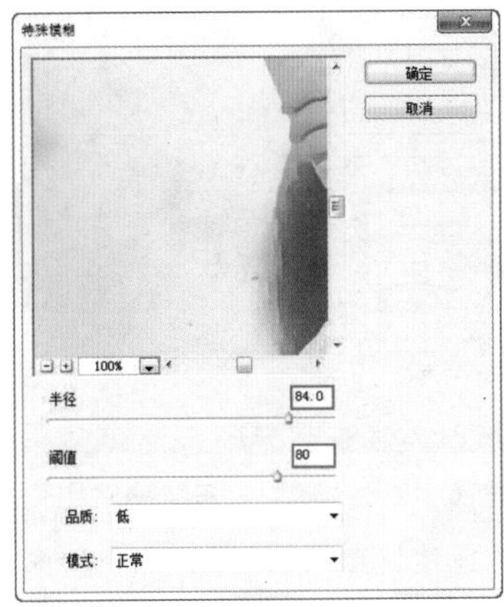

图18—33

图18—34

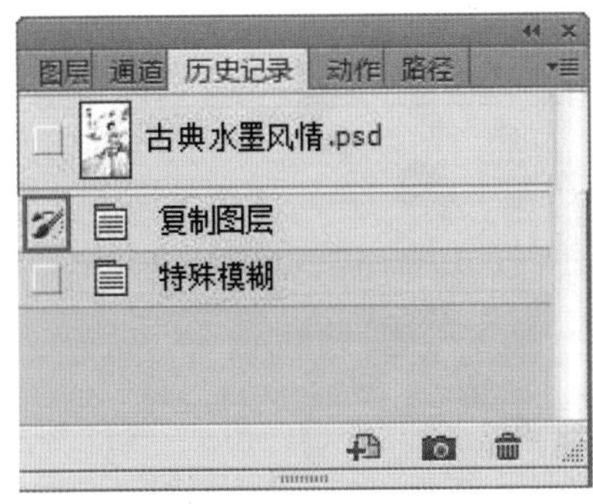

图18—35

图18—36

04 复制该图层，再次执行“滤镜”>“模糊”>“特殊模糊”命令，设置“半径”为100，“阈值”为100，如图18-37所示。单击“图层”面板中的“添加图层蒙版”按钮，使用黑色柔边圆画笔在蒙版中涂抹裙子以外的部分，如图18-38所示。

图18—37

图18—38

05 执行“图层”>“新建调整图层”>“可选颜色”命令，设置“颜色”为红色，“洋红”为67%，“黄色”为68%，“黑色”为17%，如图18-39所示。设置“颜色”为中性色，“洋红”为89%，“黄色”为99%，“黑色”为51%，如图18-40所示。使用黑色柔边圆画笔在调整图层蒙版中涂抹背景部分，使之只对裙子部分起作用，如图18-41所示。

图18—39　　图18—40　　图18—41

06 执行“图层”>“新建调整图层”>“黑白”命令，使用黑色画笔在黑白调整图层蒙版中涂抹人像以外的区域，如图18-42所示。

图18—42

07 执行“图层”>“新建调整图层”>“曲线”命令，调整曲线形状，如图18-43所示。使用黑色画笔在曲线调整图层蒙版中涂抹人像部分，如图18-44所示。

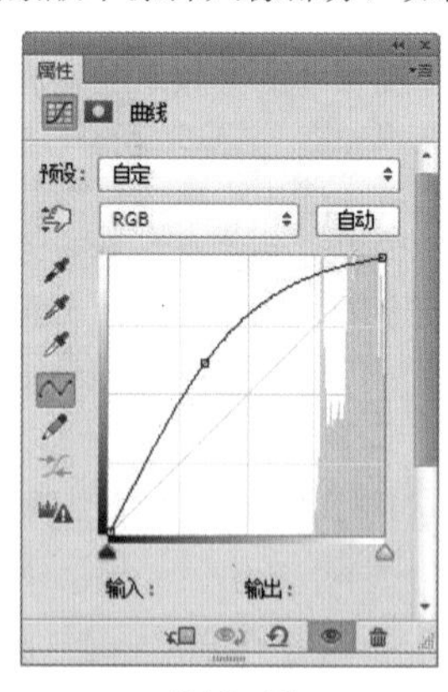

图18—43　　图18—44

08 再次创建曲线调整图层，调整曲线的弯曲形状，如图18-45所示。使用黑色画笔在曲线调整蒙版中涂抹人像衣服以外的区域，如图18-46所示。

09 执行“图层”>“新建调整图层”>“可选颜色”命令，设置“颜色”为红色，“青色”为-25%，“洋红”为12%，“黄色”为57%，“黑色”为-20%，如图18-47所示。设置“颜色”为中性色，“洋红”为19%，“黄色”为32%，“黑色”为14%，如图18-48所示。使用黑色画笔在调整图层蒙版上嘴唇以外部分进行涂抹，如图18-49所示。

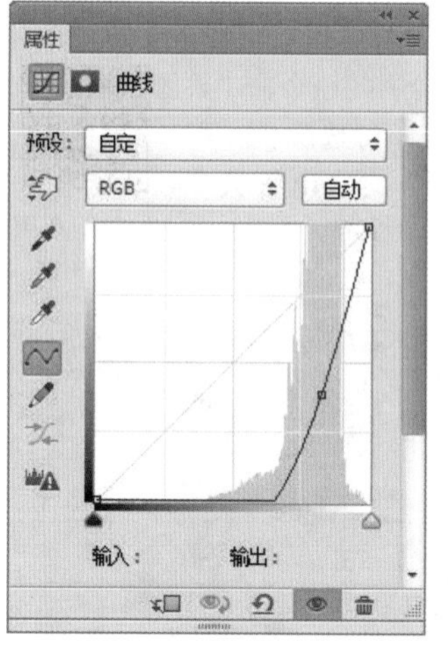

图18—45　　图18—46

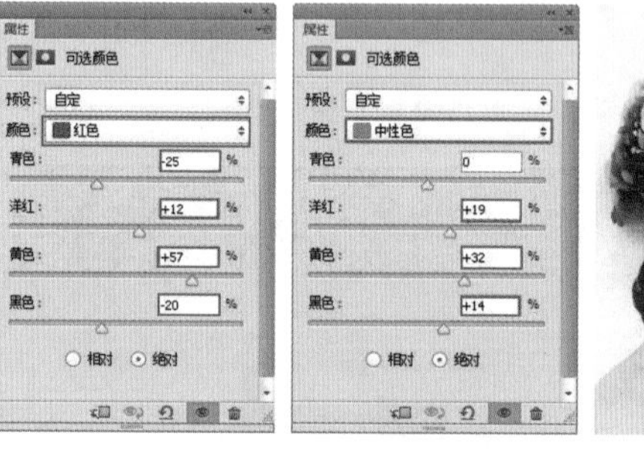

图18—47　　图18—48　　图18—49

10 再次创建黑白调整图层，使用黑色画笔在蒙版中绘制人像部分，如图18-50和图18-51所示。

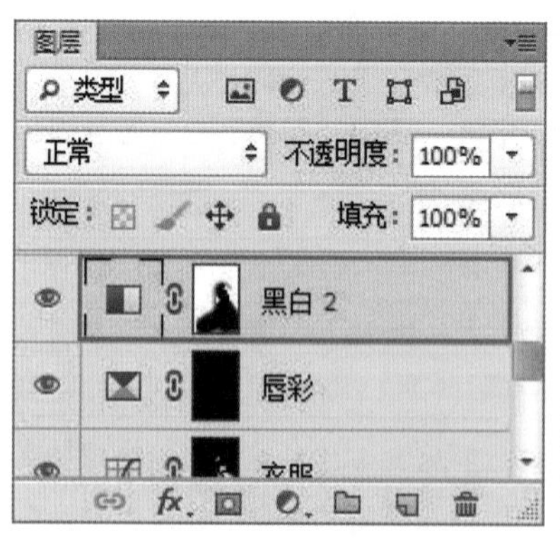

图18—50　　图18—51

11 执行“图层”>新建调整图层”>“自然饱和度”命令，设置“自然饱和度”为-38，如图18-52所示。使用黑色画笔在蒙版中绘制人像皮肤以外部分，如图18-53所示。

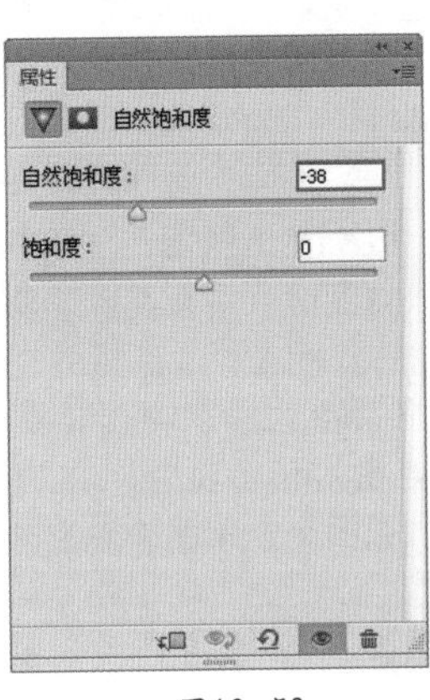

图18—52

图18—53

思维点拨：水墨画

水墨画是绘画的一种形式，更多时候，水墨画被视为中国传统绘画，也就是国画的代表。水墨和宣纸的交融渗透，善于表现似像非像的物象特征，即意象。从工具材料上来说，水墨画具有水乳交融，酣畅淋漓的艺术效果。

12 单击工具箱中的“画笔工具”按钮，选择一个圆形画笔，设置“大小”为3像素，“硬度”为100%，单击工具箱中的“钢笔工具”按钮，绘制发丝的路径，单击鼠标右键，在弹出的快捷菜单中选择“描边子路径”命令，如图18-54所示。在弹出的对话框中设置工具为画笔，选中“模拟压力”复选框，单击“确定”按钮，如图18-55所示。用同样的方法绘制其他的发丝，如图18-56所示。

图18—54

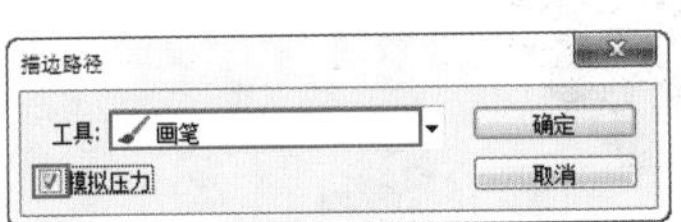

图18—55

图18—56

13 创建曲线调整图层，调整曲线的形状，如图18-57所示。使用黑色画笔在调整图层蒙版中涂抹多余部分，如图18-58所示。置入书法素材文件“2.png”，并将其置于画面中合适的位置，栅格化该图层，最终效果如图18-59所示。

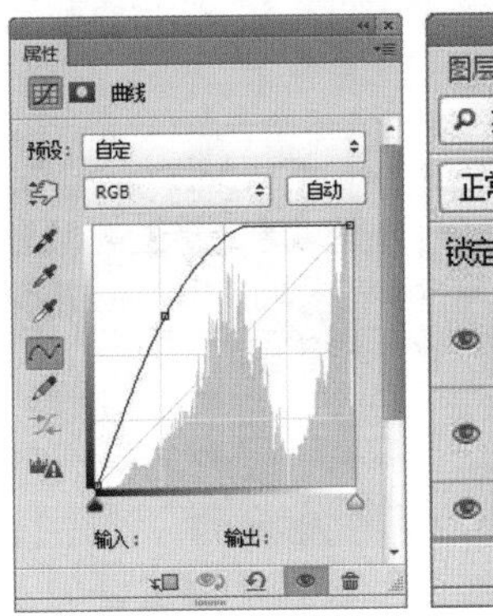

图18—57

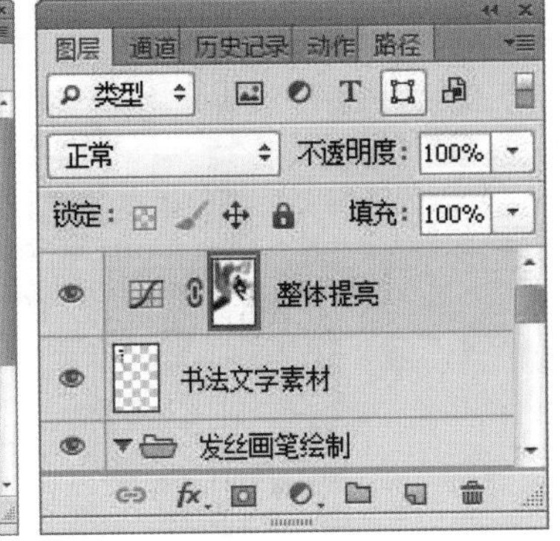

图18—58

图18—59

读书笔记

第19章

梦幻风景照片合成

本章内容简介：

在照片处理中，将不同风景照片合成为一个照片也是经常需要的操作，用来表现一些特殊效果。本章将介绍几个风景照片合成的实例。

本章学习要点：

- 梦幻风景壁纸
- 灰调都市
- 奇妙的沙漠变雪山
- 唯美童话色调
- 合成电影感风景

★ 19.1 梦幻风景壁纸

案例文件	案例文件\第19章\19.1梦幻风景壁纸.psd
视频教学	视频文件\第19章\19.1梦幻风景壁纸.flv
难易指数	★★★★★
技术要点	混合模式、渐变工具、图层蒙版

案例效果

扫码看视频

本案例主要是利用渐变工具和图层蒙版等工具制作梦幻风景壁纸，效果如图19-1所示。

图19—1

操作步骤

01 打开本书配套资源中的文件“1.jpg”，如图19-2所示。置入素材文件“2.jpg”，栅格化该图层，使用自由变换工具快捷键Ctrl+T，调整图像大小和位置，如图19-3所示。

图19—2

图19—3

02 将该图层的混合模式设置为“柔光”，并为图层添加一个图层蒙版，在图层蒙版中使用黑色画笔绘制涂抹底部区域，如图19-4所示。此时天空产生了奇幻的效果，如图19-5所示。

图19—4

图19—5

03 执行“图层”>“新建调整图层”>“曲线”命令，设置通道为“蓝”，调整曲线形状，如图19-6所示。效果如图19-7所示。

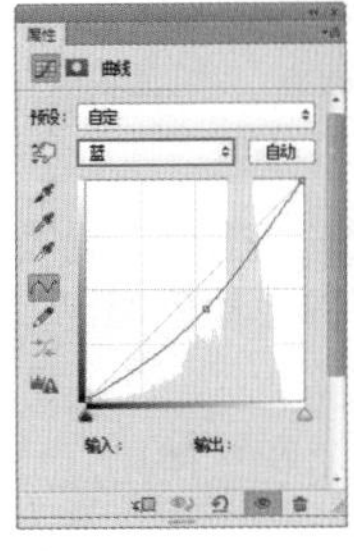

图19—6

图19—7

04 单击工具箱中的“渐变工具”按钮，在选项栏中设置一种从红色到绿色的渐变，单击“线性渐变”按钮，如图19-8所示。新建图层，在画面中自上而下填充渐变颜色，设置该图层的混合模式为“柔光”，如图19-9所示。

图19—8

图19—9

05 创建新的“曲线”调整图层，调整曲线形状，如图19-10所示。增强画面对比度，如图19-11所示。

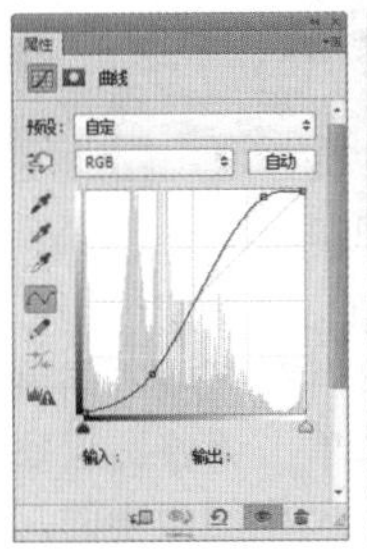

图19—10

图19—11

06 使用较大的黑色柔边圆画笔在曲线调整蒙版中左下角进行涂抹，如图19-12所示。还原左下角颜色，如图19-13所示。

图19—12

图19—13

在图层蒙版中使用画笔绘制，然后再使用自由变换调整大小，可以有很好的过渡效果。如果使用画笔在图层蒙版中随意涂抹，容易使画布颜色不统一。

07 使用文字工具输入合适的文字。最终效果如图19-14所示。

图19—14

★ 19.2 灰调都市

案例文件	案例文件\第19章\19.2灰调都市.psd
视频教学	视频文件\第19章\19.2灰调都市.flv
难易指数	★★★★★
技术要点	黑白、色相/饱和度、曲线、可选颜色

案例效果

扫码看视频

本案例主要是利用黑白、色相/饱和度、曲线、可选颜色制作灰调的都市风景效果，如图19-15所示。

操作步骤

01 打开本书配套资源中的素材文件“1.jpg”，如图19-16所示。

图19-15

图19-16

02 创建新组，并命名为“调色”。单击“图层”面板中的“新建调整图层”按钮，单击“黑白”选项，调整“属性”面板中的参数，如图19-17所示。单击调整图层蒙版，设置画笔颜色为浅灰色，在大桥海水以及中间集中的几栋楼房上进行涂抹，如图19-18所示。

图19-17

图19-18

03 创建“色相/饱和度”调整图层，调整“属性”面板中的参数，如图19-19和图19-20所示。

图19-19

图19-20

04 创建“曲线”调整图层，调整曲线形状，如图19-21所示。单击“曲线”调整图层蒙版，设置蒙版背景为黑色，调整画笔为白色，绘制中间区域，注意大桥部分不需要涂抹，如图19-22所示。

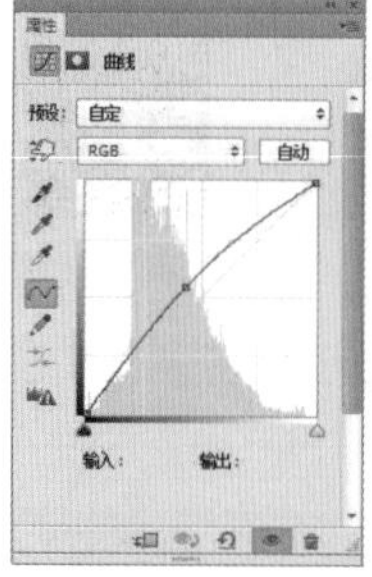
图19-21

图19-22

05 创建新的“曲线2”调整图层，调整曲线形状，如图19-23所示。单击“曲线”调整图层蒙版，设置蒙版背景为黑色，画笔为白色绘制边角，使四周背景适当压暗，如图19-24所示。

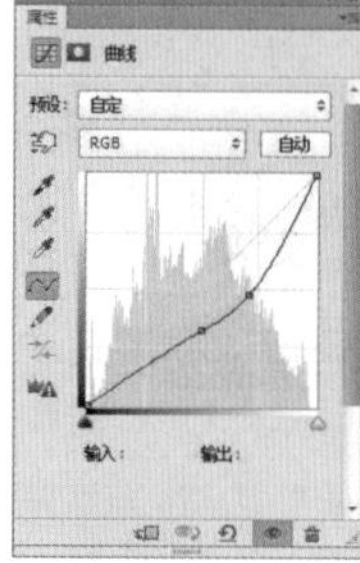
图19-23

图19-24

06 创建新的“曲线3”调整图层，调整曲线形状，使图像反差效果更明显，如图19-25所示。使用黑色画笔，在调整图层蒙版上进行适当涂抹，消除调整图层对大桥的影响，如图19-26所示。

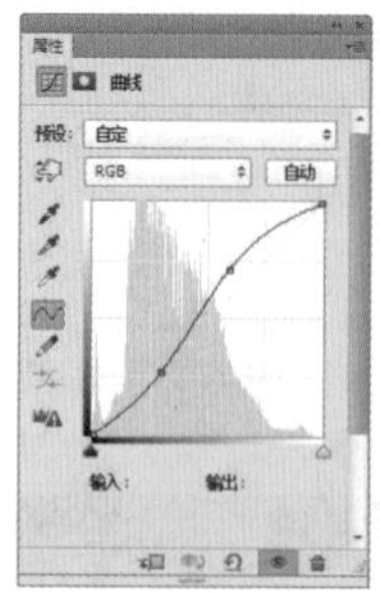
图19-25

图19-26

07 创建“可选颜色”调整图层，调整“颜色”为青色，调整参数如图19-27所示。使海水颜色偏中性色调，如图19-28所示。

08 置入云朵素材文件“2.png”，栅格化该图层，最终效果如图19-29所示。

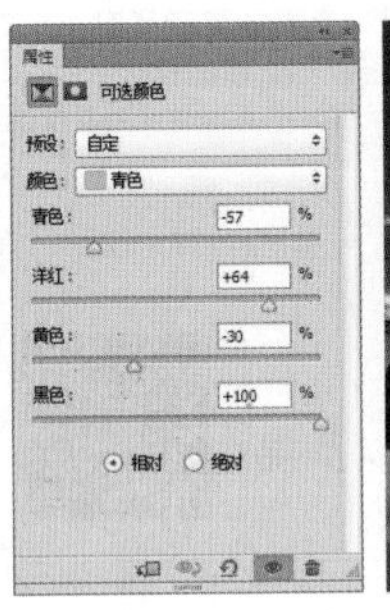

图19-27

图19-28

图19-29

★ 19.3 奇妙的沙漠变雪山

案例文件	案例文件\第19章\19.3奇妙的沙漠变雪山.psd
视频教学	视频文件\第19章\19.3奇妙的沙漠变雪山.flv
难易指数	★★★★★
技术要点	混合模式、曲线调整图层

案例效果

扫码看视频

本案例主要是利用混合模式和曲线调整图层等工具制作奇妙的沙漠变雪山，效果如图19-30所示。

图19-30

操作步骤

01 打开本书配套资源中的“1.jpg”文件，如图19-31所示。在“通道”面板中载入“红通道”副本选区，如图19-32所示。

图19-31

图19-32

02 单击鼠标右键，在弹出的快捷菜单中选择“选择反向”命令，然后按Ctrl+J快捷键生成新图层，设置新图层的“混合模式”为“叠加”，如图19-33所示。为了使沙子层次更分明，复制叠加图层，设置“混合模式”为“亮光”，调整“不透明度”为80%，如图19-34所示。

图19-33

图19-34

03 创建新图层，填充蓝色（R：30，G：121，B：188），设置“混合模式”为“颜色”，如图19-35所示。执行“图层”>“新建调整图层”>“色相/饱和度”命令，设置“饱和度”为－54，如图19-36所示。效果如图19-37所示。

图19-35

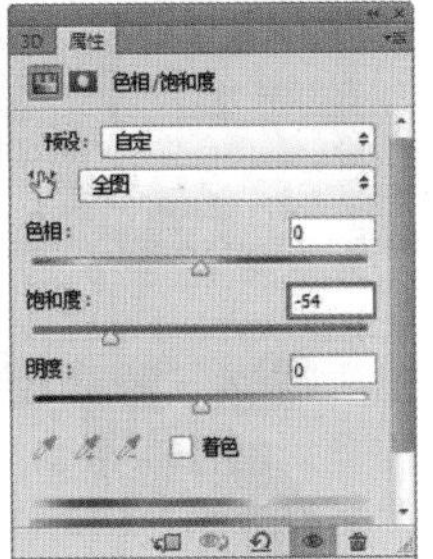

图19-36

图19-37

04 创建“曲线”调整图层，调整曲线形状，如图19-38和图19-39所示。

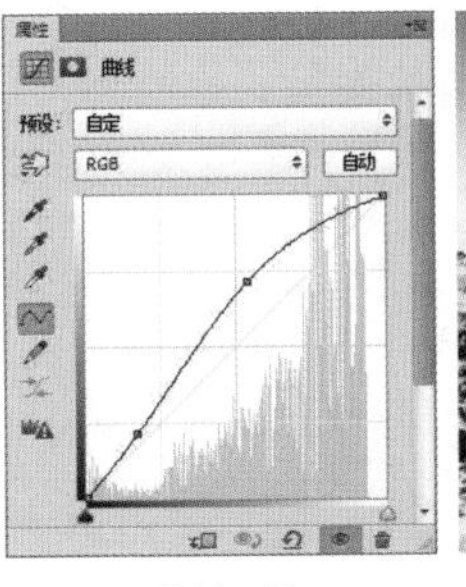

图19-38

图19-39

05 置入素材文件“2.jpg”，栅格化该图层，单击“图层”面板中的“添加图层蒙版”按钮，使用黑色柔边圆画笔涂抹天空与底部区域，隐藏多余部分，如图19-40所示。此时效果如图19-41所示。

图19-40

图19-41

思维点拨：凉爽色调

本案例整体给人清凉的印象，凉爽色以蓝色为主，可以展现出整洁和纯净感，使人们平复心情，远离烦热，给人惬意的效果，带来精神享受。让人们在视觉和精神上有着至高享受，给人舒畅的印象，如图19-42所示。

图19-42

06 创建新的“曲线”调整图层，分别调整RGB和红通道的曲线形状，如图19-43所示。在“图层”面板中单击鼠标右键，在弹出的快捷菜单中选择“创建剪贴蒙版”命令，使其只对房子图层进行调整，如图19-44所示。

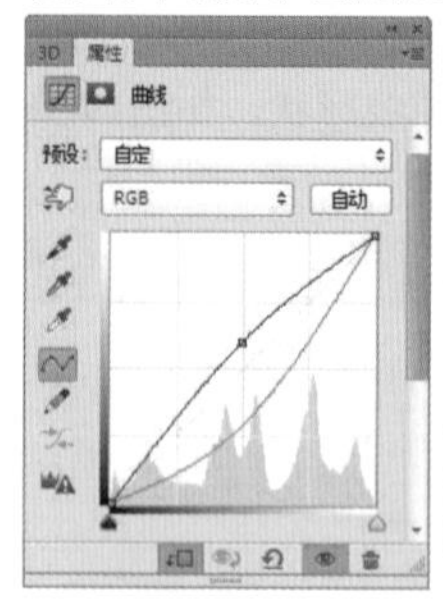
图19-43

图19-44

07 置入前景素材文件“3.png”，栅格化该图层，调整好大小和位置，最终效果如图19-45所示。

图19-45

★ 19.4 唯美童话色调

案例文件	案例文件\第19章\19.4唯美童话色调.psd
视频教学	视频文件\第19章\19.4唯美童话色调.flv
难易指数	★★★★★
技术要点	曲线、可选颜色、混合模式

案例效果

本案例主要是利用曲线、可选颜色以及混合模式制作童话色调，效果如图19-46所示。

扫码看视频

操作步骤

01 创建空白文件，然后置入打开本书配套资源中的风景素材文件“1.jpg”，栅格化该图层，如图19-47所示。

图19-46

图19-47

02 执行“图层”>“新建调整图层”>“曲线”命令，设置通道为“红”，调整“红”通道曲线的形状，如图19-48所示。设置通道为RGB，调整曲线的形状，如图19-49所示。效果如图19-50所示。

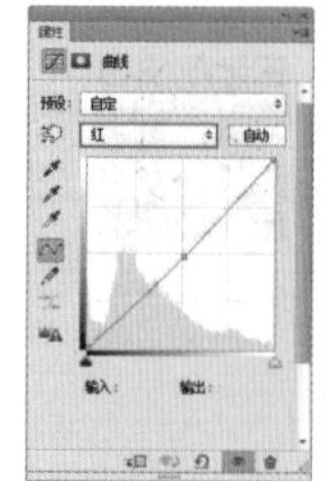
图19-48

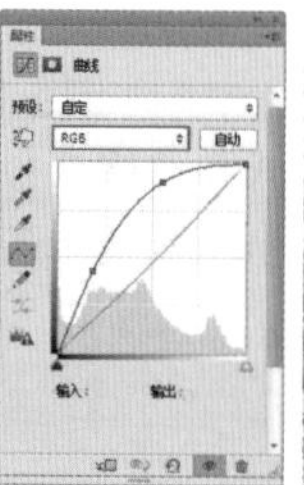
图19-49

图19-50

03 执行“图层”>“新建调整图层”>“可选颜色”命令，设置“颜色”为红色，“洋红”为100%，“黄色”为－91%，如图19-51所示。设置“颜色”为黄色，“青色”为100%，“洋红”为100%，“黄色”为－100%，如图19-52所示。

图19-51　　图19-52

04 设置“颜色”为中性色，“青色”为 - 9%，如图19-53所示。设置“颜色”为黑色，“青色”为37%，“洋红”为31%，“黄色”为 - 38%，“黑色”为 - 19%，如图19-54所示。效果如图19-55所示。

图19—53

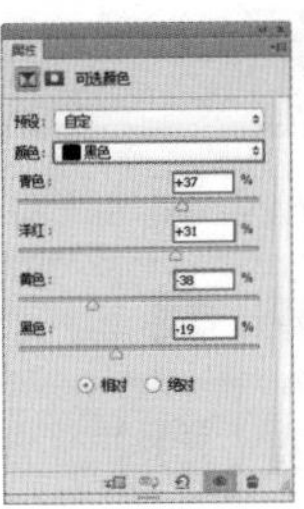
图19—54

图19—55

05 置入光效素材文件“2.jpg”，栅格化该图层，设置混合模式为“滤色”，如图19-56和图19-57所示。

图19—56

图19—57

思维点拨：浪漫色调

本案例画面营造出了一种浪漫的色调。浪漫色是以粉色和紫丁香色为主的幸福色调，能表现出温柔含蓄的美感。浪漫色给人柔美淡雅的梦幻感觉，与紫色、粉色搭配，可以表现出浪漫轻盈、朦胧的感觉，形成温柔而含蓄的美感，如图19—58所示。

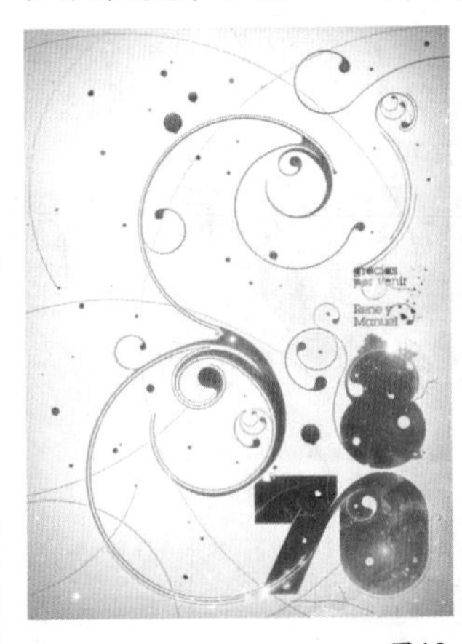

图19—58

06 新建图层，使用白色柔边圆画笔在画面四周进行涂抹绘制，如图19-59所示。置入艺术字素材文件“3.png”，并将其置于画面中合适位置，栅格化该图层，最终效果如图19-60所示。

图19—59

图19—60

★ 19.5 合成电影感风景

案例文件	案例文件\第19章\19.5合成电影感风景.psd
视频教学	视频文件\第19章\19.5合成电影感风景.flv
难易指数	★★★★★
技术要点	混合模式、可选颜色

案例效果

扫码看视频

本案例主要是通过使用混合模式和可选颜色调整图层等工具制作奇幻的风景合成照片，如图19-61所示。

图19—61

操作步骤

01 新建文件，单击工具箱中的“渐变工具”按钮，在选项栏中设置一种青色系渐变，单击“径向渐变”按钮，如图19-62所示。在画面中拖曳填充，如图19-63所示。置入云素材文件“1.png”，并将其置于画面中合适位置，栅格化该图层，如图19-64所示。

模式：正常　不透明度：100%

图19—62

图19—63

图19—64

02 置入素材文件“2.jpg”，并将其置于画面中合适位置，栅格化该图层，设置图层的混合模式为“滤色”，单击“图层”面板底部的“添加图层蒙版”按钮，为图层添加图层蒙版，使用黑色柔边圆画笔在蒙版中合适位置进行涂抹，如图19-65所示。效果如图19-66所示。

图19—65

图19—66

03 置入高塔素材文件“3.jpg”，并将其置于画面中合适位置，栅格化该图层，使用快速选择工具取得背景部分选区并删除，如图19-67所示。置入素材文件“4.jpg”，并将其置于画面中合适位置，栅格化该图层然后为其添加图层蒙版，使用黑色画笔在蒙版中涂抹，隐藏多余部分，如图19-68所示。

图19—67

图19—68

04 置入天空素材文件“5.jpg”，栅格化该图层，为其添加图层蒙版，使用黑色柔边圆画笔在蒙版中合适位置进行绘制，如图19-69所示。

图19—69

05 使用工具箱中的横排文字工具在画面中单击并输入文字，如图19-70所示。选中标题文字，打开“样式”面板，在其中选择一个黄金质感的样式，如图19-71所示。单击即可为其赋予样式，效果如图19-72所示。

图19—70

图19—71

图19—72

06 在文字上绘制合适的羽化选区，为其填充白色到透明的渐变，如图19-73所示。设置“混合模式”为“溶解”，“不透明度”为85%，如图19-74所示。

图19—73

图19—74

07 新建图层，使用白色柔边圆画笔，在画面中合适位置进行绘制涂抹，调整图层的“不透明度”为45，如图19-75所示。效果和图19-76所示。

图19—75

图19—76

08 设置前景色为白色，使用柔边圆画笔，设置合适的画笔大小以及硬度，在画面中进行涂抹绘制，设置“不透明度”为63，制作光束效果，如图19-77所示。用同样的方法制作其他的光束，如图19-78所示。

09 执行“图层>”“新建调整图层”>“曲线”命令，调整曲线形状，降低画面的亮度，如图19-79所示。使用黑色柔边圆画笔在曲线图层的蒙版中绘制，使其只显示画面的四角区域，如图19-80所示。

图19—77

图19—78

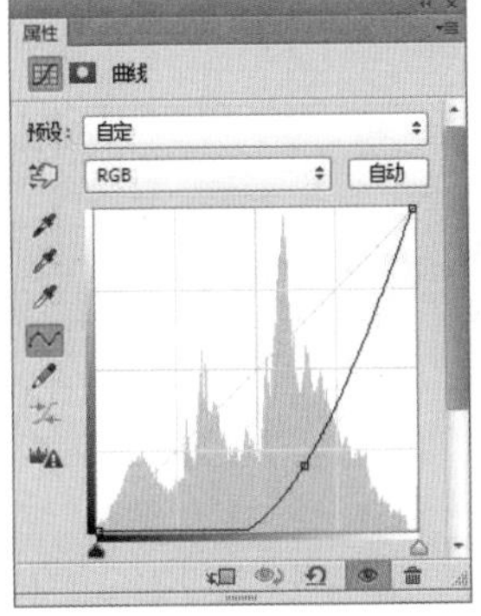

图19—79

图19—80

10 执行“图层”>“新建调整图层”>“亮度”/“对比度”命令，在弹出的对话框中设置“亮度”为－10，“对比度”为20，如图19-81所示。

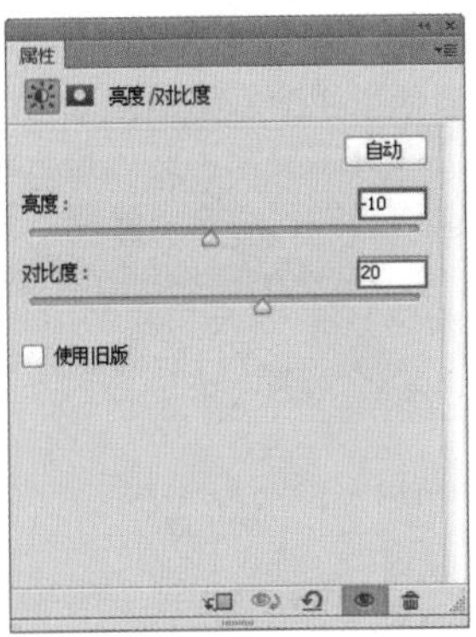

图19—81

11 执行“图层”>“新建调整图层”>“色彩平衡”命令，在弹出的对话框中设置“色调”为“阴影”，分别设置数值为－10、0、－13，如图19-82所示。设置“色调”为“中间调”，分别设置数值为－6、0、20，如图19-83所示。设置“色调”为“高光”，分别设置数值为12、10、－20，如图19-84所示。

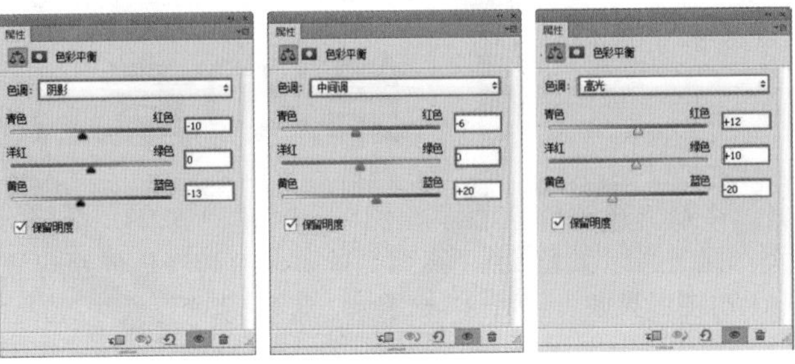

图19—82　　图19—83　　图19—84

12 置入云朵素材“7.png”，栅格化该图层，置于画面中合适位置，创建曲线调整图层，分别调整红绿蓝的曲线形状，如图19-85所示。最终效果如图19-86所示。

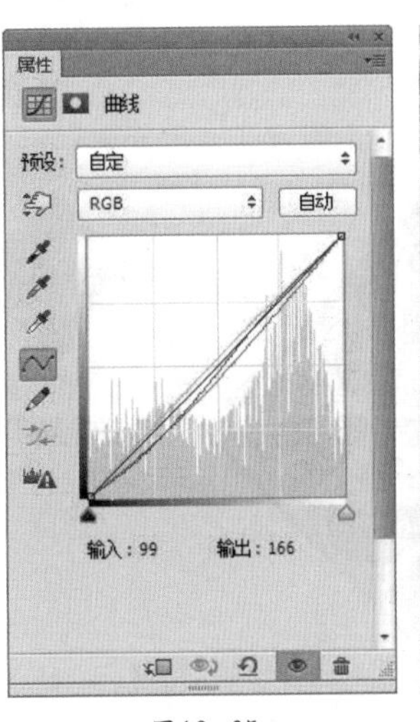

图19—85

图19—86

第20章

唯美人像照片合成

本章内容简介：

本章将介绍几个人像照片合成的实例，如灰调海报风格人像、光效人像等，使读者进一步加深理解Photoshop在图像合成中的应用。

本章学习要点：

- 灰调海报风格人像
- 制作光效人像
- 奇幻碎裂人像
- 绘制精灵光斑人物

★ 20.1　灰调海报风格人像

案例文件　案例文件\第20章\20.1灰调海报风格人像.psd
视频教学　视频文件\第20章\20.1灰调海报风格人像.flv
难易指数　★★★★★
技术要点　混合模式、滤镜库、调整图层、剪贴蒙版

案例效果

扫码看视频

本案例主要是使用混合模式、滤镜库、调整图层、剪贴蒙版等命令制作唯美人像照片合成效果，如图20-1所示。

操作步骤

01 打开背景素材“1.jpg”，执行“文件>置入嵌入对象”命令，栅格化后将其置于墙壁素材“2.jpg”画面底部，如图20-2所示。

图20-1

图20-2

02 选中墙壁素材图层，按下自由变换快捷键Ctrl+T，并单击鼠标右键，在弹出的快捷菜单中选择“透视”命令，拖曳控制点，如图20-3所示。按Enter键完成变换，效果如图20-4所示。

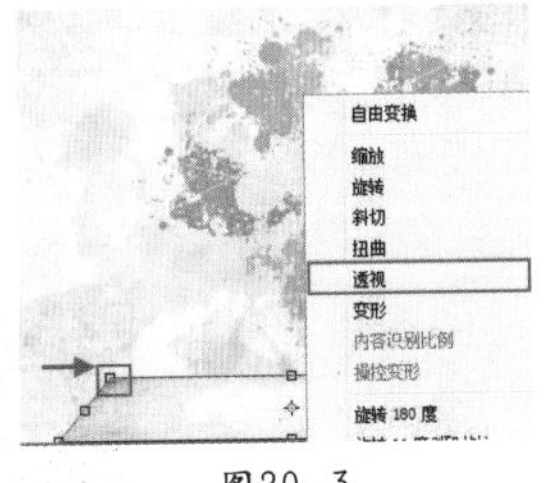

图20-3

图20-4

03 对墙壁图层执行“图层”>“图层样式”>“描边”命令，设置“大小”为4像素，“位置”为“外部”，“填充类型”为“颜色”，设置“颜色”为白色，如图20-5所示。效果如图20-6所示。

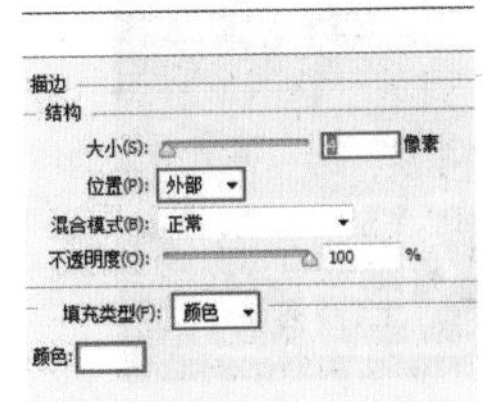

图20-5

图20-6

04 置入前景装饰素材“3.png”，栅格化该图层，效果如图20-7所示。

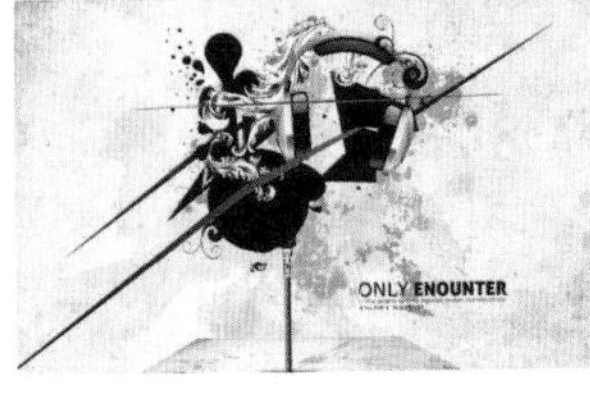
图20-7

05 置入人像素材“4.jpg”，将其旋转至合适位置，栅格化该图层，使用钢笔工具在人像上绘制路径，如图20-8所示。按Ctrl+Enter快捷键将路径转换为选区，选中“人像”图层，并单击“图层”面板底部的“添加图层蒙版”按钮，为其添加图层蒙版，隐藏人像背景部分，如图20-9所示。

图20-8

图20-9

06 执行“图层”>“新建调整图层”>“黑白”命令，创建“黑白1”调整图层，单击鼠标右键，在弹出的快捷菜单中选择“创建剪贴蒙版”命令，如图20-10所示。使调整图层只对人像起作用，此时人像变为黑白效果，如图20-11所示。

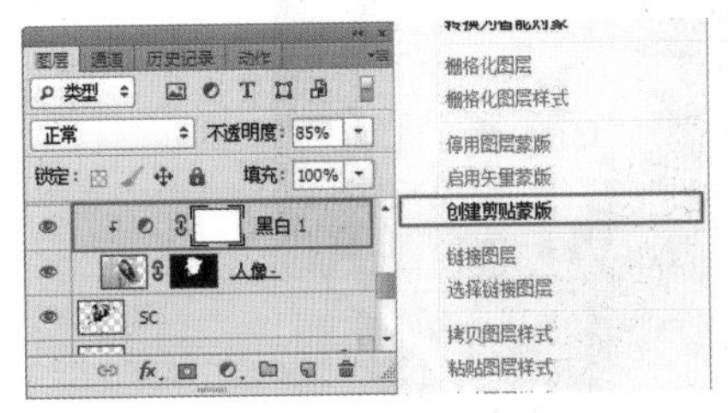

图20-10

图20-11

07 执行“图层”>“新建调整图层”>“曲线”命令，调整曲线的形状，如图20-12所示。同样单击鼠标右键为其创建剪贴蒙版，效果如图20-13所示。

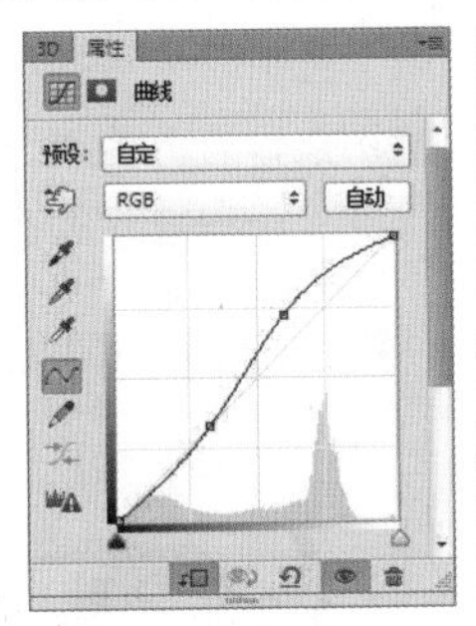

图20-12

图20-13

08 使用黑色画笔在调整图层蒙版中擦除人像过曝的区域，如图20-14和图20-15所示。

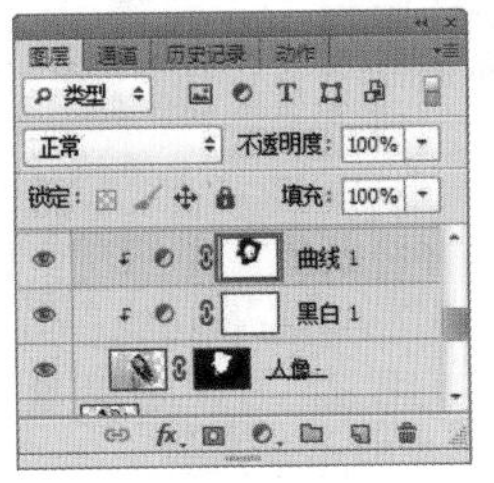

图20-14

图20-15

第20章 唯美人像照片合成

09 新建图层，使用钢笔工具，在画面中绘制流淌的路径形状，如图20-16所示。将其转换为选区，新建图层填充白色，如图20-17所示。

图20—16　　图20—17

10 继续新建图层，同样方法制作顶部的流淌效果，如图20-18所示。

图20—18

11 复制所有人像图层以及流淌图层，合并为同一图层。对其执行“滤镜”>“滤镜库”命令，选择“艺术效果”下的“胶片颗粒”命令，设置“颗粒”为4，“高光区域”为0，“强度”为10，如图20-19所示。效果如图20-20所示。

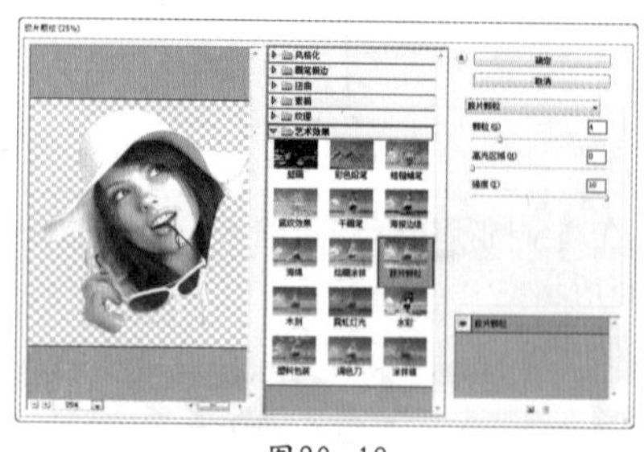

图20—19

图20—20

12 复制胶片颗粒图层，并将其置于“图层”面板顶部，对其执行“滤镜”>“风格化”>“查找边缘”命令，效果如图20-21所示。设置其“混合模式”为“正片叠底”，此时人像表面出现绘画感效果，如图20-22所示。

图20—21

图20—22

13 置入前景喷溅素材“5.png”，并将其置于画面中合适位置，栅格化该图层，如图20-23所示。置入光效素材文件“1.jpg”，栅格化该图层，设置其“混合模式”为“滤色”，最终效果如图20-24所示。

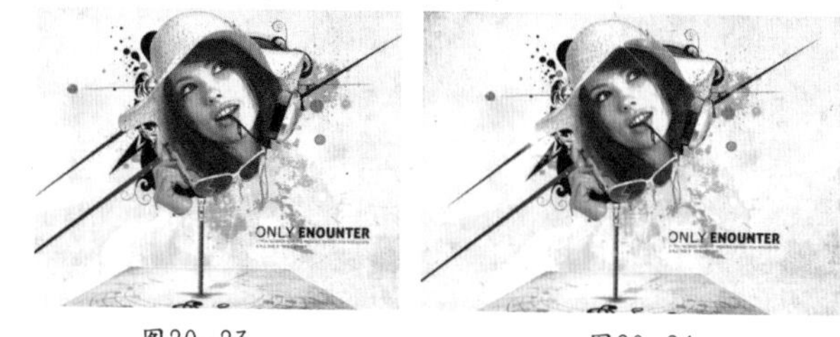

图20—23　　图20—24

★ 20.2　制作光效人像

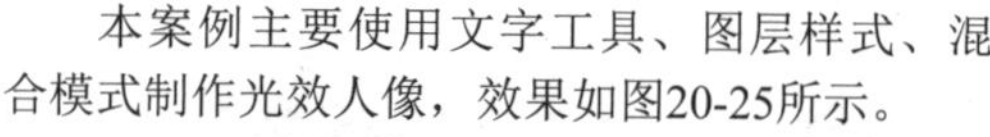

案例文件	案例文件\第20章\20.2制作光效人像.psd
视频文件	视频文件\第20章\20.2制作光效人像.flv
难易指数	★★★★★
技术要点	文字工具、图层样式、混合模式

案例效果

扫码看视频

本案例主要使用文字工具、图层样式、混合模式制作光效人像，效果如图20-25所示。

图20—25

操作步骤

01 打开本书配套资源中的人像素材“1.jpg”，如图20-26所示。创建新的图层组并命名为“光”。新建图层，使用白色柔角画笔绘制圆点，使用自由变换工具快捷键Ctrl+T拉长图像，然后使用矩形选框工具框选一半矩形，按Delete键删除一半图像，如图20-27所示。

图20-26

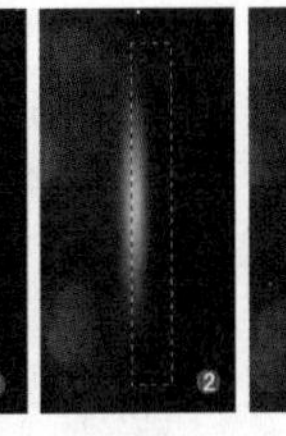

图20-27

02 将制作出的光束进行旋转，复制出多个光束并摆放在画面中合适的位置上，如图20-28所示。置入水素材“2.png”，栅格化该图层并添加图层蒙版，使用黑色画笔擦除挡住人像的部分，如图20-29所示。

图20-28

图20-29

03 新建图层，设置前景色为蓝色（R：4， G：107，B：167），使用圆形柔角画笔在人像周围进行绘制，并设置图层的“混合模式”为“正片叠底”，“不透明度”为65%，效果如图20-30所示。置入冰块素材“3.png”，并将其摆放在人像附近的位置，栅格化该图层，如图20-31所示。

图20-30

图20-31

04 单击工具箱中的“文字工具”按钮，设置合适的字体及大小，在画面下方单击并输入黑色文字，如图20-32所示。执行“图层”>“图层样式”>“外发光”命令，设置“混合模式”为“滤色”，“不透明度”为75%，“颜色”为黄色，“方法”为“柔和”，“大小”为27像素，如图20-33所示。

图20-32

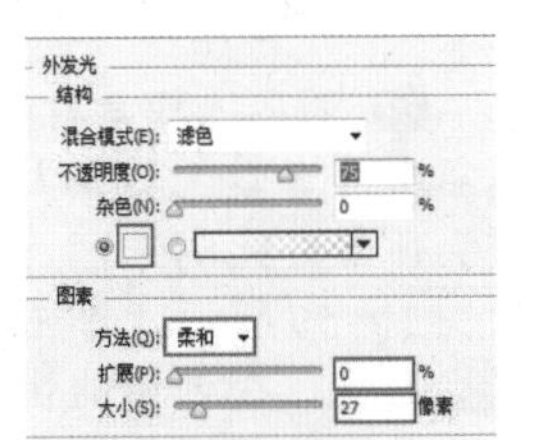

图20-33

05 选中“渐变叠加”复选框，设置“混合模式”为“颜色”，“不透明度”为50%，编辑一种七彩渐变，如图20-34所示。由于文字底色为黑色，所以渐变效果无法显示，此时文字效果如图20-35所示。

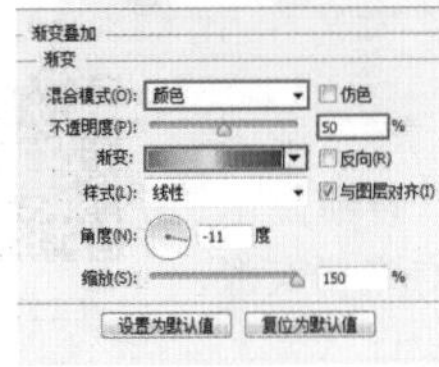

图20-34

图20-35

06 为了使文字中的黑色部分隐藏，需要设置文字图层的混合模式为差值，此时文字呈现出多彩效果，如图20-36所示。复制文字副本，向左适当移动，加强文字效果，如图20-37所示。

图20-36

图20-37

07 置入光效素材文件“4.png”，如图20-38所示。栅格化该图层，设置“混合模式”为“强光”，如图20-39所示。效果如图20-40所示。

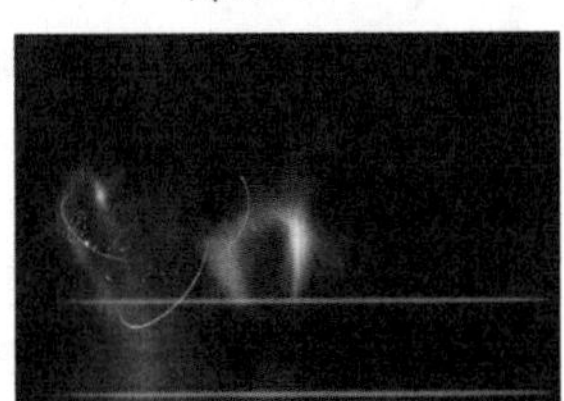

图20-38

图20-39

图20-40

08 执行“图层”>“新建调整图层”>“曲线”命令，调整曲线形状，如图20-41所示。增强画面对比度，最终效果如图20-42所示。

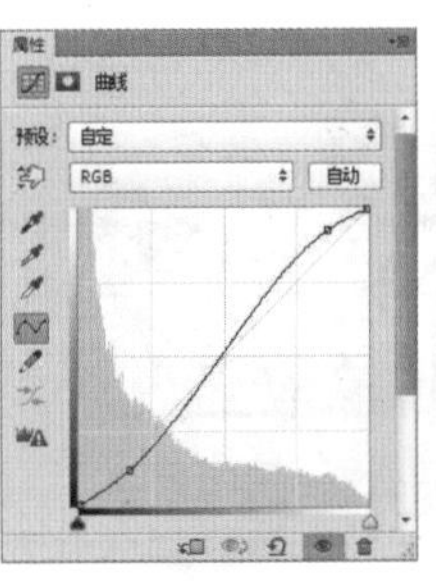

图20-41

图20-42

★ 20.3 奇幻碎裂人像

案例文件	案例文件\第20章\20.3奇幻碎裂人像.psd
视频教学	视频文件\第20章\20.3奇幻碎裂人像.flv
难易指数	★★★★★
技术要点	混合模式、调整图层、剪贴蒙版

案例效果

扫码看视频

本案例主要是使用混合模式、裂痕画笔、调整图层、剪贴蒙版命令制作奇幻碎裂人像，效果如图20-43所示。

操作步骤

01 打开背景素材"1.jpg"，如图20-44所示。首先需要制作头顶裂开的区域，在这里需要模拟玻璃质感的断裂截面，置入玻璃素材"2.jpg"，栅格化该图层，如图20-45所示。

图20-43

图20-44

图20-45

02 单击"图层"面板底部的"添加图层蒙版"按钮，使用黑色填充蒙版，并使用白色画笔在蒙版中绘制出玻璃边缘效果，如图20-46所示。效果如图20-47所示。

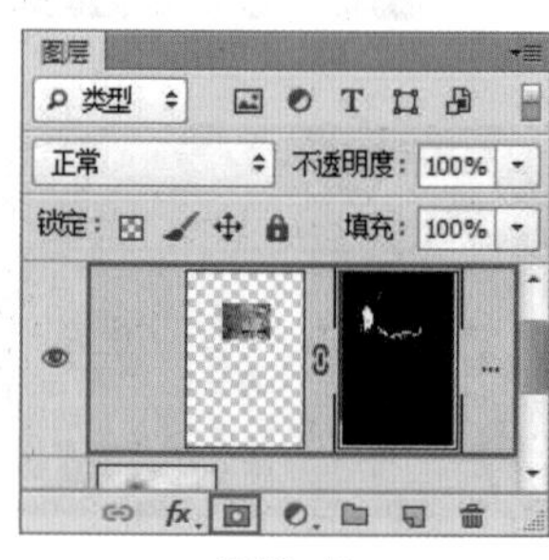

图20-46

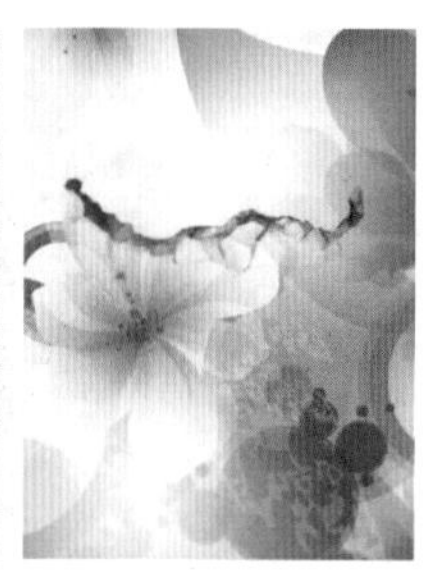
图20-47

03 新建图层，使用黑色半透明画笔在画面中绘制阴影效果，如图20-48所示。置入头顶的装饰素材"3.png"，将其栅格化并将其摆放在截面的下方，如图20-49所示。

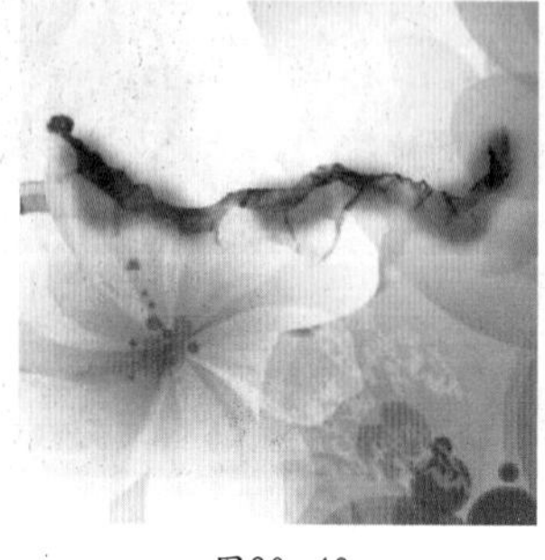
图20-48

图20-49

04 执行"编辑">"预设">"预设管理器"命令，在弹出的对话框中单击"载入"按钮，如图20-50所示。选择笔刷素材文件"4.abr"，单击"载入"按钮，成功载入裂痕笔刷，如图20-51所示。

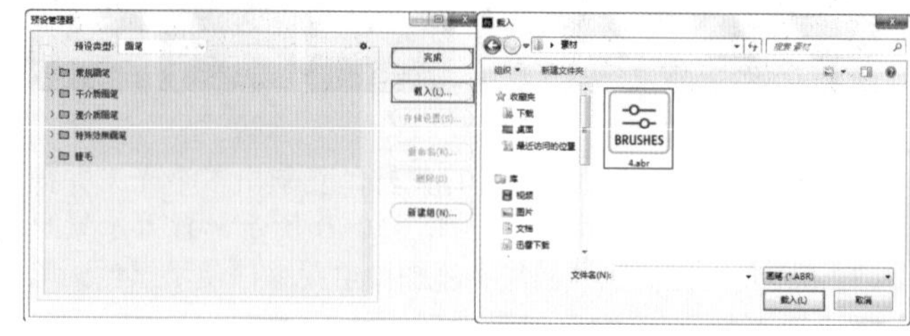

图20-50　图20-51

05 为了便于观察，隐藏前景装饰素材。设置前景色为黑色，在所有素材底部新建"背面"图层，单击工具箱中的"画笔工具"按钮，在画笔预设选取器中打开组"4"，选择新载入的裂痕笔刷，设置合适大小，如图20-52所示。在画面中单击绘制出裂痕，多次更换裂痕笔刷，绘制出如图20-53所示的效果。

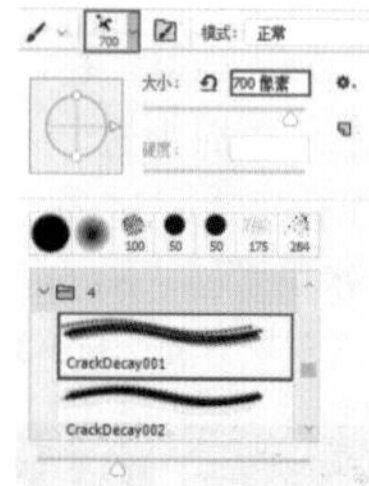

图20-52

图20-53

06 载入"背面"图层选区，使用渐变工具在裂痕上填充绿色渐变效果，如图20-54所示。然后复制"背面"图层为"背面-厚度"，移到后方，并使用玻璃素材"2.jpg"为其创建剪贴蒙版，如图20-55所示。产生玻璃截面效果，如图20-56所示。

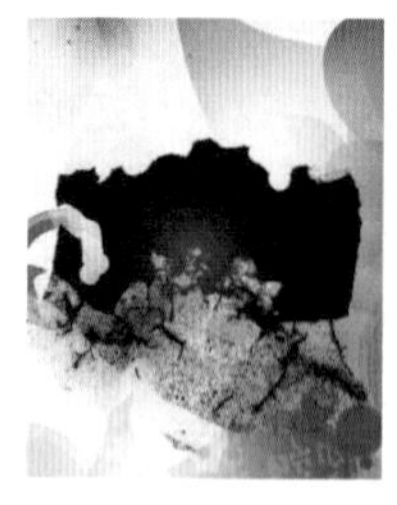
图20-54

图20-55

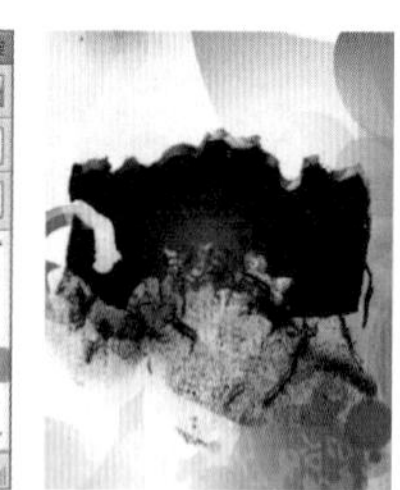
图20-56

07 置入人像素材"5.png"，将其栅格化并使用工具箱中的套索工具在人像头顶部分绘制选区，如图20-57所示。单击鼠标右键，在弹出的快捷菜单中选择"选择反向"命令，并以当前选区为其添加图层蒙版，如图20-58所示。

图20-57

图20-58

技巧提示

此处的选区需要与步骤（2）和步骤（3）绘制的玻璃截面相匹配，所以在绘制选区时可以将人像图层的不透明度降低，以便观察底部图层的效果。

08 执行“图层”>“新建调整图层”>“色相/饱和度”命令，设置“饱和度”为43，如图20-59所示。选择调整图层并单击鼠标右键，在弹出的快捷菜单中选择“创建剪贴蒙版”命令，使其只对调整图层的人像图层起作用，如图20-60所示。

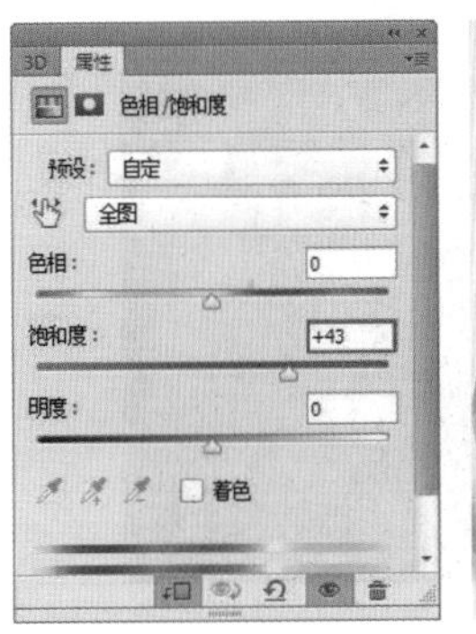

图20-59

图20-60

思维点拨：温柔色调

本案例采用浅珊瑚红色作为主色调，浅珊瑚红是女性用品广告中常用的颜色，可以展现女性温柔的感觉。透彻明晰的色彩，流露出含蓄的美感，华丽而不失典雅，如图20-61所示。

图20-61

09 再次新建图层，设置前景色为黑色，使用不同的裂痕画笔沿人像底部绘制裂痕效果，如图20-62所示。为人像图层创建剪贴蒙版，使其只对人像起作用，如图20-63所示。

10 置入光效素材“6.jpg”并将其栅格化，如图20-64所示。设置其“混合模式”为“滤色”，如图20-65所示。

图20-62

图20-63

图20-64

图20-65

11 置入彩妆素材“7.png”，将其栅格化并摆放在人像眼睛部位，如图20-66所示。设置其“混合模式”为“强光”，最终效果如图20-67所示。

图20-66

图20-67

★ 20.4 绘制精灵光斑人物

案例文件	案例文件\第20章\20.4绘制精灵光斑人物.psd
视频教学	视频文件\第20章\20.4绘制精灵光斑人物.flv
难易指数	★★★★★
技术要点	混合模式、调整图层、定义画笔预设

案例效果

扫码看视频

本案例主要是使用混合模式、调整图层、定义画笔预设命令绘制精灵光斑人物，效果如图20-68所示。

图20-68

操作步骤

01 打开背景素材文件“1.jpg”，如图20-69所示。置入前景人像素材“2.png”，将其栅格化并摆放在画面右侧，如图20-70所示。此时可以看到人像颜色感较弱，并且与当前画面光感不统一，下面需要对人像进行处理。

图20-69

图20-70

02 调整人像服装颜色，执行“图层”>“新建调整图层”>“可选颜色”命令，设置“颜色”为红色，“青色”为57%，“洋红”为49%，“黄色”为-100%，如图20-71所示。设置“颜色”为中性色，“黄色”为-22%，如图20-72所示。为了使该调整图层只对人物服装起作用，所以需要选择该调整图层，右击执行“创建剪贴蒙版”命令，为人像创建剪贴蒙版，使用黑色画笔在调整图层蒙版中涂抹人物皮肤部分，此时服装部分变为紫色，如图20-73所示。

图20-71

图20-72

图20-73

03 调整人像肤色，继续创建“可选颜色”调整图层，设置“颜色”为红色，调整“洋红”为19%，“黄色”为43%，“黑色”为-33%，如图20-74所示。设置“颜色”为黄色，调整“青色”为-20%，“黄色”为15%，“黑色”为-40%，如图20-75所示。将该调整图层为人像创建剪贴蒙版，继续使用黑色画笔涂抹人像皮肤以外部分，如图20-76所示。

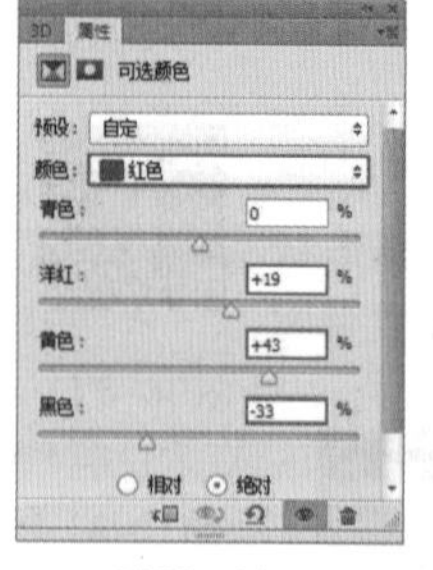

图20-74

图20-75

图20-76

04 适当提亮人像暗部区域，执行“图层”>“新建调整图层”>“曲线”命令，调整曲线的形状，如图20-77所示。将该调整图层为人像创建剪贴蒙版，使用黑色画笔在调整图层蒙版中绘制人像暗部以外的区域，效果如图20-78所示。

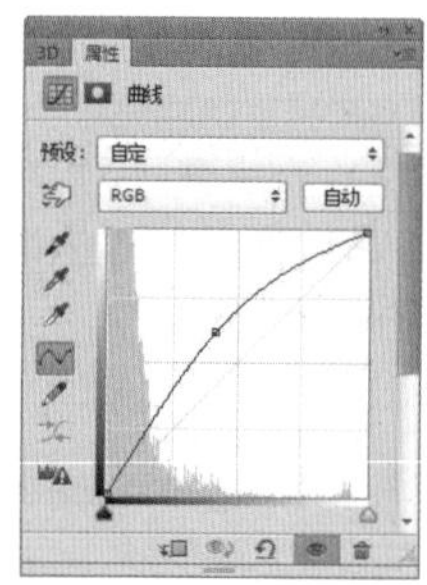

图20-77

图20-78

05 进一步提亮暗部，再次创建曲线调整图层，用同样的方法提亮选区部分，将该调整图层为人像创建剪贴蒙版，如图20-79和图20-80所示。

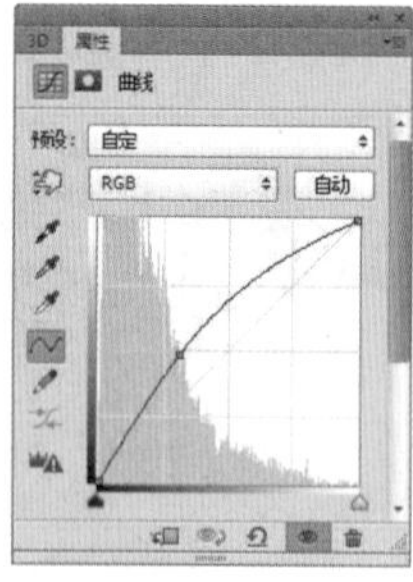

图20-79

图20-80

06 置入瞳孔素材“3.png”，将其栅格化并摆放在人像瞳孔处，如图20-81所示。设置其“混合模式”为“叠加”，并擦除多余的部分，如图20-82所示。

图20-81

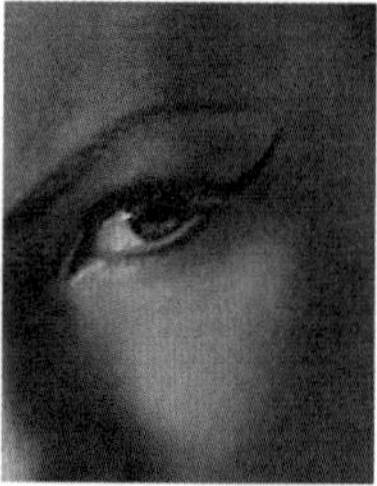
图20-82

07 为了增强瞳孔效果，复制瞳孔图层置于其上方，设置其“不透明度”为75%，如图20-83所示。使用同样的方法制作左眼的瞳孔效果，如图20-84所示。

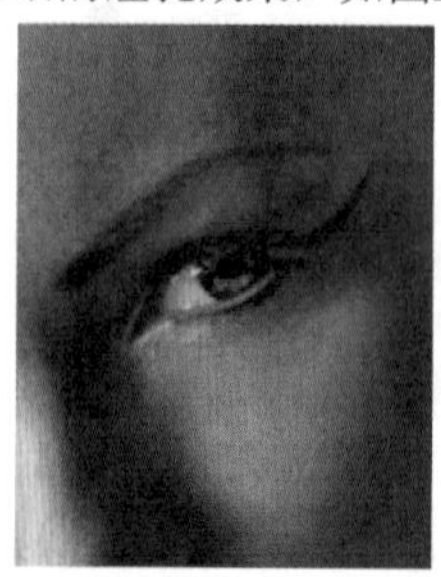
图20-83

图20-84

08 制作唇彩。新建图层，设置前景色为橙色，使用画笔工具在嘴唇部分绘制，设置该图层的“混合模式”为“正片叠底”，效果如图20-85和图20-86所示。

图20－85

图20－86

09 置入面部装饰素材“4.png”，将其栅格化并摆放于画面中合适位置。为了使画面更具有立体感，执行“图层”>“图层样式”>“投影”命令，设置颜色为黑色，“不透明度”为100%，“角度”为30度，“距离”为1像素，“大小”为1像素，如图20-87所示。效果如图20-88所示。

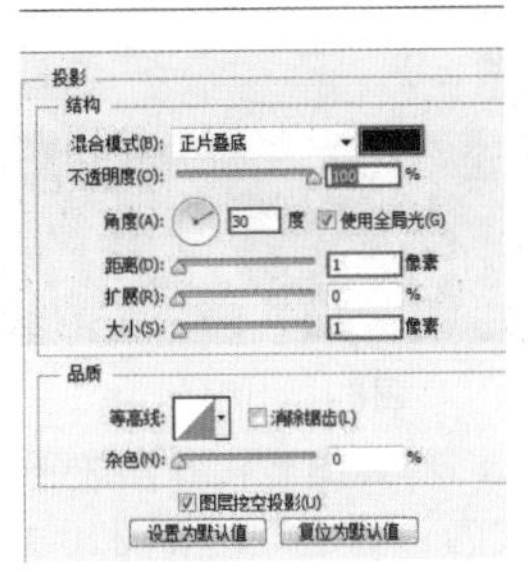
图20－87

图20－88

10 制作人像周围的光效。使用钢笔工具，在画面中绘制闭合路径，如图20-89所示。然后打开画笔预设选取器，在常规画笔下方选择一种硬边圆画笔，设置“大小”为10像素，如图20-90所示。

图20－89

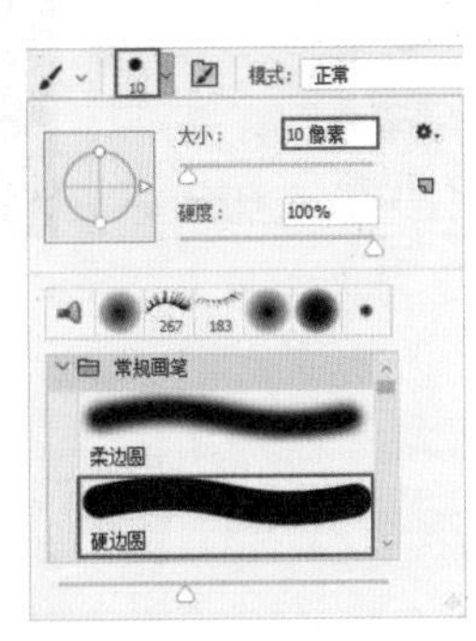
图20－90

11 新建图层组“光带”，设置混合模式为“滤色”，如图20-91所示。在组中新建图层，单击鼠标右键，在弹出的快捷菜单中选择“描边路径”命令，在弹出的对话框中设置“工具”为画笔，如图20-92所示。单击“确定”按钮结束操作，效果如图20-93所示。

12 按Ctrl+Enter快捷键将路径快速转换为选区，使用渐变工具，在选项栏中设置蓝色到透明的渐变，设置绘制模式为线性，如图20-94所示。在选区内拖曳蓝色系渐变，如图20-95所示。为其添加图层蒙版，使用黑色画笔在蒙版中涂抹多余的部分，效果如图20-96所示。

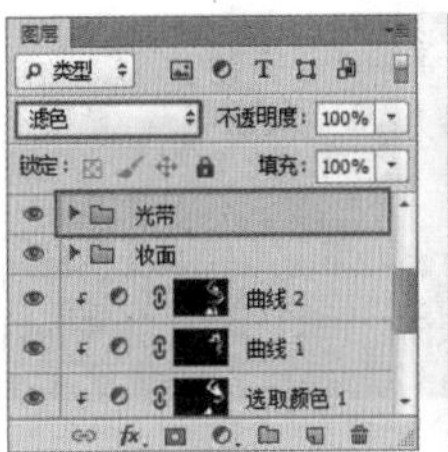
图20－91

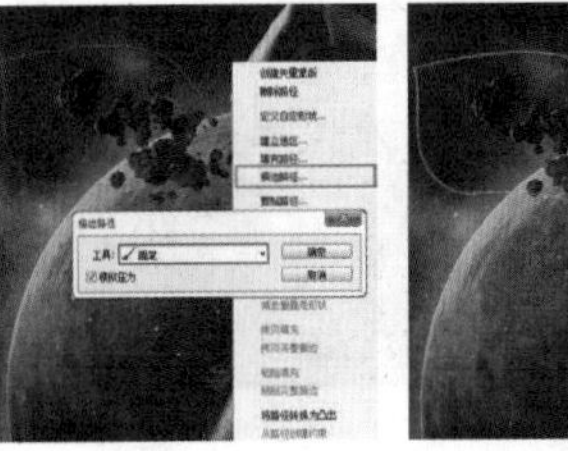
图20－92

图20－93

图20－94

图20－95

图20－96

13 执行“图层”>“图层样式”>“颜色叠加”命令，设置颜色为蓝色，如图20-97所示。选中“投影”复选框，设置颜色为紫色，效果如图20-98所示。

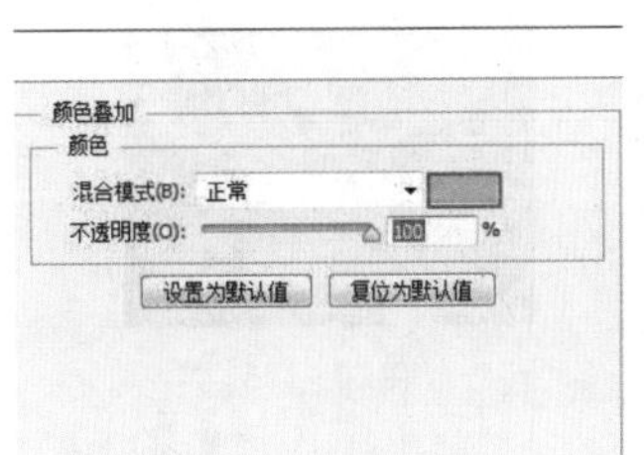
图20－97

图20－98

14 将绘制的光带定义为可以随时调用的画笔。隐藏光带以外的图层，如图20-99所示。执行“编辑”>“定义画笔预设”命令，在弹出的“画笔名称”对话框中输入画笔名称后单击“确定”按钮，如图20-100所示。

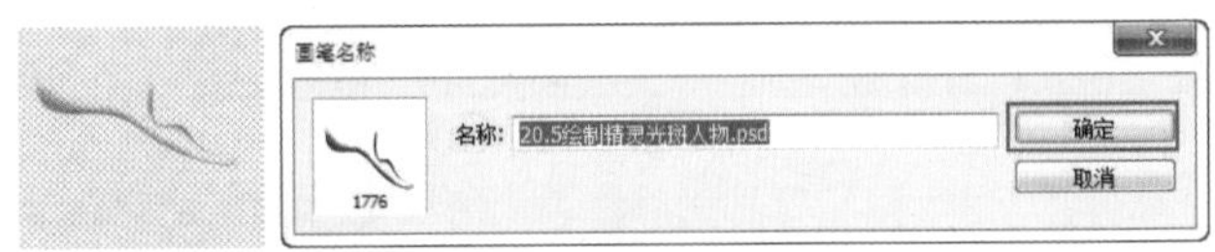

图20－99　　图20－100

15 单击“画笔工具”按钮，在画笔预设选取器中可以选择新定义的画笔，设置不同的前景色，多次绘制并进行适当变形，如图20-101所示。此时效果如图20-102所示。

16 置入彩带素材“5.png”，将其栅格化并放置在“光带”图层组中。新建图层，设置前景色为白色，使用较小的圆形硬角画笔工具，在画面中绘制白色光斑，如图20-103所示。

图20-101

图20-102

图20-103

技巧提示

绘制类似本案例中不规则的散点光斑，可以借助"画笔设置"面板。在该面板的"画笔笔尖形状"中增大画笔间距；选中"形状动态"复选框，设置一定的大小抖动；选中"散布"复选框，设置一定的散布数值即可。

17 对其执行"图层">"图层样式">"外发光"命令，设置"混合模式"为"叠加"，"不透明度"为100%，颜色为橘黄色，"方法"为"柔和"，"大小"为4像素，如图20-104所示。效果如图20-105所示。

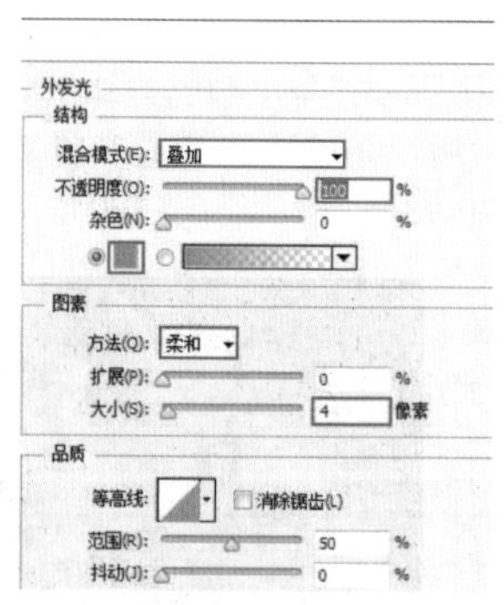

图20-104

图20-105

18 执行"图层">"新建调整图层">"曲线"命令，调整曲线的形状，如图20-106所示。使用黑色画笔在调整图层蒙版中涂抹画面中心的部分，制作暗角效果，如图20-107所示。效果如图20-108所示。

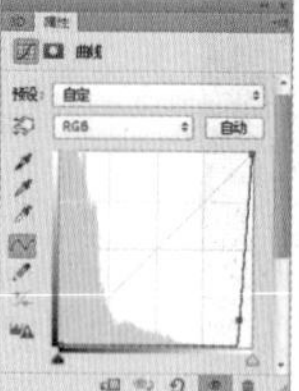

图20-106

图20-107

图20-108

19 继续创建曲线调整图层，调整RGB通道以及蓝通道曲线形状，如图20-109所示。效果如图20-110所示。

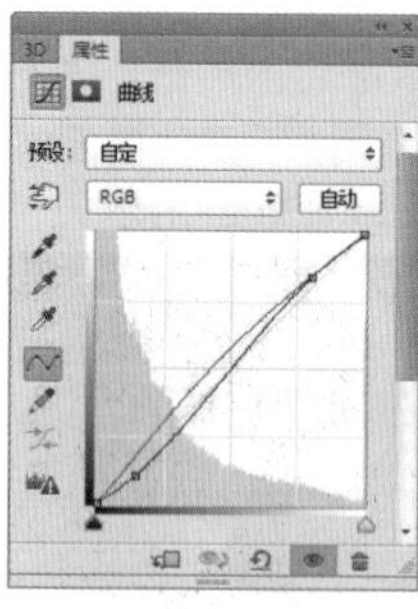

图20-109

图20-110

20 置入光效素材"6.jpg"，将其栅格化并摆放于画面中合适的位置，设置其混合模式为"滤色"，如图20-111所示。最终效果如图20-112所示。

图20-111

图20-112

读书笔记

Photoshop CC常用快捷键速查表

工具快捷键

工具	快捷键
移动工具	V
矩形选框工具	M
椭圆选框工具	M
套索工具	L
多边形套索工具	L
磁性套索工具	L
快速选择工具	W
魔棒工具	W
吸管工具	I
颜色取样器工具	I
标尺工具	I
注释工具	I
裁剪工具	C
透视裁剪工具	C
切片工具	C
切片选择工具	C
污点修复画笔工具	J
修复画笔工具	J
修补工具	J
内容感知移动工具	J
红眼工具	J
画笔工具	B
铅笔工具	B
颜色替换工具	B
混合器画笔工具	B
仿制图章工具	S
图案图章工具	S
历史记录画笔工具	Y
历史记录艺术画笔工具	Y
橡皮擦工具	E
背景橡皮擦工具	E
魔术橡皮擦工具	E
渐变工具	G
油漆桶工具	G
减淡工具	O
加深工具	O
海绵工具	O
钢笔工具	P
自由钢笔工具	P
横排文字工具	T
直排文字工具	T
横排文字蒙版工具	T
直排文字蒙版工具	T
路径选择工具	A
直接选择工具	A
矩形工具	U
圆角矩形工具	U
椭圆工具	U
多边形工具	U
直线工具	U
自定形状工具	U
抓手工具	H
旋转视图工具	R
缩放工具	Z
默认前景色/背景色	D
前景色/背景色互换	X
切换标准/快速蒙版模式	Q
切换屏幕模式	F
减小画笔大小	[
增加画笔大小	]
减小画笔硬度	{
增加画笔硬度	}

应用程序菜单快捷键

命令	快捷键
“文件”菜单	
新建	Ctrl+N
打开	Ctrl+O
在 Bridge 中浏览	Alt+Ctrl+O
打开为	Alt+Shift+Ctrl+O
关闭	Ctrl+W
关闭全部	Alt+Ctrl+W
关闭并转到 Bridge	Shift+Ctrl+W
存储	Ctrl+S
存储为	Shift+Ctrl+S
存储为 Web 所用格式	Alt+Shift+Ctrl+S
恢复	F12
文件简介	Alt+Shift+Ctrl+I
打印	Ctrl+P
打印一份	Alt+Shift+Ctrl+P
退出	Ctrl+Q
“编辑”菜单	
还原/重做	Ctrl+Z
前进一步	Shift+Ctrl+Z
后退一步	Alt+Ctrl+Z
渐隐	Shift+Ctrl+F
剪切	Ctrl+X
拷贝	Ctrl+C
合并拷贝	Shift+Ctrl+C
粘贴	Ctrl+V
原位粘贴	Shift+Ctrl+V
贴入	Alt+Shift+Ctrl+V
填充	Shift+F5
内容识别缩放	Alt+Shift+Ctrl+C
自由变换	Ctrl+T
再次变换	Shift+Ctrl+T
颜色设置	Shift+Ctrl+K
键盘快捷键	Alt+Shift+Ctrl+K
菜单	Alt+Shift+Ctrl+M
首选项>常规	Ctrl+K
“图像”菜单	
调整>色阶	Ctrl+L
调整>曲线	Ctrl+M
调整>色相/饱和度	Ctrl+U
调整>色彩平衡	Ctrl+B
调整>黑白	Alt+Shift+Ctrl+B
调整>反相	Ctrl+I
调整>去色	Shift+Ctrl+U
自动色调	Shift+Ctrl+L
自动对比度	Alt+Shift+Ctrl+L
自动颜色	Shift+Ctrl+B
图像大小	Alt+Ctrl+I
画布大小	Alt+Ctrl+C
“图层”菜单	
新建>图层	Shift+Ctrl+N
新建>通过拷贝的图层	Ctrl+J
新建>通过剪切的图层	Shift+Ctrl+J
创建/释放剪贴蒙版	Alt+Ctrl+G
图层编组	Ctrl+G
取消图层编组	Shift+Ctrl+G
排列>置为顶层	Shift+Ctrl+]
排列>前移一层	Ctrl+]
排列>后移一层	Ctrl+[
排列>置为底层	Shift+Ctrl+[
合并图层	Ctrl+E
合并可见图层	Shift+Ctrl+E
“选择”菜单	
全部	Ctrl+A

续表

命令	快捷键
取消选择	Ctrl+D
重新选择	Shift+Ctrl+D
反选	Shift+Ctrl+I
所有图层	Alt+Ctrl+A
查找图层	Alt+Shift+Ctrl+F
选择并遮住	Alt+Ctrl+R
修改>羽化	Shift+F6
“滤镜”菜单	
上次滤镜操作	Alt+Ctrl+F
自适应广角	Alt+Shift+Ctrl+A
镜头校正	Shift+Ctrl+R
液化	Shift+Ctrl+X
消失点	Alt+Ctrl+V
“视图”菜单	
校样颜色	Ctrl+Y
色域警告	Shift+Ctrl+Y
放大	Ctrl++
缩小	Ctrl+-
按屏幕大小缩放	Ctrl+0
100%	Ctrl+1
显示额外内容	Ctrl+H
显示>目标路径	Shift+Ctrl+H
显示>网格	Ctrl+'
显示>参考线	Ctrl+;
标尺	Ctrl+R
对齐	Shift+Ctrl+;
锁定参考线	Alt+Ctrl+;
“窗口”菜单	
动作	Alt+F9
画笔设置	F5
图层	F7
信息	F8
颜色	F6
“帮助”菜单	
Photoshop 帮助	F1

面板菜单快捷键

命令	快捷键
3D面板	
渲染	Alt+Shift+Ctrl+R
“历史记录”面板	
前进一步	Shift+Ctrl+Z
后退一步	Alt+Ctrl+Z
“图层”面板	
新建图层	Shift+Ctrl+N
创建/释放剪贴蒙版	Alt+Ctrl+G
合并图层	Ctrl+E
合并可见图层	Shift+Ctrl+E